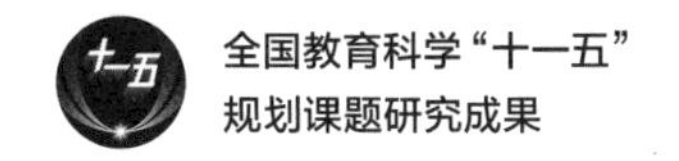

全国教育科学“十一五”
规划课题研究成果

数字电子技术基础

Fundamentals of Digital Electronics

第 3 版

主编 杨志忠 卫桦林
参编 朱 昊 夏 晔

高等教育出版社·北京

内容简介

本书第1版为"普通高等教育'十五'国家级规划教材"。本书是在第2版的基础上，根据教育部高等学校电子电气基础课程教学指导分委员会最新制定的"数字电子技术基础"课程教学基本要求进行修订的，它保留了原教材的理论体系和特点，增删了部分章节的内容。在保证基础的前提下，弱化了集成器件内部复杂电路的分析，突出了器件的逻辑功能和应用，及时反映了新器件和现代数字系统设计最新发展。教材题例丰富、通俗易懂、重点突出、理论与实际应用结合紧密，便于教学、有利自学。

全书共分11章，内容为：绪论、逻辑代数基础、集成逻辑门电路、组合逻辑电路、集成触发器、时序逻辑电路、脉冲产生与整形电路、数模和模数转换器、半导体存储器、可编程逻辑器件、硬件描述语言（VHDL），在附录B中还介绍了Multisim 13.0软件。每节有思考题，各章有自测题、练习题和小结。书末有自测题和部分练习题答案。本书采用纸质教材与网络资源相融合的新形式，增加了教学微视频和芯片使用手册等内容，丰富了知识的呈现形式，方便读者自学。

本书有电子教案、学习指导和全部练习题的解答，便于教师组织教学和帮助读者掌握本课程的主要内容与解题方法。本书配套的教学参考书均由高等教育出版社出版。

本书可作为高等学校电气类、电子信息类、自动化类、计算机类、机械类和仪器类及其他相近专业"数字电子技术基础"和"数字逻辑电路"等课程的教材，也可供从事电子技术工作的工程技术人员和科技人员参考。

图书在版编目（C I P）数据

数字电子技术基础 / 杨志忠，卫桦林主编 . --3版
. -- 北京 : 高等教育出版社，2018.4（2022.12重印）
ISBN 978-7-04-049302-3

Ⅰ. ①数… Ⅱ. ①杨… ②卫… Ⅲ. ①数字电路-电子技术-高等学校-教材 Ⅳ. ①TN79

中国版本图书馆CIP数据核字（2018）第014793号

策划编辑	欧阳舟	责任编辑	欧阳舟	封面设计	张申申	版式设计	范晓红
插图绘制	杜晓丹	责任校对	刘丽娴	责任印制	刘思涵		

出版发行	高等教育出版社	网　址	http://www.hep.edu.cn
社　址	北京市西城区德外大街4号		http://www.hep.com.cn
邮政编码	100120	网上订购	http://www.hepmall.com.cn
印　刷	中农印务有限公司		http://www.hepmall.com
开　本	787mm×1092mm 1/16		http://www.hepmall.cn
印　张	27	版　次	2004年1月第1版
字　数	600千字		2018年4月第3版
购书热线	010-58581118	印　次	2022年12月第8次印刷
咨询电话	400-810-0598	定　价	53.00元

物 料 号　49302-00

数字电子技术基础

Fundamentals of Digital Electronics

第3版

主编 杨志忠 卫桦林

1 计算机访问http://abook.hep.com.cn/1251681，或手机扫描二维码、下载并安装Abook应用。

2 注册并登录，进入“我的课程”。

3 输入封底数字课程账号（20位密码，刮开涂层可见），或通过Abook应用扫描封底数字课程账号二维码，完成课程绑定。

4 单击“进入课程”按钮，开始本数字课程的学习。

课程绑定后一年为数字课程使用有效期。受硬件限制，部分内容无法在手机端显示，请按提示通过计算机访问学习。

如有使用问题，请发邮件至abook@hep.com.cn。

http://abook.hep.com.cn/1251681

第3版前言

随着电子技术的迅速发展，数字电路的集成度也越来越高，大规模集成电路和可编程逻辑器件在各个领域都获得了广泛的应用，它已成为国民经济的重要推动力，作为专业技术基础课的“数字电子技术基础”课程的教学内容和技能等方面也要随之相应变化。“数字电子技术基础”是一门理论性、实践性和应用性都很强的课程，是学生学习现代电子技术理论知识和实践技能的入门课程。

本书是在第2版的基础上结合我校多年课程教学改革与实践的经验，根据教育部高等学校电子电气基础课程教学指导分委员会最新制定的“数字电子技术基础”课程教学基本要求进行修订的，它保持了第2版的体系和特点，同时突出了新技术、新器件的应用，增加了现代数字电子技术的比例。

全书共11章，主要内容有：绪论，逻辑代数基础，集成逻辑门电路，组合逻辑电路，集成触发器，时序逻辑电路，脉冲产生与整形电路，数模和模数转换器，半导体存储器，可编程逻辑器件，硬件描述语言(VHDL)。此外，还有两个附录。本书主要有如下特点：

1. 注重基础，突出数字集成电路的逻辑功能与应用。大规模集成电路和可编程逻辑器件的使用虽越来越多，但中、小规模集成电路仍是数字电子技术的基础，是学生必须掌握的基础知识。在分析数字集成电路时，遵循由简单到复杂，先基础后器件的原则，以基本概念、基本理论、基本分析方法和基本设计方法为重点进行分析。在组合逻辑电路中，在讲述各种基本逻辑电路工作原理的基础上，重点介绍了中规模集成电路的逻辑功能和应用，删除了器件内部复杂电路的分析；在集成触发器中，在介绍了基本 *RS* 触发器和同步触发器的基础上，突出了边沿触发器的逻辑功能和应用；在脉冲产生与整形电路中，以555定时器的逻辑功能和它的典型应用为主线，讨论了施密特触发器和单稳态触发器的工作原理后，介绍了它们的集成器件的逻辑功能与应用；在D/A和A/D转换器中，叙述了基本电路的工作原理后，突出了有关集成器件的功能和应用。教材层次分明、重点突出、便于教学、有利自学。

2. 突出理论知识的应用。各章在介绍集成器件的逻辑功能后都有应用举例，这些电路的功能都可实现。同时增加了数字电路应用中常见问题的处理：如集成电路的使用注意事项、门电路多余输入端的处理、接口电路的使用、附录A中介绍了数字电路的安装调试、故障检测及电磁干扰的抑制等。这不但使学生学会如何利用集成电路进行逻辑设计，使理论和实践紧密结合，提高了学生的知识综合应用能力和实际操作能力。

3. 突出了新技术的介绍。增加了现代数字电路新技术的比重。如第9章半导体存储器中介绍了 E^2PROM、Flash Memory；第10章可编程逻辑器中介绍了 GAL、FPGA 和 ISP-

PLD等。第11章中介绍了硬件描述语言(VHDL)的基本知识和应用,可通过配套的EDA设计平台进行训练,了解现代数字电路与系统的设计方法。在附录中,介绍了Multisim 13.0软件,学生可在微机上对典型电路进行功能仿真验证,为后续数字系统学习打下必要的基础。

4. 精选习题。各章都增删了部分自测题、练习题、技能题。题型多样、内容丰富、联系实际,突出了对基本理论知识的巩固和应用能力的培养。技能题完成后还可在实验室进行验证。书末附有自测题和部分练习题的答案,章末的小结明确了各章的主要内容。

5. 教材力求做到理论联系实际、由浅入深、循序渐进、通俗易懂、重点突出、语言准确、便于教学、有利自学。

6. 目录中标注“*”号的内容,教师可根据不同专业的需要进行选讲,如这部分内容不讲,对教材的系统性和完整性没有影响。

7. 全书采用双色套印,重要的概念、名词、公式、结论、图中重要电子元器件和线条用棕色标记。使重点更突出、概念更清晰,也提高了教材的可读性。

8. 本书有配套的电子教案(童莹设计制作),便于教师组织教学,还有配套的学习指导和习题解答(卫桦林主编)及微视频(童莹、朱昊设计制作),帮助读者掌握本教材的主要内容和解题方法。这些配套的教学参考书均由高等教育出版社出版。

本书可作为高等学校电气类、电子信息类、自动化类、计算机类、机械类和仪器类及其他相近专业的“数字电子技术基础”和“数字逻辑电路”等课程的教材,也可供从事上述专业的广大工程技术人员和科技人员参考。

本书由杨志忠和卫桦林担任主编,负责全书的策划、组织修订和定稿。书中第7、9、10、11章和附录A由卫桦林编写,第1、2、4、5、6章由杨志忠编写,第8章和附录B由朱昊编写,第3章由夏晔编写,参加本书修订和整理资料工作的还有赵以群、卫羽佶等。

本书由南京工程学院的章忠全教授担任主审,他认真仔细地审阅了全部书稿,提出了很多详细的修改意见和建议,在此表示衷心的感谢。

感谢读者多年来对本书的关心与支持。由于编者水平有限,书中错漏之处在所难免,恳请广大读者批评指正。

编 者

2017年12月于南京

第2版前言

数字电子技术的发展十分迅速，数字电路的集成度也越来越高，数字化的浪潮几乎席卷了电子技术应用的所有领域，电子产品日新月异，开发周期也在不断缩短，对电子设计自动化（EDA）也提出了更高的要求。为了适应形势发展的需要，作为专业基础课程的数字电子技术在课程内容和技能方面也要随之变化。

本书第1版于2005年被评为江苏省高等学校精品教材，这次修改是在第1版的基础上总结了多年“数字电子技术基础”课程教学改革的经验，并参照教育部电子信息与电气信息基础课程教学指导分委员会2005年制订的“数字电子技术基础课程的教学基本要求”进行修订的。基本要求强调了本课程的性质是“电子技术方面入门性质的技术基础课”；本课程的任务是“使学生获得数字电子技术方面的基本知识、基本理论和基本技能，为深入学习数字电子技术及其在专业中的应用打好基础”。因此，本版教材修订的指导思想是：保证基础、突出重点、加强应用、推陈出新、便于教学、有利自学。

本书第2版基本保持了第1版的体系、内容和特点，同时还听取了很多使用本教材的老师和同学提出的很好的意见和建议，并结合数字电子技术的发展，主要进行了以下几方面的修改和补充：

1. 精选内容、保证基础。尽管大规模数字集成电路已成为数字系统的主体，但中、小规模集成电路仍然是数字电子技术的基础。因此，本书以中、小规模集成电路的基本理论、基本电路、基本分析和基本设计方法为重点。如在组合逻辑电路和时序逻辑电路中，以基本组合逻辑电路和时序逻辑电路的分析和工作原理为基础，着重介绍了它们的功能和应用，删除了复杂的内部电路分析；在集成触发器中，在介绍基本 *RS* 触发器和同步触发器功能的基础上，突出了边沿触发器的功能和应用；在脉冲产生与整形电路中，以555定时器的典型应用为主线，在讲述每种应用电路的工作原理后，介绍了相应集成电路的功能与应用，删除了由门电路组成的上述功能的电路。同时还删除了原来的两个附录。上述内容的删除并不影响“数字电子技术基础”课程内容的系统性和连贯性，同时使教师有较多时间讲述逻辑电路的工作原理和功能，使学生能更好地掌握逻辑电路的分析方法、设计方法和基本理论知识。

2. 突出理论知识的应用。在重点内容和典型集成器件逻辑功能介绍后都有应用实例，这不但能使理论和实践紧密结合，而且还可提高学生的技术应用能力和实际操作技能。

3. 加强数字电路新技术介绍。为了适应数字电路最新发展，在第10章中，较系统地、简要地介绍了可编程逻辑器件（PLD）及其应用；增加了第11章硬件描述语言（VHDL），初步介绍了硬件描述语言的基本知识和应用，可通过配套的EDA设计平台进行训练，使学生了解现代数字电路与系统的设计方法。

4. 整理和增删了部分练习题。在这次修订中,删除了一些复杂的和非主要内容的练习题,增加了应用性习题,使之与课程内容联系更加紧密。为便于读者能更好地掌握课程的基本内容,各章都增加了自测题。书末附有自测题和部分练习题的答案。

5. 对于目录中标注"*"号的内容,可根据不同学科专业的需要进行选讲。如这些内容不讲,不影响教材的系统性和完整性。

6. 本书有配套的电子教案,图文并茂,便于教师组织教学。还有配套的学习指导和习题解答,以帮助读者掌握本课程的主要内容和解题方法。

本书由南京工程学院的章忠全教授担任主审,他百忙中审阅了全部书稿,并提出了宝贵的修改意见,在此表示诚挚的谢意。同时也向对本教材第1版提出修改意见和建议的广大读者表示衷心的感谢。

本书由杨志忠、卫桦林担任主编,负责全书策划和定稿,郭顺华担任副主编,协助主编工作。书中第7、8、9、10、11和附录由卫桦林负责编写,第2、5章和部分练习题答案由郭顺华负责编写,第3章由夏晔负责编写,其余各章由杨志忠负责组织编写。参加本书修订和整理资料工作的还有赵以群、赵杨、卫羽佶等。

由于编者水平有限,书中难免有错漏和不当之处,恳请广大读者批评指正。

编　者

2009年1月于南京

第1版前言

“数字电子技术基础”是一门应用性很强的重要技术基础课。随着集成电路制造技术的迅速发展，中、大规模和超大规模数字集成电路在各个领域获得广泛应用，它已成为国民经济的强大推动力，这对高等院校电气、电子、通信、计算机、自动化及相关专业的工程技术人才的培养提出了更高的要求。为了适应现代电子技术应用对人才的要求，结合数十年教学经验和多年教学改革实践及课程的特点，以培养学生的综合应用能力为出发点，我们编写了本教材。编写本教材的主要指导思想是：保证基础知识、精选教材内容、理论联系实际、注重能力培养、便于读者自学。具体考虑如下：

1. 在满足本课程教学大纲要求的同时，加强了实践性和应用性的内容，为学生学习专业课和从事数字逻辑电路方面的工作打下良好的基础。

2. 本教材以小规模集成电路作引路，以逻辑代数为工具，讨论了数字逻辑电路的分析方法和设计方法，压缩了集成电路内部的烦琐分析，突出了集成电路的外特性和应用。侧重于培养学生综合运用所学知识、正确选用集成器件进行逻辑设计和解决实际问题的能力。

3. 由于“数字电子技术基础”是一门实践性和应用性都很强的课程，因此，在学习本课程理论知识的同时，应重视和加强实践训练，注重对学生技术应用能力的培养，使理论和实践紧密结合，融为一体。附录B中“各章技能训练”可作为学生实践训练的内容，也可作为实验。附录A中“数字电路故障检查和排除的一般方法”供学生在技能训练中查寻和排除故障时参考，使他们在实践训练中逐步学会分析、查寻和排除故障的方法。此外，每章还有一定数量的技能题，以开发学有余力的学生的聪明才智，除完成书面作业外，还可到实验室搭试验证。每章有小结和大量练习题，以帮助复习和巩固所学知识。

4. 为了适应新技术发展的要求和了解数字电子技术的新发展，本书还介绍了可编程逻辑器件。

5. 本书在编写过程中力求做到重点突出、概念清楚、循序渐进、文字简练、理论和实践结合、便于自学。

6. 书中标注“*”号的内容可根据需要选讲或自学。

本书由南京工程学院章忠全副教授审阅，审者认真审阅了全部书稿，提出了许多宝贵的修改意见，在此表示衷心的感谢。

本书第2、5章和部分练习题答案由郭顺华副教授编写，第7、8、9、10章由卫桦林副教授编写，第1、3、4、6章及附录A、B由杨志忠教授编写。罗中燕、杨庆、赵杨、钱明、赵以群也参加了部分内容的编写。全书由杨志忠教授担任主编并负责全书的统稿。

由于编者水平有限，书中难免有错误和不当之处，恳请读者批评指正。

编　者

2004年2月于南京

本书用文字符号

一、电压符号

u 电压

U_m 脉冲电压幅度

u_I 输入电压

U_{IL} 输入低电平

U_{IH} 输入高电平

u_O 输出电压

U_{OL} 输出低电平

U_{OH} 输出高电平

u_{CE} 三极管集电极-发射极电压

$U_{CE(sat)}$ 三极管集电极-发射极饱和压降

u_{BE} 三极管基极-发射极电压

$U_{BE(sat)}$ 三极管基极-发射极饱和压降

u_C 电容器两端的电压

U_{th} 二极管、三极管的门限电压

U_{TH} 门电路的阈值电压

U_{OFF} 门电路的关门电平

U_{ON} 门电路的开门电平

U_{SL} 标准输出低电平

U_{SH} 标准输出高电平

U_{NL} 输入低电平噪声容限

U_{NH} 输入高电平噪声容限

U_{T-} 施密特触发器的负向阈值电压

U_{T+} 施密特触发器的正向阈值电压

ΔU_T 施密特触发器的回差电压

u_{DS} MOS 管漏极-源极电压

u_{GS} MOS 管栅极-源极电压

$U_{GS(th)}$ MOS 管的开启电压

$U_{GS(th)P}$ PMOS 管的开启电压

$U_{GS(th)N}$ NMOS 管的开启电压

V_{CC} (TTL)三极管的集电极电源电压

V_{BB} (TTL)三极管的基极电源电压

V_{DD} (CMOS)场效应管的漏极电源电压

V_{REF} 基准电压

二、电流符号

i 电流

i_I 输入电流

I_{IL} 输入低电平电流

I_{IH} 输入高电平电流

i_O 输出电流

I_{OL} 输出低电平电流

I_{OH} 输出高电平电流

i_C 集电极电流

$I_{C(sat)}$ 临界饱和集电极电流

i_B 基极电流

$I_{B(sat)}$ 临界饱和基极电流

i_L 负载电流

三、时间和频率符号

t 时间

t_{on} 开通时间

t_{off} 关断时间

t_{PHL} 输出由高电平到低电平的传输延迟时间

t_{PLH} 输出由低电平到高电平的传输延迟时间

t_{pd} 平均传输延迟时间

t_W 脉冲宽度

T 脉冲周期

q 占空比

f 频率

f_0　石英晶体的固有谐振频率

四、电阻和电容符号

R　电阻

R_C　集电极电阻

R_B　基极电阻

R_I　输入电阻

R_O　输出电阻

R_L　负载电阻

R_{OFF}　关门电阻

R_{ON}　开门电阻

R_P　电位器

R_U　上拉电阻

R_{ext}　外接电阻

R_F　反馈电阻

C　电容

C_L　负载电容

C_F　反馈电容

C_{ext}　外接电容

五、晶体管符号

V　三极管

$\mathrm{V_D}$　二极管

$\mathrm{V_N}$　NMOS 管

$\mathrm{V_P}$　PMOS 管

六、器件及其他符号

G　逻辑门

OC　集电极开路输出门

OD　漏极开路输出门

TSL　三态输出门

TG　传输门

FF　触发器

EN　使能控制端

Q、$\overline{Q}$　触发器输出端

Q^n　触发器输出现态

Q^{n+1}　触发器输出次态

J、K　JK 触发器的输入端

T　T 触发器的输入端

D　D 触发器的输入端

R、S　RS 触发器的输入端

R_D、S_D　触发器的直接置 **0** 端、置 **1** 端

CP　时钟脉冲

CLK　时钟

CO　进位输出端

BO　借位输出端

CR　置零（清零）控制端

LD　置数控制端

D_{SL}　左移串行输入端

D_{SR}　右移串行输入端

↑　由低电平跃到高电平

↓　由高电平跃到低电平

N_O　扇出系数

P　功率

电平触发信号

↑　上升沿触发信号

↓　下降沿触发信号

目录

第 1 章

绪论

内容提要

本章主要介绍数字信号、数字电路的分类和特点，并从十进制数的运算规则引入二进制、八进制、十六进制数的运算规则及它们之间的相互转换。接着介绍了常用 BCD 码和可靠性代码，最后介绍了二进制数的算术运算。

1.1 概　　述

1.1.1 数字信号和数字电路

在电子技术中，被传送、加工和处理的信号有两类：一类是模拟信号，其特点是它的电压或电流的幅度随时间连续变化，如图 1.1.1(a)所示。用于传送、加工和处理模拟信号的电路称为模拟电路。另一类是数字信号，其特点是它的电压或电流在幅度上和时间上都是离散的、突变的信号，即常称的离散信号，如图 1.1.1(b)所示。其低电平用 **0** 表示，高电平用 **1** 表示。用于传送、加工和处理数字信号的电路，称为数字电路，它主要研究输出与输入信号之间的逻辑关系。因此，数字电路又称为数字逻辑电路。

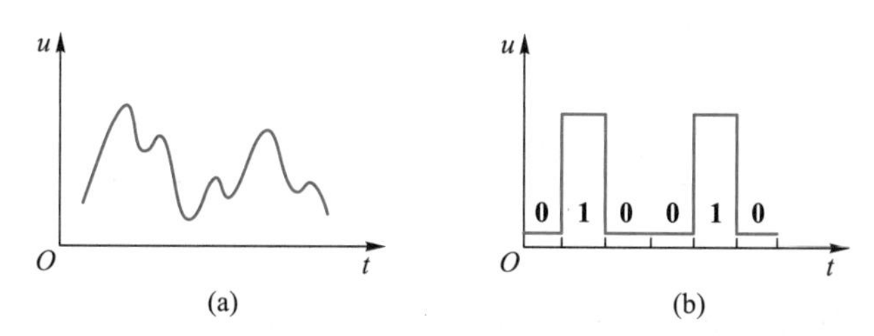

图 1.1.1　模拟信号和数字信号

(a) 模拟信号；（b）数字信号

1.1.2 数字电路的特点和分类

一、数字电路的特点

和模拟电路相比，数字电路主要具有如下特点：

(1) 便于集成化,成本低。在数字电路中,晶体管只工作在饱和状态或截止状态。电路结构简单,易进行集成化生产,且产品系列全,通用性强,成本低。

(2) 工作可靠,抗干扰能力强。由于数字信号只有 **0** 和 **1** 两个不同的状态,很容易被数字电路识别,从而大大提高了电路工作的可靠性。同时,数字信号不易受外来噪声干扰,因此它的抗干扰能力是很强的。

(3) 工作速度高,功耗低。随着集成工艺的迅速发展,集成度越来越高,电路的功耗也越来越低,晶体管的开关速度也随之提高。

(4) 数字信息便于长期保存和加密。数字信息可借助于半导体存储器和光盘等长期保存,同时数字信息容易进行加密处理,且不易被窃取。

(5) 具有可编程性,设计自动化程度高。在数字系统中,经常采用可编程逻辑器件和相应的开发工具在计算机上完成电路的设计,并通过仿真工具检验设计结果,给产品开发带来很大的方便,从而大大缩短了设计时间,节约了开发成本。

二、数字集成电路的分类

微视频 1-1:集成电路简介

数字电路可分为分立元件电路和数字集成电路两大类。目前,分立元件电路基本上已被数字集成电路所取代。按照集成度的不同,数字集成电路可分为:小规模集成电路(small scale integration,SSI)、中规模集成电路(medium scale integration,MSI)、大规模集成电路(large scale integration,LSI)、超大规模集成电路(very large scale integration,VLSI)和甚大规模集成电路(ultra large scale integration,ULSI)等五类。表 1.1.1 中列出了数字集成电路按集成度的分类。

表 1.1.1 数字集成电路的集成度分类

分类	门的个数	典型集成电路
小规模(SSI)	最多 12 个	逻辑门、触发器
中规模(MSI)	12~99 个	加法器、计数器
大规模(LSI)	100~9999 个	小型存储器、门阵列
超大规模(VLSI)	10000~99999 个	大型存储器、微处理器
甚大规模(ULSI)	10^6 个以上	可编程逻辑器件,多功能专用集成电路

根据导电类型的不同,数字集成电路可分为双极型电路和单极型电路。由双极型晶体管构成的晶体管-晶体管逻辑(transistor-transistor logic,TTL)电路为双极型数字集成电路。由单极型 MOS 管构成的互补-金属-氧化物-半导体(complementary metal-oxide-semicoductor,CMOS)逻辑电路为单极型数字集成电路。随着 CMOS 集成工艺的发展,其集成度和工作速度都有了很大提高,而且功耗很低,是一种很有发展前途的集成电路。

思 考 题

1. 什么是数字信号?什么是模拟信号?

2. 和模拟电路相比，数字电路有哪些特点？

3. 在数字逻辑电路中为什么采用二进制？它有哪些优点？

4. 简述数字集成电路的分类。

1.2 数制和码制

1.2.1 数制

数制是计数进制的简称。十进制数是人们熟悉的数制。由于数字信号只有 **0** 和 **1** 两个不同的状态，因此，在数字电路中常用二进制数。此外还有八进制和十六进制数。

一、十进制

十进制数是以 10 为基数的计数体制。在十进制数中，每位有 0、1、2、3、4、5、6、7、8、9 十个不同的数码，它的进位规则是逢十进一。数码所处的位置不同时，其代表的数值也不同，如

$$(385.64)_{10}=3\times10^2+8\times10^1+5\times10^0+6\times10^{-1}+4\times10^{-2}$$

式中，10^2、10^1、10^0 和 10^{-1}、10^{-2} 为十进制数百位、十位、个位和十分位、百分位的“权”值。它们都是基数 10 的幂。下标 10 表示括号内的数是十进制数，下标有时也用 D(decimal)表示。

如用 K 表示数码，对于一个具有 n 位整数和 m 位小数的十进制数，可用下式表示十进制数 N

$$\begin{aligned}(N)_{10}&=K_{n-1}10^{n-1}+K_{n-2}10^{n-2}+\cdots+K_0 10^0+K_{-1}10^{-1}+\cdots+K_{-m}10^{-m}\\&=\sum_{i=-m}^{n-1}K_i 10^i\end{aligned}\tag{1.2.1}$$

式中，K_i 为第 i 位数码，在十进制数中，K 的取值为 0~9。10^i 为十进制数第 i 位的权值。如用 R 表示 R 进制的基数，则式(1.2.1)可写成下面的通式

$$(N)_R=\sum_{i=-m}^{n-1}K_i R^i\tag{1.2.2}$$

二、二进制

二进制数是以 2 为基数的计数体制。在二进制数中，每位只有 **0** 和 **1** 两个数码，它的进位规则是逢二进一。各位权值为 2 的整数幂。其按权展开式为

$$(N)_2=\sum_{i=-m}^{n-1}K_i 2^i\tag{1.2.3}$$

在二进制数中，K 的取值为 **0** 或 **1**。

对于二进制数$(\mathbf{1011.101})_2$可表示为

$$(\mathbf{1011.101})_2=\mathbf{1}\times2^3+\mathbf{0}\times2^2+\mathbf{1}\times2^1+\mathbf{1}\times2^0+\mathbf{1}\times2^{-1}+\mathbf{0}\times2^{-2}+\mathbf{1}\times2^{-3}$$

式中，2^3、2^2、2^1、2^0 和 2^{-1}、2^{-2}、2^{-3}为二进制数各位的权值。下标 2 表示括号内的

数是二进制数，下标有时也用B(binary)表示。

由于二进制数中的**0**和**1**与开关电路中的两个状态对应，因此，二进制数在数字电路中应用十分广泛。

三、八进制

八进制数是以8为基数的计数体制。在八进制数中，每位有0、1、2、3、4、5、6、7八个不同的数码，它的进位规则是逢八进一。各位权值为$8(2^3)$的幂。其按权展开式为

$$(N)_8=\sum_{i=-m}^{n-1}K_i 8^i \tag{1.2.4}$$

在八进制数中，K的取值为0~7。

对于八进制数$(573.46)_8$可表示为

$$(573.46)_8=5\times8^2+7\times8^1+3\times8^0+4\times8^{-1}+6\times8^{-2}$$

式中，8^2、8^1、8^0和8^{-1}、8^{-2}为八进制数各位的权值。下标8表示括号内的数是八进制数，下标有时也用O(octal)表示。

四、十六进制

十六进制数是以16为基数的计数体制。在十六进制数中，每位有0、1、2、3、4、5、6、7、8、9、A(10)、B(11)、C(12)、D(13)、E(14)、F(15)十六个不同的数码，它的进位规则是逢十六进一，各位权值为$16(2^4)$的幂。其按权展开式为

$$(N)_{16}=\sum_{i=-m}^{n-1}K_i 16^i \tag{1.2.5}$$

在十六进制数中，K的取值为0~F。

对于十六进制数$(5EC.D4)_{16}$可表示为

$$(5EC.D4)_{16}=5\times16^2+14\times16^1+12\times16^0+13\times16^{-1}+4\times16^{-2}$$

式中，16^2、16^1、16^0、16^{-1}、16^{-2}为十六进制数各位的权值。下标16表示括号内的数是十六进制数，下标有时也用H(hexadecimal)表示。

表1.2.1中列出了二进制、八进制、十进制和十六进制等不同数制的对照关系。

表1.2.1 十进制、二进制、八进制、十六进制对照表

十进制	二进制	八进制	十六进制	十进制	二进制	八进制	十六进制
0	**0000**	0	0	8	**1000**	10	8
1	**0001**	1	1	9	**1001**	11	9
2	**0010**	2	2	10	**1010**	12	A
3	**0011**	3	3	11	**1011**	13	B
4	**0100**	4	4	12	**1100**	14	C
5	**0101**	5	5	13	**1101**	15	D
6	**0110**	6	6	14	**1110**	16	E
7	**0111**	7	7	15	**1111**	17	F

1.2.2 不同数制间的转换

一、二进制、八进制和十六进制数转换为十进制数

分别写出二进制、八进制和十六进制数按权展开式，数码和位权值的乘积称为加权系数。各位加权系数相加的结果便为对应的十进制数。如

［例 1.2.1］ 将$(\mathbf{101110.011})_2$、 $(637.34)_8$ 和$(8ED.C7)_{16}$转换为十进制数。

解： （1）$(\mathbf{101110.011})_2=\mathbf{1}\times 2^5+\mathbf{1}\times 2^3+\mathbf{1}\times 2^2+\mathbf{1}\times 2^1+\mathbf{1}\times 2^{-2}+\mathbf{1}\times 2^{-3}$

$=(46.375)_{10}$

（2）$(637.34)_8=6\times8^2+3\times8^1+7\times8^0+3\times8^{-1}+4\times8^{-2}$

$=(415.4375)_{10}$

（3）$(8ED.C7)_{16}=8\times16^2+14\times16^1+13\times16^0+12\times16^{-1}+7\times16^{-2}$

$=(2285.7773)_{10}$

二、十进制数转换为二进制、八进制和十六进制数

十进制数转换为二进制、八进制和十六进制数的方法是：整数部分采用“除基取余法”，它是将十进制数的整数部分逐次被基数 R 除，每次除完所得余数便为要转换的数码，直到商为 0。第一个余数为最低位，最后一个余数为最高位。小数部分采用“乘基取整法”，它是将十进制数的小数部分连续乘以基数 R，乘数的整数部分作为 R 进制数的小数部分。第一个整数为最高位，最后一个整数为最低位，下面举例说明。

［例 1.2.2］ 将十进制数$(174.437)_{10}$转换成二进制数（要求二进制数保留到小数点以后 5 位）。

解： （1）整数部分转换。采用“除基取余法”，其基数为 2。

除数	被除数	余数	
2	174	……… $\mathbf{0}=K_0$	最低位（LSB）
2	87	……… $\mathbf{1}=K_1$	
2	43	……… $\mathbf{1}=K_2$	
2	21	……… $\mathbf{1}=K_3$	
2	10	……… $\mathbf{0}=K_4$	
2	5	……… $\mathbf{1}=K_5$	
2	2	……… $\mathbf{0}=K_6$	
2	1	……… $\mathbf{1}=K_7$	最高位（MSB）
	0		

所以 $(174)_{10}=(\mathbf{10101110})_2$

（2）小数部分转换。采用“乘基取整法”。

$0.437\times2=0.874$ 整数部分 $=\mathbf{0}=K_{-1}$ 最高位（MSB）

$0.874\times2=1.748$ 整数部分 = **1** = K_{-2}

$0.748\times2=1.496$ 整数部分 = **1** = K_{-3}

$0.496\times2=0.992$ 整数部分 = **0** = K_{-4}

$0.992\times2=1.984$ 整数部分 = **1** = K_{-5} 最低位(LSB)

所以

$$(0.437)_{10}=(\mathbf{0.01101})_2$$

由此可得

$$(174.437)_{10}=(\mathbf{10101110.01101})_2$$

十进制数转换为八进制数和十六进制数的方法和十进制数转换为二进制数的方法是相同的,所不同的是前者的基数分别为8和16。

[**例1.2.3**] 将十进制数$(174.437)_{10}$转换为八进制数和十六进制数(要求八进制和十六进制数保留到小数点以后5位)。

解: (1)整数部分转换采用“除基取余法”。它们的基数分别为8和16。

```
8 | 1 7 4 ………………… 6 = K0        16 | 1 7 4 ………………… E = K0
   8 | 2 1 ………………… 5 = K1        16 | 1 0 ………………… A = K1
      8 | 2 ………………… 2 = K2              0
          0
```

所以 $(174)_{10}=(256)_8=(\text{AE})_{16}$

(2)小数部分转换采用“乘基取整法”。

$0.437\times8=3.496$ $K_{-1}=3$ $0.437\times16=6.992$ $K_{-1}=6$

$0.496\times8=3.968$ $K_{-2}=3$ $0.992\times16=15.872$ $K_{-2}=\text{F}$

$0.968\times8=7.744$ $K_{-3}=7$ $0.872\times16=13.952$ $K_{-3}=\text{D}$

$0.744\times8=5.952$ $K_{-4}=5$ $0.952\times16=15.232$ $K_{-4}=\text{F}$

$0.952\times8=7.616$ $K_{-5}=7$ $0.232\times16=3.712$ $K_{-5}=3$

所以 $(0.437)_{10}=(0.33757)_8=(0.6\text{FDF}3)_{16}$

由此可得

$$(174.437)_{10}=(256.33757)_8=(\text{AE}.6\text{FDF}3)_{16}$$

三、二进制数与八进制数、十六进制数间的相互转换

1. 二进制数和八进制数间的相互转换

(1)二进制数转换成八进制数。由于八进制数的基数$8=2^3$,故每位八进制数由3位二进制数构成。因此,二进制数转换为八进制数的方法是:整数部分从低位开始,每3位二进制数为一组,最后一组不足3位时,则在高位加**0**补足3位为止;小数点后的二进制数则从高位开始,每3位二进制数为一组,最后一组不足3位时,则在低位加**0**补足3位,然后用对应的八进制数来代替,再按原顺序排列写出对应的八进制数。

［例 1.2.4］　将二进制数$(\mathbf{10111101.01110111})_2$转换为八进制数。

解：

010	111	101	.	011	101	110
↓	↓	↓		↓	↓	↓
2	7	5	.	3	5	6

所以

$$(\mathbf{10111101.01110111})_2=(275.356)_8$$

（2）八进制数转换成二进制数。将每位八进制数用 3 位二进制数来代替，再按原来的顺序排列起来，便得到了相应的二进制数。

［例 1.2.5］　将八进制数$(647.453)_8$转换为二进制数。

解：

6	4	7	.	4	5	3
↓	↓	↓		↓	↓	↓
110	100	111	.	100	101	011

所以

$$(647.453)_8=(\mathbf{110100111.100101011})_2$$

2. 二进制数和十六进制数间的相互转换

（1）二进制数转换成十六进制数。由于十六进制数的基数$16=2^4$，故每位十六进制数由 4 位二进制数构成。因此，二进制数转换为十六进制数的方法是：整数部分从低位开始，每 4 位二进制数为一组，最后一组不足 4 位时，则在高位加 0 补足 4 位为止；小数部分从高位开始，每 4 位二进制数为一组，最后一组不足 4 位时，在低位加 0 补足 4 位，然后用对应的十六进制数来代替，再按原顺序写出对应的十六进制数。

［例 1.2.6］　将二进制数$(\mathbf{10110111110.100111})_2$转换成十六进制数。

解：

0101	1011	1110	.	1001	1100
↓	↓	↓		↓	↓
5	B	E	.	9	C

所以

$$(\mathbf{10110111110.100111})_2=(5BE.9C)_{16}$$

（2）十六进制数转换成二进制数。将每位十六进制数用 4 位二进制数来代替，再按原来的顺序排列起来便得到了相应的二进制数。

［例 1.2.7］　将十六进制数$(3BE5.97D)_{16}$转换成二进制数。

解：

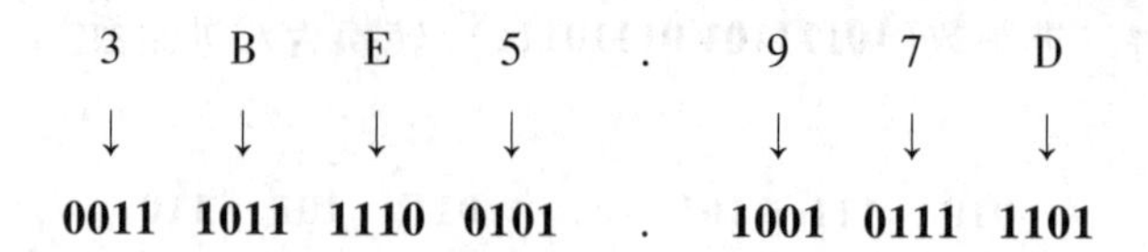

所以

$$(3BE5.97D)_{16}=(\mathbf{11101111100101.100101111101})_2$$

1.2.3　二进制代码

在数字系统中，二进制数码常用来表示特定的信息。将若干个二进制数码 **0** 和 **1** 按一定规则排列起来表示某种特定含义的代码，称为二进制代码，或称二进制码。如用一定位数的二进制代码表示数字、文字和字符等。下面介绍几种数字电路中常用的二进制代码。

一、二-十进制代码

1. 二-十进制代码

将十进制数的 0~9 十个数字用 4 位二进制数表示的代码，称为二-十进制码，又称 BCD（binary-coded-decimal）码。

由于 4 位二进制数码有 16 种不同的组合，而十进制数只需用到其中的 10 种组合，因此，二-十进制代码有多种方案。表 1.2.2 中给出了几种常用的二-十进制代码。

表 1.2.2　常用二-十进制代码表

十进制数	有权码				无权码	
	8421 码	5421 码	2421(A)码	2421(B)码	余 3 码	余 3 循环码
0	**0000**	**0000**	**0000**	**0000**	**0011**	**0010**
1	**0001**	**0001**	**0001**	**0001**	**0100**	**0110**
2	**0010**	**0010**	**0010**	**0010**	**0101**	**0111**
3	**0011**	**0011**	**0011**	**0011**	**0110**	**0101**
4	**0100**	**0100**	**0100**	**0100**	**0111**	**0100**
5	**0101**	**1000**	**0101**	**1011**	**1000**	**1100**
6	**0110**	**1001**	**0110**	**1100**	**1001**	**1101**
7	**0111**	**1010**	**0111**	**1101**	**1010**	**1111**
8	**1000**	**1011**	**1110**	**1110**	**1011**	**1110**
9	**1001**	**1100**	**1111**	**1111**	**1100**	**1010**

（1）8421BCD 码

这种代码每一位的权值是固定不变的，为恒权码。它取了 4 位自然二进制数的前 10 种组合，即 **0000**(0)~**1001**(9)，从高位到低位的权值分别为 8、4、2、1，去掉后 6 种组合 **1010**~**1111**，所以称为 8421BCD 码。它是最常用的一种代码。

（2）2421BCD 码和 5421BCD 码

它们也是恒权码,从高位到低位的权值分别是 2、4、2、1 和 5、4、2、1,这也是它们名称的来历。2421(A)码和 2421(B)码的编码方式不完全相同。由表 1.2.2 可看出:2421(B)码具有互补性,0 和 9、1 和 8、2 和 7、3 和 6、4 和 5 这 5 对代码互为反码。

(3) 余 3 BCD 码

这种代码没有固定的权值,为无权码,它比 8421BCD 码多余 3(**0011**),所以称为余 3 码。由表 1.2.2 可看出:0 和 9、1 和 8、2 和 7、3 和 6、4 和 5 这 5 对代码互为反码。

(4) 余 3 循环 BCD 码

这也是一种无权码,它的特点是具有相邻性,即两组相邻代码之间只有一位状态不同,其余都相同。

2. 用 BCD 代码表示十进制数

在 BCD 码中,4 位二进制代码只能表示一位十进制数。当需要对多位十进制数进行编码时,则需对多位十进制数中的每位数进行编码。

[例 1.2.8] 分别将十进制数$(753)_{10}$转换为 8421BCD 码、5421BCD 和余 3 BCD 码。

解: $(753)_{10}=(\mathbf{011101010011})_{8421BCD}$

$(753)_{10}=(\mathbf{101010000011})_{5421BCD}$

$(753)_{10}=(\mathbf{101010000110})_{余3\ BCD}$

二、可靠性代码

代码在形成和传输过程中难免要产生错误,为了使代码形成时不易出差错,或在出现错误时容易发现并进行校正,需采用可靠性编码。常用的可靠性代码有格雷码、奇偶校验码等。下面分别介绍。

1. 格雷码

格雷码(Gray code)是一种无权码,它有多种形式,表 1.2.3 所示为典型 4 位格雷码的编码顺序。它的特点是任意两组相邻代码之间只有一位状态不同,其余各位都相同,而 0 和最大数(2^n-1)对应的两组格雷码之间也只有一位不同。因此,它是一种循环码。格雷码的这个特性使它在形成和传输过程中引起的误差较小。如计数电路按格雷码计数时,电路每次状态更新只有一位代码变化,从而减少了计数错误。

表 1.2.3 格雷码与二进制码关系对照表

十进制数	二进制码				格雷码			
0	**0**	**0**	**0**	**0**	**0**	**0**	**0**	**0**
1	**0**	**0**	**0**	**1**	**0**	**0**	**0**	**1**
2	**0**	**0**	**1**	**0**	**0**	**0**	**1**	**1**
3	**0**	**0**	**1**	**1**	**0**	**0**	**1**	**0**
4	**0**	**1**	**0**	**0**	**0**	**1**	**1**	**0**
5	**0**	**1**	**0**	**1**	**0**	**1**	**1**	**1**
6	**0**	**1**	**1**	**0**	**0**	**1**	**0**	**1**
7	**0**	**1**	**1**	**1**	**0**	**1**	**0**	**0**

续表

十进制数	二进制码				格雷码			
8	**1**	**0**	**0**	**0**	**1**	**1**	**0**	**0**
9	**1**	**0**	**0**	**1**	**1**	**1**	**0**	**1**
10	**1**	**0**	**1**	**0**	**1**	**1**	**1**	**1**
11	**1**	**0**	**1**	**1**	**1**	**1**	**1**	**0**
12	**1**	**1**	**0**	**0**	**1**	**0**	**1**	**0**
13	**1**	**1**	**0**	**1**	**1**	**0**	**1**	**1**
14	**1**	**1**	**1**	**0**	**1**	**0**	**0**	**1**
15	**1**	**1**	**1**	**1**	**1**	**0**	**0**	**0**

2. 奇偶校验码

二进制信息在传送过程中可能会出现错误。为了能发现和校正错误,提高设备的抗干扰能力,常采用奇偶校验码(parity check code)。它由两部分组成:一部分是需要传送的信息本身,其为位数不限的二进制代码;另一部分是位数为1位的奇偶校验位,其数值(为**0**或为**1**)应使整个代码中**1**的个数为奇数或为偶数。**1**的个数为奇数的称为奇校验;**1**的个数为偶数的称为偶校验。表1.2.4所示为8421BCD码的奇偶校验码。如奇校验码在传送过程中多一个**1**或少一个**1**,就出现了偶数**1**的个数,用奇校验电路就可发现传送过程中的错误。同时,偶校验码在传送过程中出现的错误也会很容易被发现。

表1.2.4 8421BCD奇偶校验码

十进制数	8421BCD奇校验码					8421BCD偶校验码				
	信息码				校验位	信息码				校验位
0	**0**	**0**	**0**	**0**	**1**	**0**	**0**	**0**	**0**	**0**
1	**0**	**0**	**0**	**1**	**0**	**0**	**0**	**0**	**1**	**1**
2	**0**	**0**	**1**	**0**	**0**	**0**	**0**	**1**	**0**	**1**
3	**0**	**0**	**1**	**1**	**1**	**0**	**0**	**1**	**1**	**0**
4	**0**	**1**	**0**	**0**	**0**	**0**	**1**	**0**	**0**	**1**
5	**0**	**1**	**0**	**1**	**1**	**0**	**1**	**0**	**1**	**0**
6	**0**	**1**	**1**	**0**	**1**	**0**	**1**	**1**	**0**	**0**
7	**0**	**1**	**1**	**1**	**0**	**0**	**1**	**1**	**1**	**1**
8	**1**	**0**	**0**	**0**	**0**	**1**	**0**	**0**	**0**	**1**
9	**1**	**0**	**0**	**1**	**1**	**1**	**0**	**0**	**1**	**0**

思考题

1. 简述十进制数转换为二进制数、八进制数和十六进制数的方法。
2. 简述二进制数、八进制数和十六进制数转换为十进制数的方法。
3. 简述二进制数、八进制数和十六进制数相互转换的方法。
4. 8421码和8421BCD码有何区别?
5. 格雷码有什么特点?为什么说它是可靠性代码?

6. 奇偶校验码有什么特点？为什么说它是可靠性代码？

1.3　二进制数的算术运算

1.3.1　两数绝对值之间的运算

二进制数的加、减、乘、除等算术运算的规则和十进制数类似，所不同的是：二进制数的加法运算规则为“逢二进一”；减法运算规则为“借一作二”。

一、二进制加法

二进制数的加法规则是：

$$0+0=0,\quad 0+1=1,\quad 1+0=1,\quad 1+1=\boxed{1}\,0$$

方框中的 **1** 为进位数，它表示两个 **1** 相加后，本位和为 **0**，同时相邻高位加 **1**（进 **1** 作 **2**），实现了“逢二进一”。

[例 1.3.1]　计算二进制数**1001+0101**

解：

进位数	1
被加数	1001
加　数	+0101
和	1110

所以 **1001+0101=1110**。

在数字系统中，加法运算是各种算术运算的基础。

二、二进制减法

二进制数的减法规则是：

$$0-0=0,\quad 1-1=0,\quad 1-0=1,\quad 0-1=\boxed{1}\,0-1=1$$

方框中的 **1** 为借位数。表示 **0-1** 不够，向高位借 **1** 作 **2**，再进行减法运算，结果为 **1**。

[例 1.3.2]　计算二进制数**1001-0101**

解：

借位数	1
被减数	1001
减　数	-0101
差	0100

所以 **1001-0101=0100**。

三、二进制乘法

二进制数的乘法规则是：

$$0\times0=0,\quad 0\times1=0,\quad 1\times0=0,\quad 1\times1=1$$

当进行多位二进制数的乘法运算时，乘数从低位起，每一位数都要依次与被乘数各位数相乘，所得的积依次左移一位，最后相加求得乘积值。

［例 1.3.3］ 计算二进制数**1011×0101**

解：

```
       1011        被乘数
     × 0101        乘  数
     ─────────
       1011        第1部分乘积
      0000         第2部分乘积
     1011          第3部分乘积
    0000           第4部分乘积
    ─────────
    0110111        最后乘积
```

所以**1011×0101＝110111**。

乘法运算也可用加法运算来完成，只要将被乘数连续进行加法运算就可求得结果。如**11×5＝55**，可用5个**11**相加，其结果也一样为55。同样，将5个二进制数**1011**相加，结果和**1011×0101**一样，也为**110111**。因此，二进制数的乘法运算可通过连续加法运算来实现。

四、二进制除法

二进制数的除法运算规则为：被除数从高位开始逐位向低位不断减去除数，够减时商为**1**，不够减时商为**0**，这样不断减下去便可求得商。在二进制数的除法运算中，每位商的值为**1**或为**0**。

［例 1.3.4］ 计算二进制数**11001÷101**。

解：

```
                 101      商
除数  101 ／11001         被除数
            101
          ──────
              101         余数
              101
          ──────
                0         余数
```

所以**11001÷101＝101**。

除法运算也可用减法运算来完成。只要将被除数连续减去除数就可求得结果，减法运算的次数就是商。如25÷5＝5，这与25减五次5的结果是一样的，也是5。同样，二进制数**11001**减五次**101**的结果和**11001÷101**一样，也为**101**。因此，二进制数的除法运算可通过连续减法运算来实现。

1.3.2 原码、反码和补码

微视频1-2：深入理解原码、反码和补码

在一般情况下，数的正、负是在数的最高位前面加上“+”或“-”来表示，如+72、-16等。而在计算机中，数的正和负是用数码表示的，通常采用的方法是在二进制数最高位的前面加一个符号位来表示，符号位后面的数码表示数。正数的符号位用“**0**”表示，负数的符号位用“**1**”表示。如

$$(+13)_{10}=(\boxed{0}\ 1101)_2 \qquad (-13)_{10}=(\boxed{1}\ 1101)_2$$

方框中的数为符号位。

在数字系统中，常将负数用补码来表示，其目的是为了将减法运算变为加法运算。

带符号的二进制数有原码、反码和补码三种表示方法。

一、原码表示

原码由二进制数的原数值部分和符号位组成。因此，原码表示法又称为符号-数值表示法。表示如下：

$$(N)_{原}=\begin{cases}[0]原数值 & (原数值为正数)\\ [1]原数值 & (原数值为负数)\end{cases}$$

如二进制数**+1010101** 的原码为 **01010101**；**-1010101** 的原码为 **11010101**。

二、反码表示

二进制数反码是这样规定的：对于正数，反码和原码相同，为符号位加上原数值；对于负数，反码为符号位加上原数值按位取反。表示如下：

$$(N)_{反}=\begin{cases}[0]原数值 & (原数值为正数)\\ [1]原数值取反 & (原数值为负数)\end{cases}$$

如二进制数+**10010101** 的反码为 **010010101**，-**10010101**的反码为**101101010**。

三、补码表示

二进制数补码是这样规定的：对于正数，补码和原码、反码相同；对于负数，补码为符号位加上原数值按位取反后再在最低位加 **1**，即为反码加 1。表示如下：

$$(N)_{补}=\begin{cases}[0]原数值 & (原数值为正数)\\ [1]原数值的补码 & (原数值为负数)\end{cases}$$

如二进制数+**110011** 的补码为 **0110011**；-**110011** 的补码为 **1001101**。

[例 1.3.5]　试求二进制数+**1100011**和-**1100011**的原码、反码和补码。

解：　二进制数+**1100011** 的原码、反码和补码都相同为 **01100011**。

二进制数-**1100011** 的原码为 **11100011**，反码为 **10011100**，补码为 **10011101**。

用补码运算的规则是：补码+补码=补码；补码再求补码=原码。有了补码后，减法运算可用加法运算来实现。

[例 1.3.6]　试计算二进制数**1101-1010**。

解：　首先将 **1101-1010** 变为补码后再相加。

+**1101** 的补码为 **01101**；-**1010** 的补码为 **10110**。

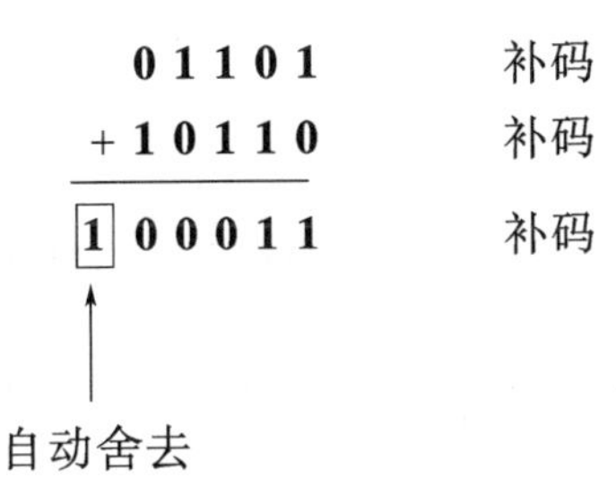

补码

补码

补码

方框中的 **1** 为进位位，在计算机中会自动舍去，保留符号位 **0**，所以为正数。这时补码和原码相同，运算结果为+3。

[**例 1.3.7**] 试计算二进制数**+0110-1001**。

解： **+0110** 的补码为 **00110**；**-1001** 的补码为 **10111**。

$$\begin{array}{rl} \mathbf{0\,0\,1\,1\,0} & \text{补码} \\ +\,\mathbf{1\,0\,1\,1\,1} & \text{补码} \\ \hline \mathbf{1\,1\,1\,0\,1} & \text{补码} \end{array}$$

上述差值的符号位为 **1**，所以为负数。将数值部分求补后便得原码

$$[(\mathbf{1101})_{补}]_{补} = \mathbf{0011}$$

由于为负数，所以，**+0110-1001**=-3。

[**例 1.3.8**] 试用4位二进制补码计算 5-3。

解： $(5-3)_{补}=(5)_{补}+(-3)_{补}$

$=\mathbf{0101+1101}$

$=\mathbf{10010}$

$$\begin{array}{r} \mathbf{0\,1\,0\,1} \\ +\,\mathbf{1\,1\,0\,1} \\ \hline \boxed{\mathbf{1}}\,\mathbf{0\,0\,1\,0} \end{array}$$

↑ 自动舍去

在舍去最高位 **1** 后，符号位为 **0**，计算结果为正数，所以，5-3=2。

思 考 题

1. 为什么说二进制数的加法运算是算术运算的基础？
2. 试说明原码变为反码和补码的方法。
3. 为什么二进制数的乘法运算可用加法来实现？
4. 为什么二进制数的除法运算可用减法来实现？

本 章 小 结

1. 数字信号是突变的、离散的信号，用以传送、加工和处理数字信号的电路称为数字电路。数字信号的高电平和低电平分别用 **1** 和 **0** 表示，它和二进制数中的 **1** 和 **0** 正好对应，因此，在数字系统中，主要采用二进制数进行运算。

2. 和模拟集成电路相比，数字集成电路的主要优点是：便于集成化，成本低；工作稳定可靠，抗干扰能力强；工作速度高，功耗低；数字信息便于保存和加密；具有可编程性，设计自动化程度高等等。

3. 二进制数是以 2 为基数的计数体制，它的进位规则是逢二进一，各位的权值都是 2 的幂。二进制数转换为十进制数的方法是：写出二进制数的按权展开式，各位加权系数的和便为二进制数对应的十进制数。八进制数和十六进制数分别是以 8 和 16 为基数的计数体制，它们的进位规则和转换为十进制数的方法和二进制数基本相同。

4. 十进制数转换为二进制、八进制和十六进制数的方法是：整数部分采用连续“除基取余法”；小数部分是采用连续“乘基取整法”。

5. 常用的 BCD 码有 8421 码、5421 码、2421 码、余 3 码和余 3 循环码等，其中 8421BCD 码最为常用。

6. 常用的可靠性代码有格雷码和奇偶校验码。格雷码为无权码，其特点是任意两组相邻的格雷码之间只有一位不同，其余各位都相同，且0和最大数之间也具有这一特征，它是一种循环码。格雷码的这个特性使它在传输和形成过程中引起的错误很少。奇偶校验码有助于发现和校验信息在传输过程中出现的错误，采用这种代码能有效地提高设备的抗干扰能力。

7. 算术运算为两个二进制数之间进行的数值运算。二进制数的正、负是由数值最高位前面的符号位来表示的，正数的符号位用**0**表示，负数的符号位用**1**表示。带符号的二进制数有原码、反码和补码三种表示方法：对于正数、原码、反码和补码都相同。对于负数，符号位不变，反码为原码按位取反的值；补码为反码加**1**。

8. 在数字系统中，加法运算是算术运算的基础，其他运算都可通过加法运算来实现。两个二进制数的减法运算是通过两数的补码进行加法运算来完成的，运算结果仍为补码。如运算结果为负数时，还需将数值部分再求补码后才能得到原码。如运算结果为正数时，则补码就是原码。

自 测 题

一、填空题

1. 根据集成度的不同，数字集成电路分以下五类：________、________、________、________、________。

2. 二进制数是以________为基数的计数体制，十六进制数是以________为基数的计数体制。

3. 二进制数只有________和________两个数码，加法运算的进位规则为________。

4. 十进制数转换为二进制数的方法是：整数部分用________法，小数部分用________法，十进制数23.75对应的二进制数为________。

5. 十进制数25的二进制数是________，其对应的8421BCD码是________。

6. 负数补码和反码的关系是：________。

7. 二进制数+**1100101**的原码为________，反码为________，补码为________。-**1100101**的原码为________，反码为________，补码为________。

8. 负数-35的二进制数是________，反码是________，补码是________。

二、判断题（正确的题在括号内填上"√"，错误的题则填上"×"）

1. 二进制数有0~9十个数码，进位关系为逢十进一。 （ ）

2. 格雷码为无权码，8421BCD为有权码。 （ ）

3. 一个n位的二进制数，最高位的权值是2^{n-1}。 （ ）

4. 二进制数转换为十进制数的方法是各位加权系之和。 （ ）

5. 对于二进制数负数，补码和反码相同。 （ ）

6. 有时也将模拟电路称为逻辑电路。 （ ）

7. 对于二进制数正数，原码、反码和补码都相同。 （ ）

8. 余3BCD码是用3位二进制数表示一位十进制数。 （ ）

三、选择题(选择正确的答案填入括号内)

1. 在二进制计数系统中，每个变量的取值为 ( )

A. 0 和 1　　B. 0~7　　C. 0~10　　D. 0~F

2. 二进制数的权值为 ( )

A. 10 的幂　　B. 2 的幂　　C. 8 的幂　　D. 16 的幂

3. 十进制数 386 的 8421BCD 码为 ( )

A. **0011 0111 0110**　　B. **0011 1000 0110**

C. **1000 1000 0110**　　D. **0100 1000 0110**

4. 在下列数中，不是余 3BCD 码的是 ( )

A. **1011**　　B. **0111**　　C. **0010**　　D. **1001**

5. 十进制数的权值为 ( )

A. 2 的幂　　B. 8 的幂　　C. 16 的幂　　D. 10 的幂

6. 算术运算的基础是 ( )

A. 加法运算　　B. 减法运算　　C. 乘法运算　　D. 除法运算

7. 二进制数-**1011** 的补码是 ( )

A. **00100**　　B. **00101**　　C. **10100**　　D. **10101**

8. 二进制数最高有效位(MSB)的含义是 ( )

A. 最大权值　　B. 最小权值　　C. 主要有效位　　D. 中间权值

练 习 题

[题 1.1] 将下列二进制数转换成十进制数。

(1) $(\mathbf{100001})_2$　　(2) $(\mathbf{11001.011})_2$　　(3) $(\mathbf{11110.110})_2$　　(4) $(\mathbf{0.01101})_2$

[题 1.2] 将下列十进制数转换成二进制数。(要求二进制数保留到小数点以后 5 位)

(1) $(75)_{10}$　　(2) $(156)_{10}$　　(3) $(45.378)_{10}$　　(4) $(0.742)_{10}$

[题 1.3] 将下列十六进制数转换成二进制数、八进制数和十进制数。

(1) $(45C)_{16}$　　(2) $(6DE.C8)_{16}$　　(3) $(8FE.FD)_{16}$　　(4) $(79E.FD)_{16}$

[题 1.4] 将下列二进制数转换成八进制数和十六进制数。

(1) $(\mathbf{11001011.101})_2$　　(2) $(\mathbf{11110010.1011})_2$

(3) $(\mathbf{1100011.011})_2$　　(4) $(\mathbf{1110111.001})_2$

[题 1.5] 将下列十进制数转换成 8421BCD 码和余 3 BCD 码。

(1) $(74)_{10}$　　(2) $(45.36)_{10}$　　(3) $(136.45)_{10}$　　(4) $(374.51)_{10}$

[题 1.6] 将下列 8421BCD 码和 5421BCD 码转换成十进制数。

(1) $(\mathbf{111000})_{8421BCD}$　　(2) $(\mathbf{10010011})_{8421BCD}$

(3) $(\mathbf{1001\ 1100})_{5421BCD}$　　(4) $(\mathbf{111010})_{5421BCD}$

[题 1.7] 已知 $A=(\mathbf{11100110})_2$， $B=(\mathbf{101111})_2$， $C=(\mathbf{1010100})_2$， $D=(\mathbf{110})_2$。试求：

(1) 根据二进制数的算术运算规律求出 $A+B, A-B, C\times D, C\div D$；

(2) 将 A、B、C、D 的二进制数转换成十进制数后，再求出 $A+B, A-B, C\times D, C\div D$，并将得数和(1)的结果进行比较。

[题 1.8] 写出下列正数和负数的补码。

(1) +35　　(2) +56　　(3) −26　　(4) −67

[题 1.9] 写出下列二进制数的反码和补码。

(1) **+1011**　　(2) **+100101**　　(3) **−100101**　　(4) **−110011**

[题 1.10] 用二进制数补码计算下列各式。

(1) **1010+0011**　　(2) **1101+1011**　　(3) **1101−1011**　　(4) **−0011−1010**

第2章 逻辑代数基础

内容提要

逻辑代数是分析和设计数字逻辑电路的基本数学工具。本章首先介绍了逻辑代数中的基本逻辑运算、基本公式、基本定律和规则,这对逻辑函数的化简是十分有用的。然后介绍了逻辑函数的几种常用表示方法及逻辑函数的公式化简法和卡诺图化简方法。

2.1 概　述

逻辑代数是英国数学家乔治·布尔(George Boole)于1847年首先提出并用于描述客观事物逻辑关系的数学方法。它可帮助从实现同一逻辑要求的众多方案中选择出最佳方案,该方案既能达到要求的逻辑功能,同时使用的元器件和连线又很少。因此,逻辑代数是分析和设计数字逻辑电路的基础。逻辑代数又称布尔代数。

在逻辑代数中,逻辑变量通常用大写英文字母来表示,且每个变量的取值只有**0**和**1**两种,没有第三种可能。这里的**0**和**1**不表示数值的大小,而是表示对立的两个状态,如电平的高与低、三极管的截止与饱和、信号的有与无、开关的断开与接通等。具有二值特征的开关元件是组成数字系统的基础,因此,它很适合用逻辑代数来进行分析和研究。通过本章各节的学习,对逻辑代数在数字系统中的应用会有更深刻的体会。

2.2 逻辑代数中的常用运算

2.2.1 基本逻辑运算

在逻辑代数中,基本逻辑运算有与(AND)运算、或(OR)运算和非(NOT)运算三种。

一、与运算

图2.2.1所示是用串联开关A和B控制灯Y亮和灭的电路。在该电路中,任一开关断开时,灯Y灭;只有当开关A和B都闭合时,灯Y才会亮,它们之间的关系如表2.2.1所示。由该表可看出这样的因果关系:当决定一件事情(灯亮)的全部条件都满足(开关都闭合)时,则这件事情(灯亮)就会发生,这种因果关系称为与逻辑关系。如开关断开和灯灭用**0**

表示，开关闭合和灯亮用 **1** 表示时，则表 2.2.1 可用表 2.2.2 表示。由该表可知 Y 与 A、B 之间的逻辑关系：在 A、B 中，任一为 **0** 时，Y 为 **0**；只有当 A、B 都为 **1** 时，Y 才为 **1**。Y 和 A、B 间的关系可用下式表示

$$Y=A\cdot B \tag{2.2.1}$$

图 2.2.1 用串联开关表示**与**逻辑

式中的“·”表示 A、B 间的**与**运算，符号“·”常省去，而写成 $Y=AB$。**与**运算又称逻辑**乘**。实现**与**运算的电路为**与**门，其逻辑符号如图 2.2.2 所示。

表 2.2.1 与逻辑电路的功能表

开关 A	开关 B	灯 Y
断开	断开	灭
断开	闭合	灭
闭合	断开	灭
闭合	闭合	亮

表 2.2.2 与逻辑真值表

A	B	Y
0	**0**	**0**
0	**1**	**0**
1	**0**	**0**
1	**1**	**1**

对于多变量的与运算可用下式表示

$$Y=ABC\cdots \tag{2.2.2}$$

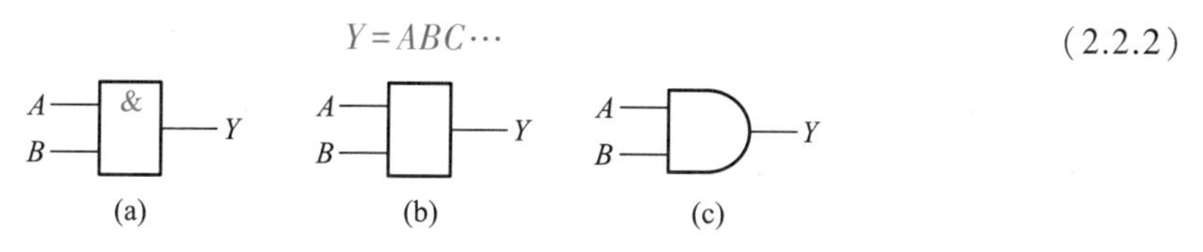

图 2.2.2 **与**门逻辑符号

(a) 国标符号； (b) 曾用符号； (c) 美、日常用符号

二、或运算

如将图 2.2.1 中的开关 A、B 改为并联时，则得图 2.2.3 所示电路。在该图中，任一个或所有开关闭合时，灯 Y 便亮；只有当所有开关都断开时，灯 Y 才灭，它们之间的关系如表 2.2.3 所示。由该表可知：当决定一件事情（灯亮）的所有条件中只要有一个或几个具备（开关闭合）时，这件事情（灯亮）就会发生，这种因果关系称为**或**逻辑关系。如变量 A、B、Y 给出和**与**逻辑同样的赋值时，则表 2.2.3可用表 2.2.4 表示。由该表可知 Y 与 A、B 间的逻辑关系：在 A、B 中，任一或全部为 **1** 时，Y 为 **1**；只有当 A、B 都为 **0** 时，Y 才为 **0**。Y 和 A、B 之间的关系可用下式表示

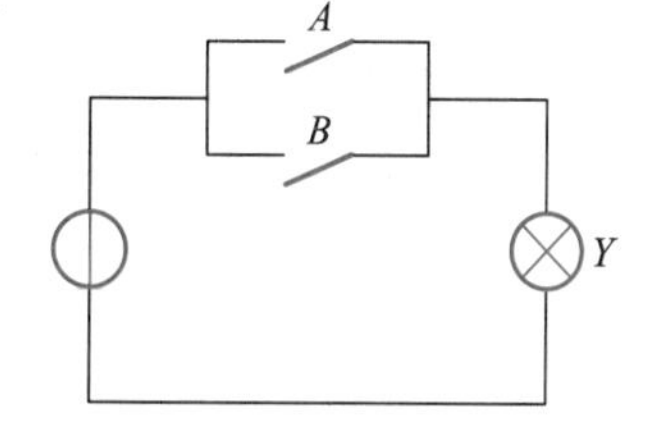

图 2.2.3 用并联开关表示**或**逻辑

$$Y=A+B \tag{2.2.3}$$

式中，“+”表示 A、B 间的**或**运算。**或**运算又称逻辑**加**。实现**或**运算的电路为**或**门，其逻辑符号如图 2.2.4 所示。

表 2.2.3　或逻辑电路功能表

开关 A	开关 B	灯 Y
断开	断开	灭
断开	闭合	亮
闭合	断开	亮
闭合	闭合	亮

表 2.2.4　或逻辑真值表

A	B	Y
0	**0**	**0**
0	**1**	**1**
1	**0**	**1**
1	**1**	**1**

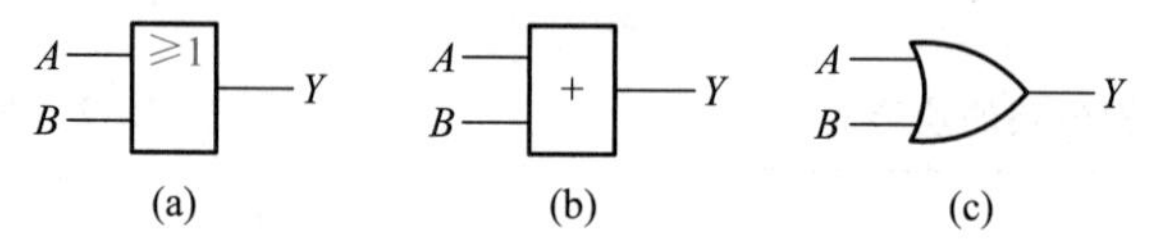

图 2.2.4　**或**门逻辑符号

(a) 国标符号；(b) 曾用符号；(c) 美、日常用符号

对于多变量的**或**运算可用下式表示

$$Y = A + B + C + \cdots \tag{2.2.4}$$

三、非运算

图 2.2.5 所示为用开关 A 和灯 Y 并联表示**非**逻辑的电路。当开关 A 闭合时，灯 Y 灭；当开关 A 断开时，灯 Y 亮。它们之间的逻辑关系如表 2.2.5 所示。由该表可知：当决定一件事情（灯亮）发生的条件具备时，则事件（灯亮）不会发生；当决定一件事情的条件不具备时，则事情反而会发生。这种因果关系称为**非**逻辑关系。如用 **1** 表示开关闭合和灯亮，用 **0** 表示开关断开和灯灭，则表 2.2.5 可用表 2.2.6 表示。由该表可知 Y 和 A 间的逻辑关系：A 为 **1** 时，Y 为 **0**；A 为 **0** 时，Y 为 **1**。Y 和 A 之间的关系可用下式表示

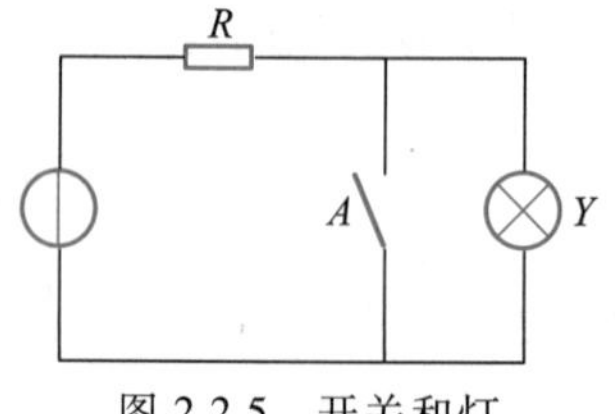

图 2.2.5　开关和灯并联表示**非**逻辑

$$Y = \overline{A} \tag{2.2.5}$$

式中，"$\overline{A}$"读作"A **非**"。实现**非**运算的电路为**非**门，其逻辑符号如图 2.2.6 所示。

表 2.2.5　非逻辑电路功能表

开关 A	灯 Y
断开	亮
闭合	灭

表 2.2.6　非逻辑真值表

A	Y
0	**1**
1	**0**

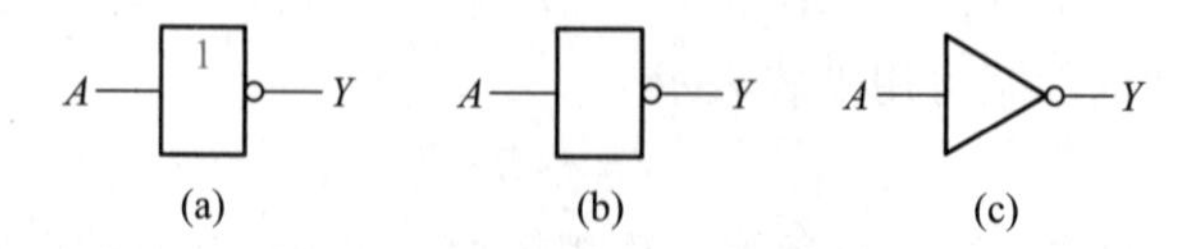

图 2.2.6　**非**门逻辑符号

(a) 国标符号；(b) 曾用符号；(c) 美、日常用符号

2.2.2 复合逻辑运算

一、与非运算、或非运算、与或非运算

1. **与非**运算

与非(NAND)运算是**与**运算和**非**运算组成的复合运算,即先进行**与**运算,而后再进行**非**运算。设输入变量为 A、B,输出为 Y 时,则它的逻辑表达式如下

$$Y=\overline{AB} \tag{2.2.6}$$

与非运算的真值表如表 2.2.7 所示。由该表可看出:输入变量 A、B 中只要有 **0** 时,输出 Y 便为 **1**;只有当输入 A、B 都为 **1** 时,输出 Y 才为 **0**。

表 2.2.7 与非逻辑真值表

A	B	Y
0	**0**	**1**
0	**1**	**1**
1	**0**	**1**
1	**1**	**0**

实现**与非**运算的电路为**与非**门,其逻辑符号如图 2.2.7 所示。

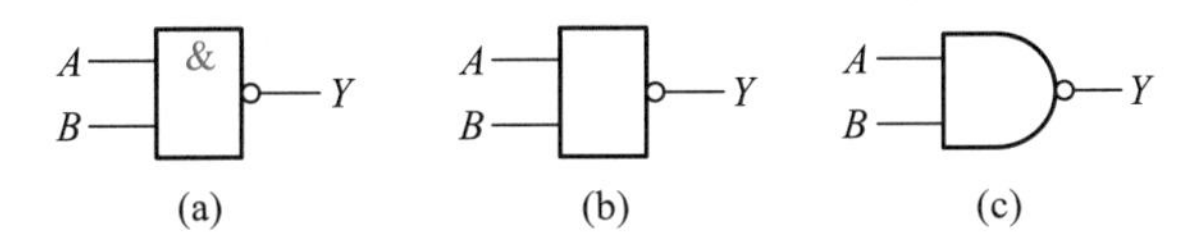

图 2.2.7 **与非**门逻辑符号

(a) 国标符号; (b) 曾用符号; (c) 美、日常用符号

2. **或非**运算

或非(NOR)运算是**或**运算和**非**运算组成的复合运算,即先进行**或**运算,而后再进行**非**运算,它的逻辑表达式如下

$$Y=\overline{A+B} \tag{2.2.7}$$

或非运算的真值表如表 2.2.8 所示。由该表可看出:输入变量 A、B 中只要有 **1** 时,输出 Y 便为 **0**;只有当输入 A、B 都为 **0** 时,输出 Y 才为 **1**。

表 2.2.8 或非逻辑真值表

A	B	Y
0	**0**	**1**
0	**1**	**0**
1	**0**	**0**
1	**1**	**0**

实现**或非**运算的电路为**或非**门,其逻辑符号如图2.2.8所示。

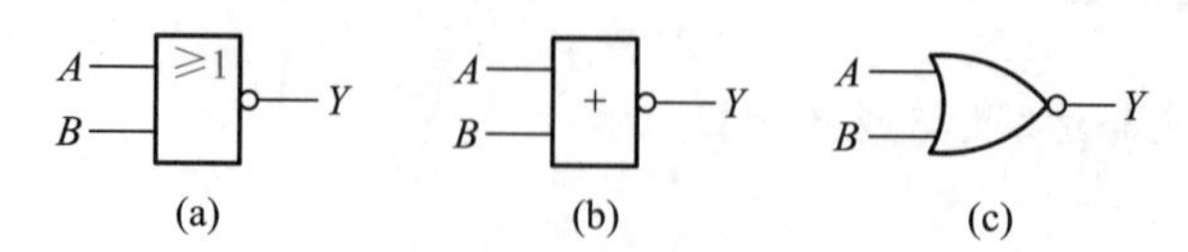

图2.2.8 **或非门逻辑符号**

(a) 国标符号; (b) 曾用符号; (c) 美、日常用符号

3. **与或非**运算

与或非(AND-NOR)运算是**与**运算和**或非**运算组成的复合运算,即先进行A、B和C、D的**与**运算,而后再进行**或非**运算。它的表达式如下

$$Y=\overline{AB+CD} \tag{2.2.8}$$

与或非运算的真值表如表2.2.9所示。由该表可看出:输入变量A、B和C、D中同时有**0**时输出Y为**1**;只有A、B或C、D或A、B、C、D同时为**1**时,输出Y才为**0**。

表2.2.9 与或非逻辑真值表

A	B	C	D	AB	CD	$AB+CD$	$Y=\overline{AB+CD}$
0	0	0	0	0	0	0	1
0	0	0	1	0	0	0	1
0	0	1	0	0	0	0	1
0	0	1	1	0	1	1	0
0	1	0	0	0	0	0	1
0	1	0	1	0	0	0	1
0	1	1	0	0	0	0	1
0	1	1	1	0	1	1	0
1	0	0	0	0	0	0	1
1	0	0	1	0	0	0	1
1	0	1	0	0	0	0	1
1	0	1	1	0	1	1	0
1	1	0	0	1	0	1	0
1	1	0	1	1	0	1	0
1	1	1	0	1	0	1	0
1	1	1	1	1	1	1	0

实现**与或非**运算的电路为**与或非**门,其逻辑符号如图2.2.9所示。

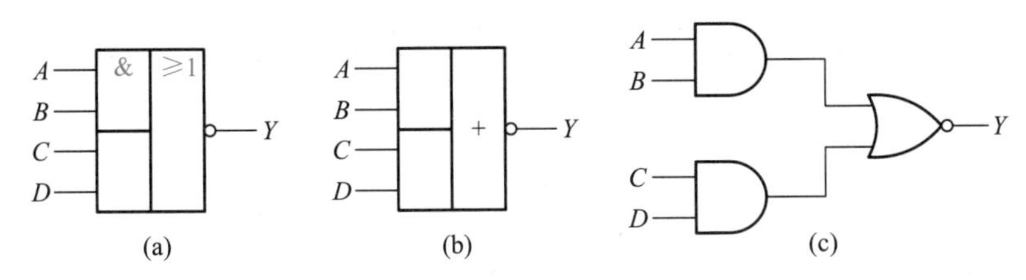

图 2.2.9 **与或非门逻辑符号**

(a) 国标符号；(b) 曾用符号；(c) 美、日常用符号

二、异或运算和同或运算

1. 异或运算

异或(Exclusive-OR)运算是只有两个输入变量的逻辑运算。当输入变量 A、B 取值不同时,输出 Y 为 **1**;而当两个输入变量 A、B 取值相同时,输出 Y 则为 **0**。**异或**运算主要用以判断两个输入变量取值是否不同。**异或**运算的真值表如表 2.2.10 所示,其逻辑表达式如下

$$Y=\overline{A}B+A\overline{B}=A\oplus B \tag{2.2.9}$$

式中,符号"$\oplus$"表示 A、B 间的**异或**运算。实现**异或**运算的电路为**异或**门,其逻辑符号如图 2.2.10所示。

表 2.2.10 异或逻辑真值表

A	B	Y
0	**0**	**0**
0	**1**	**1**
1	**0**	**1**
1	**1**	**0**

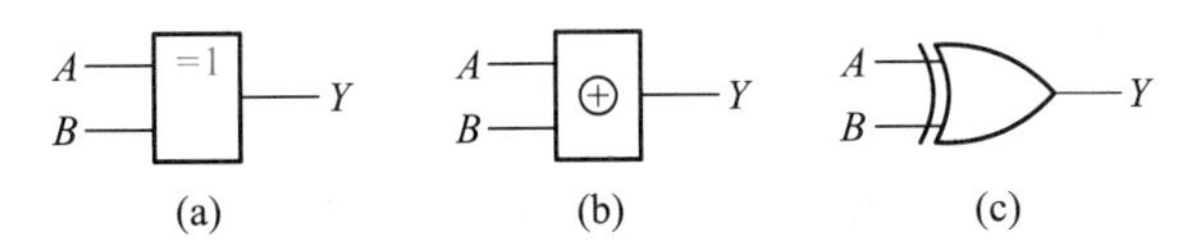

图 2.2.10 **异或门逻辑符号**

(a) 国标符号；(b) 曾用符号；(c) 美、日常用符号

2. 同或运算

同或(Exclusive-NOR)运算也是只有两个输入变量的逻辑运算。当输入变量 A、B 取值相同时,输出 Y 为 **1**;而当两个输入变量取值不同时,输出 Y 则为 **0**。**同或**运算主要用以比较两个输入变量取值是否相同。**同或**运算的真值表如表 2.2.11 所示,其逻辑表达式如下

$$Y=\overline{A}\,\overline{B}+AB=A\odot B \tag{2.2.10}$$

式中,符号"$\odot$"表示 A、B 间的**同或**运算。实现**同或**运算的电路为**同或**门,其逻辑符号如图 2.2.11所示。

表 2.2.11 同或逻辑真值表

A	B	Y
0	0	1
0	1	0
1	0	0
1	1	1

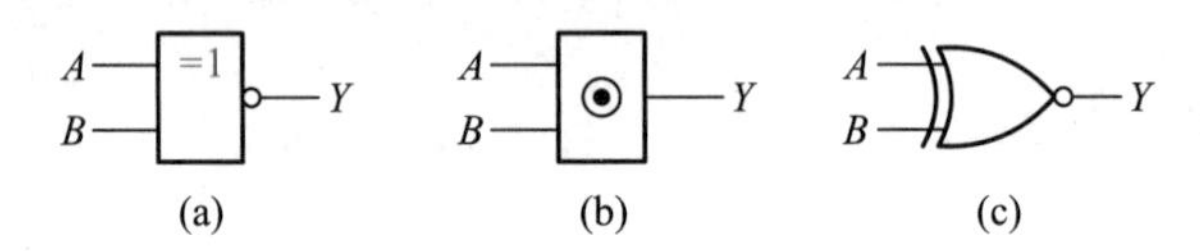

图 2.2.11 同或门逻辑符号

(a) 国标符号； (b) 曾用符号； (c) 美、日常用符号

思 考 题

1. 逻辑代数中的三种基本逻辑运算是什么？写出它们的逻辑表达式并画出它们的逻辑符号。
2. 逻辑代数中的常用复合逻辑运算是什么？写出它们的逻辑表达式并画出它们的逻辑符号。

2.3 逻辑代数中的基本定律、常用公式和规则

2.3.1 逻辑代数中的基本定律

一、常量间的运算

逻辑代数中的常量只有 **0** 和 **1**，它们间的**与**、**或**、**非**运算如表 2.3.1 所示。

表 2.3.1 逻辑常量间的运算

与运算	或运算	非运算
$0 \cdot 0=0$	$0+0=0$	
$0 \cdot 1=0$	$0+1=1$	$\overline{1}=0$
$1 \cdot 0=0$	$1+0=1$	$\overline{0}=1$
$1 \cdot 1=1$	$1+1=1$	

二、基本定律

根据基本逻辑运算规则和逻辑变量的取值只能是 **0** 或 **1** 的特点，可得到逻辑代数中的一些基本定律，如表 2.3.2 所示。

表 2.3.2 逻辑代数中的基本定律

名称	基本公式和定律		说明
0-1律	$\mathbf{0}\cdot A=\mathbf{0}$	$\mathbf{0}+A=A$	变量与常量间的运算
	$\mathbf{1}\cdot A=A$	$\mathbf{1}+A=\mathbf{1}$	
互补律	$A\cdot\overline{A}=\mathbf{0}$	$A+\overline{A}=\mathbf{1}$	
交换律	$A\cdot B=B\cdot A$	$A+B=B+A$	与普通代数相似的定律
结合律	$(A\cdot B)\cdot C=A\cdot(B\cdot C)$	$(A+B)+C=A+(B+C)$	
分配律	$A(B+C)=AB+AC$	$(A+B)(A+C)=A+BC$	
还原律	$\overline{\overline{A}}=A$		双重否定律
重叠律	$A\cdot A\cdot A=A$	$A+A+A=A$	逻辑代数的特殊定律
摩根定律	$\overline{A\cdot B}=\overline{A}+\overline{B}$	$\overline{A+B}=\overline{A}\cdot\overline{B}$	

1. 分配律证明

$$\begin{aligned}(A+B)(A+C)&=A\cdot A+A\cdot C+A\cdot B+B\cdot C\\&=A+A\cdot C+A\cdot B+B\cdot C\\&=A\cdot(\mathbf{1}+C+B)+B\cdot C\\&=A+B\cdot C\end{aligned}$$

微视频 2-1：分配律的应用

2. 摩根定律证明

摩根定律又称反演律，可用真值表证明（见表 2.3.3 和表 2.3.4）。

表 2.3.3 证明 $\overline{A\cdot B}=\overline{A}+\overline{B}$ 的真值表

A	B	$\overline{A\cdot B}$	$\overline{A}+\overline{B}$
0	0	$\overline{0\cdot 0}=1$	$\overline{0}+\overline{0}=1$
0	1	$\overline{0\cdot 1}=1$	$\overline{0}+\overline{1}=1$
1	0	$\overline{1\cdot 0}=1$	$\overline{1}+\overline{0}=1$
1	1	$\overline{1\cdot 1}=0$	$\overline{1}+\overline{1}=0$

表 2.3.4 证明 $\overline{A+B}=\overline{A}\cdot\overline{B}$ 的真值表

A	B	$\overline{A+B}$	$\overline{A}\cdot\overline{B}$
0	0	$\overline{0+0}=1$	$\overline{0}\cdot\overline{0}=1$
0	1	$\overline{0+1}=0$	$\overline{0}\cdot\overline{1}=0$
1	0	$\overline{1+0}=0$	$\overline{1}\cdot\overline{0}=0$
1	1	$\overline{1+1}=0$	$\overline{1}\cdot\overline{1}=0$

由表 2.3.3 和表 2.3.4 可看出，在变量 A、B 的各种取值组合中，摩根定律的两个等式都成立。

摩根定律可推广到多个变量，其逻辑表达式为

$$\begin{cases}\overline{A\cdot B\cdot C\cdot\cdots}=\overline{A}+\overline{B}+\overline{C}+\cdots\\\overline{A+B+C+\cdots}=\overline{A}\cdot\overline{B}\cdot\overline{C}\cdot\cdots\end{cases}\tag{2.3.1}$$

2.3.2 逻辑代数中的常用公式

利用前面讨论的基本定律可以推导出一些常用公式，这些公式对逻辑函数的化简很有用。逻辑代数中的常用公式介绍如下。

公式 1

$$AB+A\overline{B}=A \tag{2.3.2}$$

证明

$$AB+A\overline{B}=A(B+\overline{B})=A\cdot\mathbf{1}=A$$

公式含义：如果两个与项中有一个因子是互补（如 B 和 $\overline{B}$）的，而其他因子都相同时，则互补因子消去。

公式 2

$$A+AB=A \tag{2.3.3}$$

证明

$$A+AB=A(\mathbf{1}+B)=A\cdot\mathbf{1}=A$$

公式含义：在两个与项中，如果一个与项（如 A）是另一个与项（如 AB）的因子时，则另一个与项消去。

公式 1 和公式 2 常用于将两个与项合并为一项，合并结果为两个与项中的共有变量。

公式 3

$$A+\overline{A}B=A+B \tag{2.3.4}$$

证明

$$\begin{aligned}A+\overline{A}B &=(A+AB)+\overline{A}B\\ &=A+B(A+\overline{A})\\ &=A+B\cdot\mathbf{1}\\ &=A+B\end{aligned}$$

公式含义：在两个与项中，如果一个与项的反是另一个与项的因子时，则该因子消去。

公式 3 常用于消去与项中的部分变量。

公式 4

$$AB+\overline{A}C+BC=AB+\overline{A}C \tag{2.3.5}$$

证明

$$\begin{aligned}AB+\overline{A}C+BC &=AB+\overline{A}C+BC(A+\overline{A})\\ &=AB+\overline{A}C+ABC+\overline{A}BC\\ &=AB(\mathbf{1}+C)+\overline{A}C(\mathbf{1}+B)\\ &=AB\cdot\mathbf{1}+\overline{A}C\cdot\mathbf{1}\\ &=AB+\overline{A}C\end{aligned}$$

推论

$$AB+\overline{A}C+BCDE=AB+\overline{A}C$$

证明

$$\begin{aligned}AB+\overline{A}C+BCDE &=AB+\overline{A}C+BC+BCDE\\ &=AB+\overline{A}C+BC(\mathbf{1}+DE)\\ &=AB+\overline{A}C+BC\\ &=AB+\overline{A}C\end{aligned}$$

公式含义：在两个与项中，如果一项包含原变量 A，另一项包含反变量 $\overline{A}$，而这两个与项中的其余因子都是第三个与项的因子时,则第 3 个与项消去。

公式 4 常用于消去一些与项。

上述 4 条公式主要用于吸收(即消去)多余的变量或与项。因此,这 4 条公式又称为吸收律。

公式 5 $$\overline{A\overline{B}+\overline{A}B}=\overline{A}\,\overline{B}+AB \tag{2.3.6}$$

证明

$$\begin{aligned}
\text{左式}&=\overline{A\overline{B}+\overline{A}B}\\
&=\overline{A\overline{B}}\cdot\overline{\overline{A}B}\\
&=(\overline{A}+B)(A+\overline{B})\\
&=\overline{A}A+\overline{A}\,\overline{B}+AB+B\overline{B}\\
&=\overline{A}\,\overline{B}+AB\\
\text{左式}&=\text{右式}
\end{aligned}$$

公式含义:将**异或**运算求反便为**同或**运算。同样,如将**同或**运算求反时,则为**异或**运算。

2.3.3 逻辑代数中的三个基本规则

一、代入规则

在任何含有变量 A 的逻辑等式中,如果等式两边所有出现 A 的地方都用另一个逻辑函数 Y 代替时,则逻辑等式仍然成立。**这个规则称**为代入规则。

[**例 2.3.1**] 已知$\overline{A\cdot B}=\overline{A}+\overline{B}$,试证明等式中所有出现 A 的地方用 $Y=BCD$ 代入后,等式仍然成立。

证明

$$\begin{aligned}
\text{左式}&=\overline{A\cdot B}\\
&=\overline{BCD\cdot B}\\
&=\overline{BCD}\\
&=\overline{B}+\overline{C}+\overline{D}\\
\text{右式}&=\overline{A}+\overline{B}\\
&=\overline{BCD}+\overline{B}\\
&=\overline{B}+\overline{C}+\overline{D}+\overline{B}\\
&=\overline{B}+\overline{C}+\overline{D}
\end{aligned}$$

所以　　左式=右式

二、反演规则

对于任何逻辑函数表达式 Y,如果将式中所有的“·”换成“+”,“+”换成“·”;“**0**”换成“**1**”,“**1**”换成“**0**”;原变量换成反变量,反变量换成原变量,便得到一个新的逻辑函数式 $\overline{Y}$。

微视频 2-2:求反函数的两种方法

$\overline{Y}$ 为 Y 的反函数。这个规则称为反演规则。

［例 2.3.2］　已知逻辑函数 $Y=\overline{A}\cdot\overline{B}+A\cdot B$,试用反演规则求 $\overline{Y}$。

解：　由反演规则可得

$$\begin{aligned}\overline{Y}&=(A+B)\cdot(\overline{A}+\overline{B})\\&=A\,\overline{B}+\overline{A}\,B\end{aligned}$$

上例说明**同或**的反函数为**异或**。Y 式的反函数也可利用摩根定律求得,这时需要对等式两边同时求反,再用摩根定律进行变换。

$$\begin{aligned}\overline{Y}&=\overline{\overline{A}\cdot\overline{B}+A\cdot B}\\&=\overline{\overline{A}\cdot\overline{B}}\cdot\overline{A\cdot B}\\&=(A+B)\cdot(\overline{A}+\overline{B})\\&=A\,\overline{B}+\overline{A}\,B\end{aligned}$$

［例 2.3.3］　已知逻辑函数 $Y=A+\overline{\overline{B}\cdot C+\overline{\overline{D}+E}}$,试用反演规则求 $\overline{Y}$。

解：　由反演规则可得

$$\overline{Y}=\overline{A}\cdot\overline{(B+\overline{C})\cdot\overline{D\cdot\overline{E}}}$$

应当指出,利用反演规则时,应注意以下两点：

(1) 注意运算符号的优先顺序：先运算括号内的,再运算逻辑**乘**,最后运算逻辑**加**。如在［例2.3.2］中,先将 $\overline{A}\cdot\overline{B}$ 变为 $(A+B)$,$A\cdot B$ 变为 $(\overline{A}+\overline{B})$,再将 $\overline{A}\cdot\overline{B}$ 和 $A\cdot B$ 两者之间的**或**运算改为**与**运算,由此得 $\overline{Y}=(A+B)\cdot(\overline{A}+\overline{B})$。而不能写成 $\overline{Y}=A+B\cdot\overline{A}+\overline{B}$。**与**项变为**或**项后通常需加括号。

(2) 原变量变成反变量,反变量变成原变量只对单个变量有效,而对于**与非**、**或非**等长**非**号则保持不变。见［例 2.3.3］。

反演规则主要用于快速求得逻辑函数的反函数。

三、对偶规则

对于任何逻辑函数 Y,如果将式中所有的“ · ”换成“+”,“+”换成“ · ”;“**0**”换成“**1**”,“**1**”换成“**0**”,便得到一个新的逻辑函数式 Y'。Y' 为 Y 的对偶式。这个规则称为对偶规则。

使用对偶规则写逻辑函数的对偶式时,同样要注意运算符号的优先顺序(和反演规则相同),同时,所有变量上的**非**号都保持不变。

例如

$$Y=A\cdot(B+C)\qquad Y'=A+B\cdot C$$

$$Y=(A+\mathbf{0})\cdot(B\cdot\mathbf{1})\qquad Y'=A\cdot\mathbf{1}+(B+\mathbf{0})$$

$$Y=\overline{\overline{A}+\overline{B+\overline{C}}}\qquad Y'=\overline{\overline{A}\cdot\overline{B\cdot\overline{C}}}$$

$$Y=A\cdot\overline{B\cdot\overline{C}\cdot\overline{\overline{D}\cdot E}}\qquad Y'=A+\overline{B+\overline{C}+\overline{\overline{D}+E}}$$

对偶规则主要用于证明逻辑恒等式。如果两个逻辑函数的对偶式相等，则这两个逻辑函数也相等。

思　考　题

1. 简述常用公式和基本定律在逻辑函数化简中各有什么作用。

2. 用真值表证明下列等式。

（1）$A\bar{B}+\bar{A}B=(\bar{A}+\bar{B})(A+B)$

（2）$AB+A\bar{B}+\bar{A}B=A+B$

（3）$A+\overline{\bar{A}(B+C)}=A+\overline{B+C}$

（4）$\overline{A\bar{B}+C}=(\bar{A}+B)\bar{C}$

3. 求逻辑函数的反函数有哪几种方法？

4. 利用反演规则和对偶规则进行变换时，应注意哪些问题？

5. 用反演规则求下列逻辑函数的反函数。

（1）$Y=AB+C$

（2）$Y=(A+\bar{A}B)(C+\bar{D})$

（3）$Y=\overline{A+BC+\bar{D}}$

6. 用对偶规则求下列逻辑函数的对偶式。

（1）$Y=A+B\bar{C}$

（2）$Y=A(B+\bar{C})$

（3）$Y=\overline{\bar{A}\cdot\overline{B\bar{C}}}$

2.4　逻辑函数及其表示方法

2.4.1　逻辑函数的建立

一、逻辑函数的建立

逻辑函数是用以描述数字逻辑系统输出与输入变量之间逻辑关系的表达式。下面举例说明逻辑函数的概念。

[例 2.4.1]　图 2.4.1 所示为楼道照明开关电路。在楼下和楼上分别安装了单刀双掷开关 A 和 B。上楼时，在楼下开灯，楼上关灯；下楼时，在楼上开灯，楼下关灯。试求灯的亮与灭和开关位置之间的逻辑关系，并写出逻辑函数式。

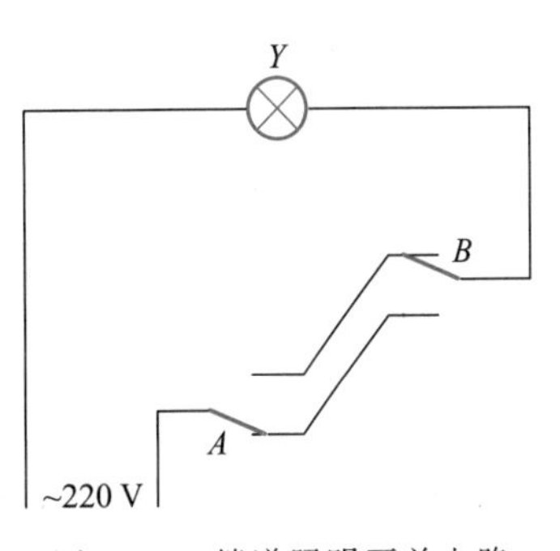

图 2.4.1　楼道照明开关电路

解：　设开关 A、B 扳上用 **1** 表示，扳下用 **0** 表示；灯 Y 亮用 **1** 表示，灯灭用 **0** 表示。由此可列出表 2.4.1 所示的 Y

和 A、B 之间关系的真值表。

表 2.4.1 [例 2.4.1]的真值表

A	B	Y
0	**0**	$\mathbf{1}\to\overline{A}\,\overline{B}$
0	**1**	**0**
1	**0**	**0**
1	**1**	$\mathbf{1}\to AB$

由表 2.4.1 可看出，在开关 A、B 状态的四种不同组合中，只有开关 A、B 同时扳下或同时扳上时，灯 Y 才亮。因此，对于 $Y=\mathbf{1}$ 的第一种开关状态的组合为 $A=\mathbf{0}$、$B=\mathbf{0}$，开关都扳下，用 $\overline{A}\cdot\overline{B}$ 表示；对于 $Y=\mathbf{1}$ 的第二种开关状态的组合为 $A=\mathbf{1}$、$B=\mathbf{1}$，开关都扳上，用 $A\cdot B$ 表示。则 $Y=\mathbf{1}$的两种组合之间为**或**逻辑关系，所以灯亮的逻辑函数式为

$$Y=\overline{A}\cdot\overline{B}+A\cdot B \tag{2.4.1}$$

上式就是前面讨论的**同或**逻辑表达式，它说明开关 A 和 B 扳向同一方向时，灯 Y 才会亮。

二、逻辑函数的表示方法

逻辑函数的表示方法通常有以下五种：真值表、逻辑函数式、逻辑图、波形图和卡诺图。它们各有特点，又可相互转换。这里主要介绍前四种表示方法，至于卡诺图表示法将在本章 2.6 节中介绍。

1. 真值表

逻辑函数输入变量的所有取值组合和对应输出函数值排列成的表格称为真值表。由于每个输入逻辑变量的取值只有 **0** 和 **1** 两种，因此，当有 n 个输入逻辑变量时，则有 2^n 个不同的**与**组合。如两个逻辑函数的真值表相同，则这两个逻辑函数相等。因此，逻辑函数的真值表具有唯一性。

用真值表表示逻辑函数的优点是直观明了。由真值表可直接看出输出逻辑函数与输入变量之间的逻辑关系。

2. 逻辑函数式

用**与**、**或**、**非**等基本逻辑运算表示逻辑函数输入与输出之间逻辑关系的表达式称为逻辑函数式。

根据真值表可直接写出逻辑函数表达式。下面以表 2.4.1 为例说明写逻辑函数的方法：

(1) 将任一组输入变量取值中的 **1** 代以原变量，**0** 代以反变量，便得一组变量的**与**组合。如表 2.4.1 中的 A、B 两个变量取值分别为 **00** 和 **11** 时，则代换后为 $\overline{A}\,\overline{B}$ 和 AB。

(2) 将输出逻辑函数 $Y=\mathbf{1}$ 对应输入变量的**与**组合进行逻辑**加**，便得逻辑函数 Y 的**与或**

表达式,由表 2.4.1 可得 $Y=\overline{A}\,\overline{B}+AB$。

3. 逻辑图

用基本逻辑门和复合逻辑门符号组成的能完成某一逻辑功能的电路图称为逻辑图。逻辑函数式是画逻辑图的重要依据,只要将逻辑函数式中各个逻辑运算用对应的逻辑符号代替,就可画出和逻辑函数式对应的逻辑图。

[例 2.4.2] 已知逻辑函数的真值表如表 2.4.2 所示,试写出它的逻辑表达式,并画出逻辑图。

解: (1) 写出输出逻辑函数表达式。将表 2.4.2 中 $Y=\mathbf{1}$ 对应输入变量**与**组合 $\overline{A}\,\overline{B}\,\overline{C}$ 和 ABC 进行逻辑加。

$$Y=\overline{A}\,\overline{B}\,\overline{C}+ABC \tag{2.4.2}$$

表 2.4.2 [例 2.4.2]的真值表

A	B	C	Y
0	**0**	**0**	**1** $\rightarrow\overline{A}\,\overline{B}\,\overline{C}$
0	**0**	**1**	**0**
0	**1**	**0**	**0**
0	**1**	**1**	**0**
1	**0**	**0**	**0**
1	**0**	**1**	**0**
1	**1**	**0**	**0**
1	**1**	**1**	**1** $\rightarrow ABC$

(2) 画逻辑图。根据式(2.4.2)可画出图 2.4.2 所示的逻辑图。

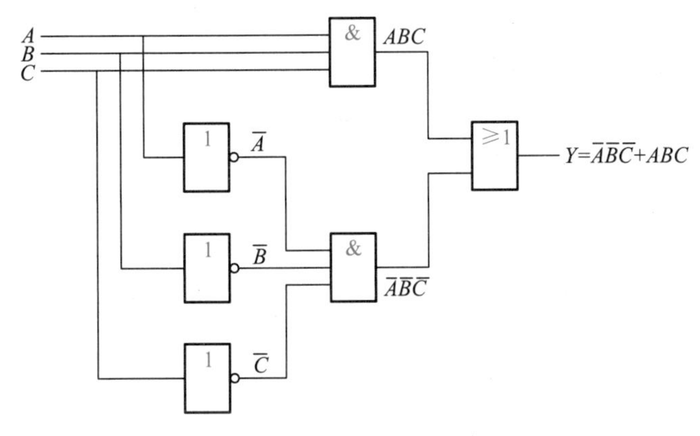

图 2.4.2 [例 2.4.2]的逻辑图

(3) 逻辑功能说明。由表 2.4.2 可看出,当输入 A、B、C 都为 **0** 或都为 **1** 时,输出 $Y=\mathbf{1}$,

所以图 2.4.2 为一致电路。

4. 波形图

将输入变量可能的取值组合和对应的输出值按时间顺序画出的波形称为逻辑函数的波形图。如逻辑函数的真值表已知时,便可根据真值表画出对应的波形图。

[例 2.4.3]　已知输入变量为 A、B、C 和输出为 Y 的逻辑函数的真值表如表 2.4.3 所示,试用波形图表示该逻辑函数。

表 2.4.3　[例 2.4.3]的真值表

输入			输出
A	B	C	Y
0	**0**	**0**	**0**
0	**0**	**1**	**1**
0	**1**	**0**	**0**
0	**1**	**1**	**1**
1	**0**	**0**	**1**
1	**0**	**1**	**0**
1	**1**	**0**	**0**
1	**1**	**1**	**1**

解:　根据真值表给出 A、B、C 取值的顺序画出 A、B、C 的波形,并在时间上对应画出 Y 的波形,如图 2.4.3 所示。

图 2.4.3 所示波形图直观地反映了输入变量 A、B、C 和输出函数 Y 之间随时间变化的规律。它给出了某一时刻输入变量取值对应的输出函数值。在数字逻辑电路中,如高电平用 **1** 表示、低电平用 **0** 表示时,就可画出输入和输出之间逻辑关系的电压波形。因此,逻辑函数的波形图和实际数字电路中的电压波形是一致的。

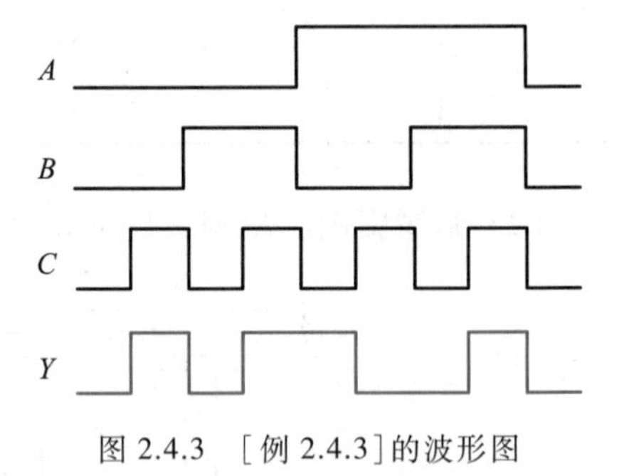

图 2.4.3　[例 2.4.3]的波形图

反过来,如逻辑函数的输入和输出波形已知时,也可根据输入和输出信号的值列出真值表。

5. 卡诺图

卡诺图实际上是真值表的另一种表示形式。用卡诺图表示逻辑函数的方法将在后面讨论。

2.4.2　逻辑函数的两种标准形式

逻辑函数的标准形式有最小项表达式和最大项表达式两种,下面分别介绍。

一、最小项的定义和性质

1. 最小项定义

在逻辑函数中，如果一个**与**项（乘积项）包含该逻辑函数的全部变量，且每个变量或以原变量或以反变量只出现一次，则该**与**项称为最小项。对于 n 个变量的逻辑函数共有 2^n 个最小项。

如三变量为 A、B、C 时，它的全部最小项共有 $2^3=8$ 个。它们是：$\overline{A}\,\overline{B}\,\overline{C}$、$\overline{A}\,\overline{B}\,C$、$\overline{A}\,B\,\overline{C}$、$\overline{A}\,BC$、$A\,\overline{B}\,\overline{C}$、$A\,\overline{B}\,C$、$A\,B\,\overline{C}$、$ABC$。表 2.4.4 中列出了三变量的全部最小项及其编号。

表 2.4.4 三变量全部最小项及其编号

变量取值	最小项值								最小项编号	
$A\ B\ C$	$\overline{A}\,\overline{B}\,\overline{C}$	$\overline{A}\,\overline{B}\,C$	$\overline{A}\,B\,\overline{C}$	$\overline{A}\,B\,C$	$A\,\overline{B}\,\overline{C}$	$A\,\overline{B}\,C$	$A\,B\,\overline{C}$	ABC	最小项	编号
0 0 0	**1**	**0**	**0**	**0**	**0**	**0**	**0**	**0**	$\overline{A}\,\overline{B}\,\overline{C}$	m_0
0 0 1	**0**	**1**	**0**	**0**	**0**	**0**	**0**	**0**	$\overline{A}\,\overline{B}\,C$	m_1
0 1 0	**0**	**0**	**1**	**0**	**0**	**0**	**0**	**0**	$\overline{A}\,B\,\overline{C}$	m_2
0 1 1	**0**	**0**	**0**	**1**	**0**	**0**	**0**	**0**	$\overline{A}\,B\,C$	m_3
1 0 0	**0**	**0**	**0**	**0**	**1**	**0**	**0**	**0**	$A\,\overline{B}\,\overline{C}$	m_4
1 0 1	**0**	**0**	**0**	**0**	**0**	**1**	**0**	**0**	$A\,\overline{B}\,C$	m_5
1 1 0	**0**	**0**	**0**	**0**	**0**	**0**	**1**	**0**	$A\,B\,\overline{C}$	m_6
1 1 1	**0**	**0**	**0**	**0**	**0**	**0**	**0**	**1**	$A\,B\,C$	m_7

2. 最小项性质

由表 2.4.4 可知，最小项有如下性质：

（1）对于变量的任一组取值，只有一个最小项的值为 **1**。

（2）不同的最小项，使其值为 **1** 的那组变量取值也不同。

（3）对于变量的同一组取值，任意两个最小项逻辑**与**的结果为 **0**。

（4）对于变量的同一组取值，全部最小项逻辑**或**的结果为 **1**。

3. 最小项编号

最小项用 m 表示。为叙述和书写方便，通常用十进制数作最小项的下标编号。编号方法是：将最小项中的原变量当作 **1**，反变量当作 **0**，则得一组二进制数，其对应的十进制数便为最小项的编号。例如三变量最小项 $A\,\overline{B}\,\overline{C}$ 对应的二进制数为 **100**，相应的十进制数为 4，所以最小项$A\,\overline{B}\,\overline{C}$记作 m_4，即 $m_4=A\,\overline{B}\,\overline{C}$。根据这个编号方法，对三变量 A、B、C 的全部 $2^3=8$ 个最小项的编号见表 2.4.4 最右边的一列。

4. 最小项表达式

在**与或**逻辑函数表达式中，有时**与**项并不是最小项，这时可利用 $A+\overline{A}=\mathbf{1}$ 的形式和不是最小项的与项进行逻辑乘，补充缺少的变量，将逻辑函数变换成最小项之和的最小项表达式。最小项表达式又称标准**与**-**或**表达式。

[**例 2.4.4**]　将逻辑函数 $Y=AB+AC+BC$ 变换为最小项表达式。

解：（1）利用 $A+\overline{A}=\mathbf{1}$ 的形式作配项，补充缺少的变量

$$Y=AB(C+\overline{C})+AC(B+\overline{B})+BC(A+\overline{A})$$
$$=ABC+AB\overline{C}+ABC+A\overline{B}C+ABC+\overline{A}BC$$

（2）利用 $A+A=A$ 的形式合并相同的最小项

$$Y=\overline{A}BC+A\overline{B}C+AB\overline{C}+ABC$$
$$=m_3+m_5+m_6+m_7$$
$$=\sum m(3,5,6,7)$$

式中，数学符号“$\sum$”表示累加运算，即逻辑**加**运算。

[**例 2.4.5**]　将逻辑函数式 $Y=\overline{(A+C)(C+D)+\overline{A}\,\overline{B}}$ 变换为标准**与**-**或**表达式。

解：（1）利用摩根定律将逻辑函数式变换为**与**-**或**表达式

$$Y=(\overline{A+C}+\overline{C+D})\overline{\overline{A}\,\overline{B}}$$
$$=(\overline{A}\,\overline{C}+\overline{C}\,\overline{D})(A+B)$$
$$=\overline{A}B\overline{C}+A\overline{C}\,\overline{D}+B\overline{C}\,\overline{D}$$

（2）利用 $A+\overline{A}=\mathbf{1}$ 的形式作配项，将上式变换为标准**与**-**或**表达式

$$Y=\overline{A}B\overline{C}(D+\overline{D})+A\overline{C}\,\overline{D}(B+\overline{B})+B\overline{C}\,\overline{D}(A+\overline{A})$$
$$=\overline{A}B\overline{C}D+\overline{A}B\overline{C}\,\overline{D}+AB\overline{C}\,\overline{D}+A\overline{B}\,\overline{C}\,\overline{D}+AB\overline{C}\,\overline{D}+\overline{A}B\overline{C}\,\overline{D}$$

（3）利用 $A+A=A$ 的形式合并相同的最小项

$$Y=\overline{A}B\overline{C}\,\overline{D}+\overline{A}B\overline{C}D+A\overline{B}\,\overline{C}\,\overline{D}+AB\overline{C}\,\overline{D}$$
$$=\sum m(4,5,8,12)$$

二、最大项的定义和性质

1. 最大项定义

在逻辑函数中，如果一个**或**项包含了该逻辑函数的全部变量，且每个变量或以原变量或以反变量只出现一次，则该**或**项称为最大项。对于 n 个变量的逻辑函数共有 2^n 个最大项。

如三个变量为 A、B、C 时，它的全部最大项共有 $2^3=8$ 个，如表 2.4.5 所示。

表 2.4.5　三变量全部最大项及其编号

变量取值	最大项值								最大项编号	
$A\ B\ C$	$A+B+C$	$A+B+\overline{C}$	$A+\overline{B}+C$	$A+\overline{B}+\overline{C}$	$\overline{A}+B+C$	$\overline{A}+B+\overline{C}$	$\overline{A}+\overline{B}+C$	$\overline{A}+\overline{B}+\overline{C}$	最大项	编号
0 0 0	**0**	**1**	**1**	**1**	**1**	**1**	**1**	**1**	$A+B+C$	M_0

续表

变量取值			最大项值								最大项编号	
A	B	C	$A+B+C$	$A+B+\overline{C}$	$A+\overline{B}+C$	$A+\overline{B}+\overline{C}$	$\overline{A}+B+C$	$\overline{A}+B+\overline{C}$	$\overline{A}+\overline{B}+C$	$\overline{A}+\overline{B}+\overline{C}$	最大项	编号
0	**0**	**1**	**1**	**0**	**1**	**1**	**1**	**1**	**1**	**1**	$A+B+\overline{C}$	M_1
0	**1**	**0**	**1**	**1**	**0**	**1**	**1**	**1**	**1**	**1**	$A+\overline{B}+C$	M_2
0	**1**	**1**	**1**	**1**	**1**	**0**	**1**	**1**	**1**	**1**	$A+\overline{B}+\overline{C}$	M_3
1	**0**	**0**	**1**	**1**	**1**	**1**	**0**	**1**	**1**	**1**	$\overline{A}+B+C$	M_4
1	**0**	**1**	**1**	**1**	**1**	**1**	**1**	**0**	**1**	**1**	$\overline{A}+B+\overline{C}$	M_5
1	**1**	**0**	**1**	**1**	**1**	**1**	**1**	**1**	**0**	**1**	$\overline{A}+\overline{B}+C$	M_6
1	**1**	**1**	**1**	**1**	**1**	**1**	**1**	**1**	**1**	**0**	$\overline{A}+\overline{B}+\overline{C}$	M_7

2. 最大项性质

由表 2.4.5 可知最大项有如下性质:

(1) 对于变量的任一组取值,只有一个最大项的值为 **0**。

(2) 不同的最大项,使其值为 **0** 的那组变量取值也不同。

(3) 对于变量的同一组取值,任意两个最大项逻辑**或**的结果为 **1**。

(4) 对于变量的同一组取值,全部最大项逻辑**与**的结果为 **0**。

3. 最大项编号

最大项用 M 表示。为叙述和书写方便,通常用十进制数作最大项的下标。其编号方法正好和最小项相反。将最大项中的原变量当作 **0**,反变量当作 **1**,则得一组二进制数,其对应的十进制数便为最大项的编号。如三变量最大项 $A+\overline{B}+C$ 对应的二进制数为 **010**,相应的十进制数为 2,所以 $A+\overline{B}+C$ 记作 M_2,即 $M_2=A+\overline{B}+C$。根据这个编号方法,可列出 A、B、C 三个变量的全部最大项的编号,见表2.4.5最右边的一列。

4. 最大项和最小项的关系

变量数相同时,下标编号相同的最大项和最小项应为互非,即

$$M_i=\overline{m_i} \qquad m_i=\overline{M_i} \tag{2.4.3}$$

例如 $m_4=A\overline{B}\,\overline{C}=\overline{\overline{A\overline{B}\,\overline{C}}}=\overline{\overline{A}+B+C}=\overline{M_4}$

$M_4=\overline{A}+B+C=\overline{\overline{\overline{A}+B+C}}=\overline{A\overline{B}\,\overline{C}}=\overline{m_4}$

5. 最大项表达式

当逻辑函数不是最大项表达式时,可反复利用 $B\cdot\overline{B}=\mathbf{0}$ 的形式和不是最大项的或项进行逻辑加,补充缺少的变量,再用分配律 $A+B\cdot\overline{B}=(A+B)(A+\overline{B})$ 将一般逻辑函数变换成最

大项表达式。最大项表达式又称为标准**或-与**表达式。

[**例 2.4.6**]　将逻辑函数 $Y=(A+C)(\overline{A}+B)$ 变换为最大项表达式。

解：　利用 $A+B\cdot\overline{B}=(A+B)(A+\overline{B})$ 补充缺少的变量，再写出最大项表达式

$$
\begin{aligned}
Y &= (A+C)(\overline{A}+B) \\
&= (A+C+B\cdot\overline{B})(\overline{A}+B+C\cdot\overline{C}) \\
&= (A+B+C)(A+\overline{B}+C)(\overline{A}+B+C)(\overline{A}+B+\overline{C}) \\
&= M_0\cdot M_2\cdot M_4\cdot M_5 \\
&= \Pi M(0,2,4,5)
\end{aligned}
$$

式中，数学符号“Π”表示累乘运算，即逻辑乘运算。

[**例 2.4.7**]　三变量逻辑函数的真值表如表 2.4.6 所示。试写出它的最小项表达式和最大项表达式。

表 2.4.6　[例 2.4.7] 真值表

A	B	C	Y
0	**0**	**0**	**0**
0	**0**	**1**	**0**
0	**1**	**0**	**0**
0	**1**	**1**	**1** $\rightarrow m_3$
1	**0**	**0**	**0**
1	**0**	**1**	**1** $\rightarrow m_5$
1	**1**	**0**	**1** $\rightarrow m_6$
1	**1**	**1**	**1** $\rightarrow m_7$

解：　写最小项表达式

将 $Y=\mathbf{1}$ 对应的最小项进行逻辑**加**

$$
\begin{aligned}
Y &= \overline{A}BC+A\overline{B}C+AB\overline{C}+ABC \\
&= m_3+m_5+m_6+m_7 \\
&= \sum m(3,5,6,7)
\end{aligned}
$$

写最大项表达式

(1) 将 $Y=\mathbf{0}$ 对应的最小项进行逻辑**加**

$$\overline{Y}=\overline{A}\,\overline{B}\,\overline{C}+\overline{A}\,\overline{B}\,C+\overline{A}\,B\,\overline{C}+A\,\overline{B}\,\overline{C}$$

(2) 写最大项表达式

$$\overline{\overline{Y}}=\overline{\overline{A}\,\overline{B}\,\overline{C}+\overline{A}\,\overline{B}\,C+\overline{A}\,B\,\overline{C}+A\,\overline{B}\,\overline{C}}$$

$$Y=\overline{\overline{A}\,\overline{B}\,\overline{C}}\cdot\overline{\overline{A}\,\overline{B}\,C}\cdot\overline{\overline{A}\,B\,\overline{C}}\cdot\overline{A\,\overline{B}\,\overline{C}}$$

$=(A+B+C)(A+B+\overline{C})(A+\overline{B}+C)(\overline{A}+B+C)$

$=M_0 \cdot M_1 \cdot M_2 \cdot M_4$

$=\prod M(0,1,2,4)$

由该例可看出：逻辑函数 Y 最大项表达式中最大项的编号就是逻辑函数 Y 最小项表达式中缺少的编号。因此，当知道一个逻辑函数的最小项表达式时，就可很快地写出它的最大项表达式。反之亦然。

[**例 2.4.8**] 将逻辑函数 $Y=\overline{\overline{A}B}(B+C)$ 变换为最小项表达式和最大项表达式。

解： 变换为最小项表达式：

(1) 将逻辑函数式变换为**与-或**表达式

$$\begin{aligned}Y&=\overline{\overline{A}B}(B+C)\\&=(A+\overline{B})(B+C)\\&=AB+AC+\overline{B}C\end{aligned}$$

(2) 利用 $A+\overline{A}=1$ 的形式作配项，将上式变换为最小项表达式

$$\begin{aligned}Y&=AB(C+\overline{C})+AC(B+\overline{B})+\overline{B}C(A+\overline{A})\\&=ABC+AB\overline{C}+ABC+A\overline{B}C+A\overline{B}C+\overline{A}\,\overline{B}C\end{aligned}$$

(3) 利用 $A+A=A$ 的形式合并相同的最小项

$=\overline{A}\,\overline{B}C+A\overline{B}C+AB\overline{C}+ABC$

$=\sum m(1,5,6,7)$

变换为最大项表达式：

(1) 将逻辑函数式变换为**或-与**表达式

$$\begin{aligned}Y&=\overline{\overline{A}B}(B+C)\\&=(A+\overline{B})(B+C)\end{aligned}$$

(2) 利用 $A+B\cdot\overline{B}=(A+B)(A+\overline{B})$ 的形式将上式变换为最大项表达式

$$\begin{aligned}Y&=(A+\overline{B}+C\cdot\overline{C})(B+C+A\cdot\overline{A})\\&=(A+\overline{B}+C)(A+\overline{B}+\overline{C})(A+B+C)(\overline{A}+B+C)\\&=M_0\cdot M_2\cdot M_3\cdot M_4\\&=\prod M(0,2,3,4)\end{aligned}$$

应当指出：当求出最小项表达式时，同一逻辑函数的最大项表达式可根据最小项表达式中缺少的编号直接写出。

思 考 题

1. 真值表的定义是什么？举例说明根据真值表写逻辑函数标准**与-或**表达式和标准**或-与**表达式的

方法。

2. 最小项和最大项的定义是什么？它们有哪些性质？

3. 写出下列逻辑函数的最小项表达式。

（1）$Y=A\overline{B}+B\overline{C}+\overline{A}C$

（2）$Y=\overline{A(\overline{B}+C)}$

4. 写出下列逻辑函数的最大项表达式。

（1）$Y(A,B,C)=\sum m(1,4,5,7)$

（2）$Y(A,B,C,D)=\sum m(0,2,4,7,12,13,14)$

5. 写出下列逻辑函数的最小项表达式。

（1）$Y(A,B,C)=\prod M(0,1,3,6,7)$

（2）$Y(A,B,C,D)=\prod M(0,1,3,4,7,10,13,15)$

6. 常见逻辑函数有哪几种表示方法？

2.5 逻辑函数的公式化简法

2.5.1 逻辑函数的最简表达式

一、化简逻辑函数的意义

同一个逻辑函数往往有多种不同的表达式，有的复杂，有的简单，差别是很大的。在各种逻辑函数表达式中，最常用的为**与-或**表达式，如

$$\begin{aligned}Y&=AB+\overline{A}C+BC+BCDE &(2.5.1)\\&=AB+\overline{A}C+BC(\mathbf{1}+DE)\\&=AB+\overline{A}C+BC\\&=AB+\overline{A}C &(2.5.2)\end{aligned}$$

显然，式(2.5.2)比式(2.5.1)简单得多。因此，化简逻辑函数的目的就是要找出它的最简表达式。由该例可看出：逻辑函数的**与-或**表达式越简单，实现该逻辑函数所用的门电路就越少，这不仅可节约元器件，而且还提高了电路工作的可靠性。所以，在进行逻辑电路设计时，对逻辑函数的化简就显得十分重要。判别最简与-或表达式的标准是：

（1）与项的个数最少。

（2）每个与项中的变量数最少。

二、逻辑函数的常见表达形式

逻辑函数经化简得到最简**与-或**表达式后，根据需要可用不同的门电路来实现，这就需要对逻辑函数进行变换。通常有以下五种形式：**与-或**表达式、**与非-与非**表达式、**或-与**表达式、**或非-或非**表达式、**与-或-非**表达式。如逻辑函数表达式 $Y=AB+\overline{A}C$ 可表示为

$$Y_1=AB+\overline{A}C$$

与-或表达式

$$Y_2=\overline{\overline{AB+\overline{A}C}}$$

$$=\overline{\overline{AB}\cdot\overline{\overline{A}C}}$$

与非-与非表达式

$$Y_3=\overline{(\overline{A}+\overline{B})(A+\overline{C})}$$

$$=\overline{\overline{A}\,\overline{C}+A\overline{B}+\overline{B}\,\overline{C}}$$

$$=\overline{\overline{A}\,\overline{C}+A\overline{B}}$$

$$=(A+C)(\overline{A}+B)$$

或-与表达式

$$Y_4=\overline{\overline{(A+C)(\overline{A}+B)}}$$

$$=\overline{\overline{A+C}+\overline{\overline{A}+B}}$$

或非-或非表达式

$$Y_5=\overline{\overline{A}\,\overline{C}+A\overline{B}}$$

与-或-非表达式

2.5.2 逻辑函数的公式化简法

一、公式化简的方法

公式化简法又称代数化简法，它是利用逻辑代数的基本定律和常用公式消去逻辑函数中多余的**与**项和**与**项中的多余变量，从而使逻辑函数成为最简**与-或**表达式。公式化简的基本方法有以下几种。

1. 并项法

利用 $AB+A\overline{B}=A$ 将两项合并为一项，消去互补变量。公式中的 A 和 B 可以是单个变量，也可以是逻辑式。如

（1）

$$Y=A\overline{B}C+A\overline{B}\,\overline{C}+AB$$

$$=A\overline{B}(C+\overline{C})+AB$$

$$=A\overline{B}+AB$$

$$=A(\overline{B}+B)$$

$$=A$$

（2）

$$Y=A(BC+\overline{B}\,\overline{C})+A(B\overline{C}+\overline{B}C)$$

$$=A(BC+\overline{B}\,\overline{C})+A\,\overline{(BC+\overline{B}\,\overline{C})}$$

$$=A$$

2. 吸收法

利用 $A+AB=A$ 和 $AB+\overline{A}C+BC=AB+\overline{A}C$ 吸收掉（消去）多余的**与**项。如

(1)
$$
\begin{aligned}
Y&=\overline{AB}+\overline{A}D+\overline{B}E\\
&=\overline{A}+\overline{B}+\overline{A}D+\overline{B}E\\
&=\overline{A}(\mathbf{1}+D)+\overline{B}(\mathbf{1}+E)\\
&=\overline{A}+\overline{B}
\end{aligned}
$$

(2)
$$
\begin{aligned}
Y&=ABC+\overline{A}D+\overline{C}D+BD\\
&=ABC+(\overline{A}+\overline{C})D+BD\\
&=ABC+\overline{AC}D+BD\\
&=ABC+\overline{AC}D\\
&=ABC+\overline{A}D+\overline{C}D
\end{aligned}
$$

3. 消去法

利用 $A+\overline{A}B=A+B$ 消去与项中的多余因子(带非号的因子)。公式中的 A 和 B 可以是变量,也可以是逻辑式。如

(1)
$$
\begin{aligned}
Y&=AB+\overline{A}C+\overline{B}C\\
&=AB+(\overline{A}+\overline{B})C\\
&=AB+\overline{AB}C\\
&=AB+C
\end{aligned}
$$

(2)
$$
\begin{aligned}
Y&=A\overline{B}+\overline{A}B+ABCD+\overline{A}\,\overline{B}CD\\
&=A\overline{B}+\overline{A}B+(AB+\overline{A}\,\overline{B})CD\\
&=(A\overline{B}+\overline{A}B)+\overline{(A\overline{B}+\overline{A}B)}CD\\
&=A\overline{B}+\overline{A}B+CD
\end{aligned}
$$

4. 配项法

当不能直接利用基本公式和基本定律化简时,可通过乘$(A+\overline{A})=\mathbf{1}$进行配项,将某个与项变为两项,再和其他项合并。如

$$
\begin{aligned}
Y&=AB+\overline{A}\,\overline{B}C+BC\\
&=AB+\overline{A}\,\overline{B}C+BC(A+\overline{A})\\
&=AB+\overline{A}\,\overline{B}C+ABC+\overline{A}BC\\
&=AB(\mathbf{1}+C)+\overline{A}C(\overline{B}+B)\\
&=AB+\overline{A}C
\end{aligned}
$$

二、化简举例

在利用公式化简法化简逻辑函数时,往往需要综合运用上述几种化简方法才能得到最

简**与-或**表达式。

[**例 2.5.1**] 化简逻辑函数

$$Y=AD+A\bar{D}+AB+\bar{A}C+BD+A\bar{B}EF+\bar{B}EF$$

解： (1) 利用 $A+\bar{A}=\mathbf{1}$ 将 $AD+A\bar{D}$ 合并为 A，得

$$Y=A+AB+\bar{A}C+BD+A\bar{B}EF+\bar{B}EF$$

(2) 利用 $A+AB=A$ 消去含有因子 A 的**与**项，得

$$Y=A+\bar{A}C+BD+\bar{B}EF$$

(3) 利用 $A+\bar{A}B=A+B$ 消去 $\bar{A}C$ 中的 $\bar{A}$，得

$$Y=A+C+BD+\bar{B}EF$$

[**例 2.5.2**] 化简逻辑函数

$$Y=AB+A\bar{C}+\bar{B}C+B\bar{C}+\bar{B}D+B\bar{D}+ADE(F+G)$$

解： (1) 利用摩根定律进行变换，$AB+A\bar{C}=A(B+\bar{C})=A\overline{\bar{B}C}$

$$Y=A\overline{\bar{B}C}+\bar{B}C+B\bar{C}+\bar{B}D+B\bar{D}+ADE(F+G)$$

(2) 利用 $A+\bar{A}B=A+B$ 消去 $A\overline{\bar{B}C}+\bar{B}C$ 中的 $\overline{\bar{B}C}$

$$Y=A+\bar{B}C+B\bar{C}+\bar{B}D+B\bar{D}+ADE(F+G)$$

(3) 利用 $A+AB=A$ 消去含有因子 A 的**与**项

$$Y=A+\bar{B}C+B\bar{C}+\bar{B}D+B\bar{D}$$

(4) 利用配项法进行化简

$$\begin{aligned}Y&=A+\bar{B}C(D+\bar{D})+B\bar{C}+\bar{B}D+B\bar{D}(C+\bar{C})\\&=A+\bar{B}CD+\bar{B}C\bar{D}+B\bar{C}+\bar{B}D+BC\bar{D}+B\bar{C}\bar{D}\\&=A+(\bar{B}CD+\bar{B}D)+(\bar{B}C\bar{D}+BC\bar{D})+(B\bar{C}+B\bar{C}\bar{D})\\&=A+\bar{B}D(C+\mathbf{1})+C\bar{D}(\bar{B}+B)+B\bar{C}(\mathbf{1}+\bar{D})\\&=A+\bar{B}D+C\bar{D}+B\bar{C}\end{aligned}$$

[**例 2.5.3**] 化简逻辑函数

$$Y=\overline{\overline{AC+\bar{B}C}+B(A\bar{C}+\bar{A}C)}$$

解： (1) 利用摩根定律进行变换

$$\begin{aligned}Y&=(AC+\bar{B}C)\cdot\overline{B(A\bar{C}+\bar{A}C)}\\&=(AC+\bar{B}C)(\bar{B}+\overline{A\bar{C}+\bar{A}C})\\&=(AC+\bar{B}C)(\bar{B}+AC+\bar{A}\bar{C})\end{aligned}$$

（2）利用分配律去掉括号

$$Y=A\overline{B}C+AC+\overline{B}C+A\overline{B}C$$

$$=AC+AC\overline{B}+\overline{B}C+\overline{B}CA$$

（3）利用 $A+AB=A$ 分别消去含因子 AC 及 $\overline{B}C$ 的**与**项

$$Y=AC+\overline{B}C$$

用公式法化简时，对逻辑函数的变量数没有限制，可用于化简较复杂的逻辑函数式。它的缺点是：不但要求熟悉掌握逻辑代数中的基本定律和常用公式，而且还要求掌握一定的化简技巧，有时对化简得到的结果难以判断是否是最简式。所以，掌握逻辑函数公式化简法的关键是多做练习，积累经验，熟练掌握和灵活运用基本定律和常用公式，才能较好地掌握公式化简法。下面介绍的卡诺图化简法具有确定的步骤，能比较方便地得到逻辑函数的最简**与或**表达式，它克服了公式化简法的缺点。

思 考 题

1. 最简**与-或**表达式的标准是什么？化简逻辑函数有什么实际意义？
2. 逻辑函数式有哪几种表示形式？
3. 用公式化简法化简逻辑函数的常用方法有哪几种？
4. 将**与-或**表达式 $Y=\overline{A}B+\overline{C}D$ 转换成**与非-与非**表达式和**与-或-非**表达式。
5. 用公式化简法化简下列逻辑函数。

（1）$Y=\overline{A}\,\overline{B}+\overline{A}B+A\overline{B}+AB$

（2）$Y=A\overline{B}\,\overline{C}+AB+A\overline{B}C\overline{D}+A$

（3）$Y=\overline{A}B+\overline{A}\,\overline{B}\,\overline{C}+\overline{A}\,\overline{B}C$

（4）$Y=\overline{A}\,\overline{B}\,\overline{C}+A+B+C$

2.6 逻辑函数的卡诺图化简法

2.6.1 用卡诺图表示逻辑函数

一、最小项卡诺图的组成

1. 相邻最小项

相邻最小项是指只有一个变量互为反变量，其余变量都相同的两个最小项。这两个最小项在逻辑上是相邻的。相邻最小项简称相邻项。例如三变量最小项 $\overline{A}\,\overline{B}\,\overline{C}$ 和 $\overline{A}\,\overline{B}C$ 中只有 $\overline{C}$ 和 C 不同，其余都相同，所以 $\overline{A}\,\overline{B}\,\overline{C}$ 和 $\overline{A}\,\overline{B}C$ 是相邻项。两个相邻项可进行合并，如 $\overline{A}\,\overline{B}\,\overline{C}+\overline{A}\,\overline{B}C=\overline{A}\,\overline{B}(\overline{C}+C)=\overline{A}\,\overline{B}$，因此，两个相邻项可合并为一项，合并结果为两个相邻项中的共

有变量,同时消去一个互非变量。

2. 卡诺图的组成

微视频 2-3：卡诺图与真值表的关系

卡诺图是将逻辑上相邻的最小项变为几何位置上相邻的方格图,做到逻辑相邻和几何相邻的一致。对于 n 个变量,共有 2^n 个最小项,需用 2^n 个相邻方块表示这些最小项。按照上述相邻要求排列起来的方格图称为 n 个变量的卡诺图。下面分别介绍二变量到四变量卡诺图的画法。

(1) 二变量卡诺图

两变量 A、B 共有 $2^2=4$ 个最小项: $m_0=\overline{A}\,\overline{B}$、 $m_1=\overline{A}B$、 $m_2=A\overline{B}$、$m_3=AB$,根据相邻特性可画出图 2.6.1 所示的卡诺图。

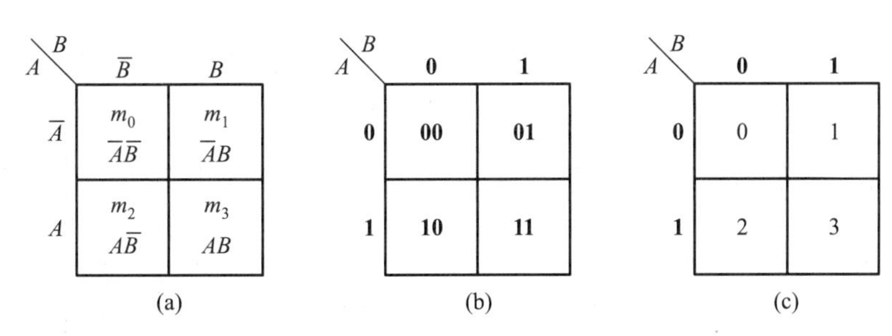

图 2.6.1 二变量卡诺图

(a) 方格内标最小项; (b) 方格内标最小项取值; (c) 方格内标最小项编号

图 2.6.1(a)标出了 4 个最小项之间的相邻关系,由该图可看出:横向变量($\overline{A}$、A)和纵向变量($\overline{B}$、B)相交方格表示的最小项为这些变量的与组合,而且上下、左右方格中的最小项都为相邻项。如原变量用 **1** 表示,反变量用 **0** 表示,则图 2.6.1(a)可用图(b)表示。如用最小项编号表示,则又可用图(c)表示。

(2) 三变量卡诺图

三变量 A、B、C 共有 $2^3=8$ 个最小项,卡诺图由 8 个方格组成。根据相邻性原则可画出图2.6.2(a)所示的卡诺图。图中变量 BC 的 4 组取值不是按自然二进制数的顺序(**00**、**01**、**10**、**11**)排列,而是按格雷码(循环码)的顺序(**00**、**01**、**11**、**10**)排列的,这样才能保证卡诺图中每个方格代表的最小项在几何位置上也相邻,而且同一行最左边方格和最右边方格内的最小项也是相邻的。因此,卡诺图中相邻项是循环相邻的。图 2.6.2(a)还可用图(b)来表示。

(3) 四变量卡诺图

四变量 A、B、C、D 共有 $2^4=16$ 个最小项,卡诺图由 16 个方格组成。根据相邻性原则可画出图 2.6.3(a)所示的卡诺图。图中横向变量 AB 和纵向变量 CD 都按格雷码顺序排列,它保证了同一行最左方格和最右方格中的最小项相邻,同一列最上方格和最下方格中的最小项也相邻,这说明卡诺图中的同一行及同一列方格中的最小项具有循环相邻的特性。

对于五变量以上的卡诺图,由于很复杂,应用很少,这里不作介绍。

$A \backslash BC$	$\overline{B}\overline{C}$	$\overline{B}C$	BC	$B\overline{C}$
$\overline{A}$	m_0 $\overline{A}\overline{B}\overline{C}$	m_1 $\overline{A}\overline{B}C$	m_3 $\overline{A}BC$	m_2 $\overline{A}B\overline{C}$
A	m_4 $A\overline{B}\overline{C}$	m_5 $A\overline{B}C$	m_7 ABC	m_6 $AB\overline{C}$

(a)

$A \backslash BC$	**00**	**01**	**11**	**10**
0	0	1	3	2
1	4	5	7	6

(b)

图 2.6.2　三变量卡诺图

(a) 方格内标最小项；(b) 方格内标最小项编号

$AB \backslash CD$	$\overline{C}\overline{D}$	$\overline{C}D$	CD	$C\overline{D}$
$\overline{A}\overline{B}$	m_0 $\overline{A}\overline{B}\overline{C}\overline{D}$	m_1 $\overline{A}\overline{B}\overline{C}D$	m_3 $\overline{A}\overline{B}CD$	m_2 $\overline{A}\overline{B}C\overline{D}$
$\overline{A}B$	m_4 $\overline{A}B\overline{C}\overline{D}$	m_5 $\overline{A}B\overline{C}D$	m_7 $\overline{A}BCD$	m_6 $\overline{A}BC\overline{D}$
AB	m_{12} $AB\overline{C}\overline{D}$	m_{13} $AB\overline{C}D$	m_{15} $ABCD$	m_{14} $ABC\overline{D}$
$A\overline{B}$	m_8 $A\overline{B}\overline{C}\overline{D}$	m_9 $A\overline{B}\overline{C}D$	m_{11} $A\overline{B}CD$	m_{10} $A\overline{B}C\overline{D}$

(a)

$AB \backslash CD$	**00**	**01**	**11**	**10**
00	0	1	3	2
01	4	5	7	6
11	12	13	15	14
10	8	9	11	10

(b)

图 2.6.3　四变量卡诺图

(a) 方格内标最小项；(b) 方格内标最小项编号

二、用卡诺图表示逻辑函数

由于任何一个逻辑函数都可变换为最小项表达式，因此，它们都可用卡诺图来表示。

1. 逻辑函数为标准与-或表达式

将逻辑函数中的最小项直接填入卡诺图的相应方格内。

[例 2.6.1]　用卡诺图表示逻辑函数

$$Y(A,B,C,D)=\sum m(0,2,4,6,10,11,14,15)$$

解：（1）画四变量卡诺图，如图 2.6.4 所示。

（2）将最小项填入卡诺图。有最小项的方格填 **1**，没有最小项的方格填 **0**，也可不填。

2. 逻辑函数为非标准与-或表达式

将逻辑函数变换为最小项表达式后再填卡诺图。

[例 2.6.2]　用卡诺图表示逻辑函数

$$Y=\overline{A}\,BC+AB+B\,\overline{D}$$

解： (1) 画四变量卡诺图，如图 2.6.5 所示。

AB \ CD	00	01	11	10
00	1	0	0	1
01	1	0	0	1
11	0	0	1	1
10	0	0	1	1

图 2.6.4 [例 2.6.1]的卡诺图

AB \ CD	00	01	11	10
00	0	0	0	0
01	1	0	1	1
11	1	1	1	1
10	0	0	0	0

图 2.6.5 [例 2.6.2]的卡诺图

(2) 将逻辑函数变换为最小项表达式

$$
\begin{aligned}
Y &= \overline{A}\,B\,C\,\overline{D}+\overline{A}\,B\,C\,D+A\,B\,\overline{C}\,\overline{D}+AB\,\overline{C}\,D+ABC\,\overline{D}+ABCD+\overline{A}\,B\,\overline{C}\,\overline{D} \\
&= \sum m(4,6,7,12,13,14,15)
\end{aligned}
$$

(3) 将最小项填入卡诺图。有最小项的方格填 **1**，没有最小项的方格填 **0**，也可不填。

采用上述传统方法填卡诺图时，需将逻辑函数变换为最小项表达式，这对有些逻辑函数是十分烦琐的，而且容易出现差错。如利用**与**项（乘积项）的特征直接填卡诺图就比较方便。根据逻辑函数中的**与**项填卡诺图的方法如下：**与**项中的原变量用 **1** 表示，反变量用 **0** 表示。**与**项中的变量在卡诺图左侧时，作相应的横向虚线，上方有同一**与**项的变量时，作相应的纵向虚线，它们相交的方格便为所求的最小项。下面举例说明。

[例 2.6.3] 将下逻辑函数直接填入卡诺图

$$Y=BD+\overline{A}\,\overline{B}\,C+\overline{A}\,B\,\overline{C}\,\overline{D}$$

解： (1) 画四变量卡诺图，如图 2.6.6 所示。

(2) 填卡诺图。**与**项 BD 缺少变量 A 和 C，它有 4 种不同的组合，因此，BD 有 4 个最小项。对于 BD 取 $B=\mathbf{1}$、$D=\mathbf{1}$，左侧第 2、3 行包含变量 B，通过这两行作两条横向虚线；上方第 2、3 列包含 D，故经这两列作两条纵向虚线，它们在 5、7、13、15 方格中相交，这 4 个方格便为 BD 的 4 个最小项 m_5、m_7、m_{13}、m_{15}，并在这 4 个方格中填入 **1**，如图 2.6.6(a)所示。

与项 $\overline{A}\,\overline{B}\,C$ 取 $A=\mathbf{0}$、$B=\mathbf{0}$、$C=\mathbf{1}$，这时通过第 1 行作一条横向虚线，通过第 3、4 列分别作两条纵向虚线，它们相交的第 3、2 方格便为所求的最小项 m_3 和 m_2，并填入 **1**，如图 2.6.6(b)所示。

$\overline{A}\,B\,\overline{C}\,\overline{D}$ 为 m_4，可直接在卡诺图 4 方格中填入 **1**，如图 2.6.6(c)所示。

图 2.6.6(d)为逻辑函数 $Y=BD+\overline{A}\,\overline{B}\,C+\overline{A}\,B\,\overline{C}\,\overline{D}$ 的卡诺图。

3. 逻辑函数为真值表

逻辑函数的真值表与卡诺图有着直接的一一对应关系，因此，可根据真值表直接填卡

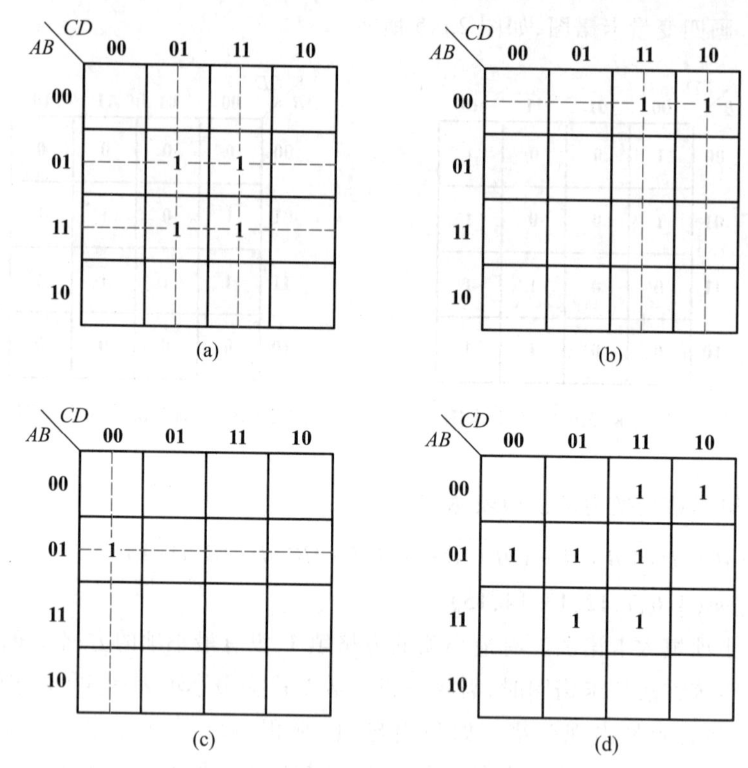

图 2.6.6 由与-或表达式直接填卡诺图

(a) BD 的卡诺图； (b) $\overline{A}\,\overline{B}\,C$ 的卡诺图； (c) $\overline{A}\,B\,\overline{C}\,\overline{D}$ 的卡诺图；

(d) $Y=BD+\overline{A}\,\overline{B}\,C+\overline{A}\,B\,\overline{C}\,\overline{D}$ 的卡诺图

诺图。

[例 2.6.4] 已知三变量逻辑函数 Y 的真值表如表 2.6.1 所示，试画出其卡诺图。

表 2.6.1 [例 2.6.4]的真值表

A	B	C	Y
0	0	0	1
0	0	1	1
0	1	0	0
0	1	1	0
1	0	0	1
1	0	1	0
1	1	0	1
1	1	1	0

解：（1）画三变量卡诺图，如图 2.6.7 所示。

（2）根据真值表填卡诺图。将逻辑函数 Y 为 **1** 对应的最小项直接填入卡诺图相应的方格内。

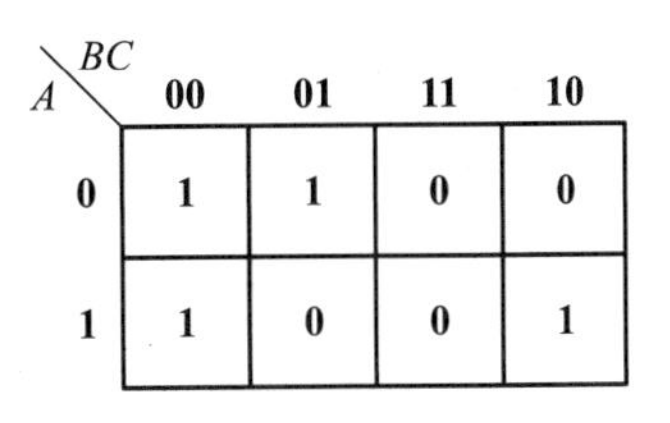

$A \backslash BC$	00	01	11	10
0	1	1	0	0
1	1	0	0	1

图 2.6.7 ［例 2.6.4］的卡诺图

2.6.2 用卡诺图化简逻辑函数

一、化简依据

由于卡诺图中的最小项具有循环相邻的特性，因此，在卡诺图中几何位置相邻的最小项必然是逻辑上相邻的，利用公式 $AB+A\overline{B}=A$ 可将两个相邻项合并为一项，合并结果为两个相邻项的共有变量，同时，消去一个互非的变量，这为用卡诺图化简逻辑函数提供了重要依据。如图2.6.3(a)中的 $m_5+m_7=\overline{A}B\overline{C}D+\overline{A}BCD=\overline{A}BD(\overline{C}+C)=\overline{A}BD$。

微视频 2-4：卡诺图化简举例

二、化简规律

（1）两个相邻最小项合并为一项，消去一个变量，合并结果为它们的共有变量。

图 2.6.8 中示出了几种两个相邻最小项合并的情况，为了清楚起见，将合并的相邻最小项画了包围圈。由图 2.6.8 可得

$$Y_a=m_7+m_6=\overline{A}BCD+\overline{A}BC\overline{D}=\overline{A}BC(D+\overline{D})=\overline{A}BC$$

$$Y_b=m_5+m_{13}=\overline{A}B\overline{C}D+AB\overline{C}D=B\overline{C}D$$

$$Y_c=m_{12}+m_{14}=AB\overline{C}\overline{D}+ABC\overline{D}=AB\overline{D}$$

$$Y_d=m_3+m_{11}=\overline{A}\overline{B}CD+A\overline{B}CD=\overline{B}CD$$

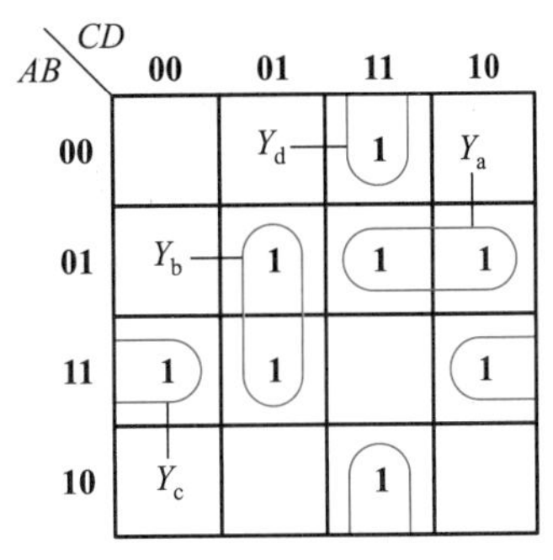

图 2.6.8 两个相邻最小项合并

由上讨论可知，两个相邻最小项合并时，合并结果为两个相邻最小项的共有变量，消去一个互非的变量。因此，利用卡诺图合并相邻最小项时，实际上是从卡诺图中直接找出合并相邻最小项的共有变量。

（2）四个相邻最小项合并为一项，消去两个变量，合并结果为它们的共有变量。

图 2.6.9 中示出了四个相邻最小项合并的情况。由图 2.6.9(a)得

$$\begin{aligned}Y&=m_5+m_7+m_{13}+m_{15}\\&=\overline{A}B\overline{C}D+\overline{A}BCD+AB\overline{C}D+ABCD\\&=\overline{A}BD(\overline{C}+C)+ABD(\overline{C}+C)\\&=\overline{A}BD+ABD\\&=BD(\overline{A}+A)\\&=BD\end{aligned}$$

可见，合并结果为这 4 个相邻最小项的共有变量，消去变量为 A、$\overline{A}$ 和 C、$\overline{C}$。同理，由图

2.6.9(b)可得合并结果为 $Y=AB$;图 2.6.9(c)的合并结果为 $Y=\overline{B}\,\overline{D}$;图 2.6.9(d)的合并结果为 $Y=\overline{B}D+B\overline{D}$。

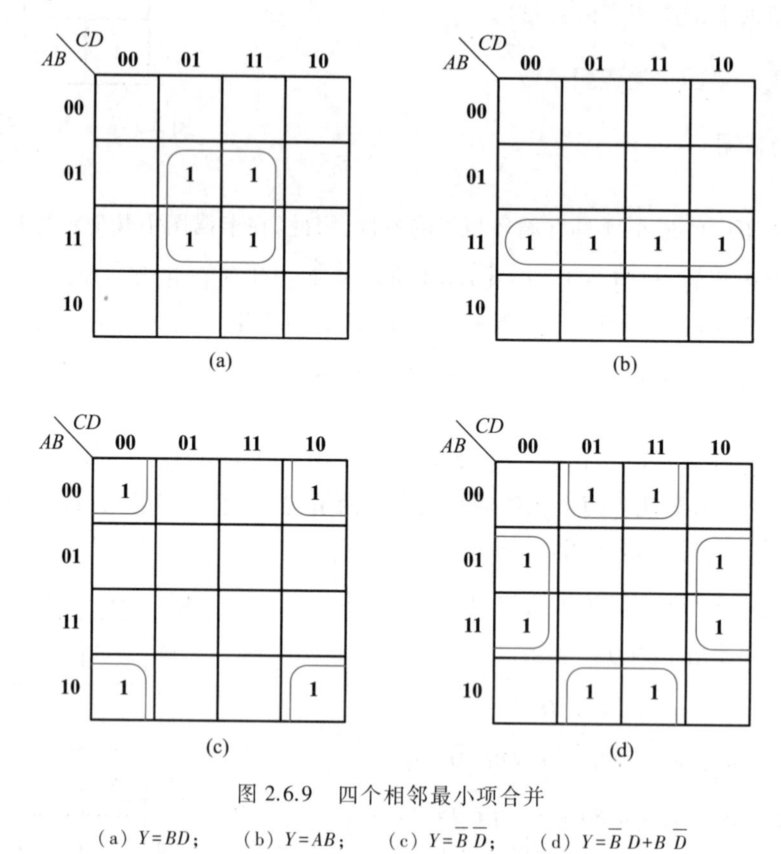

图 2.6.9 四个相邻最小项合并

(a) $Y=BD$; (b) $Y=AB$; (c) $Y=\overline{B}\,\overline{D}$; (d) $Y=\overline{B}D+B\overline{D}$

(3) 八个相邻最小项合并为一项时,消去三个变量,合并结果为它们的共有变量。

由图 2.6.10(a)可得 $Y=m_4+m_5+m_7+m_6+m_{12}+m_{13}+m_{15}+m_{14}=B$。图 2.6.10(b)的合并结果为 $Y=\overline{C}$,图 2.6.10(c)的合并结果为 $Y=\overline{B}$,图 2.6.10(d)的合并结果为 $Y=\overline{D}$。

由以上分析可知:

① 用卡诺图合并相邻最小项的个数必须是 2^n 个,这里 $n=0,1,2,3,\cdots$。为清楚起见,通常用画包围圈的方法将合并的最小项圈起来。

② 包围圈内相邻最小项合并的结果可直接从卡诺图中求得——为各相邻最小项的共有变量。

三、用卡诺图化简逻辑函数

用卡诺图化简逻辑函数画包围圈合并相邻项时,应注意以下原则:

(1) 每个包围圈内相邻 **1** 方格的个数必须是 2^n 个方格,$n=0,1,2,3,\cdots$。

(2) 同一个 **1** 方格可以被不同的包围圈重复包围多次,但新增加的包围圈中必须有原

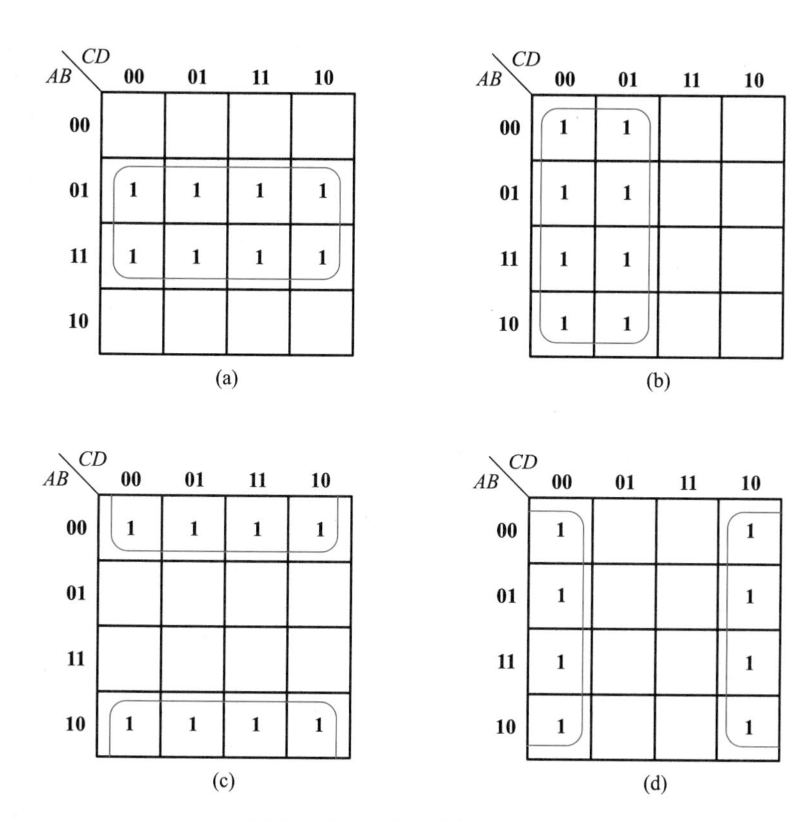

图 2.6.10 八个相邻最小项合并

(a) $Y=B$; (b) $Y=\overline{C}$; (c) $Y=\overline{B}$; (d) $Y=\overline{D}$

先没有被圈过的 **1** 方格。

(3) 为避免画出多余的包围圈,通常 1 方格按由少到多的顺序画包围圈。即先画独立的 1 方格,再画两个相邻 1 方格,4 个、8 个相邻 1 方格。

(4) 包围圈中相邻 **1** 方格的个数尽量多。这样,消去的变量数多,**与**门输入端数目少。

(5) 包围圈的个数尽量少。这样,逻辑函数的**与**项少,使用门电路数少。

(6) 注意卡诺图的循环邻接特性。同一行的最左与最右方格中的最小项相邻,同一列的最上与最下方格中的最小项相邻。

[例 2.6.5] 用卡诺图化简逻辑函数

$$Y(A,B,C,D)=\sum m(3,5,8,10,12,13,14,15)$$

解: (1) 画四变量卡诺图,如图 2.6.11 所示。

(2) 填卡诺图。将逻辑函数式中的最小项在卡诺图相应方格内填 **1**,没有最小项的方格填 **0** 或不填。

(3) 合并相邻最小项。根据画包围圈的原则画包围圈并进行合并。

$$Y_a=\overline{A}\,\overline{B}\,CD,\quad Y_b=B\,\overline{C}\,D,\quad Y_c=AB,\quad Y_d=A\,\overline{D}$$

(4) 写出逻辑函数的最简**与-或**表达式。

将各包围圈相邻最小项的合并结果进行逻辑**加**,便为逻辑函数的最简**与-或**表达式

$$Y=Y_a+Y_b+Y_c+Y_d$$
$$=\overline{A}\,\overline{B}\,CD+B\,\overline{C}\,D+AB+A\,\overline{D}$$

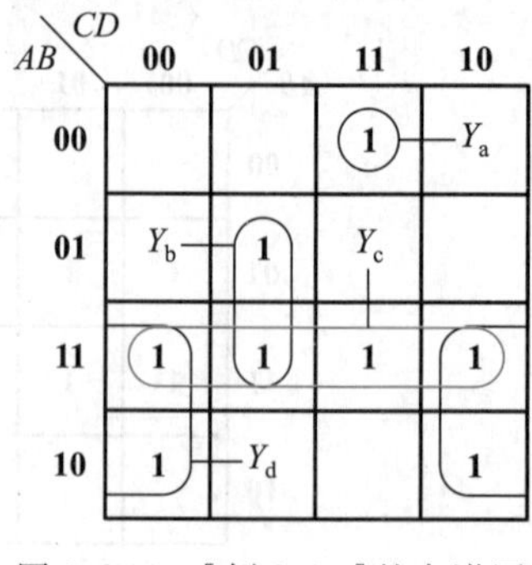

图 2.6.11 [例 2.6.5]的卡诺图

[**例 2.6.6**] 用卡诺图化简逻辑函数

$$Y=\overline{A}\,\overline{B}\,CD+\overline{A}\,B\,\overline{C}\,\overline{D}+A\,\overline{C}\,D+ABC+BD$$

解: (1) 画四变量卡诺图,如图 2.6.12 所示。

(2) 填卡诺图。有最小项的方格填 **1**。

(3) 合并相邻最小项,并写出逻辑函数的最简**与-或**表

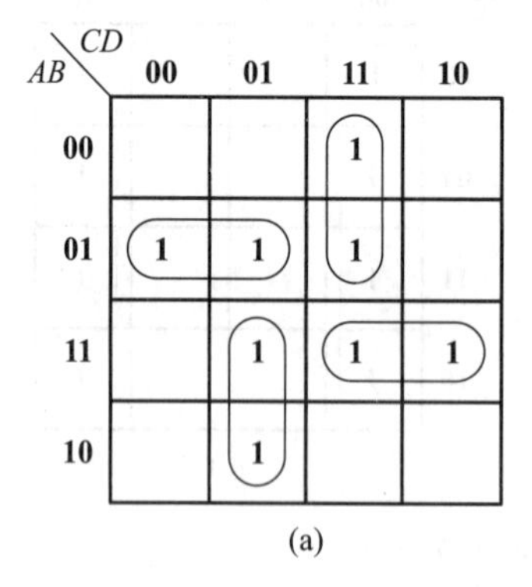

(a)

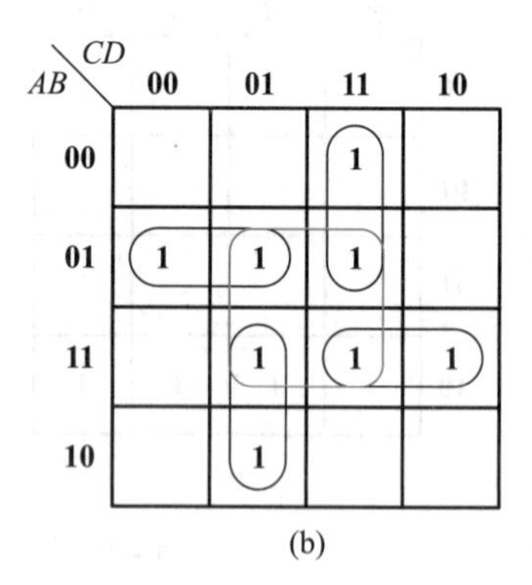

(b)

图 2.6.12 [例 2.6.6]的卡诺图

(a) 正确的圈法; (b) 不正确的圈法

达式,由图 2.6.12(a)可得。

$$Y=\overline{A}\,B\,\overline{C}+\overline{A}\,CD+A\,\overline{C}\,D+ABC$$

在图 2.6.12(b)中多画了一个 4 个相邻项的包围圈,这样,就不能得到最简**与-或**表达式,而多了一个**与**项 BD。因此,在卡诺图包围圈画完后,应仔细观察一下有无多余的包围圈。

[**例 2.6.7**] 用卡诺图化简逻辑函数

$$Y=A\,\overline{B}\,\overline{C}+\overline{A}\,\overline{B}+\overline{A}\,D+C+BD$$

解: (1) 画四变量卡诺图,如图 2.6.13 所示。

(2) 填卡诺图。有最小项的方格填 **1**,没有最小项的方格填 **0**。

(3) 合并相邻最小项。该题画包围圈有两种方法

第 1 种 用圈 **1** 方法,如图 2.6.13(a)所示,由该图可得

$$Y=\overline{B}+C+D$$

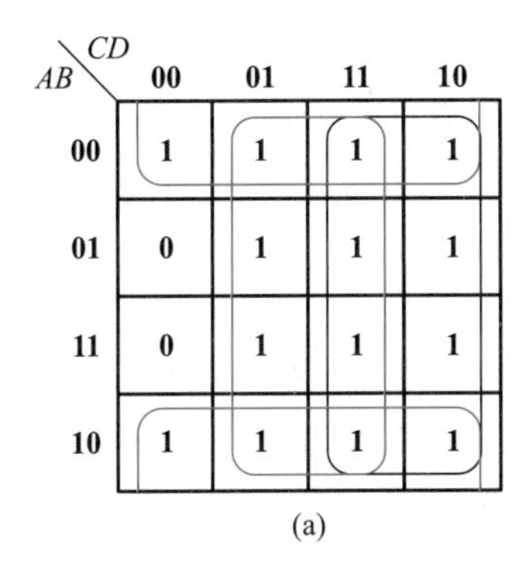
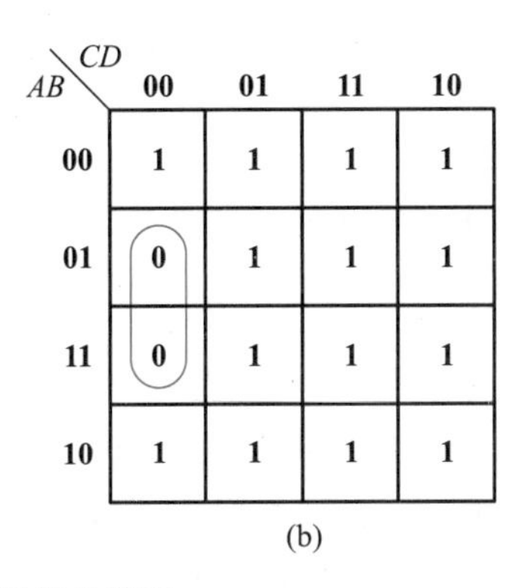

图 2.6.13 [例 2.6.7]的卡诺图

(a) Y 的卡诺图；(b) $\overline{Y}$ 的卡诺图

第 2 种 用圈 **0** 的方法求 Y 的反函数 $\overline{Y}$,然后再求原函数 Y,如图 2.6.13(b)所示。由该图可得

$$\overline{Y}=B\,\overline{C}\,\overline{D}$$

$$Y=\overline{B\,\overline{C}\,\overline{D}}=\overline{B}+C+D$$

由该题可看出,化简相邻 **0** 方格很少的卡诺图时,可采用圈 **0** 方格的方法求反函数 $\overline{Y}$,然后再将 $\overline{Y}$ 求反,就可得到原函数 Y,这比用圈 **1** 方格的方法要简单方便。

[例 2.6.8] 用卡诺图化简逻辑函数

$$Y(A,B,C,D)=\Pi M(2,3,4,6,9,11,12,14)$$

解: 由前面的讨论已知,在卡诺图中每一个方格都对应一个最小项,同样也对应一个最大项。如方格 10 对应的最小项 $m_{10}=A\,\overline{B}C\,\overline{D}$,而在最大项中,由于规定 **0** 用原变量表示,**1** 用反变量表示,由此可写出方格 10 对应的最大项为 $M_{10}=\overline{A}+B+\overline{C}+D$。因此,在卡诺图中,同一个方格对应的最大项和最小项的编号是相同的。在填卡诺图时,最大项方格应填 **0**,合并相邻最大项时,可写出相邻方格共有变量的或表达式。解题步骤如下:

(1) 画四变量卡诺图,如图 2.6.14 所示。

(2) 填卡诺图。有最大项的方格填 **0**,没有最大项的方格填 **1**,也可不填。

(3) 合并相邻最大项

$$Y_a=A+B+\overline{C}$$

$$Y_b=\overline{A}+B+\overline{D}$$

$$Y_c=(\overline{B}+D)$$

(4) 写出逻辑函数的最简**或-与**表达式。将各包围圈合并结果进行逻辑乘。

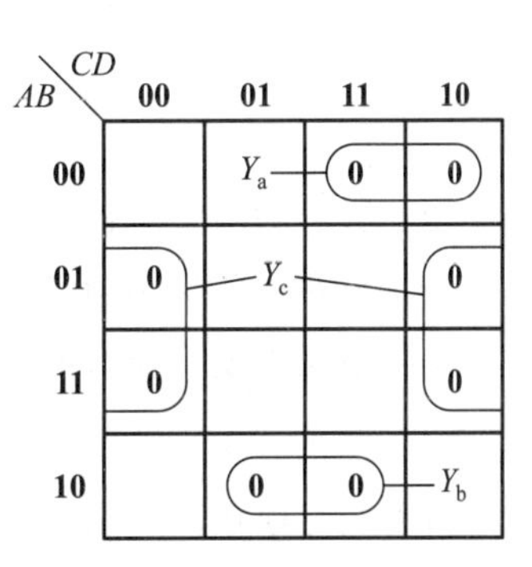

图 2.6.14 [例 2.6.8]的卡诺图

$$
\begin{aligned}
Y &= Y_a \cdot Y_b \cdot Y_c \\
&= (A+B+\overline{C})(\overline{A}+B+\overline{D})(\overline{B}+D)
\end{aligned}
$$

2.6.3 用卡诺图化简具有无关项的逻辑函数

一、约束项、任意项和无关项

微视频 2-5：什么是无关项

在许多实际问题中，有些变量取值组合是不可能出现的，这些取值组合对应的最小项称为约束项。例如在 8421BCD 码中，**1010～1111** 这六种组合是不使用的代码，它不会出现，是受到约束的。因此，这六种组合对应的最小项为约束项。而在有的情况下，有些最小项根本不会出现。如 A、B 连动互锁开关，如一个开关闭合，另一个开关必须断开，AB 只能为 **01** 或 **10** 不会出现 **00** 或 **11**，这些客观上不会出现的最小项称为任意项。约束项和任意项统称为无关项。合理利用无关项，可使逻辑函数得到进一步简化。

二、利用无关项化简逻辑函数

微视频 2-6：具有无关项的卡诺图化简举例

在逻辑函数中，无关项用“d”表示，在卡诺图相应方格中填入“×”或“∅”。根据需要，无关项既可以当作 **1** 方格，也可以当作 **0** 方格，以使化简的逻辑函数式为最简式为准。

[例 2.6.9] 用卡诺图化简以下逻辑函数式为最简**与-或**表达式

$$Y(A,B,C,D)=\sum m(3,6,8,10,13)+\sum d(0,2,5,7,12,15)$$

解： (1) 画四变量卡诺图，如图 2.6.15 所示。

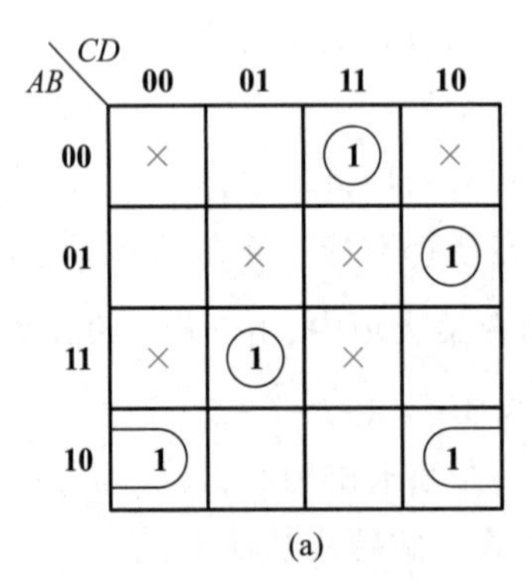

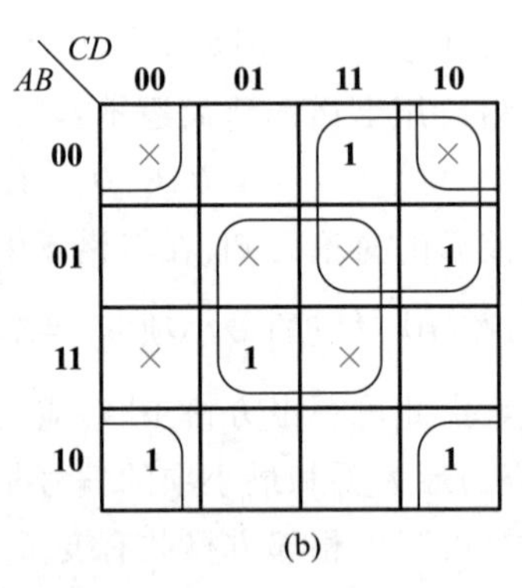

图 2.6.15 [例 2.6.9]的卡诺图

(a) 未利用无关项化简； (b) 利用无关项化简

(2) 填卡诺图。有最小项的方格填 **1**，无关项的方格填×。

(3) 合并相邻最小项，写出最简**与-或**表达式。

未利用无关项化简时的卡诺图如图 2.6.15(a)所示，由图可得

$$Y=A\overline{B}\,\overline{D}+\overline{A}\,\overline{B}CD+\overline{A}BC\overline{D}+AB\overline{C}D$$

利用无关项化简时的卡诺图如图 2.6.15(b)所示，由图可得

$$Y=\overline{B}\,\overline{D}+BD+\overline{A}C$$

由上例可看出，利用无关项化简时所得到的逻辑函数式比未利用时要简单得多。因此，在化简逻辑函数时应充分利用无关项。应当指出，无关项是为化简其相邻 1 方格服务的。当化简 1 方格需用到相邻无关项时，则无关项作 1 处理，而不能再为余下的无关项 d_{12} 画包围圈化简。

［例 2.6.10］ 将含有约束项的逻辑函数化简为最简**与-或**表达式

$$\begin{cases} Y(A,B,C,D)=\sum m(1,5,6,7,8) \\ AB+AC=0 \end{cases}$$

解：上述联立方程中的约束条件 $AB+AC=0$ 表示 $AB+AC$ 对应的最小项是约束项，是不允许出现的。

（1）画四变量卡诺图，如图 2.6.16 所示。

（2）填卡诺图。有最小项的方格填 **1**，有约束项的方格填×。

（3）合并相邻最小项，写出最简**与-或**表达式。

$$Y=A\overline{D}+BC+\overline{A}\,\overline{C}D$$

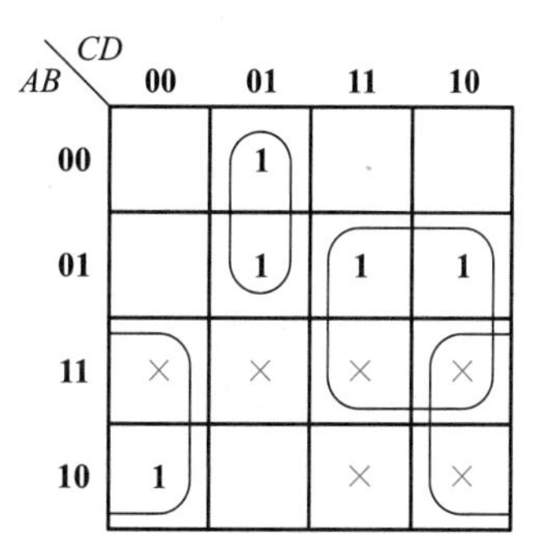

图 2.6.16 ［例 2.6.10］的卡诺图

思 考 题

1. 什么是相邻项？它有哪些特性？
2. 试说明根据**与-或**表达式直接填卡诺图的方法。
3. 在卡诺图中，循环相邻是什么含义？在几何位置上有什么特点？
4. 用卡诺图化简逻辑函数时，画包围圈的原则是什么？
5. 什么是约束项？什么是任意项？什么是无关项？
6. 用卡诺图化简逻辑函数时，圈 **0** 和圈 **1** 得出的表达式有什么不同？
7. 简述根据真值表写最小项表达式和最大项表达式的方法。
8. 在卡诺图中，利用无关项化简逻辑函数时，是否每一个无关项方格都要被圈？为什么？

本 章 小 结

1. 逻辑函数是分析和设计数字逻辑电路的重要工具。逻辑变量是一种二值变量，其取值只能是 **0** 或 **1**，而不能有第三种取值，它仅用于表示对立的两种不同的状态。

2. 运用逻辑代数中的基本定律和公式可进行逻辑运算。基本逻辑运算有**与**运算（逻辑**乘**）、**或**运算（逻辑**加**）和**非**运算（逻辑**非**）3 种。常用的复合逻辑运算有**与非**运算、**或非**运算、**与或非**运算以及**异或**运算和**同或**运算等。这些逻辑运算都由相应的逻辑电路来完成，利用这些简单的逻辑关系可以完成较复杂的逻辑运算。

3. 在逻辑代数的常用定律和公式中，除常量之间及常量与变量之间的逻辑运算外，还有互补律、重叠律、交换律、结合律、分配律、吸收律、摩根定律等，其中交换律和结合律以及分配律的第 1 种形式和普通代数中的有关定律一样，而其他定律则完全不同，在使用时应当注意这一点。

在运用反演规则和对偶规则时，要注意运算的顺序：先算括号内的，再算逻辑**乘**，最后算逻辑**加**。

4. 逻辑函数有5种常用的表示方法，它们是真值表、逻辑函数式、波形图、卡诺图和逻辑图，它们之间可以相互转换，在逻辑电路的分析和设计中常用到这些方法。

5. 在同一逻辑函数式中，下标号相同的最小项和最大项是互补的。逻辑函数最小项表达式中最小项缺少的编号就是最大项表达式中最大项的编号。

6. 化简逻辑函数的目的是为了获得最简逻辑表达式，使逻辑电路变得更加简单，从而降低了成本，也提高了电路工作的可靠性。逻辑函数化简的方法主要有公式化简法和卡诺图化简法两种。

公式化简法可化简较复杂的逻辑函数式，但要求能熟练和灵活运用逻辑代数中的基本定律和基本公式，还要求具有一定的化简技巧和经验。

利用卡诺图中的相邻项在几何位置上也相邻的特点对相邻项进行合并，从而达到化简的目的。两个相邻项合并，消去一个变量，4个相邻项合并，消去2个变量等。一般说来，2^n 个相邻 **1** 方格合并时，可消去 n 个变量，这里 $n=0,1,2,3,\cdots$。

卡诺图化简的优点是直观、简单，不易出差错，且有一定的化简步骤和方法可循。

7. 约束项和任意项都是无关项，它可以取 **0**，也可以取 **1**，根据化简的需要，应合理利用它，以得到最简**与-或**表达式。应当指出，无关项是为化简其相邻 **1** 方格（或 **0** 方格）服务的。当化简 **1** 方格（或 **0** 方格）需用无关项时，则无关项作 **1**（或作 **0**）处理。对于没有被利用的无关项，则不能画包围圈进行化简。

自 测 题

一、填空题

1. 逻辑代数中的三种最基本的逻辑运算是______、______、______。

2. 逻辑函数的五种表示方法是______、______、______、______、______。

3. 逻辑代数中的三条重要规则是______、______、______。

4. 由 n 个变量构成逻辑函数的全部最小项有______个，4变量卡诺图由______个小方格组成。

5. 逻辑函数表达式有______和______两种标准形式。

6. 最简**与-或**表达式的标准是：______、______。

7. 化简逻辑函数的主要方法有：______、______。

8. 最小项表达式又称______，最大项表达式又称______。

二、判断题（正确的题在括号内填上"√"，错误的题则填上"×"）

1. 逻辑变量和逻辑函数的取值只有 **0** 和 **1** 两种可能。（ ）

2. 逻辑函数 $Y=\overline{\overline{AB}\cdot\overline{CD}}$ 的**与-或**表达式是 $Y=(A+B)(C+D)$。（ ）

3. 逻辑函数 $Y=A+BC$ 又可写成 $Y=(A+B)(A+C)$。（ ）

4. 用卡诺图化简逻辑函数时，合并相邻项的个数为偶数个最小项。（ ）

5. 逻辑函数 Y 最小项表达式中缺少的编号就是逻辑函数 Y 最大项的编号。（ ）

6. 实现逻辑函数 $Y=\overline{\overline{A+B}\cdot\overline{C+D}}$ 可用一个4输入或门。（ ）

7. **与非**门的逻辑功能是：输入有 **0** 时，输出为 **0**；只有输入都为 **1** 时，输出才为 **1**。 (　　)

8. 当 $X \cdot Y=\mathbf{1}+Y$时，则 $X=\mathbf{1}$、$Y=\mathbf{1}$。 (　　)

三、选择题（选择正确的答案填入括号内）

1. 标准**与**-**或**表达式是 (　　)

A. **与**项相**或**的表达式　　B. 最小项相**或**的表达式

C. 最大项相**与**的表达式　　D. **或**项相**与**的表达式

2. 标准**或**-**与**表达式是 (　　)

A. **与**项相**或**的表达式　　B. 最小项相**或**的表达式

C. 最大项相**与**的表达式　　D. **或**项相**与**的表达式

3. 一个输入为 A、B 的两输入端**与非**门，为保证输出低电平，要求输入为 (　　)

A. $A=\mathbf{1}$、$B=\mathbf{0}$　　B. $A=\mathbf{0}$、$B=\mathbf{1}$

C. $A=\mathbf{0}$、$B=\mathbf{0}$　　D. $A=\mathbf{1}$、$B=\mathbf{1}$

4. 要使输入为 A、B 的两输入**或**门输出低电平，要求输入为 (　　)

A. $A=\mathbf{1}$、$B=\mathbf{0}$　　B. $A=\mathbf{0}$、$B=\mathbf{1}$

C. $A=\mathbf{0}$、$B=\mathbf{0}$　　D. $A=\mathbf{1}$、$B=\mathbf{1}$

5. n 个变量的逻辑函数全部最大项有 (　　)

A. n 个　　B. $2n$ 个

C. 2^n 个　　D. 2^n-1 个

6. 实现逻辑函数 $Y=\overline{\overline{AB}\cdot\overline{CD}}$需用 (　　)

A. 两个**与非**门　　B. 三个**与非**门

C. 两个**或非**门　　D. 三个**或非**门

练　习　题

[题 2.1]　试用真值表证明下列**异或**运算公式。

(1) $A\oplus B=\overline{A}\oplus\overline{B}$

(2) $A(B\oplus C)=AB\oplus AC$

(3) $A\oplus\overline{B}=\overline{A\oplus B}=A\oplus B\oplus \mathbf{1}$

(4) $(A\oplus B)\oplus C=A\oplus(B\oplus C)$

[题 2.2]　用逻辑代数的基本公式和定律将下列逻辑函数式化简为最简**与**-**或**表达式。

(1) $Y=A\,\overline{B}+\overline{A}\,B+B$

(2) $Y=A+ABC+A\,\overline{BC}+BC+\overline{B}\,C$

(3) $Y=A\,\overline{B}+BD+DCE+\overline{A}\,D$

(4) $Y=(A\oplus B)\overline{AB+\overline{A}\,\overline{B}}+AB$

(5) $Y=\overline{(A+B)CD+\bar{A}CD+AC(\bar{A}+D)}$

(6) $Y=\overline{AC+\bar{A}BC+\bar{B}C}+AB\bar{C}$

(7) $Y=\overline{(\bar{A}+\bar{B}+\bar{C})(\bar{D}+\bar{E})}(\bar{A}+\bar{B}+\bar{C}+DE)$

(8) $Y=AC+\bar{B}C+B\bar{D}+A(B+\bar{C})+\bar{A}BC\bar{D}+A\bar{B}DE$

[题 2.3]　证明下列恒等式(证明方法不限)。

(1) $A\bar{B}+BD+DCE+D\bar{A}=A\bar{B}+D$

(2) $A+\overline{\bar{A}(B+C)}=A+\bar{B}\bar{C}$

(3) $\overline{AB+\bar{A}\bar{B}+\bar{C}}=(A\oplus B)C$

(4) $BC+AD=(B+A)(B+D)(A+C)(C+D)$

(5) $A\oplus B\oplus C=A\odot B\odot C$

(6) $ABC+A\bar{B}\bar{C}+\bar{A}B\bar{C}+\bar{A}\bar{B}C=A\oplus B\oplus C$

(7) $A+A\bar{B}\bar{C}+\bar{A}CD+(\bar{C}+\bar{D})E=A+CD+E$

(8) $BC+D+\bar{D}(\bar{B}+\bar{C})(AD+B)=B+D$

[题 2.4]　根据对偶规则求出下列逻辑函数的对偶式。

(1) $Y=A(\bar{B}+\bar{C})+\bar{A}(B+C)$

(2) $Y=A(B+\bar{C})+\bar{A}B(C+\bar{D})+A\bar{B}C+D$

(3) $Y=\overline{A\bar{B}+B\bar{C}+\bar{C}A}$

(4) $Y=\overline{(A+C)(\bar{A}+B+C)(\bar{B}+C)}(A+B+\bar{C})$

[题 2.5]　根据反演规则求出下列逻辑函数的反函数。

(1) $Y=(A+BC)DE$

(2) $Y=[A+(B\bar{C}+CD)E]F$

(3) $Y=\overline{\overline{A+B}+CD}+\overline{\overline{C+D}+AB}$

(4) $Y=(\overline{\overline{AB}+ABC})(A+BC)$

[题 2.6]　将下列逻辑函数变换为最小项表达式。

(1) $Y=AB+AC+BC$

(2) $Y=BC+\bar{A}\bar{B}+A\bar{C}$

(3) $Y=(A+B)\overline{AB+B\bar{C}}$

(4) $Y=(A+B+C)+\overline{\overline{\bar{A}+\bar{B}}+\bar{C}}$

[题 2.7]　用卡诺图化简下列逻辑函数为最简**与-或**表达式。

(1) $Y=\bar{A}\bar{B}+B\bar{C}+AC+\bar{B}C$

(2) $Y=A\bar{C}+\bar{A}C+B\bar{C}+\bar{B}C$

(3) $Y=A\bar{B}+BD+BC\bar{D}+\bar{A}B\bar{C}D$

(4) $Y=A\bar{C}\bar{D}+BCD+\bar{B}D+A\bar{B}+B\bar{C}D$

(5) $Y=\overline{\bar{A}\bar{B}+ABD}(B+\bar{C}D)$

(6) $Y=\overline{(A+B)CD+\bar{A}CD+AC(\bar{A}+D)}$

［题 2.8］ 用卡诺图化简下列逻辑函数为最简**与-或**表达式。

(1) $Y(A,B,C)=\sum m(0,1,2,5,)$

(2) $Y(A,B,C)=\sum m(0,1,2,4,5,6,7)$

(3) $Y(A,B,C,D)=\sum m(0,1,2,3,4,6,8,9,10,11,12,14)$

(4) $Y(A,B,C,D)=\sum m(1,3,8,9,10,11,14,15)$

［题 2.9］ 用卡诺图化简下列具有无关项的逻辑函数为最简**与-或**表达式。

(1) $Y(A,B,C,D)=\sum m(0,1,2,3,4,6,8,)+\sum d(10,11,12,13,14)$

(2) $Y(A,B,C,D)=\sum m(0,1,4,9,12,13)+\sum d(2,3,6,7,8,10,11,14)$

(3) $Y(A,B,C,D)=\sum m(3,6,8,9,11,12)+\sum d(0,1,2,13,14,15)$

(4) $Y(A,B,C,D)=\sum m(1,3,5,8,9,13)+\sum d(7,10,11,14,15)$

［题 2.10］ 写出下列逻辑函数的最大项表达式。

(1) $Y=AB+AC+BC$

(2) $Y=(A+C)(\bar{A}+B)$

(3) $Y=AB+(\bar{A}B+\bar{C})(\bar{A}\bar{B}+C)$

(4) $Y=\overline{A\bar{C}+\bar{A}\bar{B}C+\bar{B}C}$

(5) $Y=AC\bar{D}+A\bar{B}D+B\bar{C}D+\bar{B}C\bar{D}$

(6) $Y(A,B,C,D)=\sum m(1,4,7,8,10,12,14,15)$

［题 2.11］ 用卡诺图化简下式为最简**或-与**表达式。

(1) $Y=(A+B+D)(\bar{A}+\bar{B}+\bar{D})(\bar{A}+B+D)(A+C+\bar{D})(\bar{B}+\bar{C}+\bar{D})$

(2) $Y(A,B,C,D)=\Pi M(1,3,5,7,8,9,10,11)$

(3) $Y(A,B,C,D)=\sum m(0,1,12,13,14)+\sum d(6,7,15)$

(4) $Y(A,B,C,D)=\Pi M(1,3,9,10,15)\cdot\Pi d(6,8,12,13,14)$

［题 2.12］ 列出以下各题的真值表，并写出输出逻辑函数。

(1) 输入 A、B、C、D 是一个十进制数 X 的 8421BCD 码，当 X 为奇数时，输出 $Y=\mathbf{1}$，否则 $Y=\mathbf{0}$。

(2) X 为输入变量，Y 为输出函数。X 输入为 8421BCD 码，Y 为 4 位二进制数。当 $0\leqslant X\leqslant 5$ 时，$Y=X+\mathbf{1}$；当 $6\leqslant X\leqslant 9$ 时，$Y=X-\mathbf{1}$。

［题 2.13］ 将下列逻辑函数化简为最简**与-或**表达式，并用**与非**门实现。

(1) $Y=ABCD+\bar{A}BC\bar{D}+\overline{B\bar{C}D}$

(2) $Y=A\bar{B}+\bar{A}C+BC+\bar{C}D$

(3) $Y=A\bar{B}+B\bar{C}+A\bar{B}\bar{C}+AB\bar{C}\bar{D}$

(4) $Y=A\overline{BC}+\overline{\overline{A\bar{B}}+BC+\bar{A}\bar{B}}$

[题 2.14] 用卡诺图判别逻辑函数 Y 和 Z 之间的关系。

(1) $Y=AB+BC+CA$ $\qquad$ $Z=\overline{A}\,\overline{B}+\overline{B}\,\overline{C}+\overline{C}\,\overline{A}$

(2) $Y=A\overline{B}+ACD+\overline{A}D+D$ $\qquad$ $Z=A\overline{B}+D$

(3) $Y=(A+\overline{B}+C)(AB+CD)$ $\qquad$ $Z=AB+CD$

(4) $Y=A\oplus B\oplus C$ $\qquad$ $Z=A\odot B\odot C$

[题 2.15] 已知下列逻辑函数,试用卡诺图分别求出 Y_1+Y_2,$Y_1\cdot Y_2$ 和 $Y_1\oplus Y_2$。

(1) $\begin{cases} Y_1(A,B,C)=\sum m(0,1,3) \\ Y_2(A,B,C)=\sum m(0,4,5,7) \end{cases}$

(2) $\begin{cases} Y_1=\overline{A}\,\overline{B}\,\overline{C}\,\overline{D}+B\overline{C}D+\overline{A}\,\overline{B}C\overline{D}+BCD \\ Y_2=ABD+A\overline{B}\,\overline{C}\,\overline{D}+\overline{A}BD+A\overline{B}C\overline{D} \end{cases}$

[题 2.16] 写出图 P2.1 所示电路的输出逻辑表达式,将其化简为最简**与或**表达式,并转换成**与非-与非**表达式,然后用**与非**门画出逻辑电路。

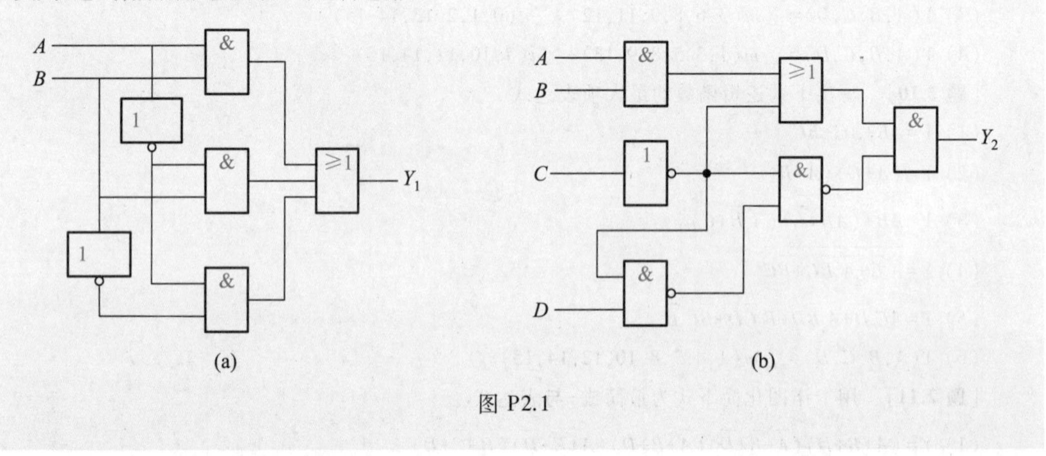

图 P2.1

技 能 题

[题 2.17] 有一个火灾报警系统,设有烟感、温感和紫外光感 3 种不同的火灾探测器。为了防止产生误报警,只有当其中两种或三种探测器发出火灾探测信号时,报警系统才发出报警信号,试用**或非**门设计该报警电路。

[题 2.18] 旅客列车分为特快、直快和慢车 3 种,车站发车的优先顺序为:特快、直快、慢车。在同一时间内,车站只能开出一班列车,即车站只能给出一班列车所对应的开车信号,试用**与非**门设计一个能满足上述要求的逻辑电路。

第3章

集成逻辑门电路

内容提要

集成逻辑门电路是构成数字逻辑电路的基本单元，它是实现逻辑代数中逻辑运算的门电路。本章在介绍二极管和三极管开关特性的基础上，简要介绍分立元件**与**门、**或**门、**非**门以及由它们组成的**与非**门和**或非**门的逻辑功能。然后，重点讨论TTL和CMOS集成逻辑门电路的工作原理、电压传输特性、输入负载特性和输出负载特性，以及它们的正确使用方法等。对于各种集成逻辑门的内部电路只作简要介绍。

3.1 概　　述

用以实现基本逻辑运算和复合逻辑运算的电子电路称为逻辑门电路。常用的逻辑门电路有**与**门、**或**门、**非**门、**与非**门、**或非**门、**与或非**门、**异或**门和**同或**门等。它们是组成各种数字系统的基本逻辑门电路。

集成逻辑门电路主要有TTL门电路和CMOS门电路。TTL门电路由双极型晶体管组成，CMOS门电路由单极型MOS管组成。

TTL数字集成电路发展比较早，生产技术成熟，比早期CMOS集成电路工作速度高，负载能力强，曾被广泛使用，但由于功耗大，只适用于制造中、小规模集成电路。随着生产工艺的迅速发展，CMOS数字集成电路的工作速度和负载能力都有了很大提高，且功耗低、抗干扰能力强、成本低等方面都比TTL数字集成电路有着明显的优点，很适合用于制造大规模和超大规模数字集成电路，已逐渐成为主流产品。

数字集成电路的输入和输出只有高电平 U_H 和低电平 U_L 两个不同的状态，高电平和低电平不是一个固定不变的数值，允许有一定的变化范围。当数字集成电路的电源电压为5 V时，对于TTL数字集成电路的电压范围与逻辑电平的关系如表3.1.1所示。由该表可看出：信号电平在2.4~3.5 V的范围内变化时，视为高电平，可用**1**(H)表示；当信号电平在0~0.8 V的范围内变化时，视为低电平，用**0**(L)表示。对于CMOS数字集成电路的电压范围与逻辑电平的关系如表3.1.2所示。

表 3.1.1　TTL 数字集成电路的电压范围与逻辑电平的关系

电压范围	逻辑值	逻辑电平
2.4~3.5 V	**1**	H(高电平)
0~0.8 V	**0**	L(低电平)

表 3.1.2　CMOS 数字集成电路的电压范围与逻辑电平的关系

电压范围	逻辑值	逻辑电平
3.5~5 V	**1**	H(高电平)
0~1.5 V	**0**	L(低电平)

在数字集成电路中,如用 **1** 表示高电平,用 **0** 表示低电平时,称为正逻辑;反之,如用 **0** 表示高电平,用 **1** 表示低电平时,称为负逻辑,如图 3.1.1 所示。在本书中,如未加说明,则一律采用正逻辑。

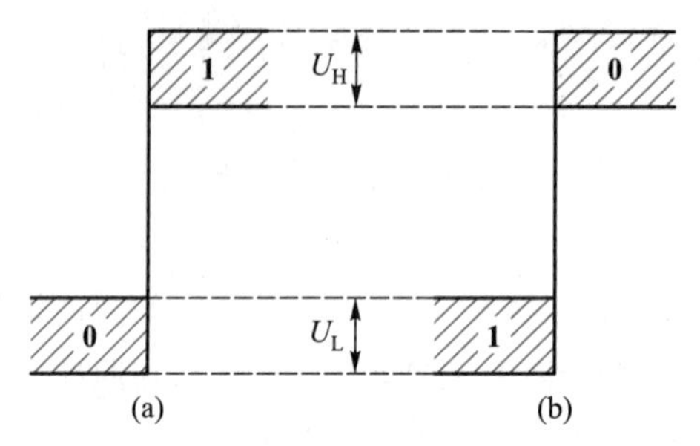

图 3.1.1　正逻辑和负逻辑示意图

(a) 正逻辑;(b) 负逻辑

3.2　基本逻辑门电路

3.2.1　三极管的开关特性

一、静态开关特性

在数字电路中,晶体三极管(以下简称三极管)是作为一个开关元件来使用的,它不允许工作在放大状态,而只能工作在饱和导通状态(又称饱和状态)或截止状态。下面参照图 3.2.1 所示共发射极硅三极管开关电路和输出特性曲线来讨论三极管的静态开关特性。

1. 截止条件

当输入 $u_I = U_{IL} = 0.3$ V 时,基射间的电压 u_{BE} 小于其门限电压 U_{th}(0.5 V),即 $u_{BE} < 0.5$ V,三极管截止,基极电流 $i_B \approx 0$,集电极电流 $i_C \approx 0$,输出 $u_O = u_{CE} \approx V_{CC}$,这时,三极管工作在图

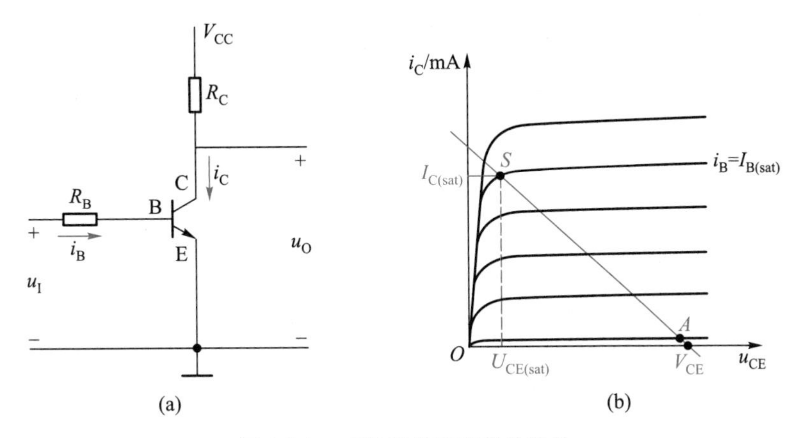

图 3.2.1　三极管的静态开关特性

(a) 电路图； (b) 输出特性曲线

3.2.1(b)中的 A 点。通常将 $u_{BE} \leqslant 0.5$ V 作为三极管的截止条件,但这种截止是不可靠的。为了使三极管能可靠截止,应使发射结处于反偏,至少为 0 V,因此,三极管的可靠截止条件为

$$u_{BE} \leqslant 0\ \text{V} \tag{3.2.1}$$

三极管截止时,E、B、C 三个电极互为开路,相当于开关打开,等效电路如图 3.2.2(a)所示。

2. 饱和条件

当输入 $u_I = U_{IH}$,调节电阻 R_B,使三极管工作在临界饱和状态,其工作在图 3.2.1(b)中的 S 点。这时三极管的 i_B 称为临界饱和基极电流 $I_{B(sat)}$,对应的 i_C 称为临界饱和集电极电流 $I_{C(sat)}$,基射间的电压称为临界饱和基极电压 $U_{BE(sat)}$,其值约为 0.7 V;集射间的电压称为临界饱和集电极电压 $U_{CE(sat)}$,其值为 0.1~0.3 V。三极管工作在 S 点时,其放大特性在该点仍适用。

$$I_{B(sat)} = \frac{I_{C(sat)}}{\beta}$$

$$I_{C(sat)} = \frac{V_{CC} - U_{CE(sat)}}{R_C} \approx \frac{V_{CC}}{R_C} \tag{3.2.2}$$

$$I_{B(sat)} \approx \frac{V_{CC}}{\beta R_C} \tag{3.2.3}$$

由式(3.2.3)可知,只要实际注入基极的电流 i_B 大于临界饱和基极电流 $I_{B(sat)}$,则三极管便工作在饱和状态。因此,三极管的饱和条件为

$$i_B \geqslant I_{B(sat)} \approx \frac{V_{CC}}{\beta R_C} \tag{3.2.4}$$

三极管工作在饱和状态时,$i_C = I_{C(sat)}$ 最大,这时,i_B 再增大,i_C 基本不变,i_B 比 $I_{B(sat)}$ 大得

越多,饱和越深,基区中的存储电荷越多。三极管饱和导通时,E、B、C 三个电极之间的饱和电压 $U_{BE(sat)}$ 和 $U_{CE(sat)}$ 很小,近似为 0,相当于开关接通,等效电路如图 3.2.2(b)所示。

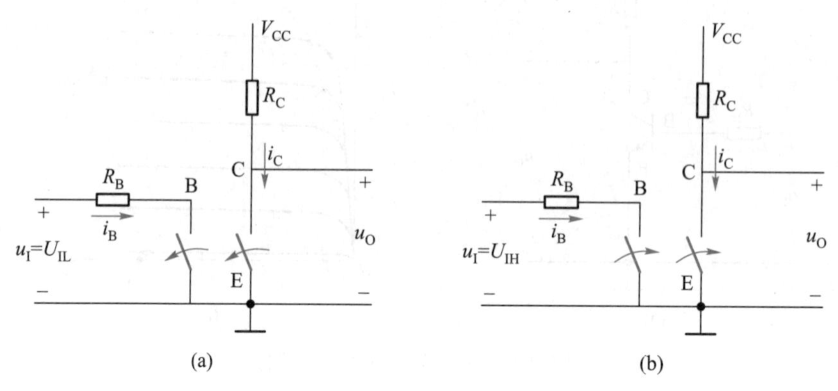

图 3.2.2 三极管的静态开关等效电路

(a) 截止状态; (b) 饱和状态

二、动态开关特性

三极管工作在开关状态时,其内部电荷的建立与消散都需要一定的时间。因此,集电极电流 i_C 的变化总是滞后于输入电压 u_I 的变化,这说明三极管由截止变为饱和或由饱和变为截止都需要一定的时间。

如在图 3.2.1(a)所示电路中输入一个理想的矩形脉冲 u_I 时,其集电极电流 i_C 和输出电压 u_O 的变化如图 3.2.3 所示。

当输入 u_I 由 $-U_R$ 跃到 $+U_F$ 时,发射区开始向基区扩散电子,并形成基极电流 i_B。同时基区积累的电子流向集电区形成集电极电流 i_C。随着基区积累电子的增多,i_C 不断增大,直到最大值 $I_{C(sat)}$,三极管进入饱和状态。因此,三极管由截止转为饱和导通需要一定的时间。如 i_B 继续增大,i_C 不再增大。基区内存储电荷更多,三极管饱和加深。通常把从 u_I 正跃变开始到 i_C 上升到 $0.9I_{C(sat)}$ 所需的时间称为开通时间,用 t_{on} 表示。

当输入 u_I 由 $+U_F$ 跃到 $-U_R$ 时,基区中存储的大量电荷开始消散。在存储电荷消散前,$i_C=I_{C(sat)}$ 不变。随着存储电荷的消散,三极管的饱和深度变浅。存储电荷消失后,三极管进入放大区并迅速转向截止。因此,三极管由饱和导通转为截止也需要一定的时间。通常把从 u_I 负跃变开始到 i_C 下降到 $0.1I_{C(sat)}$ 所需的时间称为关断时间,用 t_{off} 表示。

应当指出,t_{off} 比 t_{on} 大得多,因此,要提高三极管的开关速度,就必须降低三极管的饱和深度,加速基区存储电荷的消散。

三、抗饱和三极管

图 3.2.4(a)所示为抗饱和三极管,它是在三极管基极和集电极之间并接了一个肖特基势垒二极管(Schottky barrier diode,简称 SBD)构成的。肖特基势垒二极管的正向压降小,约为0.4 V,容易导通,它分流了三极管的一部分基极电流,使其工作在浅饱和状态,从而大大缩短了三极管的开关时间,提高了开关速度。在集成电路中,肖特基势垒二极管和三极管制

作在一起构成抗饱和三极管，符号如图3.2.4(b)所示。

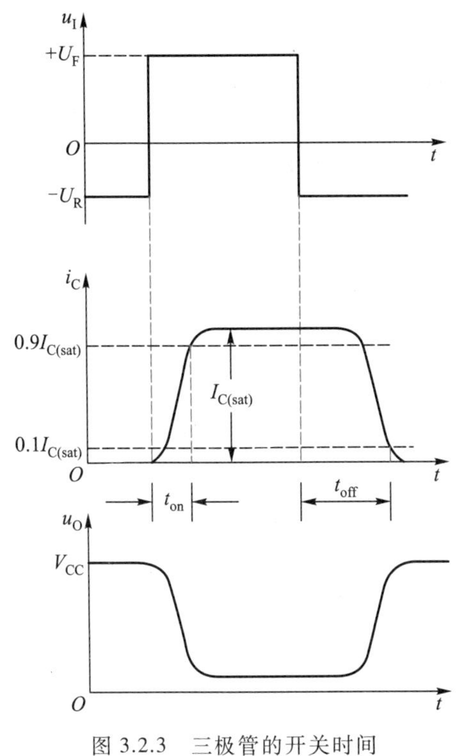

图 3.2.3　三极管的开关时间

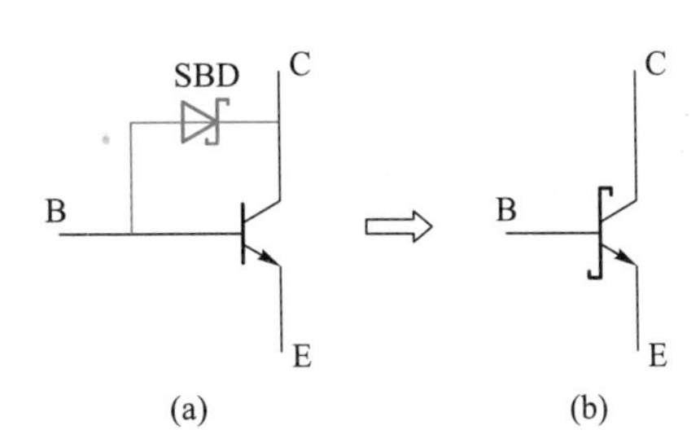

图 3.2.4　抗饱和三极管
(a) 电路结构； (b) 图形符号

3.2.2　MOS 管的开关特性

在数字逻辑电路中，MOS 管也是作为开关元件来使用的，一般采用增强型 MOS 管组成开关电路，并由栅源电压 u_{GS} 控制 MOS 管的截止或导通。

一、静态开关特性

图 3.2.5(a)和(b)所示为增强型 NMOS 管和 PMOS 管，它们的开启电压分别为 $U_{GS(th)N}$ 和 $U_{GS(th)P}$(负值)。图 3.2.6(a)所示为由 NMOS 管组成的开关电路，下面讨论它的开关特性。

当输入 $u_I<U_{GS(th)N}$ 时，NMOS 管截止。漏极电流 $i_D=0$，输出 $u_O=V_{DD}$，这时，NMOS 管漏极与源极之间处于断开状态，相当于开关打开，等效电路如图 3.2.6(b)所示。

当输入 $u_I>U_{GS(th)N}$ 时，NMOS 管导通。由于其导通电阻 R_{ON} 远比漏极负载电阻 R_D 小得多，完全可忽略不计。因此，输出电压 $u_O\approx 0$ V，这时，MOS 管相当于开关接通，等效电路如图 3.2.6(c)所示。

二、动态开关特性

设在图 3.2.6(a)所示电路的输入端输入矩形脉冲 u_I，其漏极电流 i_D 和输出电压 u_O 的

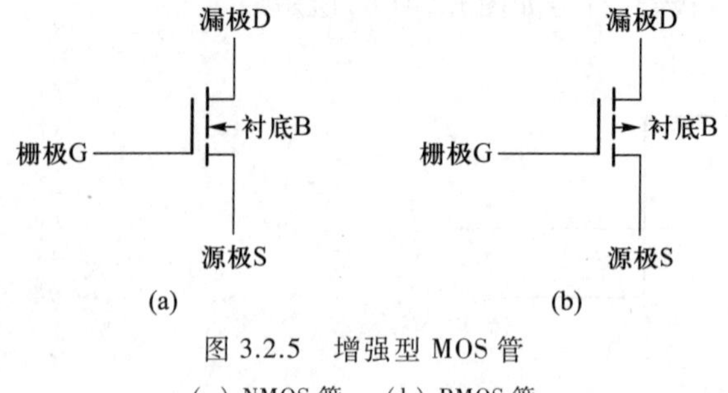

图 3.2.5　增强型 MOS 管

（a）NMOS 管；（b）PMOS 管

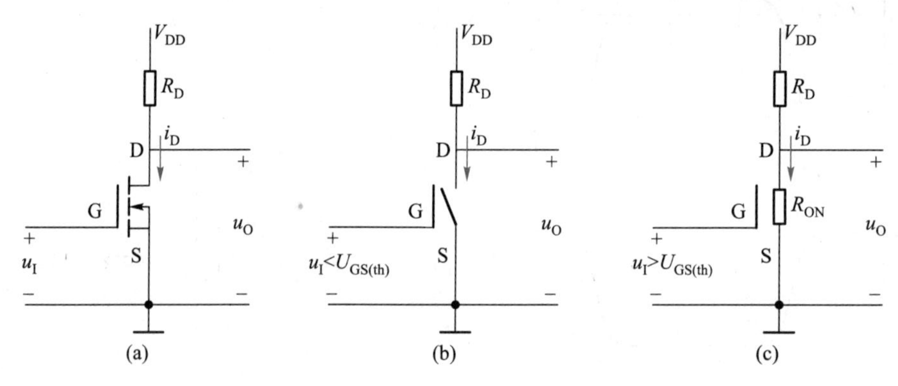

图 3.2.6　MOS 管的开关等效电路

（a）电路图；（b）截止状态；（c）导通状态

变化滞后于输入电压 u_I 的变化，如图 3.2.7 所示。

设输入 u_I 的低电平 $U_{IL}=0$ V，高电平 $U_{IH}=V_{DD}$。

当输入 u_I 由 0 V 正跃到高电平 V_{DD}时，NMOS 管需经过 t_{on}时间延迟后才能由截止转为导通。

当输入 u_I 由高电平 V_{DD}负跃到 0 V 时，NMOS 管需经过 t_{off}时间延迟后才能由导通转为截止。

由上可知，MOS 管工作在开关状态时，i_D 和 u_O 波形的变化总是滞后于输入 u_I 波形的。

3.2.3　分立元件门电路

一、二极管与门电路

1. **与**门的工作原理

图 3.2.8(a)所示为二输入端**与**门电路图。

由图 3.2.8 可知，在 A、B 两个输入信号中，只要有一个或两个输入信号为低电平 **0**，输出 Y 便为低电平 **0**；只有 A、B 两个输入信号都为高电平 **1** 时，输出 Y 才为 **1**。其真值表如表 3.2.1 所示。由该表可看出，输出和输入之间为**与**逻辑关系。因此，**与**门的输出逻辑表达式为

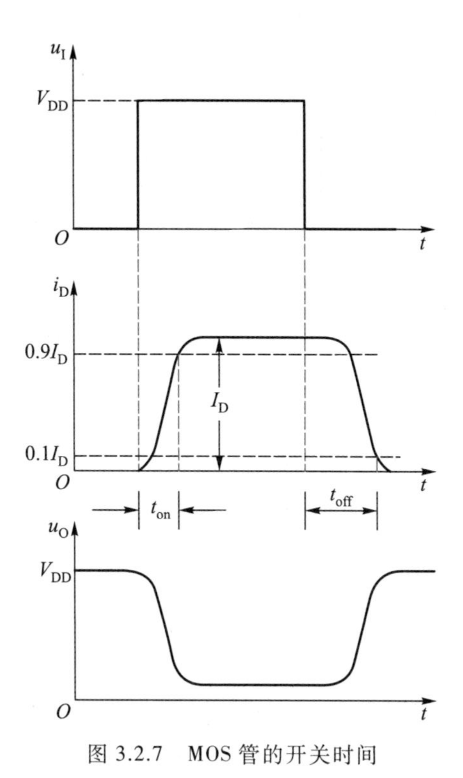

图 3.2.7 MOS 管的开关时间

$$Y = A \cdot B \tag{3.2.5}$$

表 3.2.1 与门的真值表

输入		输出
A	B	Y
0	**0**	**0**
0	**1**	**0**
1	**0**	**0**
1	**1**	**1**

图 3.2.8(b)所示为**与**门的逻辑符号。根据**与**门的逻辑功能可画出它的输入和输出电压波形,如图 3.2.8(c)所示。

当**与**门有多个输入端时,则式(3.2.5)可推广为

$$Y = A \cdot B \cdot C \cdot \cdots \tag{3.2.6}$$

与门用以实现**与**运算。

2. 使能端

与门任一个输入端都可作使能端,如在图 3.2.9(a)所示**与**门中,B 输入端作使能端,A

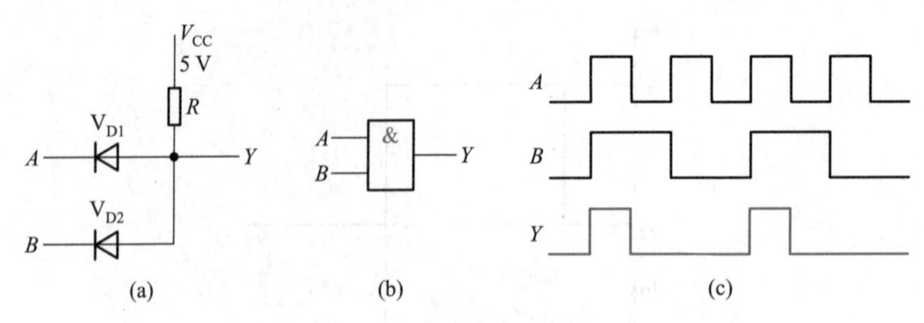

图 3.2.8　二极管**与**门电路的工作原理
（a）电路图；（b）逻辑符号；（c）工作波形

输入端输入信号时，则当 B 输入低电平 **0** 时，输出 Y 为低电平 **0**。这时，**与**门被封锁，A 端的输入信号不能通过**与**门。当 B 输入高电平 **1** 时，输出 Y 随 A 端输入信号变化。这时，**与**门开通，A 端输入的信号可通过**与**门传送到输出 Y 端。输入和输出电压波形如图 3.2.9(b)所示。可见，使能端 B 的信号可控制 A 端的输入信号能否通过与门传送到 Y 输出端。使能端又称允许输入端或禁止端。

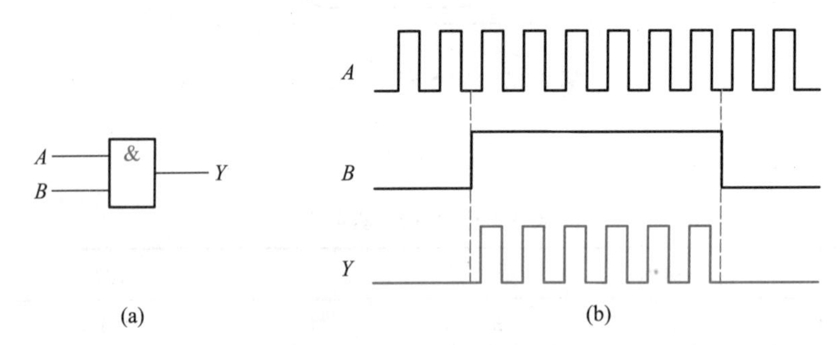

图 3.2.9　使能信号对**与**门输出的控制作用
（a）**与**门；（b）输入和输出波形

二、二极管或门电路

图 3.2.10(a)所示为二极管**或**门电路。由图可知，在 A、B 两个输入信号中，任一个或两个为高电平 **1**，输出 Y 便为 **1**；只有 A、B 两个输入信号都为低电平 **0** 时，输出 Y 才为低电平 **0**。其真值表如表 3.2.2 所示。由该表可看出，输出与输入之间为**或**逻辑关系。因此，**或**门的输出逻辑表达式为

$$Y=A+B \tag{3.2.7}$$

图 3.2.10(b)所示为**或**门的逻辑符号。根据**或**门的逻辑功能可画出它的输入和输出电压波形，如图 3.2.10(c)所示。

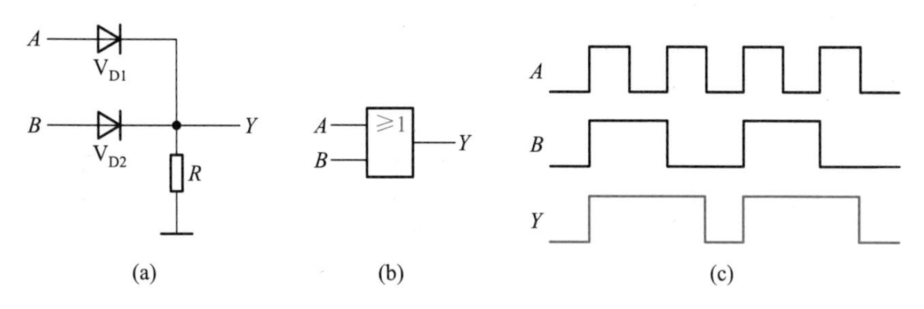

图 3.2.10 二极管**或**门电路的工作原理
(a) 电路图; (b) 逻辑符号; (c) 工作波形

表 3.2.2 或门的真值表

输入		输出
A	*B*	*Y*
0	**0**	**0**
0	**1**	**1**
1	**0**	**1**
1	**1**	**1**

当**或**门有多个输入端时,则式(3.2.7)可推广为

$$Y=A+B+C+\cdots \tag{3.2.8}$$

或门用以实现**或**运算。

三、非门电路

图 3.2.11(a)所示为**非**门电路图。由图可知,当输入 A 为低电平 **0** 时,$u_{BE}\leqslant 0$ V,三极管 V 截止,输出 Y 为高电平 **1**;当输入 A 为高电平 **1** 时,三极管 V 工作在饱和状态,输出 Y 为低电平 **0**。其真值表如表 3.2.3 所示。由该表可看出,输出与输入之间为**非**逻辑关系。**非**门的输出逻辑表达式为

$$Y=\overline{A} \tag{3.2.9}$$

表 3.2.3 非门的真值表

输入	输出
A	*Y*
0	**1**
1	**0**

由于**非**门输出信号与输入信号反相,所以,**非**门又称反相器。图 3.2.11(b)所示为**非**门的逻辑符号。**非**门的输入与输出电压波形如图 3.2.11(c)所示。

非门用以实现**非**运算。

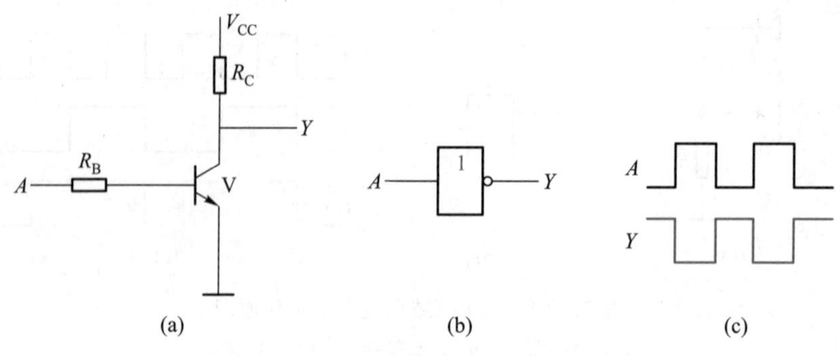

图 3.2.11 **非**门电路的工作原理

(a) 电路图; (b) 逻辑符号; (c) 工作波形

思 考 题

1. 三极管的截止条件和饱和导通条件是什么?各有何特点?
2. MOS 管的截止条件和导通条件是什么?各有何特点?
3. 举例说明**与**、**或**、**非**逻辑关系。
4. 在图 3.2.12(a)所示的门电路中,输入图(b)所示的电压波形时,试画出输出 Y_1 和 Y_2 的电压波形。

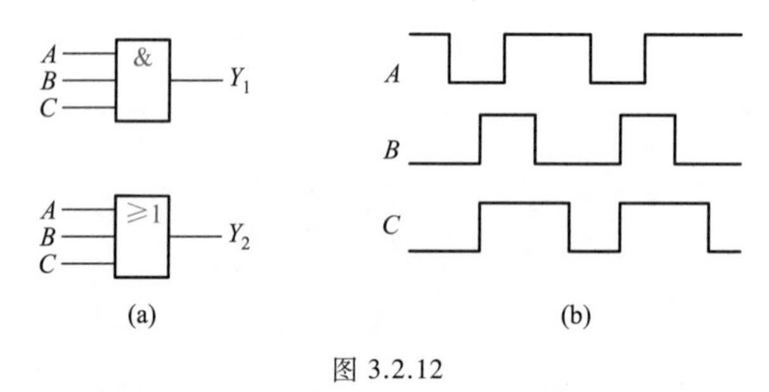

图 3.2.12

3.3 TTL 集成逻辑门电路

TTL 集成逻辑门电路主要由双极型三极管组成。由于输入级和输出级都为晶体三极管,所以称为晶体管-晶体管逻辑门电路。国产 TTL 数字集成电路的主要产品有 CT54/74 通用系列、CT54/74H 高速系列、CT54/74S 肖特基系列和 CT54/74LS 低功耗肖特基系列。随着集成技术的发展,TTL 集成门电路的性能有了进一步提高,出现了改进系列,CT54/74AS 和 CT54/74ALS 系列。CT54/74AS 系列的功耗与 CT54/74S 系列差不多,但工作速度提高了两倍多。CT54/74ALS 系列的工作速度和功耗比 CT54/74LS 系列都有了很大改善。而 CT54/74F 系列的工作速度和功耗介于 CT54/74AS 和 CT54/74ALS 系列之间。TTL 集成电路生产工艺成熟,产品参数稳定,工作稳定可靠,开关速度高,应用很广泛。下面以 CT74H 系列**与非**门为例讨论其逻辑功能及电气特性,而后再介绍其他功能的 TTL 门电路。

3.3.1 TTL 与非门

一、TTL 与非门的工作原理

1. 电路组成

图 3.3.1(a)所示为 CT74H 高速系列 TTL **与非**门,图(b)为其逻辑符号。它主要由输入级、中间级和输出级组成。

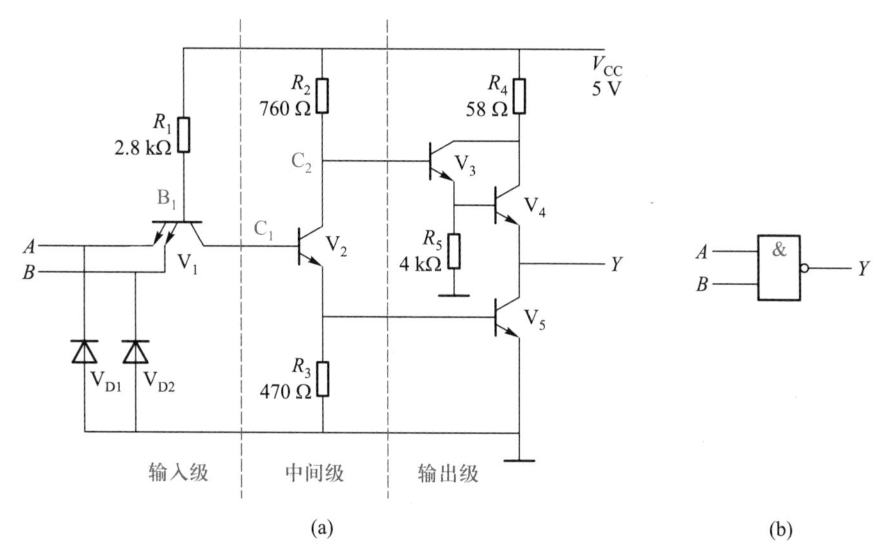

图 3.3.1 CT74H 高速系列 TTL **与非**门及其逻辑符号

(a) 电路图; (b) 逻辑符号

输入级由多发射极三极管 V_1 和电阻 R_1 组成,用以实现**与**逻辑功能。V_{D1}和 V_{D2}两个钳位二极管用于抑制输入端出现的负极性干扰电压。当输入端出现负极性干扰电压时,二极管导通,输入电压被钳压在-0.7 V 上。由于输入正常电压大于 0 V,二极管不会导通,对**与非**门工作没有影响。因此,讨论 TTL **与非**门的逻辑功能时,V_{D1}和 V_{D2}可以不画出来。

中间级由 V_2 和 R_2、R_3 组成。V_2 集电极和发射极分别输出两个不同逻辑电平的信号,分别用以驱动输出级的 V_3 和 V_5。

输出级由 V_3、V_4、V_5 和 R_4、R_5 组成。V_3、V_4 组成的复合管和 V_5 分别由 V_2 集电极和发射极输出两个不同的逻辑电平控制。因此,V_3、V_4 和 V_5 必然工作在两个相反的状态。V_3、V_4、V_5 和 R_4、R_5 组成推拉式输出电路,又称图腾柱输出电路。电路在输出高电平时,V_4 导通、V_5 截止;而在输出低电平时,V_4 截止、V_5 饱和导通,因此,无论输出是高电平还是低电平,电路的输出电阻都很低,也提高了电路的输出负载能力。

2. 逻辑功能

(1) 当输入 A、B 中有低电平 $U_{IL}=0.3$ V 时,接低电平的发射结导通,V_1 的基极电压 u_{B1} 为

$$u_{B1}=U_{IL}+u_{BE}=0.3\ V+0.7\ V=1\ V$$

而要使 V_1 集电结和 V_2 发射结导通，u_{B1}应不小于 $2\times0.7\ V=1.4\ V$，实际上 $u_{B1}=1\ V$。因此，V_2 和 V_5 截止。电源 V_{CC}经 R_2 向 V_3 提供的基极电流很小，在电阻 R_2 上产生的压降可忽略。这时，$u_{C2}=V_{CC}-u_{R_2}\approx V_{CC}=5\ V$，使 V_3、V_4 处于导通状态，所以，输出 Y 为高电平 U_{OH}。输出电压 u_O 为

$$u_O=U_{OH}=V_{CC}-(u_{BE3}+u_{BE4})=5\ V-(0.7\ V+0.7\ V)=3.6\ V$$

这时，**与非门处于关闭状态**。

（2）当输入 A、B 都为高电平 $U_{IH}=3.6\ V$ 时，电源 V_{CC}经 R_1、V_1 集电结向 V_2 基极提供足够大的基极电流，V_2 饱和，其发射极又向 V_5 提供基极电流，使 V_5 也饱和，输出 Y 为低电平 U_{OL}。输出电压 u_O 为

$$u_O=U_{OL}=U_{CE(sat)}=0.3\ V$$

V_2 集电极电压 u_{C2}为

$$u_{C2}=U_{CE(sat)}+u_{BE5}=0.3\ V+0.7\ V=1\ V$$

它只能使 V_3 导通，而 V_4 则处于截止状态。

这时，**与非门处于开通状态**。

由于 V_1 的基极电压 u_{B1}为

$$u_{B1}=u_{BC1}+u_{BE2}+u_{BE5}=0.7\ V+0.7\ V+0.7\ V=2.1\ V$$

其集电极电压 $u_{C1}=u_{BE2}+u_{BE5}=0.7\ V+0.7\ V=1.4\ V$，所以，在所有输入都为高电平 3.6 V 时，$V_1$ 集电结为正偏，发射结为反偏，使 V_1 工作在倒置状态。

由上分析可知，图 3.3.1(a)所示电路输入 A、B 中有低电平 **0**(0.3 V)时，输出 Y 为高电平 **1**(3.6 V)；只有输入 A、B 都为高电平 **1**(3.6 V)时，输出 Y 才为低电平 **0**(0.3 V)。因此，该电路输出 Y 与输入 A、B 之间为**与非逻辑关系**，其输出逻辑表达式为

$$Y=\overline{A\ B} \tag{3.3.1}$$

二、TTL 与非门电气特性

1. 电压传输特性

电压传输特性是门电路输出电压 u_O 随输入电压 u_I 变化的特性曲线，如图 3.3.2 所示。

（1）AB 段。当输入 $u_I<0.6\ V$ 时，V_1 的基极电压 $u_{B1}<0.6\ V+0.7\ V$，它不能使 V_1 集电结和 V_2 发射结导通，V_2 和 V_5 截止，V_3、V_4 导通，输出 u_O 为高电平，即 $u_O=U_{OH}=3.6\ V$，故 AB 段称为截止区。

（2）BC 段。当输入 u_I 在 $0.6\ V\leqslant u_I<1.3\ V$ 的范围内变化时，由于 V_2 发射极通过电阻 R_3 接地，因此，当 $u_I\geqslant0.6\ V$ 以后，$u_{B1}\geqslant1.3\ V$，V_2 进入放大区工作，这时，V_5 仍截止，V_2 集电极电流 i_{C2}随 u_I 增加而增大，R_2 上的压降增大，u_{C2}随之下降。因此，输出 u_O 随输入 u_I 的增加而线性下降，故 BC 段称为线性区。

（3）CD 段。当输入 u_I 在 $1.3\ V<u_I\leqslant1.4\ V$ 范围内变化时，V_1 基极电压 $u_{B1}\geqslant2\ V$，V_5 开始导通，这时，V_2 和 V_5 同时工作在放大区。因此，输入 u_I 的微小增加会引起输出 u_O 的急

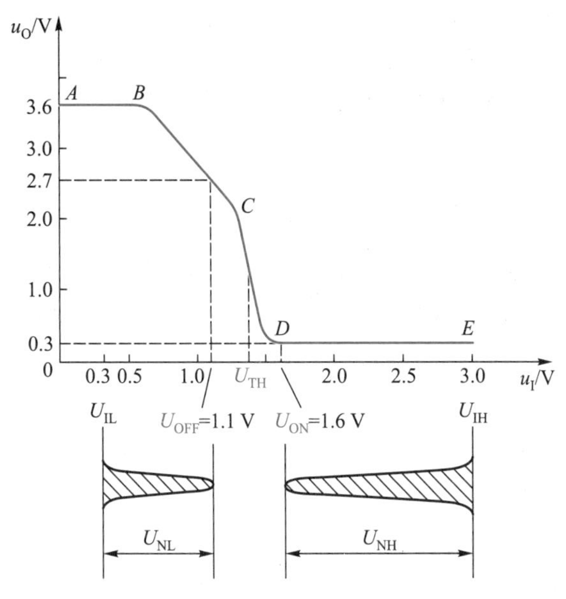

图 3.3.2 TTL **与非**门的电压传输特性

剧下降,并迅速变为低电平,故 CD 段称为转折区或过渡区。

(4) DE 段。当输入 $u_I>1.4$ V 时,这时 $u_{B1}=2.1$ V,由于 V_2 和 V_5 都工作在饱和状态,因此,输出 u_O 保持为低电平 $U_{OL}=U_{CE(sat)}\approx 0.3$ V 不变,故 DE 段称为饱和区。

2. 阈值电压、关门电平、开门电平和噪声容限

(1) 阈值电压 U_{TH}。电压传输特性转折区中点对应的输入电压称为阈值电压,用 U_{TH} 表示。由图 3.3.2 可知 $U_{TH}\approx 1.4$ V。在近似分析时,可以认为:当 $u_I>U_{TH}$ 时,**与非**门开通,输出为低电平;当 $u_I<U_{TH}$ 时,**与非**门关闭,输出为高电平。

(2) 关门电压 U_{OFF}。保证输出为额定高电平(3 V)的 90%(2.7 V)时,允许输入低电平的最大值,称为关门电平,用 U_{OFF} 表示。由图 3.3.2 可得 $U_{OFF}\approx 1.1$ V。显然,当 $u_I\leqslant U_{OFF}$ 时,**与非**门关闭,输出高电平。

(3) 开门电平 U_{ON}。保证输出为额定低电平(0.3 V)时,允许输入高电平的最小值,称为开门电平,用 U_{ON} 表示。由图 3.3.2 可得 $U_{ON}\approx 1.6$ V。显然,当 $u_I\geqslant U_{ON}$ 时,**与非**门开通,输出低电平。

(4) 噪声容限 U_N。噪声容限又称抗干扰能力,它表示门电路在输入电压上允许叠加多大的噪声电压下仍能正常工作。

输入低电平噪声容限 U_{NL} 是指输出为额定高电平的 90%时,允许在输入低电平上叠加的正向噪声电压,用 U_{NL} 表示,由图 3.3.2 可得

$$U_{NL}=U_{OFF}-U_{IL}=1.1\ \text{V}-0.3\ \text{V}=0.8\ \text{V}$$

U_{NL} 越大,说明**与非**门输入低电平时,抗正向干扰的能力越强。

输入高电平噪声容限是指输出为额定低电平时,允许在输入高电平上叠加的负向噪声

电压,用 U_{NH} 表示,由图 3.3.2 可得

$$U_{NH}=U_{IH}-U_{ON}=3\ V-1.6\ V=1.4\ V$$

U_{NH} 越大,说明**与非**门输入高电平时,抗负向干扰的能力越强。

3. 输入负载特性

输入电压 u_I 随输入端对地外接电阻 R_I 变化的曲线,称为输入负载特性。

在实际应用中,经常会遇到输入端通过电阻接地的情况,如图 3.3.3(a)所示。而 R_I 大小变化时,往往会影响**与非**门的工作状态。如 $R_I=0$ 时,$u_I=0$,输出 u_O 为高电平;如 $R_I=\infty$ 时,即输入端悬空,相当于输入高电平,这时输出 u_O 为低电平。因此,**与非**门输入端对地外接电阻 R_I 的大小有一定的要求。

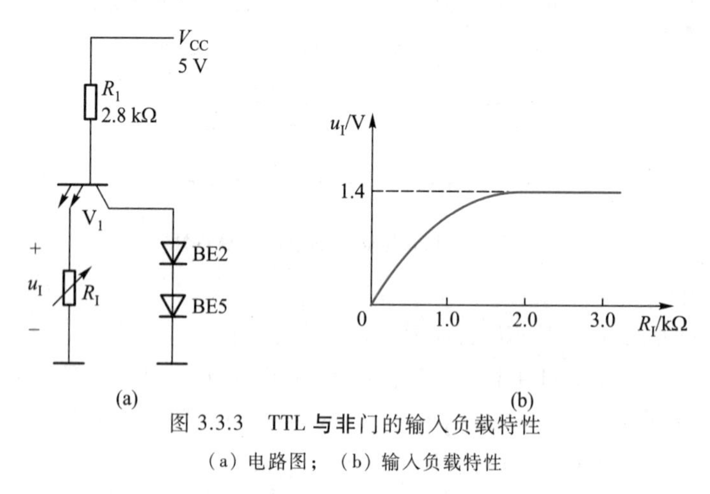

图 3.3.3 TTL **与非**门的输入负载特性

(a) 电路图; (b) 输入负载特性

当 R_I 由小逐渐增大时,R_I 上的电压 u_I 随之增大。当 R_I 增大到使 $u_I=1.4$ V 时,V_1 的基极电压被钳在 2.1 V 上,V_2 和 V_5 同时导通,输出 u_O 为低电平 u_{OL},此后 u_I 不再随 R_I 增加而升高。u_I 随 R_I 变化的曲线如图 3.3.3(b)所示。

(1) 关门电阻。为保证**与非**门关闭,R_I 增大到使 u_I 上升到 U_{OFF} 值时所对应的 R_I 值,称为关门电阻,用 R_{OFF} 表示。只要 $R_I<R_{OFF}$,**与非**门便处于关闭状态。

(2) 开门电阻。为保证**与非**门开通,R_I 增大到使 u_I 上升到 U_{ON} 值时所对应的 R_I 值,称为开门电阻,用 R_{ON} 表示。只要 $R_I>R_{ON}$,**与非**门便处于开通状态。通常 $R_{ON}>R_{OFF}$。

应当指出:对于不同的 TTL 门电路,开门电阻 R_{ON} 和关门电阻 R_{OFF} 值是不同的。

[例 3.3.1] 图 3.3.4 所示 TTL **与非**门的关门电阻 $R_{OFF}=680\ \Omega$,开门电阻 $R_{ON}=2\ k\Omega$,试写出输出 Y_1、Y_2 和 Y_3 的逻辑表达式。

解:在图 3.3.4(a)中,输入端 B 对地接的电阻为 470 Ω,小于关门电阻 $R_{OFF}=680\ \Omega$,相当于输入低电平 **0**,因此,$Y_1=\overline{A\cdot B}=\overline{A\cdot \mathbf{0}}=\mathbf{1}$。

在图 3.3.4(b)中,输入端 B 对地接的电阻为 5.6 kΩ,大于开门电阻 $R_{ON}=2\ k\Omega$,相当于输入高电平 **1**,因此,$Y_2=\overline{A\cdot B}=\overline{A\cdot \mathbf{1}}=\overline{A}$。

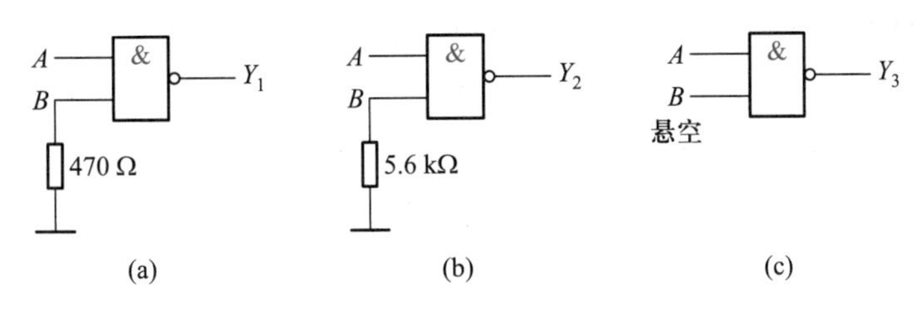

图 3.3.4 [例 3.3.1]的电路

在图 3.3.4(c)中,输入端 B 悬空,相当于输入高电平 **1**,因此,$Y_3=\overline{A\cdot B}=\overline{A\cdot \mathbf{1}}=\overline{A}$。

4. 输出负载特性

TTL **与非**门输出端外接的负载通常为同类**与非**门。这类负载主要有两种形式:一种是灌电流负载,另一种是拉电流负载。下面分别讨论。

(1) 带灌电流负载。外接负载电流流入**与非**门(驱动门)输出端的负载,称为灌电流负载,如图 3.3.5 所示。**与非**门输出低电平 U_{OL}时,带灌电流负载。

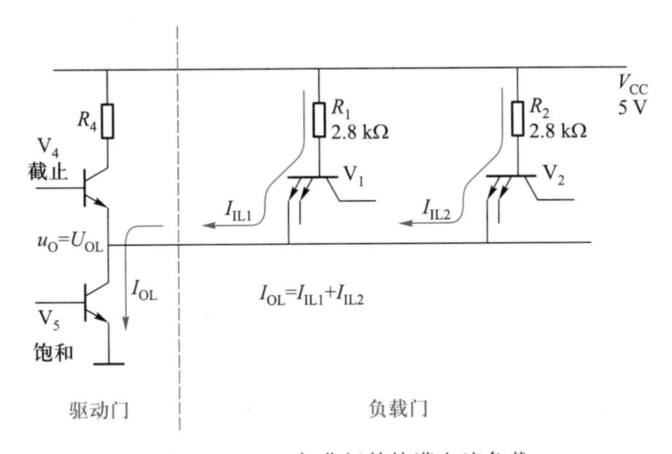

图 3.3.5 TTL **与非**门外接灌电流负载

由图 3.3.5 可看出,**与非**门输出的低电平 U_{OL}为后级负载门的输入电平,由于这时**与非**门 V_4 截止,V_5 饱和导通,各个外接负载门的输入低电平电流 I_{IL}都流入 V_5 的集电极。当外接负载门的数量增多时,流入 V_5 集电极的电流随之增大,输出的低电平 U_{OL}会稍有上升,只要不超过输出低电平允许的上限值 $U_{OL(max)}$,**与非**门的正常逻辑功能就不会被破坏。设**与非**门输出低电平允许 V_5 最大集电极电流为 $I_{OL(max)}$,每个负载门输入低电平电流为 I_{IL},则输出端外接灌电流负载门的个数 N_{OL}为

$$N_{OL}=\frac{I_{OL(max)}}{I_{IL}} \tag{3.3.2}$$

N_{OL}又称输出低电平扇出系数。N_{OL}越大,说明 $I_{OL(max)}$越大,带灌电流负载能力越强。

(2) 带拉电流负载。负载电流从**与非**门(驱动门)输出端流向外接负载门的负载,称为

拉电流负载，如图 3.3.6 所示。**与非**门输出高电平 U_{OH} 时，带拉电流负载。

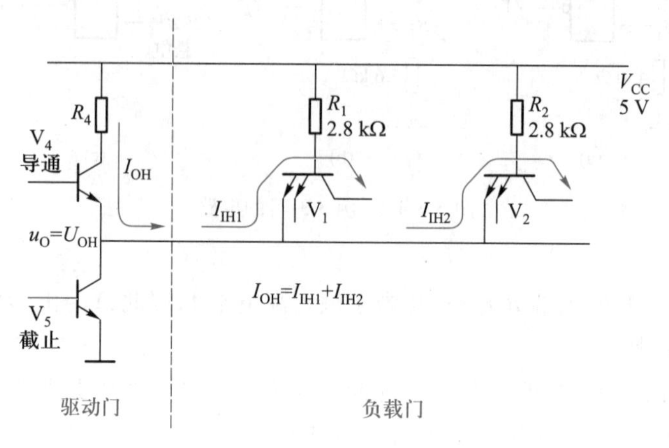

图 3.3.6 TTL **与非**门外接拉电流负载

由图 3.3.6 可看出，**与非**门输出的高电平 U_{OH} 为后级负载门的输入电平。由于这时**与非**门的 V_5 截止，V_4 导通，**与非**门输出高电平电流 I_{OH} 从输出端流向各个外接负载门。当外接负载门的数量增多时，被拉出的电流随之增大，R_4 上的压降上升，**与非**门输出的高电平随之下降，只要不小于允许的高电平下限值 $U_{OH(min)}$，**与非**门的正常逻辑功能就不会被破坏。设**与非**门输出高电平时的最大允许电流为 $I_{OH(max)}$，每个负载门输入高电平电流为 I_{IH}，则输出端外接拉电流负载门的个数 N_{OH} 为

$$N_{OH}=\frac{I_{OH(max)}}{I_{IH}} \tag{3.3.3}$$

N_{OH} 又称输出高电平扇出系数。N_{OH} 越大，说明 $I_{OH(max)}$ 越大，带拉电流负载力越强。

[例 3.3.2] 图 3.3.7 所示为 CT74LS 系列 TTL **与非**门组成的电路。已知输出高电平 $U_{OH} \geqslant 3$ V、输出低电平 $U_{OL} \leqslant 0.3$ V、输出高电平最大电流 $I_{OH(max)}=-0.4$ mA、输出低电平最大电流 $I_{OL(max)}=8$ mA；每个外接负载门输入低电平电流 $I_{IL} \leqslant -0.4$ mA，输入高电平电流 $I_{IH} \leqslant 20$ μA。试求**与非**门 G 能带多少个同类**与非**门？

解：（1）输出低电平 $U_{OL}=0.3$ V 时，带灌电流负载门的个数 N_{OL} 为

$$N_{OL} \leqslant \frac{I_{OL(max)}}{I_{IL}}=\frac{8}{0.4}=20$$

G 门输出低电平时，最多可驱动 20 个同类**与非**门。

（2）输出高电平 $U_{OH}=3$ V 时，带拉电流负载门的个数 N_{OH} 为

$$N_{OH}=\frac{I_{OH(max)}}{2I_{IH}}=\frac{0.4}{2\times 0.02}=10$$

G 门输出高电平时，最多可驱动 10 个同类**与非**门。

5. 平均传输延迟时间

当**与非**门输入脉冲信号时，由于三极管内部存储电荷的积累和消散都需要一定的时间，器件内部连线存在一定的寄生电容（分布电容），它使输出脉冲波形 u_O 比输入 u_I 的波形延迟了一定的时间，如图 3.3.8 所示。

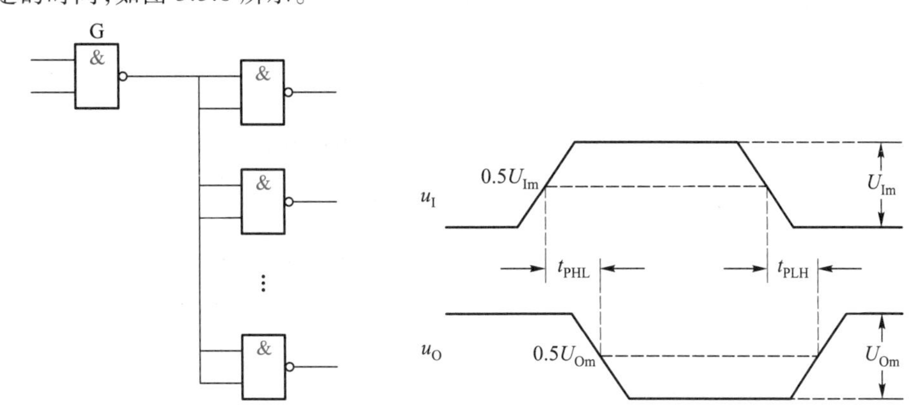

图 3.3.7 ［例 3.3.2］的电路　　　　图 3.3.8 TTL **与非**门的传输延迟时间

从输入 u_I 波形上升沿 $0.5U_{Im}$ 处到输出 u_O 波形下降沿 $0.5U_{Om}$ 处之间的时间称为导通延迟时间，用 t_{PHL} 表示。从输入 u_I 波形下降沿 $0.5U_{Im}$ 处到输出 u_O 波形上升沿 $0.5U_{Om}$ 处之间的时间称为截止延迟时间，用 t_{PLH} 表示。平均传输延迟时间 t_{pd} 为 t_{PHL} 和 t_{PLH} 的平均值，即

$$t_{pd}=\frac{t_{PHL}+t_{PLH}}{2} \tag{3.3.4}$$

t_{pd} 越小，**与非**门的开关速度越高，其工作频率也越高。对 CT74H 系列**与非**门，其 t_{pd} 约为 6 ns/门，平均功耗 P 约为 22 mW/门。

一个性能优越的门电路应具有功耗低、开关速度高的特点，然而这两者是矛盾的。为了衡量一个门电路品质的优劣，常用功耗 P 和平均传输延迟时间 t_{pd} 的乘积（简称功耗-延迟积）M 进行评价，即

$$M=Pt_{pd} \tag{3.3.5}$$

M 又称品质因数，其值越小，说明电路的性能越优越。

CT74H 高速系列**与非**门的功耗-延迟积 $M=Pt_{pd}=132\text{mW}\cdot\text{ns}$。

三、与非门的应用

1. 构成**与**门、**或**门和**非**门

用**与非**门构成的**与**门、**或**门和**非**门电路如图 3.3.9 所示。

2. 构成控制电路

图 3.3.10(a) 所示为由**与非**门构成的简单控制电路。下面结合图 3.3.10(b) 所示电压波形讨论**与非**门的控制作用。设 A 端输入需要通过的脉冲信号，B 端输入控制信号。当 B 端为低电平时，输出 Y 为高电平，A 端输入的脉冲信号不能通过**与非**门；当 B 端为高电平时，A 端输入的脉冲信号以反相的形式通过**与非**门。

3. 构成逻辑状态测试笔

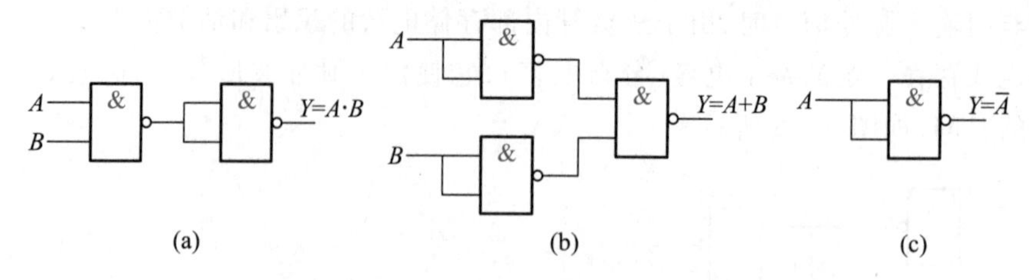

图 3.3.9 用**与非**门构成**与**门、**或**门和**非**门

(a) **与**门; (b) **或**门; (c) **非**门

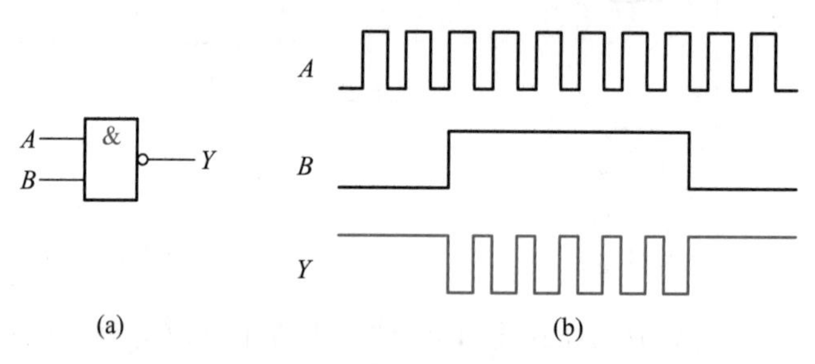

图 3.3.10 **与非**门对信号的控制作用

(a) **与非**门; (b) 输入和输出波形

图 3.3.11 所示为由四 2 输入**与非**门 CC74HC00 组成的逻辑状态测试笔。工作原理如下:

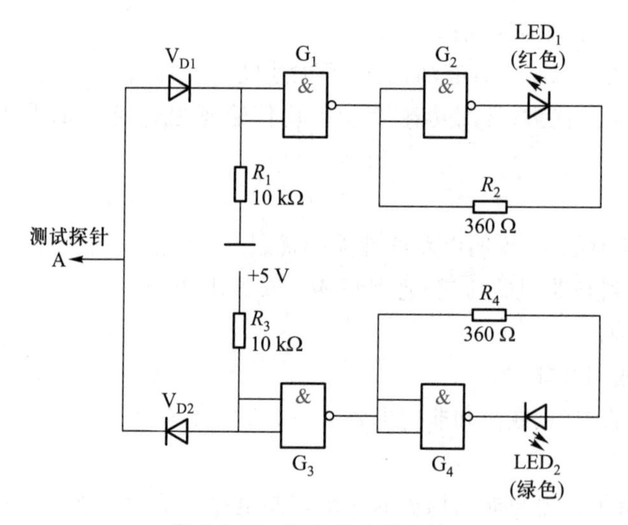

图 3.3.11 逻辑状态测试笔

当测试探针 A 悬空时,G_1 门输入低电平,输出高电平,G_2 输出低电平,发光二极管 LED_1 熄灭。与此同时,G_3 输入高电平,输出低电平,G_4 输出高电平,LED_2 也熄灭。

当测试探针 A 测得高电平时，V_{D1}导通，G_1 输入高电平，输出低电平，G_2 输出高电平，发光二极管 LED_1 导通发出红光。又因 V_{D2}截止，G_3 输入高电平，输出低电平，G_4 输出高电平，绿色发光二极管 LED_2 熄灭。

当测试探针 A 测得低电平时，V_{D2}导通，G_3 输入低电平，输出高电平，G_4 输出低电平，发光二极管 LED_2 导通发出绿光。又因 V_{D1}截止，G_1 输入低电平，输出高电平，G_2 输出低电平，红色发光二极管 LED_1 熄灭。

当测试探针 A 测得的为周期性的低速脉冲（如秒脉冲）时，则发光二极管 LED_1 和 LED_2 会交替发光。

图 3.3.11 所示逻辑状态测试笔应选用高速 CMOS **与非**门，不宜选用 TTL **与非**门，电路才能正常工作。

3.3.2 其他功能的 TTL 门电路

微视频 3-1：集电极开路门

一、集电极开路门（OC 门）

1. OC 门的工作原理

如将图 3.3.1（a）中的 V_3 和 V_4 去掉便构成了集电极开路（open collector）**与非**门。工作时，需在输出端 Y 和 V_{CC}之间外接一个负载电阻 R_L，如图 3.3.12（a）所示，图（b）为其逻辑符号，输出端框内的“◇”为集电极开路门的限定符号。其工作原理如下：当输入 A、B 中有低电平 **0** 时，输出 Y 为高电平 **1**；当输入 A、B 都为高电平 **1** 时，输出 Y 为低电平 **0**。因此，OC 门具有**与非**功能，其逻辑表达式为

$$Y=\overline{AB} \tag{3.3.6}$$

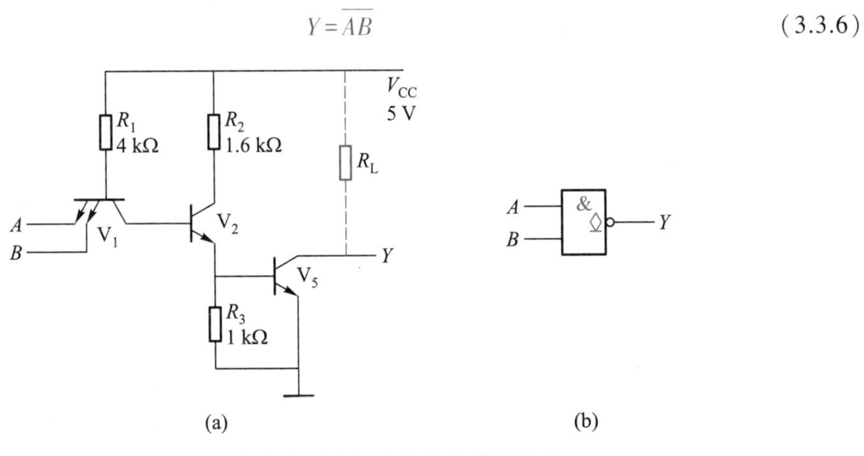

图 3.3.12 集电极开路**与非**门及其逻辑符号

（a）电路图；（b）逻辑符号

集电极开路**与非**门与 TTL **与非**门所不同的是，它输出的高电平不是 3.6 V，而是电源电压 V_{CC}（5 V）。

2. 集电极开路**与非**门的主要应用

（1）实现**线与**逻辑

将两个或多个OC门输出端连在一起可实现**线与**逻辑。图3.3.13所示为由两个OC门输出端相连后经电阻 R_L 接电源 V_{CC} 实现**线与**的电路，图中输出线连接处的矩形框为**线与**功能的符号。由图3.3.13可看出，$Y_1=\overline{AB}$，$Y_2=\overline{CD}$，由于 Y_1 和 Y_2 连在一起，因此，Y_1 和 Y_2 中有低电平**0**时，输出 Y 为**0**；只有 Y_1 和 Y_2 都为高电平**1**时，输出 Y 才为高电平**1**。所以，$Y=Y_1\cdot Y_2$。它的逻辑表达式为

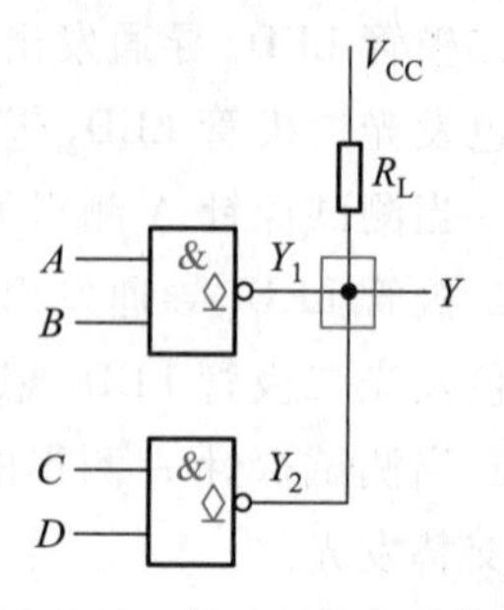

图3.3.13 用OC门实现**线与**

$$Y=Y_1\cdot Y_2=\overline{AB}\cdot\overline{CD}=\overline{AB+CD} \qquad (3.3.7)$$

由上式可知，两个OC门**线与**连接后，可实现**与或非**逻辑功能。

（2）驱动发光二极管和继电器

图3.3.14所示为用OC门驱动发光二极管的电路。该电路在输入 A、B 都为高电平时输出低电平，这时发光二极管发光，否则，输出高电平，发光二极管熄灭。

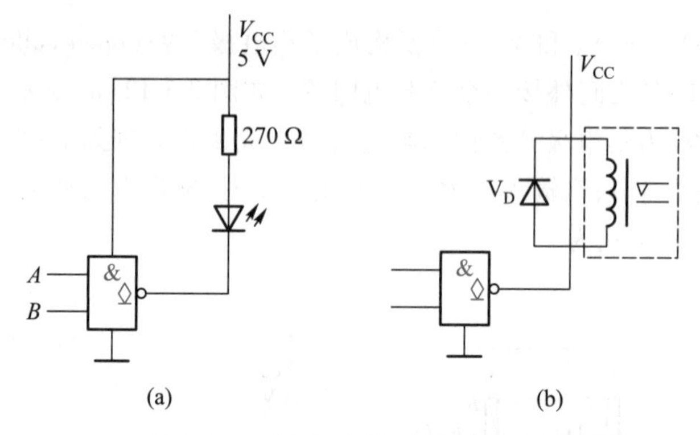

图3.3.14 用OC门驱动发光二极管

（a）驱动发光二极管；（b）驱动干簧继电器

图3.3.14(b)所示为用OC门驱动干簧继电器的电路。并联在继电器线圈两端的二极管 V_D 用以保护OC门的输出管。工作过程如下：OC门输出低电平时，输出管有较大的集电极电流流经继电器的线包，干簧继电器吸合，V_D 不导通，对电路工作没有影响。当输出管由导通变为截止瞬间，流经继电器线圈中的电流突然减小为0，如没有二极管 V_D 时，线圈两端产生的感应电势和电源电压 V_{CC} 极性相同，二者叠加后加到OC门输出管的集电极和发射极之间使集电结击穿而损坏。而接入 V_D 后，线圈的感应电势使 V_D 导通，感应电势被吸收掉大为减小，有效地保护了OC门的输出管而不会被击穿。

（3）实现电平转换

图3.3.15所示为由OC门组成的电平转换电路。当输入 A、B 都为高电平时，输出 Y 为低电平0.3 V；当输入 A、B 中有低电平时，输出 Y 为高电平 V_{CC}。因此，选用不同的电源电压 V_{CC}

时，可使输出 Y 的高电平能适应下一级电路对高电平的要求，从而实现电平的转换。

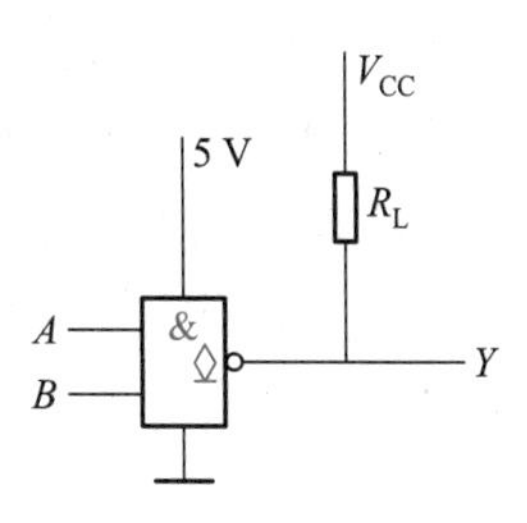

图 3.3.15 用 OC 门实现电平转换

［**例 3.3.3**］ 图 3.3.16 所示为 $n=4$ 个 OC 门驱动 $m=5$ 个 2 输入端的 TTL **与非**门。OC 门输出高电平时，V_5 管截止，反向截止电流 $I_{OH}=50\ \mu A$，饱和导通时，V_5 允许流过的最大低电平电流 $I_{OL(max)}=16\ mA$。负载**与非**门输入低电平短路电流 $I_{IL}=-1\ mA$，输入高电平时，一个输入端的反向漏电流 $I_{IH}=40\ \mu A$。电源电压 $V_{CC}=5\ V$，OC 门输出高电平下限值 $U_{OH(min)}=2.4\ V$，低电平上限值 $U_{OL(max)}=0.4\ V$，试求 OC 门负载电阻 R_L 的选择范围。

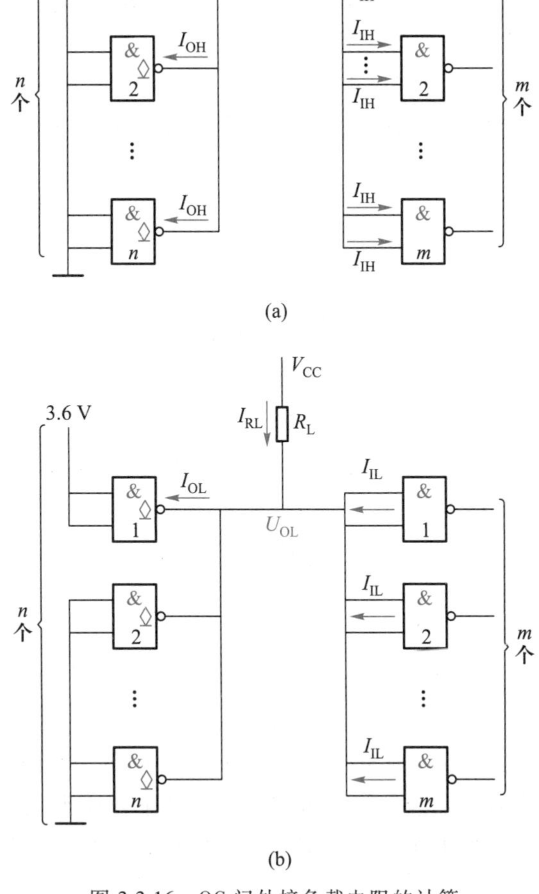

图 3.3.16 OC 门外接负载电阻的计算

（a）R_L 最大值的计算；（b）R_L 最小值的计算

解:计算负载电阻 R_L 的原则是:外接 R_L 后,OC 门输出的高电平应大于其下限值 $U_{OH(min)}$,输出的低电平应小于其上限值 $U_{OL(max)}$。

(1) 输出高电平时,求最大负载电阻 $R_{L(max)}$

电路如图 3.3.16(a)所示。由该图可看出,当负载电阻 R_L 增大时,OC 门输出的高电平 U_{OH} 会下降,但必须大于输出的高电平下限值 $U_{OH(min)}$,由此可求出 R_L 的最大值 $R_{L(max)}$ 为

$$R_{L(max)}=\frac{V_{CC}-U_{OH(min)}}{I_{RL}}=\frac{V_{CC}-U_{OH(min)}}{nI_{OH}+m\times 2I_{IH}} \tag{3.3.8}$$

将 $U_{OH(min)}=2.4\ \text{V}$、$I_{OH}=50\ \mu\text{A}$、$I_{IH}=40\ \mu\text{A}$、$n=4$、$m=5$ 代入式(3.3.8)中进行计算后得

$$R_{L(max)}=\frac{5-2.4}{4\times 0.05\times 10^{-3}+5\times 2\times 0.04\times 10^{-3}}\ \Omega=4.33\ \text{k}\Omega$$

为保证 OC 门输出的高电平大于 $U_{OH(min)}=2.4\ \text{V}$,实际 R_L 值应小于 $R_{L(max)}=4.33\ \text{k}\Omega$。

(2) 输出低电平时,求最小负载电阻 $R_{L(min)}$

电路如图 3.3.16(b)所示。这时应根据一个 OC 门开通(V_5 饱和导通)输出的低电平 U_{OL} 来计算 $R_{L(min)}$,OC 门的 I_{OL} 增大时,其 U_{OL} 会上升,但应小于其上限值 $U_{OL(max)}$,由此可求出 R_L 的最小值 $R_{L(min)}$

$$R_{L(min)}=\frac{V_{CC}-U_{OL(max)}}{I_{OL(max)}-mI_{IL}} \tag{3.3.9}$$

将 $U_{OL(max)}=0.4\ \text{V}$、$I_{OL}=16\ \text{mA}$、$I_{IL}=|-1|\ \text{mA}$、$m=5$ 代入式(3.3.9)中进行计算后得

$$R_{L(min)}=\frac{5-0.4}{16\times 10^{-3}-5\times 1\times 10^{-3}}\ \Omega=418\ \Omega$$

为保证 OC 门输出的低电平 U_{OL} 小于 $U_{OL(max)}=0.4\ \text{V}$,实际 R_L 值应大于 $R_{L(min)}=418\ \Omega$。

根据以上计算,R_L 的选择范围为

$$418\ \Omega<R_L<4.33\ \text{k}\Omega$$

微视频 3-2:三态输出门

二、三态输出门(TS 门)

1. 三态输出门的工作原理

三态输出门简称三态门(three states,TS)是指能输出高电平、低电平和高阻三种工作状态的门电路。

图 3.3.17(a)所示为三态输出**与非**门电路,EN 为控制端,又称使能端,图(b)为其逻辑符号,输出端框内的"▽"为三态输出门的限定符号。其工作原理如下:

(1) 当 $EN=\mathbf{1}$ 时,P 点为 **1**,V_D 截止,输出 Y 和输入 A、B 之间为**与非**逻辑关系,即 $Y=\overline{AB}$,电路处于工作状态。

(2) 当 $EN=\mathbf{0}$ 时,P 点为 **0**,即 $u_P=0.3\ \text{V}$,$u_{B1}=1\ \text{V}$,V_D 导通,V_2 和 V_5 截止,这时,$u_{C2}=$

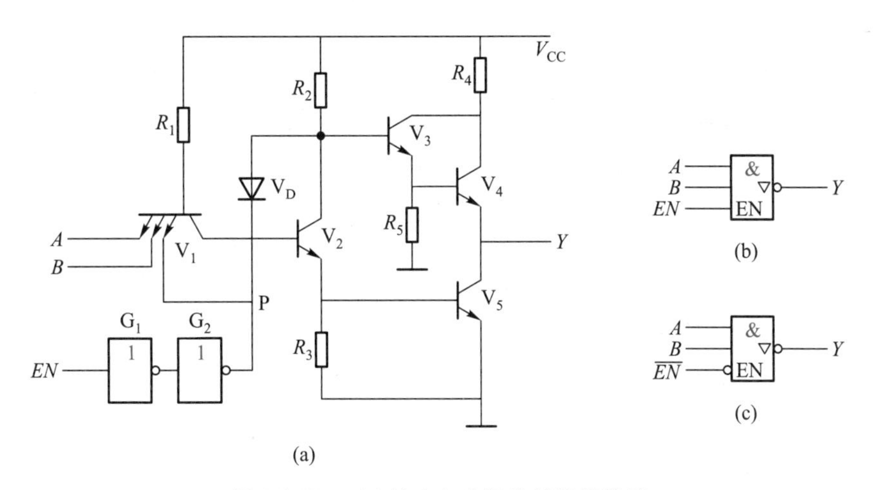

图 3.3.17 三态输出与非门及其逻辑符号

(a) 电路图； (b) EN=**1** 有效的逻辑符号； (c) $\overline{EN}$=**0**有效的逻辑符号

(0.3+0.7) V=1 V,V_4 截止,输出 Y 呈现高阻状态,即输出 Y 处于悬浮状态。

图 3.3.17(a)在 EN 为 **1** 时,电路处于工作状态,这时称控制端 EN 高电平有效,逻辑符号如图 3.3.17(b)所示。如将图 3.3.17(a)中去掉非门 G_2,将 G_1 输出和 P 点相连,并将 EN 改为$\overline{EN}$时,则在$\overline{EN}$为 **0** 时电路处于工作状态,即 $Y=\overline{AB}$,而在$\overline{EN}$=**1** 时,输出 Y 为高阻,这时称控制端$\overline{EN}$低电平有效,逻辑符号如图 3.3.17(c)所示。

2. 三态输出门的应用

(1) 用三态输出门构成单向总线

在计算机或其他数字系统中,为了减少连线的数量,往往希望在同一根导线上采用分时传送多路不同的信息,这时可采用三态输出门来实现,电路如图 3.3.18 所示。

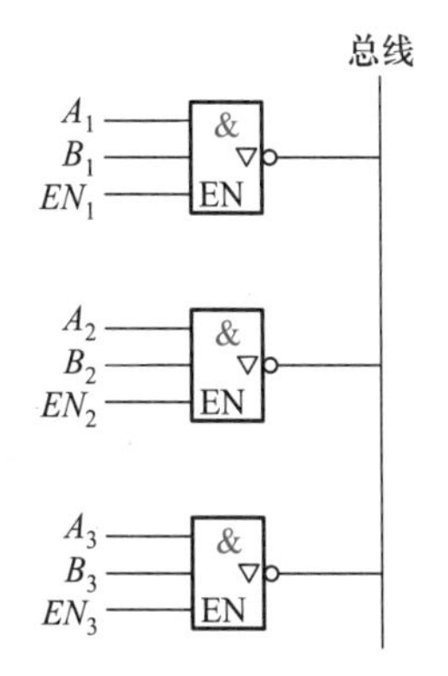

图 3.3.18 用三态输出门构成单向总线

分时传送信息的导线称为总线。只要在三态输出门的控制端 EN_1、EN_2、EN_3 上轮流加高电平,且同一时刻只有一个三态输出门处于工作状态,其余三态输出门输出都为高阻,则各个三态输出门输出的信号便轮流送到总线上,而且这些输出信号不会产生相互干扰。

(2) 用三态输出门构成双向总线

图 3.3.19 所示为由三态输出门构成的双向总线。当 EN=**1** 时,G_1 工作,G_2 输出高阻,数据 D_0 经 G_1 反相后的$\overline{D_0}$送到总线上;当 EN=**0** 时,G_2 工作,G_1 输出高阻,总线上的数据 D_1 经 G_2 反相后输出$\overline{D_1}$,从而实现了数据的双向传输。

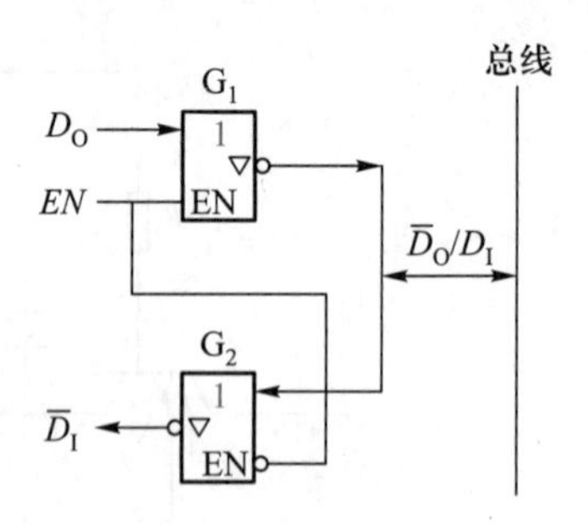

图 3.3.19　用三态输出门构成双向总线

三、或非门

1. **或非**门的工作原理

图 3.3.20(a)为**或非**门电路，图(b)为逻辑符号。和**与非**门相比，增加了一个与 V_1、V_2、R_1 电路结构完全相同的由 V_1'、V_2'、R_1' 组成的电路，且 V_2' 和 V_2 的集电极和发射极分别相连，这样，当输入 A 或 B 为高电平 **1** 时，V_2 或 V_2' 和 V_5 饱和导通，V_4 截止，输出 Y 为低电平 **0**；只有当 A 和 B 同时为低电平 **0** 时，V_2 和 V_2'、V_5 同时截止，V_4 导通，输出 Y 才为高电平 **1**。因此，图 3.3.20(a)所示电路为**或非**门。其逻辑表达式为

$$Y=\overline{A+B} \tag{3.3.10}$$

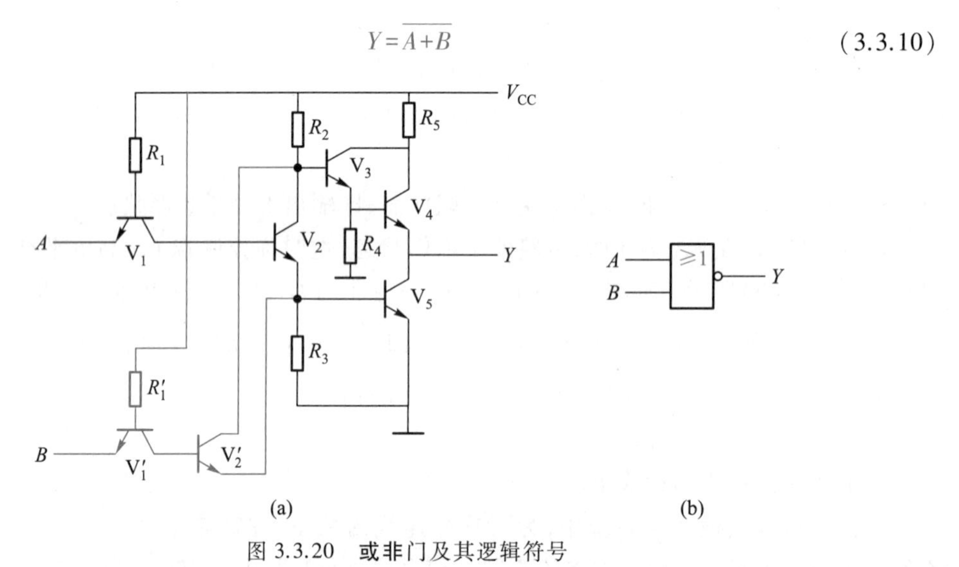

图 3.3.20　**或非**门及其逻辑符号

(a) 电路图；(b) 逻辑符号

如将图 3.3.20(a)中的 V_1 和 V_1'改为多发射极三极管时，便构成了**与或非**门。

2. **或非**门的应用

(1) 构成**与**门、**或**门和**非**门电路。图 3.3.21 所示为用**或非**门构成的**与**门、**或**门和**非**门电路。

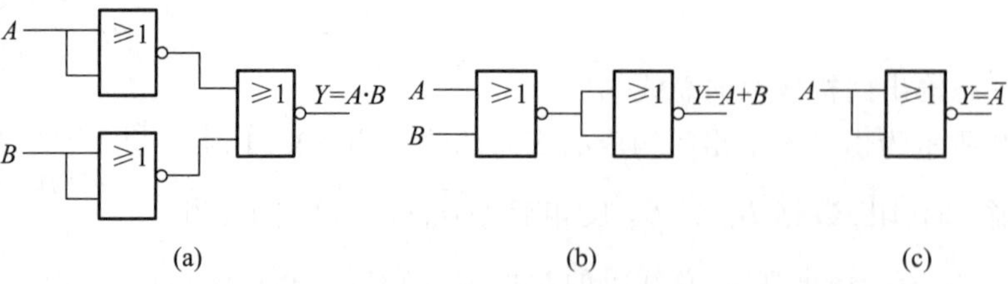

图 3.3.21　用**或非**门构成**与**门、**或**门和**非**门

(a) **与**门；(b) **或**门；(c) **非**门

（2）构成**异或**门。图 3.3.22 所示为由**或非**门和**与**门构成的**异或**门。由图可得

$$
\begin{aligned}
Y &= \overline{AB+\overline{A+B}} = \overline{AB}\cdot(A+B) \\
&= (\overline{A}+\overline{B})(A+B) = \overline{A}B+A\overline{B} \\
&= A\oplus B
\end{aligned}
\qquad (3.3.11)
$$

由上式可看出图 3.3.22(a)所示电路为**异或**门，图(b)为其逻辑符号。

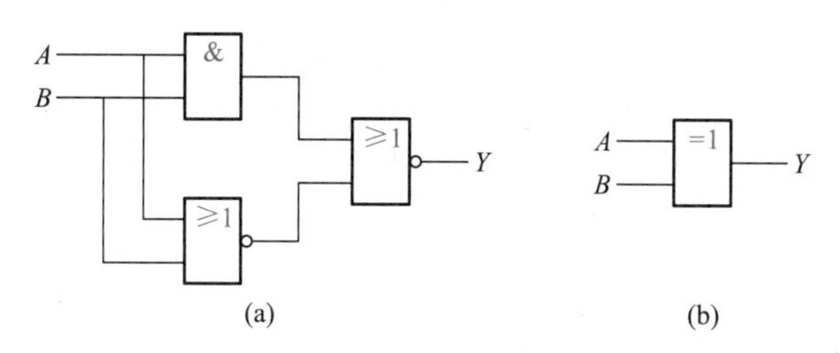

图 3.3.22 **异或**门及其逻辑符号

（a）逻辑图；（b）逻辑符号

3.3.3 其他系列的 TTL 门电路

为了提高 TTL 门电路的开关速度和降低功耗，又相继研制出了 TTL 肖特基系列和低功耗肖特基系列等门电路。下面简要介绍它们的电路结构和电气特性上的特点。

一、肖特基系列

由于 CT74H 高速系列**与非**门中的三极管工作在饱和状态，其开关速度仍不高。为了进一步提高电路的开关速度，需要设法降低三极管的饱和深度，使其工作在浅饱和状态。为此，在 CT74S 肖特基系列**与非**门电路中采用了抗饱和三极管和有源泄放电路，电路如图 3.3.23所示。

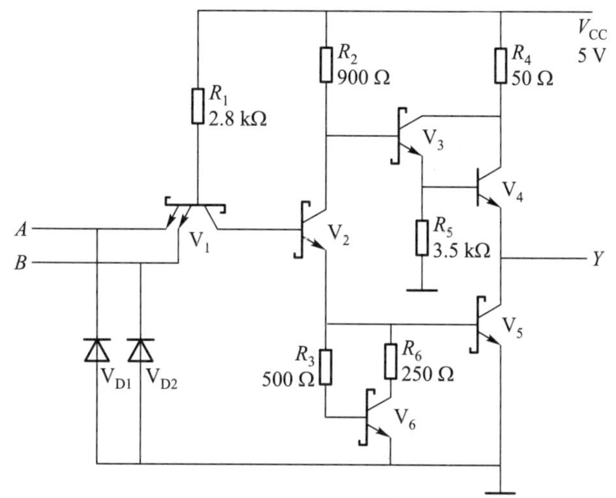

图 3.3.23 CT74S 肖特基系列**与非**门电路

和 CT74H 系列**与非**门相比，肖特基系列主要有以下优点：

（1）采用了抗饱和三极管。由于在 CT74S 系列中 V_4 工作时不进入饱和状态，其不需采用抗饱和三极管外，其余各管均采用了抗饱和三极管，从而提高了三极管的开关速度。

（2）采用了有源泄放电路。在 CT74S 系列中，有源泄放电路由 V_6、R_3、R_6 组成。

在 V_2 由截止转为导通的瞬间，由于 R_3 的存在，V_2 发射极电流绝大部分流入 V_5 的基极，使 V_5 先于 V_6 导通，从而缩短了开通时间，而在 V_5 导通后，V_6 接着导通，分流了 V_5 的部分基极电流，使 V_5 工作在浅饱和状态，这也有利于缩短 V_5 由导通向截止转换的时间。

当 V_2 由导通转为截止后，由于 V_6 仍处于导通状态，为 V_5 基区存储电荷的泄放提供了低阻通路，加速了 V_5 的截止，从而缩短了关闭时间。

（3）改善了电压传输特性。由于在肖特基系列门电路中采用了有源泄放电路，V_2 只有在 V_5、V_6 发射结导通时才会导通，它不存在 V_2 先于 V_5 导通的线性区。因此，肖特基系列**与非**门的电压传输特性的下降段很陡，过渡区很窄，使电压传输特性变得较为理想，如图 3.3.24 所示。

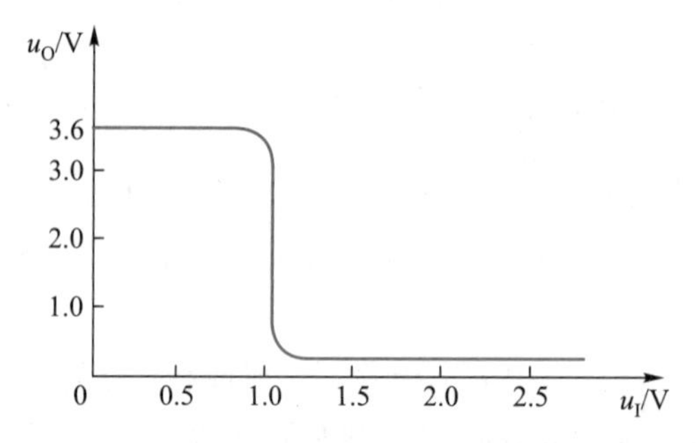

图 3.3.24　CT74S 系列**与非**门的电压传输特性

肖特基系列**与非**门的 t_{pd} = 3ns/门，平均功耗 P = 19 mW/门，功耗 - 延迟积 $M=Pt_{pd}=57$ mW · ns。

二、低功耗肖特基系列

图 3.3.25 所示为 CT74LS 低功耗肖特基系列**与非**门，它有如下主要特点。

1. 功耗低

为了降低功耗，大幅度地提高了电路中各电阻的阻值，同时将 R_5 由接地改为接输出端，减少了 V_3 导通时在 R_5 上的功耗，从而降低了整个电路的功耗，其功耗约为 2 mW，仅为 CT74S 系列的 1/10。

2. 工作速度高

为了提高工作速度，电路采取了以下措施：

（1）电路中采用了抗饱和三极管和由 V_6、R_3 和 R_6 组成的有源泄放电路。

（2）输入级的多发射极管 V_1 改用没有电荷存储效应的肖特基二极管代替，这样，在输入信号变化时，瞬态响应快，提高了工作速度。

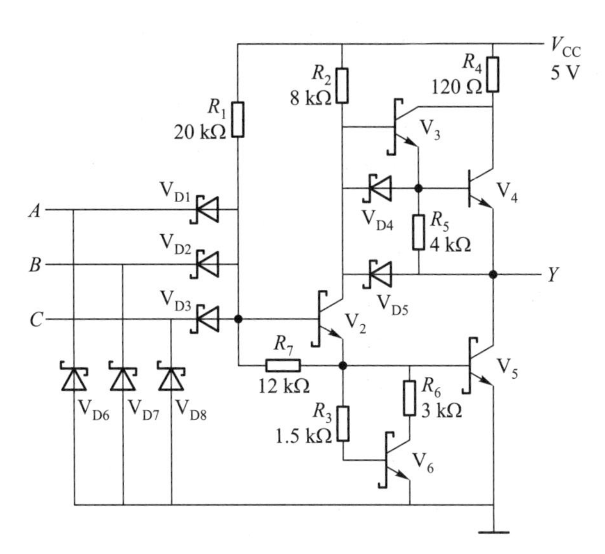

图 3.3.25　CT74LS 系列与非门

(3) 在输出级和中间级之间接入了 V_{D4} 和 V_{D5} 两个肖特基二极管,这样,当输出由高电平向低电平转换时,经 V_{D5}、V_2 集电极和 V_5 基极为输出端负载电容提供了放电回路,增加了 V_5 基极的驱动电流,加速了 V_5 由截止向导通的转换。同时,V_{D4} 导通为 V_4 基极经 V_2 集电极泄放存储电荷提供了低阻通路,加速了 V_4 的截止。可见,电路接入 V_{D4} 和 V_{D5} 后,提高了电路的工作速度。

由以上分析可知,电路的阻值加大后,电路的功耗大幅度降低了,但对电路的工作速度也带来了不利影响。由于电路采用了抗饱和三极管和其他改进措施以后,使加大电阻阻值对电路工作速度的影响得以弥补,其平均传输延迟时间 t_{pd} 为 9.5 ns/门。它的功耗-延迟积 M 为 19 mW · ns,比 CT74S 系列的功耗-延迟积 $M=57$ mW · ns 小得多,已成为 TTL 集成电路的发展方向。

*3.3.4　TTL 数字集成电路的系列

一、CT54 系列和 CT74 系列

TTL 数字集成电路 54 系列和 74 系列为国际上通用的标准电路,它们的主要区别是电源电压和工作温度允许变化的范围不同,如表 3.3.1 所示。

表 3.3.1　CT54 系列和 CT74 系列的对比

参数	CT54 系列			CT74 系列		
	最小	一般	最大	最小	一般	最大
电源电压/V	4.5	5.0	5.5	4.75	5	5.25
工作温度/℃	-55	25	125	0	25	70

CT54系列和CT74系列具有相同的电路结构和电气性能参数,所不同的是CT54系列TTL集成电路更适合在温度条件恶劣、供电电源变化范围大的环境中工作;而CT74系列TTL集成电路则适合在常规条件下工作。顺便说明一下CT的含义:C为CHINA的缩写,T表示TTL电路。因此,CT表示中国生产的TTL电路。

二、TTL逻辑门电路各子系列的性能比较

CT74系列的子系列有:(1)CT74标准系列(标准TTL系列);(2)CT74H高速系列(HTTL系列);(3)CT74L低功耗系列(LTTL系列);(4)CT74S肖特基系列(STTL系列);(5)CT74LS低功耗肖特基系列(LSTTL系列);(6)CT74AS先进肖特基系列(ASTTL系列),它为CT74S系列的改进产品;(7)CT74ALS先进低功耗肖特基系列(ALSTTL系列),它为CT74LS系列的改进产品;(8) CT74F快速系列(FTTL系列),它的工作速度和功耗介于CT74AS和CT74ALS之间。CT74系列的各子系列门电路的主要参数见表3.3.2。

表3.3.2 TTL集成逻辑门各子系列重要参数比较

参数	标准TTL	LTTL	HTTL	STTL	LSTTL	ASTTL	ALSTTL	FTTL
工作电压/V	5	5	5	5	5	5	5	5
平均功耗(每门)/mW	10	1	22	19	2	8	1	4
平均传输延迟时间(每门)/ns	10	33	6	3	9.5	1.5	4	3
功耗-延迟积/mW·ns	100	33	132	57	19	12	4	12
最高工作频率/MHz	35	3	50	125	45	200	80	100

由表3.3.2可看出,标准TTL和HTTL两个子系列的功耗-延迟积最大,综合性能较差,目前使用较少,而LSTTL子系列的功耗-延迟积很小,是一种性能优越的TTL集成电路,其生产量大,品种全,而且价格便宜,是目前TTL数字集成电路的主要产品。ALSTTL子系列的性能比LSTTL有较大改善,其功耗-延迟积是所有TTL系列中最小的。逻辑门的工作频率有最高工作频率f_{max}和实际使用中的最高工作频率f_m,通常取$f_m \approx f_{max}/2$。

在不同子系列TTL数字集成器件中,如器件型号后面几位数字相同时,通常它们的逻辑功能、外形尺寸、外引线排列都相同。如CT7400、CT74L00、CT74H00、CT74S00、CT74LS00、CT74AS00、CT74ALS00等,它们都是四2输入**与非**门,外引线都为14根,外引线排列顺序都相同,如图3.3.26所示。所不同的只是它们的工作速度(平均传输延迟时间t_{pd})和平均功耗的差别。实际使用时,高速门电路可以替换低速的;反之则不行。

*3.3.5 其他双极型集成逻辑门电路

TTL集成电路是一种使用广泛的双极型集成器件,但在考虑到开关速度、功耗、集成度等某一方面的特殊要求时,常用到ECL门电路和I^2L门电路。下面简要介绍它们的工作原理。

一、射极耦合逻辑门电路(ECL门电路)

射极耦合逻辑(emitter coupled logic,ECL)门电路是一种非饱和型高速逻辑门电路。它

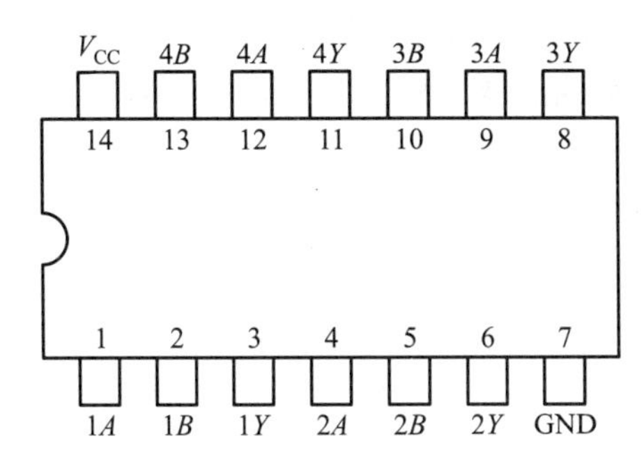

图 3.3.26 CT7400、CT74L00、CT74H00、CT74S00、CT74LS00、CT74AS00、CT74ALS00 的顶视外引线排列图

的工作速度比其他 TTL 电路快得多,是目前双极型逻辑电路中工作速度最快的。它主要用于高速和超高速数字系统中。

1. ECL 门电路的结构和工作原理

图 3.3.27(a)所示为 ECL **或/或非**门的典型电路。它主要由输入级、基准电压和射极输出级三部分组成。图(b)为其逻辑符号。

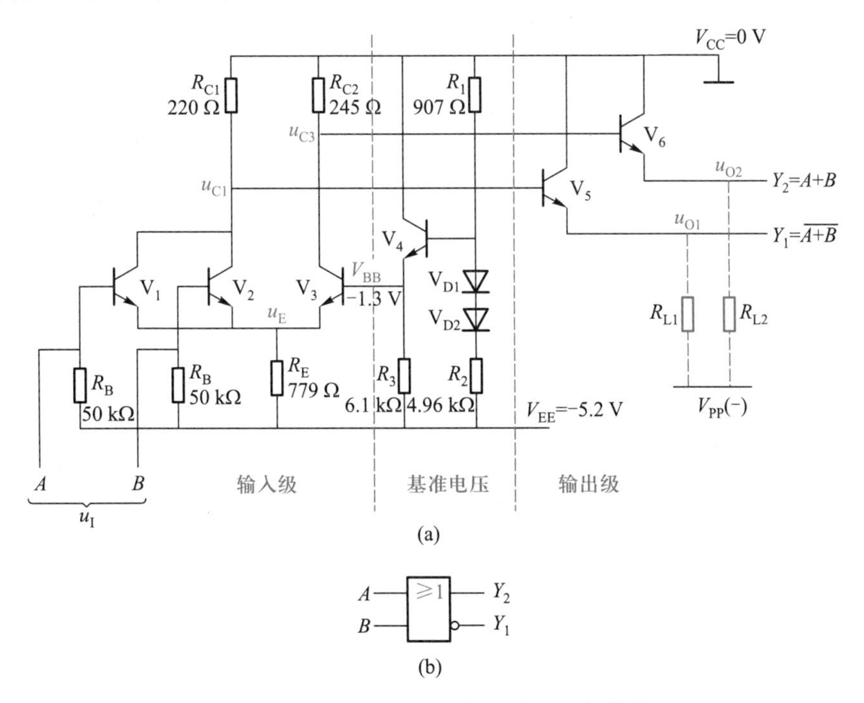

图 3.3.27 ECL **或/或非**门电路和逻辑符号

(a) 电路; (b) 逻辑符号

电路的电源电压 $V_{EE}=-5.2$ V,V_3 基准电压 $V_{BB}=-1.3$ V 由 V_4 组成的射极跟随器提供;

A、B 输入 u_I 的高电平 $U_{IH}=-0.9$ V、低电平 $U_{IL}=-1.75$ V；输出级为由 V_5 和 V_6 组成的射极跟随器，用以提高驱动外接负载的能力和实现电平移动，使输出的高、低电平与输入的高、低电平匹配。R_{L1} 和 R_{L2} 为射极跟随器的外接负载。

ECL 门电路的工作原理如下：

（1）当输入 A、B 都为低电平 -1.75V 时，V_1 和 V_2 的基极电压也为 -1.75 V。由于 V_3 基极电压 $V_{BB}=-1.3$ V，大于 A、B 输入的低电平，因此，V_3 优先导通，集电极输出 u_{C3} 为低电平，发射极电压 $u_E=V_{BB}-u_{BE3}=(-1.3-0.7)$ V $=-2$ V，这时，V_1 和 V_2 基-射极间的电压只有 0.25 V，小于其门限电压 U_{th}(0.5 V)，都工作在截止状态，输出 u_{C1} 为高电平 0 V。

（2）当输入 A、B 中有高电平 -0.9 V 时，设 A 端输入电压 $u_A=-0.9$V，大于基准电压 V_{BB}（$=-1.3$ V），V_1 优先导通，输出 u_{C1} 为低电平，发射极电压 $u_E=u_A-u_{BE1}=(-0.9-0.7)$ V $=-1.6$ V，这时，V_3 基-射极间的电压为 0.3 V，工作在截止状态，输出 u_{C3} 为高电平 0 V。

由上分析可知，当输入 A、B 都为低电平时，输出 u_{C1} 为高电平，u_{C3} 为低电平。当输入 A、B 中有高电平时，输出 u_{C1} 为低电平，u_{C3} 为高电平。因此，输出 u_{C1} 与输入 A、B 之间为**或非**逻辑关系；输出 u_{C3} 与输入 A、B 之间为**或**逻辑关系。所以，图 3.3.27(a)所示电路具有**或/或非**逻辑功能。

由于 u_{C1} 和 u_{C3} 输出的高电平和低电平并不符合下一级 ECL 门电路的要求。因此，在电路的输出端增加了由 V_5 和 V_6 组成的两个射极跟随器作为输出级，将 u_{C1} 和 u_{C3} 输出的高电平和低电平转换成电路要求的 -0.9 V 和 -1.75 V。电路输出 Y_1 和 Y_2 对输入 A、B 的逻辑关系与 u_{C1} 和 u_{C3} 相同，所以，Y_1 和 Y_2 的逻辑表达式为

$$\begin{cases} Y_1=\overline{A+B} \\ Y_2=A+B \end{cases} \tag{3.3.12}$$

由此可见，ECL 门电路具有**或/或非**逻辑功能。

2. ECL 门电路的主要优缺点

（1）主要优点：

① 开关速度高。由于 ECL 门电路中的三极管都工作在非饱和状态，它没有存储时间。电路中的电阻值和输出高、低电平差值都很小，缩短了电路各点电位的上升时间和下降时间。输出级为射极跟随器，输出电阻很小，负载电容充、放电时间很短，从而大大提高了电路的开关速度。其平均传输延迟时间 t_{pd} 可做到 0.1 ns 以内。

② 负载能力强。由于 ECL 门电路输出级采用了射极跟随器，输出阻抗很低，可提供较大的负载电流，其扇出系数可达 90 以上。在实际上，如扇出系数过大时，负载电容随之增大，会降低电路的工作速度。为了保证电路高速的优点，扇出系数不能过大，一般控制在 10 以内。

③ 逻辑组合灵活。由于 ECL 门电路具有**或/或非**两个互补输出端，且射极开路，因此，可将输出端并联实现线或逻辑功能，这给电路逻辑组合带来不少方便。

（2）主要缺点：

① 抗干扰能力差。由于 ECL 门电路输入的高、低电平的幅度变化约为 0.8 V，因此，它的抗干扰能力较差。

② 功耗大。由于 ECL 门电路各三极管都工作在非饱和状态，同时电路中的电阻值又较小，因此，它的功耗比 TTL 门电路大，每门功耗为(40~60)mW。

③ 输出电平稳定性差。由于输出电平受 V_5、V_6 发射结导通压降和 V_1、V_3 输出电压 u_{C1}、u_{C2} 的影响，因此，输出电平的稳定性差。

二、集成注入逻辑门电路(I^2L 门电路)

集成注入逻辑(integrated injaction logic，IIL 或 I^2L)门电路结构简单，功耗低、特别适合用于制造大规模和超大规模集成电路。

1. I^2L 门电路的结构和工作原理

图 3.3.28(a)所示为 I^2L 门电路的基本逻辑单元电路。它由一个 PNP 型三极管 V_1 和一个多集电极 NPN 三极管 V_2 组成。V_1 基极接地，为共基电路，工作在恒流状态，并向 V_2 基极注入电流。因此，该电路又称为注入逻辑电路。图 3.3.28(b)为等效电路；图 3.3.28(c)和(d)为简化电路和逻辑符号。下面讨论图 3.3.28(a)所示 I^2L 门电路的工作原理。

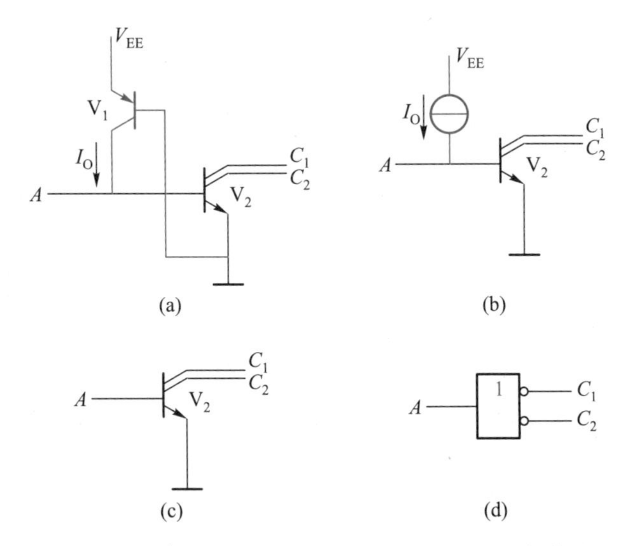

图 3.3.28 I^2L 门电路的基本逻辑单元电路及逻辑符号

(a) 基本单元电路；(b) 等效电路；(c) 简化电路；(d) 逻辑符号

(1) 当输入 A 为低电平时，V_2 截止，V_1 的集电极电流 I_O 从输入端 A 流出，输出 C_1 和 C_2 为高电平(通常 C_1 和 C_2 通过电阻接正电源)。

(2) 当输入 A 为高电平或悬空时，V_1 集电极电流 I_O 流入 V_2 基极，V_2 饱和导通，输出 C_1 和 C_2 为低电平。

由上分析可知，输出 C_1、C_2 和输入 A 之间都为反相逻辑关系，即为**非门**。

利用 I^2L 门电路多集电极输出的特点，可很方便地构成其他较复杂的逻辑电路。

图 3.3.29(a)所示为采用输出**线与**的方法构成**或非**门和**非**门,输出 $Y=\overline{A}\cdot\overline{B}=\overline{A+B}$。另两个输出分别为$\overline{A}$和$\overline{B}$。

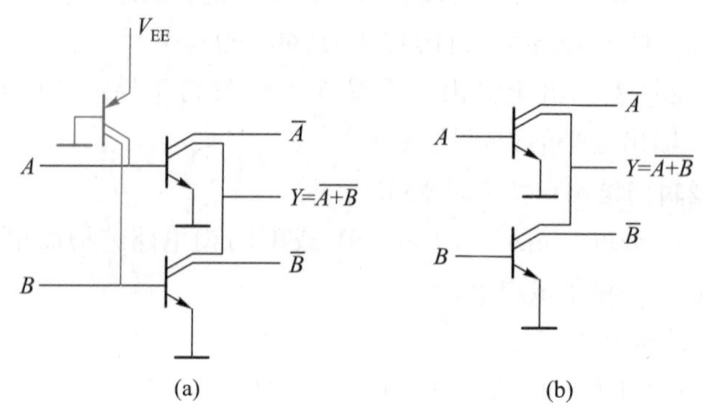

图 3.3.29 I^2L 或非门/非门

(a) 电路; (b) 简化电路

2. I^2L 门电路的主要特点

(1) 主要优点:

① 电路结构简单,集成度高。I^2L 门电路基本逻辑单元由一个 PNP 型三极管和一个 NPN 型三极管组成,电路简单,而且 PNP 型三极管可做成多集电极三极管,不需为每个逻辑单元都设置一个 PNP 型三极管,再加电路中没有电阻,各逻辑单元之间不需隔离,大大节约了芯片面积,提高了集成度。

② 工作电压低、功耗小。I^2L 门电路的电源电压只要大于 0.8 V 就能正常工作,而且每个逻辑单元的工作电流可小于 1 nA,因此,它的功耗极低,集成度可做到很高。

③ 品质因数好。I^2L 门电路的功耗极小,平均传输延迟时间 t_{pd} 也不大,因此,$M=Pt_{pd}$ 很小,它的性能比其他 TTL 电路优越得多,较好地解决了功耗与速度之间的矛盾。

(2) 主要缺点:

① 抗干扰能力差。I^2L 门电路输出的高电平约为 0.7 V、低电平约为 0.1 V,逻辑摆幅只有 0.6 V 左右,因此,它的抗干扰能力差。

② 开关速度较低。由于 I^2L 门电路属饱和型逻辑电路,它的开关速度不可能很高,其平均传输延迟时间 t_{pd} 一般为 20~50 ns。

3.3.6 TTL 集成逻辑门电路的使用注意事项

一、输出端的连接

具有推拉输出结构的 TTL 门电路的输出端不允许直接并联使用。输出端也不允许直接接电源 V_{CC} 或直接接地。使用时,输出电流应小于产品手册上规定的最大值。三态输出门的输出端可并联使用,但在同一时刻只能有一个门工作,其他门输出都处于高阻状态。集电极开路门输出端可并联使用,但公共输出端和电源 V_{CC} 之间应外接负载电阻 R_L。

二、闲置输入端的处理

TTL 集成门电路使用时，对于闲置输入端(不用的输入端)一般不悬空，主要是防止干扰信号从悬空输入端上引入电路。对于闲置输入端的处理以不改变电路逻辑状态及工作稳定性为原则。常用的方法有以下几种：

(1) 对于**与非**门和**与**门的闲置输入端可直接接电源电压 V_{CC}，或通过 1~10 kΩ 的电阻接电源 V_{CC}，如图 3.3.30(a)和(b)所示。

(2) 如前级驱动能力允许，可将闲置输入端与有用输入端并联使用，如图 3.3.30(c)所示。

(3) 在外界干扰很小时，**与非**门的闲置输入端可以剪断或悬空，如图3.3.30(d)所示。但不允许接开路长线，以免引入干扰而产生逻辑错误。

(4) 对于**或非**门和**或**门不使用的闲置输入端应接地，对**与或非**门中不使用的**与**门至少有一个输入端接地，如图 3.3.30(e)和(f)所示。

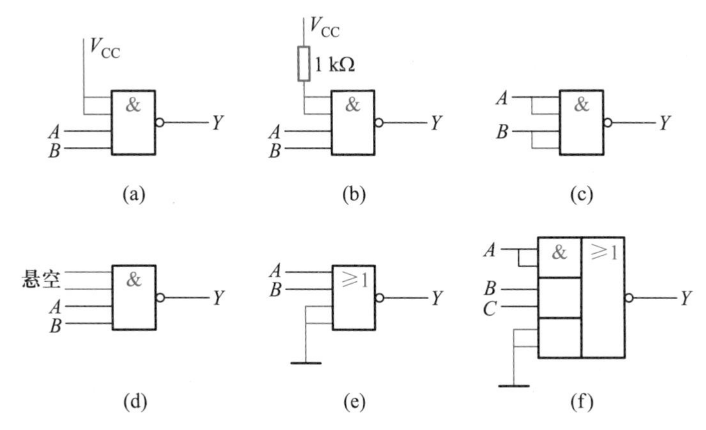

图 3.3.30 **与非**门和**或非**门多余输入端的处理

(a) 直接接 V_{CC}； (b) 通过电阻接 V_{CC}； (c) 和有用输入端并联； (d) 悬空或剪断； (e) 接地； (f) 接地

三、电源电压及电源干扰的消除

对于 54 系列电源电压取 V_{CC} = 5 V±10%，对于 74 系列电源电压取 V_{CC} = 5 V±5%，不允许超出这个范围。

为防止动态尖峰电流或脉冲电流通过公共电源内阻耦合到逻辑电路造成的干扰，需对电源进行滤波。通常在印制电路板的电源端对地接入 10~100 μF 的电容对低频进行滤波。由于大电容存在一定的电感，它不能滤除高频干扰，在印制电路板上，每隔 6~8 个门电路需在电源端对地加接一个 0.01~0.1 μF 的电容对高频进行滤波。

四、电路安装接线和焊接应注意的问题

(1) 连线要尽量短，最好用绞合线。

(2) 整体接地要好，地线要粗而短。

(3) 焊接用的电烙铁不大于 25W，焊接时间要短。使用中性焊剂，如松香酒精溶液，不可使用焊油。

(4) 印制电路板焊接完毕后,不得浸泡在有机溶液中清洗,只能用少量酒精擦去外引线焊接点上的焊剂和污垢。

思考题

1. 为什么说 CT74LS 系列 TTL **与非**门输入端的以下 4 种接法都属于逻辑 **1**?

(1) 输入端悬空。

(2) 输入端电压大于 2.7 V。

(3) 输入端接输出为高电平 3 V 的同类**与非**门。

(4) 输入端经 15 kΩ 接地。

2. 如将**与非**门、**或非**门、**异或**门和**同或**门作**非**门使用时,它们的输入端应如何连接?

3. 为什么 TTL **与非**门输入端悬空时可视为输入高电平?

4. 试说明 OC 门的逻辑功能,它有什么特点和用途?

5. 试说明三态输出**与非**门的逻辑功能,它有什么特点和用途?

6. 试说明 TTL **与非**门 U_{OFF}、U_{ON}、U_{NL}、U_{NH}和 R_{OFF}、R_{ON}的含义。

7. 为什么 TTL **与非**门的多余输入端不能接地? 为什么 TTL **或非**门的输入端不能接高电平 V_{CC}或悬空?

8. 为什么 TTL **与非**门输出端不能直接接电源 V_{CC}或地?

9. 为什么 TTL **与非**门采用有源泄放电路后可提高电路的开关速度?

10. ECL 门电路和 I^2L 门电路主要优点和缺点是什么?

3.4 CMOS 集成逻辑门电路

CMOS 逻辑门是互补-金属-氧化物-半导体场效应管门电路的简称,它由增强型 PMOS 管和增强型 NMOS 管组成,是继 TTL 电路之后开发出来的数字集成器件。CMOS 数字集成电路分 4000 系列和高速系列,我国生产的 CC4000 系列和国际上 4000 系列同序号产品可互换使用。

CMOS4000 系列虽有功耗低、抗干扰能力强的优点,但由于工作速度低,负载能力差,又与 TTL 门电路不兼容,使用受到一定限制。随着生产工艺的不断进步,CMOS 门电路的性能有了很大提高,出现了高速 CMOS 数字集成电路,主要有 HC/HCT 系列。与 CC4000 系列相比,工作速度快、负载能力强,且 HCT 系列与 TTL 门电路兼容。由于 CMOS 数字集成电路具有微功耗、负载能力强和高抗干扰能力等突出优点,因此,在中、大规模数字集成电路中有着广泛的应用。

3.4.1 CMOS 反相器

一、电路组成

CMOS 反相器的工作原理如图 3.4.1 所示,它由增强型 PMOS 管 V_P 和增强型 NMOS 管 V_N 组成,V_N 为驱动管,V_P 为负载管,两管栅极连在一起作输入端,漏极连在一起作输出端,

V_P 的源极接电源 V_{DD}，V_N 源极接地。为使 CMOS 反相器能正常工作，要求 $V_{DD}>U_{GS(th)N}+|U_{GS(th)P}|$，且 $U_{GS(th)N}=|U_{GS(th)P}|$。$U_{GS(th)N}$ 和 $U_{GS(th)P}$ 分别为 V_N 和 V_P 的开启电压。

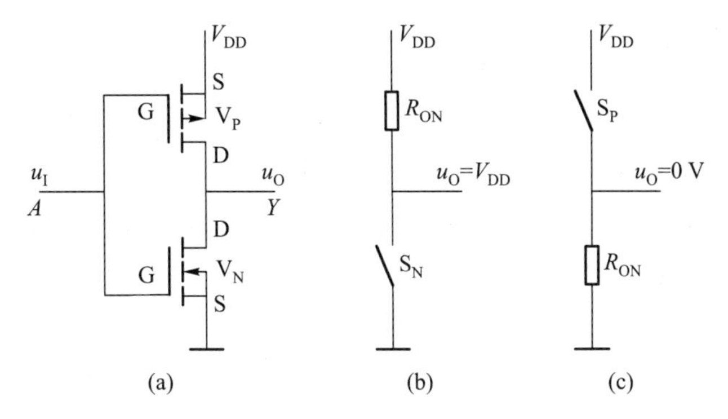

图 3.4.1 CMOS 反相器的工作原理

(a) 电路图；(b) $u_I=0$ 时的等效电路；(c) $u_I=V_{DD}$ 时的等效电路

二、工作原理

设输入低电平为 0 V，高电平为 V_{DD}。

(1) 输入 $u_I=0$ V 时，V_N 的 $u_{GSN}=0\ V<U_{GS(th)N}$，V_N 截止等效电阻高达 $10^8\sim10^9\Omega$ 相当于开关 S_N 打开。V_P 的 $u_{GSP}=|u_I-V_{DD}|=|0-V_{DD}|>|U_{GS(th)P}|$，$V_P$ 导通，等效电阻 R_{ON} 很小。因此，输出高电平，$u_O\approx V_{DD}$。等效电路如图 3.4.1(b) 所示。

(2) 输入 $u_I=V_{DD}$ 时，V_N 的 $u_{GSN}=V_{DD}>U_{GS(th)N}$，$V_N$ 导通；V_P 的 $u_{GSP}=|u_I-V_{DD}|=|V_{DD}-V_{DD}|=0\ V<|U_{GS(th)P}|$，$V_P$ 截止，相当于开关 S_P 打开。因此，输出低电平 $u_O\approx0$ V。等效电路如图3.4.1(c) 所示。

综上所述，当输入 $A=\mathbf{0}$ 时，输出 $Y=\mathbf{1}$；当输入 $A=\mathbf{1}$ 时，输出 $Y=\mathbf{0}$。因此，图 3.4.1(a) 所示电路为**非**门，其逻辑表达式为

$$Y=\overline{A}$$

又由于该电路输出信号和输入信号反相，因此，又称为反相器。

由上分析可知，无论输入 u_I 为低电平，还是高电平，CMOS 反相器中的 V_N 和 V_P 总是工作在一管导通一管截止的状态，同时流过 V_N 和 V_P 的漏极电流 $i_D\approx0$。因此，CMOS 反相器的静态功耗极低。

由于 CMOS 反相器中的 V_N 和 V_P 特性对称相同，其过渡区很窄，具有很好的电压传输特性，在输入 $U_{IL}=0$ V、$U_{IH}=V_{DD}$ 时，其阈值电压 $U_{TH}\approx\frac{1}{2}V_{DD}$，所以，CMOS 反相器具有很高的噪声容限，约为 $V_{DD}/2$。实际上，约为电源电压 V_{DD} 的 45%，远比 TTL 电路大得多，而且噪声容限随着 V_{DD} 的加大而提高。这是它的主要优点。

3.4.2　其他功能的 CMOS 门电路

一、CMOS 与非门和或非门

1. CMOS **与非**门

CMOS **与非**门电路如图 3.4.2 所示，两个串联的增强型 NMOS 管 V_{N1} 和 V_{N2} 为驱动管，两个并联的增强型 PMOS 管 V_{P1} 和 V_{P2} 为负载管。其工作原理如下：

当输入 $A=B=\mathbf{0}$ 时，V_{N1} 和 V_{N2} 都截止，V_{P1} 和 V_{P2} 同时导通，输出 $Y=\mathbf{1}$。

当输入 $A=\mathbf{0}$、$B=\mathbf{1}$ 时，V_{N1} 截止，V_{P1} 导通，输出 $Y=\mathbf{1}$。

当输入 $A=\mathbf{1}$、$B=\mathbf{0}$ 时，V_{N2} 截止，V_{P2} 导通，输出 $Y=\mathbf{1}$。

当输入 $A=B=\mathbf{1}$ 时，V_{N1} 和 V_{N2} 同时导通，而 V_{P1} 和 V_{P2} 都截止，这时才有输出 $Y=\mathbf{0}$。

由上分析可知，图 3.4.2 所示电路为**与非**门，所以

$$Y=\overline{AB}$$

图 3.4.3 所示为在输入端和输出端都加了反相器作缓冲级的 CMOS **与非**门电路。由图可得

$$Y=\overline{\overline{\overline{A}+\overline{B}}}=\overline{AB}$$

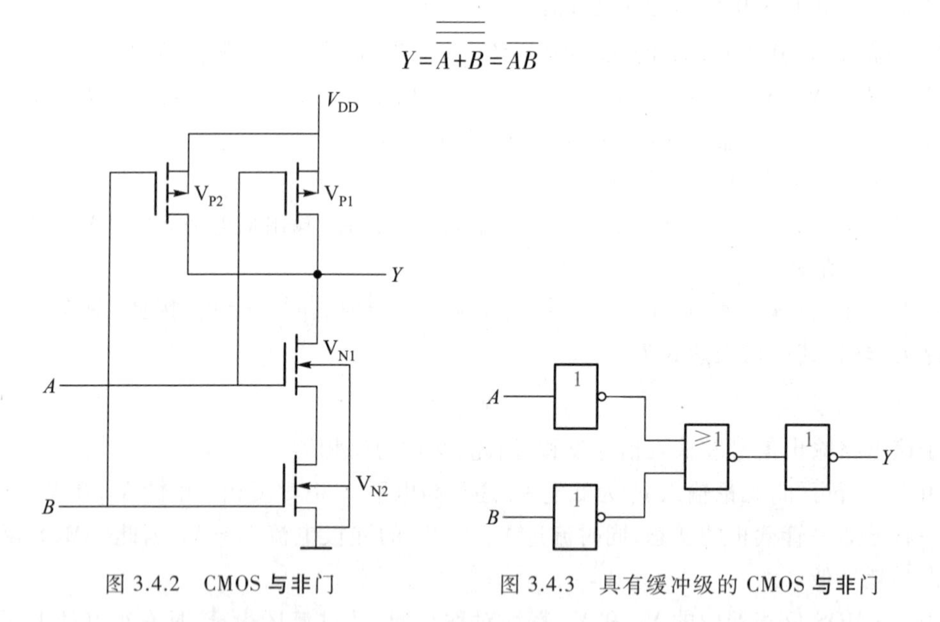

图 3.4.2　CMOS **与非**门　　图 3.4.3　具有缓冲级的 CMOS **与非**门

门电路输入端和输出端加了缓冲级后，其输出的高电平和低电平都不会受输入状态的影响，其电气特性和反相器相同。

2. CMOS **或非**门

CMOS **或非**门电路如图 3.4.4 所示。两个并联的增强型 NMOS 管 V_{N1} 和 V_{N2} 为驱动管，两个串联的增强型 PMOS 管 V_{P1} 和 V_{P2} 为负载管。其工作原理如下：

当输入 A、B 中有高电平 **1** 时，则接高电平的驱动管导通，输出 Y 为 **0**；只有当输入 A、B

都为低电平 **0** 时，驱动管 V_{N1} 和 V_{N2} 同时截止，负载管 V_{P1} 和 V_{P2} 都导通，输出 Y 为高电平 **1**。因此，图 3.4.4 所示电路为**或非**门，所以

$$Y=\overline{A+B}$$

图 3.4.5 所示为在输入端和输出端加了反相器作缓冲级的 CMOS **或非**门电路。由图可得

$$Y=\overline{\overline{\overline{A}\cdot\overline{B}}}=\overline{A+B}$$

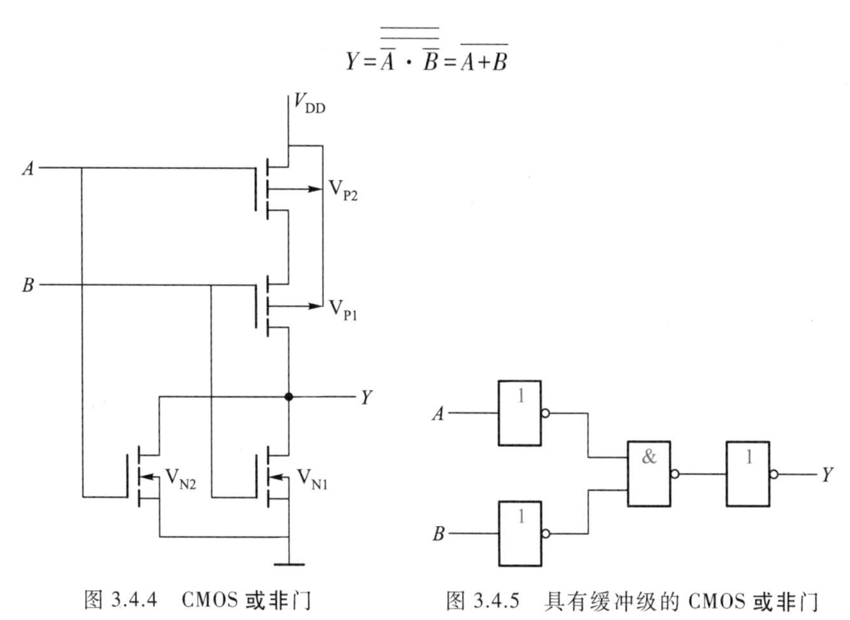

图 3.4.4 CMOS **或非**门　　图 3.4.5 具有缓冲级的 CMOS **或非**门

二、漏极开路门

图 3.4.6(a)所示为漏极开路(open drain，OD)门电路，简称 OD 门。R_D 为外接漏极电阻，由图可得 $Y=\overline{AB}$，为 OD **与非**门。图(b)为其逻辑符号。OD 门输出低电平 $U_{OL}<0.5$ V 时，可吸收高达 50 mA 的负载电流。当输入级和输出级采用不同的电源电压 V_{DD1} 和 V_{DD2} 时，可将输入的 0 V~V_{DD1} 的电压转换成 0V~V_{DD2} 的电压。因此，OD 门可用来进行电平转换。该电路还可用来实现**线与**和驱动发光二极管。

三、CMOS 传输门

1. CMOS 传输门的工作原理

(1) 电路组成

将两个漏极和源极结构完全对称、参数一致的 NMOS 管 V_N 和 PMOS 管 V_P 的源极和漏极分别相连，两管栅极分别由一对互补电压控制，便组成了 CMOS 传输门，如图 3.4.7(a)所示，图(b)为其逻辑符号。

(2) 工作原理

设 V_N 和 V_P 的开启电压 $U_{GS(th)N}=|U_{GS(th)P}|=U_{GS(th)}=3$ V，两管栅极 C 和 $\overline{C}$ 上加的为一对互补控制电压，其低电平为 0 V，高电平为 $V_{DD}=9$ V。输入 u_I 在0~9 V 的范围内变化。

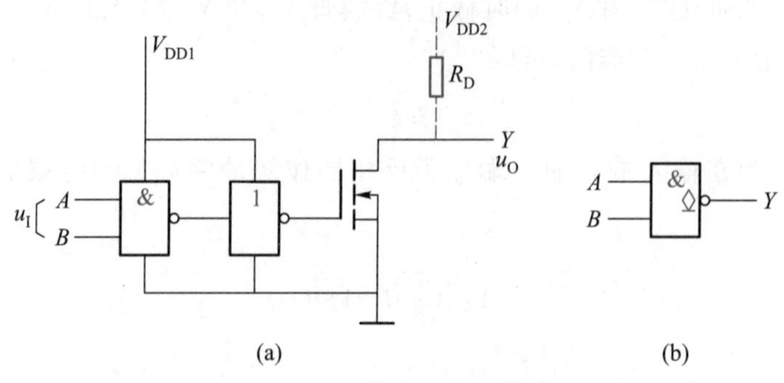

图 3.4.6　漏极开路的 CMOS 与非门及其逻辑符号

（a）电路图；（b）逻辑符号

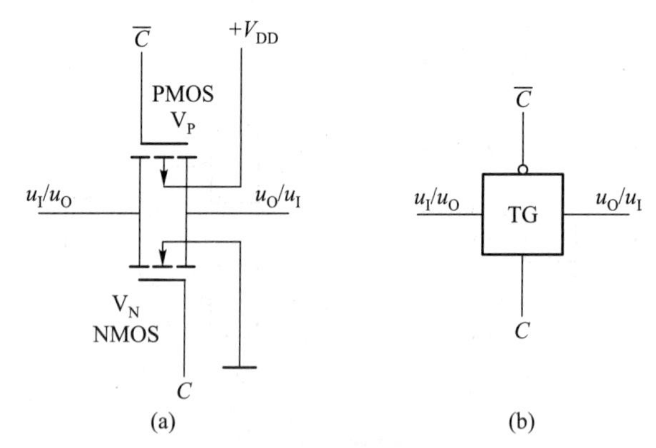

图 3.4.7　CMOS 传输门及其逻辑符号

（a）电路图；（b）逻辑符号

当控制电压 $C=0$ V 时，$\overline{C}=9$ V，V_N 和 V_P 同时截止，输入 u_I 不能传输到输出端，这时，传输门关闭，输出高阻，呈现悬浮状态。

当控制电压 $C=9$ V 时，$\overline{C}=0$ V，传输门开始工作，如输入 $0\ \text{V}<u_I<(9\ \text{V}-3\ \text{V})=6$ V 时，V_N 导通，输出 $u_O=0\sim6$ V；如输入 $3\ \text{V}<u_I\leqslant9$ V 时，V_P 导通，输出 $u_O=3\sim9$ V。因此，输入 u_I 在 0~9 V 范围内变化时，V_N 和 V_P 中至少有一管导通，所以，输出 $u_O=u_I$。这时，传输门开通。

由于 V_N 和 V_P 漏极和源极可互换使用，因此，CMOS 传输门的输出端和输入端也可互换使用，它是一个双向器件。

2. CMOS 传输门的应用

（1）构成模拟开关

图 3.4.8 所示为由 CMOS 传输门组成的双向模拟开关。当 $C=\mathbf{0}$ 时，传输门关闭，输出高阻，输入 u_I 不能传送到输出端。当 $C=\mathbf{1}$ 时，传输门开通，输入 u_I 可传送到输出，$u_O=u_I$。由

于传输门本身是一个双向开关，因此，图 3.4.8 所示电路也是一个双向模拟开关，输入端和输出端可以互换。

CMOS 双向模拟开关有着广泛的应用，主要用于传送连续变化的模拟信号和数字信号。

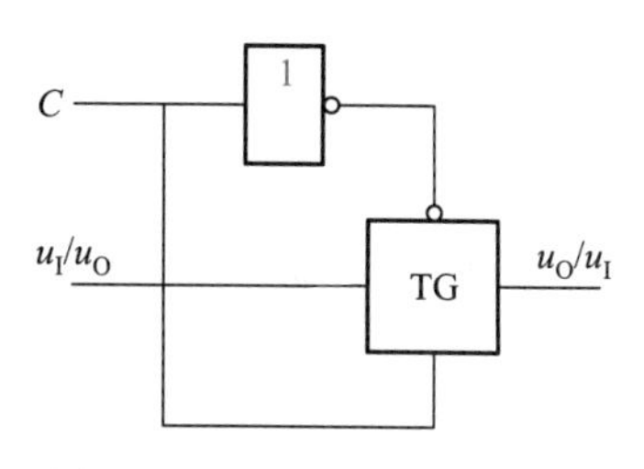

图 3.4.8 CMOS 双向模拟开关

（2）构成**异或**门

图 3.4.9 所示为由 CMOS 传输门构成的**异或**门，A 为控制信号，B 为输入信号。当 $A=\mathbf{0}$ 时，TG_1 关闭，TG_2 开通，输出 $Y=B$；当 $A=\mathbf{1}$ 时，TG_2 关闭，TG_1 开通，输出 $Y=\overline{B}$。由此可列出真值表，如表 3.4.1 所示。

表 3.4.1 异或门的真值表

输入		输出
A	B	Y
0	**0**	**0**
0	**1**	**1**
1	**0**	**1**
1	**1**	**0**

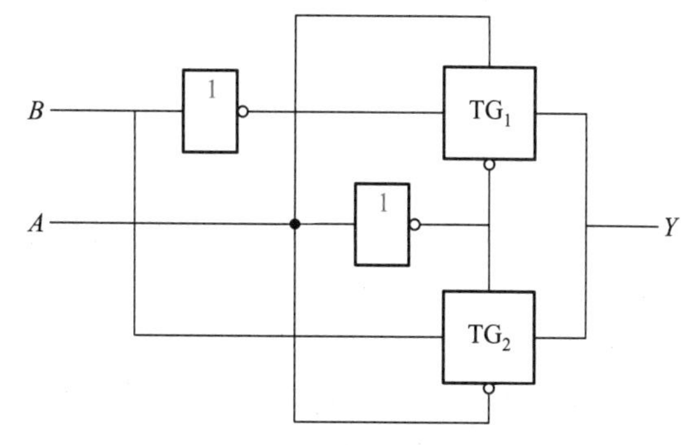

图 3.4.9 传输门构成的**异或**门

根据真值表写出逻辑函数表达式

$$Y=\overline{A}B+A\overline{B}$$

所以，图 3.4.9 所示电路可实现**异或**运算，为**异或**门。

（3）构成数据选择器

图 3.4.10 所示为由 CMOS 传输门构成的 2 选 1 数据选择器，C 为控制信号，A 和 B 为两种输入信号。当 $C=0$ 时，TG_2 关闭，TG_1 开通，输出 $Y=A$；当 $C=1$ 时，TG_1 关闭，TG_2 开通，输出 $Y=B$。

由上讨论可知，在控制信号为不同电平时，电路可从 A、B 两路输入信号中选择需要的一路传送到输出端。

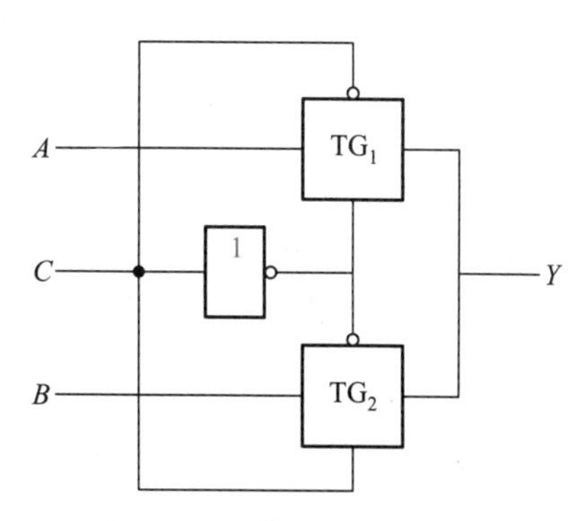

图 3.4.10 传输门构成 2 选 1 数据选择器

四、CMOS 三态输出门

图 3.4.11(a)所示为高电平有效的 CMOS 三态输出门，图(b)为其逻辑符号。其工作原理如下：

当 $EN=\mathbf{1}$ 时，V_{N2} 导通，**与非**门和由 V_{N1}、V_{P1} 组成的 CMOS 反相器处于工作状态，输出 $Y=A$。

当 $EN=\mathbf{0}$ 时，V_{N2} 和 V_{P1} 都截止，输出 Y 对地和对电源 V_{DD} 都呈现高阻状态。

3.4.3 高速 CMOS 门电路

CMOS4000 系列门电路虽具有功耗低、集成度高、抗干扰能力强等优点，但由于其工作

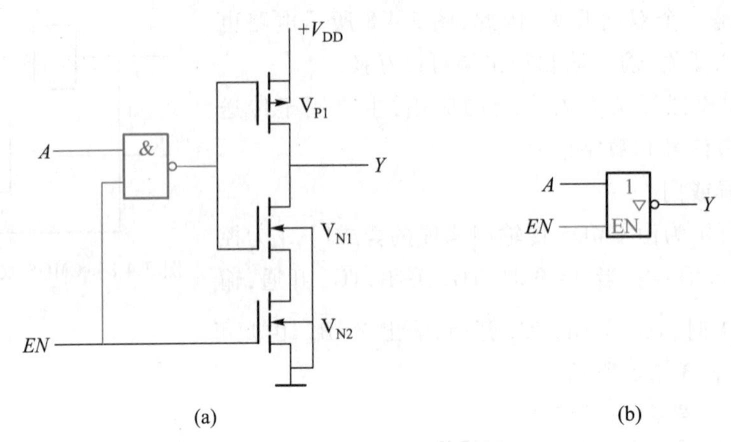

图 3.4.11　CMOS 三态输出门及其逻辑符号
(a) 电路图；(b) 逻辑符号

速度低、负载能力差,使它的应用范围受到较大限制。因此,提高 CMOS 门电路的开关速度和负载能力就显得十分重要。

MOS 管存在较大的极间电容,这是 CMOS4000 系列门电路开关速度不高的根本原因。因此,要提高 MOS 管的开关速度就必须设法减小 MOS 管的极间电容。为此,需要减少 MOS 管的导电沟道长度,缩小 MOS 管的几何尺寸,从而提高了开关速度。

为了提高 CMOS 门电路的负载能力,需要提高 MOS 管的漏极电流。为此,需要缩短 MOS 管的导电沟道长度,加大导电沟道的宽度。由于制造工艺水平的不断提高,其平均传输延迟时间可做到小于 10 ns/门,它远比 CC4000 系列门电路小得多,现已达到 CT54/74LS 系列门电路的水平。

高速 CMOS 电路又称 HCMOS 电路,目前主要有 CC54/74HC 和 CC54/74HCT 等系列,它们的逻辑功能、外引线排列与同型号(主要是最后几位数字相同)的 TTL 电路 CT54/74LS 系列相同,这为 HCMOS 电路替代 CT54/74LS 系列提供了方便。

CC54/74HCT 中的 T 表示与 TTL 电路兼容,其电源电压为 4.5~5.5V,输出电平特性与 LSTTL相同。

*3.4.4　Bi-CMOS 门电路

Bi-CMOS 电路是双极型 CMOS(bipolar CMOS)电路的简称。该电路的特点是逻辑部分为集成度高、功耗低的 CMOS 电路,输出部分为工作速度快、驱动能力强、导通电阻很小的双极型三极管,但功耗较大。

一、Bi-CMOS 反相器

图 3.4.12 所示为 Bi-CMOS 反相器。由图可看出:V_1、V_2、V_3 和 V_4 组成输入级,V_5 和 V_6 组成推拉输出级。工作原理如下:

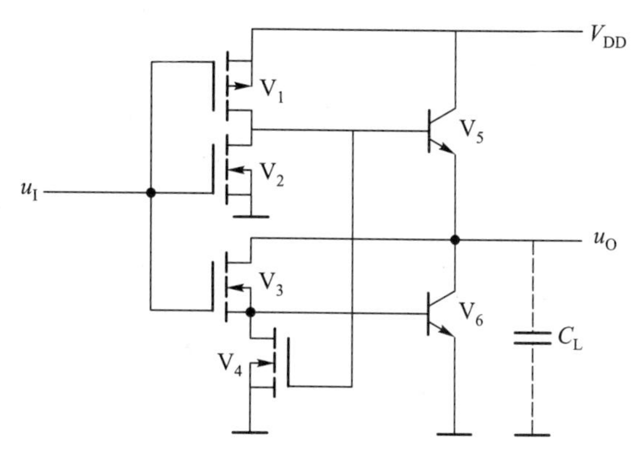

图 3.4.12 Bi-CMOS 反相器

当输入 u_I 为高电平 U_{IH} 时，V_1 截止，V_2 导通，输出低电平，使 V_4 和 V_5 截止，同时 $u_I=U_{IH}$ 使 V_3 和 V_6 导通，已充电的负载电容 C_L 通过 V_6 迅速放完，电路输出 u_O 变为低电平 U_{OL}。

当输入 u_I 为低电平 U_{IL} 时，V_1 导通、V_2 截止，输出高电平，使 V_4 和 V_5 导通，同时 $u_I=U_{IL}$ 使 V_3 和 V_6 截止，这时，电源 V_{DD} 经 V_5 对负载电容 C_L 迅速充完电，电路输出 u_O 变为高电平 U_{OH}。

由于 V_5 和 V_6 为双极型三极管，其导通电阻很小，因此，负载电容 C_L 的充、放电是很快的。从而提高了电路的开关速度。

二、Bi-CMOS 与非门

图 3.4.13 所示为 Bi-CMOS **与非**门，由图可知，当输入 A、B 中有低电平 **0** 时，设输入 A 为低电平 **0**，V_1 导通、V_2 截止，V_1 源极输出高电平，V_8、V_7 导通，V_9 截止，输出 Y 为高电平 **1**。当输入 A、B 都为高电平 **1** 时，V_2、V_5 导通，V_1、V_4 截止，V_2 漏极输出低电平，V_8、V_7 截止，V_3、V_6 和 V_9 导通，输出 Y 为低电平 **0**，所以图 3.4.13 所示电路为**与非**门。

三、Bi-CMOS 或非门

图 3.4.14 所示为 Bi-CMOS **或非**门，由图可知，当输入 A、B 中有高电平 **1** 时，设输入 A 为高电平 **1**，V_2 导通，其漏极输出低电平，V_8、V_5 截止，与此同时，V_4、V_9 导通，输出 Y 为低电平 **0**。当输入 A、B 都为低电平 **0** 时，V_2、V_4 和 V_6、V_7 截止，V_1、V_3 导通，V_1 源极输出高电平，使 V_8、V_5 导通，V_9 截止，输出 Y 为高电平 **1**，所以图 3.4.14 所示电路为**或非**门。

*3.4.5 CMOS 数字集成电路的系列

一、CMOS4000 系列

CMOS4000 系列的工作电源电压范围为 3~15 V。由于具有功耗低、噪声容限大、扇出系数大等优点，使用已很普遍。但由于其工作频率低，最高工作频率不大于 5 MHz，驱动能力差，门电路的输出电流约为 0.51 mA/门，使 CMOS4000 系列的使用受到一定的限制。

二、高速 CMOS 电路系列

1. CC54 系列和 CC74 系列

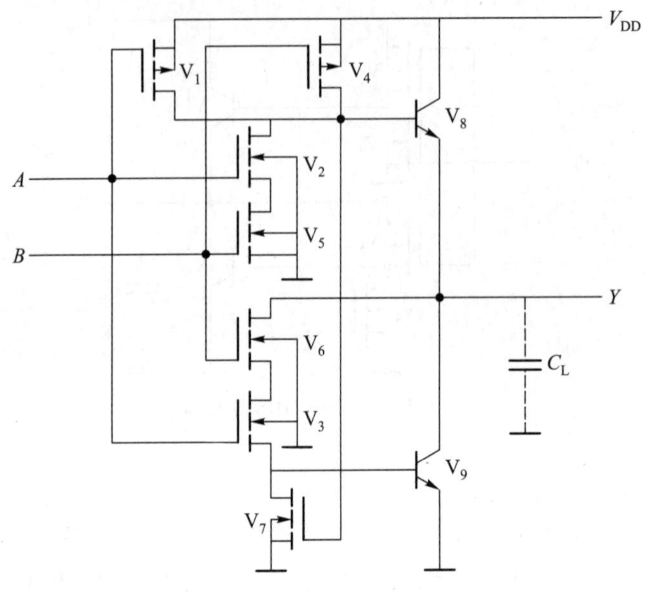

图 3.4.13　Bi-CMOS 与非门

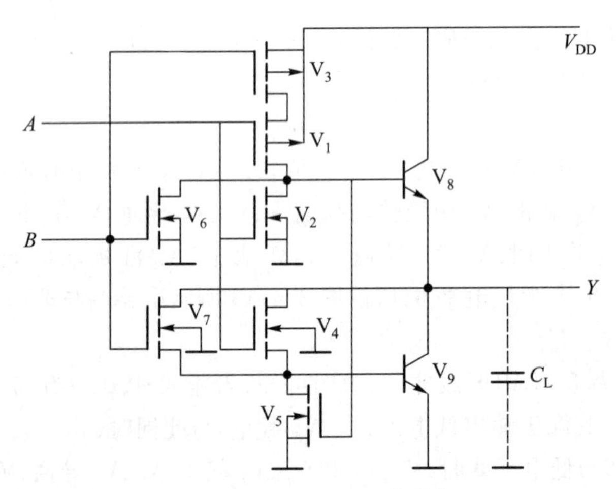

图 3.4.14　Bi-CMOS 或非门

高速 CMOS 电路主要有 CC54 系列和 CC74 系列两大类,它们的主要差别是工作温度的不同,如表 3.4.2 所示。

表 3.4.2　HCMOS 电路 54 系列和 74 系列的对比

参数	54 系列			74 系列		
	最小	一般	最大	最小	一般	最大
工作温度/℃	-55	25	125	-40	25	85

由表 3.4.2 可知,HCOMS 电路 54 系列更适合在温度条件恶劣的环境中工作,而 74 系列则适合在常规条件下工作。这里顺便说一下 CC 的含义:第 1 个 C 为 CHINA 的缩写,第 2 个 C 表示 CMOS 电路。因此,CC 表示中国生产的 CMOS 电路。

2. 高速 CMOS 门电路的系列

HC/HCT 为高速 CMOS 系列,与 CMOS4000 系列相比,工作速度快,平均传输延迟时间在 10 ns 左右,约为 CMOS4000 的 1/10,负载能力强,HC 系列的电源电压为 2~6 V,与 TTL 门电路不兼容,只适合用于由 HC 系列组成的单一系统。HCT 系列的电源电压为 4.5~5.5 V,其输入和输出电平与 TTL 门电路兼容,可互换使用,因此,可用于 HCT 与 TTL 的混合系统。

AHC/AHCT 为 HC/HCT 的改进系列,其工作速度和负载能力比 HC/HCT 系列提高了一倍多。AHC/AHCT 系列与 HC/HCT 系列可互换使用。AHCT 系列和 TTL 系列兼容。

LVC 为低压 CMOS 系列,电源电压为 1.65~3.3 V,工作速度高,平均传输延迟时间约为 3.8 ns,负载能力强,在电源电压为 3 V 时,可提供 24 mA 的负载电流。ALVC 为 LVC 的改进系列,工作速度更高,平均传输延迟时间约为 2 ns,其他性能也比 LVC 系列更优越。由于 LVC 和 ALVC 系列性能优越、体积小、重量轻,因此,在便携式电子设备(如笔记本电脑、手机和数码照相机等)中获得了广泛应用。

AUC 为超低电压 CMOS 系列,电源电压为 0.8~2.7 V,工作速度更高,平均传输延迟时间更短,约为 0.8 ns,但由于电源电压很低,因此,抗干扰能力较差。

3.4.6 CMOS 集成逻辑门电路的使用注意事项

一、电源电压

(1) CMOS 电路的电源电压极性不可接反,否则,可能会造成电路永久性失效。

(2) CC4000 系列的电源电压可在 3~15 V 的范围内选择,最大不允许超过极限值 18 V。电源电压选择得越高,抗干扰能力也越强。

(3) 高速 CMOS 电路,HC 和 AHC 系列的电源电压可在 2~6 V 的范围内选用,HCT 和 AHCT 系列的电源电压在 4.5~5.5 V 的范围内选用,最大不允许超过极限值 7 V。

(4) 在进行 CMOS 电路实验,或对 CMOS 数字系统进行调试、测量时,应先接入直流电源,后接信号源;使用结束时,应先关信号源,后关直流电源。输入信号的幅值不允许超过电源电压范围($V_{DD}-V_{SS}$)。

二、闲置输入端的处理

(1) 闲置输入端不允许悬空。

(2) 对于与门和与非门,闲置输入端应接正电源或高电平;对于或门和或非门,闲置输入端应接地或低电平。

(3) 闲置输入端不宜与使用输入端并联使用,因为这样会增大输入电容,从而使电路的工作速度下降。但在工作速度很低的情况下,允许输入端并联使用。

三、输出端的连接

(1) 输出端不允许直接与电源 V_{DD} 或地(V_{SS})相连。因为电路的输出级通常为 CMOS 反相器结构，这会使输出级的NMOS管或PMOS管可能因电流过大而损坏。

(2) 为提高电路的驱动能力，可将同一集成芯片上相同门电路的输入端、输出端并联使用，如图3.4.15所示。

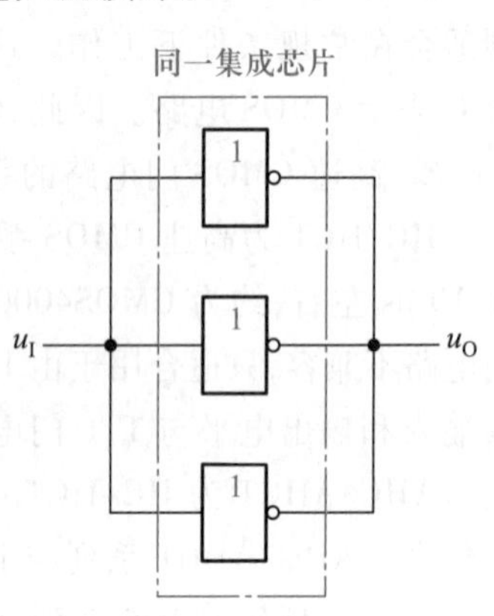

图3.4.15　增大CMOS电路驱动能力的接法

(3) 当CMOS电路输出端接大容量的负载电容时，流过管子的电流很大，有可能使管子损坏。因此，需在输出端和电容之间串接一个限流电阻，以保证流过管子的电流不超过允许值。

四、电路的保护

1. 静电保护

(1) 焊接时，电烙铁必须接地良好，必要时，可将电烙铁的电源插头拔下，利用余热焊接。

(2) 集成电路在存放和运输时，应放在导电容器或金属容器内，或用金属屏蔽层包装，不允许用化纤织物包装。

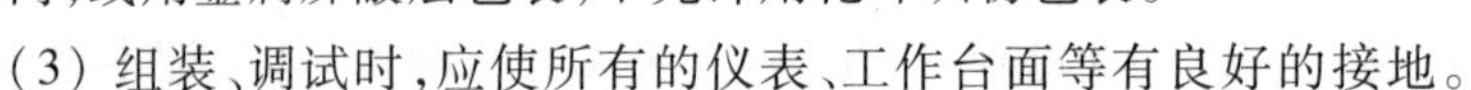

(3) 组装、调试时，应使所有的仪表、工作台面等有良好的接地。

2. 外部保护

(1) CMOS电路输入端直接与外部输入信号相连时，输入端应串接电阻。

(2) 如输入端接有大容量电容，则在电容放电时有可能因放电而损坏三极管，因此，需在电容和CMOS电路输入端接入限流电阻。

(3) 输入端接长线时，应在门电路输入端串入保护电阻。

(4) 门与门之间的连线应尽量短而粗。当有多路并行输入线时，应加大它们之间的距离，或在中间加一根地线进行屏蔽。

思　考　题

1. 试比较TTL门电路和CMOS门电路的主要优缺点。

2. 试说明CMOS**与非**门和**或非**门的工作原理。

3. 为什么CMOS门电路闲置输入端不允许悬空？

4. 试说明下列门电路中哪些门的输出端可并联使用。

(1) 具有推拉输出级的TTL**与非**门电路；

(2) TTL三态输出门电路；

(3) TTL集电极开路**与非**门电路；

(4) CMOS反相器；

(5) CMOS三态输出门电路；

(6) CMOS漏极开路**与非**门。

5. 在CMOS**与非**门和**或非**门的实际集成电路中，其输入级和输出级为什么要用反相器？

6. 如将CMOS**与非**门、**或非**门和**异或**门作反相器使用，输入端应如何连接？

7. 试比较CMOS4000系列和高速CMOS门电路的优缺点。

8. CMOS传输门为什么能作无损耗电子模拟开关？试画出电子模拟开关的逻辑电路。

9. 使用 CMOS 数字集成电路时应注意哪些问题?

10. 提高 CMOS 门电路的电源电压可提高电路的抗干扰能力,TTL 门电路能否这样做?为什么?

*3.5 TTL 电路与 CMOS 电路的接口

在数字系统中,经常会出现 TTL 电路与 CMOS 电路的接口问题,这就需要正确处理好它们相互之间的连接。在图 3.5.1 中,无论是 TTL 电路驱动 CMOS 电路,还是 CMOS 电路驱动 TTL 电路,驱动门必须为负载门提供符合要求的高电平、低电平和足够的驱动电流,也就是说,必须同时满足下列各式

驱动门　负载门

$$U_{OH(min)} \geq U_{IH(min)} \tag{3.5.1}$$

$$U_{OL(max)} \leq U_{IL(max)} \tag{3.5.2}$$

$$I_{OH(max)} \geq N_{OH} I_{IH(max)} \tag{3.5.3}$$

$$I_{OL(max)} \geq N_{OL} I_{IL(max)} \tag{3.5.4}$$

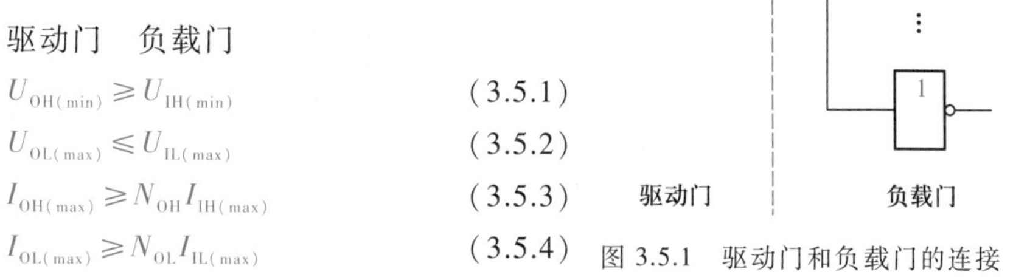

图 3.5.1　驱动门和负载门的连接

表 3.5.1 中列出了 TTL、CMOS4000 和 HCMOS 电路的输出电压、输出电流、输入电压、输入电流等参数,供选择接口电路时参考。

表 3.5.1　TTL 和 CMOS 电路各系列重要参数的比较

电路系列 / 参数名称	TTL				CMOS		
	CT74S 系列	CT74LS 系列	CT74AS 系列	CT74ALS 系列	4000 系列	CC74HC 系列	CC74HCT 系列
电源电压/V	5	5	5	5	5	5	5
$U_{OH(min)}$/V	2.7	2.7	2.7	2.7	4.6	4.4	4.4
$U_{OL(max)}$/V	0.5	0.5	0.5	0.5	0.05	0.1	0.1
$I_{OH(max)}$/mA	-1	-0.4	-1	-0.4	-0.51	-4	-4
$I_{OL(max)}$/mA	20	8	20	8	0.51	4	4
$U_{IH(min)}$/V	2	2	2	2	3.5	3.5	2
$U_{IL(max)}$/V	0.8	0.8	0.8	0.8	1.5	1.0	0.8
$I_{IH(max)}$/μA	50	20	200	20	0.1	0.1	0.1
$I_{IL(max)}$/mA	-2	-0.4	-2	-0.2	-0.1×10^{-3}	-0.1×10^{-3}	-0.1×10^{-3}

3.5.1 TTL 电路驱动 CMOS 电路

一、TTL 电路驱动 CMOS4000 系列电路

由表 3.5.1 可知,TTL 电路输出低电平电流 $I_{OL(max)}$ 较大,满足驱动 CMOS 电路的要求,而

其输出高电平的下限值 $U_{OH(min)}$ 小于 CMOS 电路输入高电平的下限值 $U_{IH(min)}$，它们之间不能直接驱动。因此，应设法提高 TTL 电路输出高电平的下限值，使其大于 CMOS 电路输入高电平的下限值。解决这个问题的方法有两个：一个是在 TTL 电路输出端接一个上拉电阻 R_U，如图 3.5.2(a)所示；另一个是 TTL 电路输出和 CMOS 电路输入端之间接入一个 CMOS 电平转换器，如图3.5.2(b)所示。

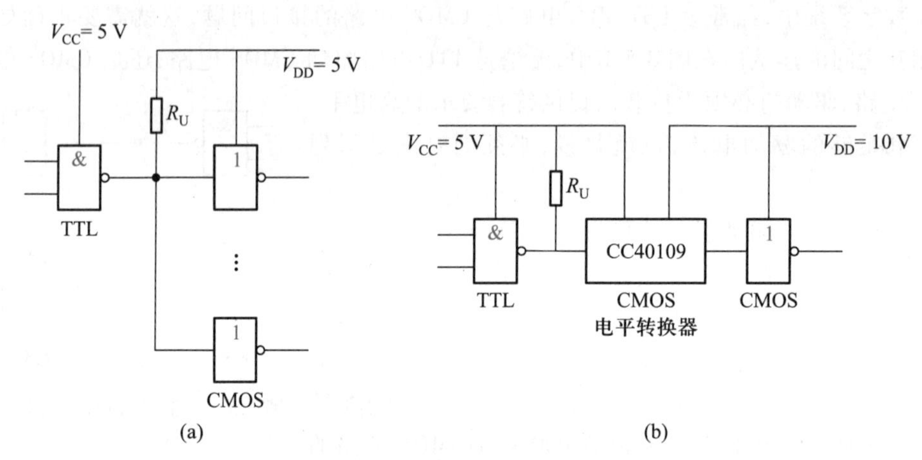

图 3.5.2　TTL 电路和 CMOS 电路的接口

(a) 接上拉电阻；(b) 采用电平转换器

二、TTL 电路驱动 74HCT 系列高速 CMOS 电路

高速 CMOS 电路 CC74HCT 系列在制造时已考虑了和 TTL 电路的兼容问题，使它的输入高电平 $U_{IH(min)}$ = 2 V，而 TTL 电路输出的高电平 $U_{OH(min)}$ = 2.7 V。因此，TTL 电路的输出端可直接与高速 CMOS 电路 CC74HCT 系列的输入端相连，不需要另外再加其他器件。

3.5.2　CMOS 电路驱动 TTL 电路

一、CMOS4000 系列驱动 TTL 电路

由表 3.5.1 可知，CMOS4000 系列电路输出的高、低电平都满足要求，但由于 TTL 电路输入低电平电流较大，而 CMOS4000 系列电路输出低电平电流却很小，灌电流负载能力很差，不能向 TTL 提供较大的低电平电流。提高 CMOS4000 系列电路输出低电平电流的方法有两个：一个是将同一芯片上的多个 CMOS 电路并联作驱动门，如图 3.5.3(a)所示；另一个是在 CMOS 电路输出端和 TTL 电路输入端之间接入 CMOS 驱动器，如图 3.5.3(b)所示。

二、高速 CMOS 电路驱动 TTL 电路

高速 CMOS 电路的电源电压 $V_{DD} = V_{CC}$ = 5 V 时，CC74HC 和 CC74HCT 系列电路的输出端和 TTL 电路的输入端可直接相连。

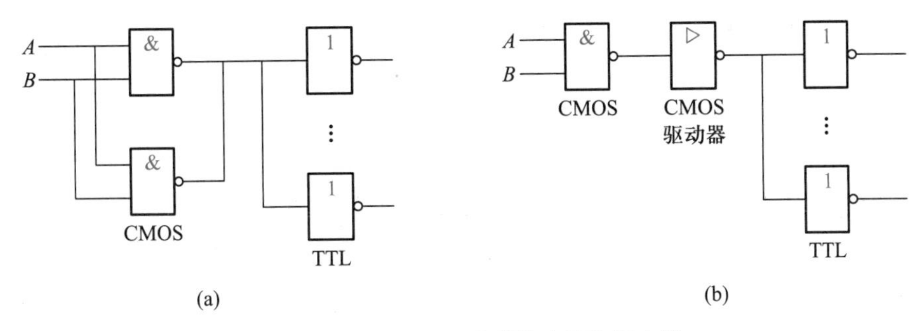

图 3.5.3　CMOS4000 系列驱动 TTL 门电路

(a) 驱动门并联使用；(b) 采用 CMOS 驱动器

本章小结

1. 在数字电路中，半导体二极管、三极管和 MOS 管都工作在开关状态。三极管的可靠截止条件为 $u_{BE}\leqslant 0$ V，饱和条件为 $i_B\geqslant I_{B(sat)}=\dfrac{V_{CC}}{\beta R_C}$；MOS 管的截止条件为 $u_{GS}<U_{GS(th)}$，导通条件为 $u_{GS}>U_{GS(th)}$。

2. 在分立元件门电路中，基本逻辑门电路有**与**门、**或**门和**非**门。在数字集成电路中，基本逻辑门电路有**与非**门、**或非**门，它们是构成其他各种功能电路的基础。

3. TTL 集成逻辑门电路的系列比较多，常用的有 5 个系列，其中 CT54/74S 肖特基系列的工作频率最高，CT54/74LS 低功耗肖特基系列的功耗最小。如从功耗-延迟积综合考虑 TTL 电路的性能，则 CT54/74LS 系列的功耗-延迟积最小，性能最优越，已成为 TTL 电路的主流产品。它们的改进系列 CT54/74AS 先进肖特基系列和 CT54/74ALS 先进低功耗肖特基系列的功耗更低，工作频率更高，性能更优越。

4. 集电极开路门(OC 门)和漏极开路门(OD 门)的输出端可并联实现**线与**。三态输出门的输出端也可并联使用，但应分时工作，即在同一时间内，只能有一个三态输出门工作，其他三态输出门的输出都处于高阻状态。三态输出门还常用来构成单向总线和双向总线。

5. 射极耦合逻辑门电路(ECL 门电路)各管都工作在非饱和状态，是目前集成电路中开关速度最高的，逻辑组合灵活、负载能力强，主要用于超高速数字系统，但功耗大、抗干扰能力差、输出电平稳定性差；集成注入逻辑门电路(IIL 或 I^2L 门电路)的电路结构简单、功耗极低，便于制造大规模集成电路，但开关速度低、抗干扰能力差。

6. CMOS 数字集成电路主要有 CMOS4000 系列和 HCMOS 系列。和 TTL 电路相比，CMOS 电路的主要优点是功耗低，集成度高，抗干扰能力强，电源适应范围宽。CMOS4000 系列的主要缺点是负载能力差，工频率低。HCMOS 电路主要有 CC54/74HC 和 CC54/74HCT 两个系列，它们的工作频率和负载能力都已达到 CT54/74LS 系列的水平。CC54/74HCT 系列电路可直接和 TTL 系列电路相连接。

7. 对于**与**门和**与非**门的闲置输入端可直接接电源或与有用输入端并联使用；对于**或**门和**或非**门的闲置输入端可直接接地或与有用输入端并联使用。

8. 在门电路的实际使用中，经常遇到 TTL 和 CMOS 门电路之间或者门电路与外接负载之间的接口问题，应正确选择、使用接口电路，这也是数字电路设计者应掌握的基本功。

自　测　题

一、填空题

1. 在数字逻辑电路中，三极管工作在______状态和______状态。

2. 和 TTL 门电路相比，CMOS 门电路的优点为静态功耗______、噪声容限______、输入电阻______。

3. TTL 与非门输出低电平时，带______负载，输出高电平时，带______负载。

4. 三态输出门输出的三个状态分别为______、______、______。

5. 某 TTL 与非门的延迟时间 $t_{PLH}=15$ ns、$t_{PHL}=10$ ns，输入信号为占空比 $q=50\%$ 的方波，则该方波的频率不得高于______MHz。

6. TTL 与非门多余输入端的连接方法为______、______、______。

7. TTL 或非门多余输入端的连接方法为______、______。

8. 漏极开路门（OD 门）使用时，输出端与电源之间应外接______。

二、判断题（正确的题在括号内填入"√"，错误的题则填入"×"）

1. 二输入端与非门的一个输入端接高电平时，可构成反相器。（　）

2. 异或门一个输入端接高电平时，可构成反相器。（　）

3. 同或门一个输入端接低电平时，可构成反相器。（　）

4. 二输入端或非门的一个输入端接低电平时，可构成反相器。（　）

5. CMOS 与非门输入端悬空时，相当于输入高电平。（　）

6. 多个集电极开路门（OC 门）输出端并联且通过电阻接电源时，可实现线与。（　）

7. CMOS 传输门可输出高阻、高电平和低电平。（　）

8. 电源电压相同时，TTL 与非门的抗干扰能力比 CMOS 与非门强。（　）

三、选择题（选择正确的答案填入括号内）

1. TTL 与非门带同类门电路的灌电流负载个数增多时，其输出的低电平（　）

A. 不变　　B. 上升　　C. 下降

2. 要使输出的数字信号和输入的反相，应采用（　）

A. 与门　　B. 或门　　C. 非门　　D. 传输门

3. 二输入端的或门一个输入端接低电平，另一个输入端接入脉冲信号时，则输出与输入信号的关系是（　）

A. 同相　　B. 反相　　C. 高电平　　D. 低电平

4. 已知输入 A、B 和输出 Y 的波形如图 3.1 所示，能实现此波形的门电路是（　）

A. 与非门　　B. 或非门　　C. 异或门　　D. 同或门

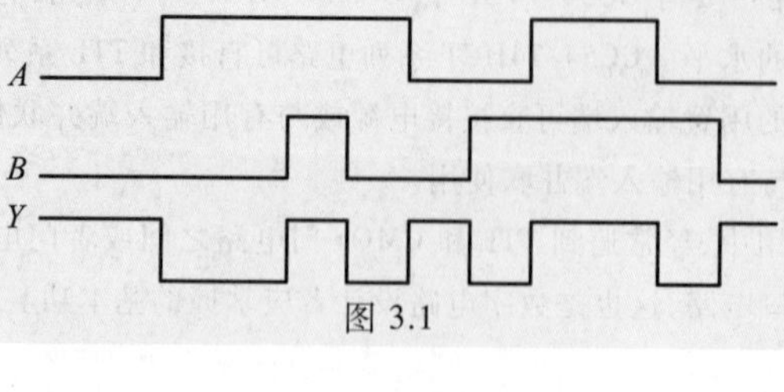

A

B

Y

图 3.1

5. 已知输入 A、B 和输出 Y 的波形如图 3.2 所示，能实现此波形的门电路是 (　　)

A. 与非门　　B. 或非门　　C. 异或门　　D. 同或门

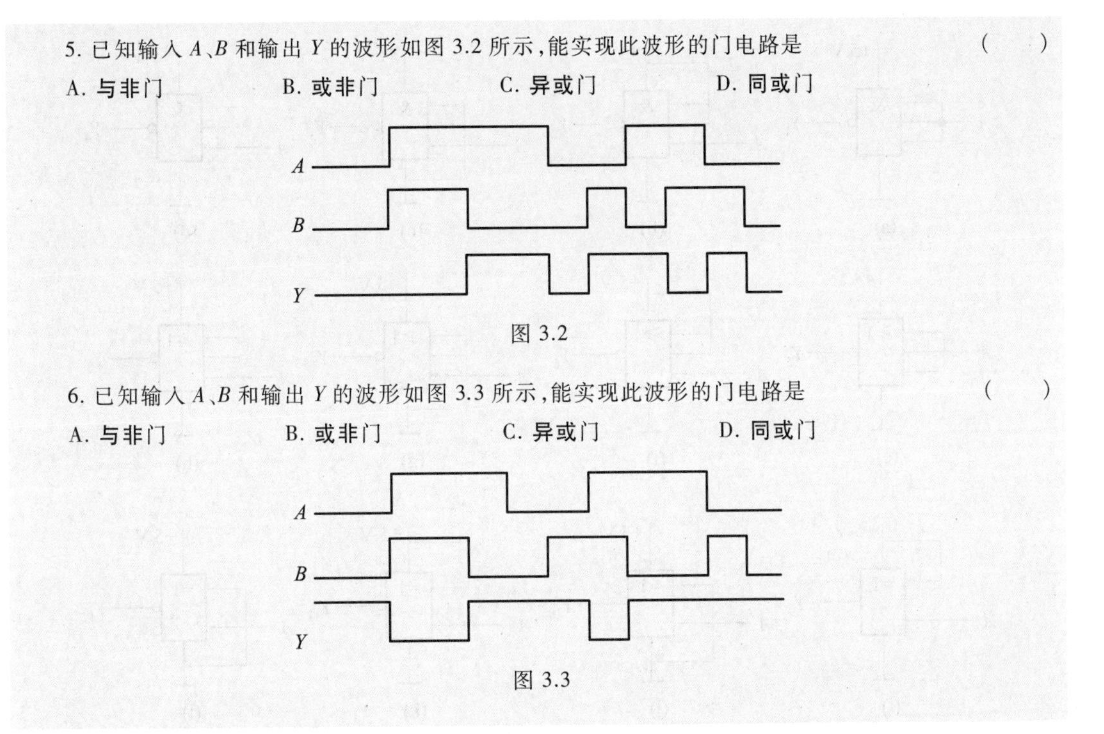

图 3.2

6. 已知输入 A、B 和输出 Y 的波形如图 3.3 所示，能实现此波形的门电路是 (　　)

A. 与非门　　B. 或非门　　C. 异或门　　D. 同或门

图 3.3

练　习　题

[题 3.1]　在图 P3.1 所示电路中，发光二极管正常发光的电流范围为 8 mA $\leqslant I_D \leqslant$ 12 mA，正向压降为 2 V，TTL 与非门输出高电平 U_{OH} = 3 V，输出高电平电流 I_{OH} = −300 μA，输出低电平 U_{OL} = 0.3 V，输出低电平电流 I_{OL} = 20 mA。分别求出图 P3.1(a)和(b)中电阻 R_{L1} 和 R_{L2} 的取值范围。

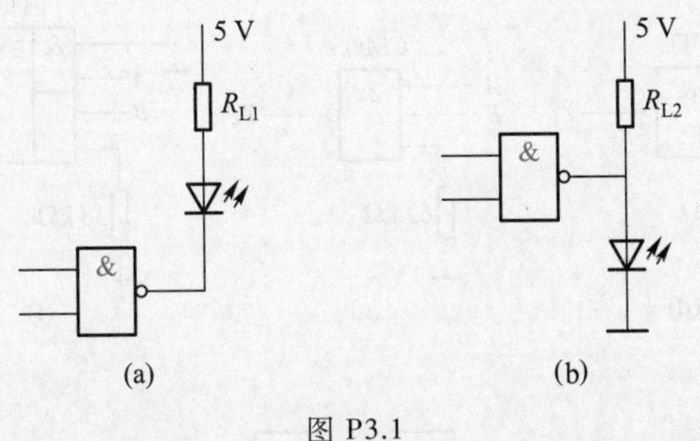

图 P3.1

[题 3.2]　在图 P3.2 所示 TTL 门电路中，为使输出 $Y=\overline{A}$，试问哪几种接法是正确的？

[题 3.3]　写出图 P3.3(a)~(f)所示电路输出 $Y_1 \sim Y_6$ 的逻辑表达式，并根据图(g)所示输入 A、B 的电压波形，画出 $Y_1 \sim Y_6$ 的电压波形。设 TTL 门电路的 R_{OFF} = 700 Ω、R_{ON} = 3 kΩ。

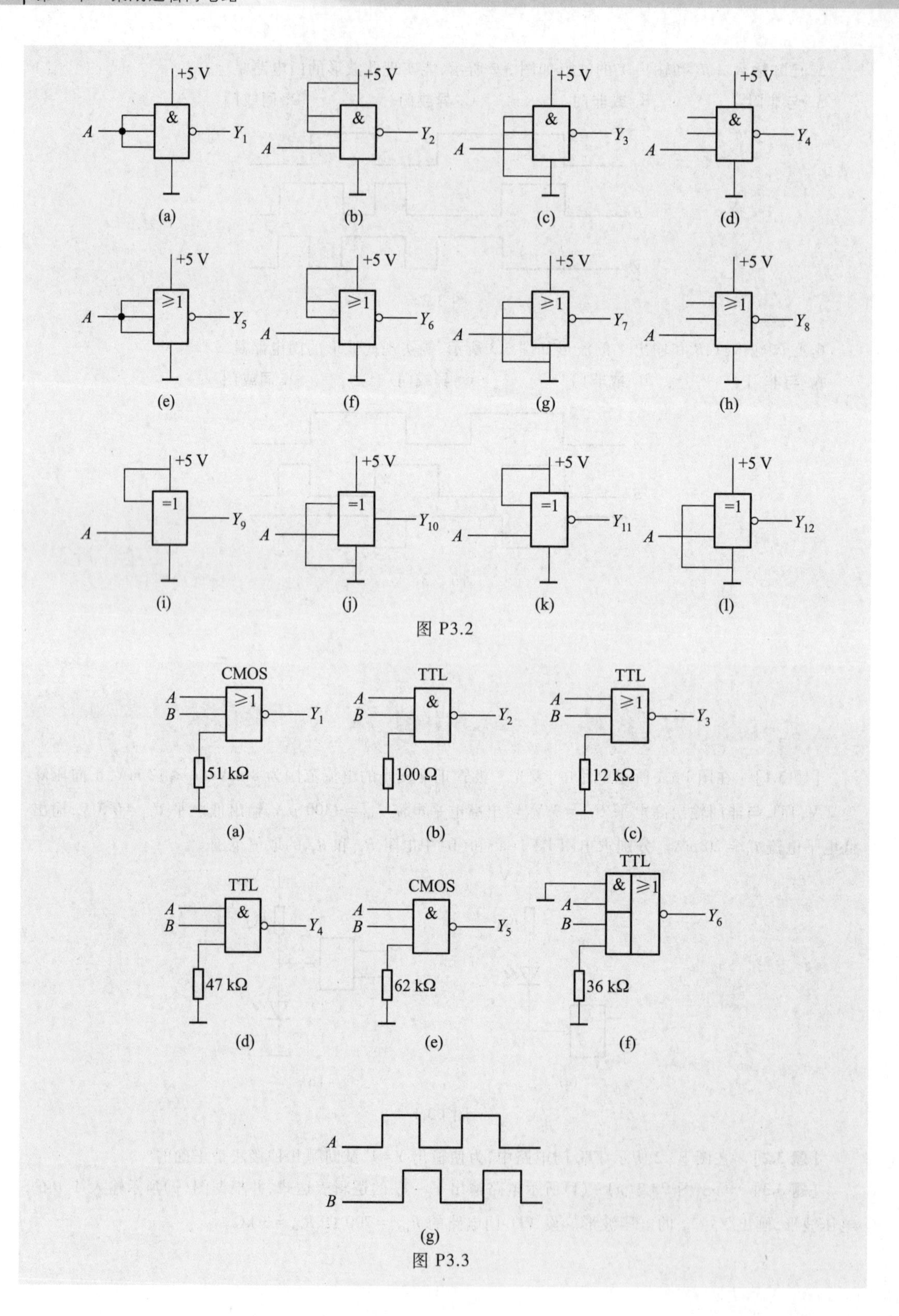
+5 V
&
A
Y_1
(a)
Y_2
(b)
Y_3
(c)
Y_4
(d)
≥1
Y_5
(e)
Y_6
(f)
Y_7
(g)
Y_8
(h)
=1
Y_9
(i)
Y_{10}
(j)
Y_{11}
(k)
Y_{12}
(l)
图 P3.2

CMOS
A
B
Y_1
51 kΩ
(a)
TTL
Y_2
100 Ω
(b)
Y_3
12 kΩ
(c)
Y_4
47 kΩ
(d)
Y_5
62 kΩ
(e)
Y_6
36 kΩ
(f)
(g)
图 P3.3

[题 3.4] 写出图 P3.4(a)～(d)所示电路的输出逻辑表达式，并根据图(e)所示输入 A、B、C 的电压波形画出输出 Y_1～Y_4 的电压波形。

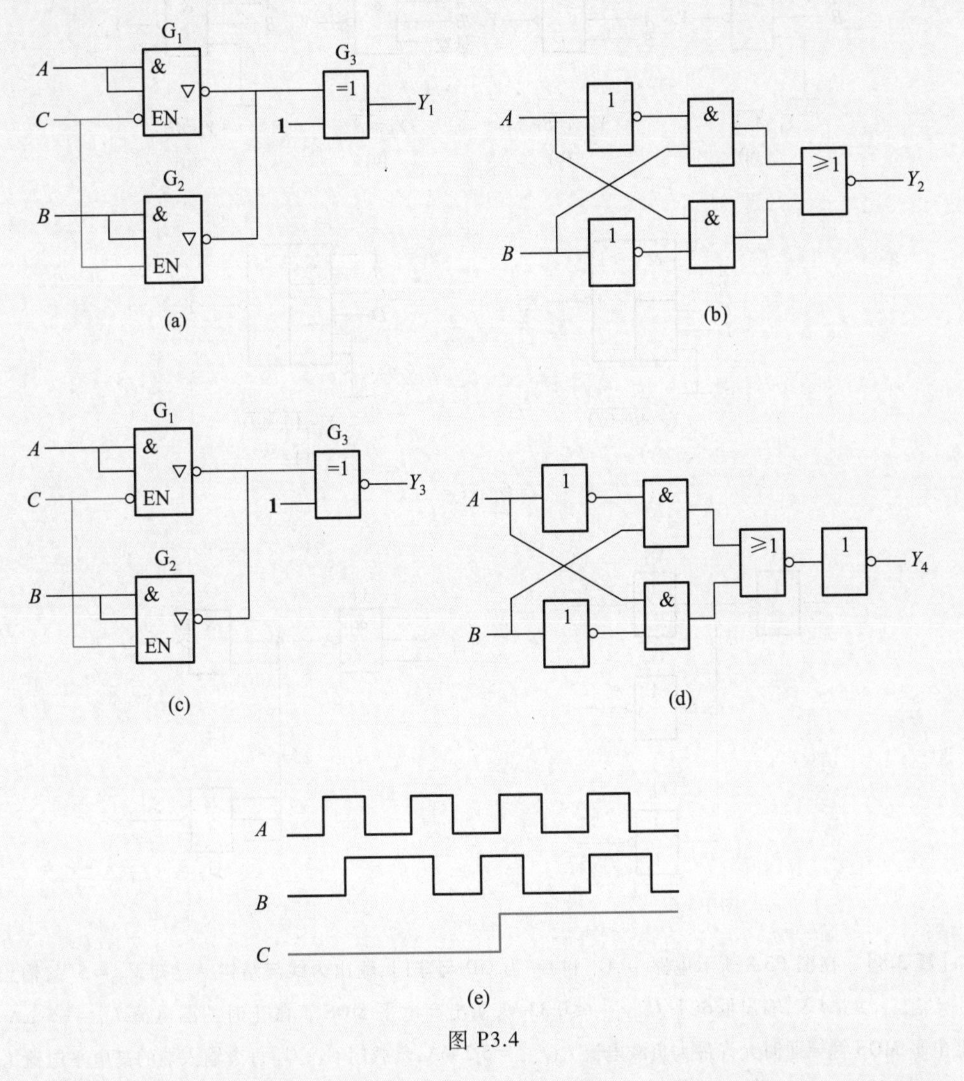

图 P3.4

[题 3.5] 试判断图 P3.5(a)～(f)所示 TTL 门电路输出与输入之间的逻辑关系哪些是正确的？哪些是错误的？并将接法错误的进行改正。

[题 3.6] 在图 P3.6 所示电路中，反相器输出高电平 $U_{OH}\geqslant 3V$，输出低电平 $U_{OL}\leqslant 0.3$ V，输出高电平电流 $I_{OH}=-0.4$ mA，输出低电平电流 $I_{OL}=8$ mA，所带外接负载门的输入低电平电流 $I_{IL}=-0.45$ mA，输入高电平电流 $I_{IH}=20$ μA，试问反相器 G 能带多少个同类反相器？

[题 3.7] 电路如图 P3.7 所示，已知 3 输入**与非**门输出低电平 $U_{IL}=0.3$ V，输出高电平 $U_{OH}=3$ V，输出低电平电流 $I_{OL}=15$ mA，输出高电平电流 $I_{OH}=-10$ mA，外接负载门输入高电平电流 $I_{IH}=0.05$ mA，输入低电平电流 $I_{IL}=-1.5$ mA。试求该门电路能带多少个同类负载门。

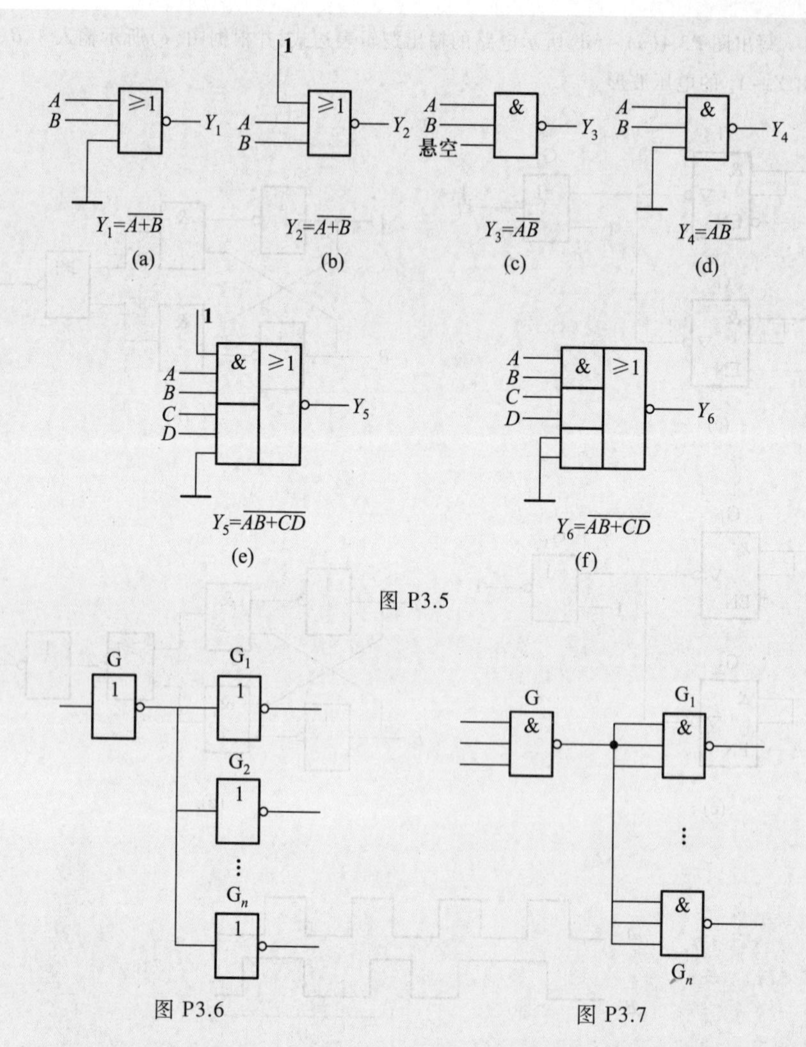

图 P3.5

图 P3.6

图 P3.7

[**题 3.8**] 在图 P3.8 所示电路中，G_1 和 G_2 为 OD **与非**门，输出为**线与**结构。已知 $V_{DD}=5$ V，输出高电平 $U_{OH(min)}\geqslant4.4$ V、输出低电平 $U_{OL(max)}\leqslant0.33$ V，输出高电平 MOS 管截止时的漏电流 $I_{OH}=-5$ μA、输出低电平 MOS 管导通时允许最大负载电流 $I_{OL(max)}=5.2$ mA，负载门 $G_3\sim G_6$ 每个输入端的高电平电流 $I_{IH}=1$ μA，低电平输入电流 $I_{IL}=-1$ μA。试计算外接电阻 R_L 的取值范围。

[**题 3.9**] 在图 P3.9(a)~(d)所示 TTL 电路中，哪个电路能实现 $Y=\overline{A+B}$？

[**题 3.10**] 在图 P3.10(a)所示三态输出门电路中，输入图(b)所示电压波形，试画出 Y_1 和 Y_2 的电压波形，并写出 Y_1 和 Y_2 的表达式。

[**题 3.11**] 写出图 P3.11 所示电路 Y_1 和 Y_2 的逻辑表达式，列出真值表，并说明其逻辑功能。

[**题 3.12**] 在图 P3.12 所示 CMOS 传输门中，V_P 和 V_N 的开启电压 $U_{GS(th)N}=|U_{GS(th)P}|=4$ V，设输入电压 u_I 在 2~12 V 的范围内变化，试求出输出 u_O 的变化范围。

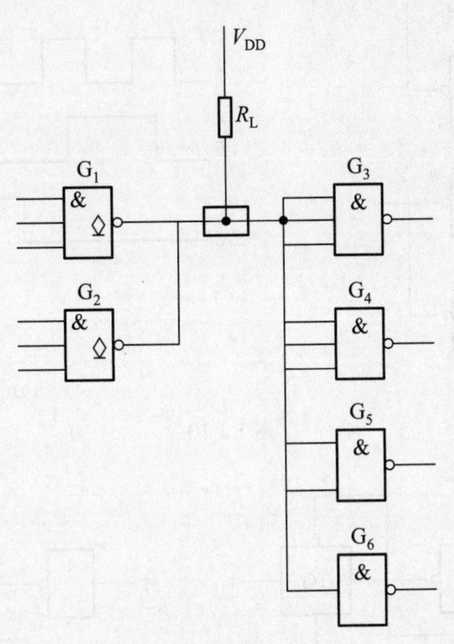
V_{DD}
R_L
G_1
&
G_2
&
G_3
&
G_4
&
G_5
&
G_6
&

图 P3.8

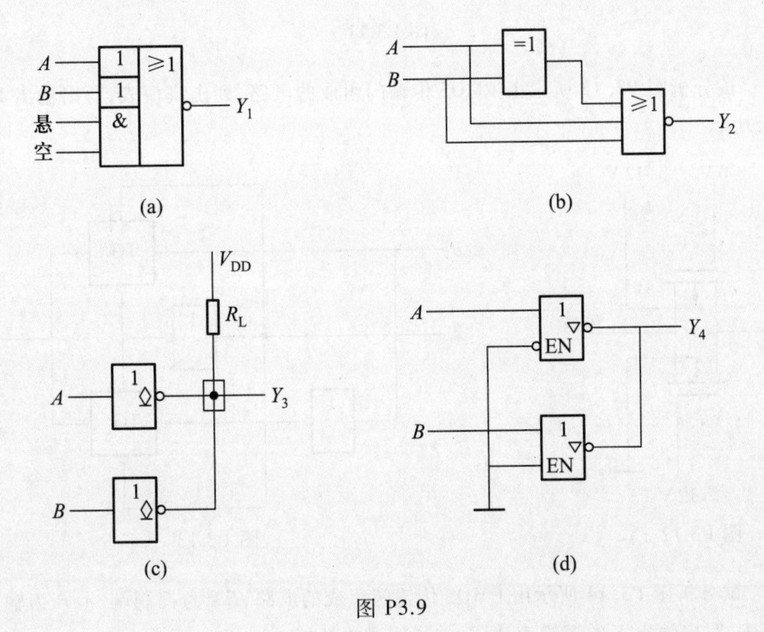
A
B
悬
空
1
1
&
≥1
Y_1
(a)
A
B
=1
≥1
Y_2
(b)
V_{DD}
R_L
A
B
1
1
Y_3
(c)
A
B
1
EN
1
EN
Y_4
(d)

图 P3.9

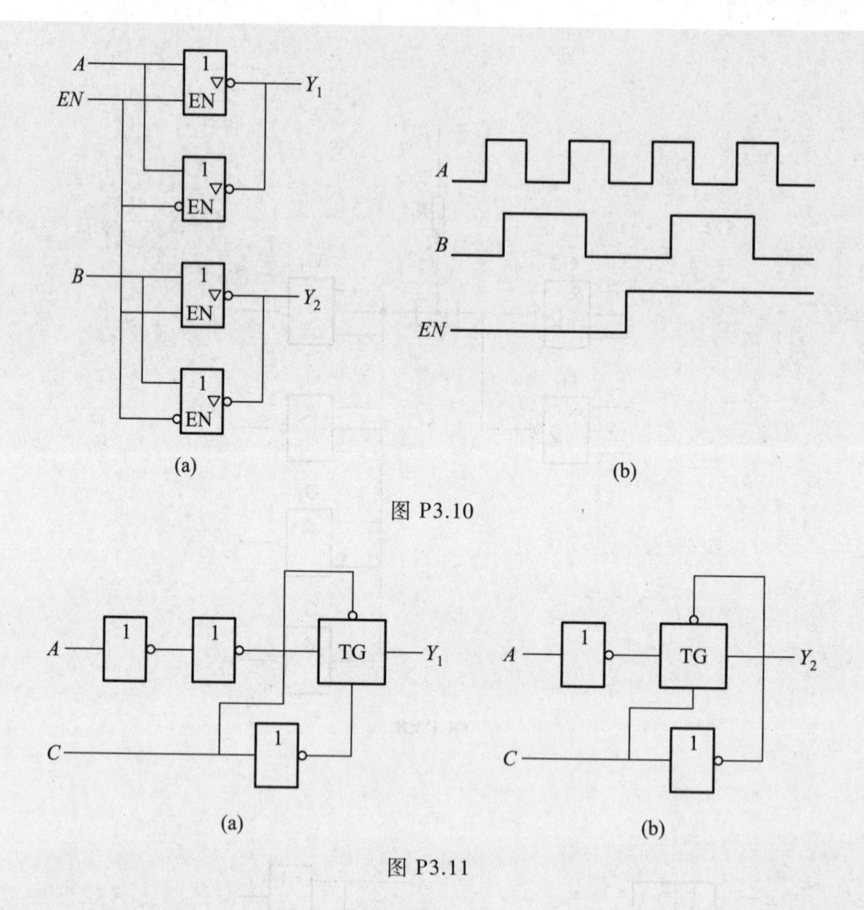

图 P3.10

图 P3.11

[题 3.13]　试分析图 P3.13 所示由 CMOS 传输门组成的电路，列出真值表，写出输出 Y 的逻辑表达式，并说明逻辑功能。

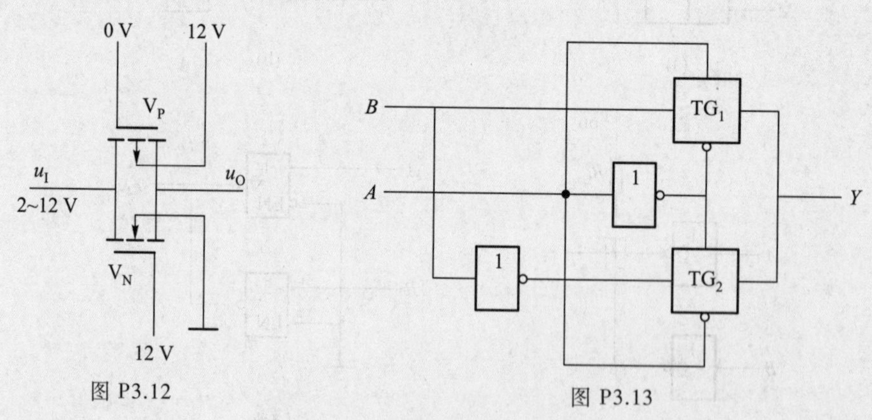

图 P3.12

图 P3.13

[题 3.14]　试分析图 P3.14 所示由 CMOS 传输门组成的电路，EN 为控制端，A、B 为输入端，Y 为输出端，列出真值表，写出输出 Y 的逻辑表达式，并说明逻辑功能。

[题 3.15]　分析图 P3.15(a)、(b)所示电路的逻辑功能，并写输出 Y_1 和 Y_2 的逻辑表达式。

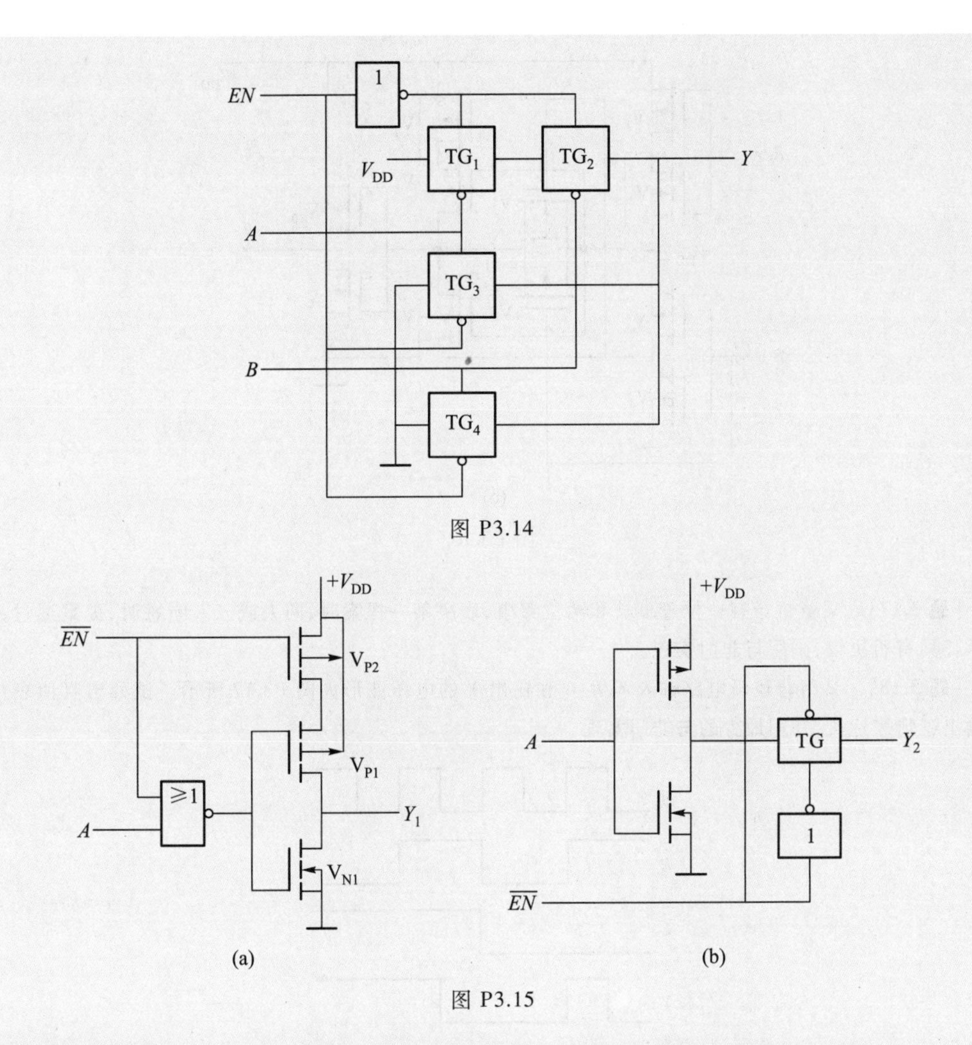

图 P3.14

图 P3.15

［**题 3.16**］ 试写出图 P3.16 所示 CMOS 门电路的输出逻辑表达式，并说明它的逻辑功能。

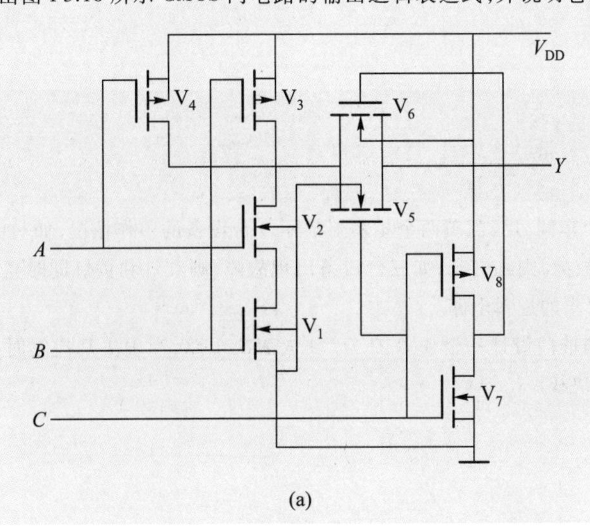

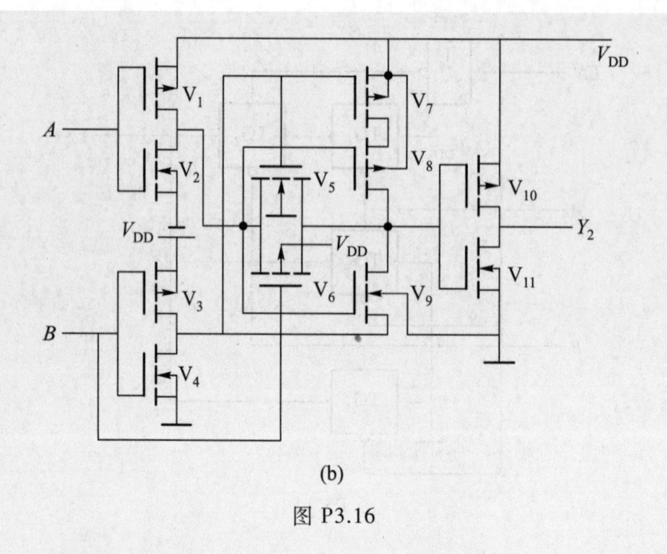

(b)

图 P3.16

［题 3.17］ 某董事会有一位董事长和两位董事，表决某一提案时，两人或三人同意时，提案通过，但董事长具有否决权，试用**与非门**实现。

［题 3.18］ 某组合逻辑电路输入 A、B、C 和输出 Y 的电压波形如图 P3.17 所示。试列出真值表，写出输出逻辑表达式，并用最少的**与非门**实现。

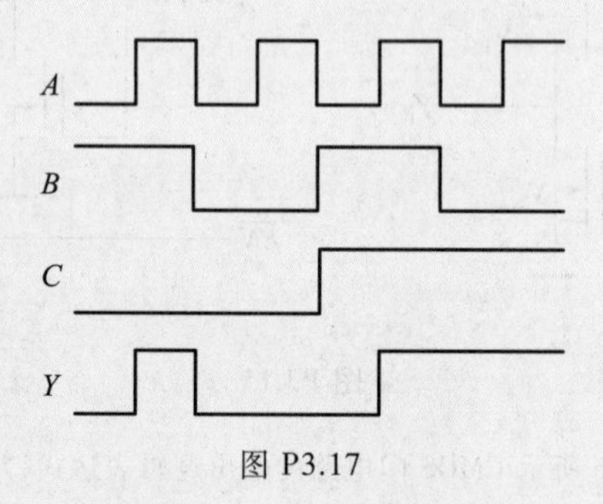

图 P3.17

技 能 题

［题 3.19］ 有一个车间，用红、黄两个指示灯表示 3 台设备的工作情况，如一台设备出现故障，则黄灯亮；如两台设备出现故障，则红灯亮；如三台设备出现故障，则红灯和黄灯同时亮。试用**与非门**和**异或门**设计一个能实现此要求的逻辑电路。

［题 3.20］ 试用**与非门**设计一个 A、B、C、D 4 人表决电路，当表决某提案时，多数人同意，提案通过，且 A、B 具有同等否决权。

第 4 章

组合逻辑电路

内 容 提 要

本章在介绍了组合逻辑电路的逻辑功能和电路结构的特点后，介绍了组合逻辑电路的一般分析方法和设计方法，并从设计的角度介绍了常用组合逻辑电路的工作原理及常用中规模集成组合逻辑电路的逻辑功能、使用方法和应用举例，最后还简要介绍了组合逻辑电路中的竞争冒险现象及其消除方法。

4.1 概　　述

在数字逻辑电路中，如一个电路在任一时刻的输出状态只取决于同一时刻输入状态的组合，而与电路的原有状态没有关系，则该电路称为组合逻辑电路。它没有记忆功能，这是组合逻辑电路功能上的特点。

组合逻辑电路的示意框图如图 4.1.1 所示。它有 n 个输入变量 X_0、X_1、…、X_{n-1}，m 个输出函数 Y_0、Y_1、…、Y_{m-1}，它是输入变量的函数，它们之间的关系可用下面的一组逻辑函数表达式来描述

$$\begin{aligned}
Y_0 &= F_0(X_0, X_1, \cdots, X_{n-1}) \\
Y_1 &= F_1(X_0, X_1, \cdots, X_{n-1}) \\
&\vdots \\
Y_{m-1} &= F_{m-1}(X_0, X_1, \cdots, X_{n-1})
\end{aligned} \tag{4.1.1}$$

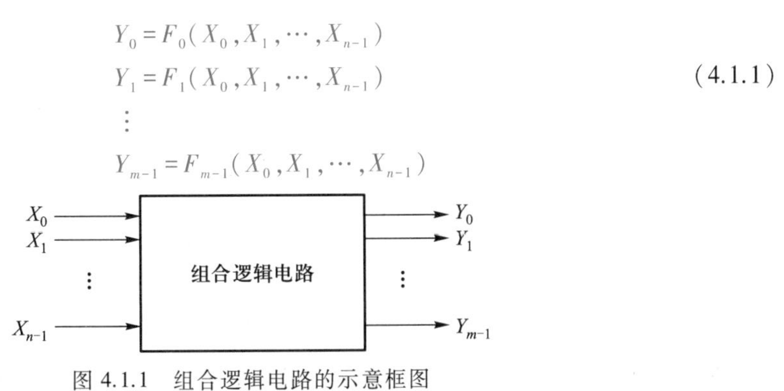

图 4.1.1　组合逻辑电路的示意框图

组合逻辑电路可以是多输入单输出的，也可以是多输入多输出的。只有一个输出量的称为单输出组合逻辑电路；有多个输出量的称为多输出组合逻辑电路。组合逻辑电路又称为组合电路。

在电路结构上，组合逻辑电路主要由门电路组成，没有记忆电路，只有从输入到输出的通路，没有从输出到输入的回路。

组合逻辑电路的功能除可用逻辑函数式来描述外，还可用真值表、卡诺图、逻辑图等方法进行描述。

本章首先讨论组合逻辑电路的分析和设计方法，然后讨论加法器、编码器、译码器、数据选择器和分配器、数值比较器等功能电路的工作原理、逻辑功能及其应用。

4.2 组合逻辑电路的分析和设计

4.2.1 组合逻辑电路的分析

组合逻辑电路的分析主要是根据给定的逻辑电路写出输出逻辑函数式和真值表，并分析出电路的逻辑功能。组合逻辑电路的一般分析步骤如下。

一、基本分析步骤

1. 根据给定的逻辑电路写出输出逻辑函数表达式

一般从输入端到输出端逐级写出各级输出对输入变量的逻辑表达式，最后便得到所分析组合逻辑电路的输出逻辑函数式。必要时，可用卡诺图法或代数法进行化简，求出最简逻辑函数式。

2. 根据逻辑函数式列出真值表

将输入变量的状态以自然二进制数的各种取值组合代入输出逻辑函数式进行计算，求出相应的输出函数值，并与输入一一对应地列出真值表。

3. 根据真值表或化简的逻辑函数式说明电路的逻辑功能

根据逻辑函数式或真值表的特点用简明的语言说明组合逻辑电路的逻辑功能。

二、分析举例

［**例 4.2.1**］ 分析图 4.2.1 所示电路的逻辑功能。

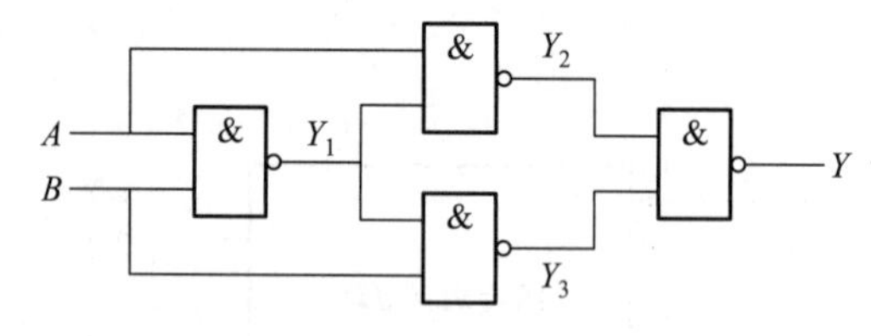

图 4.2.1 ［例 4.2.1］的逻辑图

解： (1) 根据逻辑电路写出输出逻辑函数表达式。由图 4.2.1 可得

$$Y_1=\overline{AB}$$

$$Y_2=\overline{A\cdot Y_1}=\overline{A\cdot\overline{AB}}$$

$$Y_3=\overline{B\cdot Y_1}=\overline{B\cdot\overline{AB}}$$

由此可得电路的输出逻辑函数表达式为

$$\begin{aligned} Y &= \overline{Y_2 \cdot Y_3} \\ &= \overline{\overline{A \cdot \overline{AB}} \cdot \overline{B \cdot \overline{AB}}} \\ &= \overline{A}B + A\overline{B} \end{aligned}$$

$$Y = A \oplus B \tag{4.2.1}$$

（2）根据逻辑函数式列出真值表。将输入变量 A、B 的各种取值组合（通常按自然二进制数递增顺序排列）代入式（4.2.1）中进行计算，求出对应的输出 Y 值。由此可列出表 4.2.1 所示的真值表。

表 4.2.1　[例 4.2.1]的真值表

A	B	Y
0	**0**	**0**
0	**1**	**1**
1	**0**	**1**
1	**1**	**0**

（3）根据真值表说明电路的逻辑功能。由表 4.2.1 可看出：当 A、B 输入的状态不同时，输出 Y=**1**；当 A、B 输入的状态相同时，输出 Y=**0**。因此，图 4.2.1 所示逻辑电路具有**异或**功能，为**异或**门。

[例 4.2.2]　分析图 4.2.2 所示电路的逻辑功能。

解：（1）根据逻辑电路写出各输出端的逻辑函数表达式。由图 4.2.2 可得

$$\begin{cases} Y_1 = \overline{A}\,\overline{B} + AB = A \odot B \\ Y_2 = \overline{C}\,\overline{D} + CD = C \odot D \end{cases} \tag{4.2.2}$$

由此得图 4.2.2 所示电路的输出逻辑函数表达式为

$$Y = Y_1 \odot Y_2 = A \odot B \odot C \odot D \tag{4.2.3}$$

（2）根据逻辑函数式列出真值表。将输入变量 A、B、C、D 的各种二进制数的取值先代入式（4.2.2）中进行计算，而后再将 Y_1 和 Y_2 值代入式（4.2.3）中进行计算，求出相应的输出 Y 值，由此可列出表 4.2.2 所示的真值表。

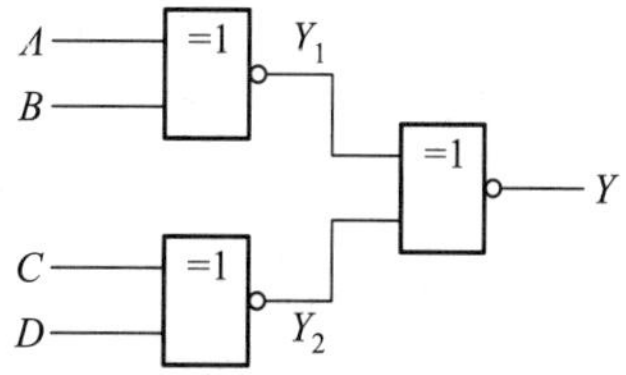

（3）根据真值表说明电路的逻辑功能。由表 4.2.2 可看出：在 A、B、C、D 4 个输入信号中，输入 **1** 的个数为偶数（包括全 **0**）时，输出 Y=**1**；而输入 **1** 的个数为奇数时，输出 Y=**0**。因此，图 4.2.2 所示组合逻辑电路为判偶电路，又称偶校验器。

图 4.2.2　[例 4.2.2]的逻辑图

表 4.2.2 [例 4.2.2]的真值表

A	B	C	D	$Y_1=A\odot B$	$Y_2=C\odot D$	$Y=Y_1\odot Y_2$
0	0	0	0	1	1	1
0	0	0	1	1	0	0
0	0	1	0	1	0	0
0	0	1	1	1	1	1
0	1	0	0	0	1	0
0	1	0	1	0	0	1
0	1	1	0	0	0	1
0	1	1	1	0	1	0
1	0	0	0	0	1	0
1	0	0	1	0	0	1
1	0	1	0	0	0	1
1	0	1	1	0	1	0
1	1	0	0	1	1	1
1	1	0	1	1	0	0
1	1	1	0	1	0	0
1	1	1	1	1	1	1

4.2.2 组合逻辑电路的设计

组合逻辑电路的设计是根据给定的实际逻辑问题，求出能实现这一逻辑要求的最简逻辑电路。设计的组合逻辑电路可用集成逻辑门电路来实现，也可用中规模集成组合逻辑电路实现。这里主要讨论用门电路设计组合逻辑电路。一般设计步骤如下：

一、基本设计步骤

1. 分析设计要求，列出真值表

根据题意确定输入变量和输出逻辑函数，并给予逻辑赋值，而后再将输入变量以二进制数的各种取值组合排列，并根据输出函数和输入变量之间的对应关系列出真值表。

2. 根据真值表写出输出逻辑函数

将真值表中输出逻辑函数值为 **1** 所对应的各个最小项进行逻辑**加**，便得到输出逻辑函数表达式。如将真值表中输出逻辑函数为 **0** 所对应的各个最小项进行逻辑**加**，则得到的为输出逻辑函数的反函数。

3. 将输出逻辑函数进行化简

通常用卡诺图法或代数法对逻辑函数进行化简。

4. 根据最简逻辑函数表达式画逻辑图

可根据最简输出逻辑函数表达式(通常为**与-或**表达式)直接画逻辑图,也可根据要求将输出逻辑函数式变换为**与非**表达式、**或非**表达式、**与或非**表达式或其他表达式后,再画逻辑图。

二、设计举例

下面分别介绍单输出组合逻辑电路和多输出组合逻辑电路的设计。

1. 单输出组合逻辑电路的设计

[例 4.2.3] 在三个阀门中,有两个或三个阀门开通时,才能输出正常工作信号;否则输出信号不正常,试设计一个能输出正常信号的逻辑电路。

解: (1) 分析设计要求,列出真值表。由题意可知,该电路有三个输入端,一个输出端。设三个阀门分别为 A、B、C,其开通时为 **1**,关闭时为 **0**;输出为 Y,发出正常工作信号时为 **1**,否则为 **0**。由此可列出表 4.2.3 所示的真值表。

(2) 根据真值表写出输出逻辑函数表达式

$$Y=\overline{A}BC+A\overline{B}C+AB\overline{C}+ABC$$

表 4.2.3 [例 4.2.3]的真值表

输入			输出
A	B	C	Y
0	**0**	**0**	**0**
0	**0**	**1**	**0**
0	**1**	**0**	**0**
0	**1**	**1**	**1**
1	**0**	**0**	**0**
1	**0**	**1**	**1**
1	**1**	**0**	**1**
1	**1**	**1**	**1**

(3) 将输出逻辑函数进行化简。用卡诺图进行化简,如图 4.2.3 所示,由该图可得

$$Y=AB+BC+AC \tag{4.2.4}$$

(4) 画逻辑图。根据要求的不同,实现该设计要求的电路可有多个不同的方案。下面介绍几种常用的方案。

方案一:用与门和或门实现

这时,可直接按式(4.2.4)所示的**与-或**表达式画逻辑图,如图 4.2.4 所示。

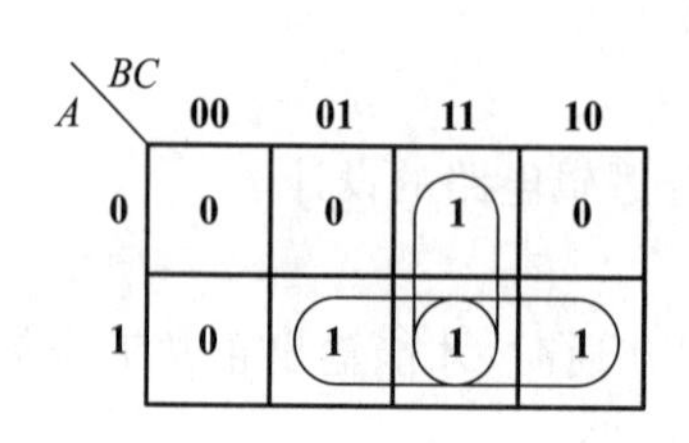

图 4.2.3 [例 4.2.3]的卡诺图

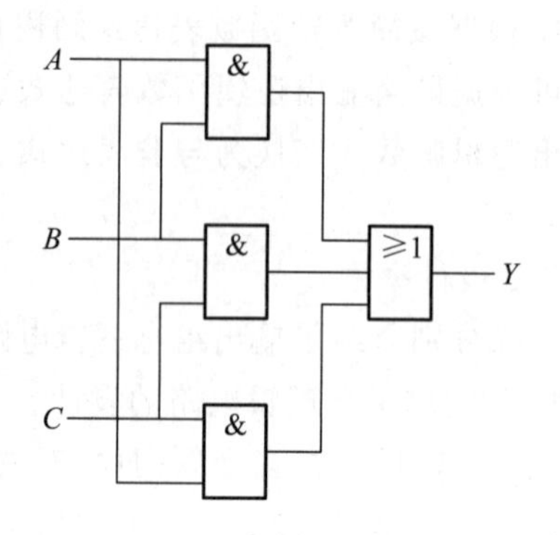

图 4.2.4 用**与**门和**或**门实现的逻辑图

方案二:用与非门实现

将式(4.2.4)变换为**与非-与非**表达式

$$
\begin{aligned}
Y &= \overline{\overline{AB+BC+AC}} \\
&= \overline{\overline{AB}\cdot\overline{BC}\cdot\overline{AC}}
\end{aligned} \tag{4.2.5}
$$

根据式(4.2.5)所示**与非-与非**表达式可画出图 4.2.5 所示的逻辑图。

方案三:用与或非门实现

将图 4.2.3 所示的卡诺图采用圈 **0** 的方法可求得**与-或-非**表达式

$$\overline{Y}=\overline{A}\,\overline{B}+\overline{B}\,\overline{C}+\overline{A}\,\overline{C} \tag{4.2.6}$$

对式(4.2.6)两边同时求反,则得

$$Y=\overline{\overline{A}\,\overline{B}+\overline{B}\,\overline{C}+\overline{A}\,\overline{C}} \tag{4.2.7}$$

根据式(4.2.7)所示的**与-或-非**表达式可画出图 4.2.6 所示的逻辑图。

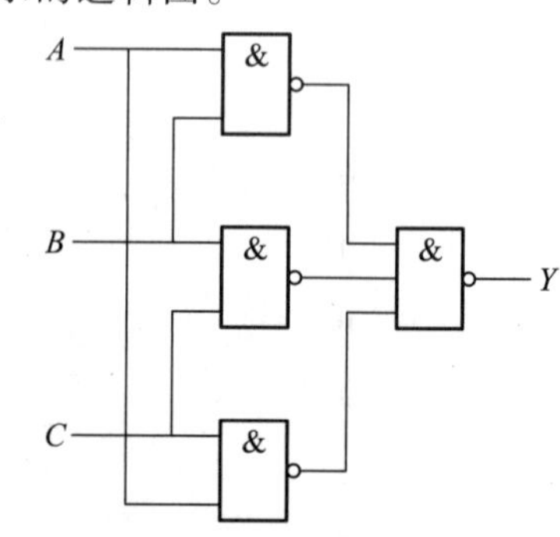

图 4.2.5 用**与非**门实现的逻辑图

方案四:用或非门实现

将式(4.2.7)变换为**或非-或非**表达式

$$Y=\overline{\overline{A+B}+\overline{B+C}+\overline{A+C}} \tag{4.2.8}$$

根据式(4.2.8)所示的**或非-或非**表达式可画出图 4.2.7 所示的逻辑图。

2. 多输出组合逻辑电路的设计

[**例 4.2.4**] 试用门电路设计一个将 8421BCD 码变换成余 3 BCD 码的代码转换电路。

解: (1) 分析设计要求,列出真值表。由题意可知该电路有 4 个输入端和 4 个输出端。输入为 8421BCD 码,用 A_3、A_2、A_1、A_0 表示,**1010~1111** 六种组合不会出现,作任意项处理,这对获得最简输出逻辑函数是有利的。输出为余 3 BCD 码,用 Y_3、Y_2、Y_1、Y_0 表示。由此可列出真值表,如表 4.2.4 所示。

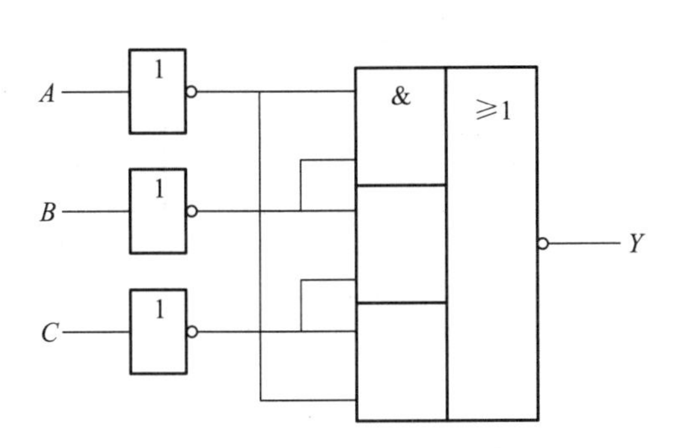

图 4.2.6 用与或非门实现的逻辑图

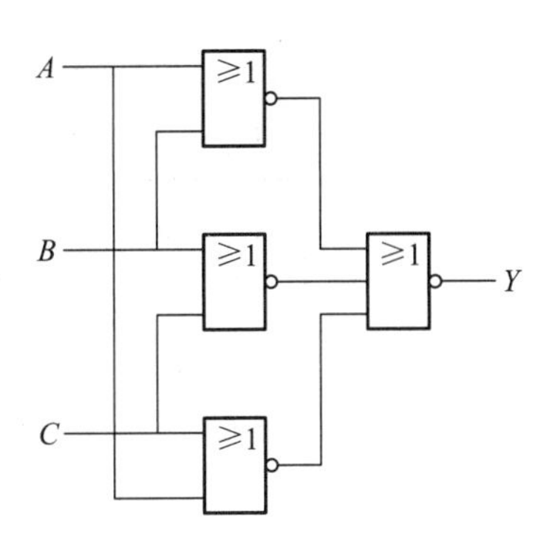

图 4.2.7 用或非门实现的逻辑图

表 4.2.4 8421BCD 码至余 3 BCD 码的真值表

输入				输出			
A_3	A_2	A_1	A_0	Y_3	Y_2	Y_1	Y_0
0	0	0	0	0	0	1	1
0	0	0	1	0	1	0	0
0	0	1	0	0	1	0	1
0	0	1	1	0	1	1	0
0	1	0	0	0	1	1	1
0	1	0	1	1	0	0	0
0	1	1	0	1	0	0	1
0	1	1	1	1	0	1	0
1	0	0	0	1	0	1	1
1	0	0	1	1	1	0	0
1	0	1	0	×	×	×	×
1	0	1	1	×	×	×	×
1	1	0	0	×	×	×	×
1	1	0	1	×	×	×	×
1	1	1	0	×	×	×	×
1	1	1	1	×	×	×	×

（2）根据真值表填卡诺图，求出最简输出逻辑函数。由于余 3 BCD 码为 4 位代码，因此，应分别画出 Y_0、Y_1、Y_2 和 Y_3 四个卡诺图，求出它们的最简输出逻辑函数。8421BCD 码的

1010～1111 作任意项，由此可画出 $Y_0 \sim Y_3$ 的卡诺图，如图 4.2.8(a)～(d)所示。

A_3A_2 \ A_1A_0	00	01	11	10
00	1	0	0	1
01	1	0	0	1
11	×	×	×	×
10	1	0	×	×

(a)

A_3A_2 \ A_1A_0	00	01	11	10
00	1	0	1	0
01	1	0	1	0
11	×	×	×	×
10	1	0	×	×

(b)

A_3A_2 \ A_1A_0	00	01	11	10
00	0	1	1	1
01	1	0	0	0
11	×	×	×	×
10	0	1	×	×

(c)

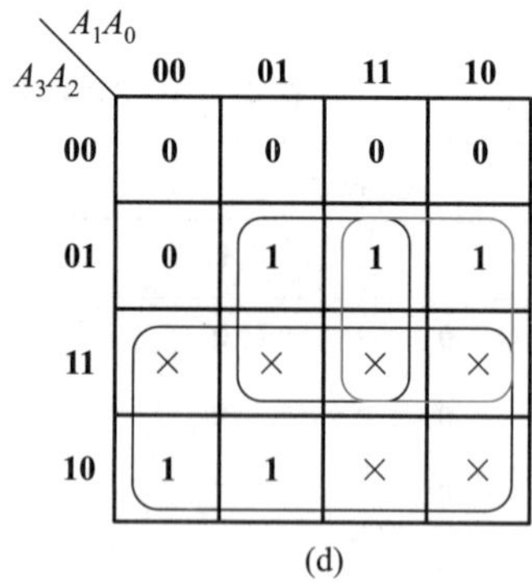

(d)

图 4.2.8　[例 4.2.4]的卡诺图

(a) Y_0 的卡诺图；(b) Y_1 的卡诺图；(c) Y_2 的卡诺图；(d) Y_3 的卡诺图

由卡诺图可写出最简输出逻辑函数表达式为

$$\begin{cases} Y_0 = \overline{A_0} \\ Y_1 = \overline{A_1}\,\overline{A_0} + A_1 A_0 = A_1 \odot A_0 \\ Y_2 = \overline{A_2} A_0 + \overline{A_2} A_1 + A_2 \overline{A_1}\,\overline{A_0} = \overline{A_2}\,\overline{\overline{A_1}\,\overline{A_0}} + A_2 \overline{A_1}\,\overline{A_0} = A_2 \oplus \overline{A_1}\,\overline{A_0} \\ Y_3 = A_3 + A_2 A_1 + A_2 A_0 = A_3 + A_2 \overline{\overline{A_1}\,\overline{A_0}} = \overline{\overline{A_3}\,\overline{A_2 \overline{\overline{A_1}\,\overline{A_0}}}} \end{cases} \tag{4.2.9}$$

(3) 画逻辑图。根据式(4.2.9)可画出将 8421BCD 码转换为余 3 BCD 码的逻辑图，如图4.2.9所示。

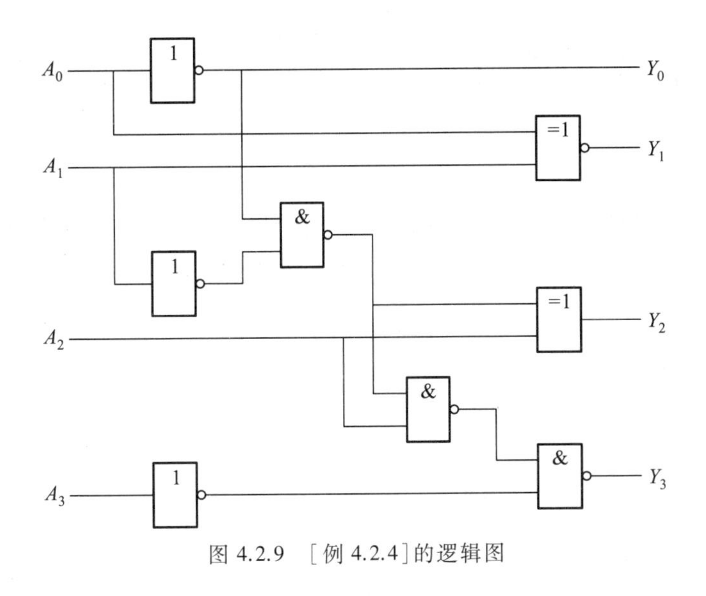

图 4.2.9 ［例 4.2.4］的逻辑图

思 考 题

1. 什么叫组合逻辑电路？在电路结构上它主要有哪些特点？
2. 举例说明组合逻辑电路的分析步骤。
3. 组合逻辑电路能否用波形进行分析？
4. 简述组合逻辑电路的设计步骤。
5. 简述单输出组合逻辑电路和多输出组合逻辑电路设计的异同点。
6. 在用逻辑门电路设计组合逻辑电路时，为什么要对逻辑函数进行化简？

4.3 加 法 器

在计算机中，二进制数的加、减、乘、除四则运算往往是转换为加法进行的。因此，加法器是计算机中的基本运算单元。1 位全加器是组成加法器的基础，而半加器又是全加器的基础。因此，在讨论全加器前先讨论半加器。下面分别介绍上述两种电路的工作原理。

4.3.1 半加器和全加器

一、半加器

只考虑本位两个二进制数相加，而不考虑来自低位进位数相加的运算电路称为半加器（half adder）。

当两个 1 位二进制数相加时，其运算式如下：

0+0=0 ……进位数为 **0**，本位和为 **0**；
0+1=1 ……进位数为 **0**，本位和为 **1**；
1+0=1 ……进位数为 **0**，本位和为 **1**；
1+1=10 ……进位数为 **1**，本位和为 **0**。

由上述运算式可看出：半加器只有两个 1 位二进制数相加，没有来自低位的进位数进行相加。相加的结果有两个，一个是本位和，另一个是进位数。因此，半加器有两个输入端和两个输出端。

[**例 4.3.1**]　试用门电路设计一个半加器。

解：（1）分析设计要求，列出真值表。设输入的被加数为 A，加数为 B，输出本位和为 S，向相邻高位的进位数为 C，根据半加器的运算规则可列出表 4.3.1 所示的真值表。

表 4.3.1　半加器真值表

输入		输出	
A	B	S	C
0	**0**	**0**	**0**
0	**1**	**1**	**0**
1	**0**	**1**	**0**
1	**1**	**0**	**1**

（2）根据真值表写出输出逻辑函数表达式。由表 4.3.1 可得

$$\begin{cases} S=\overline{A}\,B+A\,\overline{B}=A\oplus B \\ C=AB \end{cases} \tag{4.3.1}$$

（3）画逻辑图。根据式（4.3.1）可画出图 4.3.1（a）所示半加器的逻辑图，图（b）所示为其逻辑符号，方框内的“Σ”为加法运算的总限定符号。CO 为进位输出的限定符号。

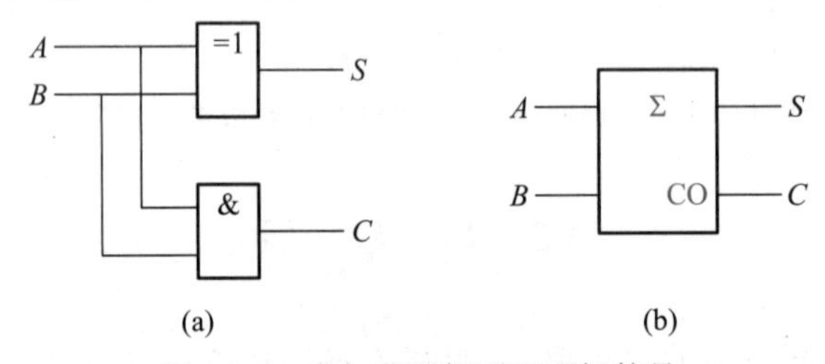

图 4.3.1　半加器逻辑图和逻辑符号

（a）逻辑图；（b）逻辑符号

二、全加器

将两个多位二进制数相加时，除考虑本位两个二进制数相加外，还应考虑相邻低位来的进位数相加的运算电路，称为全加器（Full Adder）。

当两个 4 位二进制数 $A=\mathbf{1011}$ 和 $B=\mathbf{0111}$ 相加时，其运算式如下：

	第4位	第3位	第2位	第1位	
	1	**0**	**1**	**1**	…A
	0	**1**	**1**	**1**	…B
+	**1**	**1**	**1**		…来自低位的进位数 C
1	**0**	**0**	**1**	**0**	…本位和数 S

由上述加法运算式可看出：从第 2 位开始进行的加法运算，除考虑本位两个二进制数相加外，还考虑了来自低位的进位数相加。相加的结果有两个：一个是本位和，另一个是进位数。因此，全加器有三个输入端，两个输出端。

[例 4.3.2] 试用门电路设计一个 1 位全加器。

解： (1) 分析设计要求，列出真值表。设在第 i 位的二进制数相加，输入的被加数和加数分别为 A_i 和 B_i，相邻低位来的进位数为 C_{i-1}，输出本位和为 S_i，向相邻高位的进位数为 C_i，根据全加器的加法规则，可列出表 4.3.2 所示的真值表。

表 4.3.2 全加器真值表

输入			输出	
A_i	B_i	C_{i-1}	S_i	C_i
0	0	0	0	0
0	0	1	1	0
0	1	0	1	0
0	1	1	0	1
1	0	0	1	0
1	0	1	0	1
1	1	0	0	1
1	1	1	1	1

(2) 根据真值表写出输出逻辑函数表达式。由表 4.3.2 可得

$$\begin{cases} S_i = \overline{A}_i\,\overline{B}_i C_{i-1} + \overline{A}_i B_i \overline{C}_{i-1} + A_i \overline{B}_i\,\overline{C}_{i-1} + A_i B_i C_{i-1} \\ C_i = \overline{A}_i B_i C_{i-1} + A_i \overline{B}_i C_{i-1} + A_i B_i \overline{C}_{i-1} + A_i B_i C_{i-1} \end{cases}$$

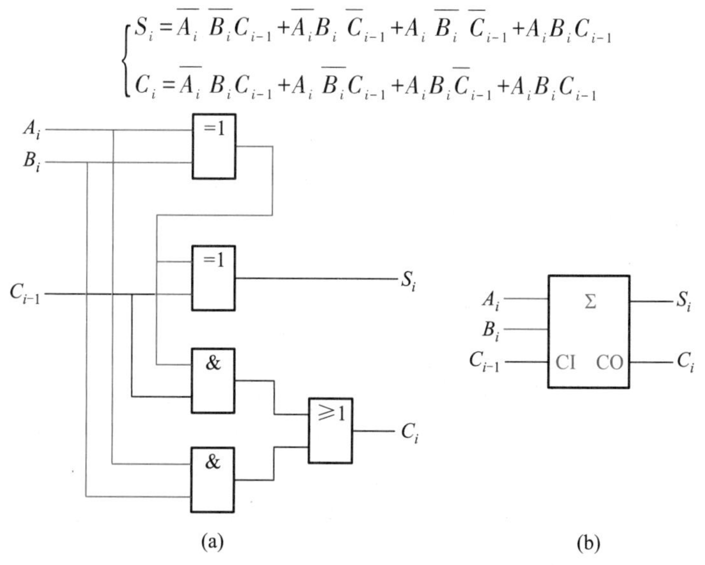

图 4.3.2 全加器的逻辑图和逻辑符号

(a) 逻辑图；(b) 逻辑符号

对上述 S_i 和 C_i 两式进行变换和化简后得

$$\begin{cases} S_i = A_i \oplus B_i \oplus C_{i-1} \\ C_i = A_iB_i + C_{i-1}(A_i \oplus B_i) \end{cases} \tag{4.3.2}$$

（3）画逻辑图。根据式(4.3.2)可画出图 4.3.2(a) 所示全加器的逻辑图。图 4.3.2(b) 为全加器的逻辑符号，方框内的 CI 为进位输入的限定符号。

4.3.2　加法器

实现多位二进制数加法运算的电路称为加法器(Adder)。按照相加方式的不同，又分为串行进位加法器和超前进位加法器。

一、串行进位加法器

全加器只能进行两个 1 位二进制数相加。因此，当进行多位二进制数相加时，就必须使用多个全加器才能完成。图 4.3.3 所示为由 4 个全加器组成的 4 位串行进位加法器，低位全加器的进位输出端 CO 和相邻高位全加器的进位输入端 CI 相连，最低位的进位输入端 CI 接地。显然，每位全加器相加的结果必须等到低位产生的进位信号输入后才能产生。因此，串行进位加法器的运算速度比较慢，这是它的主要缺点。但由于串行进位加法器的电路比较简单，所以，在运算速度不高的场合常被使用。当要求运算速度较高时，可采用超前进位加法器。

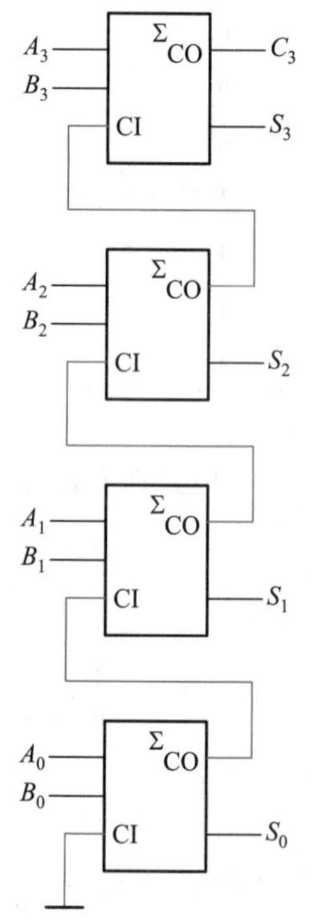

图 4.3.3　4 位串行进位加法器

二、超前进位加法器

微视频 4-1：超前进位加法器

为了提高加法的运算速度，必须设法减少进位信号的传递时间，而采用超前进位加法器可较好地解决这个问题。所谓超前进位，是指电路进行二进制加法运算时，通过快速进位电路同时产生除最低位全加器外的其余所有全加器的进位信号，无须再由低位到高位逐位传递进位信号，从而消除了串行进位加法器逐位传递进位信号的时间，提高了加法器的运算速度。

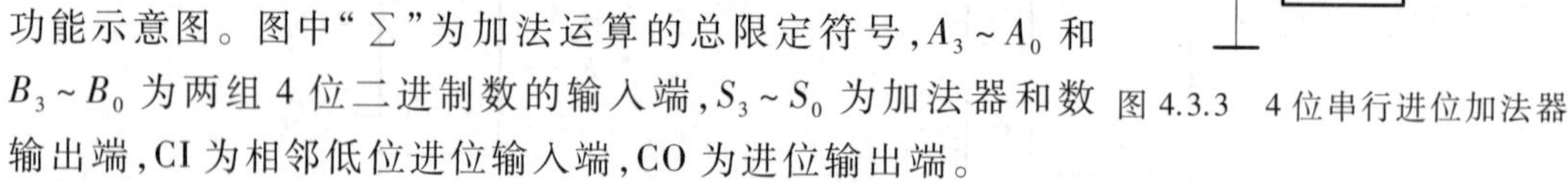

图 4.3.4 所示为 4 位超前进位加法器 CT74LS283 的逻辑功能示意图。图中“∑”为加法运算的总限定符号，$A_3 \sim A_0$ 和 $B_3 \sim B_0$ 为两组 4 位二进制数的输入端，$S_3 \sim S_0$ 为加法器和数输出端，CI 为相邻低位进位输入端，CO 为进位输出端。

［**例 4.3.3**］　试用 4 位加法器 CT74LS283 设计一个将 8421BCD 码转换为余 3 码输出的电路。

解：　由于余 3 码等于 8421BCD 码加 **0011**，如取输入 $A_3A_2A_1A_0$ 为 8421BCD 码，$B_3B_2B_1B_0 = \mathbf{0011}$，进位输入 CI = **0**，输出 $S_3S_2S_1S_0$ 为余 3 码时，则余 3 码为

$$S_3S_2S_1S_0 = 8421\text{BCD} + \mathbf{0011}$$

根据上式可画出用 CT74LS283 实现将 8421BCD 码转换成余 3 码的代码转换电路，如图

4.3.5所示。

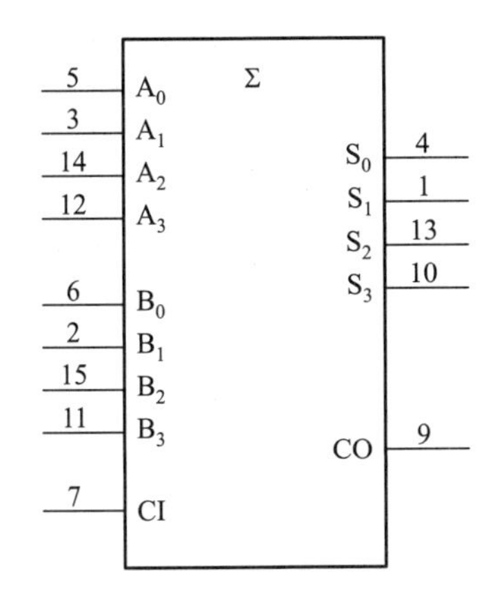

图 4.3.4 CT74LS283 的逻辑功能示意图

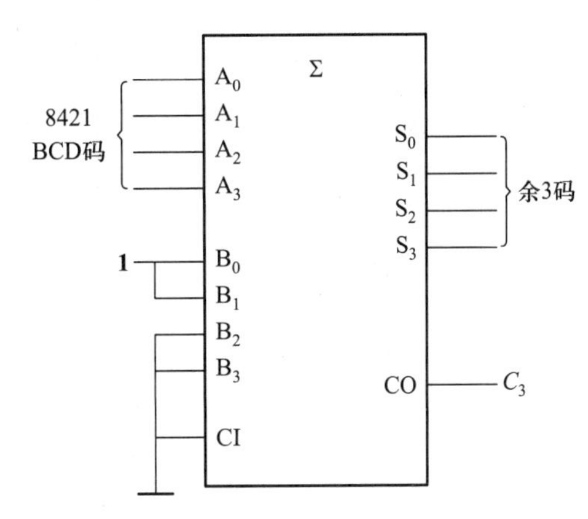

图 4.3.5 8421BCD 码转换为余 3 码的电路

[**例 4.3.4**] 试分析图 4.3.6 所示电路的逻辑功能。

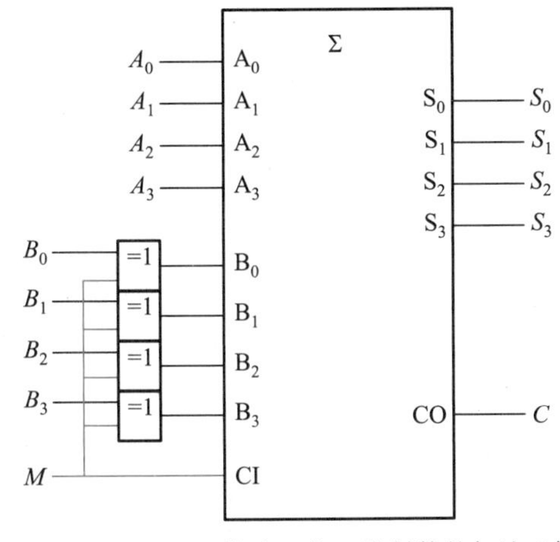

图 4.3.6 CT74LS283 构成 4 位二进制数的加法/减法器

解：设输入二进制数 $A=A_3A_2A_1A_0$、$B=B_3B_2B_1B_0$，输出和数 $S=S_3S_2S_1S_0$。由图 4.3.6 可知：当进位输入 $M=\mathbf{0}$ 时，**异或**门输出和输入相同，为 B，输出 $S=A+B+\mathbf{0}=A+B$，电路进行加法运算，这时 C 为进位输出；当进位输入 $M=\mathbf{1}$ 时，**异或**门输出和输入反相，为 $\overline{B}$ ($=\overline{B}_3\overline{B}_2\overline{B}_1\overline{B}_0$)，输出 $S=A+\overline{B}+1=A+[B]_{补}=A-B$，电路进行减法运算，这时 C 为借位输出。

图 4.3.7 所示为两片 CT74LS283 构成的 8 位二进制加法器。低位片 CT74LS283(1) 没有进位输入信号，CI 端应接地，其进位输出端 CO 和高位片 CT74LS283(2) 的进位输入端 CI 直接相连就可以了。

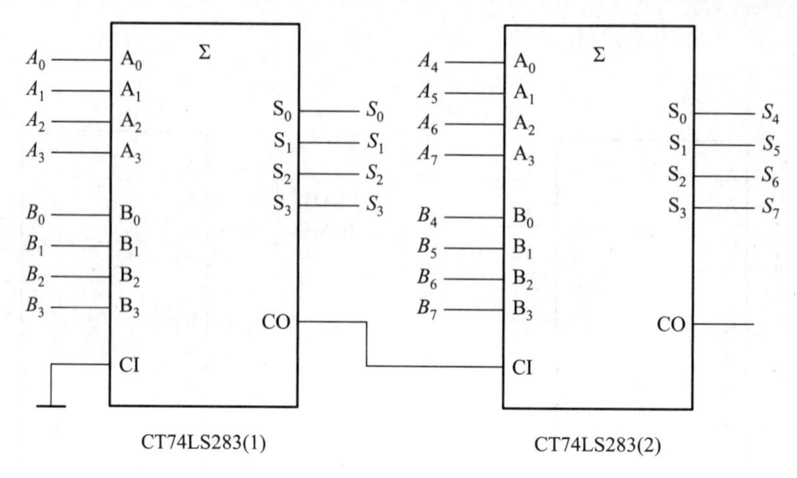

图 4.3.7　两片 CT74LS283 构成 8 位二进制加法器

思　考　题

1. 什么叫半加器？什么叫全加器？它们的区别是什么？
2. 什么叫串行进位加法器？
3. 什么叫超前进位加法器？和串行进位加法器相比，它的运算速度为什么会高？

4.4　编　码　器

将具有特定意义的信息编成相应二进制代码的过程称为编码。实现编码功能的电路称为编码器(encoder)。对于一般编码器，输出为 n 位二进制代码时，共有 2^n 个不同的组合；当输入有 N 个编码信号时，则可根据式 $2^n \geqslant N$ 来确定二进制代码的位数。编码器主要有二进制编码器、二-十进制编码器和优先编码器等。如编码器有 8 个输入端 3 个输出端，称为 8 线-3 线编码器；如有 10 个输入端 4 个输出端，称为 10 线-4 线编码器。其余依此类推。

4.4.1　二进制编码器

将 $N=2^n$ 个输入信号转换成 n 位二进制代码输出的逻辑电路，称为二进制编码器。

[例 4.4.1]　设计一个能将 I_0、I_1、…、I_7 8 个输入信号编成二进制代码输出的编码器。用**与非**门和**非**门实现。

解：(1) 分析设计要求，列出功能表。由题意可知，该编码器有 8 个输入信号，分别是 I_0、I_1、…、I_7，有编码请求时，输入信号用 **1** 表示，没有时为 **0**。根据 $2^n \geqslant N=8$ 可求得输出 $n=3$，为 3 位二进制代码，分别用 Y_0、Y_1、Y_2 表示。由此可列出表 4.4.1 所示的功能表。

表 4.4.1 8 线-3 线编码器的功能表

输入								输出		
I_0	I_1	I_2	I_3	I_4	I_5	I_6	I_7	Y_2	Y_1	Y_0
1	0	0	0	0	0	0	0	0	0	0
0	1	0	0	0	0	0	0	0	0	1
0	0	1	0	0	0	0	0	0	1	0
0	0	0	1	0	0	0	0	0	1	1
0	0	0	0	1	0	0	0	1	0	0
0	0	0	0	0	1	0	0	1	0	1
0	0	0	0	0	0	1	0	1	1	0
0	0	0	0	0	0	0	1	1	1	1

（2）根据功能表写出输出逻辑函数表达式。由编码表可知，在 I_0、I_1、…、I_7 8 个输入编码信号中，在同一时刻只能对一个请求编码的信号进行编码，否则，输出二进制代码会发生混乱，也就是说，I_0、I_1、…、I_7 这 8 个编码信号是相互排斥的。因此，输出函数为其值为 **1** 对应输入变量（指请求编码信号取值为 **1** 的变量）进行逻辑**加**，即

$$\begin{cases} Y_2 = I_4 + I_5 + I_6 + I_7 \\ Y_1 = I_2 + I_3 + I_6 + I_7 \\ Y_0 = I_1 + I_3 + I_5 + I_7 \end{cases} \tag{4.4.1}$$

由于要求用**与非**门和**非**门实现，因此，需将式（4.4.1）变换为**与非**表达式。

$$\begin{cases} Y_2 = \overline{\overline{I_4 + I_5 + I_6 + I_7}} = \overline{\overline{I_4} \cdot \overline{I_5} \cdot \overline{I_6} \cdot \overline{I_7}} \\ Y_1 = \overline{\overline{I_2 + I_3 + I_6 + I_7}} = \overline{\overline{I_2} \cdot \overline{I_3} \cdot \overline{I_6} \cdot \overline{I_7}} \\ Y_0 = \overline{\overline{I_1 + I_3 + I_5 + I_7}} = \overline{\overline{I_1} \cdot \overline{I_3} \cdot \overline{I_5} \cdot \overline{I_7}} \end{cases} \tag{4.4.2}$$

（3）画逻辑图。根据式（4.4.2）可画出图 4.4.1 所示的 3 位二进制编码器。应当指出，当 $I_1 \sim I_7$ 都为 **0** 时，输出 $Y_2Y_1Y_0 = \mathbf{000}$，所以 I_0 输入线可以不画出。

4.4.2 优先编码器

前面讨论的编码器存在一个严重的缺点，就是输入的编码信号是互相排斥的，否则，输出的二进制代码会发生混乱。在优先编码器中，不存在这些问题，它允许有多个输入信号同时请求编码，但电路只对其中一个优先级别最高的信号进行编码，这样的逻辑电路称为优先编码器（priority encoder）。在优先编码器中，是优先级别高的编码信号排斥级别低的。至于输入编码信号优先级别的高低，则是由设计者根据实际工作需要事先安排的。

微视频 4-2：优先编码器

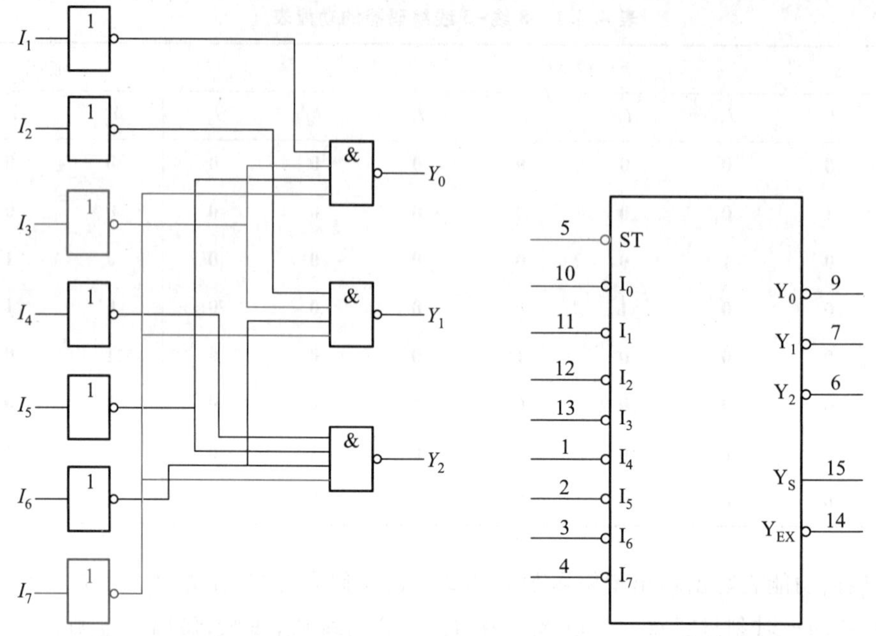

图 4.4.1 3 位二进制编码器　　图 4.4.2 CC74HC148 的逻辑功能示意图

一、集成 8 线-3 线优先编码器 CC74HC148

芯片使用手册 4-1：优先编码器 74HC148

图 4.4.2 所示为 8 线-3 线优先编码器 CC74HC148 的逻辑功能示意图。$\overline{I}_0 \sim \overline{I}_7$ 为编码信号输入端，低电平 **0** 有效，$\overline{I}_7$ 的优先权最高，$\overline{I}_0$ 最低；$\overline{ST}$为使能输入端，低电平 **0** 有效；$\overline{Y}_2 \sim \overline{Y}_0$ 为输出端，输出为 3 位二进制代码的反码；$\overline{Y}_{EX}$为扩展输出端，低电平 **0** 有效；Y_S 为输出选通端。CC74HC148 的功能表如表 4.4.2 所示。由该表可知它有如下功能：

表 4.4.2 8 线-3 线优先编码器 CC74HC148 的功能表

输入									输出				
$\overline{ST}$	$\overline{I}_0$	$\overline{I}_1$	$\overline{I}_2$	$\overline{I}_3$	$\overline{I}_4$	$\overline{I}_5$	$\overline{I}_6$	$\overline{I}_7$	$\overline{Y}_2$	$\overline{Y}_1$	$\overline{Y}_0$	$\overline{Y}_{EX}$	Y_S
1	×	×	×	×	×	×	×	×	**1**	**1**	**1**	**1**	**1**
0	**1**	**1**	**1**	**1**	**1**	**1**	**1**	**1**	**1**	**1**	**1**	**1**	**0**
0	×	×	×	×	×	×	×	**0**	**0**	**0**	**0**	**0**	**1**
0	×	×	×	×	×	×	**0**	**1**	**0**	**0**	**1**	**0**	**1**
0	×	×	×	×	×	**0**	**1**	**1**	**0**	**1**	**0**	**0**	**1**
0	×	×	×	×	**0**	**1**	**1**	**1**	**0**	**1**	**1**	**0**	**1**
0	×	×	×	**0**	**1**	**1**	**1**	**1**	**1**	**0**	**0**	**0**	**1**
0	×	×	**0**	**1**	**1**	**1**	**1**	**1**	**1**	**0**	**1**	**0**	**1**
0	×	**0**	**1**	**1**	**1**	**1**	**1**	**1**	**1**	**1**	**0**	**0**	**1**
0	**0**	**1**	**1**	**1**	**1**	**1**	**1**	**1**	**1**	**1**	**1**	**0**	**1**

(1) 当$\overline{ST}=\mathbf{1}$时，编码器不工作。这时$\overline{Y}_2\sim\overline{Y}_0$都输出高电平**1**，扩展输出端$\overline{Y}_{EX}=\mathbf{1}$，选通输出端$Y_S=\mathbf{1}$。

(2) 当$\overline{ST}=\mathbf{0}$时，编码器工作。当输入$\overline{I}_0\sim\overline{I}_7$都为高电平**1**时，$\overline{Y}_{EX}=\mathbf{1}$、$Y_S=\mathbf{0}$，表示编码器工作正常，但没有编码信号输入。当$\overline{I}_7=\mathbf{0}$时，无论$\overline{I}_6\sim\overline{I}_0$有无编码信号输入，电路只对$\overline{I}_7$编码，输出$\overline{Y}_2\ \overline{Y}_1\ \overline{Y}_0=\mathbf{000}$，为反码，其原码为**111**；如$\overline{I}_7=\mathbf{1}$、$\overline{I}_6=\mathbf{0}$时，电路只对$\overline{I}_6$编码，输出$\overline{Y}_2\ \overline{Y}_1\ \overline{Y}_0=\mathbf{001}$，为反码，原码为**110**。其余类推。只要有低电平**0**的编码信号输入，则$\overline{Y}_{EX}=\mathbf{0}$。因此，$\overline{Y}_{EX}=\mathbf{0}$表示编码器工作正常。而$\overline{Y}_{EX}=\mathbf{1}$，则表示没有编码信号**0**输入。

图 4.4.3 CC74HC147 的逻辑功能示意图

二、集成 10 线-4 线优编码器 CC74HC147

图 4.4.3 所示为 10 线-4 线优先编码器 CC74HC147 的逻辑功能示意图，又称为二-十进制优先编码器。其功能表如表 4.4.3 所示。由该表可知它有如下功能。

表 4.4.3 10 线-4 线优先编码器 CC74HC147 的功能表

输入									输出			
$\overline{I}_1$	$\overline{I}_2$	$\overline{I}_3$	$\overline{I}_4$	$\overline{I}_5$	$\overline{I}_6$	$\overline{I}_7$	$\overline{I}_8$	$\overline{I}_9$	$\overline{Y}_3$	$\overline{Y}_2$	$\overline{Y}_1$	$\overline{Y}_0$
1	**1**	**1**	**1**	**1**	**1**	**1**	**1**	**1**	**1**	**1**	**1**	**1**
×	×	×	×	×	×	×	×	**0**	**0**	**1**	**1**	**0**
×	×	×	×	×	×	×	**0**	**1**	**0**	**1**	**1**	**1**
×	×	×	×	×	×	**0**	**1**	**1**	**1**	**0**	**0**	**0**
×	×	×	×	×	**0**	**1**	**1**	**1**	**1**	**0**	**0**	**1**
×	×	×	×	**0**	**1**	**1**	**1**	**1**	**1**	**0**	**1**	**0**
×	×	×	**0**	**1**	**1**	**1**	**1**	**1**	**1**	**0**	**1**	**1**
×	×	**0**	**1**	**1**	**1**	**1**	**1**	**1**	**1**	**1**	**0**	**0**
×	**0**	**1**	**1**	**1**	**1**	**1**	**1**	**1**	**1**	**1**	**0**	**1**
0	**1**	**1**	**1**	**1**	**1**	**1**	**1**	**1**	**1**	**1**	**1**	**0**

$\overline{Y_3}$、$\overline{Y_2}$、$\overline{Y_1}$、$\overline{Y_0}$为代码输出端，输出为 8421BCD 码的反码。$\overline{I_1}\sim\overline{I_9}$为编码信号输入端，输入低电平**0**有效，这时表示有编码请求。输入高电平**1**无效，表示无编码请求。在$\overline{I_1}\sim\overline{I_9}$中，$\overline{I_9}$的优先级别最高，$\overline{I_8}$次之，其余依此类推，$\overline{I_1}$的级别最低。也就是说，当$\overline{I_9}=\mathbf{0}$时，其余输入信号不论是**0**还是**1**都不起作用，电路只对$\overline{I_9}$进行编码，输出$\overline{Y_3}\ \overline{Y_2}\ \overline{Y_1}\ \overline{Y_0}=\mathbf{0110}$，为反码，其原码为**1001**。其余类推。在图4.4.3中没有$\overline{I_0}$，这是因为当$\overline{I_1}\sim\overline{I_9}$都为高电平**1**时，输出$\overline{Y_3}\ \overline{Y_2}\ \overline{Y_1}$

$\overline{Y_0}$=**1111** 为反码,其原码为 **0000**,相当于$\overline{I_0}$请求编码。因此,在逻辑功能示意图中没有输入端 $\overline{I_0}$。

思　考　题

1. 什么叫编码？什么叫编码器？它的主要功能是什么？
2. 一般编码器输入的编码信号为什么是相互排斥的？
3. 什么叫优先编码器？它是否存在编码信号间的相互排斥？
4. 和普通编码器相比,优先编码器的优点是什么？

4.5　译码器和数据分配器

将具有特定意义的二进制代码转换成相应信号输出的过程称为译码。实现译码功能的电路称为译码器。译码器输入的为二进制代码,输出的为对应输入二进制代码的特定信号。根据需要,输出信号可以是脉冲,也可以是电平。常用的译码器主要有二进制译码器、二-十进制译码器、显示译码器等。如译码器有 3 个输入端 8 个输出端,称为 3 线-8 线译码器;如有 4 个输入端 10 个输出端,称为 4 线-10 线译码器;如有 4 个输入端 7 个输出端,称为 4 线-7 线译码器。其余依此类推。

微视频 4-3：3 线-8 线译码器

4.5.1　二进制译码器

将输入二进制代码的各种组合按其原意转换成对应信号输出的逻辑电路称为二进制译码器(binary decoder)。

[例 4.5.1]　设计一个具有使能控制端的 2 线-4 线译码器(2 位二进制译码器)。控制信号为 **0** 时工作,控制信号为 **1** 时不工作。

解:　(1) 分析设计要求,列出真值表。设输入 2 位二进制代码为 A_1、A_0,共有 $2^2=4$ 种不同组合。因此,它有 4 个输出端,用$\overline{Y_0}$、$\overline{Y_1}$、$\overline{Y_2}$、$\overline{Y_3}$表示,输出低电平 **0** 有效。使能控制端用$\overline{ST}$表示,$\overline{ST}$=**0** 时,译码器工作;$\overline{ST}$=**1** 时,译码器不工作,都输出高电平,由此可列出表 4.5.1 所示的功能表。

表 4.5.1　2 线-4 线译码器的功能表

输入			输出			
$\overline{ST}$	A_1	A_0	$\overline{Y_0}$	$\overline{Y_1}$	$\overline{Y_2}$	$\overline{Y_3}$
1	×	×	**1**	**1**	**1**	**1**
0	**0**	**0**	**0**	**1**	**1**	**1**
0	**0**	**1**	**1**	**0**	**1**	**1**
0	**1**	**0**	**1**	**1**	**0**	**1**
0	**1**	**1**	**1**	**1**	**1**	**0**

（2）根据译码器的功能表写出输出逻辑函数的表达式

$$
\begin{cases}
\overline{Y_0}=\overline{\overline{A_1}\ \overline{A_0}\ \overline{\overline{ST}}}\\
\overline{Y_1}=\overline{\overline{A_1}A_0\ \overline{\overline{ST}}}\\
\overline{Y_2}=\overline{A_1\ \overline{A_0}\overline{\overline{ST}}}\\
\overline{Y_3}=\overline{A_1A_0\ \overline{\overline{ST}}}
\end{cases}
\tag{4.5.1}
$$

（3）画逻辑图。根据式(4.5.1)可画出图4.5.1(a)所示的2线-4线译码器的逻辑图，图(b)为其逻辑功能示意图。

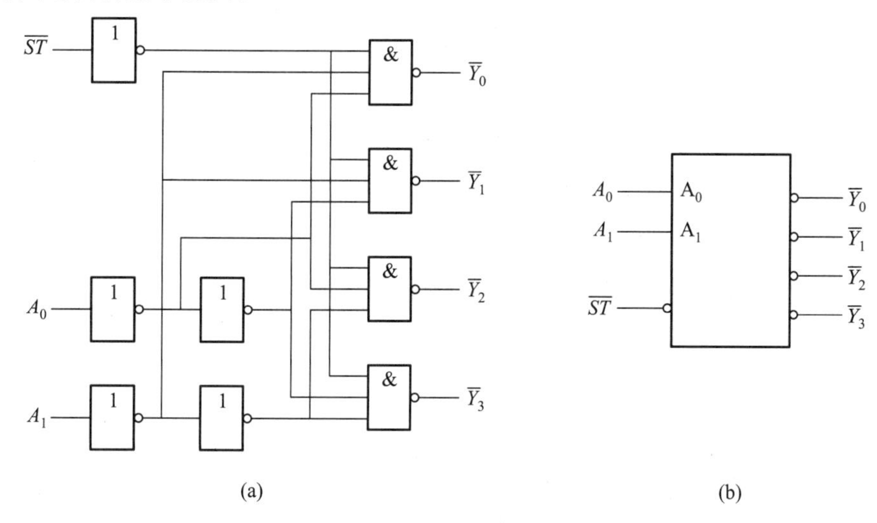

图4.5.1　2线-4线译码器的逻辑图和逻辑功能示意图

（a）逻辑图；（b）示意图

由图4.5.1可知，当$\overline{ST}$=**1**时，$\overline{Y_0}\sim\overline{Y_3}$均输出高电平**1**，译码器不工作。当$\overline{ST}$=**0**时，译码器工作，这时，输出$\overline{Y_0}\sim\overline{Y_3}$由输入二进制代码$A_1$、$A_0$决定，由此得

$$
\begin{cases}
\overline{Y_0}=\overline{\overline{A_1}\ \overline{A_0}}=\overline{m_0}\\
\overline{Y_1}=\overline{\overline{A_1}A_0}=\overline{m_1}\\
\overline{Y_2}=\overline{A_1\ \overline{A_0}}=\overline{m_2}\\
\overline{Y_3}=\overline{A_1A_0}=\overline{m_3}
\end{cases}
\tag{4.5.2}
$$

由式(4.5.2)可看出，2线-4线译码器输出$\overline{Y_0}\sim\overline{Y_3}$为2位二进制代码$A_1$、$A_0$的全部最小项的反函数，即为**与非**表达式。因此，二进制译码器又称为全译码器。

图4.5.2(a)所示为集成3线-8线译码器CT74LS138的逻辑图，图(b)为其逻辑功能示

意图，$\overline{Y}_0 \sim \overline{Y}_7$ 为输出端，低电平有效。A_2、A_1、A_0 为 3 位二进制代码输入端，ST_A、$\overline{ST}_B$ 和 $\overline{ST}_C$ 为使能端，$EN=ST_A \cdot \overline{\overline{ST}_B} \cdot \overline{\overline{ST}_C}=ST_A \cdot (\overline{\overline{ST}_B+\overline{ST}_C})$。CT74LS138 的功能表如表 4.5.2 所示，由该表可知 CT74LS138 有如下逻辑功能。

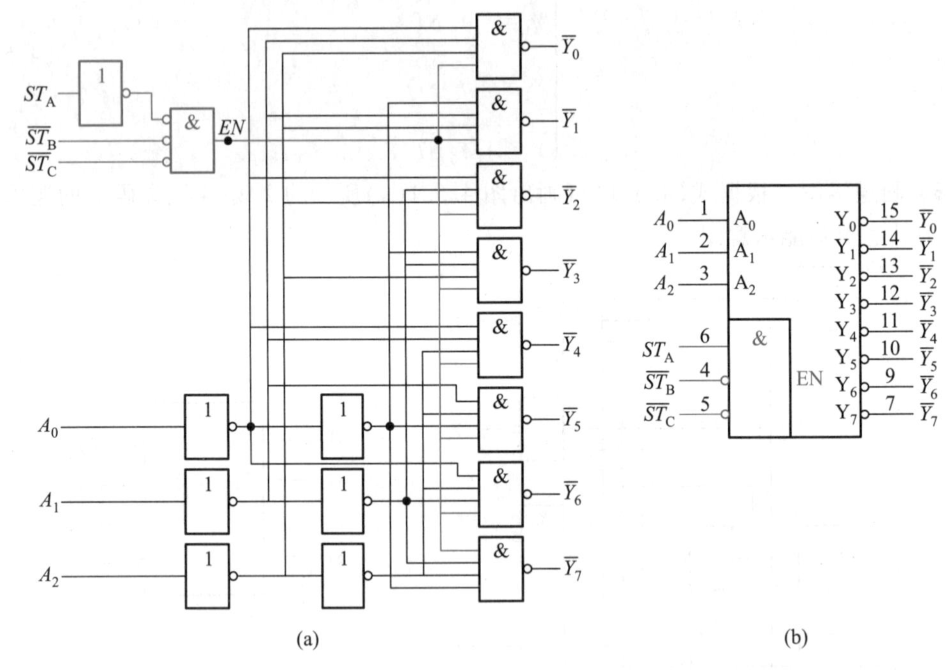

图 4.5.2　3 线-8 线译码器 CT74LS138 的逻辑图和逻辑功能示意图

（a）逻辑图；（b）示意图

芯片使用手册 4-2：3 线-8 线译码器 74LS138

表 4.5.2　3 线-8 线译码器 CT74LS138 的功能表

输入					输出							
ST_A	$\overline{ST}_B+\overline{ST}_C$	A_2	A_1	A_0	$\overline{Y}_0$	$\overline{Y}_1$	$\overline{Y}_2$	$\overline{Y}_3$	$\overline{Y}_4$	$\overline{Y}_5$	$\overline{Y}_6$	$\overline{Y}_7$
×	1	×	×	×	1	1	1	1	1	1	1	1
0	×	×	×	×	1	1	1	1	1	1	1	1
1	0	0	0	0	0	1	1	1	1	1	1	1
1	0	0	0	1	1	0	1	1	1	1	1	1
1	0	0	1	0	1	1	0	1	1	1	1	1
1	0	0	1	1	1	1	1	0	1	1	1	1
1	0	1	0	0	1	1	1	1	0	1	1	1
1	0	1	0	1	1	1	1	1	1	0	1	1
1	0	1	1	0	1	1	1	1	1	1	0	1
1	0	1	1	1	1	1	1	1	1	1	1	0

（1）当 $ST_A = \mathbf{0}$ 或$\overline{ST_B}+\overline{ST_C}=\mathbf{1}$（即$\overline{ST_B}$ 和$\overline{ST_C}$ 中至少有一个为 **1**）时，$EN=\mathbf{0}$，输出$\overline{Y_0}\sim\overline{Y_7}$都为高电平 **1**，它不受 A_2、A_1、A_0 输入的信号控制，这时，译码器不工作。

（2）当 $ST_A=\mathbf{1}$，同时$\overline{ST_B}+\overline{ST_C}=\mathbf{0}$（即$\overline{ST_B}=\overline{ST_C}=\mathbf{0}$）时，$EN=\mathbf{1}$，译码器工作，输出$\overline{Y_0}\sim\overline{Y_7}$的低电平由 A_2、A_1、A_0 输入的信号决定。由表 4.5.2 可看出，输出$\overline{Y_0}\sim\overline{Y_7}$为低电平有效，输出为**与非**门。由该表可得

$$\begin{cases}\overline{Y_0}=\overline{\overline{A_2}\ \overline{A_1}\ \overline{A_0}}=\overline{m_0}\\ \overline{Y_1}=\overline{\overline{A_2}\ \overline{A_1}\ A_0}=\overline{m_1}\\ \overline{Y_2}=\overline{\overline{A_2}\ A_1\ \overline{A_0}}=\overline{m_2}\\ \overline{Y_3}=\overline{\overline{A_2}\ A_1\ A_0}=\overline{m_3}\\ \overline{Y_4}=\overline{A_2\ \overline{A_1}\ \overline{A_0}}=\overline{m_4}\\ \overline{Y_5}=\overline{A_2\overline{A_1}\ A_0}=\overline{m_5}\\ \overline{Y_6}=\overline{A_2A_1\overline{A_0}}=\overline{m_6}\\ \overline{Y_7}=\overline{A_2A_1A_0}=\overline{m_7}\end{cases} \tag{4.5.3}$$

由式（4.5.3）可看出，CT74LS138 的 8 个输出为 8 个最小项的反函数，为 8 个**与非**表达式。

4.5.2 二-十进制译码器

将输入的 10 组 4 位二-十进制代码翻译成 0~9 十个对应信号输出的逻辑电路，称为二-十进制译码器。

图 4.5.3 所示为 4 线-10 线译码器 CT74LS42 的逻辑功能示意图。图中 A_3、A_2、A_1、A_0 为输入端，$\overline{Y_0}\sim\overline{Y_9}$为输出端，低电平 **0** 有效。其功能表如表 4.5.3 所示。由该表可知，$A_3A_2A_1A_0$ 输入的为 8421BCD 码，只用到二进制代码的前十种组合**0000~1001** 表示 0~9 十个十进制数，而后六种组合 **1010~1111** 没有用，为伪码。当输入伪码时，输出$\overline{Y_0}\sim\overline{Y_9}$都为高电平 **1**，不会出现低电平 **0**。因此，译码器不会出现误译码。

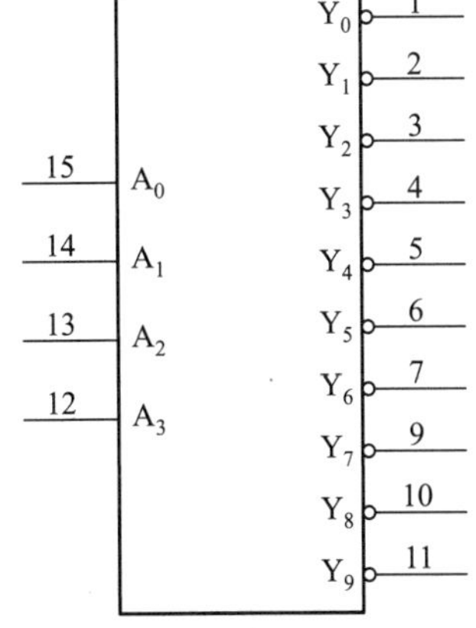

图 4.5.3 CT74LS42 的逻辑功能示意图

表 4.5.3　4 线-10 线译码器 CT74LS42 的功能表

序号		输入				输出									
		A_3	A_2	A_1	A_0	$\overline{Y}_0$	$\overline{Y}_1$	$\overline{Y}_2$	$\overline{Y}_3$	$\overline{Y}_4$	$\overline{Y}_5$	$\overline{Y}_6$	$\overline{Y}_7$	$\overline{Y}_8$	$\overline{Y}_9$
0		**0**	**0**	**0**	**0**	**0**	**1**	**1**	**1**	**1**	**1**	**1**	**1**	**1**	**1**
1		**0**	**0**	**0**	**1**	**1**	**0**	**1**	**1**	**1**	**1**	**1**	**1**	**1**	**1**
2		**0**	**0**	**1**	**0**	**1**	**1**	**0**	**1**	**1**	**1**	**1**	**1**	**1**	**1**
3		**0**	**0**	**1**	**1**	**1**	**1**	**1**	**0**	**1**	**1**	**1**	**1**	**1**	**1**
4		**0**	**1**	**0**	**0**	**1**	**1**	**1**	**1**	**0**	**1**	**1**	**1**	**1**	**1**
5		**0**	**1**	**0**	**1**	**1**	**1**	**1**	**1**	**1**	**0**	**1**	**1**	**1**	**1**
6		**0**	**1**	**1**	**0**	**1**	**1**	**1**	**1**	**1**	**1**	**0**	**1**	**1**	**1**
7		**0**	**1**	**1**	**1**	**1**	**1**	**1**	**1**	**1**	**1**	**1**	**0**	**1**	**1**
8		**1**	**0**	**0**	**0**	**1**	**1**	**1**	**1**	**1**	**1**	**1**	**1**	**0**	**1**
9		**1**	**0**	**0**	**1**	**1**	**1**	**1**	**1**	**1**	**1**	**1**	**1**	**1**	**0**
伪码	10	**1**	**0**	**1**	**0**	**1**	**1**	**1**	**1**	**1**	**1**	**1**	**1**	**1**	**1**
	11	**1**	**0**	**1**	**1**	**1**	**1**	**1**	**1**	**1**	**1**	**1**	**1**	**1**	**1**
	12	**1**	**1**	**0**	**0**	**1**	**1**	**1**	**1**	**1**	**1**	**1**	**1**	**1**	**1**
	13	**1**	**1**	**0**	**1**	**1**	**1**	**1**	**1**	**1**	**1**	**1**	**1**	**1**	**1**
	14	**1**	**1**	**1**	**0**	**1**	**1**	**1**	**1**	**1**	**1**	**1**	**1**	**1**	**1**
	15	**1**	**1**	**1**	**1**	**1**	**1**	**1**	**1**	**1**	**1**	**1**	**1**	**1**	**1**

根据表 4.5.3 可写出 CT74LS42 的输出逻辑函数表达式为

$$\begin{cases}\overline{Y}_0=\overline{\overline{A}_3\ \overline{A}_2\ \overline{A}_1\ \overline{A}_0}=\overline{m}_0\\ \overline{Y}_1=\overline{\overline{A}_3\ \overline{A}_2\ \overline{A}_1\ A_0}=\overline{m}_1\\ \overline{Y}_2=\overline{\overline{A}_3\ \overline{A}_2\ A_1\ \overline{A}_0}=\overline{m}_2\\ \overline{Y}_3=\overline{\overline{A}_3\ \overline{A}_2\ A_1\ A_0}=\overline{m}_3\\ \overline{Y}_4=\overline{\overline{A}_3\ A_2\ \overline{A}_1\ \overline{A}_0}=\overline{m}_4\\ \overline{Y}_5=\overline{\overline{A}_3\ A_2\ \overline{A}_1\ A_0}=\overline{m}_5\\ \overline{Y}_6=\overline{\overline{A}_3\ A_2\ A_1\ \overline{A}_0}=\overline{m}_6\\ \overline{Y}_7=\overline{\overline{A}_3\ A_2\ A_1\ A_0}=\overline{m}_7\\ \overline{Y}_8=\overline{A_3\ \overline{A}_2\ \overline{A}_1\ \overline{A}_0}=\overline{m}_8\\ \overline{Y}_9=\overline{A_3\ \overline{A}_2\ \overline{A}_1\ A_0}=\overline{m}_9\end{cases}\tag{4.5.4}$$

为提高电路的工作可靠性，译码器没有进行化简，而采用了全译码。因此，每个译码输出**与非**门有 4 个输入端。当译码器输入 $A_3A_2A_1A_0$ 出现 **1010~1111** 任一组伪码时，$\overline{Y}_0 \sim \overline{Y}_9$ 都输出 **1**，而不会出现 **0**。

由图 4.5.3 可看出，如 CT74LS42 的输出 $\overline{Y}_8$ 和 $\overline{Y}_9$ 不用，并将 A_3 作使能端，则 CT74LS42

可作3 线-8线译码器使用。

PPT4-10：显示译码器

4.5.3 显示译码器

在数字测量仪表或其他数字设备中，常常将测量或运算结果用数字、文字或符号显示出来。因此，显示译码器和显示器是数字设备不可缺少的组成部分。

显示器的显示方法主要有以下三种：

① 分段式。数码由在同一平面上的若干发光段组成，每个发光段为一个电极，利用发光段的不同组合显示出 0~9 十个数字。如发光二极管数码显示器、液晶显示器等。

② 点阵式。由排列整齐的发光点阵组成，利用发光点的不同组合显示出不同的数码或文字，如大屏幕点阵显示器等。

③ 字形重叠式。电极做成 0~9 十个不同的字符，它们相互重叠，彼此绝缘，如辉光数码管等。在上述三种显示方式中以分段式显示器应用最普遍。

显示译码器主要由译码器和驱动器两部分组成，通常这二者都集成在一块芯片上，显示译码器输入的一般为二-十进制代码，输出的信号用以驱动显示器。

一、七段数码显示器

1. 七段半导体数码显示器

图 4.5.4(a)所示为由七段发光二极管组成的半导体数码显示器的内部结构，利用发光段的不同组合，可显示出 0~9 十个数字，如图 4.5.4(b)所示。DP 为小数点。发光二极管简称 LED，所以，半导体数码显示器又称 LED 数码显示器。

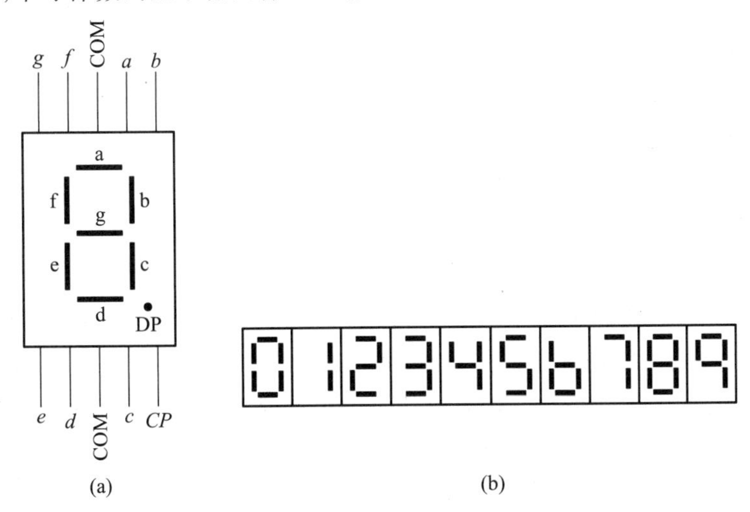

图 4.5.4 七段半导体数码显示器和显示的数字

(a) 数码显示器； (b) 发光段组合数字

半导体数码显示器的内部接法有两种，如图 4.5.5 所示。图(a)为共阳接法，$a \sim g$ 和 DP 通过限流电阻 R 接低电平时发光。图(b)为共阴接法，$a \sim g$ 和 DP 通过限流电阻 R 接高电平时发光。

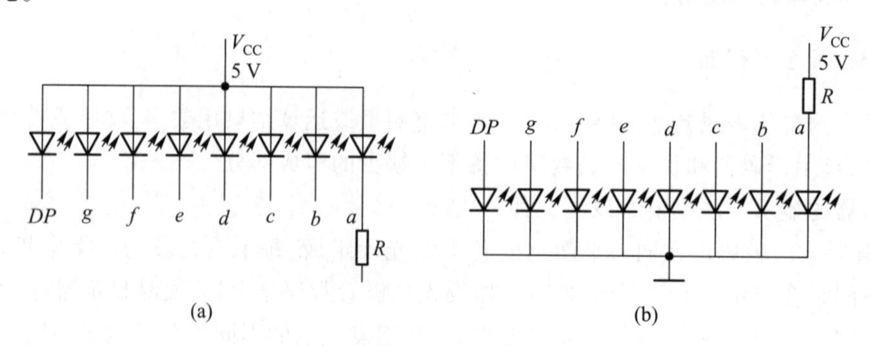

图 4.5.5 半导体数码显示器的内部接法

(a) 共阳极接法; (b) 共阴极接法

半导体数码显示器的优点是:工作电压低(1.5~3 V),体积小,寿命长,工作可靠性高,响应速度快(1~100 ns),亮度高,颜色丰富(有红、绿、黄等)。它的缺点是工作电流大,每个字段的工作电流约为 10 mA。为防止发光二极管因电流过大而损坏,通常在每个发光二极管支路中串接一个限流电阻 R。

2. 七段液晶数码显示器

液晶是液态晶体的简称,又称 LCD。它是具有晶体光学特性的有机化合物,其透明度和显示的颜色受外加电场的控制,利用这一特点可做成液晶显示器。没有外加电压时,液晶分子排列整齐,呈现透明状态。当在电极上加了外加电压时,液晶因电离产生了正离子,在电场作用下作定向运动,并撞击液晶分子,从而破坏了原来液晶分子的整齐排列,使液晶呈现混浊状态,显示出暗灰色。当外加电场消失时,液晶又恢复到原来液晶分子整齐排列时的透明状态。为了显示数字,液晶正面的 7 个电极做成"8",如图 4.5.4(a)所示,背面的公共电极做成"日"字形,和正面 7 段电极位置对应。这样,正面 7 个电极在不同组合的正电压作用下,可显示 0~9 十个数字。

为了提高液晶的使用寿命,应在液晶显示器的两个电极上加上 30~200 Hz 的交变电压。液晶显示器的驱动电路如图 4.5.6(a)所示,工作波形如图(b)所示。用**异或**门可比较方便地实现对交变电压的控制。设 u_I 为外加固定频率的方波。当输入 $A=\mathbf{0}$ 时,**异或**门输出和输入同相,$u_S=u_I$,液晶显示器两端的电压 $u_L=\mathbf{0}$,液晶显示器不显示数字(消隐),即不工作;当输入 $A=\mathbf{1}$ 时,**异或**门输出 u_S 和输入 u_I 反相,u_L 的幅度为 u_I 两倍的对称方波,显示相应的字段,显示器工作。

微视频 4-4:七段显示译码器

液晶数码显示器的突出优点是功耗极小,在 1 μW/cm² 以内,工作电压低,在 1 V 以下也能工作,在计算器、便携式电子仪表中得到广泛的应用;它的缺点是亮度差、响应速度慢。

芯片使用手册 4-3:显示译码器 74HC4511

二、七段显示译码器

1. 驱动半导体数码显示器的译码器

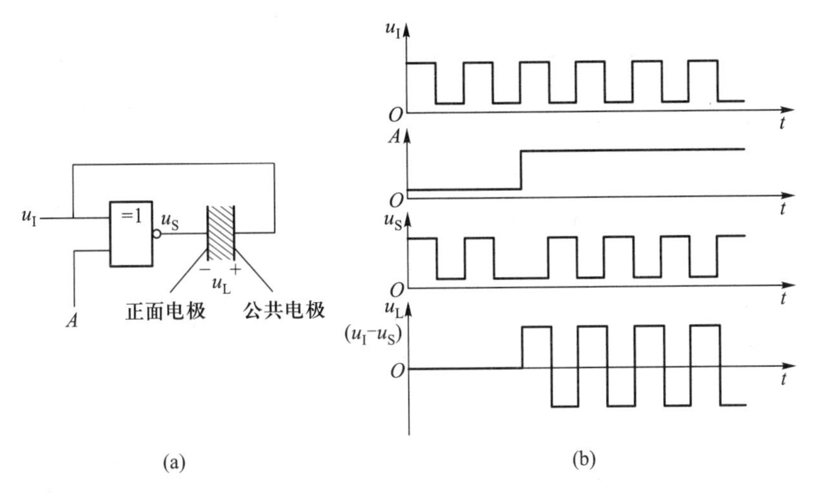

图 4.5.6　液晶显示器的驱动电路及工作波形

(a) 电路；(b) 工作波形

图 4.5.7 所示为 CMOS 4 线-7 段锁存译码器/驱动器 CC74HC4511 的逻辑功能示意图。$A_3 \sim A_0$ 为代码输入端，输入 8421BCD 码。$\overline{BI}$为消隐输入端，又称灭灯输入端，低电平有效。$\overline{LT}$为灯测试端，低电平有效。LE 为数据锁存端，高电平有效。$Y_a \sim Y_g$ 为输出端，高电平有效，可直接驱动共阴半导体数码显示器。CC74HC4511 的功能如表 4.5.4 所示，它的主要功能如下：

图 4.5.7　CC74HC4511 的逻辑功能示意图

表 4.5.4　4 线-七段译码器/驱动器 CC74HC4511 的功能表

十进制数功能	输入							输出							显示数字
	LE	$\overline{BI}$	$\overline{LT}$	A_3	A_2	A_1	A_0	Y_a	Y_b	Y_c	Y_d	Y_e	Y_f	Y_g	
0	0	1	1	0	0	0	0	1	1	1	1	1	1	0	0
1	0	1	1	0	0	0	1	0	1	1	0	0	0	0	1
2	0	1	1	0	0	1	0	1	1	0	1	1	0	1	2
3	0	1	1	0	0	1	1	1	1	1	1	0	0	1	3
4	0	1	1	0	1	0	0	0	1	1	0	0	1	1	4
5	0	1	1	0	1	0	1	1	0	1	1	0	1	1	5
6	0	1	1	0	1	1	0	0	0	1	1	1	1	1	6
7	0	1	1	0	1	1	1	1	1	1	0	0	0	0	7
8	0	1	1	1	0	0	0	1	1	1	1	1	1	1	8
9	0	1	1	1	0	0	1	1	1	1	0	0	1	1	9

续表

十进制数 功　能	输入							输出							显　示 数　字
	LE	$\overline{BI}$	$\overline{LT}$	A_3	A_2	A_1	A_0	Y_a	Y_b	Y_c	Y_d	Y_e	Y_f	Y_g	
10	**0**	**1**	**1**	**1**	**0**	**1**	**0**	**0**	**0**	**0**	**0**	**0**	**0**	**0**	不显示
11	**0**	**1**	**1**	**1**	**0**	**1**	**1**	**0**	**0**	**0**	**0**	**0**	**0**	**0**	不显示
12	**0**	**1**	**1**	**1**	**1**	**0**	**0**	**0**	**0**	**0**	**0**	**0**	**0**	**0**	不显示
13	**0**	**1**	**1**	**1**	**1**	**0**	**1**	**0**	**0**	**0**	**0**	**0**	**0**	**0**	不显示
14	**0**	**1**	**1**	**1**	**1**	**1**	**0**	**0**	**0**	**0**	**0**	**0**	**0**	**0**	不显示
15	**0**	**1**	**1**	**1**	**1**	**1**	**1**	**0**	**0**	**0**	**0**	**0**	**0**	**0**	不显示
灯测试	×	×	0	×	×	×	×	**1**	**1**	**1**	**1**	**1**	**1**	**1**	8
消隐	×	**0**	**1**	×	×	×	×	**0**	**0**	**0**	**0**	**0**	**0**	**0**	不显示
锁存	**1**	**1**	**1**	×	×	×	×	取决于 LE 由 **0** 正跃到 **1** 时 A_3 ~ A_0 输入的 BCD 码							

（1）译码显示。当 LE = **0**，且 $\overline{BI}$ = **1**、$\overline{LT}$ = **1** 时，译码器工作。Y_a ~ Y_g 输出的高电平由 A_3 ~ A_0 端输入的 8421BCD 码控制，并显示相应的数字。如输入为 **1010** ~ **1111** 六个状态时，Y_a ~ Y_g 都输出低电平，数码显示器不显示数字。

（2）灯测试功能。当 $\overline{LT}$ = **0** 时，无论其他输入端处于何种状态，Y_a ~ Y_g 都输出高电平 **1**，数码显示器显示数字 8。因此，$\overline{LT}$ 端主要用于检查译码器和数码显示器各字段能否正常显示。

（3）消隐功能。当 $\overline{BI}$ = **0**，且 $\overline{LT}$ = **1** 时，无论其他输入端输入什么电平，Y_a ~ Y_g 都输出低电平 **0**，数码显示器不显示字形，又称为消隐。

（4）锁存功能。当 $\overline{BI}$ = **1**、$\overline{LT}$ = **1**，且 LE = **0** 时，译码器工作，锁存器允许 A_3 ~ A_0 输入的 8421BCD 码通过，并控制 Y_a ~ Y_g 的输出状态。当 LE 由 **0** 跃变为 **1** 时，锁存器锁存这时 A_3 ~ A_0 输入的 8421BCD 码。此后，Y_a ~ Y_g 输出的状态不再随输入的 8421BCD 码变化。

图 4.5.8 所示为 4 线-七段显示译码器 CC74HC4511 与七段数码显示器的连线图。

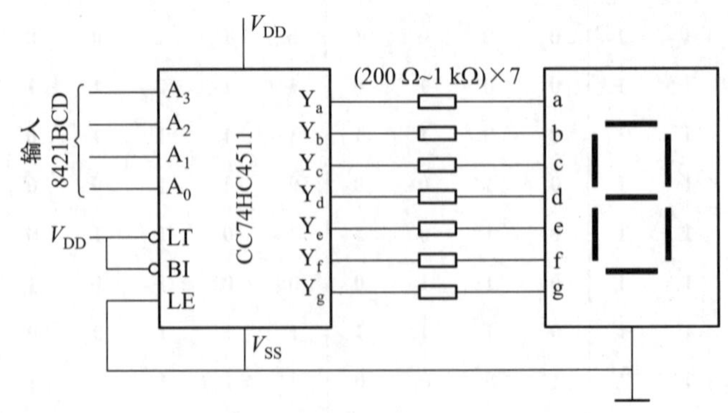

图 4.5.8　4 线-七段显示译码器 CC74HC4511 与七段数码显示器的连续图

2. 驱动液晶数码显示器的译码器

图 4.5.9 所示为 CMOS 4 线-七段译码器 CC14543 的逻辑功能示意图,用于驱动七段液晶数码显示器和半导体数码显示器。A_3、A_2、A_1、A_0 为代码输入端,输入 8421BCD 码。BI 为消隐输入端,高电平有效。LD 为数据锁存控制端,高电平有效。M 为显示方式控制端。Y_a ~ Y_g 为译码器输出端。CC14543 的功能表如表 4.5.5 所示。由该表可知 CC14543 有如下功能:

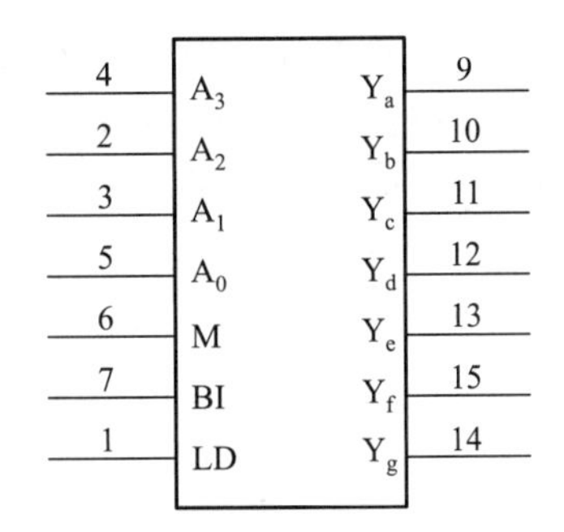

图 4.5.9 CC14543 的逻辑功能示意图

表 4.5.5 4 线-7 段译码器 CC14543 的功能表

输入							输出							显示数字
LD	BI	M	A_3	A_2	A_1	A_0	Y_a	Y_b	Y_c	Y_d	Y_e	Y_f	Y_g	
×	**1**	*	×	×	×	×	**0**	**0**	**0**	**0**	**0**	**0**	**0**	消隐
1	**0**	*	**0**	**0**	**0**	**0**	**1**	**1**	**1**	**1**	**1**	**1**	**0**	0
1	**0**	*	**0**	**0**	**0**	**1**	**0**	**1**	**1**	**0**	**0**	**0**	**0**	1
1	**0**	*	**0**	**0**	**1**	**0**	**1**	**1**	**0**	**1**	**1**	**0**	**1**	2
1	**0**	*	**0**	**0**	**1**	**1**	**1**	**1**	**1**	**1**	**0**	**0**	**1**	3
1	**0**	*	**0**	**1**	**0**	**0**	**0**	**1**	**1**	**0**	**0**	**1**	**1**	4
1	**0**	*	**0**	**1**	**0**	**1**	**1**	**0**	**1**	**1**	**0**	**1**	**1**	5
1	**0**	*	**0**	**1**	**1**	**0**	**1**	**0**	**1**	**1**	**1**	**1**	**1**	6
1	**0**	*	**0**	**1**	**1**	**1**	**1**	**1**	**1**	**0**	**0**	**0**	**0**	7
1	**0**	*	**1**	**0**	**0**	**0**	**1**	**1**	**1**	**1**	**1**	**1**	**1**	8
1	**0**	*	**1**	**0**	**0**	**1**	**1**	**1**	**1**	**1**	**0**	**1**	**1**	
1	**0**	*	**1**	**0**	**1**	**0**	**0**	**0**	**0**	**0**	**0**	**0**	**0**	
1	**0**	*	**1**	**0**	**1**	**1**	**0**	**0**	**0**	**0**	**0**	**0**	**0**	消
1	**0**	*	**1**	**1**	**0**	**0**	**0**	**0**	**0**	**0**	**0**	**0**	**0**	
1	**0**	*	**1**	**1**	**0**	**1**	**0**	**0**	**0**	**0**	**0**	**0**	**0**	
1	**0**	*	**1**	**1**	**1**	**0**	**0**	**0**	**0**	**0**	**0**	**0**	**0**	隐
1	**0**	*	**1**	**1**	**1**	**1**	**0**	**0**	**0**	**0**	**0**	**0**	**0**	
0	**0**	*	×	×	×	×	LD 由 **1** 到 **0** 时,由 BCD 码决定,锁存							

* M 的作用见显示方式控制说明。

(1) 消隐功能。当 BI=**1** 时,Y_a ~ Y_g 都输出低电平 **0**,液晶显示器不显示数字。

（2）显示方式控制。取 $LD=\mathbf{1}$、$BI=\mathbf{0}$，译码器处于工作状态。当 $M=\mathbf{0}$ 时，译码器输出驱动共阴 LED 数码显示器；当 $M=\mathbf{1}$ 时，译码器输出驱动共阳 LED 数码显示器；当 M 端输入 30～200Hz 的方波时，用于驱动 LCD 数码显示器，这时将 M 端与 LCD 公共端相连。

（3）锁存功能。取 $BI=\mathbf{0}$，当 LD 由 $\mathbf{1}$ 变为 $\mathbf{0}$ 时，锁存上一个 $LD=\mathbf{1}$ 时 $A_3 \sim A_0$ 输入的 BCD 码。

图 4.5.10 为显示译码器 CC14543 和七段液晶显示器的连接图。

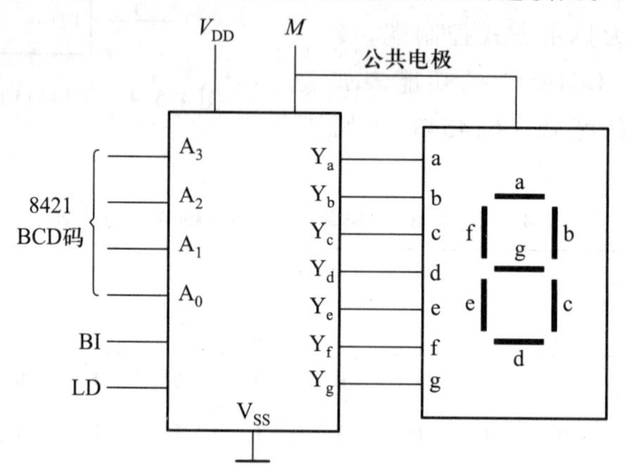

图 4.5.10　显示译码器 CC14543 和七段液晶显示器的连接图

4.5.4　译码器的应用

用中规模集成组合逻辑电路设计时，其最简的含义是使用集成芯片数和品种型号最少，芯片间的连线最少。

一、用译码器设计组合逻辑电路

由于 n 个输入变量的二进制译码器可提供 2^n 个最小项（或最小项的反函数）的输出，而任一个逻辑函数都可变换为最小项之和的标准**与-或**表达式。因此，利用译码器和门电路可实现单输出及多输出组合逻辑电路。当译码器输出低电平有效时，输出选用**与非**门综合；当输出高电平有效时，输出选用**或**门综合。

［例 4.5.2］　试用 3 线-8 线译码器和门电路设计一个组合逻辑电路，其输出逻辑函数表达式为

$$Y(A,B,C)=\sum m(0,1,3,6,7)$$

设译码器输入代码变量为 A_2、A_1、A_0。

解：（1）写出输出逻辑函数的最小项表达式

$$Y(A,B,C)=m_0+m_1+m_3+m_6+m_7 \tag{4.5.5}$$

（2）用输出高电平有效的译码器实现逻辑函数时，用**或**门综合实现。设 $A=A_2$、$B=A_1$、$C=A_0$，则式（4.5.5）可写成

$$Y(A,B,C)=Y_0+Y_1+Y_3+Y_6+Y_7 \tag{4.5.6}$$

根据式（4.5.6）可画出图 4.5.11（a）所示的逻辑电路。

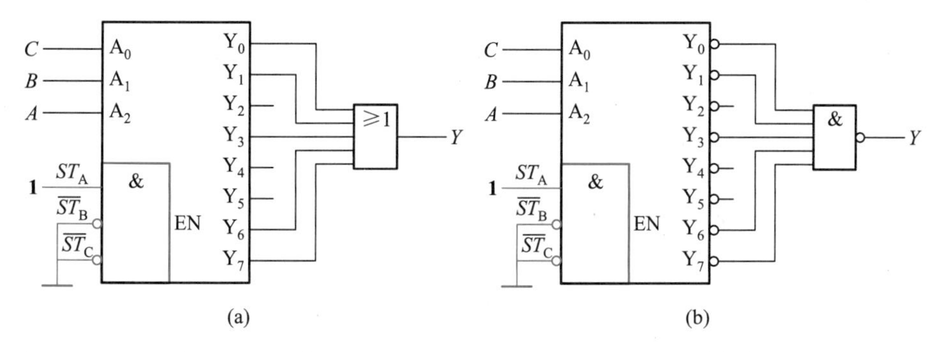

图 4.5.11 实现 $Y(A,B,C)=\sum m(0,1,3,6,7)$ 的两种方案

(a) 用输出高电平有效的译码器和**或**门实现； (b) 用输出低电平有效的译码器和**与非**门实现

(3) 用输出低电平有效的译码器实现逻辑函数时，用**与非**门综合实现。这时，应将式(4.5.5)变换为**与非-与非**表达式

$$Y(A,B,C)=\overline{\overline{m_0}\cdot\overline{m_1}\cdot\overline{m_3}\cdot\overline{m_6}\cdot\overline{m_7}} \tag{4.5.7}$$

设 $A=A_2$、$B=A_1$、$C=A_0$，则式(4.5.7)可写成

$$Y(A,B,C)=\overline{\overline{Y_0}\cdot\overline{Y_1}\cdot\overline{Y_3}\cdot\overline{Y_6}\cdot\overline{Y_7}} \tag{4.5.8}$$

根据式(4.5.8)可画出图 4.5.11(b)所示的逻辑电路。

[例 4.5.3] 试用 3 线-8 线译码器 CT74LS138 和**与非**门电路设计一个多输出组合逻辑电路，其输出逻辑函数式为

$$\begin{cases} Y_A=AC+\overline{B}\,C \\ Y_B=\overline{A}\,\overline{B}\,C+A\,\overline{B}\,\overline{C}+BC \\ Y_C=A\,B\,\overline{C}+\overline{B}\,\overline{C} \end{cases}$$

解： (1) 写出输出逻辑函数的最小项表达式

$$\begin{cases} Y_A=\overline{A}\,\overline{B}\,C+A\,\overline{B}\,C+ABC=m_1+m_5+m_7 \\ Y_B=\overline{A}\,\overline{B}\,C+\overline{A}\,BC+A\,\overline{B}\,\overline{C}+ABC=m_1+m_3+m_4+m_7 \\ Y_C=\overline{A}\,\overline{B}\,\overline{C}+A\,\overline{B}\,\overline{C}+AB\,\overline{C}=m_0+m_4+m_6 \end{cases} \tag{4.5.9}$$

将式(4.5.9)变换为**与非-与非**表达式

$$\begin{cases} Y_A=\overline{\overline{m_1}\cdot\overline{m_5}\cdot\overline{m_7}} \\ Y_B=\overline{\overline{m_1}\cdot\overline{m_3}\cdot\overline{m_4}\cdot\overline{m_7}} \\ Y_C=\overline{\overline{m_0}\cdot\overline{m_4}\cdot\overline{m_6}} \end{cases} \tag{4.5.10}$$

(2) 将输出逻辑函数 Y_A、Y_B、Y_C 和 CT74LS138 的输出表达式进行比较。设 $A=A_2$、$B=A_1$、$C=A_0$，将式(4.5.10)和式(4.5.3)进行比较后得

$$\begin{cases} Y_A = \overline{\overline{Y_1} \cdot \overline{Y_5} \cdot \overline{Y_7}} \\ Y_B = \overline{\overline{Y_1} \cdot \overline{Y_3} \cdot \overline{Y_4} \cdot \overline{Y_7}} \\ Y_C = \overline{\overline{Y_0} \cdot \overline{Y_4} \cdot \overline{Y_6}} \end{cases} \tag{4.5.11}$$

（3）画逻辑图。根据式(4.5.11)可画出图4.5.12所示的逻辑图。

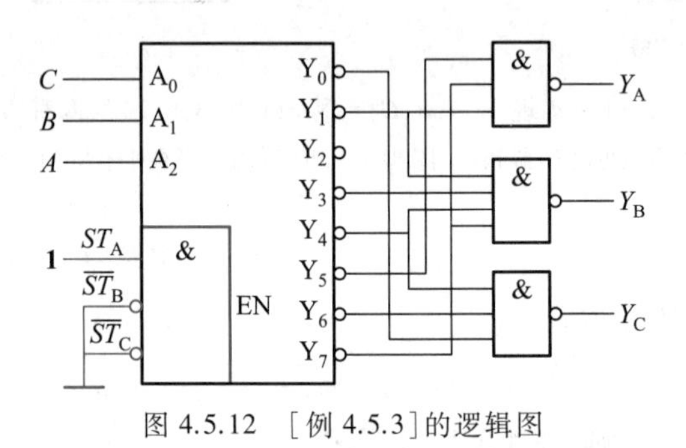

图4.5.12 ［例4.5.3］的逻辑图

二、二进制译码器的扩展

图4.5.13所示为用两片3线-8线译码器CT74LS138构成的4线-16线译码器，CT74LS138(1)为低位片，CT74LS138(2)为高位片。A_3、A_2、A_1、A_0为二进制代码输入端，$\overline{Y}_0 \sim \overline{Y}_{15}$为输出端。

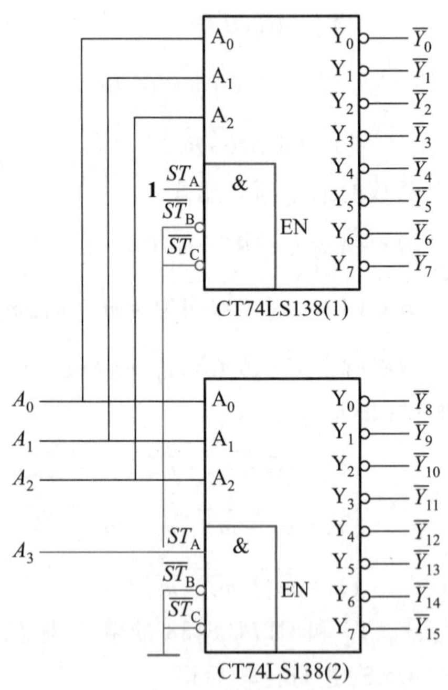

图4.5.13 两片CT74LS138组成4线-16线译码器

微视频4-5：3线-8线译码器的扩展应用

当输入 $A_3=\mathbf{0}$ 时，低位片 CT74LS138(1)工作，当输入 $A_3A_2A_1A_0$ 在 **0000～0111** 这 8 组二进制代码间变化时，$\overline{Y}_0\sim\overline{Y}_7$ 相应输出端输出低电平 **0**，而高位片 CT74LS138(2)因 $ST_A=A_3=\mathbf{0}$，被禁止译码，输出$\overline{Y}_8\sim\overline{Y}_{15}$都为高电平 **1**。

当输入 $A_3=\mathbf{1}$ 时，低位片 CT74LS138(1)的$\overline{ST}_B=\overline{ST}_C=A_3=\mathbf{1}$，被禁止译码，输出$\overline{Y}_0\sim\overline{Y}_7$ 都为高电平 **1**。高位片 CT74LS138(2)工作，这时，输入 $A_3A_2A_1A_0$ 在 **1000～1111** 这 8 组二进制代码间变化时，$\overline{Y}_8\sim\overline{Y}_{15}$相应输出端输出低电平 **0**。

4.5.5 数据分配器

根据地址信号的要求将一路输入数据分配到指定输出通道上去的逻辑电路称为数据分配器，又称多路分配器。示意图如图 4.5.14 所示。如将译码器的使能输入端作数据输入端，输入的二进制代码作地址信号输入端，则译码器便成为一个数据分配器。

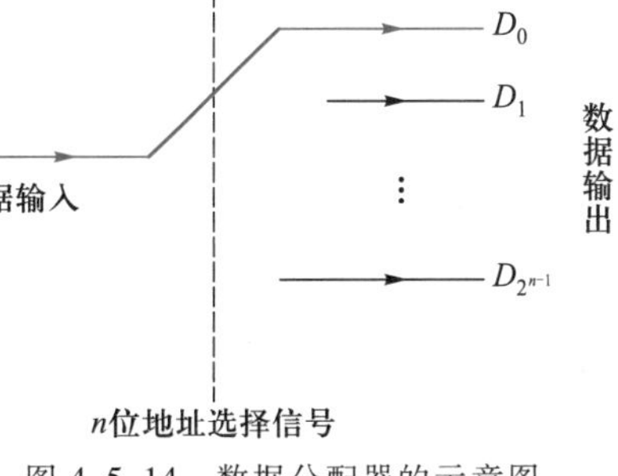

图 4.5.14 数据分配器的示意图

图 4.5.15 所示为由 3 线-8 线译码器 CT74LS138 作 1 路-8 路数据分配器。$A_2\sim A_0$ 为地址信号输入端，$\overline{Y}_0\sim\overline{Y}_7$ 为数据输出端，三个使能端 ST_A、$\overline{ST}_B$、$\overline{ST}_C$ 中的任一个都可作数据 D 输入端。如取 $ST_A=\mathbf{1}$、$\overline{ST}_C=\mathbf{0}$、$\overline{ST}_B=D$ 时，则输出为原码 D，接法如图 4.5.15(a)所示。如取$\overline{ST}_B=\overline{ST}_C=\mathbf{0}$、$ST_A=D$ 时，则输出为反码 $\overline{D}$，接法如图 4.5.15(b)所示。

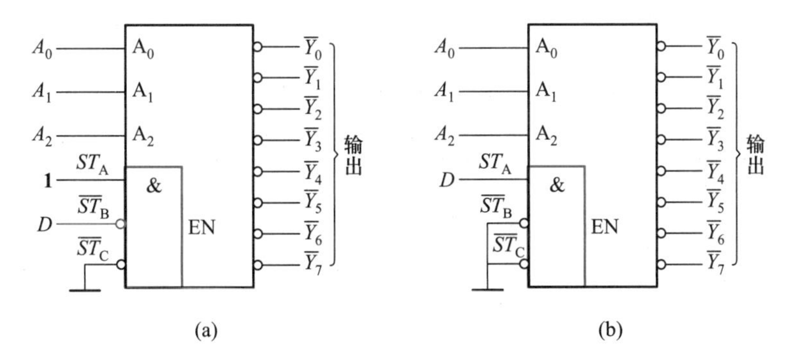

图 4.5.15 3 线-8 线译码器 CT74LS138 作 1 路-8 路数据分配器

(a) 输出原码接法；(b) 输出反码接法

思 考 题

1. 什么叫译码？什么叫译码器？
2. 为什么说二进制译码器又称作全译码器？
3. 为什么说二进制译码器很适合用于实现多输出逻辑函数？

4. 用输出高电平有效和输出低电平有效的译码器实现同一逻辑函数时，选用的门电路为什么不同？

5. 什么叫数据分配器？用 4 线-10 线译码器 CT74LS42 能否构成 1 路-8 路数据分配器？为什么？

6. 二进制译码器、二-十进制译码器、显示译码器三者之间有哪些主要区别？

4.6　数据选择器

数据选择器又称多路开关，它的功能和数据分配器正好相反，它是从输入的多路数据中选择其中一路输出的电路，其示意图如图 4.6.1 所示。在数据选择器中通常用地址信号来完成选择数据输出的任务，如一个 4 选 1 的数据选择器需有 2 位地址信号输入端，它共有 $2^2=4$ 种不同组合，每一种组合可选择对应的一路数据输出。又如一个 8 选 1 的数据选择器应有 3 位地址信号输入端。其余依此类推。

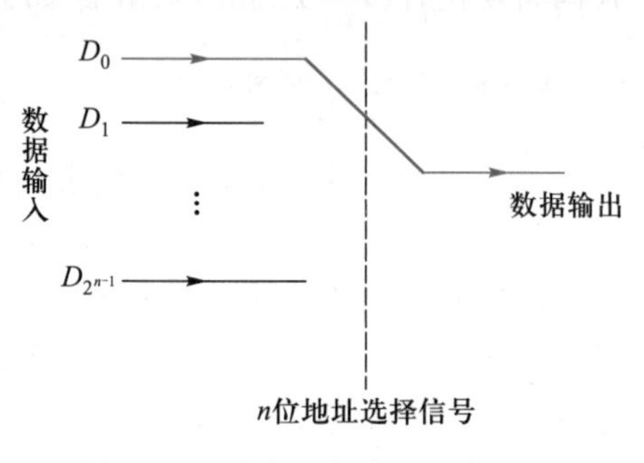

图 4.6.1　数据选择器的示意图

4.6.1　4 选 1 数据选择器

微视频 4-6：4 选 1 数据选择器

根据地址信号的要求，从多路输入数据中选择其中一路输出的逻辑电路，称为数据选择器(data selector)。

[例 4.6.1]　试用与或门设计一个 4 选 1 的数据选择器。具有使能控制端，控制信号为 **1** 时，不工作，控制信号为 **0** 时，处于工作状态。

解： (1) 分析设计要求，列出功能表。由题意可知，该数据选择器有 4 个数据输入端，一个输出端。数据输入端分别用 D_0、D_1、D_2、D_3 表示，有数据输入时，用 **1** 表示，任意值用×表示。地址输入端应有两个，用 A_0 和 A_1 表示。控制端用$\overline{ST}$表示，$\overline{ST}$为 **0** 时，数据选择器工作，$\overline{ST}$为 **1** 时，不工作。由此可列出 4 选 1 数据选择器的功能表，如表 4.6.1 所示。

表 4.6.1　4 选 1 数据选择器的功能表

输入							输出
$\overline{ST}$	A_1	A_0	D_0	D_1	D_2	D_3	Y
1	×	×	×	×	×	×	**0**
0	**0**	**0**	**1**	×	×	×	**1**
0	**0**	**1**	×	**1**	×	×	**1**
0	**1**	**0**	×	×	**1**	×	**1**
0	**1**	**1**	×	×	×	**1**	**1**

(2) 根据功能表写出输出逻辑函数式。由表 4.6.1 可得

$$Y=(\overline{A_1}\,\overline{A_0}D_0+\overline{A_1}\,A_0D_1+A_1\overline{A_0}\,D_2+A_1A_0D_3)\overline{\overline{ST}} \tag{4.6.1}$$

当$\overline{ST}=\mathbf{1}$时,$\overline{\overline{ST}}=\mathbf{0}$,输出$Y=\mathbf{0}$,数据选择器不工作。

当$\overline{ST}=\mathbf{0}$时,$\overline{\overline{ST}}=\mathbf{1}$,数据选择器工作,输出逻辑函数为

$$Y=\overline{A_1}\ \overline{A_0}\ D_0+\overline{A_1}\ A_0D_1+A_1\overline{A_0}\ D_2+A_1A_0D_3 \tag{4.6.2}$$

(3) 画逻辑图。根据式(4.6.1)可画出图4.6.2所示的4选1数据选择器的逻辑图。

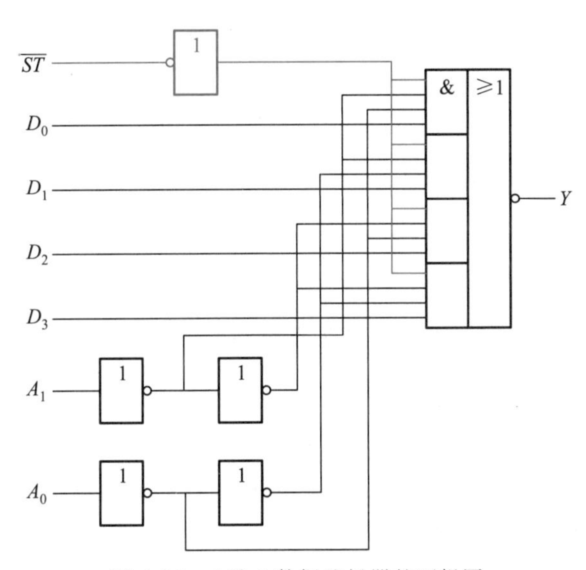

图4.6.2 4选1数据选择器的逻辑图

图4.6.3所示为HCMOS双4选1数据选择器CC74HC153的逻辑功能示意图,它由两个功能相同的4选1数据选择器组成,$D_0\sim D_3$为数据输入端,A_1、A_0为共用地址信号输入端,$\overline{ST}$为使能端,低电平有效,Y为数据输出端。它的功能表见表4.6.2。由该表可写出输出逻辑函数$1Y$的表达式为

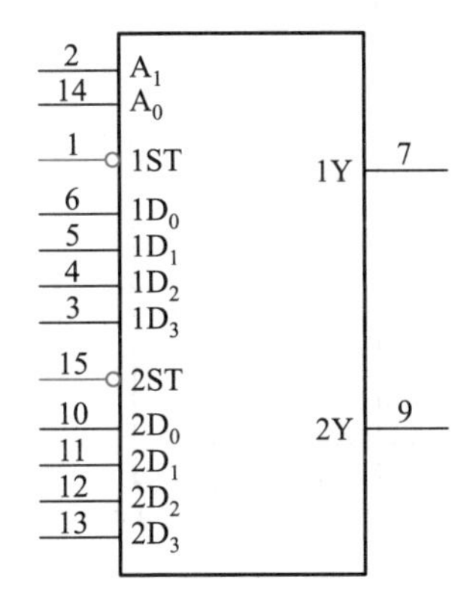

图4.6.3 CC74HC153的逻辑功能示意图

表 4.6.2　双 4 选 1 数据选择器 CC74HC153 的功能表

输入							输出
$1\overline{ST}$	A_1	A_0	$1D_0$	$1D_1$	$1D_2$	$1D_3$	$1Y$
1	×	×	×	×	×	×	**0**
0	**0**	**0**	**0**	×	×	×	**0**
0	**0**	**0**	**1**	×	×	×	**1**
0	**0**	**1**	×	**0**	×	×	**0**
0	**0**	**1**	×	**1**	×	×	**1**
0	**1**	**0**	×	×	**0**	×	**0**
0	**1**	**0**	×	×	**1**	×	**1**
0	**1**	**1**	×	×	×	**0**	**0**
0	**1**	**1**	×	×	×	**1**	**1**

$$1Y=(\overline{A_1}\,\overline{A_0}1D_0+\overline{A_1}\,A_0\,1D_1+A_1\overline{A_0}\,1D_2+A_1A_0 1D_3)\,1\,\overline{\overline{ST}} \tag{4.6.3}$$

当 $1\,\overline{ST}=\mathbf{1}$ 时，$1\,\overline{\overline{ST}}=\mathbf{0}$，输出 $1Y=\mathbf{0}$，数据选择器不工作。

当 $1\,\overline{ST}=\mathbf{0}$ 时，$1\,\overline{\overline{ST}}=\mathbf{1}$，输出 $1Y$ 为

$$1Y=\overline{A_1}\,\overline{A_0}\,1D_0+\overline{A_1}\,A_0 1D_1+A_1\overline{A_0}\,1D_2+A_1A_0 1D_3 \tag{4.6.4}$$

由上式可知，在数据 $1D_0\sim 1D_3$ 都为 **1** 时，数据选择器输出逻辑函数为输入地址变量的全部最小项的和。因此，数据选择器又称为最小项输出器。

4.6.2　8 选 1 数据选择器

芯片使用手册 4-4：8 选 1 数据选择器 74LS151

图 4.6.4 所示为 8 选 1 数据选择器 CC74HCT151 的逻辑功能示意图。图中 $D_0\sim D_7$ 为数据输入端，A_2、A_1、A_0 为地址信号输入端，Y 和 $\overline{Y}$ 为互补输出端，$\overline{ST}$为使能端，低电平有效，其功能表见表 4.6.3。

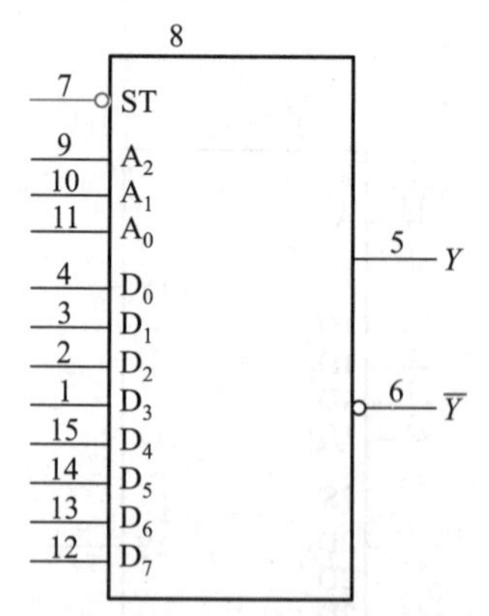

图 4.6.4　CC74HCT151 的逻辑功能示意图

表 4.6.3 8 选 1 数据选择器 CC74HCT151 的功能表

输入				输出	
$\overline{ST}$	A_2	A_1	A_0	Y	$\overline{Y}$
1	×	×	×	0	1
0	0	0	0	D_0	$\overline{D_0}$
0	0	0	1	D_1	$\overline{D_1}$
0	0	1	0	D_2	$\overline{D_2}$
0	0	1	1	D_3	$\overline{D_3}$
0	1	0	0	D_4	$\overline{D_4}$
0	1	0	1	D_5	$\overline{D_5}$
0	1	1	0	D_6	$\overline{D_6}$
0	1	1	1	D_7	$\overline{D_7}$

根据真值表写出输出逻辑函数表达式为

$$Y=(\overline{A_2}\,\overline{A_1}\,\overline{A_0}\,D_0+\overline{A_2}\,\overline{A_1}\,A_0D_1+\overline{A_2}\,A_1\,\overline{A_0}\,D_2+\overline{A_2}\,A_1\,A_0\,D_3+ A_2\overline{A_1}\,\overline{A_0}\,D_4+A_2\overline{A_1}\,A_0D_5+A_2A_1\overline{A_0}\,D_6+A_2A_1A_0D_7)\,\overline{\overline{ST}} \tag{4.6.5}$$

当$\overline{ST}=\mathbf{1}$时，输出 $Y=\mathbf{0}$，数据选择器不工作，输入的数据和地址信号均不起作用。

当$\overline{ST}=\mathbf{0}$时，数据选择器工作，输出逻辑函数式为

$$Y=\overline{A_2}\,\overline{A_1}\,\overline{A_0}\,D_0+\overline{A_2}\,\overline{A_1}\,A_0D_1+\overline{A_2}\,A_1\,\overline{A_0}\,D_2+\overline{A_2}\,A_1\,A_0\,D_3+ A_2\overline{A_1}\,\overline{A_0}\,D_4+A_2\overline{A_1}\,A_0D_5+A_2A_1\overline{A_0}\,D_6+A_2A_1A_0D_7 \tag{4.6.6}$$

4.6.3 数据选择器的应用

由于数据选择器在输入全部数据都为 **1** 时，输出为输入地址变量全部最小项的和，而任一逻辑函数都可变换为最小项之和的标准**与-或**表达式，因此，用数据选择器可很方便地实现逻辑函数，其方法是：

如数据 $D_i=\mathbf{1}$ 时，则在数据选择器输出逻辑函数表达式中，相应最小项保留；如数据 $D_i=\mathbf{0}$，则相应最小项就不存在。这里 $i=0,1,2,\cdots,n$。利用数据选择器的这一特点，可以方便地实现组合逻辑函数。

[例 4.6.2] 试用数据选择器 CC74HCT151 设计一个组合逻辑电路，其输出逻辑函数表达式为

$$Y=A\oplus B\oplus C$$

解： 由于 CC74HCT151 为 8 选 1 数据选择器，有 3 位地址码，而逻辑函数也为 3 个变量，因此，只要将这 3 个变量和 3 位地址码对应相连便可直接利用该数据选择器实现逻辑

函数。

该题可用卡诺图法和代数法求解。

卡诺图法

（1）写出逻辑函数 Y 的标准**与-或**表达式

$$
\begin{aligned}
Y &= (\overline{A \oplus B})\ C + (A \oplus B)\ \overline{C} \\
&= (\overline{A}\ \overline{B} + AB)C + (\overline{A}\ B + A\ \overline{B})\overline{C} \\
&= \overline{A}\ \overline{B}\ C + ABC + \overline{A}\ B\ \overline{C} + A\ \overline{B}\ \overline{C} \\
&= m_1 + m_2 + m_4 + m_7
\end{aligned} \tag{4.6.7}
$$

（2）写出 CC74HCT151 的输出逻辑函数 Y' 的表达式

$$
\begin{aligned}
Y' &= \overline{A_2}\ \overline{A_1}\ \overline{A_0}\ D_0 + \overline{A_2}\ \overline{A_1}\ A_0\ D_1 + \overline{A_2}\ A_1 \overline{A_0}\ D_2 + \overline{A_2}\ A_1 A_0 D_3 + \\
&\quad A_2 \overline{A_1}\ \overline{A_0}\ D_4 + A_2 \overline{A_1}\ A_0 D_5 + A_2 A_1 \overline{A_0}\ D_6 + A_2 A_1 A_0 D_7 \\
&= m_0 D_0 + m_1 D_1 + m_2 D_2 + m_3 D_3 + m_4 D_4 + m_5 D_5 + m_6 D_6 + m_7 D_7
\end{aligned}
$$

（3）画出 Y 和 Y' 的卡诺图，如图 4.6.5 所示，并进行比较。

设 $A=A_2$、$B=A_1$、$C=A_0$，且 Y 和 Y' 两个卡诺图相等，则得

$$
\begin{cases}
D_1 = D_2 = D_4 = D_7 = \mathbf{1} \\
D_0 = D_3 = D_5 = D_6 = \mathbf{0}
\end{cases} \tag{4.6.8}
$$

（4）画逻辑图。根据式(4.6.8)可画出图 4.6.6 所示的逻辑图。

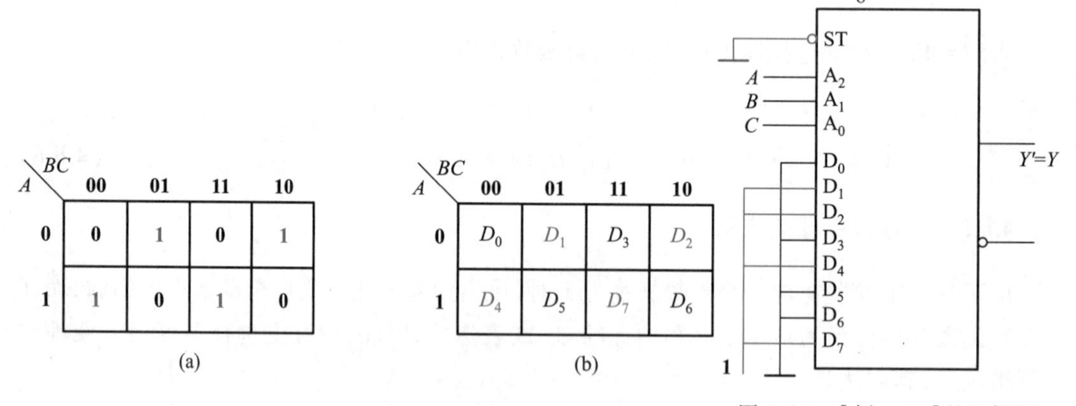

图 4.6.5 ［例 4.6.2］的卡诺图

（a）Y 的卡诺图；（b）Y' 的卡诺图

图 4.6.6 ［例 4.6.2］的逻辑图

代数法

（1）写出逻辑函数 Y 的最小项表达式

$$
Y = \overline{A}\ \overline{B}\ C + \overline{A}\ B\ \overline{C} + A\ \overline{B}\ \overline{C} + ABC
$$

（2）写出 CC74HCT151 输出逻辑函数 Y' 的表达式

$$
Y' = \overline{A_2}\ \overline{A_1}\ \overline{A_0}\ D_0 + \overline{A_2}\ \overline{A_1}\ A_0 D_1 + \overline{A_2}\ A_1\ \overline{A_0}\ D_2 + \overline{A_2}\ A_1\ A_0\ D_3 +
$$

$$A_2\overline{A_1}\ \overline{A_0}\ D_4+A_2\overline{A_1}\ A_0D_5+A_2A_1\overline{A_0}\ D_6+A_2A_1A_0D_7$$

(3) 比较 Y 和 Y'两式中对应最小项的关系。设 $A=A_2$、 $B=A_1$、 $C=A_0$，且 $Y=Y'$。如 Y'式中有 Y 式中的最小项时，相应数据取 **1**；为去掉 Y 式中没有的最小项，则 Y'式中相应数据取 **0**，由此得

$$\begin{cases} D_1=D_2=D_4=D_7=\mathbf{1} \\ D_0=D_3=D_5=D_6=\mathbf{0} \end{cases} \tag{4.6.9}$$

(4) 画逻辑图。根据式(4.6.9)可画出图 4.6.6 所示的逻辑图。

[例 4.6.3] 试用双 4 选 1 数据选择器 CC74HC153 和非门构成一位全加器。

微视频 4-7：4 选 1 数据选择器的应用

解： (1) 分析设计要求，列出功能表。设输入的被加数、加数和来自低位的进位数分别为 A、B 和 CI，输出的本位和及向相邻高位的进位数为 S 和 CO，由此可列出全加器的功能表，如表 4.6.4 所示。

表 4.6.4 全加器功能表

输入			输出	
A	B	CI	S	CO
0	**0**	**0**	**0**	**0**
0	**0**	**1**	**1**	**0**
0	**1**	**0**	**1**	**0**
0	**1**	**1**	**0**	**1**
1	**0**	**0**	**1**	**0**
1	**0**	**1**	**0**	**1**
1	**1**	**0**	**0**	**1**
1	**1**	**1**	**1**	**1**

(2) 根据功能表写输出逻辑函数表达式。由表 4.6.4 可写出输出逻辑函数式为

$$\begin{cases} S=\overline{A}\ \overline{B}\ CI+\overline{A}\ B\ \overline{CI}+A\ \overline{B}\ \overline{CI}+ABCI \\ CO=\overline{A}\ BCI+A\ \overline{B}\ CI+AB\ \overline{CI}+ABCI \\ \quad\ =\overline{A}\ BCI+A\ \overline{B}\ CI+AB \end{cases} \tag{4.6.10}$$

(3) 写出双 4 选 1 数据选择器 CC74HC153 的输出逻辑函数 $1Y'$和 $2Y'$的表达式

$$\begin{cases} 1Y'=\overline{A_1}\ \overline{A_0}\ 1D_0+\overline{A_1}\ A_0\ 1D_1+A_1\overline{A_0}\ 1D_2+A_1A_0 1D_3 \\ 2Y'=\overline{A_1}\ \overline{A_0}\ 2D_0+\overline{A_1}\ A_0\ 2D_1+A_1\overline{A_0}\ 2D_2+A_1A_0 2D_3 \end{cases} \tag{4.6.11}$$

由式(4.6.10)和式(4.6.11)可看出：全加器的输入变量有 A、B、CI 三个，而 4 选 1 数据选择器的地址变量只 A_1 和 A_0 两个。因此，用 4 选 1 数据选择器实现全加器的输出逻辑函数时，应将输入的数据 D 作为一个变量来使用。

(4) 将全加器的两个输出逻辑函数和 CC74HC153 的两个输出逻辑函数式进行比较。设 $A=A_1$、$B=A_0$ 且 $S=1Y$ 时,则

$$\begin{cases} CI=1D_0=1D_3 \\ \overline{CI}=1D_1=1D_2 \end{cases} \tag{4.6.12}$$

设 $A=A_1$、$B=A_0$,且 $CO=2Y$ 时,则

$$\begin{cases} CI=2D_1=2D_2 \\ 2D_0=\mathbf{0} \\ 2D_3=\mathbf{1} \end{cases} \tag{4.6.13}$$

(5) 画逻辑图。根据式(4.6.12)和式(4.6.13)可画出图 4.6.7 所示的逻辑图。

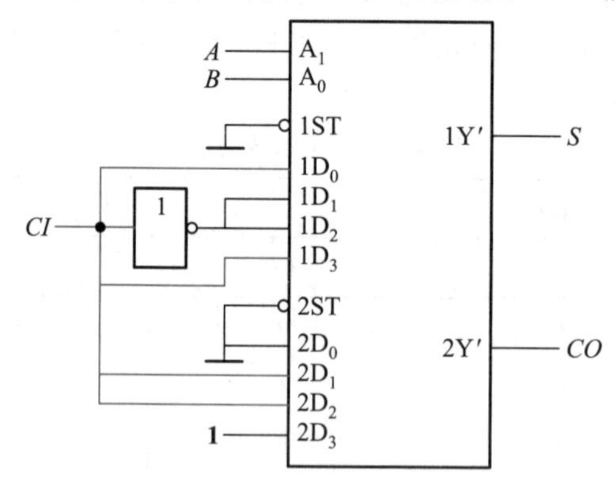

图 4.6.7　[例 4.6.3]的逻辑图

思　考　题

1. 什么叫数据选择器？它有哪些用途？

2. 数据选择器为什么能用来实现逻辑函数？分别画出 4 选 1 数据选择器和 8 选 1 数据选择器输出逻辑函数的卡诺图。

3. 当逻辑函数变量数和地址变量数相同时,这时如何用数据选择器实现逻辑函数？

4. 当逻辑函数变量数多于地址变量数时,这时如何用数据选择器实现逻辑函数？

4.7　数值比较器

用以对两个数字的大小或是否相等进行比较的逻辑电路称为数值比较器(digital comparator)。

4.7.1　1 位数值比较器

1 位数值比较器是组成多位数值比较器的基础,掌握 1 位数值比较器的原理对熟悉多位数值比较器的工作原理是很有帮助的。

[例 4.7.1]　试设计一个 1 位二进制数的数值比较器。

解： (1) 分析设计要求，列出功能表。设输入的两个 1 位二进制数为 A、B，输出比较的结果有以下 3 种情况：$Y_{(A>B)}$、$Y_{(A<B)}$、$Y_{(A=B)}$，有输出时为 **1**，否则为 **0**，由此可列出表 4.7.1 所示的功能表。

表 4.7.1 1 位数值比较器的功能表

输入		输出		
A	B	$Y_{(A>B)}$	$Y_{(A<B)}$	$Y_{(A=B)}$
0	**0**	**0**	**0**	**1**
0	**1**	**0**	**1**	**0**
1	**0**	**1**	**0**	**0**
1	**1**	**0**	**0**	**1**

(2) 根据功能表写出输出逻辑函数表达式。由表 4.7.1 可得

$$\begin{cases} Y_{(A>B)} = A\overline{B} \\ Y_{(A<B)} = \overline{A}B \\ Y_{(A=B)} = \overline{A}\,\overline{B}+AB = \overline{\overline{A}B+A\overline{B}} = A\odot B \end{cases} \tag{4.7.1}$$

(3) 画逻辑图。根据式(4.7.1)可画出图 4.7.1 所示的 1 位二进制数的数值比较器。

4.7.2 多位数值比较器

当两个多位二进制数进行比较时，则需从高位到低位逐位进行比较。只有在高位相应的二进制数相等时，才能进行低位数的比较。当比较到某一位二进制数不等时，其比较结果便为两个多位二进制数的比较结果。

图 4.7.2 所示为 4 位数值比较器 CT74LS85 的逻辑功能示意图，图中设 $A=A_3$、A_2、A_1、A_0 和 $B=B_3$、B_2、B_1、B_0 为两组相比较的 4 位二进制数的输入端；$I_{(A>B)}$、$I_{(A=B)}$、$I_{(A<B)}$ 为级联输入

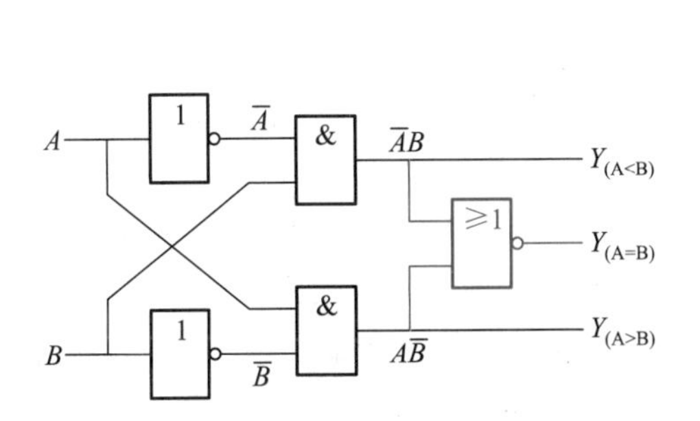

图 4.7.1 1 位二进制数的数值比较器逻辑图

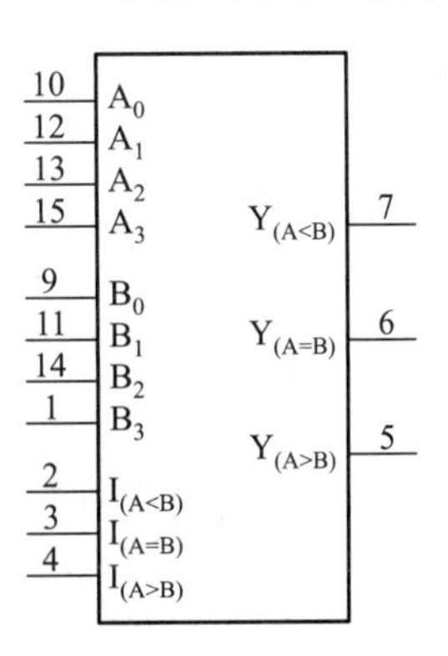

图 4.7.2 CT74LS85 的逻辑功能示意图

端，它们用来输入低位片数值的比较结果，以便组成位数更多的数值比较器。$Y_{(A>B)}$、$Y_{(A=B)}$、$Y_{(A<B)}$ 为比较结果输出端。CT74LS85 的功能表如表 4.7.2 所示。由该表可看出：两个 4 位二进制数比较应从高位 A_3、B_3 开始逐位进行数值比较：

（1）如 $A_3>B_3$ 时，则 $A>B$，这时输出 $Y_{(A>B)}=\mathbf{1}$；如 $A_3<B_3$ 时，则 $A<B$，这时输出 $Y_{(A<B)}=\mathbf{1}$。

（2）当 $A_3=B_3$ 时，再比较次高位 A_2 和 B_2。如 $A_2>B_2$ 时，则 $A>B$，这时输出 $Y_{(A>B)}=\mathbf{1}$；如 $A_2<B_2$ 时，则 $A<B$，这时输出 $Y_{(A<B)}=\mathbf{1}$。

表 4.7.2 4 位数值比较器 CT74LS85 的功能表

比较输入				级联输入			输出		
A_3B_3	A_2B_2	A_1B_1	A_0B_0	$I_{(A>B)}$	$I_{(A<B)}$	$I_{(A=B)}$	$Y_{(A>B)}$	$Y_{(A<B)}$	$Y_{(A=B)}$
$A_3>B_3$	×	×	×	×	×	×	**1**	**0**	**0**
$A_3<B_3$	×	×	×	×	×	×	**0**	**1**	**0**
$A_3=B_3$	$A_2>B_2$	×	×	×	×	×	**1**	**0**	**0**
$A_3=B_3$	$A_2<B_2$	×	×	×	×	×	**0**	**1**	**0**
$A_3=B_3$	$A_2=B_2$	$A_1>B_1$	×	×	×	×	**1**	**0**	**0**
$A_3=B_3$	$A_2=B_2$	$A_1<B_1$	×	×	×	×	**0**	**1**	**0**
$A_3=B_3$	$A_2=B_2$	$A_1=B_1$	$A_0>B_0$	×	×	×	**1**	**0**	**0**
$A_3=B_3$	$A_2=B_2$	$A_1=B_1$	$A_0<B_0$	×	×	×	**0**	**1**	**0**
$A_3=B_3$	$A_2=B_2$	$A_1=B_1$	$A_0=B_0$	**1**	**0**	**0**	**1**	**0**	**0**
$A_3=B_3$	$A_2=B_2$	$A_1=B_1$	$A_0=B_0$	**0**	**1**	**0**	**0**	**1**	**0**
$A_3=B_3$	$A_2=B_2$	$A_1=B_1$	$A_0=B_0$	**0**	**0**	**1**	**0**	**0**	**1**

（3）当 $A_3=B_3$、$A_2=B_2$ 时，再比较 A_1、B_1。

依次类推，直到所有高位都相等时，再比较低位。当 $A_3A_2A_1A_0=B_3B_2B_1B_0$ 时，比较结果由级联输入端输入的信号决定。

如只对两个 4 位二进制数进行比较时，由于没有来自低位的比较信号输入，应使级联输入端 $I_{(A=B)}=\mathbf{1}$、$I_{(A>B)}=I_{(A<B)}=\mathbf{0}$，这时，就能比较出三种可能的结果。

当要求构成位数更多的数值比较器时，可利用级联输入端作片间连接。

[例 4.7.2] 试用两片 CT74LS85 构成 8 位数值比较器。

解： 根据多位二进制数的比较规则，在高位数值相等时，则比较结果取决于低位数。因此，应将两个 8 位二进制数的高 4 位接到高位片上，低 4 位数接到低位片上。图 4.7.3 所示为根据上述要求用两片 CT74LS85 构成的一个 8 位数值比较器。两个 8 位二进制数的高 4 位数 $A_7A_6A_5A_4$ 和 $B_7B_6B_5B_4$ 接到高位片 CT74LS85(2) 的数据输入端上，而低 4 位数 $A_3A_2A_1A_0$ 和 $B_3B_2B_1B_0$ 接到低位片 CT74LS85(1) 的数据输入端上，并将低位片的比较输出端 $Y_{(A>B)}$、$Y_{(A=B)}$、$Y_{(A<B)}$ 和高位片的级联输入端 $I_{(A>B)}$、$I_{(A=B)}$、$I_{(A<B)}$ 对应相连。

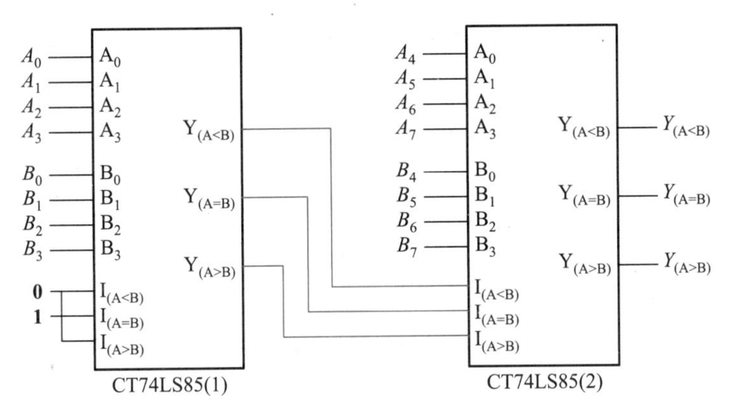

图 4.7.3 两片 CT74LS85 构成 8 位数值比较器

低位数值比较器的级联输入端应取 $I_{(A>B)}=I_{(A<B)}=\mathbf{0}$、$I_{(A=B)}=\mathbf{1}$，这样，当两个 8 位二进制数相等时，比较器的总输出 $Y_{(A=B)}=\mathbf{1}$。

思 考 题

1. 什么叫数值比较器？简述多位数值比较器的比较原理。
2. CT74LS85 的三个输入端 $I_{(A>B)}$、$I_{(A=B)}$、$I_{(A<B)}$ 在何时才起作用？

*4.8 组合逻辑电路中的竞争冒险

4.8.1 产生竞争冒险的原因

前面介绍的组合逻辑电路都是在理想的情况下进行讨论的，它主要是根据逻辑表达式来研究输入和输出之间在稳定状态下的逻辑关系，没有考虑信号通过导线和逻辑门电路产生的时间延迟，认为多个输入信号发生的变化都是在瞬间完成的。然而实际上，信号通过导线和逻辑门电路时都有一定的延迟时间，这可能使逻辑门电路产生错误的输出，从而影响电路的正常工作，这是不允许的。因此，在组合逻辑电路中，不同信号经过不同长度的导线和不同级数的逻辑门电路而到达另一个门的输入端的时刻有先有后，这种现象称为竞争。因门的输入端有竞争而导致输出端出现不应有的尖峰干扰脉冲（又称毛刺），这种现象称为冒险。

4.8.2 冒险的分类

根据尖峰脉冲极性的不同，组合逻辑电路的冒险通常分为 **0** 型冒险和 **1** 型冒险两类。

一、0 型冒险

在图 4.8.1(a)所示电路中，如不考虑 G_1 的传输延迟时间，输出 $Y=A+\overline{A}$，输出波形如图

4.8.1(b)所示。当考虑到 G_1 门的传输延迟时间时,工作波形如图 4.8.1(c)所示。可见,当输入信号 A 经 G_1 门延迟 $1t_{pd}$ 时间后,使到达 G_2 两个输入信号 A 和 $\overline{A}$ 的时间不同,从而导致了输出 Y 出现了不应有的负向干扰脉冲(窄负脉冲),这种现象称为 **0** 型冒险。

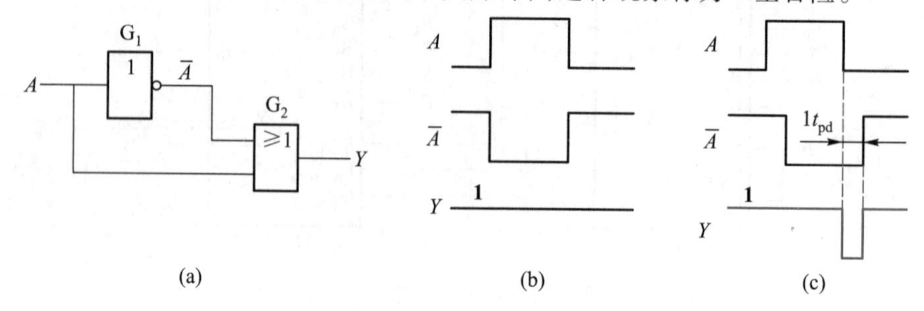

图 4.8.1 产生负尖峰脉冲的冒险

(a) 逻辑电路; (b) 理想工作波形; (c) 考虑门延迟时间的工作波形

二、1 型冒险

在图 4.8.2(a)所示电路中,不考虑 G_1 延迟时间时,输出 $Y=A\cdot\overline{A}$。如考虑 G_1 门的传输延迟时间 $1t_{pd}$,G_2 输出 Y 出现了不应有的很窄的正向干扰脉冲(窄正脉冲),这种现象称为 **1** 型冒险。

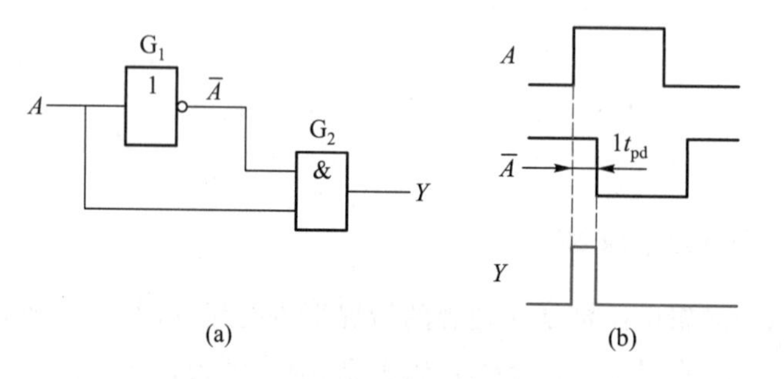

图 4.8.2 产生正尖峰脉冲的冒险

(a) 逻辑电路; (b) 考虑门延迟时间的工作波形

由以上分析可看出:在组合逻辑电路中,当一个门的两个输入信号到达时间不同,且向相反方向变化时,则在输出端可能会产生不应有的尖峰冒险脉冲,这是产生竞争冒险的主要原因。尖峰冒险脉冲只发生在输入信号变化的瞬间,在稳定状态下是不会出现的。

4.8.3 冒险现象的判别

对于设计出来的组合逻辑电路是否存在冒险现象,可用代数法和卡诺图法进行判断。

一、代数法

如根据逻辑电路写出的逻辑函数式在一定条件下可简化成以下两种形式,则该组合逻辑电路存在冒险。

$$Y=A+\overline{A} \quad （产生 \mathbf{0} 型冒险） \tag{4.8.1}$$

$$Y=A\cdot\overline{A} \quad （产生 \mathbf{1} 型冒险） \tag{4.8.2}$$

[例 4.8.1]　试用代数法判别图 4.8.3 所示组合逻辑电路是否存在冒险现象。

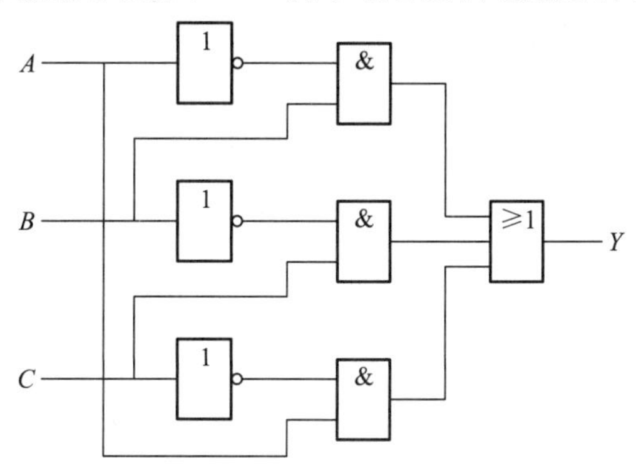

图 4.8.3　[例 4.8.1]的逻辑图

解：　写出输出逻辑函数式

$$Y=\overline{A}B+\overline{B}C+\overline{C}A$$

当取 $B=\mathbf{1}$、$C=\mathbf{0}$ 时，$Y=\overline{A}+A$，输出端出现 **0** 型冒险。

当取 $A=\mathbf{1}$、$B=\mathbf{0}$ 时，$Y=C+\overline{C}$，输出端出现 **0** 型冒险。

当取 $A=\mathbf{0}$、$C=\mathbf{1}$ 时，$Y=B+\overline{B}$，输出端出现 **0** 型冒险。

由上分析可知，图 4.8.3 所示电路存在 **0** 型冒险现象。

[例 4.8.2]　试用代数法判断逻辑函数式 $Y=(A+B)(\overline{B}+C)$ 是否存在冒险现象。

解：　当取 $A=\mathbf{0}$、$C=\mathbf{0}$ 时，$Y=B\overline{B}$，因此 Y 式对应的逻辑电路会出现 **1** 型冒险现象。

二、卡诺图法

用卡诺图判别逻辑电路是否存在冒险现象时，首先应写出该逻辑电路的输出逻辑函数表达式，其次画出逻辑函数的卡诺图，并画出包围圈，最后观察各包围圈有无相切。只要在卡诺图中存在两个相切而又不相互包容的包围圈，则该逻辑电路存在冒险现象。

[例 4.8.3]　试用卡诺图法判别图 4.8.4 是否存在冒险现象。

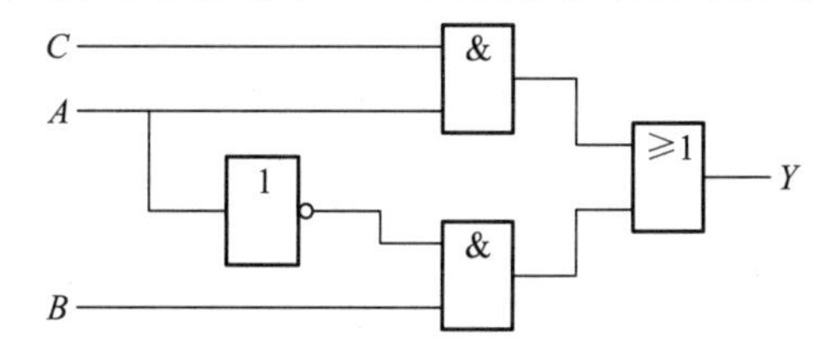

图 4.8.4　[例 4.8.3]的逻辑图

解： 写出图 4.8.4 的输出逻辑函数表达式

$$Y=AC+\overline{A}B \tag{4.8.3}$$

根据式(4.8.3)可画出图 4.8.5 所示的卡诺图。根据相邻项的特性画的两个包围圈相切,这意味着有些变量会同时以原变量和反变量的形式存在,也就是说,会以 $A\overline{A}$ 或 $A+\overline{A}$ 的形式出现。由于图 4.8.5 所示卡诺图为两个 **1** 方格的包围圈相切,因此,图 4.8.4 所示电路可能会出现 **0** 型冒险。

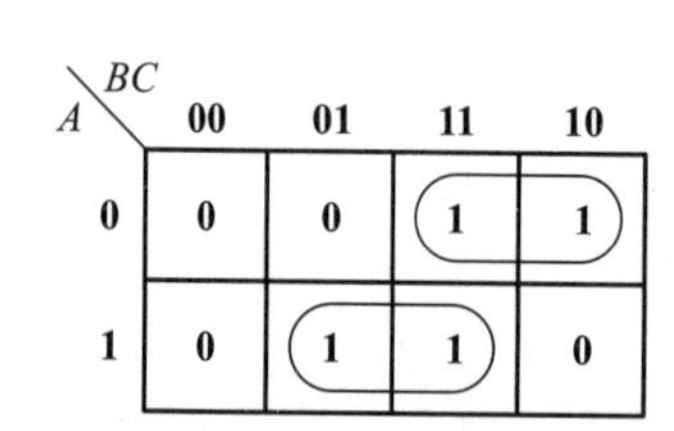

图 4.8.5 [例 4.8.3]的卡诺图

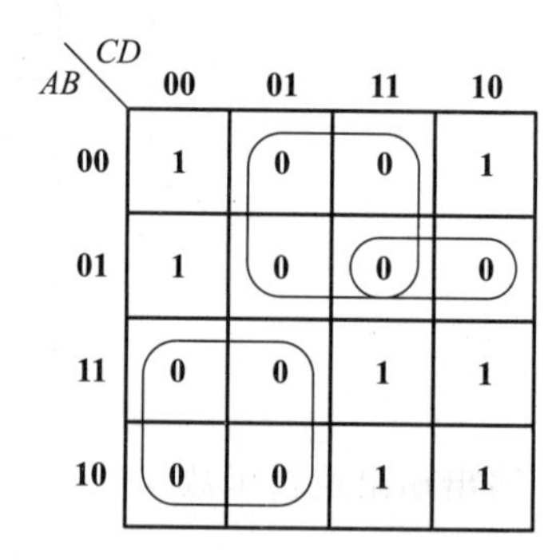

图 4.8.6 [例 4.8.4]的卡诺图

[例 4.8.4] 试用卡诺图法判别逻辑函数 $Y=(\overline{A}+C)(A+\overline{D})(A+\overline{B}+\overline{C})$ 是否存在冒险现象。

解： 写出逻辑函数 Y 的反函数 $\overline{Y}$

$$\overline{Y}=\overline{(\overline{A}+C)(A+\overline{D})(A+\overline{B}+\overline{C})}=A\overline{C}+\overline{A}D+\overline{A}BC \tag{4.8.4}$$

填卡诺图。由于是反函数,故有最小项的方格填 **0**,没有最小项的方格填 **1**,如图 4.8.6 所示。由该图可看出:两个 4 个 **0** 方格的包围圈相切,故该逻辑函数式会出现 **1** 型冒险。

4.8.4 消除冒险现象的方法

消除冒险的方法主要有修改逻辑设计、输出端并联滤波电容、引入选通脉冲等。

一、修改逻辑设计,增加冗余项

由前讨论可知,图 4.8.4 所示电路存在冒险现象,消除冒险的方法是在两个相切包围圈的相切处再画一个包围圈,见图 4.8.7 中的虚线包围圈,m_3 和 m_7 合并成的**与**项 BC 称为冗余项,由该图得逻辑函数 $Y=AC+\overline{A}B+BC$。根据此式画出的逻辑电路便为图 4.8.4 的修改电路,如图4.8.8所示,它没有冒险现象。

二、引入选通脉冲

由于冒险现象只发生在电路输入信号状态变化的瞬间,因此,需在可能产生冒险脉冲门电路的输入端再加一个选通脉冲输入端。在没有引入选通脉冲时,组合逻辑电路的输出在输入信号变化瞬间保持不变，只有在选通脉冲作用期间输出才发生变化，从而消除了冒险现象。电路如图 4.8.9 所示。选通脉冲加在**与非**门输入端时，为正脉冲，如图 4.8.9(a)所示；选通脉冲加在**或非**门输入端时，为负脉冲，如图 4.8.9(b)所示。

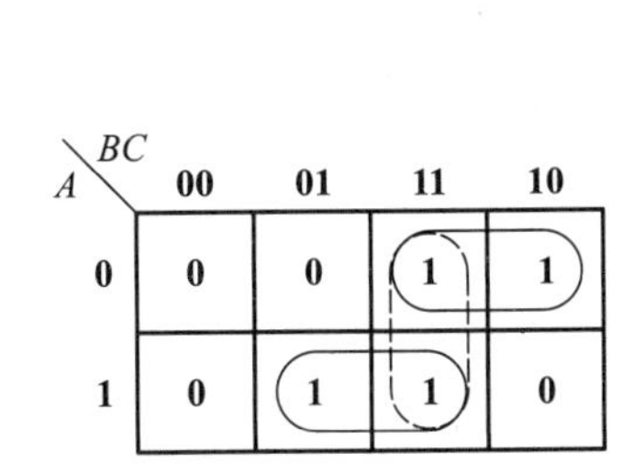

图 4.8.7　增加冗余项消除冒险的卡诺图

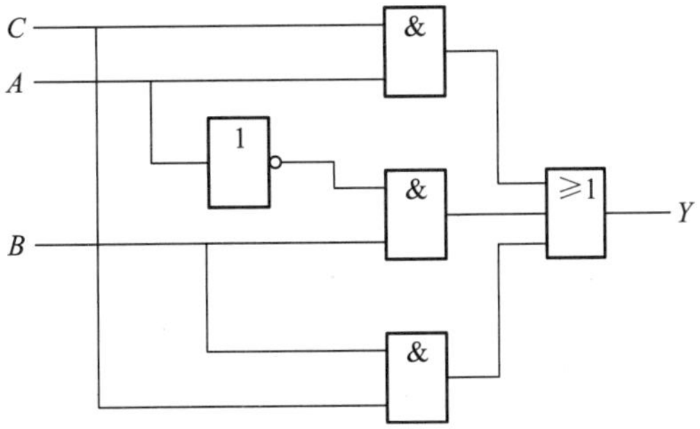

图 4.8.8　增加冗余项消除冒险的逻辑电路

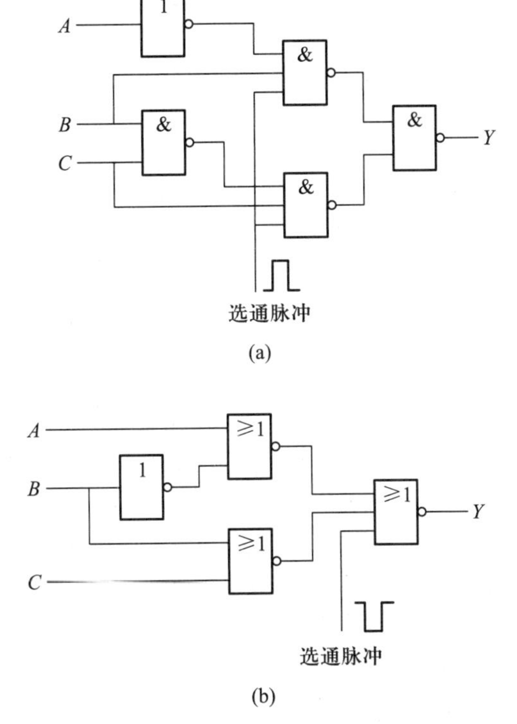

图 4.8.9　引入选通脉冲消除冒险的电路

(a) 引入正选通脉冲；(b) 引入负选通脉冲

三、输出端并接滤波电容

由于冒险产生的尖脉冲宽度是很窄的，因此，在电路输出端并接一个不大的滤波电容 C

就可把尖脉冲的幅度削弱到小于门电路的阈值电压，电路如图4.8.10所示。图中，滤波电容 C 的数值通常在数十到数百皮法。R_O 为TTL门电路的输出电阻。

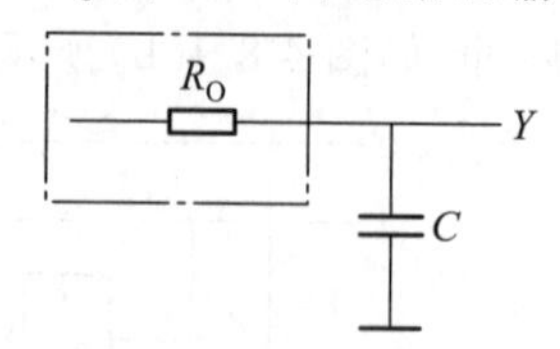

图4.8.10 输出端并接滤波电容消除冒险

思考题

1. 什么叫竞争？什么叫冒险？它们之间有什么区别？又有什么联系？
2. 如何判别组合逻辑电路是否存在冒险？常用消除冒险的方法有哪几种？

本章小结

1. 组合逻辑电路功能上的特点是：在任一时刻的输出状态只取决于同一时刻的输入状态，而与电路的原有状态没有关系。在电路结构上的特点是：它全部由门电路组成，没有记忆电路。组合逻辑电路一般有多个输入信号，只有一个输出量的称为单输出组合逻辑电路；有多个输出量的称为多输出组合逻辑电路。

2. 分析组合逻辑电路的目的是为了确定它的逻辑功能。其分析步骤是：由输入到输出逐级写出电路的输出逻辑函数表达式，并进行化简，以便判别输出与输入之间的逻辑关系。如有困难，则需列出该逻辑函数的真值表，而后再根据真值表判别输出与输入之间的逻辑关系。

3. 组合逻辑电路的设计原则是根据要解决的实际问题设计出符合要求的逻辑电路。

用门电路设计组合逻辑电路的一般步骤是：根据设计要求确定输入变量和输出逻辑函数，并给予赋值，列出真值表，写出输出逻辑函数表达式，进行化简和变换，最后画出逻辑电路。应当指出，在上述设计步骤中，最关键的一步是根据实际要求列出真值表和写出逻辑函数表达式。在电路设计好以后，还应检查电路是否存在竞争冒险现象。如存在的话，则应采取措施加以消除，否则会引起负载电路的错误动作。消除冒险现象的方法通常有：修改逻辑设计、引入选通脉冲、输出端并接滤波电容等。用中规模集成电路设计组合逻辑电路的步骤和用门电路设计时基本相同，所不同的是在写逻辑函数表达式时，应将该逻辑函数变换成和所选用的中规模集成电路的输出逻辑函数表达式相同的形式或相类似的形式，以便用中规模集成电路实现要求设计的组合逻辑电路的功能。

用逻辑门电路设计组合逻辑电路最简的概念是使用门电路的数目和输入端数最少，门的种类最少。

用中规模集成电路设计组合逻辑电路最简的概念是使用中规模集成电路芯片数目、品种型号最少，连线最少。

4. 本章讨论的加法器、编码器、译码器、数据选择器、数据分配器和数值比较器等都为常用的中规模集成组合逻辑部件。这些组合逻辑部件除具有要求的基本逻辑功能外，通常还有使能端、扩展端等，使逻辑电路的使用更加灵活，便于扩展功能和构成较复杂的系统。

5. 编码器是将输入的电平信号编成二进制代码，优先编码器允许同时有多个输入信号请求编码，但电路只对优先级别高的信号进行编码。

6. 二进制译码器工作时，其输出为输入二进制代码变量的全部最小项（或为最小项的反函数），且每个输出为一个最小项，而任一逻辑函数都可变换为最小项表达式，再和选用译码器输出的最小项进行比较。因此，用译码器实现逻辑函数时，需用门电路将有关最小项进行综合，可很方便地实现单输出或多输出逻辑函数。

7. 数据选择器为多输入单输出的组合逻辑电路。在输入数据都为 **1** 时，其输出逻辑表达式为地址变量的全部最小项的和；如输入数据都为低电平 **0** 时，输出低电平 **0**。因此，数据选择器很适合用于实现单输出逻辑函数。用数据选择器实现逻辑函数时，应将逻辑函数变换为最小项表达式，并和数据选择器输出表达式进行比较。数据选择器有逻辑函数中的最小项时，相应数据取高电平 **1**，对应最小项保留；逻辑函数中没有的最小项，数据选择器输出表达式中相应最小项去掉，对应的数据取低电平 **0**。因此，数据选择器可很方便地实现单输出逻辑函数。

自 测 题

一、填空题

1. 组合逻辑电路的特点是输出状态只与________有关，和电路原有状态________，其基本单元电路是________。

2. 编码器是对________进行编码的电路，优先编码器只对________进行编码。

3. 输入 3 位二进制代码的二进制译码器应有________个输出端，共输出________个最小项。如用输出低电平有效的 3 线-8 线译码器实现 3 个逻辑函数时，需用________个与非门。

4. 数据选择器只能用来实现________输出逻辑函数，而二进制译码器不但可用来实现________输出逻辑函数，而且还可用来实现________输出逻辑函数。

5. 8 位二进制串行进位加法器由________个全加器组成，可完成________二进制数相加。

6. 4 线-七段译码器/驱动器输出高电平有效时，用来驱动________极数码管；如输出低电平有效时，用来驱动________极数码管。

7. 分析组合逻辑电路时，一般根据________图写出输出逻辑函数表达式；设计组合逻辑电路时，根据设计要求列出________，再写出输出逻辑函数表达式。

8. 在组合逻辑电路中，消除竞争冒险现象的主要方法有：________、________、________。

二、判断题（正确的题在括号内填入“√”，错误的题则填入“×”）。

1. 组合逻辑电路全部由门电路组成。（　）

2. 组合逻辑电路只有多输出端，没有单输出端的。（　）

3. 优先编码器只对多个输入编码信号中优先权最高的信号进行编码。（　）

4. 译码器的作用就是将输入的代码译成特定信号输出。（　）

5. 显示译码器主要由译码器和驱动电路组成。（　）

6. 数据选择器根据地址码的不同从多路输入数据中选择其中一路数据输出。（　）

7. 数值比较器是用于比较两组二进制数大小的电路。（　）

8. 加法器是用于对两组二进制数进行比较的电路。（　）

三、选择题(选择正确的答案填入括号内)

1. 分析组合逻辑电路的目的是要得到（　）

A. 逻辑电路图　　B. 逻辑电路的功能

C. 逻辑函数式　　D. 逻辑电路的真值表

2. 设计组合逻辑电路的目的是要得到（　）

A. 逻辑电路图　　B. 逻辑电路的功能

C. 逻辑函数式　　D. 逻辑电路的真值表

3. 和 4 位串行进位加法器相比,使用 4 位超前进位加法器的目的是（　）

A. 完成 4 位加法运算　　B. 提高加法运算速度

C. 完成串并行加法运算　　D. 完成加法运算自动进位

4. 将一个输入数据送到多路输出指定通道上的电路是（　）

A. 数据分配器　　B. 数据选择器

C. 数值比较器　　D. 编码器

5. 从多个输入数据中选择其中一个输出的电路是（　）

A. 数据分配器　　B. 数据选择器

C. 数值比较器　　D. 编码器

6. 为使 3 线-8 线译码器 CT74LS138 能正常工作,使能端 ST_A $\overline{ST}_B$ $\overline{ST}_C$ 的电平应取（　）

A. **111**　　B. **011**　　C. **100**　　D. **101**

7. 能对二进制数进行比较的电路是（　）

A. 数值比较器　　B. 数据分配器

C. 数据选择器　　D. 编码器

8. 输入 n 位二进制代码的二进制译码器,输出端的个数为（　）

A. n^2 个　　B. n 个　　C. 2^n 个　　D. $2n$ 个

练　习　题

[**题 4.1**]　试分析图 P4.1 所示电路的逻辑功能。

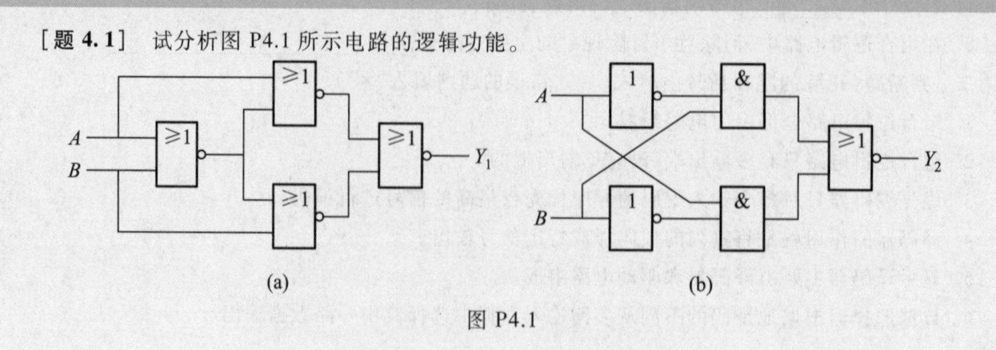

图 P4.1

［**题 4.2**］ 试分析图 P4.2 所示电路的逻辑功能。

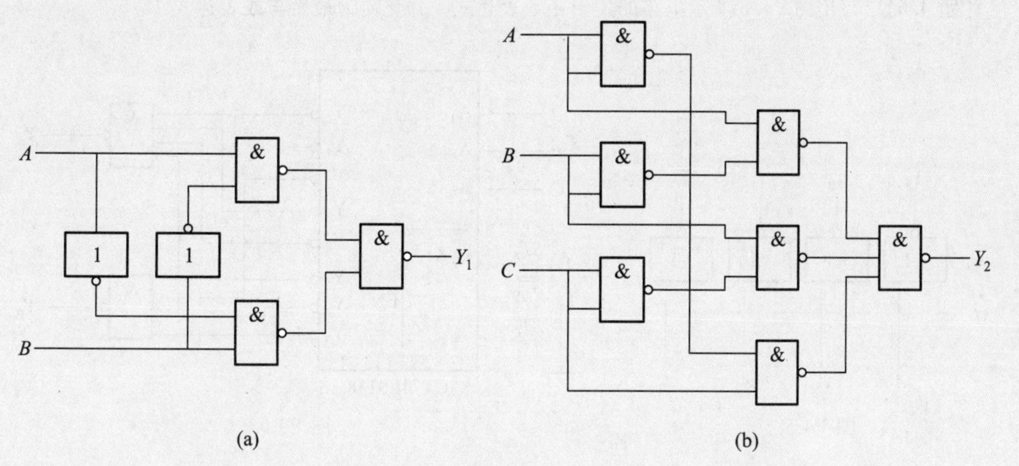

图 P4.2

［**题 4.3**］ 试分析图 P4.3 所示电路的逻辑功能。

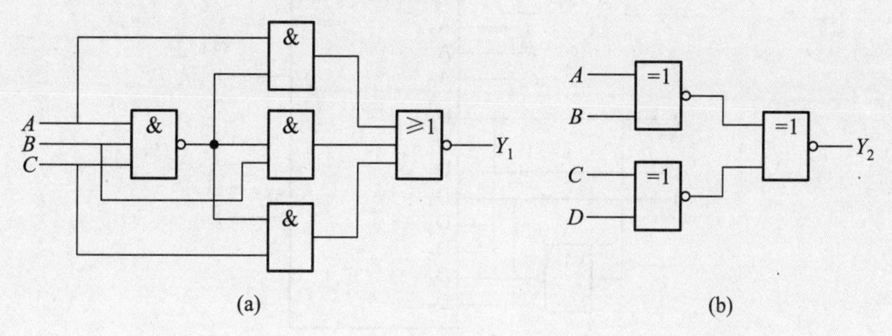

图 P4.3

［**题 4.4**］ 试分析图 P4.4 所示电路的逻辑功能。

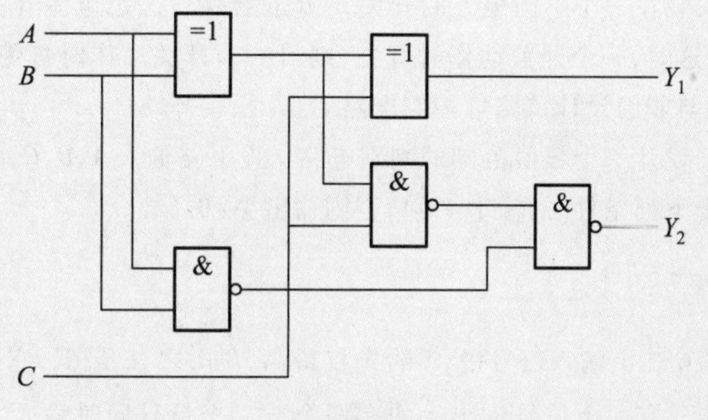

图 P4.4

［题 4.5］　试分析图 P4.5 所示电路在 $M=\mathbf{0}$ 时实现何种功能？在 $M=\mathbf{1}$ 时又实现什么功能？

［题 4.6］　写出图 P4.6 所示电路的逻辑函数表达式。并化简为最简**与或**表达式。

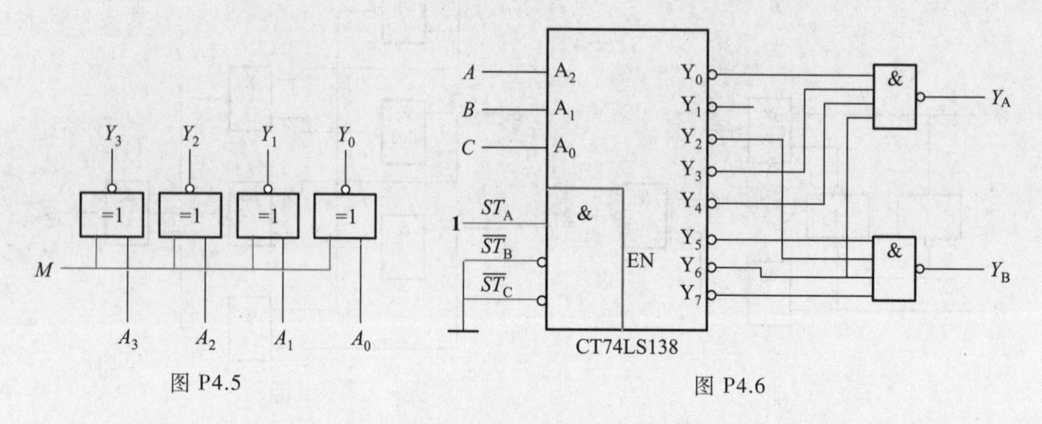

图 P4.5　　　　图 P4.6

［题 4.7］　写出图 P4.7 所示电路的逻辑函数表达式,并化简为最简**与或**表达式。

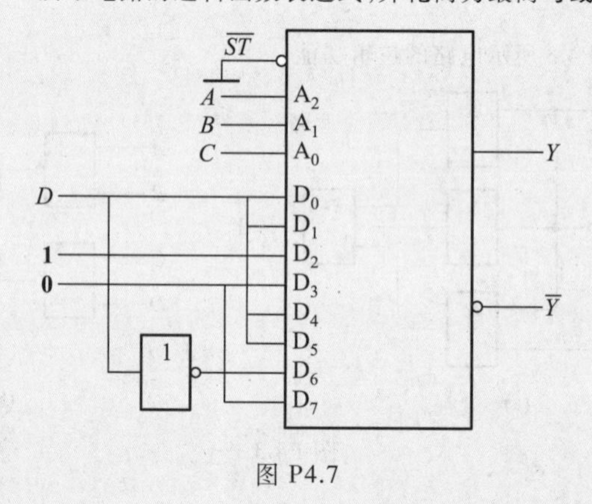

图 P4.7

［题 4.8］　路灯由安装在三个不同地方的开关 A、B、C 控制。当总电源开关 S 闭合时,三个开关可控制路灯的点亮和熄灭,这时,一个开关动作时灯亮,则另一个开关动作时灯熄灭。当总电源开关 S 断开时,路灯不会亮。试用**与非**门设计该路灯控制电路。

［题 4.9］　用**与非**门设计一个数值范围的判别电路。设电路输入 A、B、C、D 为表示 1 位十进制数 X 的 8421BCD 码,当 X 符合下列条件时,输出 $Y=\mathbf{1}$,否则输出 $Y=\mathbf{0}$。

（1）$4\leqslant X\leqslant 8$；

（2）$X\leqslant 4$ 和 $X\geqslant 7$。

［题 4.10］　在 A、B、C 三个输入信号中,A 的先权最高,B 次之,C 最低,它们的输出分别用 Y_A、Y_B、Y_C 表示,要求同一时间内只有一个信号输出。如有两个或三个信号同时输入,则只有优先权最高的有输出,试用**或非**门设计一个能实现此要求的逻辑电路。

［题 4.11］　某逻辑电路输入 A、B、C 及输出 Y 的电压波形如图 P4.8 所示,试列出真值表,写出输出逻辑表达式,并用最少的门电路实现。

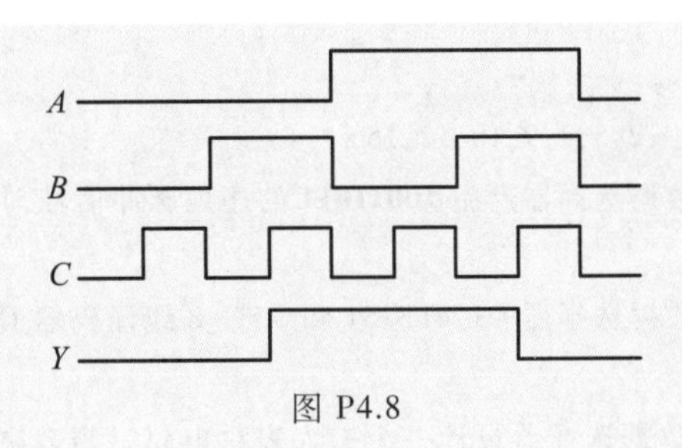

图 P4.8

[题 4.12] 试用最少的门电路设计一个代码转换电路。输入为 4 位格雷码,输出为 4 位二进制代码。

[题 4.13] 举重比赛共有三名裁判,其中 A 为主裁判,B 和 C 为副裁判。按照少数服从多数的原则进行评判,但必须主裁判认为合格时,举重才算成功。试分别用**与非**门和**或非**门设计该裁判逻辑电路。

[题 4.14] 试用 3 线-8 线译码器 CT74LS138 和门电路设计下列组合逻辑电路,其输出逻辑函数为

(1) $Y=\overline{A}C+BC+A\overline{B}\,\overline{C}$

(2) $Y=A\oplus B\oplus C$

(3) $Y=\overline{(A+B)(\overline{A}+C)}$

[题 4.15] 用最少的门电路设计一个奇偶校验电路:当 4 位数中有奇数个 **1** 时,输出为 **0**,否则输出 **1**。

[题 4.16] 试用 3 线-8 线译码器 CT74LS138 和门电路设计多输出组合逻辑电路,其输出逻辑函数为

$$\begin{cases} Y_{\mathrm{A}}=AB+\overline{A}\,\overline{B}\,\overline{C} \\ Y_{\mathrm{B}}=A\odot B\odot C \\ Y_{\mathrm{C}}=AC+\overline{B}C \end{cases}$$

[题 4.17] 试用 4 选 1 数据选择器和门电路设计下列组合逻辑电路,其输出逻辑函数为

(1) $Y=A\overline{B}\,\overline{C}+\overline{A}\,\overline{C}+BC$

(2) $Y=A\oplus B\oplus C$

[题 4.18] 试用双 4 选 1 数据选择器 CC74HC153 设计组合逻辑电路,其输出逻辑函数为

$$\begin{cases} Y_{\mathrm{A}}(A,B,C)=\sum m(1,4,6,7) \\ Y_{\mathrm{B}}(A,B,C)=\sum m(3,5,6,7) \end{cases}$$

[题 4.19] 试用 8 选 1 数据选择器 CC74HCT151 设计下列组合逻辑电路,其输出逻辑函数为

(1) $Y=A\overline{B}+\overline{A}B+\overline{C}$

(2) $Y=A\oplus B\oplus C$

(3) $Y=(A\oplus B)C+\overline{A\oplus B}\,\overline{C}$

[题 4.20] 试用 8 选 1 数据选择器 CC74HCT151 和门电路设计下列组合逻辑电路,其输出逻辑函数为

(1) $Y=A\overline{C}D+\overline{A}\,\overline{B}CD+BC$

(2) $Y(A,B,C,D)=\sum m(0,2,5,7,9,10,12,15)$

[**题 4.21**]　试用8选1数据选择器产生**10011011**的序列脉冲信号,并画出输入和输出波形。设输入地址码为自然二进制代码。

[**题 4.22**]　试用8选1数据选择器CT74LS151和3线-8线译码器CT74LS138构成一个输出原码的数据分配系统。

[**题 4.23**]　试用4选1数据选择器设计一个三人表决电路。当表决某提案时,多数人同意,提案通过;否则,提案被否决。

[**题 4.24**]　试判别下列逻辑函数是否存在冒险现象。

(1) $Y=A\overline{C}+BC$

(2) $Y=(A+\overline{C})(B+C)$

(3) $Y=AB+\overline{A}\,\overline{C}+\overline{B}\,\overline{C}$

(4) $Y=(A+B)(\overline{B}+C)(\overline{A}+C)$

技　能　题

[**题 4.25**]　设计一个故障指示电路,要求如下:两台电动机同时工作时,绿灯亮;一台电动机发生故障时,黄灯亮;两台电动机同时发生故障时,红灯亮。

[**题 4.26**]　试用8选1数据选择器和门电路设计一个多功能电路,其功能见表P4.1。

表 P4.1　[题 4.26]功能表

E	F	Y
0	**0**	$A\odot B$
0	**1**	$A\oplus B$
1	**0**	AB
1	**1**	$A+B$

第 5 章

集成触发器

内 容 提 要

本章讨论的触发器是时序逻辑电路的基本单元。首先介绍触发器的特点，基本 *RS* 触发器的工作原理及同步触发器的基本电路结构和逻辑功能；而后讨论常用集成触发器的逻辑功能与应用。

5.1 概　　述

在数字系统中，除了需要各种逻辑运算电路外，还需有能保存运算结果的逻辑元件，这就需要具有记忆功能的电路，而触发器(flip-flop)就具有这样的功能。它是存储 1 位二进制信息的基本单元电路，其框图如图 5.1.1 所示。它有一个或多个输入端和两个互补输出端 Q 和 $\overline{Q}$。触发器具有两个特点：

微视频 5-1：触发器简介

(1) 具有两个能自保持的稳定状态。通常用输出端 Q 的状态来表示触发器的状态。如 $Q=\mathbf{0}$、$\overline{Q}=\mathbf{1}$ 时，表示 **0** 状态，记 $Q=\mathbf{0}$，和二进制数 **0** 对应；如 $Q=\mathbf{1}$、$\overline{Q}=\mathbf{0}$ 时，表示 **1** 状态，记 $Q=\mathbf{1}$，和二进制数 **1** 对应。

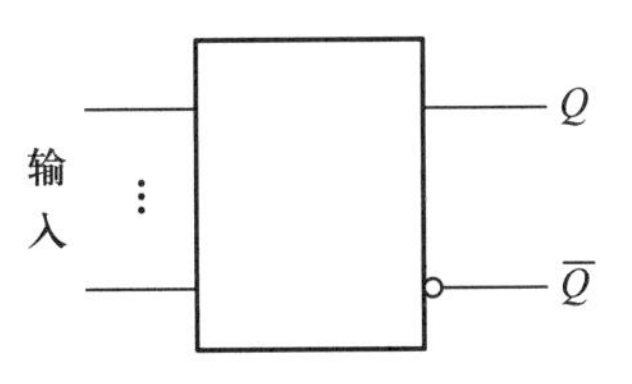

图 5.1.1　触发器的框图

(2) 在输入信号作用下，可从一个稳定状态转换到另一个稳定状态。通常将输入信号作用前的状态称为现态，用 Q^n 表示；输入信号作用后的状态称为次态，用 Q^{n+1} 表示。

触发器的逻辑功能用特性表、激励表(又称驱动表)、特性方程、状态转换图和波形图(又称时序图)来描述。

根据逻辑功能的不同，触发器可分为：*RS* 触发器、*D* 触发器、*JK* 触发器、*T* 触发器和 *T'* 触发器等。根据触发方式的不同，触发器可分为：电平触发器、边沿触发器和主从触发器等。根据电路结构的不同，触发器可分为：基本 *RS* 触发器、同步触发器、维持阻塞触发器、主从触发器和边沿触发器等。

本章主要讨论基本 *RS* 触发器、同步触发器、常用集成触发器的电路结构、工作原理和逻辑功能。

5.2 基本 *RS* 触发器

微视频5-2：基本 *RS* 触发器

5.2.1 由与非门组成的基本 *RS* 触发器

一、电路组成

由两个与非门的输入和输出交叉耦合组成的基本 *RS* 触发器如图5.2.1(a)所示，图(b)为其逻辑符号。$\overline{R}_D$和$\overline{S}_D$为信号输入端，它们上面的**非**号表示低电平有效，在逻辑符号中用小圆圈表示。Q 和 $\overline{Q}$ 为输出端，在触发器处于稳定状态时，它们的输出状态相反。

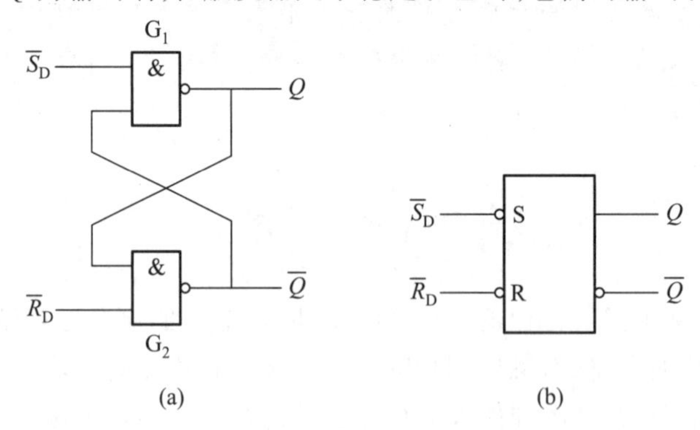

图5.2.1 **与非**门组成的基本 *RS* 触发器及其逻辑符号

(a) 逻辑图；(b) 逻辑符号

二、逻辑功能

下面根据**与非**门的逻辑功能讨论基本 *RS* 触发器的工作原理。

(1) 当$\overline{R}_D=\mathbf{0}$、$\overline{S}_D=\mathbf{1}$时，触发器置**0**。因$\overline{R}_D=\mathbf{0}$，$G_2$输出$\overline{Q}=\mathbf{1}$，这时$G_1$输入都为高电平**1**，输出$Q=\mathbf{0}$，触发器被置**0**。使触发器处于**0**状态的输入端$\overline{R}_D$称为置**0**端，也称复位(Reset)端，低电平有效。

(2) 当$\overline{R}_D=\mathbf{1}$、$\overline{S}_D=\mathbf{0}$时，触发器置**1**。因$\overline{S}_D=\mathbf{0}$，$G_1$输出$Q=\mathbf{1}$，这时$G_2$输入都为高电平**1**，输出$\overline{Q}=\mathbf{0}$，触发器被置**1**。使触发器处于**1**状态的输入端$\overline{S}_D$称为置**1**端，也称置位(Set)端，也是低电平有效。

(3) 当$\overline{R}_D=\mathbf{1}$、$\overline{S}_D=\mathbf{1}$时，触发器保持原状态不变。如触发器处于$Q=\mathbf{0}$、$\overline{Q}=\mathbf{1}$的**0**状态时，则$Q=\mathbf{0}$反馈到$G_2$的输入端，$G_2$因输入有低电平**0**，输出$\overline{Q}=\mathbf{1}$；$\overline{Q}=\mathbf{1}$又反馈到$G_1$的输入端，$G_1$输入都为高电平**1**，输出$Q=\mathbf{0}$。电路保持**0**状态不变。

如触发器原处于$Q=\mathbf{1}$、$\overline{Q}=\mathbf{0}$的**1**状态时，则电路同样能保持**1**状态不变。

(4) 当$\overline{R}_{D}=\mathbf{0}$、$\overline{S}_{D}=\mathbf{0}$时，触发器状态不定。这时触发器输出$Q=\overline{Q}=\mathbf{1}$，这既不是**1**状态，也不是**0**状态。而在$\overline{R}_{D}$和$\overline{S}_{D}$同时由**0**变为**1**时，由于G_1和G_2电气性能上的差异，其输出状态无法预知，可能是**0**状态，也可能是**1**状态，它违背了触发器输出Q端和$\overline{Q}$端状态必须相反的规定，这种情况是不允许的，禁止使用。为了保证基本*RS*触发器能正常工作，不出现$\overline{R}_{D}$和$\overline{S}_{D}$同时为**0**，要求$\overline{R}_{D}+\overline{S}_{D}=\mathbf{1}$，即要求$\overline{R}_{D}$和$\overline{S}_{D}$中至少有一个为**1**。

由上讨论可知，由与非门组成的基本*RS*触发器具有置**0**、置**1**和保持三种功能。

三、特性表

触发器次态Q^{n+1}与输入信号和电路原有状态（现态Q^{n}）之间关系的真值表，称为特性表。因此，上述基本*RS*触发器的逻辑功能可用表5.2.1所示的特性表来表示。

表5.2.1　与非门组成的基本*RS*触发器的特性表

$\overline{R}_{D}$	$\overline{S}_{D}$	Q^{n}	Q^{n+1}	说明
0	**0**	**0**	×	触发器状态不定，不允许（禁用）
0	**0**	**1**	×	
0	**1**	**0**	**0**	触发器置**0**
0	**1**	**1**	**0**	
1	**0**	**0**	**1**	触发器置**1**
1	**0**	**1**	**1**	
1	**1**	**0**	**0**	触发器保持原状态不变
1	**1**	**1**	**1**	

四、特性方程

触发器次态Q^{n+1}与输入$\overline{R}_{D}$、$\overline{S}_{D}$及现态Q^{n}之间关系的逻辑表达式，称为特性方程。

根据表5.2.1可画出基本*RS*触发器Q^{n+1}的卡诺图，如图5.2.2所示。由此可求得它的特性方程为

$$\begin{cases}Q^{n+1}=S_{D}+\overline{R}_{D}Q^{n}\\ \overline{R}_{D}+\overline{S}_{D}=\mathbf{1}\quad（约束条件）\end{cases}\tag{5.2.1}$$

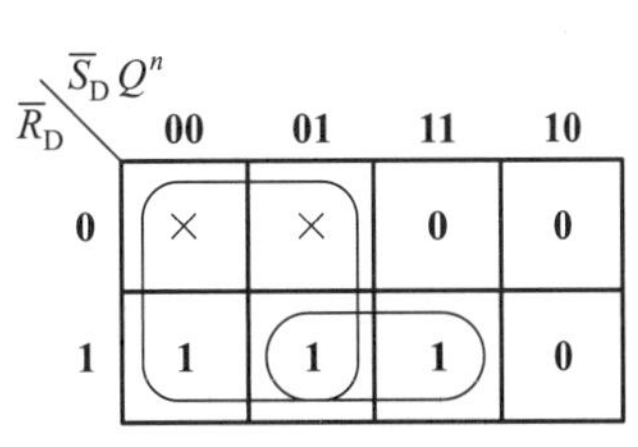

图5.2.2　基本*RS*触发器Q^{n+1}的卡诺图

［例5.2.1］ 已知图5.2.1(a)所示基本*RS*触发器的初始状态为$Q=\mathbf{0}$，当$\overline{R}_{D}$和$\overline{S}_{D}$端输入电压波形如图5.2.3所示时，试画出输出Q和$\overline{Q}$端对应的电压波形。

解： 根据表5.2.1可画出图5.2.1(a)所示触发器输出Q和$\overline{Q}$端的电压波形，如图5.2.3所示。应当指出：在$\overline{R}_{D}=\overline{S}_{D}=\mathbf{0}$时，$Q=\overline{Q}=\mathbf{1}$，为禁止使用状态，因为在$\overline{R}_{D}$和$\overline{S}_{D}$同时由

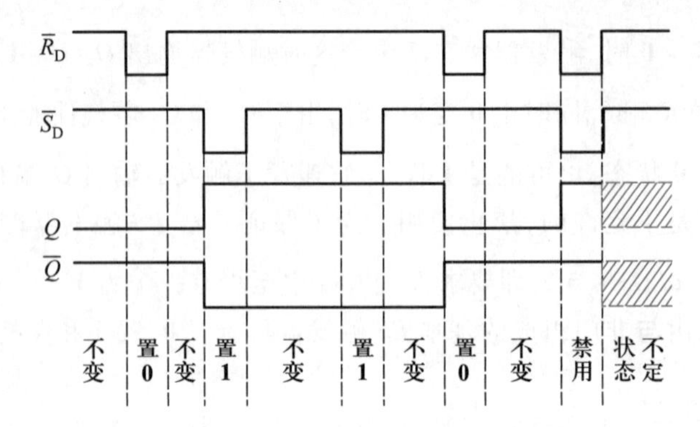

图 5.2.3 [例 5.2.1]基本 *RS* 触发器输出 Q 和 $\overline{Q}$ 的电压波形

0 状态变为 **1** 状态时，输出状态无法确定，见图 5.2.3 所示电压波形的斜线部分。

5.2.2 由或非门组成的基本 *RS* 触发器

图 5.2.4(a)所示为由两个或非门的输入和输出交叉耦合组成的基本 *RS* 触发器，图(b)为其逻辑符号。该触发器用高电平作为输入信号，也称为高电平有效。用**或非**门的逻辑功能来分析图 5.2.4(a)所示触发器的工作原理，不难得出如下结论：当 $R_D=\mathbf{0}$、$S_D=\mathbf{1}$ 时，触发器置 **1**；当 $R_D=\mathbf{1}$、$S_D=\mathbf{0}$ 时，触发器置 **0**；当 $R_D=S_D=\mathbf{0}$ 时，触发器保持原状态不变；当 $R_D=S_D=\mathbf{1}$ 时，$Q=\overline{Q}=\mathbf{0}$，这既不是 **0** 状态，也不是 **1** 状态，因为当 R_D 和 S_D 同时由高电平变为低电平时，触发器的输出状态是不确定的，所以，这种情况也是不允许的。为保证触发器能正常工作，要求 $R_DS_D=\mathbf{0}$，即要求 R_D 和 S_D 中至少有一个为 **0**。

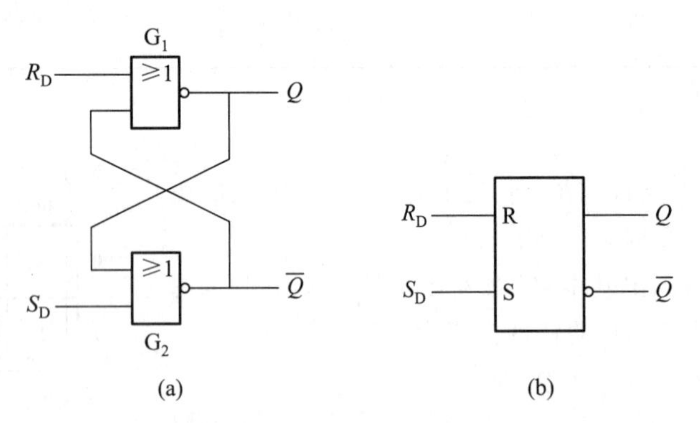

图 5.2.4 或非门组成的基本 *RS* 触发器及其逻辑符号

(a) 逻辑图；(b) 逻辑符号

由或非门组成基本 *RS* 触发器的特性方程如下

$$\begin{cases} Q^{n+1}=S_D+\overline{R}_DQ^n \\ R_DS_D=\mathbf{0} \quad \text{（约束条件）} \end{cases} \tag{5.2.2}$$

上述基本 RS 触发器的输出状态是直接受$\overline{R}_D$、$\overline{S}_D$(或 R_D、S_D)端输入信号的电平控制的，因此称为直接触发器，或称为电平触发器。这种触发器的优点是电路简单，缺点是使用不方便。

5.2.3 集成锁存器

微视频 5-3：集成 TTL 锁存器

一、TTL 锁存器

图 5.2.5 所示为 TTL 四 $\overline{R}$-$\overline{S}$ 锁存器 CT74LS279 的逻辑电路和逻辑符号，它由 4 个独立的基本 RS 触发器组成。芯片中集成了两个图 5.2.5(a)所示的电路和两个图 5.2.5(b)所示的电路。CT74LS279 的功能如表 5.2.2 所示。

芯片使用手册 5-1：基本 RS 触发器 74LS279

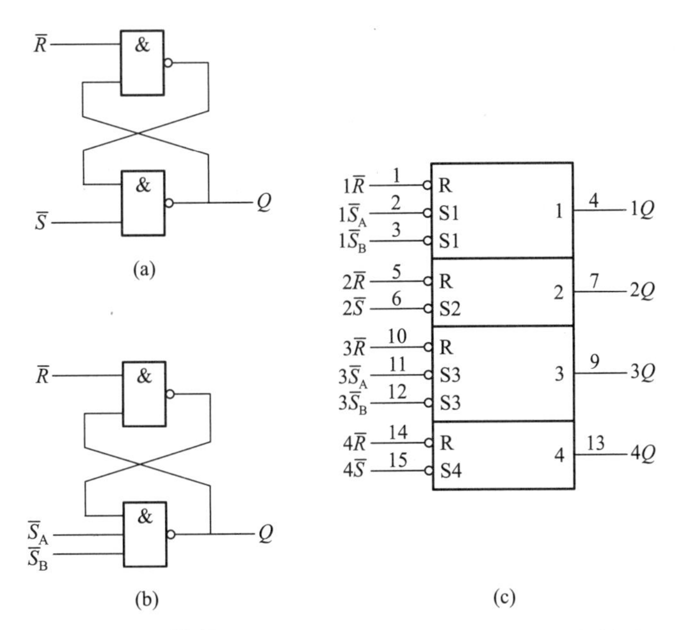

图 5.2.5 四 $\overline{R}$-$\overline{S}$ 锁存器 CT74LS279 的逻辑电路和逻辑符号

(a) 逻辑电路一；(b) 逻辑电路二；(c) 逻辑符号

表 5.2.2 CT74LS279 的功能表

输入		输出	说明
$\overline{R}$	$\overline{S}$	Q^{n+1}	
0	**0**	×	锁存器状态不定，不允许(禁用)
0	**1**	**0**	锁存器置 **0**
1	**0**	**1**	锁存器置 **1**
1	**1**	Q^n	锁存器保持原状态不变

由表 5.2.2 可看出，图 5.2.5(a)所示电路的逻辑功能和图 5.2.1 完全相同，这里不再复述。对于图 5.2.5(b)所示电路，两个置位输入端 $\overline{S}_A$ 和 $\overline{S}_B$ 之间具有**与**逻辑关系，$\overline{S}=\overline{S}_A\cdot\overline{S}_B$。图 5.2.5(c)所示为锁存器 CT74LS279 的逻辑符号。

图 5.2.6(a)所示机械开关电路在数字系统中常用于数字系统逻辑电平的输入装置。当机械开关 S 由位置 1 打到位置 2 的瞬间，机械开关 S 在接通与断开之间产生弹性抖动，输出多个脉冲才能稳定下来，如图 5.2.6(b)所示。如将反相器输出的脉冲波形送到计数器的输入端进行计数时，会错误地多计数，这是不允许的。因此，数字系统中的机械开关必须采取措施消除机械开关抖动的影响。

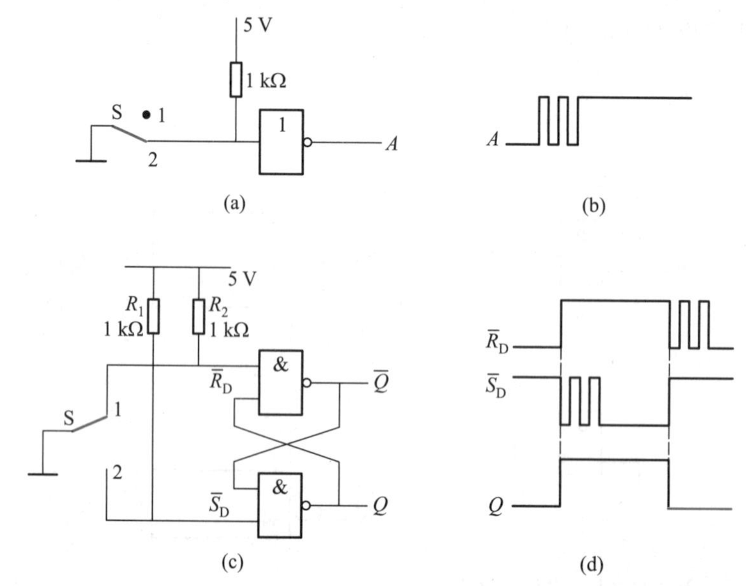

图 5.2.6 利用 *RS* 锁存器构成的消除机械开关抖动的电路

(a) 机械开关电路； (b) 机械开关输出波形； (c) 无抖动开关电路； (d) 无抖动开关输出波形

图 5.2.6(c)所示为由锁存器构成的消除机械开关抖动影响的电路。当开关 S 处在位置 1 时，触发器处于 **0** 状态。如开关 S 由位置 1 打到位置 2 的瞬间，开关会产生抖动，使 $\overline{S}_D$ 在低电平和高电平之间抖动。当开关 S 第一次与位置 2 接触时，$\overline{S}_D=\mathbf{0}$、$\overline{R}_D=\mathbf{1}$，触发器翻到 **1** 状态，当开关 S 悬空时，$\overline{R}_D=\overline{S}_D=\mathbf{1}$，触发器保持 **1** 状态不变。因此，开关 S 的抖动不会改变触发器的 **1** 状态。同样，当开关 S 由位置 2 打到位置 1 时，开关的抖动也不会影响触发器翻到 **0** 状态。其工作波形如图 5.2.6(d)所示。

二、CMOS 锁存器

图 5.2.7(a)所示为由 CMOS **或非**门组成的四 *R*–*S* 锁存器 CC4043 的逻辑电路，图(b)为其逻辑符号。它由 4 个具有三态输出的锁存器组成，并由一个使能信号 *EN* 控制。CC4043 的功能如表 5.2.3 所示。

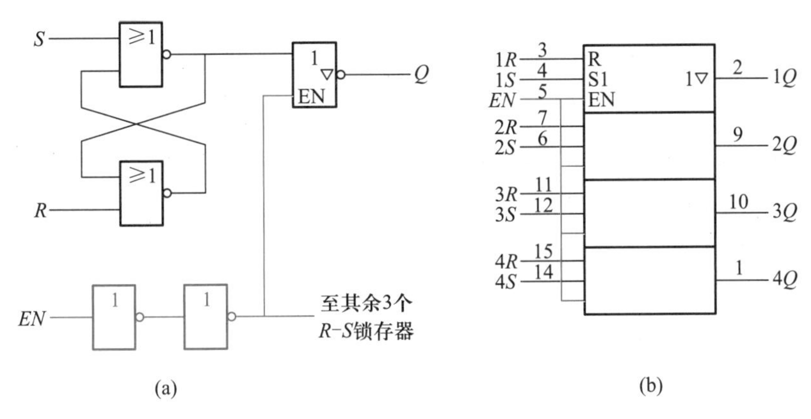

图 5.2.7 四 $R-S$ 锁存器 CC4043 的逻辑电路和逻辑符号

(a) 逻辑电路；(b) 逻辑符号

表 5.2.3 CC4043 的功能表

输入			输出	说明
R	S	EN	Q^{n+1}	
×	×	0	Z	锁存器输出高阻态
0	**0**	**1**	Q^n	锁存器保持原状态不变
0	**1**	**1**	**1**	锁存器置 **1**
1	**0**	**1**	**0**	锁存器置 **0**
1	**1**	**1**	×	锁存器状态不定，不允许

由表 5.2.3 可知，在图 5.2.7(a)所示电路中，当 $EN=\mathbf{0}$ 时，锁存器输出 Q 为高阻态(Z)；当 $EN=\mathbf{1}$ 时，三态输出门工作，输出 Q 的状态由输入 R、S 端的信号决定，其工作原理和图 5.2.4(a)基本相同。CC4043 输出可直接与总线相连。

思 考 题

1. 基本 RS 触发器有哪几种常见的电路形式？并说明它们的逻辑功能。
2. 写出由**或非**门组成的基本 RS 触发器的特性表，并求出它的特性方程。
3. 求出 CMOS 锁存器 CC4043 的特性方程。并说明使用特性方程时是否有约束条件？为什么？

5.3 同步触发器

前面介绍的基本 RS 触发器是在输入信号直接控制下工作的，然而在数字系统中，为了协调各部分有节拍地工作，常常要求一些触发器在同一时刻动作。为此，必须采用同步脉冲，使这些触发器在同步脉冲作用下根据输入信号同时改变状态，而在没有同步脉冲输入时，触发器保持原状态不变，这个同步脉冲称为时钟脉冲 CP(clock pulse)。具有时钟脉冲 CP 控制的触发器称为时钟触发器(clocked flip-flop)，又称为同步触发器。

微视频 5-4：同步 RS 触发器

5.3.1 同步 RS 触发器

一、电路组成

同步 *RS* 触发器是在基本 *RS* 触发器的基础上增加了两个由时钟脉冲 *CP* 控制的门电路 G_3、G_4 后组成的，如图 5.3.1(a)所示，图(b)为其逻辑符号。图中 *CP* 为时钟脉冲输入端，简称钟控端 *CP*，*R* 和 *S* 为信号输入端。

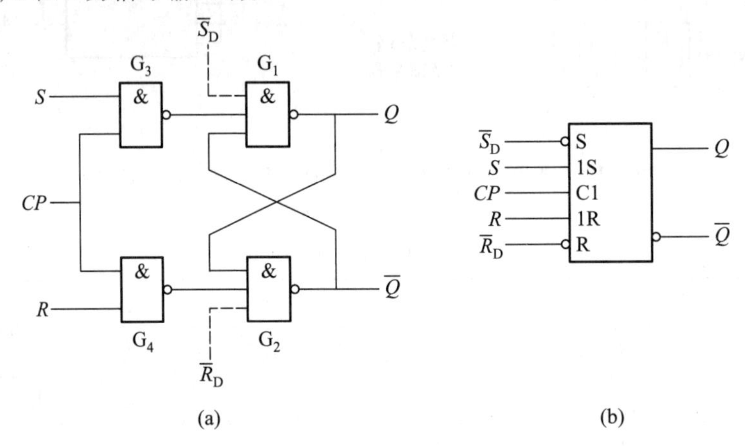

图 5.3.1 同步 *RS* 触发器及其逻辑符号

(a) 逻辑图；(b) 逻辑符号

二、逻辑功能

当 $CP=\mathbf{0}$ 时，触发器不工作，这时，G_3、G_4 被封锁，都输出 **1**，这时，不管 *R* 端和 *S* 端的信号如何变化，触发器的状态保持不变，即 $Q^{n+1}=Q^n$。

当 $CP=\mathbf{1}$ 时，触发器工作，这时，G_3、G_4 解除封锁，*R*、*S* 端的输入信号可通过这两个门控制基本 *RS* 触发器的状态翻转。其输出状态仍由 *R*、*S* 端的输入信号和电路的原有状态 Q^n 决定。同步 *RS* 触发器的逻辑功能见它的特性表，如表 5.3.1 所示。

表 5.3.1 同步 *RS* 触发器的特性表(*CP*=1 有效)

CP	*R*	*S*	Q^n	Q^{n+1}	说明
0	×	×	**0**	**0**	触发器保持原状态不变
0	×	×	**1**	**1**	
1	**0**	**0**	**0**	**0**	触发器保持原状态不变
1	**0**	**0**	**1**	**1**	
1	**0**	**1**	**0**	**1**	触发器状态和 *S* 相同(置 **1**)
1	**0**	**1**	**1**	**1**	
1	**1**	**0**	**0**	**0**	触发器状态和 *S* 相同(置 **0**)
1	**1**	**0**	**1**	**0**	
1	**1**	**1**	**0**	×	触发器状态不定，不允许(禁用)
1	**1**	**1**	**1**	×	

由表 5.3.1 可看出，同步 RS 触发器有如下逻辑功能：在 CP 由 **0** 变为 **1** 后，R 和 S 输入的状态不同时，触发器翻到和 S 相同的状态，即具有置 **0** 和置 **1** 功能；当 $R=S=\mathbf{0}$ 时，触发器保持原状态不变；当 $R=S=\mathbf{1}$ 时，触发器输出状态不定，这是不允许的，禁止使用，为避免这种情况出现，应取 $RS=\mathbf{0}$。

在图 5.3.1(a)中，当 $CP=\mathbf{0}$ 时，如取$\overline{R}_D=\mathbf{1}$、$\overline{S}_D=\mathbf{0}$，则 $Q=\mathbf{1}$、$\overline{Q}=\mathbf{0}$，触发器置 **1**；如取$\overline{R}_D=\mathbf{0}$、$\overline{S}_D=\mathbf{1}$，触发器置 **0**。由于触发器的置 **0** 和置 **1** 直接受$\overline{R}_D$、$\overline{S}_D$端信号控制，因此，$\overline{R}_D$和$\overline{S}_D$端称为直接置 **0** 端和直接置 **1** 端，又称为异步置 **0** 端和异步置 **1** 端。触发器正常工作时，取$\overline{R}_D=\mathbf{1}$、$\overline{S}_D=\mathbf{1}$。应当指出，触发器的置 **0** 或置 **1** 只有在 $CP=\mathbf{0}$ 的情况下进行，否则，在 $\overline{R}_D$ 和 $\overline{S}_D$ 返回高电平后，预置状态不一定能保持下来。

由上述分析可看出：在同步 RS 触发器中，R、S 端的输入信号决定了电路翻转到什么状态，而时钟脉冲 CP 则决定电路状态翻转的时刻，这样便实现了对电路状态翻转时刻的控制。

三、特性方程

根据表 5.3.1 可画出同步 RS 触发器 Q^{n+1} 的卡诺图，如图 5.3.2 所示。由该图可得同步 RS 触发器的特性方程为

$$\begin{cases} Q^{n+1}=S+\overline{R}\,Q^n \\ RS=\mathbf{0} \quad （约束条件） \end{cases} \qquad (CP=\mathbf{1}\text{ 期间有效}) \quad (5.3.1)$$

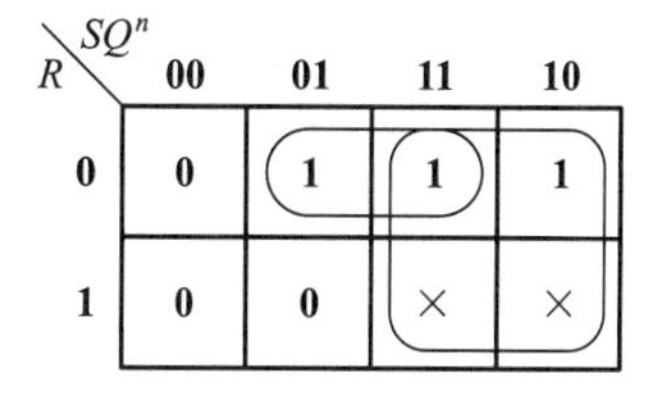

图 5.3.2 同步 RS 触发器 Q^{n+1} 的卡诺图

四、驱动表

根据触发器的现态 Q^n 和次态 Q^{n+1} 的取值来确定输入信号取值的关系表，称为触发器的驱动表，又称激励表。

由表 5.3.1 可列出在 $CP=\mathbf{1}$ 时同步 RS 触发器的驱动表，如表 5.3.2 所示。表中的“×”号表示任意值，可以为 **0**，也可以为 **1**。驱动表对时序逻辑电路的分析和设计是很有用的。

表 5.3.2 同步 RS 触发器的驱动表

Q^n ⟶	Q^{n+1}	R	S
0	0	×	0
0	1	0	1
1	0	1	0
1	1	0	×

五、状态转换图

触发器的逻辑功能还可用状态转换图来描述。它表示触发器从一个状态变化到另一个状态或保持原状态不变时，对输入信号(R、S)提出的要求。图 5.3.3 所示状态转换图是根据表 5.3.2 画出来的。图中的两个圆圈分别表示触发器的两个稳定状态，箭头表示在输入时钟信号 CP 作用下状态转换的情况，箭头线旁标注的 R、S 值表示触发器状态转换的条件。

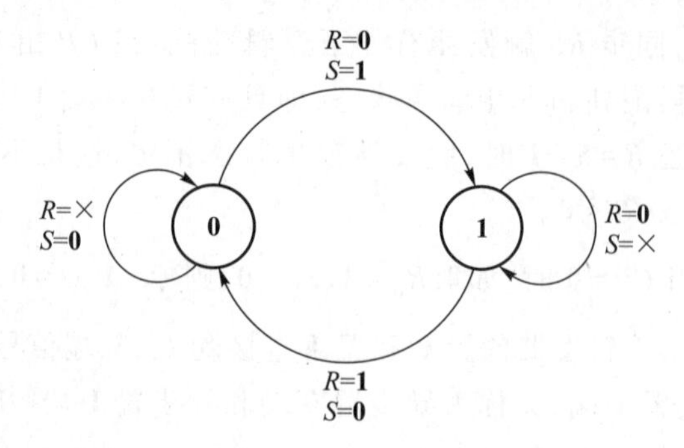

图 5.3.3　同步 *RS* 触发器的状态转换图

例如要求触发器由 **0** 状态转换到 **1** 状态时，由图 5.3.3 可知，应取输入信号 $R=\mathbf{0}$、$S=\mathbf{1}$。

下面对图 5.3.1(b)所示逻辑符号作简要说明：框内的 *R*、*S* 为复位和置位关联符号，*C* 为控制关联符号，*C* 右边和 *R*、*S* 左边的 1 为关联序号 *m*(*m* 通常用阿拉伯数字替代，这里取 *m* 为 1)。它的含义是：当控制信号 *C* 的输入有效(这里指 *CP* 为高电平)时，与 *C* 序号相同的 *R*、*S*(指 1*R*、1*S*)才能对电路起作用。

5.3.2　同步 *D* 触发器

一、电路组成

为了避免同步 *RS* 触发器同时出现 *R* 和 *S* 都为 **1** 的情况，可在 *R* 和 *S* 之间接入非门 G_5，如图 5.3.4(a)所示，这种单输入的触发器称为 *D* 触发器，*D* 为 Data 的缩写。图 5.3.4(b)为其逻辑符号。*D* 为信号输入端。

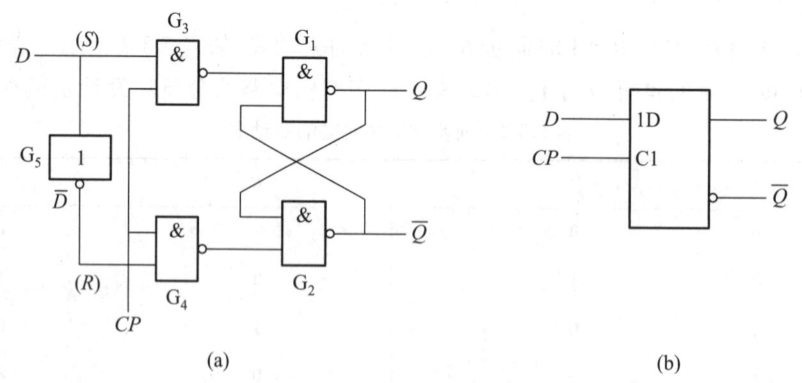

图 5.3.4　同步 *D* 触发器及其逻辑符号

(a) 逻辑图；(b) 逻辑符号

二、逻辑功能

在 $CP=\mathbf{0}$ 时，G_3、G_4 被封锁，都输出 **1**，触发器保持原状态不变，不受 *D* 端输入信号的控制。

在 $CP=\mathbf{1}$ 时，G_3、G_4 解除封锁，可接收 D 端输入的信号。如 $D=\mathbf{1}$ 时，$\overline{D}=\mathbf{0}$，触发器翻到 **1** 状态，即 $Q^{n+1}=\mathbf{1}$，如 $D=\mathbf{0}$ 时，$\overline{D}=\mathbf{1}$，触发器翻到 **0** 状态，即 $Q^{n+1}=\mathbf{0}$。由此可列出表 5.3.3 所示同步 D 触发器的特性表。

表 5.3.3 同步 D 触发器的特性表（$CP=1$ 有效）

CP	D	Q^n	Q^{n+1}	说明
0	×	**0**	**0**	输出保持原状态不变
0	×	**1**	**1**	
1	**0**	**0**	**0**	输出状态和 D 相同
1	**0**	**1**	**0**	
1	**1**	**0**	**1**	输出状态和 D 相同
1	**1**	**1**	**1**	

由上述分析可知，同步 D 触发器的逻辑功能如下：当 CP 由 **0** 变为 **1** 后，触发器的状态翻到和 D 的状态相同；当 CP 由 **1** 变为 **0** 后，触发器保持原状态不变。

三、特性方程

根据表 5.3.3 可画出同步 D 触发器 Q^{n+1} 的卡诺图，如图 5.3.5 所示。由该图可得

$$Q^{n+1}=D \qquad (CP=\mathbf{1}\text{ 期间有效}) \qquad (5.3.2)$$

$D \backslash Q^n$	**0**	**1**
0	**0**	**0**
1	**1**	**1**

图 5.3.5 同步 D 触发器 Q^{n+1} 的卡诺图

四、驱动表

根据表 5.3.3 可列出在 $CP=\mathbf{1}$ 时的同步 D 触发器的驱动表。如表 5.3.4所示。

表 5.3.4 同步 D 触发器的驱动表

Q^n	$\longrightarrow Q^{n+1}$	D	Q^n	$\longrightarrow Q^{n+1}$	D
0	**0**	**0**	**1**	**0**	**0**
0	**1**	**1**	**1**	**1**	**1**

五、状态转换图

根据表 5.3.4 可画出图 5.3.6 所示的状态转换图。

5.3.3 同步 JK 触发器

一、电路组成

克服同步 RS 触发器在 $R=S=\mathbf{1}$ 时出现不定状态的另一种方法是将触发器输出端 Q 和 $\overline{Q}$ 输出的互补状态反馈到输入端，这样，G_3 和 G_4 的输出不会同时出现 **0**，从而避免了不定状态的出现，电路如图 5.3.7(a)所示，图(b)为其逻辑符号。J 和 K 为信号输入端。JK 触发器是为了纪念集成电路发明人 Jack Kilby 而得名。

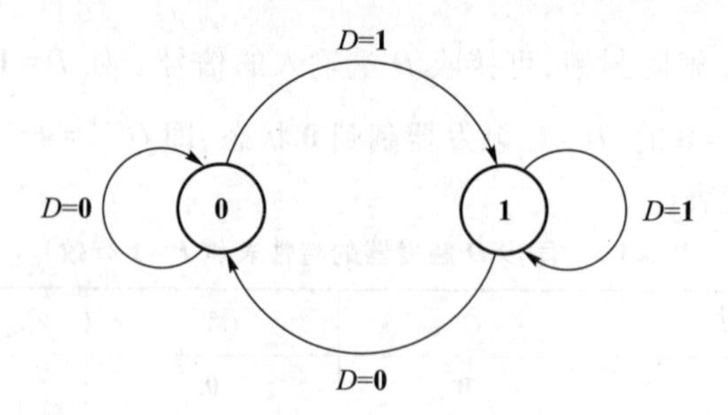

图 5.3.6 同步 D 触发器的状态转换图

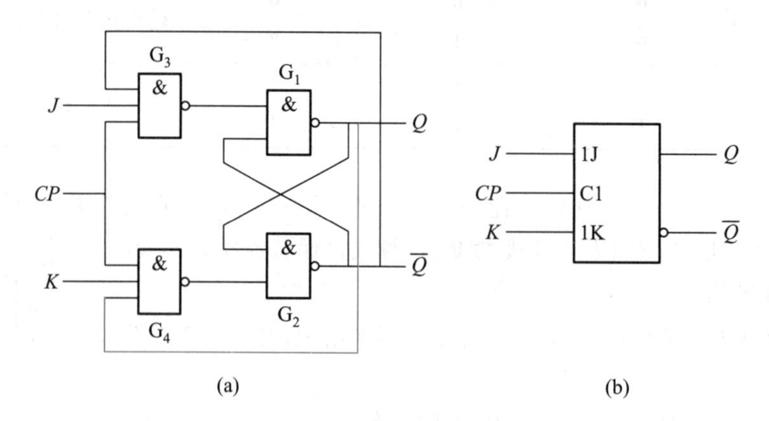

(a) (b)

图 5.3.7 同步 JK 触发器及其逻辑符号

(a) 逻辑图；(b) 逻辑符号

二、逻辑功能

当 $CP=\mathbf{0}$ 时，G_3、G_4 被封锁，都输出 **1**，触发器保持原状态不变。

当 $CP=\mathbf{1}$ 时，G_3、G_4 解除封锁，输入 J、K 端的信号可控制触发器的状态。

(1) 当 $J=K=\mathbf{0}$ 时，G_3 和 G_4 都输出 **1**，触发器保持原状态不变，即 $Q^{n+1}=Q^n$。

(2) 当 $J=\mathbf{1}$、$K=\mathbf{0}$ 时，如触发器为 $Q^n=\mathbf{0}$、$\overline{Q}^n=\mathbf{1}$ 的 **0** 状态，则在 $CP=\mathbf{1}$ 时，G_3 输入全 **1**，输出 **0**，G_1 输出 $Q^{n+1}=\mathbf{1}$。由于 $K=\mathbf{0}$，G_4 输出 **1**，这时 G_2 输入全 **1**，输出 $\overline{Q}^{n+1}=\mathbf{0}$。触发器翻到 **1** 状态，即 $Q^{n+1}=\mathbf{1}$。

如触发器为 $Q^n=\mathbf{1}$、$\overline{Q}^n=\mathbf{0}$ 的 **1** 状态，在 $CP=\mathbf{1}$ 时，G_3 和 G_4 的输入分别为 $\overline{Q}^n=\mathbf{0}$ 和 $K=\mathbf{0}$，这两个门都输出 **1**，触发器保持原来的 **1** 状态不变，即 $Q^{n+1}=Q^n$。

可见，在 $J=\mathbf{1}$，$K=\mathbf{0}$ 时，不论触发器原来处于什么状态，则在 CP 由 **0** 变为 **1** 后，触发器翻到和 J 相同的 **1** 状态。

(3) 当 $J=\mathbf{0}$、$K=\mathbf{1}$ 时，用同样的分析方法可知，在 CP 由 **0** 变为 **1** 后，触发器翻到 **0** 状态，即翻到和 J 相同的 **0** 状态，即 $Q^{n+1}=\mathbf{0}$。

(4) 当 $J=K=\mathbf{1}$ 时，在 CP 由 **0** 变为 **1** 后，触发器的状态由 Q 和 $\overline{Q}$ 端的反馈信号决定。

如触发器的状态为 $Q^n=\mathbf{0}$,$\overline{Q}^n=\mathbf{1}$ 的 **0** 状态时,在 $CP=\mathbf{1}$ 时,G_4 输入有 $Q^n=\mathbf{0}$,输出 **1**;G_3 输入有 $\overline{Q}^n=\mathbf{1}$、$J=\mathbf{1}$,即输入全 **1**,输出 **0**。因此,$G_1$ 输出 $Q^{n+1}=\mathbf{1}$,G_2 输入全 **1**,输出 $\overline{Q}^{n+1}=\mathbf{0}$,触发器翻到 **1** 状态,和电路原来的状态相反。

如触发器的状态为 $Q^n=\mathbf{1}$、$\overline{Q}^n=\mathbf{0}$ 的 **1** 状态时,在 $CP=\mathbf{1}$ 时,G_4 输入全 **1**,输出 **0**;G_3 输入有 $\overline{Q}^n=\mathbf{0}$,输出 **1**,因此,$G_2$ 输出 $\overline{Q}^{n+1}=\mathbf{1}$,$G_1$ 输入全 **1** 输出 $Q^{n+1}=\mathbf{0}$,触发器翻到 **0** 状态。

可见,在 $J=K=\mathbf{1}$ 时,每输入一个时钟脉冲 CP,触发器的状态变化一次,电路处于计数状态,这时 $Q^{n+1}=\overline{Q}^n$。

由此可列出同步 *JK* 触发器的特性表,如表 5.3.5 所示。

表 5.3.5 同步 *JK* 触发器的特性表($CP=\mathbf{1}$ 有效)

CP	J	K	Q^n	Q^{n+1}	说明
0	×	×	**0**	**0**	输出保持原状态不变
0	×	×	**1**	**1**	
1	**0**	**0**	**0**	**0**	输出保持原状态不变
1	**0**	**0**	**1**	**1**	
1	**0**	**1**	**0**	**0**	输出状态和 J 相同(置 **0**)
1	**0**	**1**	**1**	**0**	
1	**1**	**0**	**0**	**1**	输出状态和 J 相同(置 **1**)
1	**1**	**0**	**1**	**1**	
1	**1**	**1**	**0**	**1**	每输入一个时钟脉冲,输出状态变化一次
1	**1**	**1**	**1**	**0**	

由上分析可知,同步 *JK* 触发器的逻辑功能如下:当 CP 由 **0** 变为 **1** 后,J 和 K 输入状态不同时,触发器翻到和 J 相同的状态,即具有置 **0** 和置 **1** 功能;当 $J=K=\mathbf{0}$ 时,触发器保持原状态不变;当 $J=K=\mathbf{1}$ 时,触发器具有翻转功能。在 CP 由 **1** 变为 **0** 后,触发器保持原状态不变。因此,*JK* 触发器是一种功能很全的触发器。

三、特性方程

根据表 5.3.5 可画出图 5.3.8 所示的同步 *JK* 触发器 Q^{n+1} 的卡诺图。由该图可得

$$Q^{n+1}=J\overline{Q}^n+\overline{K}Q^n \qquad (CP=\mathbf{1}\text{ 期间有效}) \qquad (5.3.3)$$

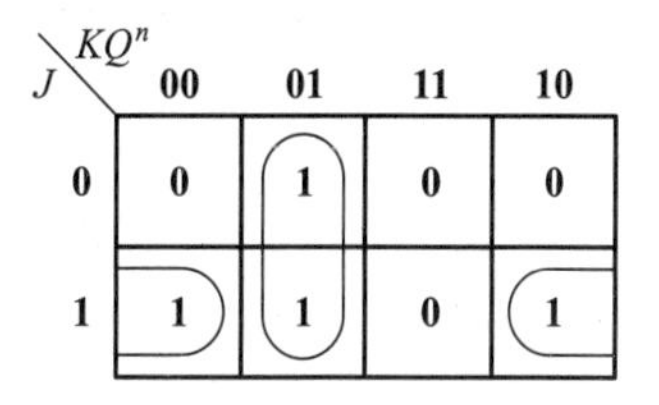

KQ^n
J
00
01
11
10
0
0
1
0
0
1
1
1
0
1

图 5.3.8 同步 *JK* 触发器 Q^{n+1} 的卡诺图

四、驱动表

根据表 5.3.5 可列出在 $CP=\mathbf{1}$ 时的同步 *JK* 触发器的驱动表,如表 5.3.6 所示。

表 5.3.6 同步 *JK* 触发器的驱动表

Q^n	$\longrightarrow Q^{n+1}$	J	K
0	**0**	**0**	×
0	**1**	**1**	×
1	**0**	×	**1**
1	**1**	×	**0**

五、状态转换图

根据表 5.3.6 可画出图 5.3.9 所示同步 *JK* 触发器的状态转换图。

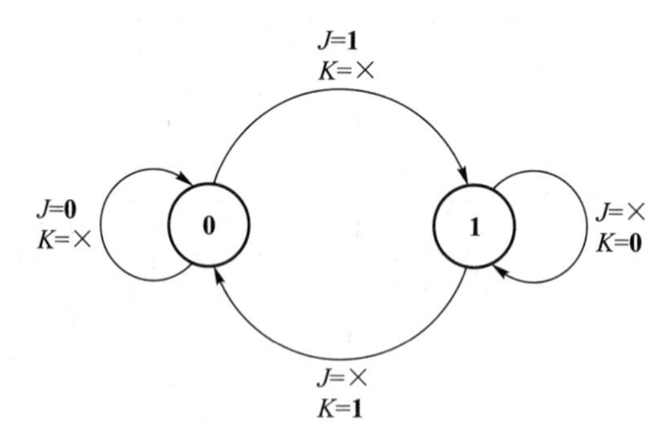

图 5.3.9 同步 *JK* 触发器的状态转换图

5.3.4 同步触发器的空翻

同步触发器在 $CP=\mathbf{1}$ 期间接收输入信号,如输入信号在此期间发生多次变化,其输出状态也会随之发生翻转,这种现象称为触发器的空翻。图5.3.10所示为同步 *D* 触发器的空翻波形。由该图可看出:在 $CP=\mathbf{1}$ 期间,输入 *D* 端的波形发生多次变化时,其输出 *Q* 端的波形也随之发生多次变化。这对同步触发器的应用带来了不少限制,因此,它只能用于数据锁存,而不能用于计数器、移位寄存器和存储器等。

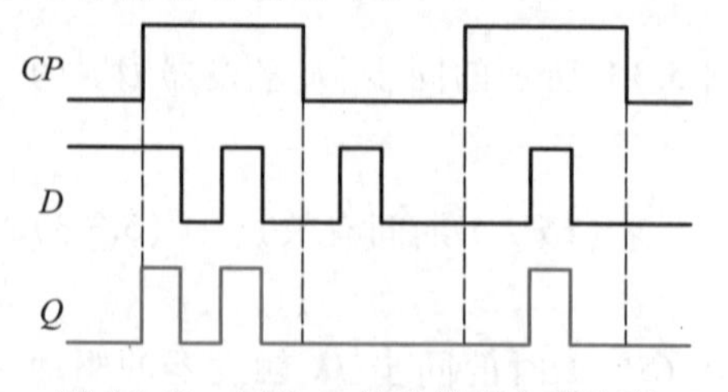

图 5.3.10 同步 *D* 触发器的空翻波形

为了克服同步触发器的空翻现象,又产生了多种没有空翻现象的触发器,目前应用较多的是性能较好的边沿触发器。

思 考 题

1. 与基本 RS 触发器相比,同步 RS 触发器在电路结构上有哪些特点?

2. 同步 RS 触发器在 $CP=\mathbf{0}$ 时,R 和 S 之间是否存在约束条件?为什么?在 $CP=\mathbf{1}$ 的情况下又如何?

3. 同步 D 触发器和同步 JK 触发器是否存在约束条件?为什么?

4. 图 5.3.1(a)所示同步 RS 触发器的初始状态为 $Q=\mathbf{0}$,CP、R 和 S 端的输入电压波形如图 5.3.11 所示,试画出输出端 Q 和 $\overline{Q}$ 电压的波形图。

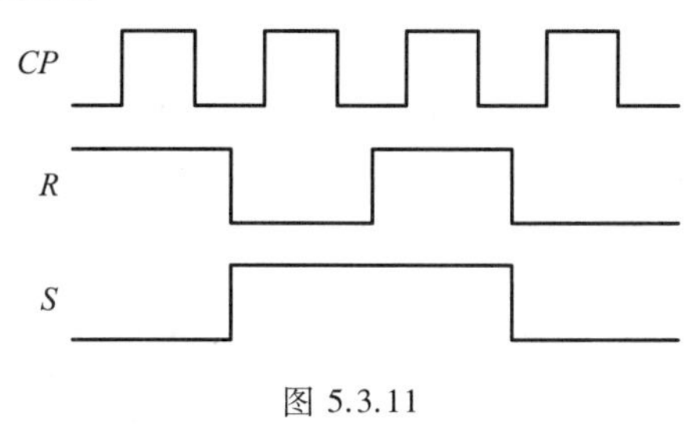

图 5.3.11

5.4 边沿触发器

边沿触发器(edge triggered flip-flop)只在时钟脉冲 CP 上升沿(↑)或下降沿(↓)到达时刻接收输入信号,电路状态才发生翻转,而在 CP 的其他时间内,电路状态不会发生变化,从而提高了触发器工作的可靠性和抗干扰能力。它没有空翻现象。TTL 边沿触发器主要有维持阻塞 D 触发器、边沿 JK 触发器、CMOS 边沿触发器等。

5.4.1 TTL 边沿 JK 触发器

一、逻辑功能

图 5.4.1(a)所示为下降沿触发的边沿 JK 触发器的逻辑符号,J、K 为信号输入端;CP 为时钟脉冲输入端;框内的“>”表示边沿触发;左边框外的小圆圈“○”表示下降沿触发。图 5.4.1(b)所示为上升沿触发的边沿 JK 触发器的逻辑符号。它们的逻辑功能和前面讨论的同步 JK 触发器相同,因此,它们的特性表和特性方程也都相同,所不同的是边沿 JK 触发器只有在时钟脉冲 CP 触发边沿到达时刻才会接收输入信号改变状态,而在 CP 其他时刻不起作用。对于图 5.4.1(a)所示下降沿触发边沿 JK 触发器的特性方程如下:

$$Q^{n+1}=J\overline{Q^n}+\overline{K}Q^n \qquad (CP\text{ 下降沿到达时刻有效}) \qquad (5.4.1)$$

由上式看出:下降沿触发边沿 JK 触发器只有在 CP 下降沿到达时刻才会接收 J、K 端输入的信号而改变输出状态。如将 JK 触发器特性表中 J、K 和 Q^n 的取值代入式(5.4.1)中进行计算,可知边沿 JK 触发器具有置 **0**、置 **1**、翻转和保持四种功能,没有空翻现象,是一种功能全、抗干扰能力强的触发器。

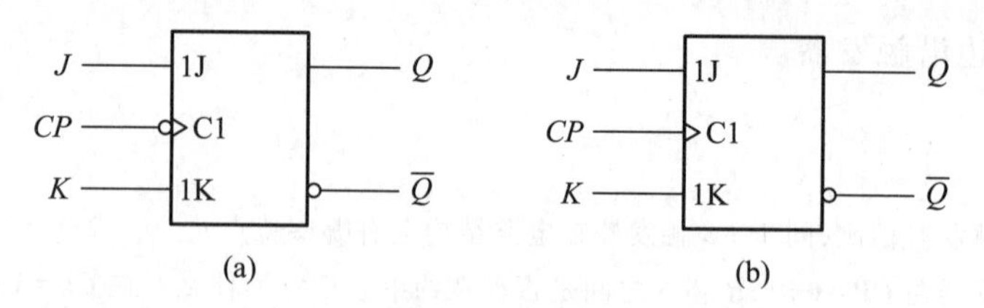

图 5.4.1　边沿 *JK* 触发器的逻辑符号

(a) 下降沿触发；(b) 上升沿触发

［**例 5.4.1**］　图 5.4.2 所示为下降沿触发边沿 *JK* 触发器 *CP*、*J*、*K* 端输入的电压波形，试画出输出 *Q* 端的电压波形。设触发器的初始状态为 $Q=\mathbf{0}$。

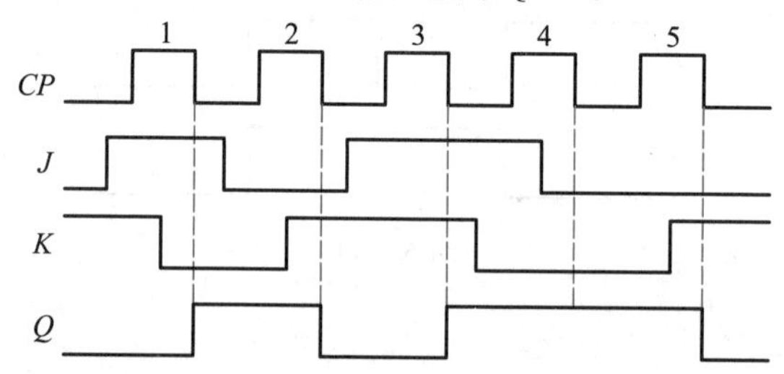

图 5.4.2　边沿 *JK* 触发器的输入和输出电压波形

解：输入第 1 个时钟脉冲 *CP* 下降沿到达时，由于 $J=\mathbf{1}$、$K=\mathbf{0}$，所以，触发器由 **0** 状态翻到 **1** 状态。

输入第 2 个时钟脉冲 *CP* 下降沿到达时，$J=\mathbf{0}$、$K=\mathbf{1}$，触发器由 **1** 状态翻到 **0** 状态。

输入第 3 个时钟脉冲 *CP* 下降沿到达时，因 $J=K=\mathbf{1}$，所以，触发器由 **0** 状态翻到 **1** 状态。

输入第 4 个时钟脉冲 *CP* 下降沿到达时，$J=K=\mathbf{0}$，所以，触发器保持原来的 **1** 状态不变。

输入第 5 个时钟脉冲 *CP* 下降沿到达时，$J=\mathbf{0}$、$K=\mathbf{1}$，触发器由 **1** 状态翻到 **0** 状态。

通过上例分析可看出：

(1) 边沿 *JK* 触发器是用时钟脉冲 *CP* 下降沿触发的。只有在 *CP* 下降沿到达时刻电路才会接收 *J*、*K* 端的输入信号，而在 *CP* 为其他值时，不管 *J*、*K* 为何值，电路的状态不会改变。

(2) 边沿 *JK* 触发器的状态取决于 *CP* 下降沿到达时刻 *J*、*K* 端的输入信号。如 *J* 和 *K* 输入的信号不同时，则在 *CP* 下降沿作用下，触发器翻到和 *J* 端信号相同的状态；如 $J=K=\mathbf{1}$ 时，则每输入一个 *CP* 的下降沿，触发器的状态变化一次；如 $J=K=\mathbf{0}$ 时，在 *CP* 下降沿作用下触发器仍保持原状态不变。

(3) 一个时钟脉冲 *CP* 只有一个下降沿，只能接收一次 *J*、*K* 端的输入信号。

二、集成边沿 *JK* 触发器 CT74LS112 介绍

CT74LS112 芯片由两个独立的下降沿触发的边沿 *JK* 触发器组成，它的逻辑符号如图 5.4.3 所示，表 5.4.1 为其功能表。由该表可看出 CT74LS112 有如下主要功能：

表 5.4.1　CT74LS112 的功能表

输入					输出		功能说明
$\overline{R}_D$	$\overline{S}_D$	J	K	CP	Q^{n+1}	$\overline{Q}^{n+1}$	
0	**1**	×	×	×	**0**	**1**	异步置 **0**
1	**0**	×	×	×	**1**	**0**	异步置 **1**
1	**1**	**0**	**0**	↓	Q^n	$\overline{Q^n}$	保持
1	**1**	**0**	**1**	↓	**0**	**1**	置 **0**
1	**1**	**1**	**0**	↓	**1**	**0**	置 **1**
1	**1**	**1**	**1**	↓	$\overline{Q^n}$	Q^n	计　数
1	**1**	×	×	**1**	Q^n	$\overline{Q^n}$	保　持
0	**0**	×	×	×	**1**	**1**	不允许

(1) 异步置 **0**。当$\overline{R}_D=\mathbf{0}$、$\overline{S}_D=\mathbf{1}$时，触发器置 **0**，$Q^{n+1}=\mathbf{0}$，它与时钟脉冲 CP 及 J、K 端的输入信号无关，这也是异步置 **0** 的来历，$\overline{R}_D$为异步置 **0** 端，又称直接置 **0** 端，低电平有效。

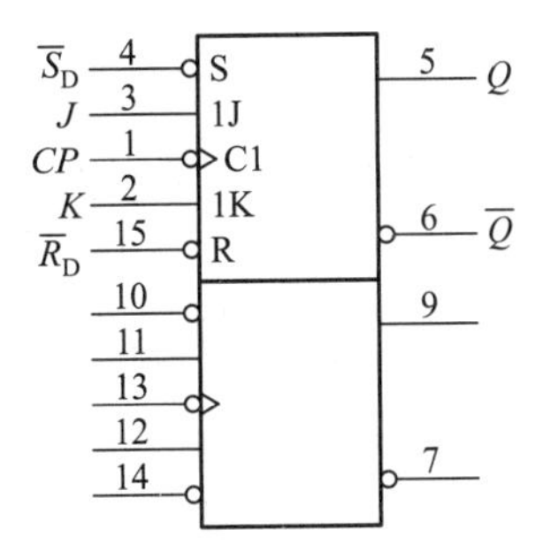

图 5.4.3　CT74LS112 的逻辑符号

芯片使用手册 5-2：边沿 JK 触发器 74LS12

(2) 异步置 **1**。当$\overline{R}_D=\mathbf{1}$、$\overline{S}_D=\mathbf{0}$时，触发器置 **1**，$Q^{n+1}=\mathbf{1}$，它与时钟脉冲 CP 及 J、K 端的输入信号也无关，这也是异步置 **1** 的来历，$\overline{S}_D$为异步置 **1** 端，又称直接置 **1** 端，低电平有效。

由此可见，$\overline{R}_D$、$\overline{S}_D$端的置 **0**、置 **1** 信号对触发器的控制作用优先于 CP 和 J、K 的信号。

(3) 保持。取$\overline{R}_D=\overline{S}_D=\mathbf{1}$，如 $J=K=\mathbf{0}$ 时，触发器保持原来的状态不变。即使在 CP 下降沿作用下，电路状态也不会改变，$Q^{n+1}=Q^n$。

(4) 置 **0**。取$\overline{R}_D=\overline{S}_D=\mathbf{1}$，如 $J=\mathbf{0}$，$K=\mathbf{1}$ 时，在 CP 下降沿作用下，触发器翻到 **0** 状态，即置 **0**，$Q^{n+1}=\mathbf{0}$。由于触发器的置 **0** 和 CP 的到来同步，因此，又称为同步置 **0**。

(5) 置 **1**。取$\overline{R}_D=\overline{S}_D=\mathbf{1}$，如 $J=\mathbf{1}$，$K=\mathbf{0}$ 时，在 CP 下降沿作用下，触发器翻到 **1** 状态，即置 **1**，$Q^{n+1}=\mathbf{1}$。由于触发器的置 **1** 和 CP 的到来同步，因此，又称为同步置 **1**。

(6) 计数。取$\overline{R}_D=\overline{S}_D=\mathbf{1}$，如 $J=K=\mathbf{1}$ 时，则每输入 1 个 CP 的下降沿，触发器的状态变化一次，即 $Q^{n+1}=\overline{Q^n}$，这种情况常用来进行计数。

如取$\overline{R}_D=\overline{S}_D=\mathbf{0}$时，$Q^{n+1}=\overline{Q}^{n+1}=\mathbf{1}$，这既不是 **0** 状态，也不是 **1** 状态。因此，在使用 CT74LS112 时，这种情况是不允许的，禁止使用。触发器工作时，应取$\overline{R}_D=\overline{S}_D=\mathbf{1}$。

[例 5.4.2]　图 5.4.4 所示为边沿 JK 触发器 CT74LS112 的 CP、J、K、$\overline{R}_D$和$\overline{S}_D$端的输入电压波形，试画出输出端 Q 的电压波形。设触发器的初始状态为 $Q=\mathbf{0}$ 态。

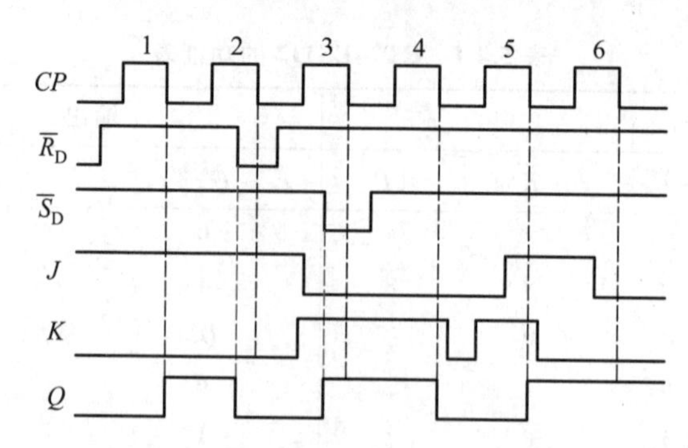

图 5.4.4 具有异步输入的边沿 *JK* 触发器 CT74LS112 的工作波形

解： 输入第 1 个时钟脉冲 *CP* 下降沿到达时，由于$\overline{R}_D=\overline{S}_D=\mathbf{1}$ 和 $J=\mathbf{1}$、$K=\mathbf{0}$，所以，触发器由 **0** 状态翻到 **1** 状态。

输入第 2 个时钟脉冲 *CP* 下降沿到达前，由于$\overline{R}_D=\mathbf{0}$、$\overline{S}_D=\mathbf{1}$，触发器被强迫置 **0**。在第 2 个时钟脉冲下降沿到达时，虽然 $J=\mathbf{1}$、$K=\mathbf{0}$，但由于这时仍为$\overline{R}_D=\mathbf{0}$，$\overline{S}_D=\mathbf{1}$，所以触发器的 **0** 状态不会改变。

输入第 3 个时钟脉冲 *CP* 的下降沿到达前，触发器因$\overline{R}_D=\mathbf{1}$、$\overline{S}_D=\mathbf{0}$，被强迫置 **1**。在第 3 个时钟脉冲下降沿到达时，虽然 $J=\mathbf{0}$，$K=\mathbf{1}$，但由于这时仍为$\overline{R}_D=\mathbf{1}$、$\overline{S}_D=\mathbf{0}$，所以触发器仍保持 **1** 状态不变。

输入第 4 个时钟脉冲 *CP* 的下降沿到达时，由于$\overline{R}_D=\overline{S}_D=\mathbf{1}$、$J=\mathbf{0}$、$K=\mathbf{1}$，所以触发器由 **1** 状态翻到 **0** 状态。

输入第 5 个时钟脉冲 *CP* 的下降沿到达时，由于$\overline{R}_D=\overline{S}_D=\mathbf{1}$，$J=K=\mathbf{1}$，触发器由 **0** 状态翻到 **1** 状态。

输入第 6 个时钟脉冲 *CP* 下降沿到达时，虽然$\overline{R}_D=\overline{S}_D=\mathbf{1}$，但由于 $J=K=\mathbf{0}$，所以触发器保持原来的 **1** 状态不变。

通过该例分析可看到：

（1）边沿 *JK* 触发器用时钟脉冲 *CP* 下降沿进行触发。在 *CP* 下降沿到达时刻接收 *J*、*K* 端输入的信号。输出状态根据 *JK* 触发器的功能变化。具体工作原理请读者自行分析。

（2）异步置 **0** 和异步置 **1** 信号优先于其他所有输入信号。在异步置 **0** 端 $\overline{R}_D$ 和异步置 **1** 端 $\overline{S}_D$ 输入低电平置 **0** 或置 **1** 信号时，触发器被立刻置 **0** 或置 **1**，而与 *CP*、*J*、*K* 端的输入信号无关。进行异步置 **0** 或置 **1** 时，$\overline{R}_D$ 和 $\overline{S}_D$ 端上应加互补信号。

（3）要使边沿 *JK* 触发器在 *CP* 下降沿到达时刻能接收 *J* 和 *K* 端的输入信号，$\overline{R}_D$ 和 $\overline{S}_D$ 端上必须同时为高电平 **1**。

5.4.2 维持阻塞 *D* 触发器

一、逻辑功能

图 5.4.5 所示为维持阻塞 *D* 触发器的逻辑符号，它的逻辑功能与前面讨论的同步 *D* 触发器相同，因此，它们的特性表和特性方程也都相同，但维持阻塞 *D* 触发器只有 *CP* 上升沿到达时刻才接收 *D* 端输入信号。它的特性方程如下：

$$Q^{n+1}=D \quad (CP\text{ 上升沿到达时刻有效}) \qquad (5.4.2)$$

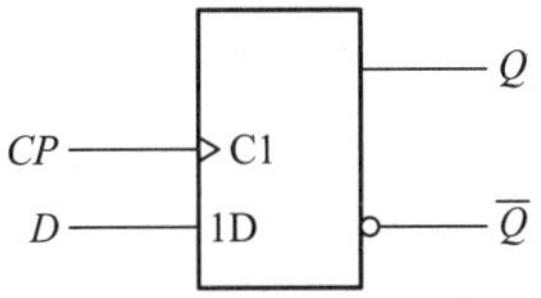

图 5.4.5 维持阻塞 *D* 触发器

下面举例说明维持阻塞 *D* 触发器的工作情况。

［例 5.4.3］ 图 5.4.6 所示为维持阻塞 *D* 触发器的时钟脉冲 *CP* 和 *D* 端输入的电压波形，试画出触发器输出 *Q* 和 $\overline{Q}$ 的电压波形。设触发器的初始状态为 $Q=\mathbf{0}$。

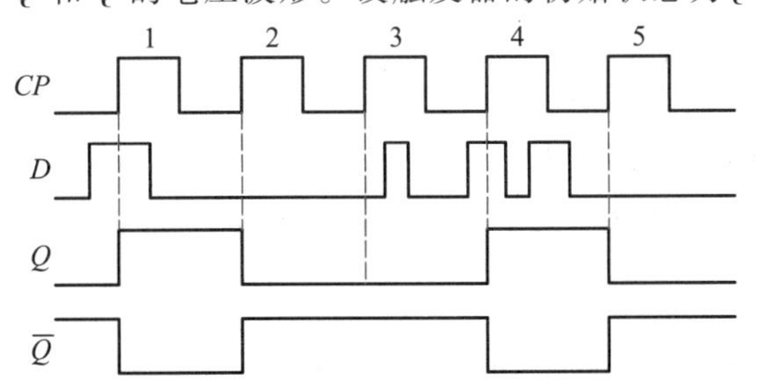

图 5.4.6 维持阻塞 *D* 触发器的输入和输出的电压波形

解： 输入第 1 个时钟脉冲 *CP* 上升沿到达时，*D* 端输入信号为 **1**，所以触发器由 **0** 状态翻到 **1** 状态，$Q^{n+1}=\mathbf{1}$。而在 $CP=\mathbf{1}$ 期间 *D* 端输入信号虽然由 **1** 变为 **0**，但触发器的输出状态不会改变，仍保持 **1** 状态不变。

输入第 2 个时钟脉冲 *CP* 上升沿到达时，*D* 端输入信号为 **0**，触发器由 **1** 状态翻到 **0** 状态，$Q^{n+1}=\mathbf{0}$。

输入第 3 个时钟脉冲 *CP* 上升沿到达时，由于 *D* 端输入信号仍为 **0**，所以，触发器保持 **0** 状态不变。在 $CP=\mathbf{1}$ 期间，*D* 端虽然出现了一个正脉冲，但触发器的状态不会改变。

输入第 4 个时钟脉冲 *CP* 上升沿到达时，*D* 端输入信号为 **1**，所以，触发器由 **0** 状态翻到 **1** 状态，$Q^{n+1}=\mathbf{1}$，在 $CP=\mathbf{1}$ 期间，*D* 端虽然出现了负脉冲，这时，触发器的状态同样不会改变。

输入第 5 个时钟脉冲 *CP* 上升沿到达时，*D* 端输入信号为 **0**，这时，触发器由 **1** 状态翻到 **0** 状态，$Q^{n+1}=\mathbf{0}$。

根据上述分析可画出图 5.4.6 所示输出 *Q* 端的电压波形，输出端 $\overline{Q}$ 为 *Q* 的反相波形。通过该例分析可看到：

（1）维持阻塞 *D* 触发器是用时钟脉冲 *CP* 上升沿触发的，也就是说，只有在 *CP* 上升沿到达时刻，电路才会接收 *D* 端的输入信号而改变状态，而在 *CP* 为其他值时，不管 *D* 端输入为 **0**，还是为 **1**，触发器的状态不会改变。

（2）在一个时钟脉冲 CP 作用时间内，只有一个上升沿，电路状态最多只能改变一次。因此，它没有空翻问题。

二、集成维持阻塞 D 触发器 CT74LS74 介绍

CT74LS74 芯片由两个独立的上升沿触发的维持阻塞 D 触发器组成，它的逻辑符号如图5.4.7所示。表 5.4.2 为它的功能表，由该表可看出 CT74LS74 有如下主要功能：

（1）异步置 **0**。当 $\overline{R}_D=\mathbf{0}$、$\overline{S}_D=\mathbf{1}$ 时，触发器置 **0**，$Q^{n+1}=\mathbf{0}$，它与时钟脉冲 CP 及 D 端的输入信号没有关系。

（2）异步置 **1**。当 $\overline{R}_D=\mathbf{1}$、$\overline{S}_D=\mathbf{0}$ 时，触发器置 **1**，$Q^{n+1}=\mathbf{1}$，它同样与时钟脉冲 CP 及 D 端的输入信号没有关系。

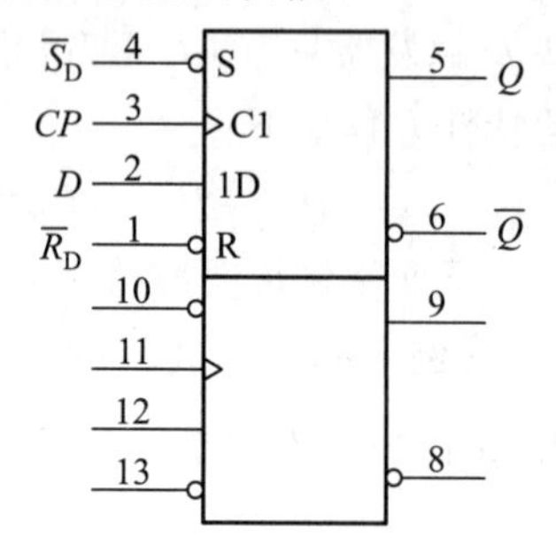

图 5.4.7　CT74LS74 的逻辑符号

由此可见，$\overline{R}_D$ 和 $\overline{S}_D$ 端的置 **0**、置 **1** 信号对触发器的控制作用优先于 CP 和 D 的信号。

芯片使用手册 5-3：维持阻塞 D 触发器 74LS74

（3）置 **0**。取 $\overline{R}_D=\overline{S}_D=\mathbf{1}$，如 $D=\mathbf{0}$，则在 CP 由 **0** 正跃到 **1** 时，触发器置 **0**，$Q^{n+1}=\mathbf{0}$，为同步置 **0**。

（4）置 **1**。取 $\overline{R}_D=\overline{S}_D=\mathbf{1}$，如 $D=\mathbf{1}$，则在 CP 由 **0** 正跃到 **1** 时，触发器置 **1**，$Q^{n+1}=\mathbf{1}$，为同步置 **1**。

（5）保持。取 $\overline{R}_D=\overline{S}_D=\mathbf{1}$，在 $CP=\mathbf{0}$ 时，这时不论 D 端输入信号为 **0** 还是为 **1**，触发器都保持原来的状态不变。

表 5.4.2　CT74LS74 的功能表

输入				输出		功能说明
$\overline{R}_D$	$\overline{S}_D$	D	CP	Q^{n+1}	$\overline{Q}^{n+1}$	
0	**1**	×	×	**0**	**1**	异步置 **0**
1	**0**	×	×	**1**	**0**	异步置 **1**
1	**1**	**0**	↑	**0**	**1**	置　**0**
1	**1**	**1**	↑	**1**	**0**	置　**1**
1	**1**	×	**0**	Q^n	$\overline{Q^n}$	保　持
0	**0**	×	×	**1**	**1**	不允许

CT74LS74 工作时，不允许 $\overline{R}_D$ 和 $\overline{S}_D$ 同时取 **0**，应取 $\overline{R}_D=\overline{S}_D=\mathbf{1}$。

图 5.4.8 所示为具有异步输入的维持阻塞 D 触发器 CT74LS74 的工作波形。具体工作情况请读者自行分析。

5.4.3　T 触发器和 T' 触发器

在计数器中经常要用到 T 触发器和 T' 触发器，而集成触发器产品中并没有这两种类型

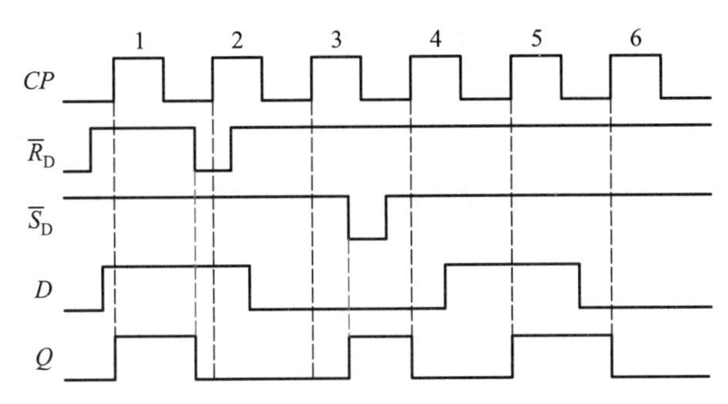

图 5.4.8 具有异步输入的维持阻塞 D 触发器 CT74LS74 的工作波形

的电路，它们主要是用来简化集成计数器的逻辑电路。T 和 T' 触发器主要由 JK 触发器或 D 触发器构成。T 触发器是指根据 T 端输入信号的不同，在时钟脉冲 CP 作用下具有翻转和保持功能的电路，它的逻辑符号如图 5.4.9 所示。而 T' 触发器则是指每输入一个时钟脉冲 CP，状态变化一次的电路。它实际上是 T 触发器的翻转功能。

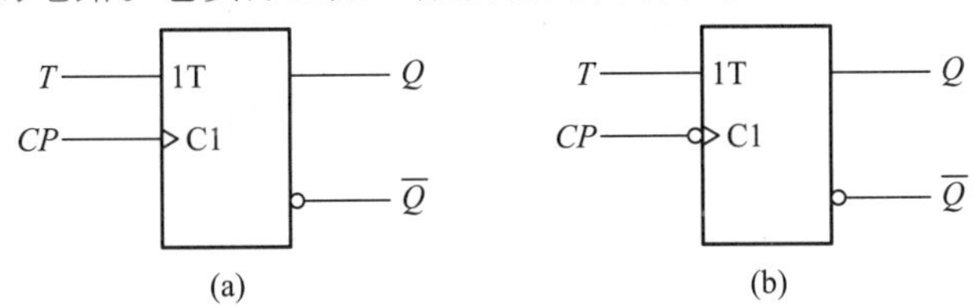

图 5.4.9 T 触发器的逻辑符号

(a) 上升沿触发；(b) 下降沿触发

一、JK 触发器构成 T 和 T' 触发器

1. JK 触发器构成 T 触发器

将 JK 触发器的 J 和 K 相连作为 T 输入端便构成了 T 触发器，电路如图 5.4.10(a)所示。

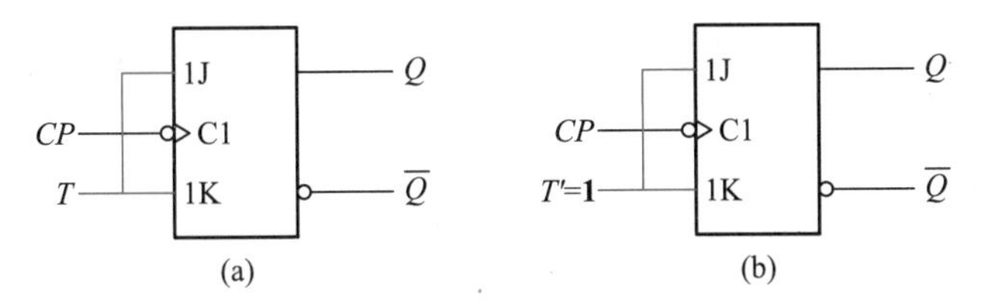

图 5.4.10 JK 触发器构成的 T 触发器和 T' 触发器

(a) T 触发器；(b) T' 触发器

将 T 代入 JK 触发器特性方程中的 J 和 K 便得到了 T 触发器的特性方程

$$Q^{n+1}=T\overline{Q}^n+\overline{T}Q^n \tag{5.4.3}$$

由式(5.4.3)可知 T 触发器有如下逻辑功能：当 $T=\mathbf{1}$ 时，$Q^{n+1}=\overline{Q}^n$，这时，每输入一个时钟脉冲 CP，触发器的状态变化一次，即具有翻转功能；当 $T=\mathbf{0}$ 时，$Q^{n+1}=Q^n$，输入时钟脉冲

CP 时，触发器仍保持原来的状态不变，即具有保持功能。T 触发器常用来组成计数器。

2. JK 触发器构成 T' 触发器

将 JK 触发器的 J 和 K 相连并接高电平 **1**，便构成了 T' 触发器，如图 5.4.10(b) 所示。

T' 触发器实际上是 T 触发器输入 $T=\mathbf{1}$ 时的一个特例，将 $T=\mathbf{1}$ 代入式(5.4.3)中便得到 T' 触发器的特性方程

$$Q^{n+1}=\overline{Q^n} \tag{5.4.4}$$

二、D 触发器构成 T 和 T' 触发器

1. D 触发器构成 T 触发器

T 触发器的特性方程为 $Q^{n+1}=T\overline{Q^n}+\overline{T}Q^n$，$D$ 触发器的特性方程为 $Q^{n+1}=D$，使这两个特性方程相等，由此得

$$Q^{n+1}=D=T\overline{Q^n}+\overline{T}Q^n=T\oplus Q^n \tag{5.4.5}$$

根据式(5.4.5)可画出由 D 触发器构成的 T 触发器，如图 5.4.11(a) 所示。

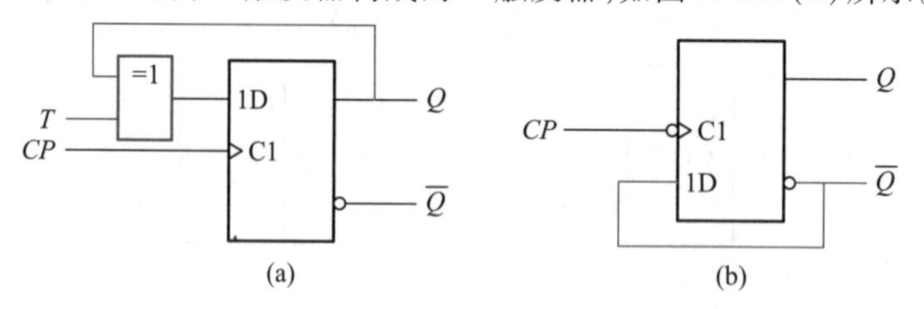

图 5.4.11　D 触发器构成的 T 触发器和 T' 触发器

(a) T 触发器；(b) T' 触发器

2. D 触发器构成 T' 触发器

将 $T=\mathbf{1}$ 代入式(5.4.5)中便得由 D 触发器构成的 T' 触发器的特性方程

$$Q^{n+1}=D=\overline{Q^n} \tag{5.4.6}$$

根据式(5.4.6)可画出由 D 触发器构成的 T' 触发器，如图 5.4.11(b) 所示。

5.4.4　CMOS 边沿触发器

一、CMOS 边沿 D 触发器

1. 电路组成

图 5.4.12 所示为 CMOS 边沿 D 触发器 CC4013 逻辑图。TG_1、TG_2、G_1 和 G_2 组成主触发器，TG_3、TG_4、G_3 和 G_4 组成从触发器。G_5 和 G_6 为缓冲输出门。要求主、从两个触发器的传输门的接法相反，即 TG_1、TG_4 开通时，则 TG_2、TG_3 关闭；反之亦然。R 和 S 为触发器的异步置 **0** 端和异步置 **1** 端。触发器工作时，取 $R=\mathbf{0}$、$S=\mathbf{0}$。

2. 逻辑功能

(1) 当 $CP=\mathbf{0}$ 时，则 $\overline{CP}=\mathbf{1}$。这时 TG_1 和 TG_4 开通，TG_2 和 TG_3 关闭。主触发器接收输

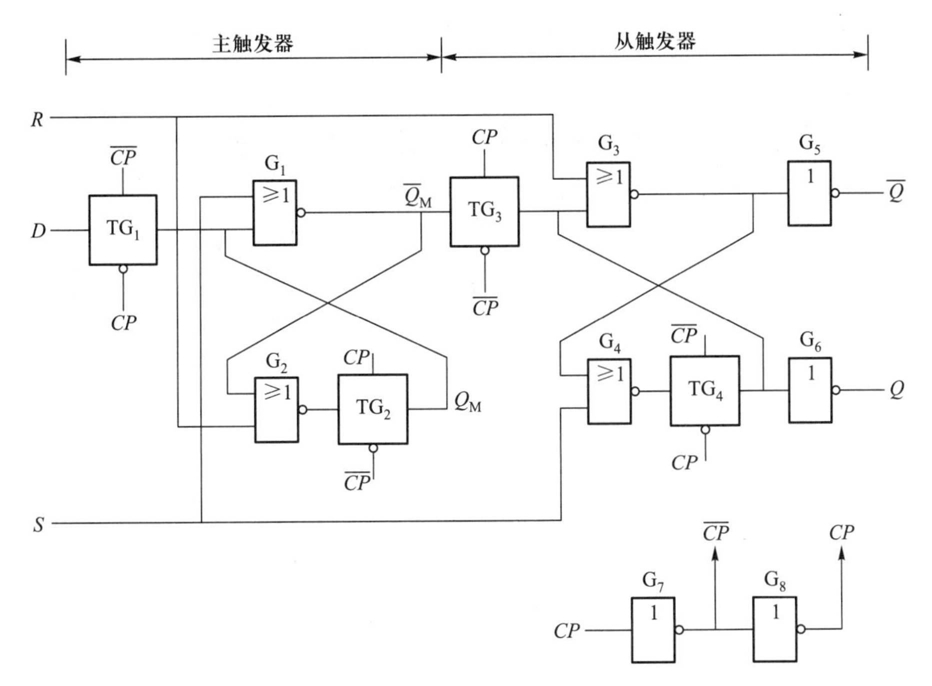

图 5.4.12 CMOS 边沿 D 触发器 CC4013 逻辑图

入端 D 的信息，使输出 $Q_M=D,\overline{Q}_M=\overline{D}$，$TG_3$ 关闭，所以，主、从两个触发器间的联系被切断。由于 TG_4 开通，从触发器保持原状态不变。

(2) 当 CP 由 **0** 正跃到 **1** 时，$\overline{CP}=\mathbf{0}$。这时 TG_1 和 TG_4 关闭，TG_2 和 TG_3 开通，主触发器维持原状态不变，即 $Q_M=D$、$\overline{Q}_M=\overline{D}$，并经 TG_3 送给从触发器。G_3 输出 D，经 G_5 反相后输出 $\overline{Q}^{n+1}=\overline{D}$。与此同时，$G_3$ 的输入信号 $\overline{Q}_M=\overline{D}$ 直接送给 G_6 反相，输出 $Q^{n+1}=D$。这时，触发器翻到和 D 相同的状态。可见，该触发器是利用 CP 的正跃变进行触发的。由于 TG_1 关闭，从而有效地防止了输入信号的变化对触发器状态的影响。

当 CP 由 **1** 负跃到 **0** 时，从触发器状态不变，主触发器的 D 端可输入新的信号。

上述触发器具有 D 触发器的功能，因此，前面讨论的 D 触发器的特性表和特性方程这里同样适用。

综上所述，CMOS 边沿 D 触发器在 $CP=\mathbf{0}$ 时，主触发器接收 D 端的输入信号，输出 $Q_M=D$，从触发器的状态保持不变。而在 CP 由 **0** 正跃到 **1** 时，主触发器的状态不变，从触发器接收主触发器送来的信号，使输出 $Q^{n+1}=Q_M=D$（CP 上升沿到达时刻有效）。

二、CMOS 边沿 *JK* 触发器

CMOS 边沿 JK 触发器可在 CMOS 边沿 D 触发器的输入端 D 附加一些简单的组合逻辑电路来获得，如图 5.4.13 所示。由图可得 $Q^{n+1}=D=\overline{\overline{J+Q^n}+KQ^n}$。

设 $CP=\mathbf{0}$ 时，触发器处于 $Q^n=\mathbf{1}$、$\overline{Q}^n=\mathbf{0}$ 的 **1** 状态，且 $J=\mathbf{1}$、$K=\mathbf{1}$，这时 G_1 输出 **0**，G_2 输出

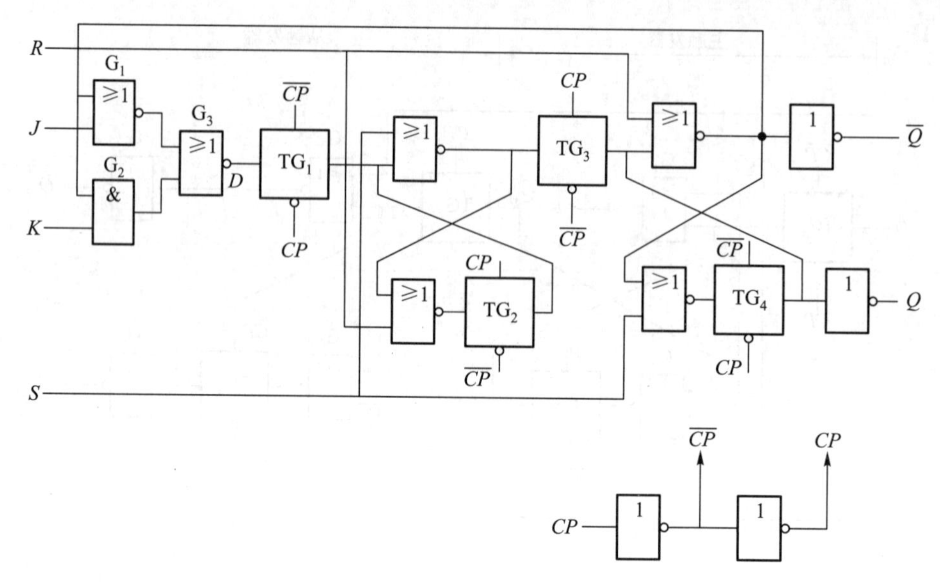

图 5.4.13 CMOS 边沿 *JK* 触发器

1,G_3 输出 **0**,即 $D=\mathbf{0}$。

当 *CP* 由 **0** 正跃到 **1** 时,根据边沿 *D* 触发器的逻辑功能,CMOS 边沿 *JK* 触发器将翻到 **0** 状态。因此,在 $J=\mathbf{1}$、$K=\mathbf{1}$ 时,$Q^{n+1}=\overline{Q}^{n}$,满足 *JK* 触发器的逻辑功能。其余情况请读者自行分析。

思 考 题

1. 什么叫边沿触发器? 它有哪些优点? 为什么?
2. 和 TTL 边沿触发器相比,CMOS4000 系列边沿触发器有哪些优缺点?
3. 试将边沿 *JK* 触发器转换成 *RS* 触发器,并写出它的特性方程。
4. 试将维持阻塞 *D* 触发器转换成 *RS* 触发器,并写出它的特性方程。
5. TTL 边沿 *JK* 触发器和维持阻塞 *D* 触发器工作时,其直接置 **0** 端 $\overline{R}_D$ 和直接置 **1** 端 $\overline{S}_D$ 应处于什么状态? CMOS 边沿 *JK* 触发器和边沿 *D* 触发器的直接置 **0** 端 *R* 和直接置 **1** 端 *S* 又应如何处理?
6. 设上升边沿触发的 *D* 触发器的初始状态 $Q=\mathbf{0}$,试画出在图 5.4.14 所示的 *CP* 和 *D* 信号作用下输出端 *Q* 的电压波形。

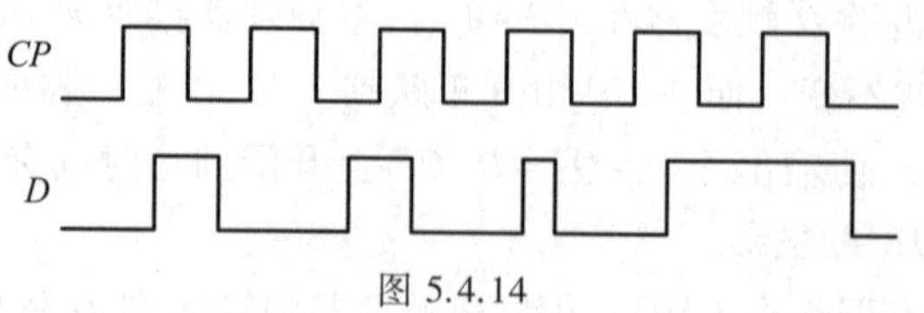

图 5.4.14

7. 设下降边沿触发的 *JK* 触发器的初始状态 $Q=\mathbf{0}$,试画出在图 5.4.15 所示的 *CP*、*J* 和 *K* 信号作用下输出端 *Q* 的电压波形。

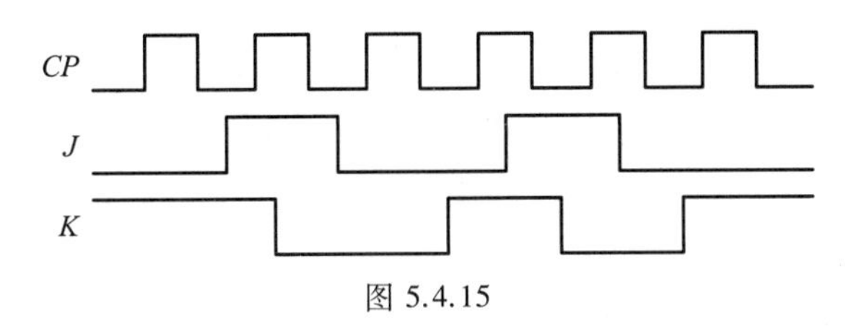

图 5.4.15

*5.5 主从触发器

为了提高触发器的工作可靠性，要求在 CP 的每个周期内触发器的状态只能变化一次，为此，常采用主从结构的触发器。主从触发器是在同步 RS 触发器的基础上发展出来的，它的类型较多，这里主要介绍主从 RS 触发器和主从 JK 触发器。

5.5.1 主从 RS 触发器

一、电路组成

主从 RS 触发器的逻辑图如图 5.5.1(a)所示，图(b)为其逻辑符号。由逻辑图可看出，它是由两个同步 RS 触发器串联组成的，右边的为从触发器，左边的为主触发器。G 门的作用是将 CP 反相为 $\overline{CP}$，使主、从两个触发器分别工作在两个不同的时区内。

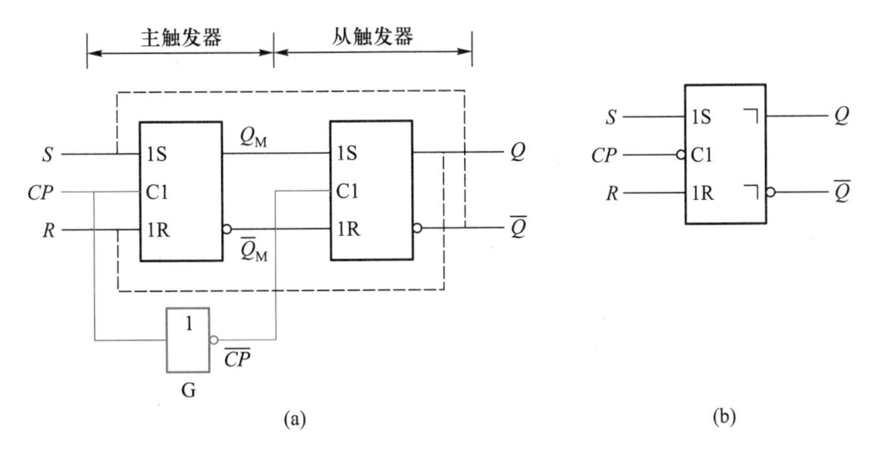

图 5.5.1 主从 RS 触发器的逻辑图和逻辑符号

(a) 逻辑图；(b) 逻辑符号

二、逻辑功能

当 $CP=\mathbf{1}$ 时，$\overline{CP}=\mathbf{0}$，从触发器被封锁，保持原状态不变。这时，主触发器工作，接收 R 和 S 端的输入信号。如 $R=\mathbf{1}$、$S=\mathbf{0}$ 时，根据同步 RS 触发器的逻辑功能可知，主触发器翻到 $Q_M^{n+1}=\mathbf{0}$、$\overline{Q}_M^{n+1}=\mathbf{1}$ 的 $\mathbf{0}$ 状态。其余功能请读者自行分析。

当 CP 由 **1** 负跃到 **0** 时，即 $CP=\mathbf{0}$、$\overline{CP}=\mathbf{1}$，主触发器被封锁，不受 R、S 端输入信号的控制，保持原状态不变。由于 $\overline{CP}=\mathbf{1}$，从触发器跟随主触发器的状态翻转，这时 $Q^{n+1}=Q_{\mathrm{M}}^{n+1}$、$\overline{Q}^{n+1}=\overline{Q}_{\mathrm{M}}^{n+1}$，即从触发器翻到和主触发器相同的状态。由上分析可知，主从 RS 触发器是在 CP 下降沿到达后状态翻转的。

主从 RS 触发器的逻辑功能和同步 RS 触发器的相同，因此，它们的特性表、特性方程也相同。由于主触发器为同步 RS 触发器，所以在 $CP=\mathbf{1}$ 期间，其输出 Q_{M} 和 $\overline{Q}_{\mathrm{M}}$ 的状态由 R、S 信号决定，但不允许 R 和 S 同时为 **1**。因此，主从 RS 触发器仍存在约束条件

$$\begin{cases}Q^{n+1}=S+\overline{R}Q^{n} \\ RS=\mathbf{0} \quad \text{(约束条件)}\end{cases} \quad (CP\text{ 下降沿到来有效}) \tag{5.5.1}$$

由于 Q 和 $\overline{Q}$ 端输出的为互补信号，因此，将 $\overline{Q}$ 和 S、Q 和 R 相连后便组成了 T' 触发器，如图 5.5.1(a)中的虚线所示。

在图 5.5.1(b)所示主从 RS 触发器逻辑符号中的"¬"为输出延迟符号，它表示主从 RS 触发器输出状态的变化迟后于主触发器。主触发器状态的变化发生在 CP 的上升沿，而主从 RS 触发器输出状态的变化发生在 CP 的下降沿。主从 RS 触发器不是下降沿触发的边沿触发器。

5.5.2 主从 *JK* 触发器

一、电路组成

如将主从 RS 触发器输出 Q 和 $\overline{Q}$ 端的信号反馈到输入**与**门，和新增加 J、K 端的输入信号共同控制触发器的输出状态，便组成了主从 JK 触发器，逻辑图如图 5.5.2(a)所示，图(b)为其逻辑符号。

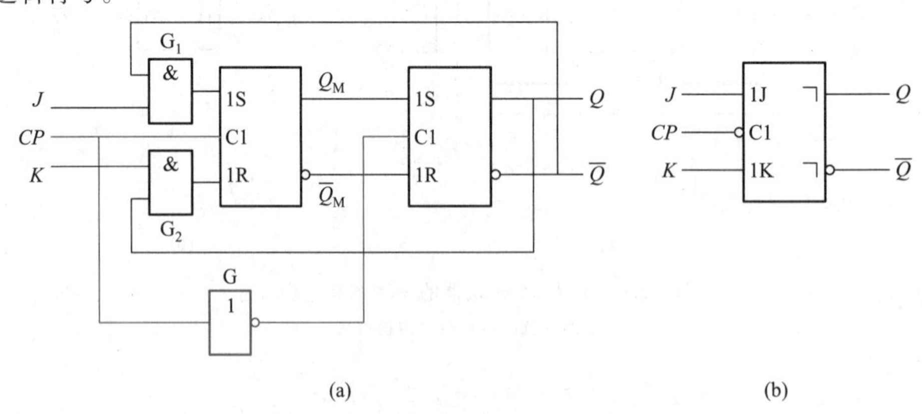

图 5.5.2 主从 *JK* 触发器的逻辑图和逻辑符号

(a) 逻辑图；(b) 逻辑符号

二、逻辑功能

由图 5.5.2(a)可知,在 $CP=\mathbf{1}$ 时,主触发器工作,R 和 S 的逻辑表达式为

$$\begin{cases} R=KQ^n \\ S=J\overline{Q^n} \end{cases} \tag{5.5.2}$$

将式(5.5.2)代入 RS 触发器的特性方程中便得主触发器的特性方程为

$$\begin{aligned} Q_M^{n+1} &= S+\overline{R}Q^n \\ &= J\overline{Q^n}+\overline{KQ^n}\ Q^n \\ &= J\overline{Q^n}+\overline{K}\ Q^n \end{aligned} \tag{5.5.3}$$

当 CP 由 $\mathbf{1}$ 变为 $\mathbf{0}$ 时,主触发器保持原状态不变,从触发器工作,并跟随主触发器状态变化,即

$$Q^{n+1}=Q_M^{n+1}$$

$$Q^{n+1}=J\overline{Q^n}+\overline{K}\ Q^n \quad (CP\text{ 下降沿到来有效}) \tag{5.5.4}$$

上式为主从 JK 触发器的特性方程,由该式可知,它具有前述 JK 触发器相同的逻辑功能,即

当 $J=\mathbf{0}$、$K=\mathbf{0}$ 时,$Q^{n+1}=Q^n$,触发器保持原状态不变;

当 $J=\mathbf{1}$、$K=\mathbf{1}$ 时,$Q^{n+1}=\overline{Q^n}$,每输入一个时钟脉冲,触发器的状态变化一次;

当 $J=\mathbf{1}$、$K=\mathbf{0}$ 时,$Q^{n+1}=\mathbf{1}$,在时钟脉冲作用下,触发器置 $\mathbf{1}$;

当 $J=\mathbf{0}$、$K=\mathbf{1}$ 时,$Q^{n+1}=\mathbf{0}$,在时钟脉冲作用下,触发器置 $\mathbf{0}$。

和主从 RS 触发器一样,主从 JK 触发器中的主触发器和从触发器也是工作在 CP 的不同时区内。因此,输入 J、K 状态的变化不会直接影响主从 JK 触发器的输出状态。

思 考 题

1. 什么叫主从触发器? 它的工作特点是什么?
2. 主从触发器和边沿触发器的工作各有哪些特点?
3. 简述主从 RS 触发器和主从 JK 触发器的工作原理。它们有哪些异同点?
4. 试将主从 RS 触发器接成 T 触发器和 T' 触发器。
5. 试将主从 JK 触发器接成 T 触发器和 T' 触发器。
6. 同步 RS 触发器工作时有约束条件,为什么主从 RS 触发器也有?

5.6 触发器的应用举例

一、同步单脉冲产生电路

图 5.6.1(a)所示为由双上升沿触发的 D 触发器 CC4013(R 和 S 为高电平置 $\mathbf{0}$ 和置 $\mathbf{1}$,工作时取 $R=S=\mathbf{0}$)组成的同步单脉冲产生电路。当按钮开关 S_1 按下时,A 点由低电平跃到高电平,触发器 FF_0 由 $\mathbf{0}$ 状态翻到 $\mathbf{1}$ 状态,FF_1 的 $D_1=Q_0=\mathbf{1}$,在随后的时钟脉冲 CP 上升沿作

用下，FF_1 由 **0** 状态翻到 **1** 状态，Q_1 由低电平跃到高电平，使 FF_0 置 **0**，这时 $D_1=Q_0=\mathbf{0}$，在下一个时钟脉冲 CP 上升沿作用下，FF_1 由 **1** 状态翻到 **0** 状态，Q_1 由高电平负跃到低电平。可见每按一次按钮开关 S_1，FF_1 的 Q_1 端便输出一个正脉冲。工作波形如图 5.6.1(b)所示。

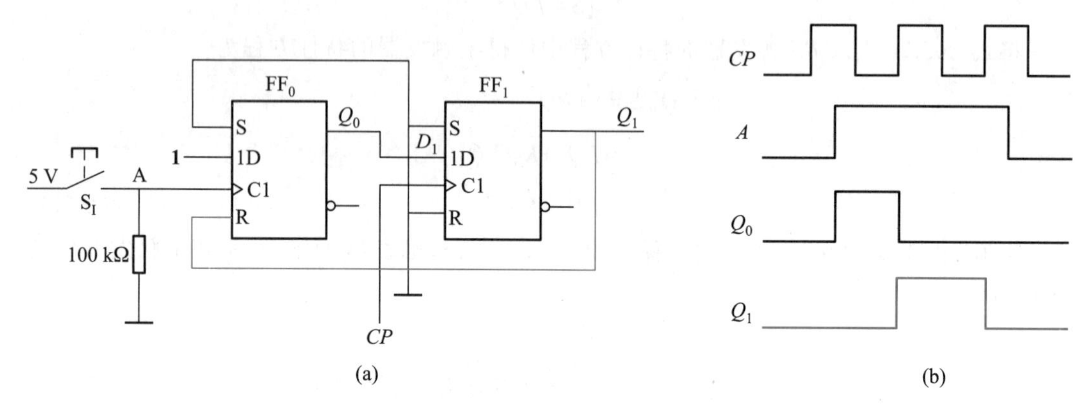

图 5.6.1　同步单脉冲产生电路

（a）电路；（b）工作波形

二、多路控制公共照明灯电路

图 5.6.2 所示为多路控制公共照明灯电路，$S_0 \sim S_n$ 为安装在不同处的按钮开关，用以控制同一个照明灯 L 的点亮和熄灭。如触发器处于 **0** 状态时，$Q=\mathbf{0}$，三极管 V 截止，继电器 K 的动合触点断开，灯 L 熄灭。当按下按钮开关 S_0 时，触发器由 **0** 状态翻到 **1** 状态，$Q=\mathbf{1}$，三极管导通，继电器 K 通电，触点闭合，照明灯 L 点亮。如按下按钮开关 S_1 时，则触发器又翻到 **0** 状态，$Q=\mathbf{0}$，V 截止，继电器 K 的触点断开，灯 L 熄灭。

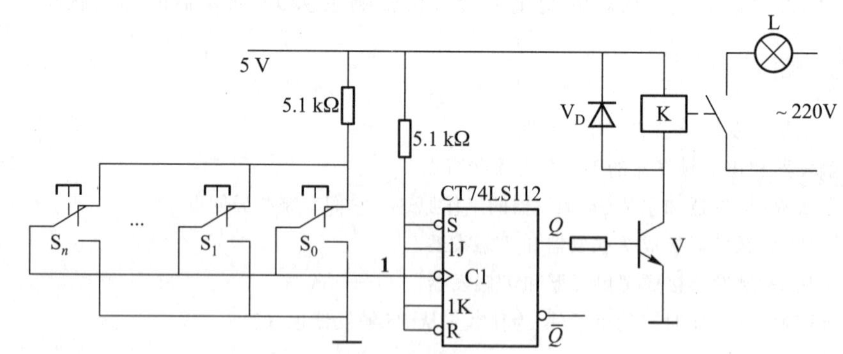

图 5.6.2　多路控制公共照明灯电路

三、数字抢答器电路

图 5.6.3 所示的数字抢答器电路实际上是第 1 信号鉴别电路。其主要作用是鉴别出第 1 个抢答者，并显示出抢答者的编号，同时使后面抢答者的按钮开关操作无效。图 5.6.3 所示数字抢答器电路主要由优先编码器 CC74HC148、锁存器 CC74HC279、显示译码器 CC74HC4511 和数码显示器等部分组成。其工作原理如下：当主持人的控制开关 S 打在“清

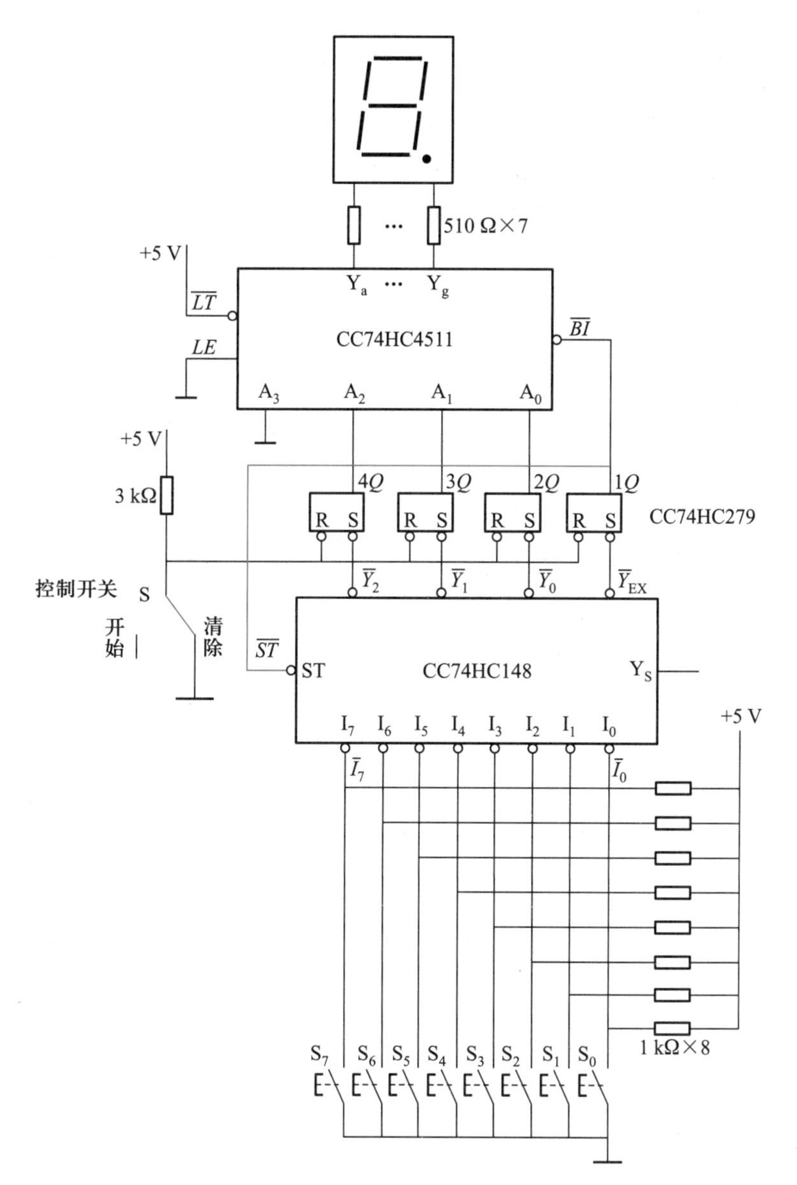

图 5.6.3　数字抢答器电路

除”位置时，由于这时按钮开关 $S_0 \sim S_7$ 都处在打开位置，优先编码器 CC74HC148 的 $\overline{I}_0 \sim \overline{I}_7$ 端都输入高电平，输出 $\overline{Y}_2 \sim \overline{Y}_0$ 和 $\overline{Y}_{EX}$ 都为高电平，4 个锁存器的 $\overline{R} = \mathbf{0}$、$\overline{S} = \mathbf{1}$，其输出 $4Q \sim 1Q$ 都为低电平，译码器 CC74HC4511 的 $\overline{BI} = 1Q = \mathbf{0}$，$Y_a \sim Y_g$ 都输出低电平，显示器不显示数字。由于 $1Q = \mathbf{0}$，使 $\overline{ST} = \mathbf{0}$，所以 CC74HC148 处于工作状态。当控制开关 S 打到“开始”位置时，四个锁存器的 $\overline{R} = \mathbf{1}$、$\overline{S} = \mathbf{1}$，这时锁存器和优先编码器同时处于工作状态。

设 2 号抢答者首先按下按钮开关 S_2($\overline{I}_2=\mathbf{0}$),则 CC74HC148 输出 $\overline{Y}_2\overline{Y}_1\overline{Y}_0=\mathbf{101}$,这时 $\overline{Y}_{EX}=\mathbf{0}$,使 $1Q=\mathbf{1}$,则 $\overline{BI}=\mathbf{1}$,$\overline{ST}=\mathbf{1}$,锁存器输出 $4Q3Q2Q=\mathbf{010}$,译码器输入代码 $A_3A_2A_1A_0=\mathbf{0010}$,数码显示器显示数字 2。又由于 $\overline{ST}=\mathbf{1}$,这时 CC74HC148 处于禁止状态,使其他抢答者按钮开关按下后送出的抢答信号(为低电平 **0**)不起作用,从而保证了第 1 个抢答者的优先地位。当放开按钮开关 S_2 时,CC74HC148 的禁止状态保持不变。

当将控制开关 S 再次打到清除位置时,抢答电路复位,为下一次抢答做好准备。

本章小结

1. 触发器是数字电路的记忆单元,它有两个稳定状态,在外信号作用下,这两个稳定状态可相互转换。因此,触发器常用来存储二进制信息和组成计数器等时序逻辑电路。

2. 触发器逻辑功能用以反映触发器输出的次态与现态和输入信号之间的逻辑关系。描写触发器逻辑功能的方法有特性表、特性方程、状态转换图和波形图(又称时序图)等。

3. 基本 *RS* 触发器可由两个**与非**门输出和输入交叉耦合组成,也可由两个**或非**门输出和输入交叉耦合组成,输出状态由输入信号的电平控制。它们的特性方程如下:

由**与非**门组成的基本 *RS* 触发器

$$\begin{cases} Q^{n+1}=S_D+\overline{R}_DQ^n \\ \overline{R}_D+\overline{S}_D=\mathbf{1} \quad (\text{约束条件}) \end{cases}$$

由**或非**门组成的基本 *RS* 触发器

$$\begin{cases} Q^{n+1}=S_D+\overline{R}_DQ^n \\ R_DS_D=\mathbf{0} \quad (\text{约束条件}) \end{cases}$$

4. 同步触发器是在基本 *RS* 触发器的输入端增加了两个控制门组成的,触发器的输出状态由 *R*、*S* 端的输入信号决定,而翻转时刻则由输入时钟脉冲 *CP* 控制。它们的特性方程为:

(1) 同步 *RS* 触发器

$$\begin{cases} Q^{n+1}=S+\overline{R}Q^n \\ RS=\mathbf{0} \quad (\text{约束条件}) \end{cases} \qquad (CP=\mathbf{1}\ \text{期间有效})$$

(2) 同步 *D* 触发器

$$Q^{n+1}=D \qquad (CP=\mathbf{1}\ \text{期间有效})$$

(3) 同步 *JK* 触发器

$$Q^{n+1}=J\overline{Q^n}+\overline{K}Q^n \qquad (CP=\mathbf{1}\ \text{期间有效})$$

由于同步触发器存在空翻现象,它不能用于组成计数器、移位寄存器等时序逻辑电路,但常用于数据锁存器。

5. 边沿触发器主要有边沿 *JK* 触发器、边沿 *D* 触发器(包括维持阻塞 *D* 触发器),它们输出状态的改变只发生在时钟脉冲 *CP* 的下降沿或上升沿到达时刻,而在 *CP* 其他时间均不起作用。至于电路翻到何种状态,则由 *CP* 下降沿(或上升沿)到达前一瞬间 *J*、*K*(或 *D*)端的输入信号决定。因此,边沿触发器具有很强的抗干扰能力。它们的特性方程为:

(1) 边沿 JK 触发器

$$Q^{n+1}=J\overline{Q^n}+\overline{K}Q^n \qquad (CP\text{ 下降沿到达时刻有效})$$

(2) 边沿 D 触发器

$$Q^{n+1}=D \qquad (CP\text{ 上升沿到达时刻有效})$$

6. T 触发器和 T' 触发器可由边沿 JK 触发器和边沿 D 触发器组成。T 触发器具有保持功能和翻转功能；T' 触发器只具有翻转功能。它们的特性方程为：

(1) T 触发器

$$Q^{n+1}=T\overline{Q^n}+\overline{T}Q^n$$

(2) T' 触发器

$$Q^{n+1}=\overline{Q^n}$$

上述特性方程的使用条件和组成 T 触发器和 T' 触发器的边沿触发器相同。

7. 主从触发器是由两个同步 RS 触发器级联而成的，主要有主从 RS 触发器和主从 JK 触发器。由于主、从两个触发器分别工作在时钟脉冲 CP 的两个不同时区内，所以，触发器输出状态的改变滞后于主触发器。它们的特性方程为：

(1) 主从 RS 触发器

$$\begin{cases}Q^{n+1}=S+\overline{R}Q^n \\ RS=\mathbf{0} \quad (\text{约束条件})\end{cases} \qquad (CP\text{ 下降沿到来有效})$$

(2) 主从 JK 触发器

$$Q^{n+1}=J\overline{Q^n}+\overline{K}Q^n \qquad (CP\text{ 下降沿到来有效})$$

自 测 题

一、填空题

1. 触发器有两个互补输出端 Q 和 $\overline{Q}$，当 $Q=\mathbf{0}$、$\overline{Q}=\mathbf{1}$ 时，触发器处于________状态；当 $Q=\mathbf{1}$、$\overline{Q}=\mathbf{0}$ 时，触发器处于________状态，可见，触发器的状态是指________端的状态。

2. 在同步 RS 触发器的特性方程中，约束条件为 $RS=\mathbf{0}$，说明这两个输入信号不能同时为________。

3. 基本 RS 触发器有________、________、________三种可使用的功能。对于由**与非**门组成的基本 RS 触发器，在 $\overline{R}_D=\mathbf{1}$、$\overline{S}_D=\mathbf{0}$ 时，触发器________；在 $\overline{R}_D=\mathbf{1}$、$\overline{S}_D=\mathbf{1}$ 时，触发器________；在 $\overline{R}_D=\mathbf{0}$、$\overline{S}_D=\mathbf{1}$ 时。触发器________；不允许 $\overline{R}_D=\mathbf{0}$、$\overline{S}_D=\mathbf{0}$ 存在，排除这种情况出现的约束条件是________。

4. 由**或非**门组成的基本 RS 触发器在 $R_D=\mathbf{0}$、$S_D=\mathbf{1}$ 时，触发器________；在 $R_D=\mathbf{1}$、$S_D=\mathbf{0}$ 时，触发器________；在 $R_D=\mathbf{0}$、$S_D=\mathbf{0}$ 时，触发器________；不允许 $R_D=\mathbf{1}$、$S_D=\mathbf{1}$ 存在，排除这种情况出现的约束条件是________。

5. 边沿 JK 触发器具有________、________、________、________功能，其特性方程为________。对于具有异步置$\mathbf{0}$端 $\overline{R}_D$ 和置$\mathbf{1}$端 $\overline{S}_D$ 的TTL边沿 JK 触发器，在 $\overline{R}_D=\mathbf{1}$、$\overline{S}_D=\mathbf{1}$ 时，要使 $Q^{n+1}=\overline{Q^n}$，要求 $J=$

________、$K=$________；如要使 $Q^{n+1}=Q^n$，则要求 $J=$________、$K=$________；如要使 $Q^{n+1}=\mathbf{1}$，则要求 $J=$________、$K=$________；如要使 $Q^{n+1}=\mathbf{0}$，则要求 $J=$________、$K=$________。

6. 维持阻塞 D 触发器具有________和________功能，其特性方程为________。如将输入端 D 和输出端 $\overline{Q}$ 相连，则 D 触发器处于________状态。

二、判断题（正确的题在括号内填入"√"，错误的题则填入"×"）

1. 同步 D 触发器在 $CP=\mathbf{1}$ 期间，D 端输入信号变化时，对输出 Q 端的状态没有影响。（　）

2. 同步 JK 触发器在 $CP=\mathbf{1}$ 期间，J、K 端输入信号发生变化时，输出 Q 端的状态相应发生变化。（　）

3. 边沿 JK 触发器在 $CP=\mathbf{1}$ 期间，J、K 端的输入信号变化时，对输出 Q 端的状态没有影响。（　）

4. 边沿 JK 触发器在输入 $J=\mathbf{1}$、$K=\mathbf{1}$，时钟脉冲的频率为 64 kHz 时，则输出 Q 端的脉冲频率为 32 kHz。（　）

5. 具有低电平有效的异步置 **0** 端 $\overline{R}_D$ 和置 **1** 端 $\overline{S}_D$ 的 TTL 边沿 JK 触发器，在 $\overline{R}_D=\mathbf{0}$、$\overline{S}_D=\mathbf{1}$ 时，只能被置 **0**，与 J、K 端的输入信号没有关系。（　）

6. 维持阻塞 D 触发器在输入 $D=\mathbf{1}$ 时，输入时钟脉冲 CP 上升沿后，触发器只能翻到 **1** 状态。（　）

三、选择题（选择正确的答案填入括号内）

1. 在下列触发器中，没有约束条件的是（　）

A. 基本 RS 触发器　　B. 同步 RS 触发器

C. 主从 RS 触发器　　D. 边沿触发器

2. 维持阻塞 D 触发器在时钟脉冲 CP 上升沿到来前 $D=\mathbf{1}$，而在 CP 上升沿到来以后 D 变为 **0**，则触发器状态为（　）

A. **0** 状态　　B. **1** 状态

C. 状态不变　　D. 状态不确定

3. 下降沿触发的边沿 JK 触发器在时钟脉冲 CP 下降沿到来前 $J=\mathbf{1}$、$K=\mathbf{0}$，而在 CP 下降沿到来后变为 $J=\mathbf{0}$、$K=\mathbf{1}$，则触发器状态为（　）

A. **0** 状态　　B. **1** 状态

C. 状态不变　　D. 状态不确定

4. 边沿触发器只能用（　）

A. 电平触发　　B. 边沿触发

C. 正脉冲触发　　D. 负脉冲触发

5. 下降沿触发的边沿 JK 触发器 CT74LS112 的 $\overline{R}_D=\mathbf{1}$、$\overline{S}_D=\mathbf{1}$，且 $J=\mathbf{1}$、$K=\mathbf{1}$ 时，如输入时钟脉冲的频率为110 kHz的方波，则 Q 端输出脉冲的频率为（　）

A. 220 kHz　　B. 110 kHz

C. 55 kHz　　D. 27.5 kHz

6. 要将维持阻塞 D 触发器 CT74LS74 输出 Q 置为低电平 **0** 时，则输入为（　）

A. $D=\mathbf{0}$，$\overline{R}_D=\mathbf{1}$、$\overline{S}_D=\mathbf{1}$，输入 CP 负跃变　　B. $D=\mathbf{1}$，$\overline{R}_D=\mathbf{1}$、$\overline{S}_D=\mathbf{1}$，输入 CP 正跃变

C. $D=\mathbf{1}$，$\overline{R}_D=\mathbf{1}$、$\overline{S}_D=\mathbf{0}$，输入 CP 正跃变　　D. $D=\mathbf{1}$，$\overline{R}_D=\mathbf{0}$、$\overline{S}_D=\mathbf{1}$，输入 CP 正跃变

练 习 题

［题 5.1］ 已知同步 RS 触发器输入 CP、R 和 S 端的电压波形如图 P5.1 所示，试画出输出 Q 和 $\overline{Q}$ 端的电压波形。设触发器的初始状态为 $Q=\mathbf{0}$。

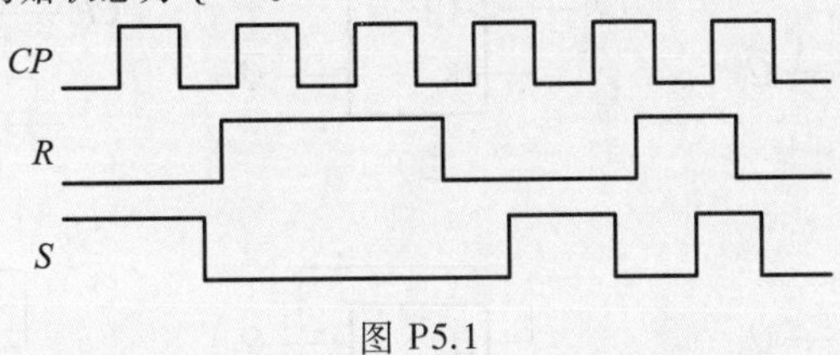

图 P5.1

［题 5.2］ 已知同步 D 触发器 CP 和 D 端的输入电压波形如图 P5.2 所示，试画出输出 Q 端的电压波形。设触发器的初始状态为 $Q=\mathbf{0}$。

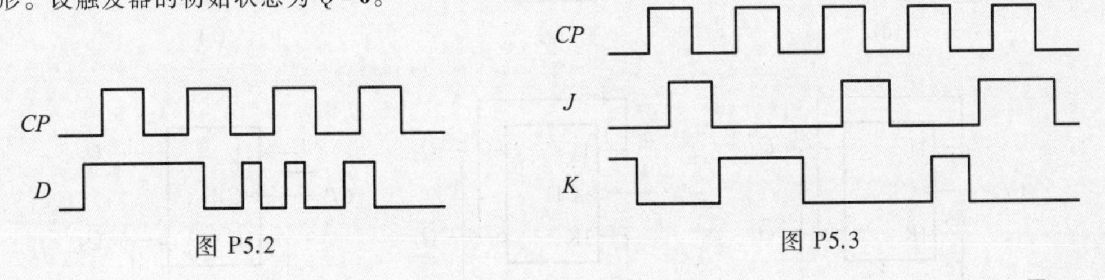

图 P5.2　　图 P5.3

［题 5.3］ 已知同步 JK 触发器输入 CP、J、K 的电压波形如图 P5.3 所示，试画出输出 Q 和 $\overline{Q}$ 端的电压波形。设触发器的初始状态为 $Q=0$。

［题 5.4］ TTL 边沿 JK 触发器如图 P5.4(a) 所示，输入 CP、J、K 端的电压波形如图 P5.4(b) 所示，试对应画出输出 Q 和 $\overline{Q}$ 端的电压波形。设触发器的初始状态为 $Q=\mathbf{0}$。

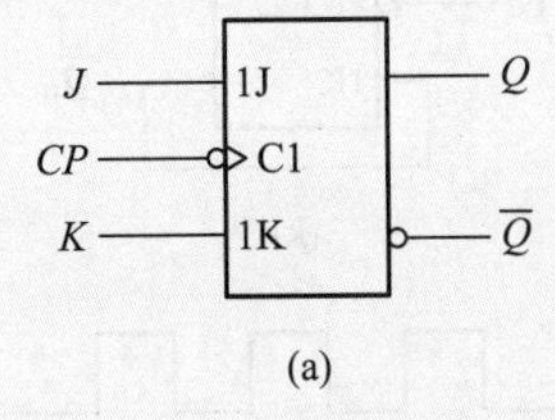

(a)

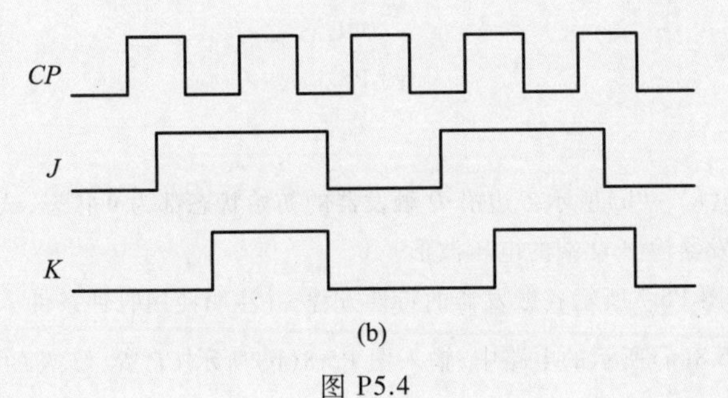

(b)

图 P5.4

［题 5.5］　图 P5.5(a)～(l)所示各边沿 JK 触发器的初始状态都为 **1** 状态，试对应图 P5.5(m) 输入的 CP 电压波形画出各触发器输出 Q 端的电压波形。

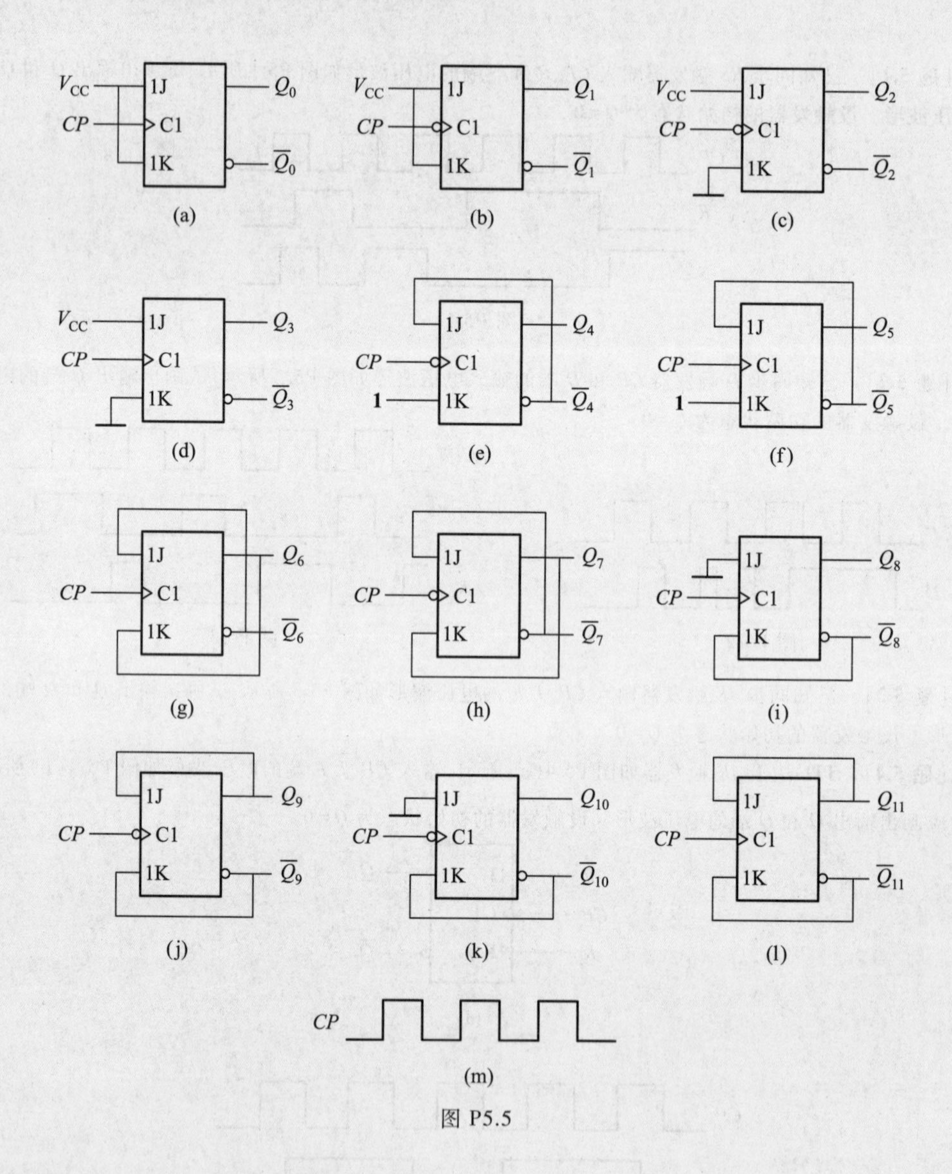

图 P5.5

［题 5.6］　图 P5.6(a)～(h)所示各边沿 D 触发器的初始状态都为 **0** 状态，试对应图 P5.6(i)输入的 CP 电压波形画出各触发器输出 Q 端的电压波形。

［题 5.7］　试写出图 P5.7 所示各触发器的特性方程，并注明使用时钟条件。

［题 5.8］　在图 P5.8(a)所示的电路中，输入图 P5.8(b)所示 CP、$\overline{R}_D$、J、K 的电压波形，试写出它的特性方程，并画出输出 Q 端的电压波形。设触发器的初始状态为 $Q=\mathbf{0}$，且 $\overline{S}_D=\mathbf{1}$。

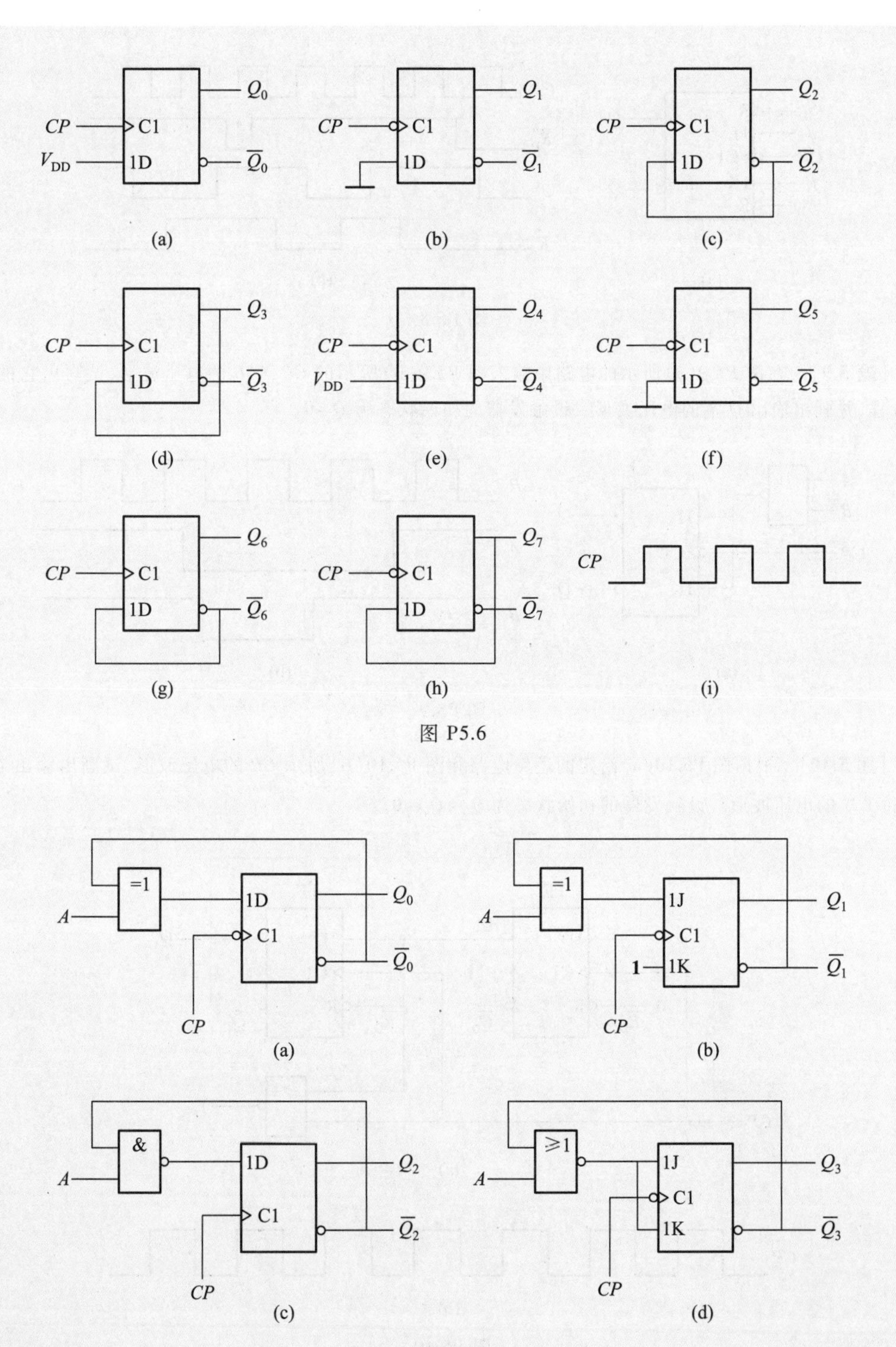

Q_0
CP
C1
V_{DD}
1D
$\overline{Q}_0$
(a)
Q_1
CP
C1
1D
$\overline{Q}_1$
(b)
Q_2
CP
C1
1D
$\overline{Q}_2$
(c)
Q_3
CP
C1
1D
$\overline{Q}_3$
(d)
Q_4
CP
C1
V_{DD}
1D
$\overline{Q}_4$
(e)
Q_5
CP
C1
1D
$\overline{Q}_5$
(f)
Q_6
CP
C1
1D
$\overline{Q}_6$
(g)
Q_7
CP
C1
1D
$\overline{Q}_7$
(h)
CP
(i)

图 P5.6

=1
A
1D
C1
Q_0
$\overline{Q}_0$
CP
(a)
=1
A
1J
C1
1
1K
Q_1
$\overline{Q}_1$
CP
(b)
&
A
1D
C1
Q_2
$\overline{Q}_2$
CP
(c)
⩾1
A
1J
C1
1K
Q_3
$\overline{Q}_3$
CP
(d)

图 P5.7

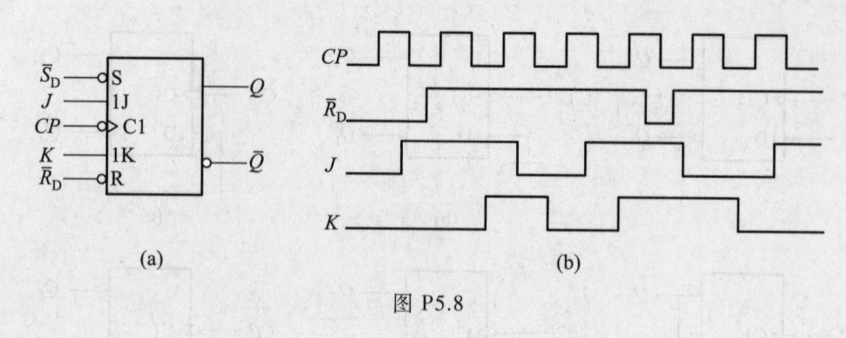

图 P5.8

[题 5.9]　在图 P5.9(a)所示的电路中输入图 P5.9(b)所示的 CP、A、B 的电压波形，试写出它的特性方程，并画出输出 Q 端的电压波形。设触发器的初始状态为 $Q=\mathbf{0}$。

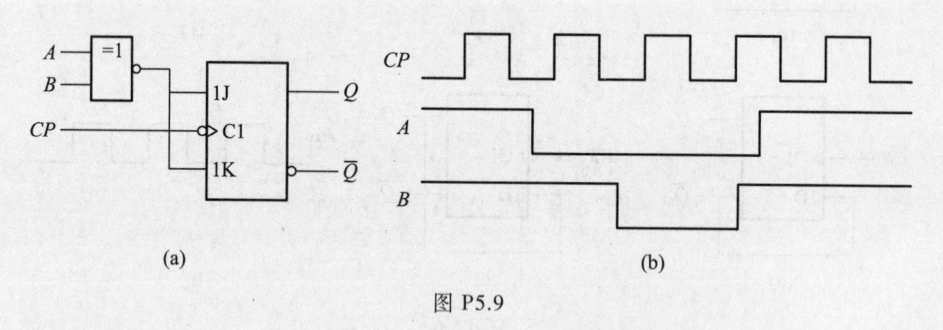

图 P5.9

[题 5.10]　根据图 P5.10(a)给定的逻辑电路和图 P5.10(b)所示 CP 的电压波形，试画出输出 Q_0、Q_1 和 Y 端的电压波形。设触发器的初始状态为 $Q_0=Q_1=\mathbf{0}$。

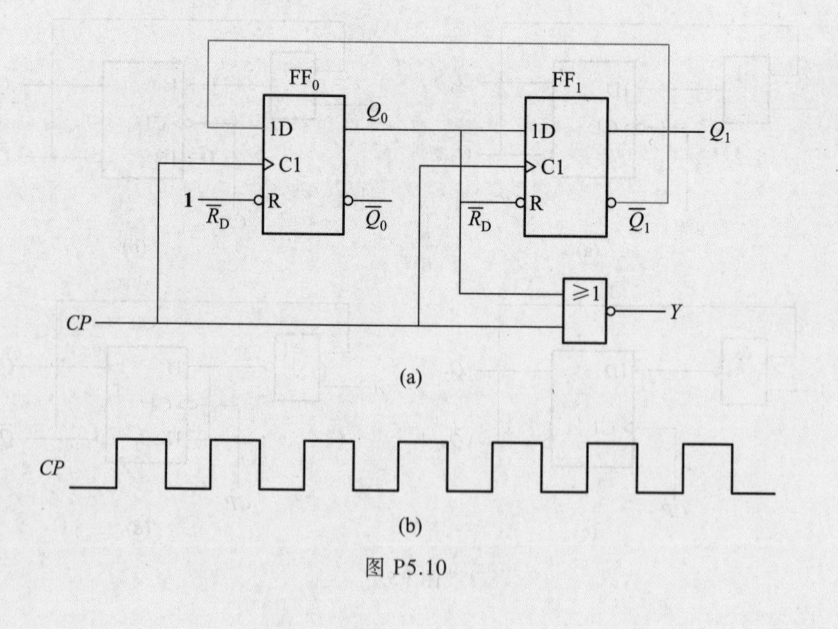

图 P5.10

［题 5.11］ 试分析图 P5.11 所示电路的逻辑功能，并画出时钟脉冲 CP 作用下输出 Q_0、Q_1 和 Y 的电压波形。设触发器的初始状态为 $Q_0=Q_1=\mathbf{0}$。

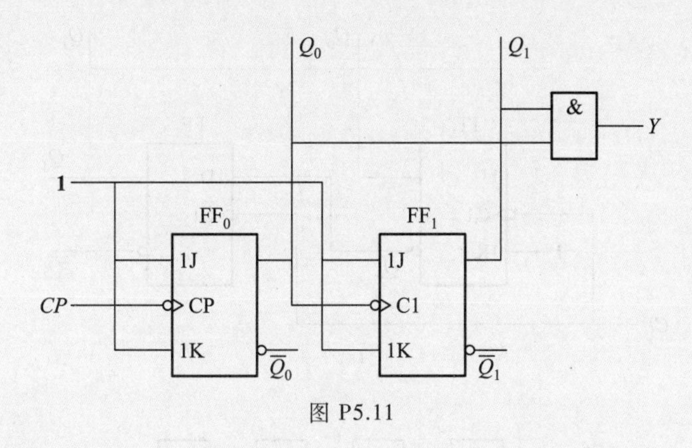

图 P5.11

［题 5.12］ 根据图 P5.12(a)给定的逻辑电路和图 P5.12(b)所示 CP 的电压波形，试画出 Q_0、Q_1 和 Y 端的电压波形。设触发器的初始状态为 $Q_0=Q_1=\mathbf{0}$。

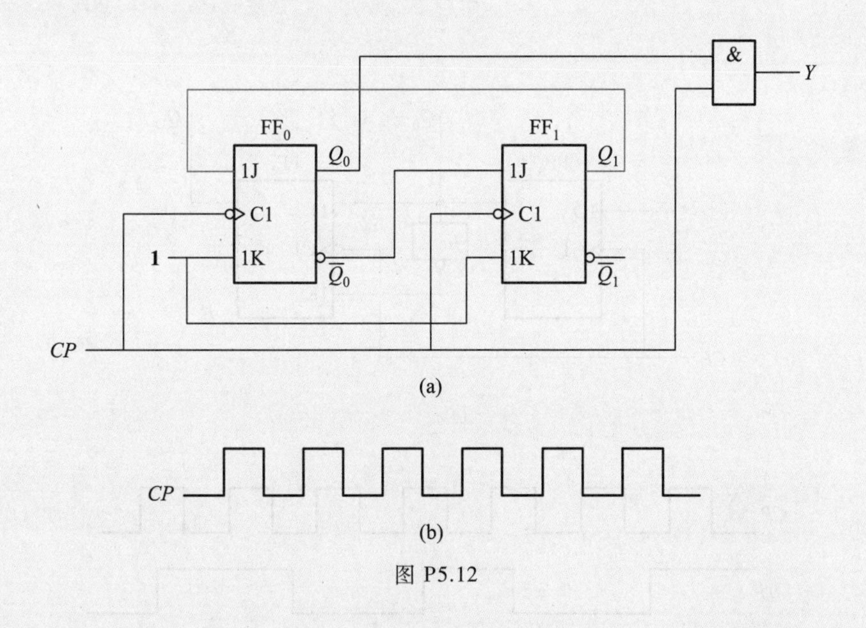

图 P5.12

［题 5.13］ 根据图 P5.13(a)给定的逻辑电路和图 P5.13(b)所示 CP 的电压波形，试画出 Q_0 和 Q_1 端的电压波形。设触发器的初始状态为 $Q_0=Q_1=\mathbf{0}$。

［题 5.14］ 电路如图 P5.14(a)所示，试根据图 P5.14(b)所示 CP、D 端输入的电压波形画出输出 Q_0 和 Q_1 的电压波形。设触发器的初始状态为 $Q_1=Q_0=\mathbf{0}$。

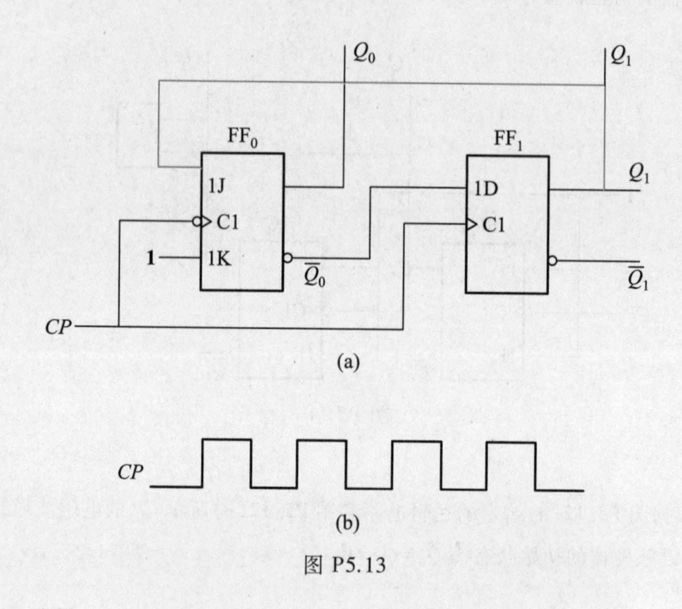

Q_0
Q_1
FF_0
FF_1
1J
C1
1
1K
$\overline{Q}_0$
1D
C1
Q_1
$\overline{Q}_1$
CP
(a)
CP
(b)

图 P5.13

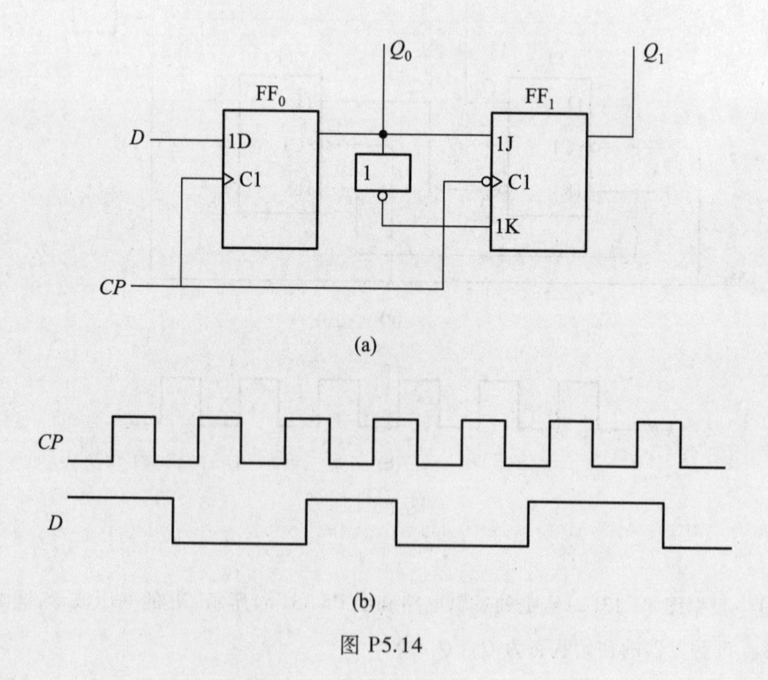

Q_0
Q_1
FF_0
FF_1
D
1D
C1
1
1J
C1
1K
CP
(a)
CP
D
(b)

图 P5.14

[题 5.15] 电路如图 P5.15(a)所示,试根据图 P5.15(b)所示 CP 端的电压波形画出 Q_1、Q_0 端的电压波形。设触发器的初始状态为 $Q_1=Q_0=\mathbf{0}$。

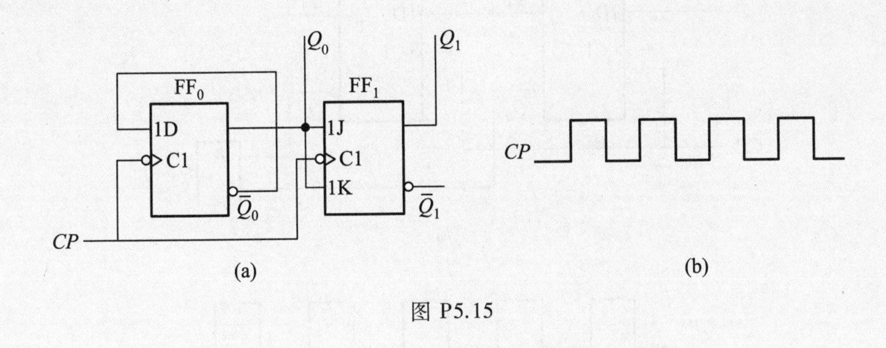

图 P5.15

[题 5.16] 电路如图 P5.16(a)所示,输入 CP 端的电压波形如图 P5.16(b)所示,试画出输出 Q_0 和 Q_1 端的电压波形。设触发器的初始状态为 $Q_0=Q_1=\mathbf{0}$。

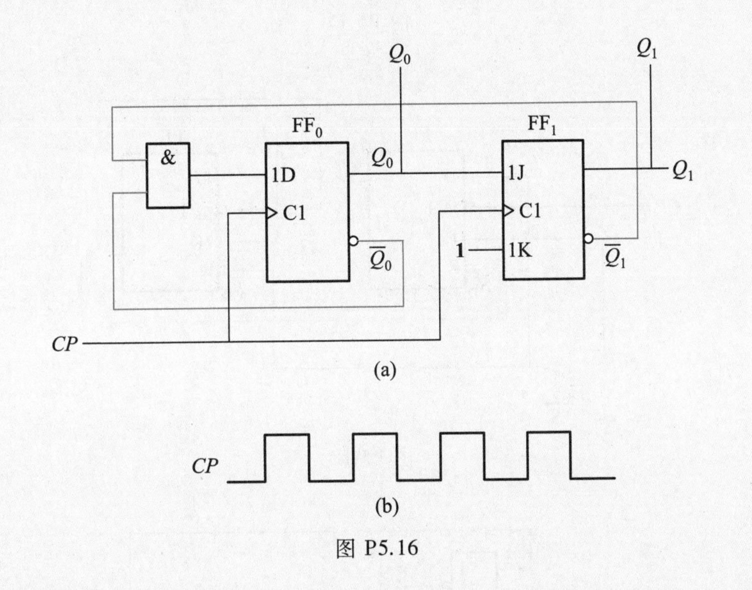

图 P5.16

[题 5.17] 在图 P5.17(a)所示的电路中,输入图 P5.17(b)所示的 CP 和 A 端的电压波形时,试画出输出 Y_1 和 Y_2 端的电压波形,设触发器的初始状态为 $Q_0=Q_1=\mathbf{0}$。

[题 5.18] 图 P5.18 所示为用 TTL 边沿双 JK 触发器组成的单脉冲发生器,CP 为连续脉冲,试分析其工作原理,并画出 CP、S 和 u_0 的电压波形。

[题 5.19] 试分析图 P5.19 所示电路是何种功能的触发器。

[题 5.20] 试用边沿 D 触发器和**与非**门组成 JK 触发器。

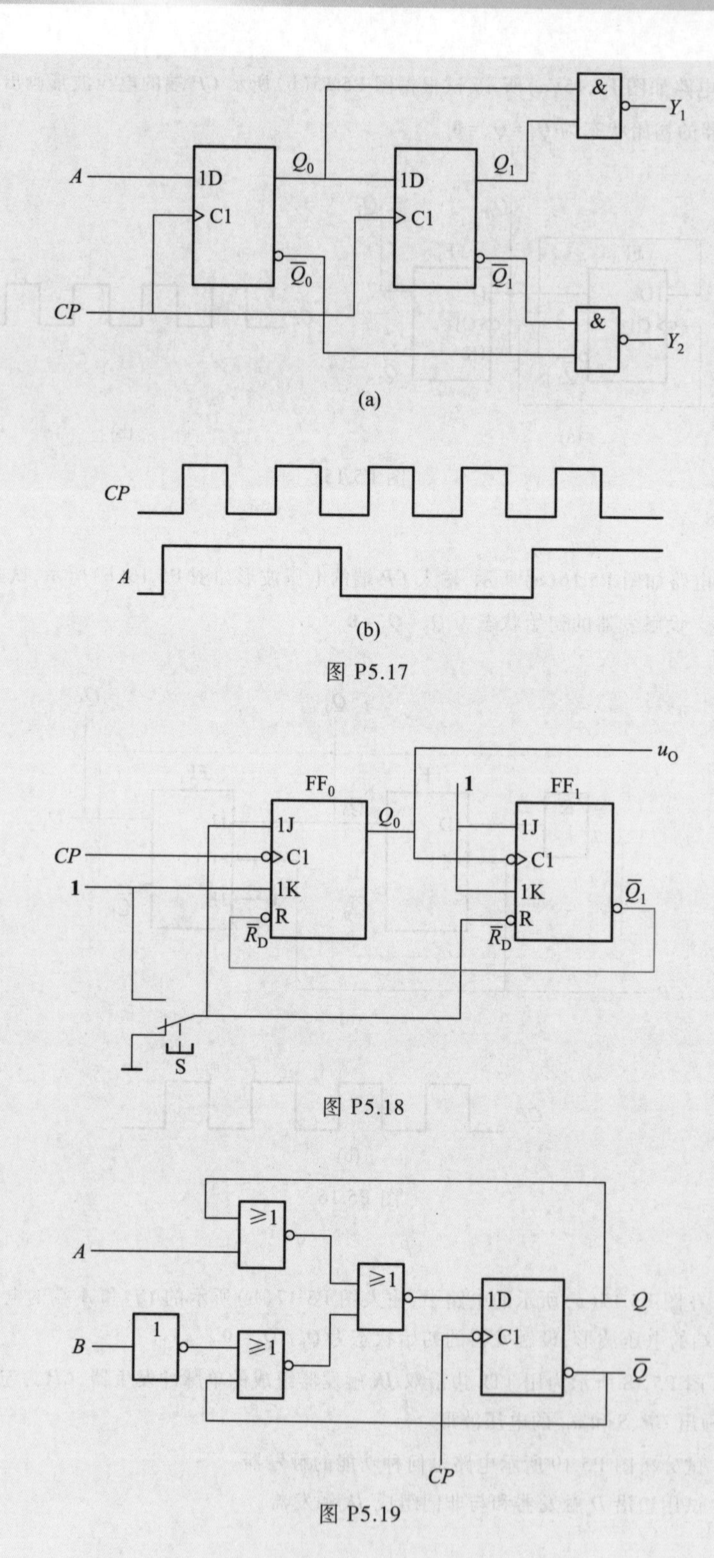

(a)

(b)

图 P5.17

图 P5.18

图 P5.19

技 能 题

[题 5.21] 试用边沿 *JK* 触发器和门电路构成一个 4 人智力竞赛抢答电路(又称第 1 信号鉴别电路)。每人桌面上有一个按钮开关,当第 1 个抢答者按下按钮开关时,其对应的发光二极管发光,同时封锁后抢答者的信号通路。抢答结束后,由主持人复原电路,发光二极管熄灭,为下一次抢答做好准备。

[题 5.22] 用边沿 *JK* 触发器和门电路构成一个能分别输出正极性和负极性的单脉冲发生器。

第 6 章

时序逻辑电路

内容提要

本章主要介绍时序逻辑电路的分析方法和寄存器、移位寄存器及计数器的基本工作原理，然后介绍常用中规模集成移位寄存器、计数器等时序部件的逻辑功能及其应用。最后介绍了同步时序电路的设计方法。

6.1 概　　述

时序逻辑电路(sequential logic circuit)又称时序电路，它由组合逻辑电路和存储电路组成，如图 6.1.1 所示。存储电路通常采用触发器作存储单元，它主要用于记忆和表示时序逻辑电路的状态。时序逻辑电路有时可以没有组合逻辑电路，但不能没有触发器。没有触发器的电路不是时序逻辑电路。

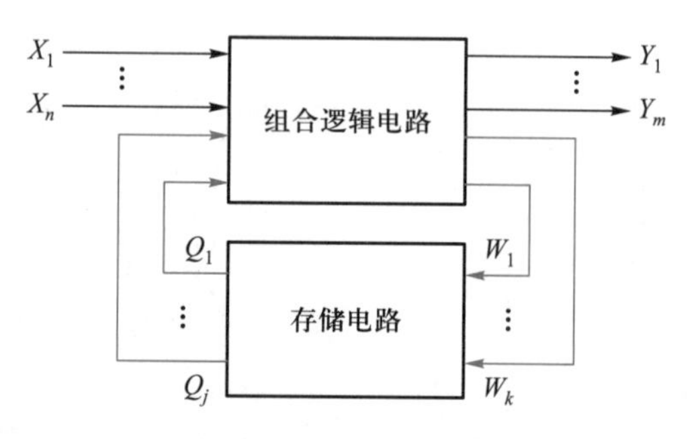

图 6.1.1　时序逻辑电路的结构框图

和组合逻辑电路不同，时序逻辑电路在任何时刻的输出状态不仅取决于该时刻的输入状态，而且还取决于电路原来的状态。这也是时序逻辑电路在功能上的特点。

在图 6.1.1 中，设 $X(X_1,\cdots,X_n)$ 为时序逻辑电路的输入变量，$Y(Y_1,\cdots,Y_m)$ 为输出函数，$W(W_1,\cdots,W_k)$ 为存储电路(触发器)的驱动输入变量，它决定时序逻辑电路下一时刻的状态，$Q(Q_1,\cdots,Q_j)$ 为存储电路的输出状态，它反馈到组合逻辑电路的输入端。这些信号之间的逻辑关系为

$$Y=F(X,Q^n) \tag{6.1.1}$$

$$W=G(X,Q^n) \tag{6.1.2}$$

$$Q^{n+1}=H(W,Q^n) \tag{6.1.3}$$

式(6.1.1)~式(6.1.3)中的 Q^n 为存储电路的现态，也是时序逻辑电路的现态，Q^{n+1} 为次态。式(6.1.1)为输出方程，它表示时序逻辑电路输出函数与输入变量、存储电路现态之间的关系；式(6.1.2)为驱动方程，它表示驱动输入变量与输入变量、存储电路现态之间的关系；式

状态方程

$$\begin{cases} Q_0^{n+1} = J_0 \overline{Q_0^n} + \overline{K_0} Q_0^n = \overline{Q_0^n} \\ Q_1^{n+1} = J_1 \overline{Q_1^n} + \overline{K_1} Q_1^n = \overline{Q_2^n} Q_0^n \overline{Q_1^n} + \overline{Q_0^n} Q_1^n \\ Q_2^{n+1} = J_2 \overline{Q_2^n} + \overline{K_2} Q_2^n = Q_1^n Q_0^n \overline{Q_2^n} + \overline{Q_0^n} Q_2^n \end{cases} \tag{6.2.3}$$

(2) 列状态转换真值表

设电路的现态为 $Q_2^n Q_1^n Q_0^n = \mathbf{000}$,代入式(6.2.1)和式(6.2.3)中进行计算后得 $Y = \mathbf{0}$ 和 $Q_2^{n+1} Q_1^{n+1} Q_0^{n+1} = \mathbf{001}$,这说明输入第一个计数脉冲(时钟脉冲 CP)后,电路的状态由 **000** 翻到 **001**。然后再将 **001** 当作新的现态,即 $Q_2^n Q_1^n Q_0^n = \mathbf{001}$,代入上述二式中进行计算后得 $Y = \mathbf{0}$和 $Q_2^{n+1} Q_1^{n+1} Q_0^{n+1} = \mathbf{010}$,即输入第二个 CP 后,电路的状态由 **001** 翻到 **010**,其余类推。由此可求得表 6.2.1 所示的状态转换真值表。

表 6.2.1 [例 6.2.1]的状态转换真值表

现态			次态			输出
Q_2^n	Q_1^n	Q_0^n	Q_2^{n+1}	Q_1^{n+1}	Q_0^{n+1}	Y
0	**0**	**0**	**0**	**0**	**1**	**0**
0	**0**	**1**	**0**	**1**	**0**	**0**
0	**1**	**0**	**0**	**1**	**1**	**0**
0	**1**	**1**	**1**	**0**	**0**	**0**
1	**0**	**0**	**1**	**0**	**1**	**0**
1	**0**	**1**	**0**	**0**	**0**	**1**

(3) 逻辑功能说明

由表 6.2.1 可看出,图 6.2.1 所示电路在输入第六个计数脉冲 CP 后,返回原来的状态,同时输出端 Y 输出一个负跃变的进位信号。因此,图 6.2.1 所示电路为同步六进制加法计数器。

(4) 画状态转换图和时序图

根据表 6.2.1 可画出图 6.2.2(a)所示的状态转换图。图中圆圈内表示电路的一个状态,箭头表示电路状态的转换方向。箭头线上方标注的 X/Y 为转换条件,X 为转换前输入变量的取值,Y 为输出值。由于本例没有输入变量,故 X 未标上数值。

图 6.2.2(b)为根据表 6.2.1 画出的时序图。

(5) 检查电路能否自启动

图 6.2.1 所示电路应有 $2^3 = 8$ 个工作状态,由图 6.2.2(a)中可看出,它只有 6 个状态被利用了,这 6 个状态称为有效状态。还有 **110** 和 **111** 没有被利用,称为无效状态。将无效状态 **110** 代入状态方程中进行计算,得 $Q_2^{n+1} Q_1^{n+1} Q_0^{n+1} = \mathbf{111}$,再将 **111** 代入状态方程后得 $Q_2^{n+1} Q_1^{n+1} Q_0^{n+1} = \mathbf{000}$,为有效状态。可见,图 6.2.1 所示同步时序逻辑电路如果由于某种原因而

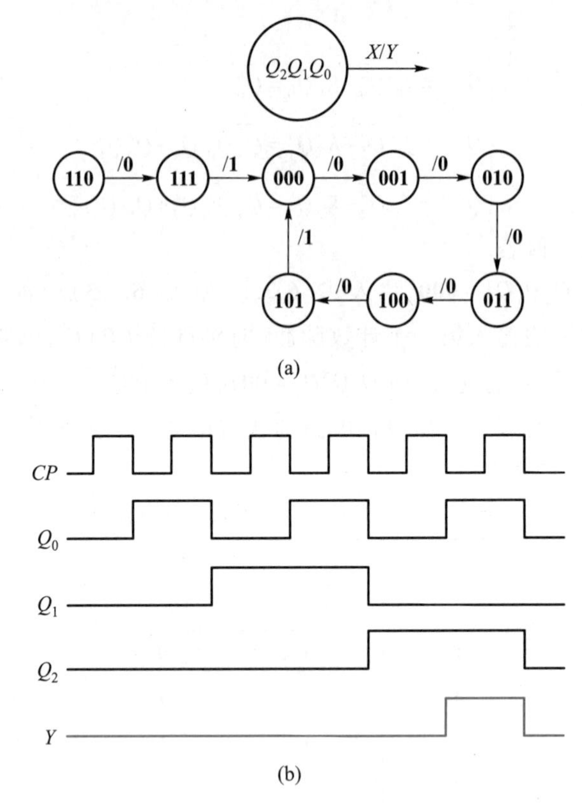

图 6.2.2　[例 6.2.1]的状态转换图和时序图

(a) 状态转换图；(b) 时序图

进入无效状态工作时，只要继续输入计数脉冲 CP，电路便会自动返回到有效状态工作，所以，该电路能够自启动。

[例 6.2.2]　试分析图 6.2.3 所示同步时序逻辑电路的逻辑功能，列出状态转换真值表，画出状态转换图和时序图。

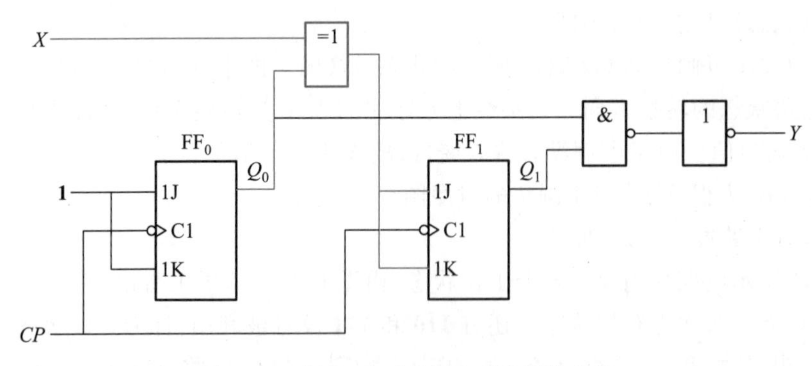

图 6.2.3　[例 6.2.2]的同步时序逻辑电路

解:在图 6.2.3 中,FF_0 和 FF_1 的时钟端连在一起接在时钟脉冲 CP 上,为同步时序逻辑电路。因此,时钟方程可不写。下面分析它的逻辑功能。

(1) 写方程式

输出方程

$$Y = Q_1^n Q_0^n \tag{6.2.4}$$

驱动方程

$$\begin{cases} J_0 = \mathbf{1}, \quad K_0 = \mathbf{1} \\ J_1 = X \oplus Q_0^n, \quad K_1 = X \oplus Q_0^n \end{cases} \tag{6.2.5}$$

状态方程

$$\begin{cases} Q_0^{n+1} = J_0 \overline{Q_0^n} + \overline{K_0} Q_0^n = \overline{Q_0^n} \\ Q_1^{n+1} = J_1 \overline{Q_1^n} + \overline{K_1} Q_1^n \\ \quad = (X \oplus Q_0^n) \overline{Q_1^n} + \overline{(X \oplus Q_0^n)} Q_1^n \\ \quad = (X \oplus Q_0^n) \overline{Q_1^n} + (X \odot Q_0^n) Q_1^n \end{cases} \tag{6.2.6}$$

(2) 列状态转换真值表

由于输入控制信号 X 可取 **0**,也可取 **1**,因此,应分别列出 $X=\mathbf{0}$和 $X=\mathbf{1}$的两张状态转换真值表。设电路的现态为 $Q_1^n Q_0^n = \mathbf{00}$,代入式(6.2.4)和式(6.2.6)中进行计算,由此可得表 6.2.2 和表 6.2.3 所示的真值表。

表 6.2.2 $X=\mathbf{0}$ 时[例 6.2.2]的状态转换真值表

现态		次态		输出
Q_1^n	Q_0^n	Q_1^{n+1}	Q_0^{n+1}	Y
0	**0**	**0**	**1**	**0**
0	**1**	**1**	**0**	**0**
1	**0**	**1**	**1**	**0**
1	**1**	**0**	**0**	**1**

表 6.2.3 $X=\mathbf{1}$ 时[例 6.2.2]的状态转换真值表

现态		次态		输出
Q_1^n	Q_0^n	Q_1^{n+1}	Q_0^{n+1}	Y
0	**0**	**1**	**1**	**0**
1	**1**	**1**	**0**	**1**
1	**0**	**0**	**1**	**0**
0	**1**	**0**	**0**	**0**

(3) 逻辑功能说明

由表 6.2.2 可看出,在 $X=\mathbf{0}$ 时,电路为加法计数器;由表 6.2.3 又可看出,在 $X=\mathbf{1}$ 时,电路为减法计数器。因此,图 6.2.3 所示电路为同步四进制加/减计数器。

(4) 画状态转换图和时序图

根据表 6.2.2 和表 6.2.3 可画出图 6.2.4(a)、(b)所示的 $X=\mathbf{0}$ 和 $X=\mathbf{1}$时的两个状态转换图。

图 6.2.4(c)为根据表 6.2.2 和表 6.2.3 画出的时序图。

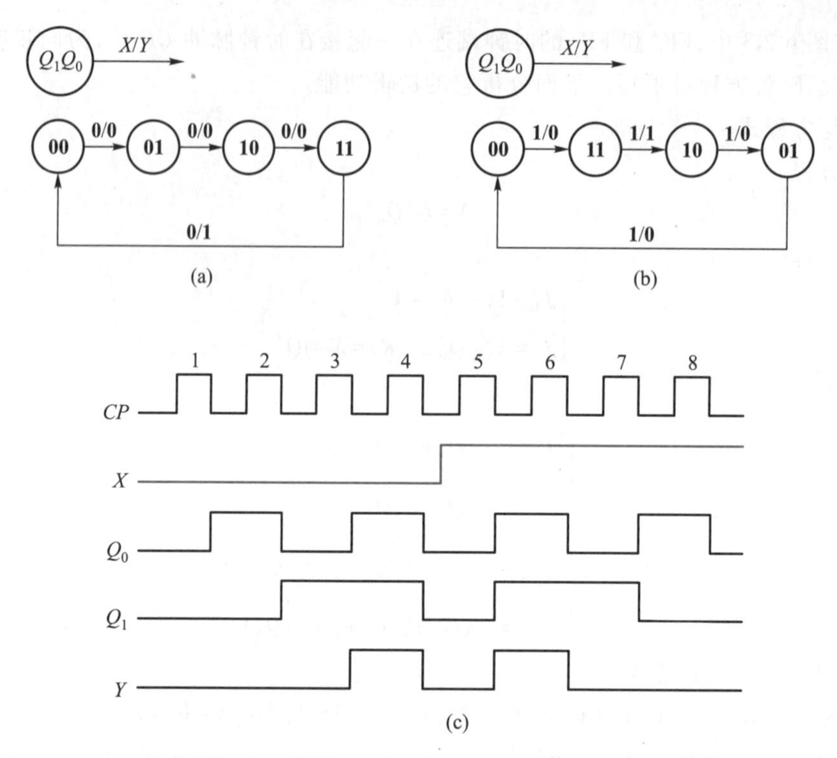

图 6.2.4　[例 6.2.2]的状态转换图和时序图

（a）$X=\mathbf{0}$时的状态转换图；（b）$X=\mathbf{1}$时的状态转换图；（c）时序图

6.2.2　异步时序逻辑电路的分析

异步时序逻辑电路的分析方法和同步时序逻辑电路的基本相同，也需要写输出、驱动和状态三个方程。但由于在异步时序逻辑电路中只有部分触发器的时钟端和输入时钟脉冲 CP 相连，其余触发器的触发信号则由电路内部提供，因此，进行异步时序逻辑电路分析时，各个触发器的状态方程只有满足时钟条件时才能使用。这也是异步时序逻辑电路在分析方法上和同步时序逻辑电路的主要不同点。

[例 6.2.3]　试分析图 6.2.5 所示异步时序逻辑电路的逻辑功能，列出状态转换真值表，并画出状态转换图和时序图。

解： 在图 6.2.5 所示异步时序逻辑电路中，各边沿 JK 触发器均为下降沿触发方式工作，因此，触发器只有在时钟端接收到触发脉冲下降沿时刻状态方程才能使用。在分析异步时序逻辑电路时，这一点应引起注意。下面分析逻辑功能。

（1）写方程式

输出方程

$$Y=Q_2^n \tag{6.2.7}$$

时钟方程

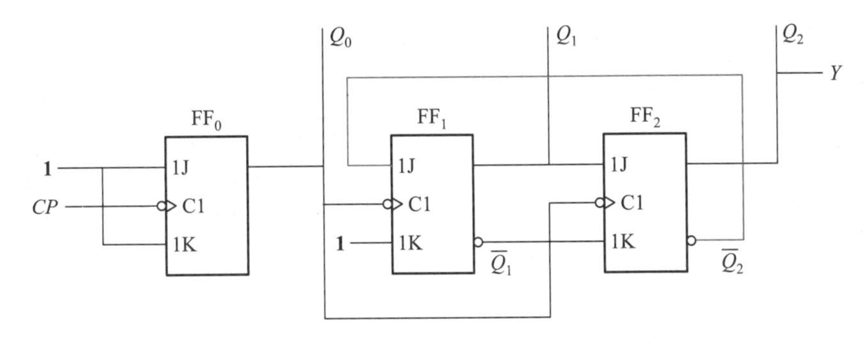

图 6.2.5 [例 6.2.3]的时序逻辑电路

$$\begin{cases} CP_0 = CP & (\text{FF}_0 \text{ 由 } CP \text{ 下降沿触发}) \\ CP_1 = CP_2 = Q_0^n & (\text{FF}_1 \text{ 和 FF}_2 \text{ 由 } Q_0 \text{ 下降沿触发}) \end{cases}$$

驱动方程

$$\begin{cases} J_0 = \mathbf{1} & K_0 = \mathbf{1} \\ J_1 = \overline{Q_2^n} & K_1 = \mathbf{1} \\ J_2 = Q_1^n & K_2 = \overline{Q_1^n} \end{cases} \tag{6.2.8}$$

状态方程

$$\begin{cases} Q_0^{n+1} = J_0 \overline{Q_0^n} + \overline{K}_0 Q_0^n = \overline{Q}_0^n & (CP \text{ 下降沿有效}) \\ Q_1^{n+1} = J_1 \overline{Q_1^n} + \overline{K}_1 Q_1^n = \overline{Q}_2^n \overline{Q}_1^n & (Q_0 \text{ 下降沿有效}) \\ Q_2^{n+1} = J_2 \overline{Q_2^n} + \overline{K}_2 Q_2^n = Q_1^n \overline{Q}_2^n + Q_1^n Q_2^n & (Q_0 \text{ 下降沿有效}) \end{cases} \tag{6.2.9}$$

(2) 列状态转换真值表

状态方程只有满足时钟条件后才有效,否则不能使用。设现态 $Q_2^n Q_1^n Q_0^n = \mathbf{000}$,代入输出方程和状态方程中进行计算,由此可列出表 6.2.4 所示的状态转换真值表。

(3) 逻辑功能说明

由表 6.2.4 可看出,输入 6 个计数脉冲后,电路返回初始状态,同时向高位送出一个负跃变的进位信号。所以,图 6.2.5 所示电路为异步六进制计数器。

表 6.2.4 [例 6.2.3]的状态转换真值表

现态			次态			输出	时钟条件		
Q_2^n	Q_1^n	Q_0^n	Q_2^{n+1}	Q_1^{n+1}	Q_0^{n+1}	Y	CP_2	CP_1	CP_0
0	**0**	**0**	**0**	**0**	**1**	**0**	↑	↑	↓
0	**0**	**1**	**0**	**1**	**0**	**0**	↓	↓	↓
0	**1**	**0**	**0**	**1**	**1**	**0**	↑	↑	↓
0	**1**	**1**	**1**	**0**	**0**	**0**	↓	↓	↓
1	**0**	**0**	**1**	**0**	**1**	**1**	↑	↑	↓
1	**0**	**1**	**0**	**0**	**0**	**1**	↓	↓	↓

（4）画状态转换图和时序图

根据状态转换真值表可画出图 6.2.6 所示的状态转换图和时序图。

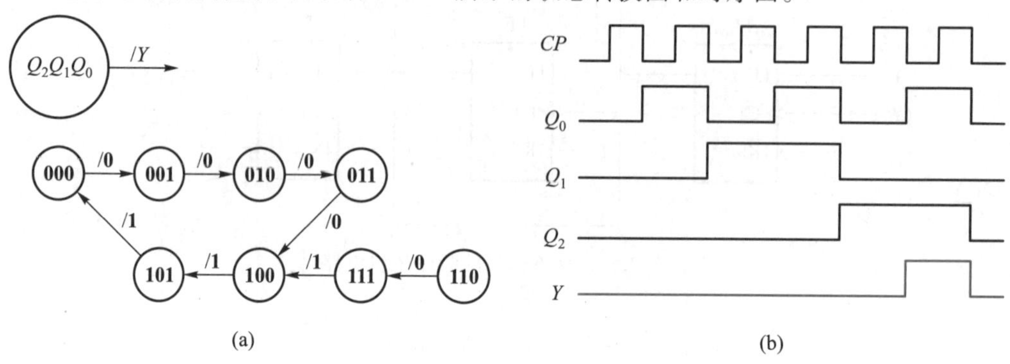

图 6.2.6　[例 6.2.3]的状态转换图和时序图

（a）状态转换图；（b）时序图

（5）自启动检查

图 6.2.5 所示电路有 **110** 和 **111** 两个无效状态，将 **110** 代入状态方程进行计算后得 **111**，再将其代入状态方程中进行计算后得 **100**，为有效状态，故电路能自启动。

思　考　题

1. 时序逻辑电路在功能上和电路结构上各有什么特点？和组合逻辑电路相比，它们的主要区别是什么？

2. 什么是同步时序逻辑电路？什么是异步时序逻辑电路？

3. 分析时序逻辑电路有哪些步骤？异步时序逻辑电路的分析方法和同步时序逻辑电路的分析方法主要区别是什么？为什么？

6.3　寄存器和移位寄存器

在数字系统中，经常需要暂时存放数据，以供后续运算使用，这就需要用到数码寄存器。移位寄存器不但可存放数码，而且在移位脉冲作用下，寄存器中的数码可根据需要向左或向右移位。由于一个触发器可存放一位二进制代码，一个 n 位的数码寄存器和移位寄存器需由 n 个触发器组成。因此，触发器是组成寄存器和移位寄存器的基本单元电路。

寄存器和移位寄存器在计算机和其他数字设备中有着广泛的应用。

6.3.1　寄存器

微视频 6-1：寄存器

用以存放二进制代码的电路称为寄存器（register）。图 6.3.1 所示为四边沿 D 触发器 CT74LS175 的逻辑图，可作 4 位数码寄存器。图中 $\overline{CR}$ 为异步置零输入端，$D_0 \sim D_3$ 为并行数据输入端，$Q_0 \sim Q_3$ 为并行输出端。CT74LS175 的功能表见表6.3.1。由该表可知它有如下主要功能。

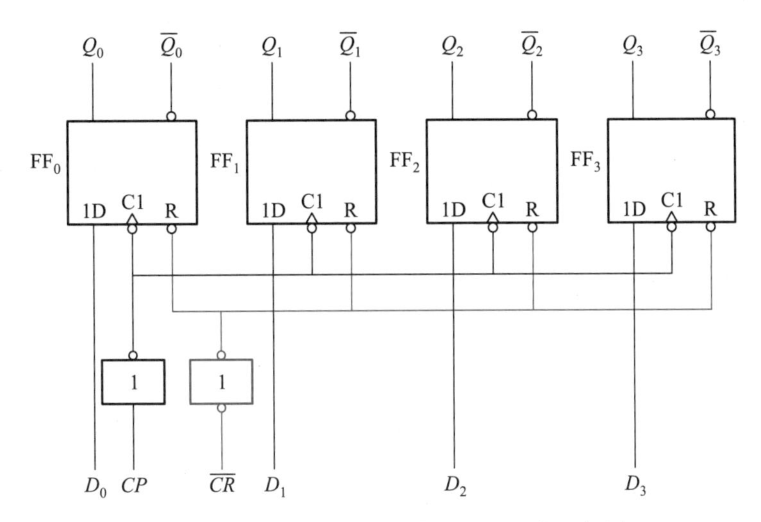

图 6.3.1 四边沿 D 触发器 CT74LS175 的逻辑图

表 6.3.1 CT74LS175 的功能表

输入						输出			
$\overline{CR}$	CP	D_3	D_2	D_1	D_0	Q_3	Q_2	Q_1	Q_0
0	×	×	×	×	×	**0**	**0**	**0**	**0**
1	↑	d_3	d_2	d_1	d_0	d_3	d_2	d_1	d_0
1	**0**	×	×	×	×		保	持	

(1) 置零(清零)功能。无论寄存器中原来有无数码,只要$\overline{CR}=\mathbf{0}$,触发器 $FF_0 \sim FF_3$ 都被置 **0**,即 $Q_3Q_2Q_1Q_0=\mathbf{0000}$。

(2) 并行送数功能。取$\overline{CR}=\mathbf{1}$,无论寄存器原来有无数码,只要输入时钟脉冲 CP 的上升沿,并行数据输入端 $D_3 \sim D_0$ 输入的数据 $d_3 \sim d_0$ 都被置入 4 个 D 触发器 $FF_3 \sim FF_0$ 中,这时 $Q_3Q_2Q_1Q_0=d_3d_2d_1d_0$,由 Q_3、Q_2、Q_1、Q_0 并行输出数据。

(3) 保持功能。当$\overline{CR}=\mathbf{1}$、$CP=\mathbf{0}$时,寄存器中寄存的数码保持不变,即 $FF_3 \sim FF_0$ 的状态保持不变。

6.3.2 移位寄存器

微视频 6-2:移位寄存器

具有存放数码和使数码逐位左移或右移的电路称为移位寄存器(shift register)。移位寄存器又分为单向移位寄存器和双向移位寄存器两种。在单向移位寄存器中,每输入一个移位脉冲,寄存器中的数码可向左或向右移一位。而双向移位寄存器则在控制信号作用下,既可进行左移又可进行右移位操作。下面分别介绍单向移位寄存器和双向移位寄存器的工作原理。

一、单向移位寄存器

图 6.3.2(a)所示为由 4 个边沿 D 触发器组成的 4 位右移位寄存器。这 4 个 D 触发器的

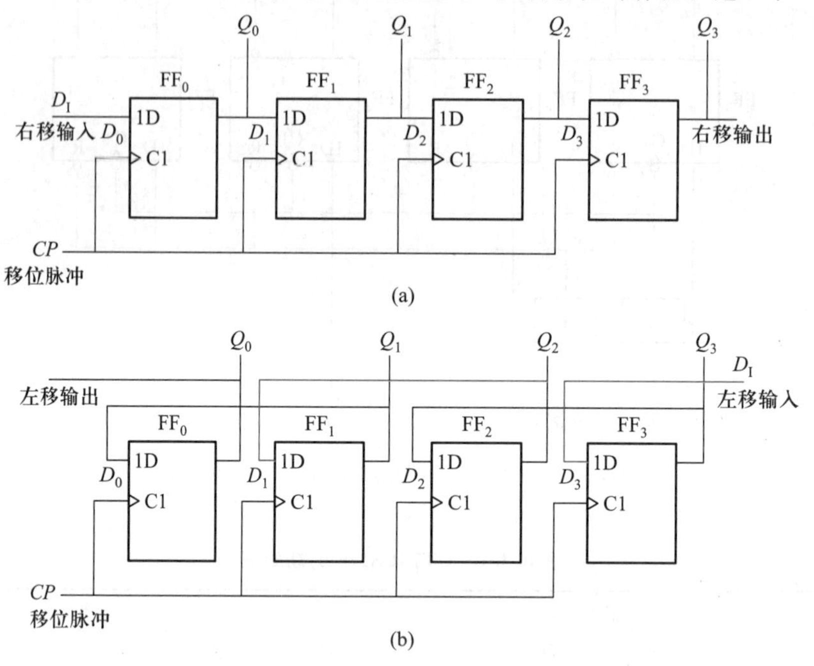

图 6.3.2 由边沿 D 触发器组成的 4 位单向移位寄存器

(a) 右移位寄存器； (b) 左移位寄存器

时钟端连在一起接时钟脉冲信号,因此为同步时序逻辑电路。数码由 FF_0 的 D_0 端串行输入。下面参照图 6.3.3 讨论其工作原理。

设串行输入数码 $D_I = \mathbf{1011}$,同时 $FF_0 \sim FF_3$ 都为 **0** 状态。当输入第一个数码 **1** 时,这时 $D_0 = \mathbf{1}$、$D_1 = Q_0 = \mathbf{0}$、$D_2 = Q_1 = \mathbf{0}$、$D_3 = Q_2 = \mathbf{0}$,则在第 1 个移位脉冲 CP 的上升沿作用下,FF_0 由 **0** 状态翻到 **1** 状态,第一位数码 **1** 存入 FF_0 中,其原来的状态 $Q_0 = \mathbf{0}$ 移入 FF_1 中,数码向右移了一位,同时 FF_1、FF_2 和 FF_3 中的数码也都依次向右移了一位。这时,寄存器的状态为 $Q_0Q_1Q_2Q_3 = \mathbf{1000}$。当输入第二个数码 **0** 时,则在第二个移位脉冲 CP 上升沿的作用下,第二个数码 **0** 存入 FF_0 中,这时,$Q_0 = \mathbf{0}$,FF_0 中原来的数码 **1** 移入 FF_1 中,$Q_1 = \mathbf{1}$。同理,$Q_2 = Q_3 = \mathbf{0}$,移位寄存器中的数码又依次向右移了一位。这样,在 4 个移位脉冲作用下,输入的 4 位串行数码 **1011** 全部存入了寄存器中。移位情况如图 6.3.3 所示。

输入	FF_0	FF_1	FF_2	FF_3
	0	**0**	**0**	**0**
1 →	**1**	**0**	**0**	**0**
0 →	**0**	**1**	**0**	**0**
1 →	**1**	**0**	**1**	**0**
1 →	**1**	**1**	**0**	**1**

图 6.3.3 右移位寄存器工作过程示意图

移位寄存器中的数码可由 Q_3、Q_2、Q_1 和 Q_0 并行输出,也

可从 Q_3 串行输出，但这时需要继续输入 4 个移位脉冲才能从寄存器 Q_3 端取出存放的 4 位数码 **1011**。

图 6.3.2(b) 所示为由 4 个边沿 D 触发器组成的 4 位左移位寄存器。其工作原理和右移位寄存器相同，这里不再重复了。

二、双向移位寄存器

由前面讨论单向移位寄存器工作原理可知，右移位寄存器和左移位寄存器的电路结构是基本相同的，如适当加入一些控制电路和控制信号，就可将右移位寄存器和左移位寄存器结合在一起，构成双向移位寄存器(bidirectional shift register)。

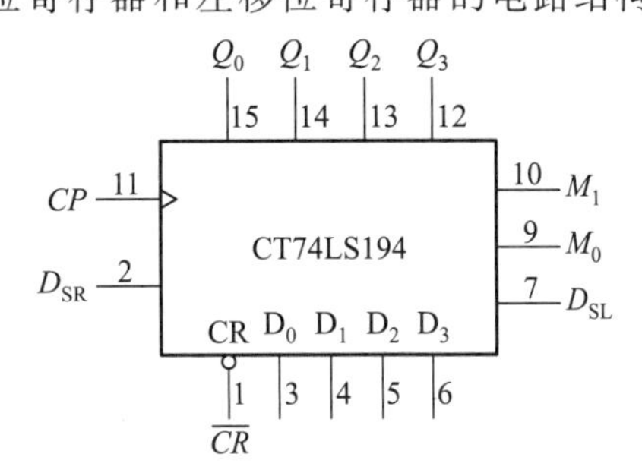

图 6.3.4 CT74LS194 的逻辑功能示意图

图 6.3.4 所示为 4 位双向移位寄存器 CT74LS194 的逻辑功能示意图。图中 $\overline{CR}$ 为清零端，$D_0 \sim D_3$ 为并行数码输入端，D_{SR} 为右移串行数码输入端，D_{SL} 为左移串行数码输入端，M_0 和 M_1 为工作方式控制端，$Q_0 \sim Q_3$ 为并行数码输出端，CP 为移位脉冲输入端。CT74LS194 的功能表见表 6.3.2，由该表可知它有如下主要功能：

表 6.3.2 CT74LS194 的功能表

输入										输出				说明
$\overline{CR}$	M_1	M_0	CP	D_{SL}	D_{SR}	D_0	D_1	D_2	D_3	Q_0	Q_1	Q_2	Q_3	
0	×	×	×	×	×	×	×	×	×	**0**	**0**	**0**	**0**	清零
1	×	×	**0**	×	×	×	×	×	×		保	持		
1	**1**	**1**	↑	×	×	d_0	d_1	d_2	d_3	d_0	d_1	d_2	d_3	并行置数
1	**0**	**1**	↑	×	**1**	×	×	×	×	**1**	Q_0	Q_1	Q_2	右移输入 **1**
1	**0**	**1**	↑	×	**0**	×	×	×	×	**0**	Q_0	Q_1	Q_2	右移输入 **0**
1	**1**	**0**	↑	**1**	×	×	×	×	×	Q_1	Q_2	Q_3	**1**	左移输入 **1**
1	**1**	**0**	↑	**0**	×	×	×	×	×	Q_1	Q_2	Q_3	**0**	左移输入 **0**
1	**0**	**0**	×	×	×	×	×	×	×		保	持		

(1) 清零功能。当 $\overline{CR}=\mathbf{0}$ 时，移位寄存器清零。$Q_0 \sim Q_3$ 都为 **0** 状态，与时钟脉冲 CP 的有无没有关系，为异步清零。

(2) 保持功能。当 $\overline{CR}=\mathbf{1}$，$CP=\mathbf{0}$，或 $\overline{CR}=\mathbf{1}$、$M_1M_0=\mathbf{00}$ 时，移位寄存器保持原状态不变。

(3) 并行送数功能。当 $\overline{CR}=\mathbf{1}$，$M_1M_0=\mathbf{11}$ 时，在 CP 上升沿作用下，使 $D_0 \sim D_3$ 端输入的数码 $d_0 \sim d_3$ 并行送入寄存器，$Q_0Q_1Q_2Q_3=d_0d_1d_2d_3$，是同步并行送数。

(4) 右移串行送数功能。当 $\overline{CR}=\mathbf{1}$，$M_1M_0=\mathbf{01}$ 时，在 CP 上升沿作用下，执行右移功能，D_{SR} 端输入的数码依次送入寄存器。

（5）左移串行送数功能。当$\overline{CR}=\mathbf{1}$，$M_1M_0=\mathbf{10}$时，在CP上升沿作用下，执行左移功能，D_{SL}端输入的数码依次送入寄存器。

*6.3.3 移位寄存器的应用

一、顺序脉冲发生器

顺序脉冲是指在每个循环周期内，在时间上按一定顺序排列的脉冲信号。产生顺序脉冲信号的电路称为顺序脉冲发生器。在数字系统中，常用以控制某些设备按照事先规定的顺序进行运算或操作。

图6.3.5（a）所示为由双向移位寄存器CT74LS194构成的顺序脉冲发生器。其工作原理如下：

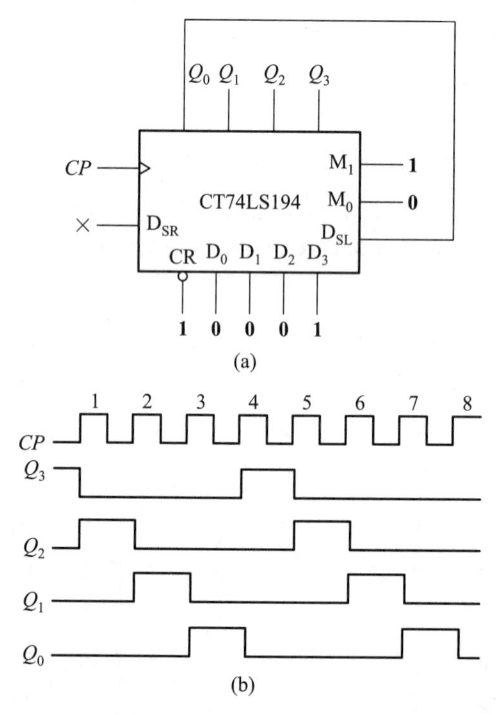

图6.3.5 由CT74LS194构成的顺序脉冲发生器和工作波形

（a）顺序脉冲发生器；（b）工作波形

取$D_0D_1D_2D_3=\mathbf{0001}$，$\overline{CR}=\mathbf{1}$，$Q_0$接左移串行数码输入端$D_{SL}$，$M_1=\mathbf{1}$，先使$M_0=\mathbf{1}$，输入时钟$CP$上升沿后，输入数据置入移位寄存器，$Q_0Q_1Q_2Q_3=D_0D_1D_2D_3=\mathbf{0001}$，然后使$M_0=\mathbf{0}$，即$M_1M_0=\mathbf{10}$。这时，随着移位脉冲$CP$的输入，电路开始左移操作，$Q_3\sim Q_0$依次输出高电平的顺序脉冲，如图6.3.5（b）所示。由该图可看出，每输入4个CP脉冲时，电路返回初始状态，所以，它也是一个环形计数器。当需要使用顺序脉冲时，可直接由$Q_0\sim Q_3$取得，不需经过译码器。因此，输出的顺序脉冲中不会出现尖峰干扰。它的主要缺点是电路状态利用率不高。

二、扭环形计数器(约翰逊计数器)

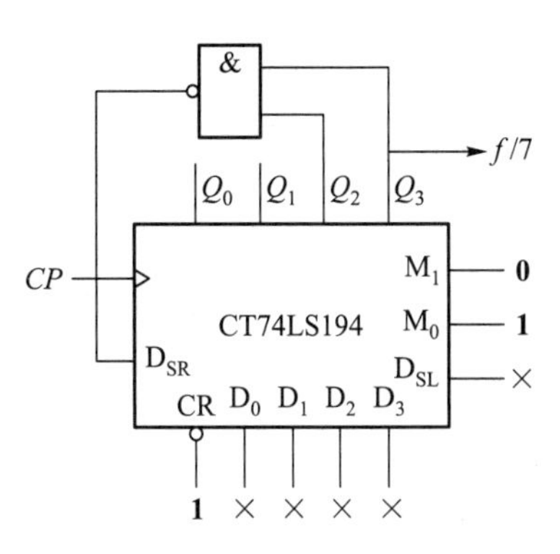

图 6.3.6 由 CT74LS194 组成的七进制扭环形计数器

图 6.3.6 所示为由双向移位寄存器 CT74LS194 组成的七进制扭环形计数器。由该图可看出:它是将输出 Q_3 和 Q_2 的信号通过**与非**门加在右移串行数码输入端 D_{SR} 上,即 $D_{SR}=\overline{Q_3Q_2}$,它说明,在输出 Q_3、Q_2 中有 **0** 时,$D_{SR}=$ **1**;只有 Q_3 和 Q_2 同时为 **1** 时,$D_{SR}=$ **0**,这是 D_{SR} 输入串行数码的根据。设双向移位寄存器 CT74LS194 的初始状态为 $Q_0Q_1Q_2Q_3=$ **1000**,清零端 $\overline{CR}$ 为高电平 **1**,由于 $M_1M_0=$ **01**,因此,电路在计数脉冲 CP 作用下,执行右移操作,状态变化情况见表 6.3.3。由该表可看出:图 6.3.6 所示电路输入 7 个计数脉冲时,电路返回初始状态 $Q_0Q_1Q_2Q_3=$ **1000**,所以为七进制扭环形计数器,也是一个七分频电路。

表 6.3.3 七进制扭环形计数器状态表

计数脉冲顺序	Q_0	Q_1	Q_2	Q_3
0	**1**	**0**	**0**	**0**
1	**1**	**1**	**0**	**0**
2	**1**	**1**	**1**	**0**
3	**1**	**1**	**1**	**1**
4	**0**	**1**	**1**	**1**
5	**0**	**0**	**1**	**1**
6	**0**	**0**	**0**	**1**

利用移位寄存器组成扭环形计数器有一定的规律。如 4 位移位寄存器的第 3 个输出端 Q_2 通过**非**门加到 D_{SR} 端上的信号为 $\overline{Q_2}$,即 $D_{SR}=\overline{Q_2}$,便构成了六($2\times3=6$)进制扭环形计数器,即六分频电路,如图 6.3.7 所示。当由移位寄存器的第 N 位输出通过**非**门加到 D_{SR} 端时,则构成 $2N$ 进制扭环形计数器,即偶数分频电路。如将移位寄存器的第 N 和第 $N-1$ 位的输出通过**与非**门加到 D_{SR} 端时,则构成 $2N-1$ 进制扭环形计数器,即奇数分频电路。在图 6.3.6 中,Q_3 为第 4 位输出,Q_2 为第 3 位输出,它构成 $2\times4-1=7$ 进制扭环形计数器,即七分频电路。

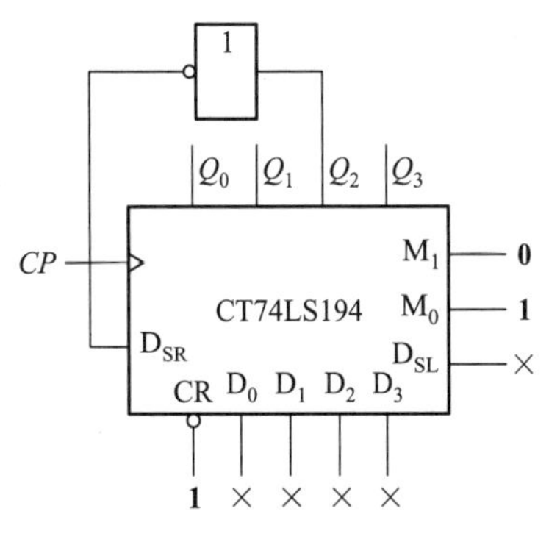

图 6.3.7 由 CT74LS194 组成的六进制扭环形计数器

扭环形计数器的优点是每次状态变化只有一个触发器翻转,译码器不存在竞争冒险现象,电路比较简单。它的主要缺点是电路状态利用率不高。

思 考 题

1. 什么叫寄存器？什么叫移位寄存器？它们有哪些异同点？
2. 试用 JK 触发器和反相器构成一个 4 位右移位寄存器。
3. 什么叫顺序脉冲发生器？
4. 什么叫双向移位寄存器？什么是并行输入和并行输出？什么是串行输入和串行输出？

6.4 计 数 器

计数器是数字系统中常用的时序逻辑电路，它主要用于累计输入时钟脉冲的个数，还常用作分频电路和进行数字运算。

计数器累计输入脉冲的最大数目称为计数器的“模”，用 M 表示。如 $M=10$ 计数器，又称为十进制计数器，它实际上为计数器的有效循环状态数。计数器的“模”又称为计数容量或计数长度。

计数器的种类很多，特点各异，从不同的角度出发，有不同的分类。

按计数进制不同分：有二进制计数器、十进制计数器和任意进制计数器。

按计数增减分：有加法计数器、减法计数器和加/减计数器（又称可逆计数器）。

按计数器中触发器状态更新与输入时钟脉冲（即计数脉冲）到来是否同步分：有同步计数器（synchronous counter）和异步计数器（asynchronous counter）。同步计数器的计数速度比异步计数器的快得多。

本节主要讨论二进制计数器、十进制计数器和任意进制计数器的工作原理，以及利用集成计数器构成任意进制计数器的方法。

6.4.1 异步计数器

一、异步二进制计数器

异步二进制计数器可由 JK 触发器或 D 触发器接成 T' 触发器后级联而成。一个触发器表示一位二进制数，n 个触发器级联后组成 2^n 进制计数器。

1. 异步二进制加法计数器

按二进制编码方式进行加法运算的电路，称为二进制加法计数器。每输入一个时钟脉冲 CP 进行一次加“1”的运算。

图 6.4.1(a) 所示为由 JK 触发器组成的 4 位异步二进制加法计数器，$FF_0 \sim FF_3$ 都接成 T' 触发器，用负跃变触发，它的工作原理如下：

计数前，在计数器的清零端 $\overline{R_D}$ 上加负脉冲，使电路处于 $Q_3Q_2Q_1Q_0=\mathbf{0000}$ 状态。计数过程中 $\overline{R_D}=\mathbf{1}$。由图 6.4.1(a) 可看出，第一级触发器 FF_0 由输入的时钟脉冲 CP（计数脉冲）推动，每输入一个时钟脉冲 CP，状态变化一次。其余各级触发器都由前一级触发器 Q 端输出的脉冲推动，即只有前一级触发器的 Q 端输出负跃变时，后一级触发器的状态才会翻转。当连续输入计数脉冲 CP 时，计数器状态变化如表 6.4.1 所示。

当输入第 16 个计数脉冲 CP 时，电路返回到初始的 $Q_3Q_2Q_1Q_0=\mathbf{0000}$ 状态，同时 Q_3 输出一个负跃变进位信号，因此，图 6.4.1(a)所示 4 位异步二进制加法计数器为十六进制计数器，工作波形如图 6.4.1(b)所示。由该图可看出，Q_0、Q_1、Q_2、Q_3 端输出脉冲的频率分别为输入计数脉冲 CP 频率的 1/2、1/4、1/8、1/16，故该计数器可作 2、4、8、16 分频器使用。

图 6.4.2 所示为由 D 触发器组成的 4 位异步二进制加法计数器的逻辑图。各个 D 触发器都接成 T'触发器，用正跃变触发。为使低位触发器的状态由 **1** 变为 **0** 时，能向高位触发器送出正跃变的触发信号，应将低位触发器的 $\overline{Q}$ 端和高位触发器的时钟端相连。其工作原理请读者自行分析。

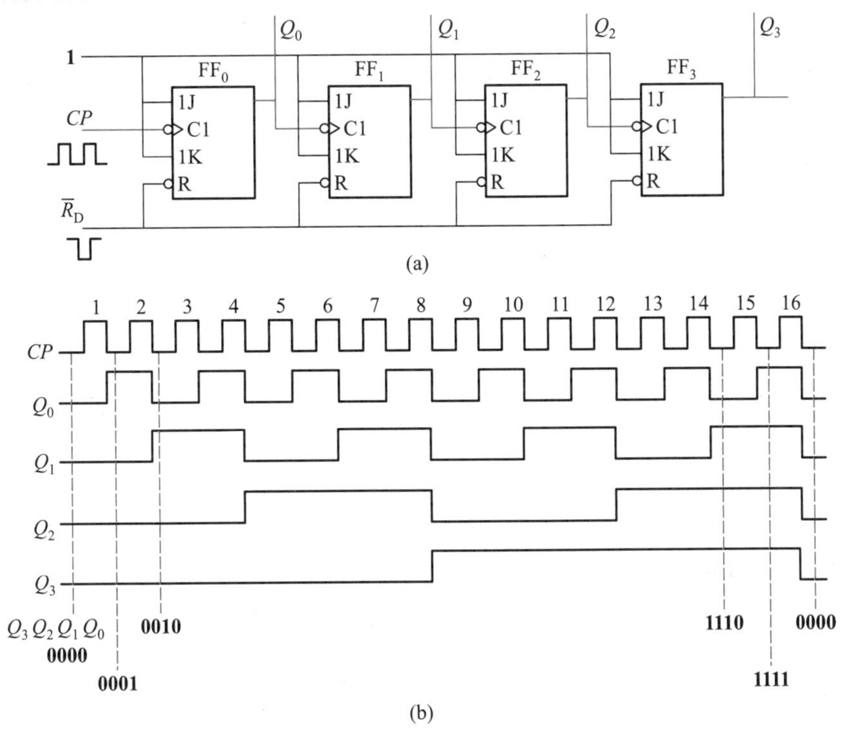

图 6.4.1 由 JK 触发器组成的 4 位异步二进制加法计数器和工作波形

(a) 逻辑图；(b) 工作波形

表 6.4.1 4 位二进制加法计数器状态表

计数顺序	计数器状态			
	Q_3	Q_2	Q_1	Q_0
0	**0**	**0**	**0**	**0**
1	**0**	**0**	**0**	**1**

续表

计数顺序	计数器状态			
	Q_3	Q_2	Q_1	Q_0
2	**0**	**0**	**1**	**0**
3	**0**	**0**	**1**	**1**
4	**0**	**1**	**0**	**0**
5	**0**	**1**	**0**	**1**
6	**0**	**1**	**1**	**0**
7	**0**	**1**	**1**	**1**
8	**1**	**0**	**0**	**0**
9	**1**	**0**	**0**	**1**
10	**1**	**0**	**1**	**0**
11	**1**	**0**	**1**	**1**
12	**1**	**1**	**0**	**0**
13	**1**	**1**	**0**	**1**
14	**1**	**1**	**1**	**0**
15	**1**	**1**	**1**	**1**
16	**0**	**0**	**0**	**0**

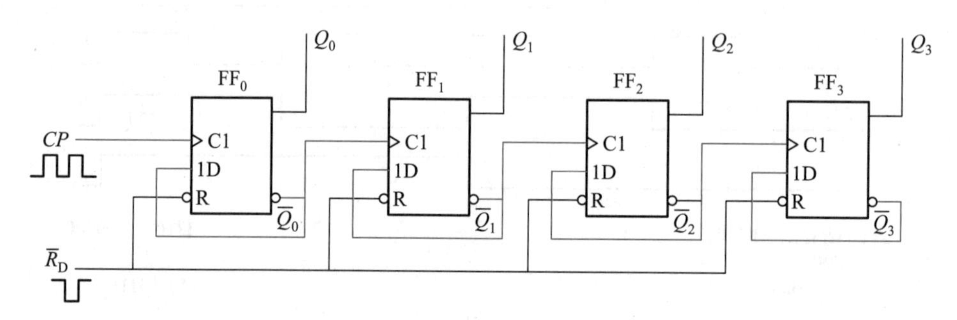

图 6.4.2 由 D 触发器组成的 4 位异步二进制加法计数器

2. 异步二进制减法计数器

按二进制编码方式进行减法运算的电路，称为二进制减法计数器。每输入一个计数脉冲 CP，进行一次减"1"运算。

在讨论减法计数器的工作原理前，先简要介绍一下二进制数的减法运算规则：**1-1=0**，**0-1** 不够，向相邻高位借 **1** 作 2，这时可视为(**1**)**0-1=1**。如为二进制数 **0000-1** 时，可视为(**1**)**0000-1=1111**；**1111-1=1110**，其余减法运算依此类推。由上讨论可知，4 位二进制减法计数器实现减法运算的关键是在输入第 1 个减法计数脉冲 CP 后，计数器的状态应由 **0000**

翻到 **1111**。

图 6.4.3(a)所示为由 *JK* 触发器组成的 4 位异步二进制减法计数器的逻辑图。FF_3 ~ FF_0 都为 *T′* 触发器,负跃变触发。为了能实现向相邻高位触发器输出借位信号,要求低位触发器由 **0** 状态变为 **1** 状态时能使高位触发器的状态翻转,为此,低位触发器应从 $\overline{Q}$ 端输出借位信号。图 6.4.3(a)就是按照这个要求连接的。它的工作原理如下:

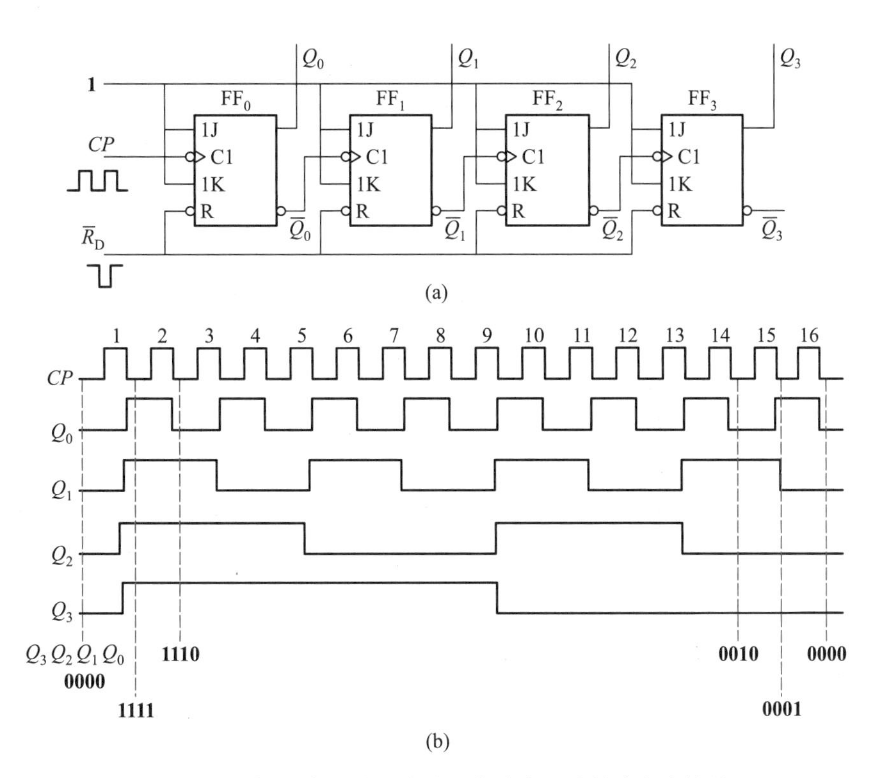

图 6.4.3　由 *JK* 触发器组成的 4 位异步二进制减法计数器

(a) 逻辑图; (b) 工作波形

设电路在进行减法计数前,在置零端 $\overline{R}_D$ 上输入负脉冲,使计数器的状态为 $Q_3Q_2Q_1Q_0$ = **0000**。在减法计数过程中,$\overline{R}_D$ 为高电平。

当在 *CP* 端输入第一个减法计数脉冲时,FF_0 由 **0** 状态翻到 **1** 状态,$\overline{Q_0}$输出一个负跃变的借位信号,使 FF_1 由 **0** 状态翻到 **1** 状态,$\overline{Q}_1$ 输出负跃变的借位信号,使 FF_2 由 **0** 状态翻到 **1** 状态。同理,FF_3 也由 **0** 状态翻到 **1** 状态,$\overline{Q}_3$ 输出一个负跃变的借位信号。使计数器翻到 $Q_3Q_2Q_1Q_0$ = **1111**。当 *CP* 端输入第二个减法计数脉冲时,计数器的状态为 $Q_3Q_2Q_1Q_0$ = **1110**。当 *CP* 端连续输入减法计数脉冲时,电路状态变化情况如表 6.4.2 所示。图 6.4.3(b)所示为减法计数器的工作波形。

表 6.4.2 4位二进制减法计数器状态表

计数顺序	计数器状态			
	Q_3	Q_2	Q_1	Q_0
0	**0**	**0**	**0**	**0**
1	**1**	**1**	**1**	**1**
2	**1**	**1**	**1**	**0**
3	**1**	**1**	**0**	**1**
4	**1**	**1**	**0**	**0**
5	**1**	**0**	**1**	**1**
6	**1**	**0**	**1**	**0**
7	**1**	**0**	**0**	**1**
8	**1**	**0**	**0**	**0**
9	**0**	**1**	**1**	**1**
10	**0**	**1**	**1**	**0**
11	**0**	**1**	**0**	**1**
12	**0**	**1**	**0**	**0**
13	**0**	**0**	**1**	**1**
14	**0**	**0**	**1**	**0**
15	**0**	**0**	**0**	**1**
16	**0**	**0**	**0**	**0**

比较图 6.4.3(a)和图 6.4.1(a),不难发现,只要将二进制加法计数器中各触发器的输出由 Q 端改接 $\overline{Q}$ 端后,则二进制加法计数器便成为减法计数器了。

二、异步十进制加法计数器

按十进制数加法运算规律进行计数的电路称为十进制加法计数器。

图 6.4.4(a)所示为由 4 个 *JK* 触发器组成的 8421BCD 码异步十进制加法计数器,它是在 4 位异步二进制加法计数器的基础上经过适当修改获得的,它跳过了 **1010**~**1111** 六个状态,利用二进制数 **0000**~**1001** 前十个状态形成十进制计数有效循环。状态转换顺序如表 6.4.3 所示。它的工作原理如下:

计数前,在计数器的清零端$\overline{R_D}$上加负脉冲,使电路处于 $Q_3Q_2Q_1Q_0=\mathbf{0000}$ 状态。由图 6.4.4(a)可知,FF_1 的 $J_1=\overline{Q_3}=\mathbf{1}$,这时 FF_0~FF_2 都为 T'触发器,而 FF_3 的 $J_3=Q_2Q_1=\mathbf{0}$、$K_3=\mathbf{1}$。因此,输入前 7 个计数脉冲时,计数器按异步二进制加法计数器的计数规律进行计数。当输入第七个计数脉冲 CP 时,计数器的状态为 $Q_3Q_2Q_1Q_0=\mathbf{0111}$。这时,$FF_3$ 的 $J_3=Q_2Q_1=\mathbf{1}$,$K_3=\mathbf{1}$,FF_3 具备翻到 **1** 状态的条件。

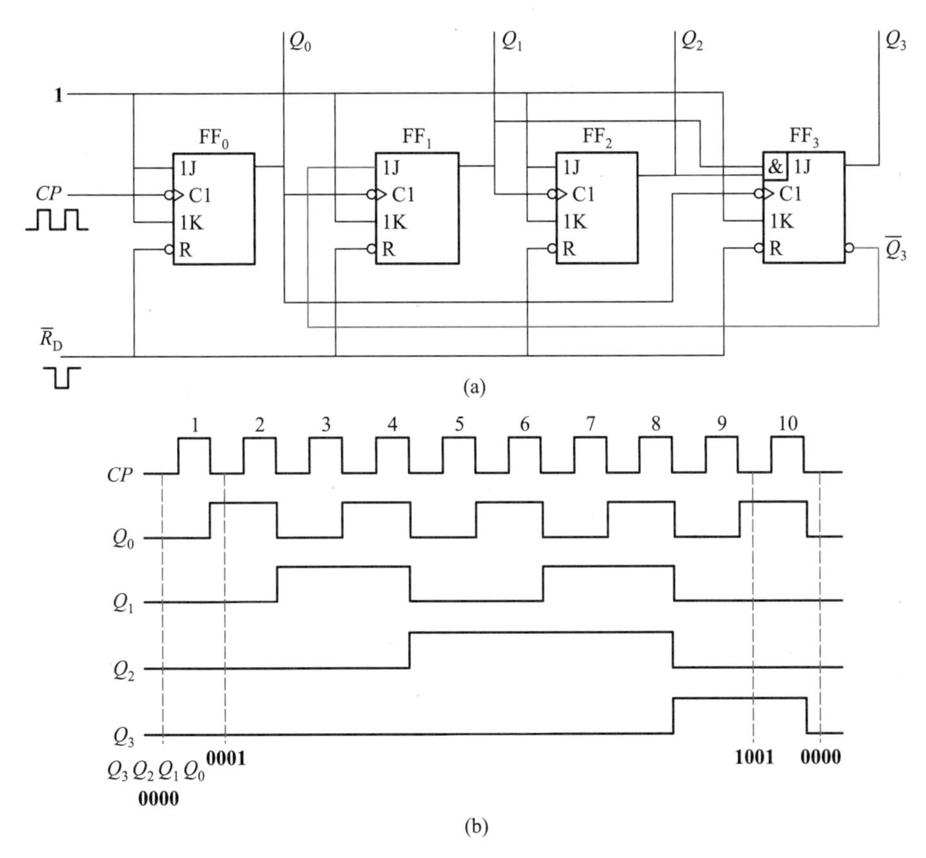

图 6.4.4 8421BCD 码异步十进制加法计数器和工作波形

（a）逻辑图；（b）工作波形

表 6.4.3 十进制计数器状态表

计数顺序	计数器状态			
	Q_3	Q_2	Q_1	Q_0
0	**0**	**0**	**0**	**0**
1	**0**	**0**	**0**	**1**
2	**0**	**0**	**1**	**0**
3	**0**	**0**	**1**	**1**
4	**0**	**1**	**0**	**0**
5	**0**	**1**	**0**	**1**
6	**0**	**1**	**1**	**0**
7	**0**	**1**	**1**	**1**
8	**1**	**0**	**0**	**0**
9	**1**	**0**	**0**	**1**
10	**0**	**0**	**0**	**0**

输入第8个计数脉冲 CP 时，FF_0 由 **1** 状态翻到 **0** 状态，Q_0 输出负跃变，它一方面使 FF_3 由 **0** 状态翻到 **1** 状态，另一方面使 FF_1 由 **1** 状态翻到 **0** 状态，FF_2 也随之由 **1** 状态翻到 **0** 状态，计数器处于 $Q_3Q_2Q_1Q_0=\mathbf{1000}$ 状态。

输入第9个计数脉冲 CP 时，FF_0 由 **0** 状态翻到 **1** 状态，Q_0 输出正跃变，其他触发器的状态不变。计数器为 $Q_3Q_2Q_1Q_0=\mathbf{1001}$ 状态。这时，FF_3 的 $J_3=Q_2Q_1=\mathbf{0}$、$K_3=\mathbf{1}$，FF_3 具备翻到 **0** 状态的条件；FF_1 的 $J_1=\overline{Q_3}=\mathbf{0}$、$K_1=\mathbf{1}$，$FF_1$ 具有保持 **0** 状态的功能。

输入第10个计数脉冲 CP 时，FF_0 由 **1** 状态翻到 **0** 状态，Q_0 输出负跃变，使 FF_3 由 **1** 状态翻到 **0** 状态，而 FF_1 和 FF_2 则保持 **0** 状态不变，使计数器由 **1001** 状态返回到 **0000** 状态，跳过了 **1010**~**1111** 六个状态，同时 Q_3 输出一个负跃变的进位信号给高位计数器，从而实现了十进制加法计数。图6.4.4(b)所示为十进制计数器的工作波形。

6.4.2 同步计数器

由于异步二进制计数器的状态转换是逐级推进的，因此，计数速度低。图6.4.1(a)所示异步二进制加法计数器的状态由 **1111** 翻到 **0000** 时，需经4级触发器的延迟后，计数器才能翻到 **0000** 状态。如每个触发器的状态转换时间为50 ns时，则4级触发器完成计数状态转换需 4×50 ns=200 ns。异步二进制计数器的级数越多，延迟时间越长，工作速度也越低。为了提高计数速度，这时需采用同步计数器。

一、同步二进制计数器

1. 同步二进制加法计数器

图6.4.5所示为由 *JK* 触发器组成的4位同步二进制加法计数器，用下降沿触发。下面分析它的工作原理。

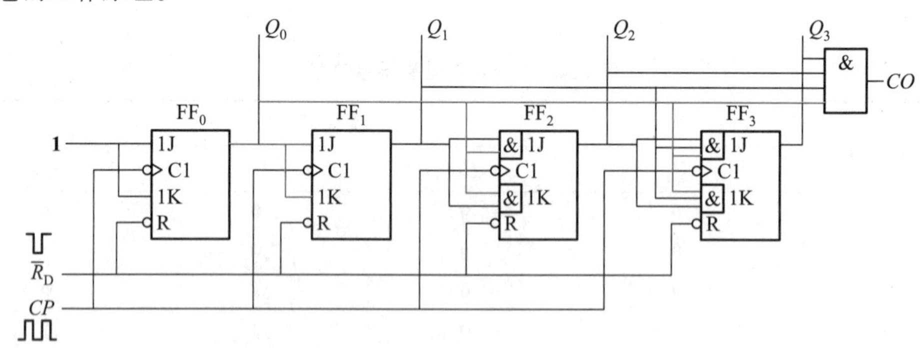

图6.4.5 由 *JK* 触发器组成的4位同步二进制加法计数器

(1) 写方程式

输出方程

$$CO=Q_3^nQ_2^nQ_1^nQ_0^n \tag{6.4.1}$$

驱动方程

$$\begin{cases} J_0 = K_0 = \mathbf{1} \\ J_1 = K_1 = Q_0^n \\ J_2 = K_2 = Q_1^n Q_0^n \\ J_3 = K_3 = Q_2^n Q_1^n Q_0^n \end{cases} \tag{6.4.2}$$

状态方程。将驱动方程代入 JK 触发器的特性方程 $Q^{n+1} = J\overline{Q}^n + \overline{K}Q^n$ 中，便得到计数器的状态方程，为

$$\begin{cases} Q_0^{n+1} = J_0\overline{Q}_0^n + \overline{K_0}Q_0^n = \overline{Q}_0^n \\ Q_1^{n+1} = J_1\overline{Q}_1^n + \overline{K_1}Q_1^n = Q_0^n\overline{Q}_1^n + \overline{Q}_0^n Q_1^n \\ Q_2^{n+1} = J_2\overline{Q}_2^n + \overline{K_2}Q_2^n = Q_1^n Q_0^n \overline{Q}_2^n + \overline{Q_1^n Q_0^n} Q_2^n \\ Q_3^{n+1} = J_3\overline{Q}_3^n + \overline{K_3}Q_3^n = Q_2^n Q_1^n Q_0^n \overline{Q}_3^n + \overline{Q_2^n Q_1^n Q_0^n} Q_3^n \end{cases} \tag{6.4.3}$$

（2）列状态转换真值表。4 位二进制计数器共有 $2^4 = 16$ 种不同的组合。设计数器的现态为 $Q_3^n Q_2^n Q_1^n Q_0^n$ = **0000**，代入式（6.4.1）和式（6.4.3）中进行计算后得 CO = **0** 和 $Q_3^{n+1}Q_2^{n+1}Q_1^{n+1}Q_0^{n+1}$ = **0001**，这说明在输入的第一个计数脉冲 CP 作用下，计数器状态由 **0000** 翻到 **0001**。然后再将 **0001** 作为新的现态代入上两式中进行计算，依此类推，可得表 6.4.4 所示的状态转换真值表。

表 6.4.4 4 位二进制计数器的状态转换真值表

计数脉冲序号	现态				次态				输出
	Q_3^n	Q_2^n	Q_1^n	Q_0^n	Q_3^{n+1}	Q_2^{n+1}	Q_1^{n+1}	Q_0^{n+1}	CO
0	**0**	**0**	**0**	**0**	**0**	**0**	**0**	**1**	**0**
1	**0**	**0**	**0**	**1**	**0**	**0**	**1**	**0**	**0**
2	**0**	**0**	**1**	**0**	**0**	**0**	**1**	**1**	**0**
3	**0**	**0**	**1**	**1**	**0**	**1**	**0**	**0**	**0**
4	**0**	**1**	**0**	**0**	**0**	**1**	**0**	**1**	**0**
5	**0**	**1**	**0**	**1**	**0**	**1**	**1**	**0**	**0**
6	**0**	**1**	**1**	**0**	**0**	**1**	**1**	**1**	**0**
7	**0**	**1**	**1**	**1**	**1**	**0**	**0**	**0**	**0**
8	**1**	**0**	**0**	**0**	**1**	**0**	**0**	**1**	**0**
9	**1**	**0**	**0**	**1**	**1**	**0**	**1**	**0**	**0**
10	**1**	**0**	**1**	**0**	**1**	**0**	**1**	**1**	**0**
11	**1**	**0**	**1**	**1**	**1**	**1**	**0**	**0**	**0**
12	**1**	**1**	**0**	**0**	**1**	**1**	**0**	**1**	**0**
13	**1**	**1**	**0**	**1**	**1**	**1**	**1**	**0**	**0**
14	**1**	**1**	**1**	**0**	**1**	**1**	**1**	**1**	**0**
15	**1**	**1**	**1**	**1**	**0**	**0**	**0**	**0**	**1**

（3）逻辑功能。由表6.4.4可看出，图6.4.5所示电路在输入第十六个计数脉冲 CP 后返回到初始的 **0000** 状态，同时进位输出端 CO 输出一个负跃变的进位信号。因此，该电路为同步十六进制加法计数器。

2. 同步二进制减法计数器

由表6.4.2所示4位二进制减法计数器的状态表可看出，要实现4位二进制减法计数，必须在输入第一个减法计数脉冲时，电路的状态由 **0000** 变为 **1111**。为此，只要将图6.4.5所示的二进制加法计数器的输出由 Q 端改接 $\overline{Q}$ 端后，便成为同步二进制减法计数器了。

3. 同步二进制加/减计数器

在前面讨论由 JK 触发器组成二进制计数器的工作原理时已经知道：如从 Q 端输出信号，为加法计数器；如从 $\overline{Q}$ 端输出信号，则为减法计数器。因此，实现加/减计数的关键是控制电路在加/减计数控制信号作用下，能将 Q 端或 $\overline{Q}$ 端的输出信号加到相邻高位 T 触发器的 T 输入端上。图6.4.6所示为3位同步二进制加/减计数器的逻辑图，M 为加/减计数控制端。FF_0 为 T' 触发器，FF_1 和 FF_2 为 T 触发器。由图可得3个 T 触发器的驱动方程分别为

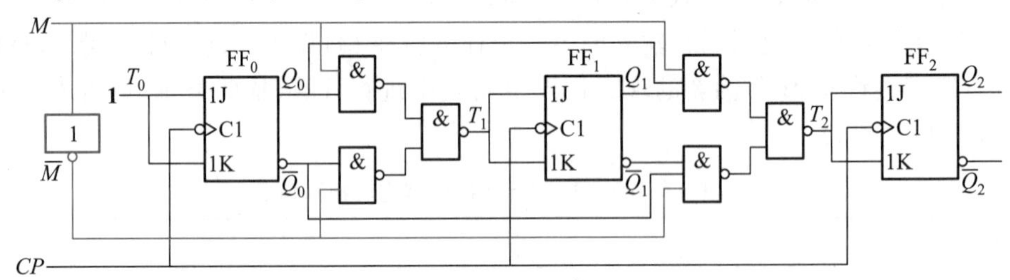

图6.4.6　3位同步二进制加/减计数器

$$\begin{cases}T_0=\mathbf{1}\\ T_1=\overline{\overline{MQ_0}\cdot\overline{\overline{M}\,\overline{Q}_0}}=MQ_0+\overline{M}\,\overline{Q}_0\\ T_2=\overline{\overline{MQ_1Q_0}\cdot\overline{\overline{M}\,\overline{Q}_1\,\overline{Q}_0}}=MQ_1Q_0+\overline{M}\,\overline{Q}_1\overline{Q}_0\end{cases}\tag{6.4.4}$$

当 $M=\mathbf{1}$ 时，代入式(6.4.4)可得 $T_0=\mathbf{1}$、$T_1=Q_0$、$T_2=Q_1Q_0$，这时电路进行加法计数。

当 $M=\mathbf{0}$ 时，代入式(6.4.4)得 $T_0=\mathbf{1}$、$T_1=\overline{Q}_0$、$T_2=\overline{Q}_1\ \overline{Q}_0$，这时电路进行减法计数。

可见，图6.4.6所示电路在加/减控制信号 M 的作用下，可分别进行二进制加法计数和减法计数。

二、同步十进制加法计数器

图6.4.7所示为由 JK 触发器组成的8421BCD码同步十进制加法计数器的逻辑图，用下降沿触发。下面分析它的工作原理。

（1）写方程式

输出方程

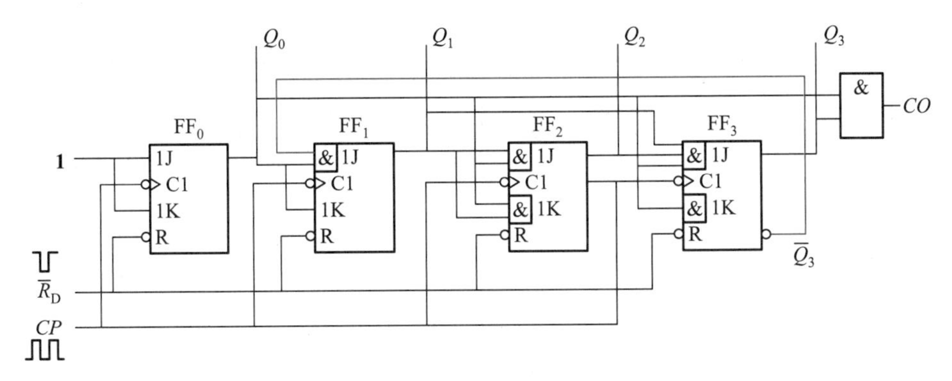

图 6.4.7 8421BCD 码同步十进制加法计数器

$$CO = Q_3^n Q_0^n \tag{6.4.5}$$

驱动方程

$$\begin{cases} J_0 = \mathbf{1}, \quad K_0 = \mathbf{1} \\ J_1 = \overline{Q_3^n} Q_0^n, \quad K_1 = Q_0^n \\ J_2 = Q_1^n Q_0^n, \quad K_2 = Q_1^n Q_0^n \\ J_3 = Q_2^n Q_1^n Q_0^n, \quad K_3 = Q_0^n \end{cases} \tag{6.4.6}$$

状态方程。将驱动方程代入 JK 触发器的特性方程 $Q^{n+1} = J\overline{Q^n} + \overline{K}Q^n$ 中,便得到计数器的状态方程,为

$$\begin{cases} Q_0^{n+1} = J_0\overline{Q_0^n} + \overline{K_0}Q_0^n = \overline{Q_0^n} \\ Q_1^{n+1} = J_1\overline{Q_1^n} + \overline{K_1}Q_1^n = \overline{Q_3^n}\ Q_0^n\ \overline{Q_1^n} + \overline{Q_0^n}\ Q_1^n \\ Q_2^{n+1} = J_2\overline{Q_2^n} + \overline{K_2}Q_2^n = Q_1^n\ Q_0^n\ \overline{Q_2^n} + \overline{Q_1^n Q_0^n}Q_2^n \\ Q_3^{n+1} = J_3\overline{Q_3^n} + \overline{K_3}Q_3^n = Q_2^n Q_1^n Q_0^n \overline{Q_3^n} + \overline{Q_0^n} Q_3^n \end{cases} \tag{6.4.7}$$

(2) 列状态转换真值表。设计数器的现态为 $Q_3^n Q_2^n Q_1^n Q_0^n = \mathbf{0000}$,代入式(6.4.5)和式(6.4.7)中进行计算,便得输入第一个计数脉冲 CP 后计数器的状态为 $CO = \mathbf{0}$、$Q_3^{n+1} Q_2^{n+1} Q_1^{n+1} Q_0^{n+1} = \mathbf{0001}$。再将 **0001** 作为新的现态代入上两式中进行计算,依此类推,可列出表 6.4.5 所示的状态转换真值表。

表 6.4.5 同步十进制加法计数器的状态转换真值表

计数脉冲序号	现态				次态				输出
	Q_3^n	Q_2^n	Q_1^n	Q_0^n	Q_3^{n+1}	Q_2^{n+1}	Q_1^{n+1}	Q_0^{n+1}	CO
0	**0**	**0**	**0**	**0**	**0**	**0**	**0**	**1**	**0**
1	**0**	**0**	**0**	**1**	**0**	**0**	**1**	**0**	**0**

续表

计数脉冲序号	现态				次态				输出
	Q_3^n	Q_2^n	Q_1^n	Q_0^n	Q_3^{n+1}	Q_2^{n+1}	Q_1^{n+1}	Q_0^{n+1}	CO
2	**0**	**0**	**1**	**0**	**0**	**0**	**1**	**1**	**0**
3	**0**	**0**	**1**	**1**	**0**	**1**	**0**	**0**	**0**
4	**0**	**1**	**0**	**0**	**0**	**1**	**0**	**1**	**0**
5	**0**	**1**	**0**	**1**	**0**	**1**	**1**	**0**	**0**
6	**0**	**1**	**1**	**0**	**0**	**1**	**1**	**1**	**0**
7	**0**	**1**	**1**	**1**	**1**	**0**	**0**	**0**	**0**
8	**1**	**0**	**0**	**0**	**1**	**0**	**0**	**1**	**0**
9	**1**	**0**	**0**	**1**	**0**	**0**	**0**	**0**	**1**

(3) 逻辑功能。由表 6.4.5 可看出,图 6.4.7 所示电路在输入第十个计数脉冲后返回到初始的 **0000** 状态,同时,CO 向高位输出一个下降沿的进位信号。因此,图 6.4.7 所示电路为同步十进制加法计数器。工作波形如图 6.4.4(b)所示。

6.4.3 集成计数器

前面介绍的异步计数器和同步计数器是组成中规模集成计数器的基础。

中规模集成计数器的产品种类多,品种全,通用性强,应用十分广泛。它主要分异步计数器和同步计数器两大类。有二进制计数器、十进制计数器;有加法计数器、加/减法计数器(又称可逆计数器)。这些计数器通常具有计数、保持、预置数、清零(置 **0**)等多种功能,使用方便灵活。为了进一步提高读者正确选择和灵活使用中规模集成计数器的能力,达到举一反三的目的,下面举例介绍几种常用集成计数器的功能和构成任意进制计数器的方法,以及计数器的级联。

微视频 6-3:集成同步二进制计数器

一、集成同步二进制计数器

1. 集成 4 位同步二进制计数器 CT74LS161 和 CT74LS163

图 6.4.8 所示为集成 4 位同步二进制加法计数器 CT74LS161 的逻辑功能示意图,图中$\overline{LD}$为同步置数控制端,低电平有效,$\overline{CR}$为异步清零控制端,低电平有效,CT_P 和 CT_T 为计数控制端,$D_0 \sim D_3$ 为并行数据输入端,$Q_0 \sim Q_3$ 为输出端,CO 为进位输出端。表 6.4.6 所示为 CT74LS161 的功能表。

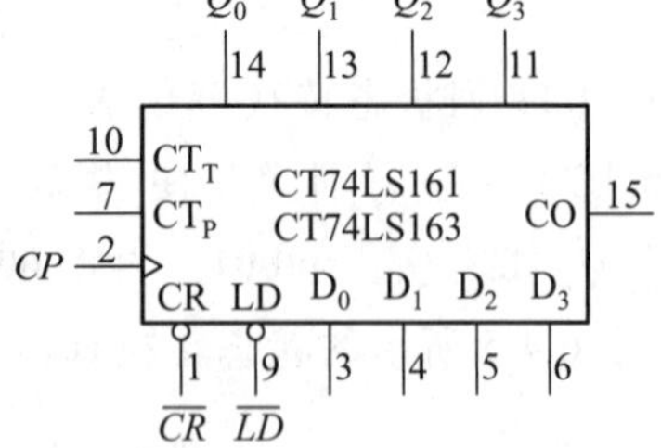

图 6.4.8 CT74LS161 和 CT74LS163 的逻辑功能示意图

芯片使用手册6-1:同步二进制计数器74LS161

表 6.4.6 CT74LS161 的功能表

输入									输出				说明
$\overline{CR}$	$\overline{LD}$	CT_P	CT_T	CP	D_3	D_2	D_1	D_0	Q_3	Q_2	Q_1	Q_0	
0	×	×	×	×	×	×	×	×	**0**	**0**	**0**	**0**	异步清零
1	**0**	×	×	↑	d_3	d_2	d_1	d_0	d_3	d_2	d_1	d_0	同步置数
1	**1**	**1**	**1**	↑	×	×	×	×		计	数		$CO=Q_3Q_2Q_1Q_0$
1	**1**	**0**	×	×	×	×	×	×		保	持		禁止计数
1	**1**	×	**0**	×	×	×	×	×		保	持		禁止计数

由表 6.4.6 可知 CT74LS161 有如下主要功能:

(1) 异步清零功能。当$\overline{CR}=\mathbf{0}$时,不论有无时钟脉冲 CP 和其他信号输入,计数器被清零,即 $Q_3Q_2Q_1Q_0=\mathbf{0000}$。

(2) 同步并行置数功能。当$\overline{CR}=\mathbf{1}$、$\overline{LD}=\mathbf{0}$时,而后在输入时钟脉冲 CP 上升沿的作用下,$D_3\sim D_0$ 端并行输入的数据 $d_3\sim d_0$ 被置入计数器,即 $Q_3Q_2Q_1Q_0=d_3d_2d_1d_0$。

(3) 计数功能。当$\overline{LD}=\overline{CR}=CT_T=CT_P=\mathbf{1}$,$CP$ 端输入计数脉冲上升沿时,计数器按照 8421 码进行二进制加法计数。这时进位输出 $CO=Q_3Q_2Q_1Q_0$,即由 $Q_3\sim Q_0$ 决定。

(4) 保持功能。当$\overline{LD}=\overline{CR}=\mathbf{1}$,且 CT_T 和 CT_P 中有 **0** 时,这时,无论有无计数脉冲输入,计数器保持原来的状态不变。

图 6.4.8 所示为集成 4 位同步二进制加法计数器 CT74LS163 的逻辑功能示意图,其功能如表 6.4.7 所示。由该表可看出:CT74LS163 为同步清零,这就是说,在同步清零控制端$\overline{CR}$为低电平时,这时计数器并不被清零,还需再输入一个计数脉冲 CP 的上升沿后才能被清零,而 CT74LS161 则为异步清零,这是 CT74LS163 和 CT74LS161 的主要区别,它们的其他功能完全相同。

表 6.4.7 CT74LS163 的功能表

输入									输出				说明
$\overline{CR}$	$\overline{LD}$	CT_P	CT_T	CP	D_3	D_2	D_1	D_0	Q_3	Q_2	Q_1	Q_0	
0	×	×	×	↑	×	×	×	×	**0**	**0**	**0**	**0**	同步清零
1	**0**	×	×	↑	d_3	d_2	d_1	d_0	d_3	d_2	d_1	d_0	同步置数
1	**1**	**1**	**1**	↑	×	×	×	×		计	数		$CO=Q_3Q_2Q_1Q_0$
1	**1**	**0**	×	×	×	×	×	×		保	持		禁止计数
1	**1**	×	**0**	×	×	×	×	×		保	持		禁止计数

2. 集成 4 位同步二进制加/减计数器 CT74LS191

图 6.4.9 所示为集成单时钟 4 位同步二进制加/减计数器 CT74LS191 的逻辑功能示意图。图中$\overline{CT}$为计数控制端；$\overline{LD}$为异步置数控制端；D_0 ~ D_3 为并行数据输入端；Q_0 ~ Q_3 为输出端；$\overline{U}/D$ 为加/减计数方式控制端；CO/BO 为进位输出/借位输出端；$\overline{RC}$为级间串行进位输出端。CT74LS191 没有专用清零输入端，但可借助于 $D_0D_1D_2D_3$ = **0000** 实现计数器清零。CT74LS191 的功能如表 6.4.8 所示。

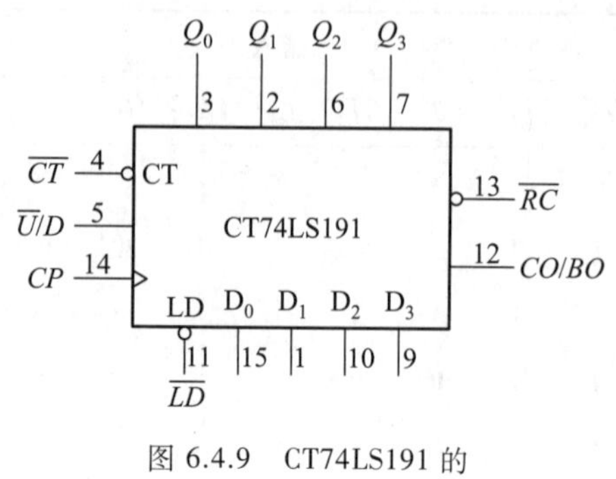

图 6.4.9　CT74LS191 的逻辑功能示意图

由表 6.4.8 可知 CT74LS191 有如下主要功能：

表 6.4.8　CT74LS191 的功能表

输入								输出				说明
$\overline{LD}$	$\overline{CT}$	$\overline{U}/D$	CP	D_3	D_2	D_1	D_0	Q_3	Q_2	Q_1	Q_0	
0	×	×	×	d_3	d_2	d_1	d_0	d_3	d_2	d_1	d_0	并行异步置数
1	**0**	**0**	↑	×	×	×	×	加	计	数		$CO/BO=Q_3Q_2Q_1Q_0$
1	**0**	**1**	↑	×	×	×	×	减	计	数		$CO/BO=\overline{Q_3}\ \overline{Q_2}\ \overline{Q_1}\ \overline{Q_0}$
1	**1**	×	×	×	×	×	×		保	持		禁止计数

（1）异步置数功能。当$\overline{LD}$=**0** 时，不论有无时钟脉冲 CP 和其他信号输入，D_3 ~ D_0 端输入的数据 d_3 ~ d_0 被置入计数器，这时 $Q_3Q_2Q_1Q_0=d_3d_2d_1d_0$。

（2）计数功能。取$\overline{CT}$=**0**、$\overline{LD}$=**1**，当 $\overline{U}/D$ = **0**时，在 CP 脉冲上升沿作用下，进行二进制加法计数；当 $\overline{U}/D$ = **1**时，在 CP 脉冲上升沿作用下，进行二进制减法计数。

（3）保持功能。当$\overline{CT}=\overline{LD}$=**1** 时，计数器保持原来的状态不变。

$\overline{RC}$端输出串行计数负脉冲，在多位加/减计数器级联时，其与相邻高位计数器时钟输入端 CP 相连。

3. 利用反馈归零法获得 N(任意正整数)进制计数器

微视频 6-4：利用反馈归零法获得 N 进制计数器

利用计数器的清零功能可获得 N 进制计数器，这时并行数据输入端可接任意数据。集成计数器的清零有异步和同步两种。异步清零与计数脉冲 CP 没有任何关系，只要异步清零输入端出现清零信号，计数器便立刻被清零。因此，利用异步清零输入端构成 N 进制计数器时，应在输入第 N 个计数脉冲 CP 后，将计数器 Q_3 ~ Q_0 中输出的高电平通过控制电路（如**与非门**）产生一个清零信号（如低电平）加到异步清零输入端上，使计数器清零，即实现了 N 进制计数。和异步清零不同，同步清零输入端获得清零信号后，计数器并不能立刻被清零，还需要再输入一个计数脉冲 CP，计数器才被清零。因此，利用同步清零端获得 N 进制计数器时，应在输入第 $N-1$ 个计数脉冲 CP 后，同步清零输入端获得清零信号（如低电平），这样，在输入第 N 个计数脉冲 CP 时，计数器才被清零，回到初始的零状态，从而实现了 N 进制计数。利用反馈归零法获得 N 进制计数器的方法如下：

用 $S_1, S_2, \cdots, S_N$ 表示输入 $1, 2, \cdots, N$ 个计数脉冲 CP 时计数器的状态。

（1）写出计数器状态的二进制代码。下面以构成十进制计数器为例进行说明。当利用异步清零端构成十进制计数器时，$S_N = S_{10} = \mathbf{1010}$；当利用同步清零端构成十进制计数器时，$S_{N-1} = S_{10-1} = S_9 = \mathbf{1001}$。

（2）写出反馈归零函数。这实际上是根据 $S_N = S_{10}$ 或 $S_{N-1} = S_{10-1}$ 写出清零端的逻辑表达式，即反馈归零函数。

（3）画逻辑图。主要根据反馈归零函数式画逻辑图。

［例 6.4.1］ 试用 CT74LS161 的异步清零功能构成十进制计数器。

解： 由于 CT74LS161 异步清零控制端获得低电平清零信号时，计数器便被立刻清零，即 $Q_3Q_2Q_1Q_0 = \mathbf{0000}$，因此，十进制计数器应根据 S_{10} 写反馈归零函数。它与并行数据输入端有无数据输入没有关系，这时，$D_0 \sim D_3$ 可接入任何数据，用“×”表示。

（1）写出 $S_N = S_{10}$ 的二进制代码

$$S_{10} = \mathbf{1010}$$

（2）写出反馈归零函数。由于计到 10 时，Q_3 和 Q_1 都为高电平，而 CT74LS161 的异步清零信号为低电平，所以，反馈归零函数为**与非**表达式，用**与非**门实现。

$$\overline{CR} = \overline{Q_3 Q_1} \tag{6.4.8}$$

（3）画逻辑图。根据式（6.4.8）画逻辑图，如图 6.4.10（a）所示。

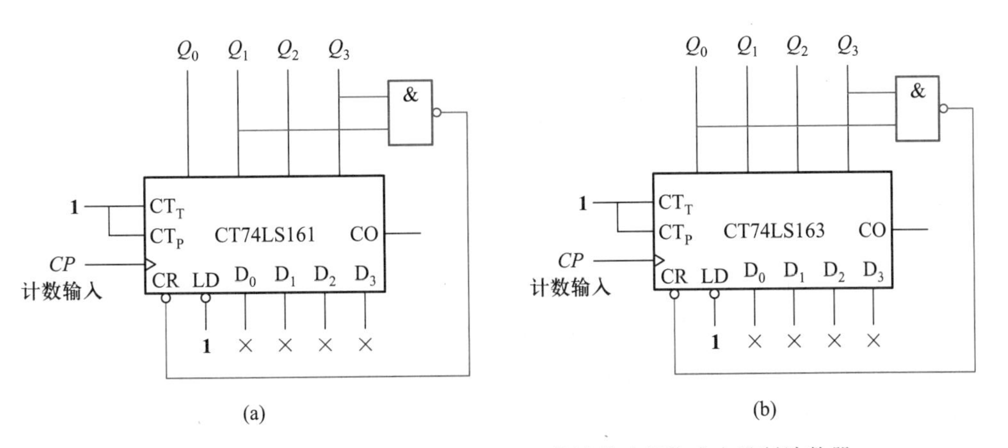

图 6.4.10 用 CT74LS161 和 CT74LS163 的清零功能构成十进制计数器

（a）用异步清零控制端 $\overline{CR}$ 归零；（b）用同步清零控制端 $\overline{CR}$ 归零

［例 6.4.2］ 试用 CT74LS163 的同步清零功能构成十进制计数器。

解:由于 CT74LS163 同步清零控制端获得低电平清零信号时,计数器并不能被清零,仍需再输入一个计数脉冲 CP 计数器才能被清零,即 $Q_3Q_2Q_1Q_0=\mathbf{0000}$。因此,十进制计数器应根据$S_{10-1}=S_9$写反馈归零函数。它与并行数据输入端 $D_0 \sim D_3$ 有无数据输入没有关系,这时,$D_0 \sim D_3$ 端可接入任意数据"X"。

(1) 写出 $S_{10-1}=S_9$ 的二进制代码

$$S_9=\mathbf{1001}$$

(2) 写出反馈归零函数

$$\overline{CR}=\overline{Q_3Q_0} \tag{6.4.9}$$

(3) 画逻辑图。根据式(6.4.9)画逻辑图,如图 6.4.10(b)所示。

微视频 6-5:利用反馈置数法获得 N 进制计数器

4. 利用反馈置数法获得 N 进制计数器

利用计数器的置数功能也可获得 N 进制计数器,这时应先将计数起始数据预先置入计数器。集成计数器的置数也有同步和异步之分。和异步清零一样,异步置数与时钟脉冲没有任何关系,只要异步置数控制端出现置数信号时,并行输入的数据便立刻被置入计数器相应的触发器中。因此,利用异步置数控制端构成 N 进制计数器时,应在输入第 N 个计数脉冲 CP 后,将计数器 $Q_3 \sim Q_0$ 中输出的高电平通过控制电路(如**与非**门)产生一个置数信号(如低电平)加到置数控制端上,使计数器返回到初始的预置数状态,即实现了 N 进制计数。由于同步置数控制端获得置数信号时,仍需再输入一个计数脉冲 CP 才能将预置数置入计数器中,因此,利用同步置数控制端获得 N 进制计数器时,应在输入第 $N-1$ 个计数脉冲时,使同步置数控制端获得反馈的置数信号(如低电平),这样,在输入第 N 个计数脉冲 CP 时,计数器才返回到初始的预置数状态,从而实现 N 进制计数。利用反馈置数法获得 N 进制计数器的方法如下:

(1) 写出计数器状态的二进制代码。利用异步置数端获得 N 进制计数器时,写出 S_N 对应的二进制代码;利用同步置数端获得 N 进制计数器时,写出 S_{N-1}对应的二进制代码。

(2) 写出反馈置数函数。这实际上是根据 S_N 或 S_{N-1}写出置数端的逻辑表达式。

(3) 画逻辑图。主要根据反馈置数函数画逻辑图。

[**例 6.4.3**]　试用 CT74LS191 的异步置数功能构成十进制计数器。

解:由于 CT74LS191 的异步置数控制端获得低电平的置数信号时,计数器并行数据输入端 $D_0 \sim D_3$ 输入的数据被立刻置入计数器,即 $Q_3Q_2Q_1Q_0=d_3d_2d_1d_0$,因此,其构成十进制计数器的方法和前面讨论的异步清零法基本相同,即根据 S_{10}的二进制代码写反馈置数函数。但利用异步置数功能获得 N 进制计数器时,并行数据输入端 $D_0 \sim D_3$ 必须接入计数器的计数起始数据,通常取 $D_3D_2D_1D_0=\mathbf{0000}$。

(1) 写出 S_{10}的二进制代码

$$S_{10}=\mathbf{1010}$$

(2) 写出反馈置数函数。由于计到 10 时,Q_3 和 Q_1 都为高电平,而 CT74LS191 的异步置数信号为低电平,因此,反馈置数函数为**与非**表达式,用**与非**门实现。

$$\overline{LD}=\overline{Q_3Q_1} \tag{6.4.10}$$

（3）画逻辑图。根据式(6.4.10)画逻辑图，如图 6.4.11(a)所示。由于是加法计数器，因此，应取 $\overline{U}/D=\mathbf{0}$，并将 $D_3 \sim D_0$ 接地。

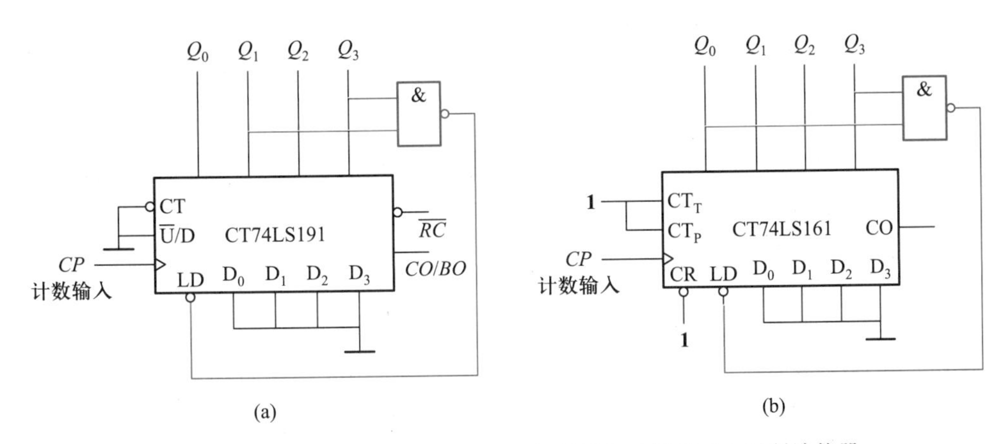

图 6.4.11 用 CT74LS191 和 CT74LS161 的置数功能构成十进制计数器

（a）用异步置数控制端$\overline{LD}$置数；（b）用同步置数控制端$\overline{LD}$置数

[例 6.4.4] 试用 CT74LS161 的同步置数功能构成十进制计数器。

解：由于 CT74LS161 的同步置数控制端获得低电平的置数信号时，并行数据输入端$D_0 \sim D_3$ 输入的数据并不能被置入计数器，还需再输入一个计数脉冲 CP 后，$D_0 \sim D_3$ 端输入的数据才被置入计数器，因此，其构成十进制计数器的方法和前面讨论的同步清零法基本相同，即根据 $S_{10-1}=S_9$ 的二进制代码写反馈置数函数。但并行数据输入端 $D_0 \sim D_3$ 必须接入计数起始数据，通常取 $D_3D_2D_1D_0=\mathbf{0000}$。

（1）写出 $S_{10-1}=S_9$ 的二进制代码

$$S_9=\mathbf{1001}$$

（2）写出反馈置数函数

$$\overline{LD}=\overline{Q_3Q_0} \tag{6.4.11}$$

（3）画逻辑图。根据式(6.4.11)画逻辑图，如图 6.4.11(b)所示。

[例 6.4.5] 试用 CT74LS161 的同步置数功能构成一个十进制计数器，其状态在自然二进制码 **0110**~**1111** 间循环。

解：由于计数器的计数起始状态 $Q_3Q_2Q_1Q_0=\mathbf{0110}$，因此，并行数据输入端应接入计数起始数据，即取 $D_3D_2D_1D_0=\mathbf{0110}$。当输入第 9 个计数脉冲 CP 时，计数器的输出状态为 $Q_3Q_2Q_1Q_0=\mathbf{1111}$，这时，进位输出 $CO=Q_3Q_2Q_1Q_0=\mathbf{1}$ 通过反相器将输出的低电平 **0** 加到同步置数控制端$\overline{LD}$上。当输入第 10 个计数脉冲 CP 时，计数器便回到初始的预置状态 $Q_3Q_2Q_1Q_0=\mathbf{0110}$，从而实现了十进制计数，电路如图 6.4.12 所示。

芯片使用手册6-2：同步十进制计数器74LS160

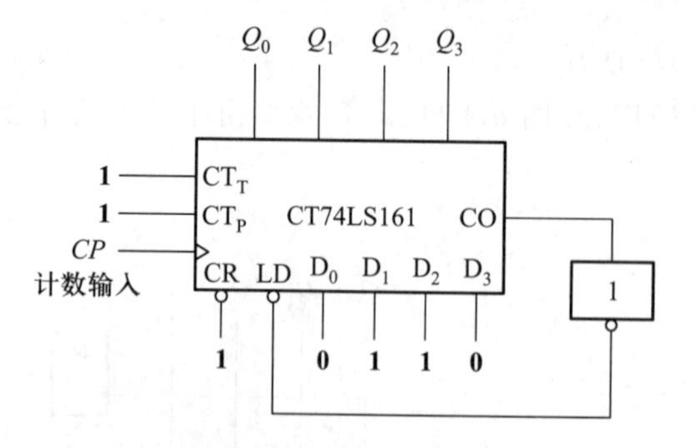

图 6.4.12 用 CT74LS161 构成计数状态在 **0110**~**1111** 间循环的十进制计数器

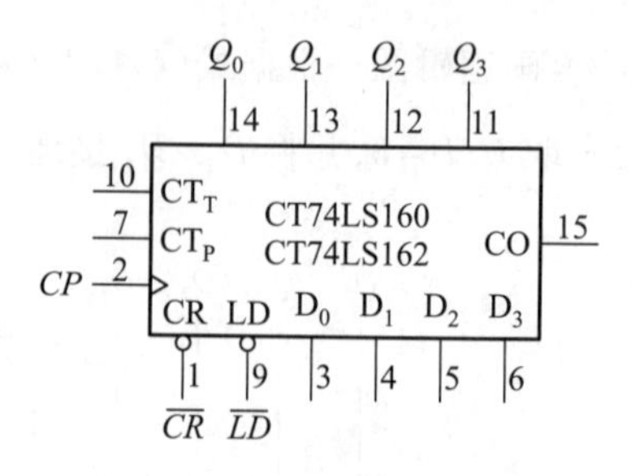

图 6.4.13 CT74LS160 和 CT74LS162 的逻辑功能示意图

微视频6-6：集成同步十进制计数器

二、集成同步十进制计数器

1. 集成同步十进制加法计数器 CT74LS160 和 CT74LS162

图 6.4.13 所示为集成同步十进制加法计数器 CT74LS160 的逻辑功能示意图。图中$\overline{LD}$为同步置数控制端；$\overline{CR}$为异步清零控制端；CT_P 和 CT_T 为计数控制端；D_0 ~ D_3 为并行数据输入端；CO 为进位输出端。表 6.4.9 为 CT74LS160 的功能表。

由表 6.4.9 可知 CT74LS160 有如下主要功能：

表 6.4.9 CT74LS160 的功能表

输入									输出				说明
$\overline{CR}$	$\overline{LD}$	CT_P	CT_T	CP	D_3	D_2	D_1	D_0	Q_3	Q_2	Q_1	Q_0	
0	×	×	×	×	×	×	×	×	**0**	**0**	**0**	**0**	异步清零
1	**0**	×	×	↑	d_3	d_2	d_1	d_0	d_3	d_2	d_1	d_0	同步置数
1	**1**	**1**	**1**	↑	×	×	×	×		计	数		$CO=Q_3Q_0$
1	**1**	**0**	×	×	×	×	×	×		保	持		禁止计数
1	**1**	×	**0**	×	×	×	×	×		保	持		禁止计数

（1）异步清零功能。当$\overline{CR}$=**0** 时，无论 CP 和其他输入端有无信号输入，计数器被清零，这时 $Q_3Q_2Q_1Q_0$=**0000**。

（2）同步并行置数功能。当$\overline{CR}$=**1**，$\overline{LD}$=**0**时，而后在下一个输入时钟脉冲 CP 上升沿的作用下，D_3 ~ D_0 端并行输入的数据 d_3 ~ d_0 被置入计数器，这时，$Q_3Q_2Q_1Q_0=d_3d_2d_1d_0$。

（3）计数功能。当$\overline{LD}=\overline{CR}=CT_T=CT_P=$**1**，$CP$ 端输入计数脉冲上升沿时，计数器按照 8421BCD 码的规律进行十进制加法计数。

（4）保持功能。当$\overline{LD}=\overline{CR}$=**1**，且 CT_T 和 CT_P 中有 **0** 时，这时，无论有无计数脉冲输入，计数器保持原来的状态不变。

图 6.4.13 所示为集成同步十进制加法计数器 CT74LS162 的逻辑功能示意图，其功能如表 6.4.10 所示。由该表可看出：与 CT74LS160 相比，CT74LS162 除为同步清零外，其余功能

都和 CT74LS160 相同,这里不再重复。

表 6.4.10　CT74LS162 的功能表

输入									输出				说明
$\overline{CR}$	$\overline{LD}$	CT_P	CT_T	CP	D_3	D_2	D_1	D_0	Q_3	Q_2	Q_1	Q_0	
0	×	×	×	↑	×	×	×	×	**0**	**0**	**0**	**0**	同步清零
1	**0**	×	×	↑	d_3	d_2	d_1	d_0	d_3	d_2	d_1	d_0	同步置数
1	**1**	**1**	**1**	↑	×	×	×	×		计	数		$CO=Q_3Q_0$
1	**1**	**0**	×	×	×	×	×	×		保	持		禁止计数
1	**1**	×	**0**	×	×	×	×	×		保	持		禁止计数

[**例 6.4.6**]　试用 CT74LS160 的同步置数功能构成六进制计数器。

解:利用 CT74LS160 同步置数功能构成任意进制计数器的方法和 CT74LS161 相同,但其只能构成十以内的任意进制计数器。

设计数器从 $Q_3Q_2Q_1Q_0=\mathbf{0000}$ 状态开始计数,为此,应取 $D_3D_2D_1D_0=\mathbf{0000}$。

(1) 写出 $S_{6-1}=S_5$ 的二进制代码

$$S_5=\mathbf{0101}$$

(2) 写出反馈置数函数为

$$\overline{LD}=\overline{Q_2Q_0} \tag{6.4.12}$$

(3) 画连线图。根据式(6.4.12)画逻辑图,同时将并行数据输入端 D_3、D_2、D_1 和 D_0 接低电平 **0**。电路如图 6.4.14 所示。

利用 CT74LS160 的异步清零控制端$\overline{CR}$的置零功能可构成六进制计数器,请读者构成此计数器。

利用 CT74LS162 的同步置数控制端$\overline{LD}$和同步清零控制端$\overline{CR}$也可构成任意进制计数器,其方法与 CT74LS163 相同,但只能构成十以内的任意进制计数器。

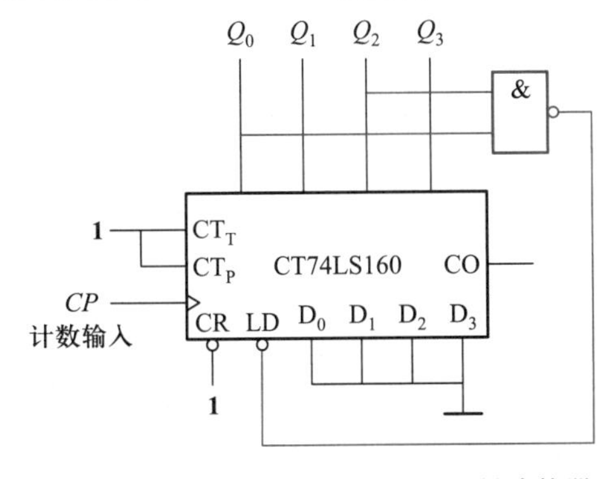

图 6.4.14　用 CT74LS160 构成六进制计数器

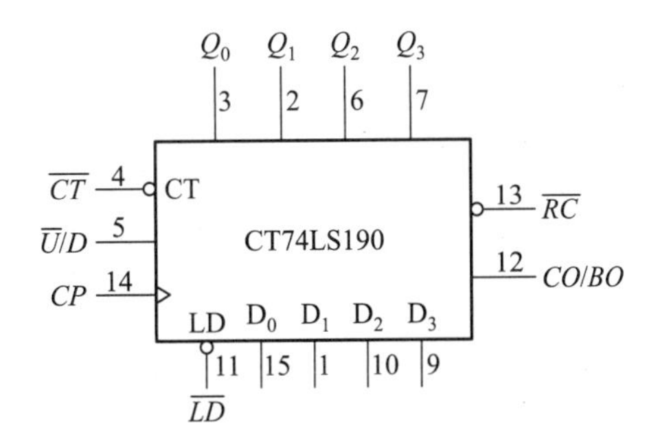

图 6.4.15　CT74LS190 的逻辑功能示意图

2. 集成同步十进制加/减计数器 CT74LS190 和 CT74LS192

图 6.4.15 所示为集成单时钟十进制同步加/减计数器 CT74LS190 的逻辑功能示意图。图中$\overline{LD}$为异步置数控制端；$\overline{CT}$为计数控制端；$D_0 \sim D_3$ 为并行数据输入端；$Q_0 \sim Q_3$ 为输出端；$\overline{U}/D$ 为加/减计数方式控制端。CO/BO 为进位输出/借位输出端，$\overline{RC}$为串行进位输出端。CT74LS190 没有专用清零输入端，但可借助数据 $D_3D_2D_1D_0=\mathbf{0000}$，实现计数器的清零功能。表 6.4.11 为 CT74LS190 的功能表。由表 6.4.11 可知 CT74LS190 有如下主要逻辑功能：

表 6.4.11　CT74LS190 的功能表

输入								输出				说明
$\overline{LD}$	$\overline{CT}$	$\overline{U}/D$	CP	D_3	D_2	D_1	D_0	Q_3	Q_2	Q_1	Q_0	
0	×	×	×	d_3	d_2	d_1	d_0	d_3	d_2	d_1	d_0	并行异步置数
1	**0**	**0**	↑	×	×	×	×	加	计	数		$CO/BO=Q_3Q_0$
1	**0**	**1**	↑	×	×	×	×	减	计	数		$CO/BO=\overline{Q_3}\,\overline{Q_2}\,\overline{Q_1}\,\overline{Q_0}$
1	**1**	×	×	×	×	×	×		保	持		禁止计数

（1）异步置数功能。当$\overline{LD}=\mathbf{0}$ 时，不论有无时钟脉冲 CP 和其他信号输入，$D_3 \sim D_0$ 端并行输入的数据 $d_3 \sim d_0$ 被置入计数器，这时 $Q_3Q_2Q_1Q_0=d_3d_2d_1d_0$。

（2）计数功能。取$\overline{CT}=\mathbf{0}$、$\overline{LD}=\mathbf{1}$。当 $\overline{U}/D=\mathbf{0}$时，在 CP 脉冲上升沿作用下，进行十进制加法计数。当 $\overline{U}/D=\mathbf{1}$时，在 CP 脉冲上升沿作用下，进行十进制减法计数。

（3）保持功能。当$\overline{CT}=\overline{LD}=\mathbf{1}$ 时，计数器保持原来的状态不变。

利用 CT74LS190 构成任意进制计数器的方法和 CT74LS191 相同，但其只能构成十以内的任意进制计数器，这里不再重复。

图 6.4.16 所示为集成双时钟十进制同步加/减计数器 CT74LS192 的逻辑功能示意图。图中 CR 为异步清零控制端；$\overline{LD}$为异步置数控制端；$D_0 \sim D_3$ 为并行数据输入端；CP_U 为加计数时钟输入端；CP_D 为减计数时钟输入端；$\overline{CO}$为进位输出端；$\overline{BO}$为借位输出端；$Q_0 \sim Q_3$ 为输出端。表 6.4.12 所示为 CT74LS192 的功能表。

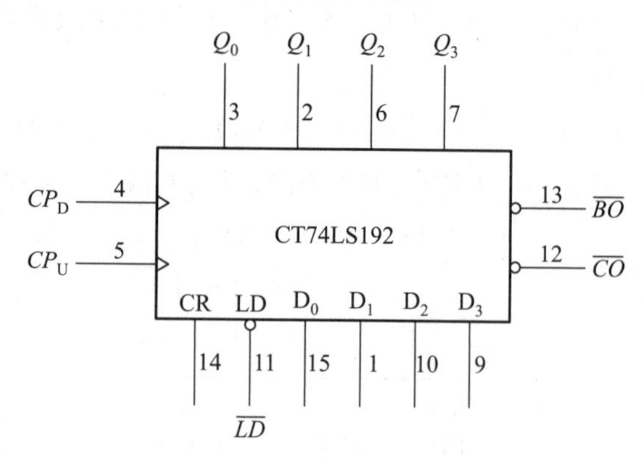

图 6.4.16　CT74LS192 的逻辑功能示意图

由表 6.4.12 可知 CT74LS192 有如下主要功能：

芯片使用手册 6-3：同步十进制可逆计数器

表 6.4.12　CT74LS192 的功能表

输入								输出				说明
CR	$\overline{LD}$	CP_U	CP_D	D_3	D_2	D_1	D_0	Q_3	Q_2	Q_1	Q_0	
1	×	×	×	×	×	×	×	**0**	**0**	**0**	**0**	异步置 **0**
0	**0**	×	×	d_3	d_2	d_1	d_0	d_3	d_2	d_1	d_0	异步置数
0	**1**	↑	**1**	×	×	×	×	加计数				$\overline{CO}=\overline{\overline{CP_U}Q_3Q_0}$
0	**1**	**1**	↑	×	×	×	×	减计数				$\overline{BO}=\overline{\overline{CP_D}\,\overline{Q_3}\,\overline{Q_2}\,\overline{Q_1}\,\overline{Q_0}}$
0	**1**	**1**	**1**	×	×	×	×	保　持				$\overline{BO}=\overline{CO}=\mathbf{1}$

(1) 异步清零功能。当 $CR=1$时，不论有无时钟脉冲 CP 和其他信号输入，计数器被清零，即 $Q_3Q_2Q_1Q_0=\mathbf{0000}$。

(2) 异步置数功能。在 $CR=\mathbf{0}$ 时，只要$\overline{LD}=\mathbf{0}$，不论有无时钟脉冲 CP 输入，$D_3\sim D_0$ 端并行输入的数据 $d_3\sim d_0$ 被置入计数器，即 $Q_3Q_2Q_1Q_0=d_3d_2d_1d_0$。

(3) 计数功能。当 $CR=\mathbf{0}$、$\overline{LD}=\mathbf{1}$、$CP_D=\mathbf{1}$ 时，CP_U 端输入计数脉冲，计数器进行十进制加法计数。在加计数到最大数 9(即 $Q_3Q_2Q_1Q_0=\mathbf{1001}$)时，$\overline{CO}$端变为低电平。当输入第 10 个计数脉冲时，$\overline{CO}$端由低电平跃变为高电平，其输出上升沿的进位信号，使相邻高位加 **1**，同时计数器回到初始的 $Q_3Q_2Q_1Q_0=\mathbf{0000}$ 状态。

当 $CR=\mathbf{0}$、$\overline{LD}=\mathbf{1}$、$CP_U=\mathbf{1}$ 时，CP_D 端输入计数脉冲，计数器进行十进制减法计数。在减计数到 $Q_3Q_2Q_1Q_0=\mathbf{0000}$ 时，$\overline{BO}$端变为低电平。如再输入一个计数脉冲时，$\overline{BO}$端输出一个上升沿的借位信号，使相邻高位减 **1**，同时计数器回到最大数 $Q_3Q_2Q_1Q_0=\mathbf{1001}$。

计数器级联时，需将$\overline{CO}$和$\overline{BO}$依次与相邻高位的 CP_U、CP_D 相连。

(4) 保持功能。当 $CR=\mathbf{0}$、$\overline{LD}=\mathbf{1}$、$CP_U=CP_D=\mathbf{1}$ 时，$\overline{BO}=\overline{CO}=\mathbf{1}$，计数器保持原状态不变。

[例 6.4.7]　试用 CT74LS190 的异步置数功能构成七进制加法计数器。

解：　设计数器从 $Q_3Q_2Q_1Q_0=\mathbf{0000}$ 状态开始计数，因此，应取 $D_3D_2D_1D_0=\mathbf{0000}$。

(1) 写 S_7 的二进制代码

$$S_7=\mathbf{0111}$$

(2) 写出反馈置数函数

$$\overline{LD}=\overline{Q_2Q_1Q_0} \tag{6.4.13}$$

(3) 画连线图。根据式(6.4.13)画逻辑图，同时将并行数据输入端 D_3、D_2、D_1、D_0 接低电平 **0**。电路如图 6.4.17 所示。

[例 6.4.8]　试用 CT74LS192 的异步置数功能构成九进制加法计数器。

解：　设计数器从 $Q_3Q_2Q_1Q_0=\mathbf{0000}$ 开始计数。因此，取 $D_3D_2D_1D_0=\mathbf{0000}$。计数脉冲

CP 由 CP_U 端输入。

（1）写出 S_9 的二进制代码

$$S_9 = \mathbf{1001}$$

（2）写出反馈置数函数

$$\overline{LD} = \overline{Q_3 Q_0} \tag{6.4.14}$$

（3）画连线图。根据式(6.4.14)画连线图，如图 6.4.18 所示。由于为加法计数器，因此，应取 $CP_D = \mathbf{1}$。

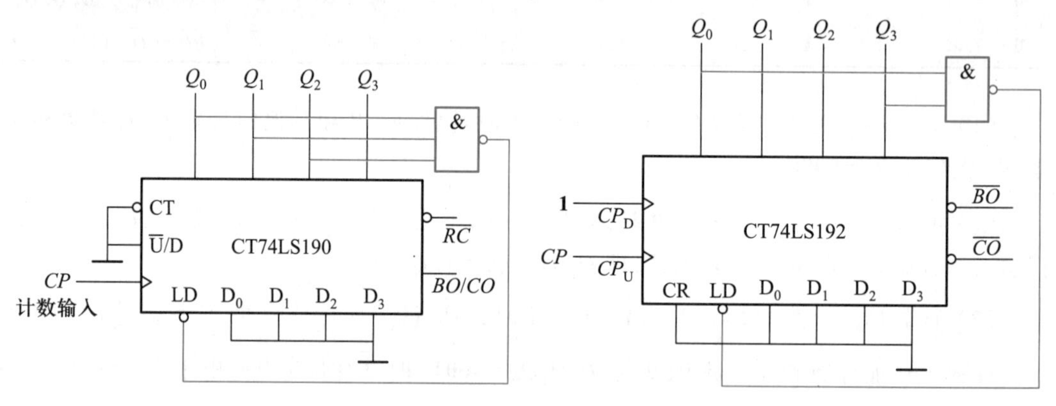

图 6.4.17 用 CT74LS190 构成七进制计数器 图 6.4.18 用 CT74LS192 构成九进制计数器

三、集成异步计数器

图 6.4.19(a)所示为集成异步二-五-十进制计数器 CT74LS290 的电路结构框图。由该图可看出，CT74LS290 由一个 1 位二进制计数器和一个五进制计数器组成。图 6.4.19(b)所示为 CT74LS290 的逻辑功能示意图。图中 R_{0A} 和 R_{0B} 为异步清零输入端；S_{9A} 和 S_{9B} 为异步置 9 输入端；$Q_0 \sim Q_3$ 为输出端。CT74LS290 的功能如表 6.4.13 所示。

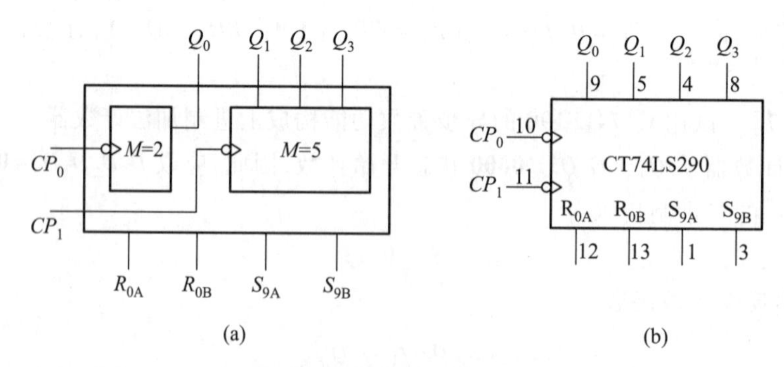

图 6.4.19 CT74LS290 的电路结构框图和逻辑功能示意图

（a）电路结构框图；（b）逻辑功能示意图

由表 6.4.13 可知 CT74LS290 有如下主要功能：

表 6.4.13 CT74LS290 的功能表

输入					输出				说明
R_{0A}	R_{0B}	S_{9A}	S_{9B}	CP	Q_3	Q_2	Q_1	Q_0	
1	**1**	**0**	×	×	**0**	**0**	**0**	**0**	异步清零
1	**1**	×	**0**	×	**0**	**0**	**0**	**0**	异步清零
0	×	**1**	**1**	×	**1**	**0**	**0**	**1**	异步置 9
×	**0**	**1**	**1**	×	**1**	**0**	**0**	**1**	异步置 9
×	**0**	×	**0**	↓	计数				
0	×	**0**	×	↓					
0	×	×	**0**	↓					
×	**0**	**0**	×	↓					

(1) 异步清零功能。当 $R_0=R_{0A}\cdot R_{0B}=\mathbf{1}$（$R_{0A}$和 R_{0B}同时为 **1**）、$S_9=S_{9A}\cdot S_{9B}=\mathbf{0}$（$S_{9A}$和 S_{9B}中有 **0**）时，计数器清零，即 $Q_3Q_2Q_1Q_0=\mathbf{0000}$。与时钟脉冲 CP 没有关系。

(2) 异步置 9 功能。当 $S_9=S_{9A}\cdot S_{9B}=\mathbf{1}$（$S_{9A}$和 S_{9B}同时为 1）、$R_0=R_{0A}\cdot R_{0B}=\mathbf{0}$（$R_{0A}$和 R_{0B}中有 **0**）时，计数器置 9，即 $Q_3Q_2Q_1Q_0=\mathbf{1001}$，它也与 CP 无关。

(3) 计数功能。当 $R_{0A}\cdot R_{0B}=\mathbf{0}$、$S_{9A}\cdot S_{9B}=\mathbf{0}$ 时，CT74LS290 处于计数工作状态。在 CP 脉冲下降沿作用下进行加法计数，有下面四种情况：

计数脉冲 CP 由 CP_0 输入，从 Q_0 输出时，则构成 1 位二进制计数器。

计数脉冲 CP 由 CP_1 端输入，输出为 $Q_3Q_2Q_1$ 时，则构成异步五进制计数器。

如将 Q_0 和 CP_1 相连，计数脉冲 CP 由 CP_0 输入，输出为 $Q_3Q_2Q_1Q_0$ 时，则构成 8421BCD 码异步十进制加法计数器。

如将 Q_3 和 CP_0 相连，计数脉冲 CP 由 CP_1 端输入，从高位到低位的输出为 $Q_0Q_3Q_2Q_1$ 时，则构成 5421BCD 码异步十进制加法计数器。

[例 6.4.9] 试用 CT74LS290 构成九进制计数器。

解： (1) 写出 S_9 的二进制代码

$$S_9=\mathbf{1001}$$

(2) 写出反馈归零函数。由于 CT74LS290 的清零信号为高电平 **1**，即要求 R_{0A}和 R_{0B}同时为高电平 **1** 时计数器才能被清零，因此

$$R_0=R_{0A}R_{0B}=Q_0Q_3 \tag{6.4.15}$$

(3) 画逻辑图。根据式(6.4.15)可知，应将 R_{0A}和 R_{0B}分别与 Q_0、Q_3 相连，同时将 S_{9A}、S_{9B}接 **0**。由于为九进制计数器，计数容量大于五，因此，应将 Q_0 和 CP_1 相连，电路如图 6.4.20(a)所示。

图 6.4.20(b)为用 CT74LS290 构成的七进制计数器，计数到 7 时，其输出高电平为 Q_2、Q_1、Q_0 三个输出端，这时应采用**与**门构成反馈清零控制电路。

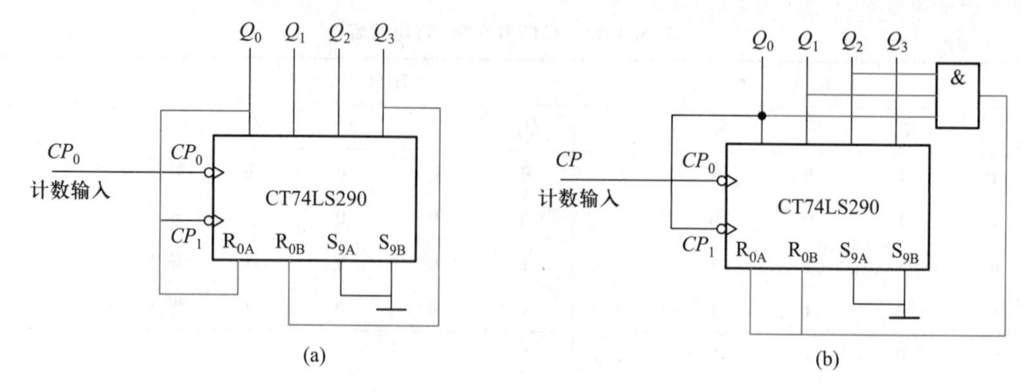

图 6.4.20 用 CT74LS290 构成九进制计数器和七进制计数器

（a）九进制计数器；（b）七进制计数器

微视频 6-7：利用计数器的级联获得大容量计数器

6.4.4 利用计数器的级联获得大容量 N 进制计数器

为了扩大计数器的计数容量，可将多个集成计数器级联起来。一般集成计数器都设有级联用的输出端和输入端，只要正确地将这些级联端进行连接，就可获得大容量 N 进制计数器。

图 6.4.21 所示为由两片 CT74LS290 级联组成的一百进制异步加法计数器。

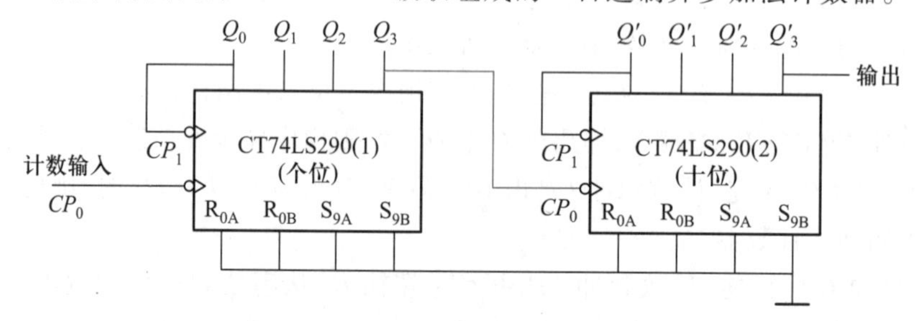

图 6.4.21 两片 CT74LS290 构成的一百进制计数器

图 6.4.22 所示为由两片 CT74LS160 级联成的一百进制同步加法计数器。由图可看出：个位片 CT74LS160(1)在计数到 9 以前，其进位输出 $CO=Q_3Q_0=\mathbf{0}$，十位片 CT74LS160(2)的 $CT_T=\mathbf{0}$，保持原状态不变。当个位片计数到 9 时，其输出 $CO=\mathbf{1}$，即十位片的 $CT_T=\mathbf{1}$，这时，十位片才能接收 CP 端输入的计数脉冲。所以，输入第十个计数脉冲时，个位片回到 0 状态，同时使十位片加 1。显然图 6.4.22 所示电路为一百进制计数器。

图 6.4.23 所示为由两片 4 位二进制加法计数器 CT74LS161 级联成的四十二进制计数器。十进制数 42 对应的二进制数为 **00101010**，所以，当计数器计数到 42 时，计数器的状态为 $Q'_3Q'_2Q'_1Q'_0Q_3Q_2Q_1Q_0=\mathbf{00101010}$，其反馈归零函数为 $\overline{CR}=\overline{Q'_1Q_3Q_1}$，这时，**与非**门输出低电平 **0**，使两片 CT74LS161 同时被清零，从而实现了四十二进制计数。

图 6.4.24 所示为由两片 CT74LS290 构成的二十五进制计数器。当十位片 CT74LS290

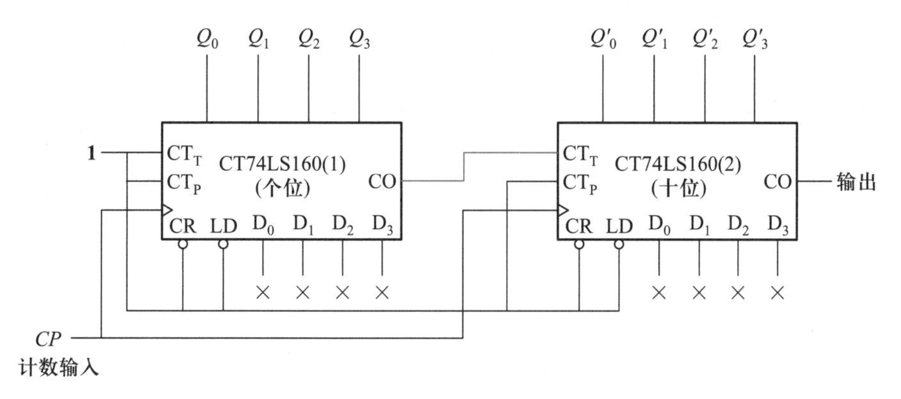

图 6.4.22 两片 CT74LS160 构成的一百进制计数器

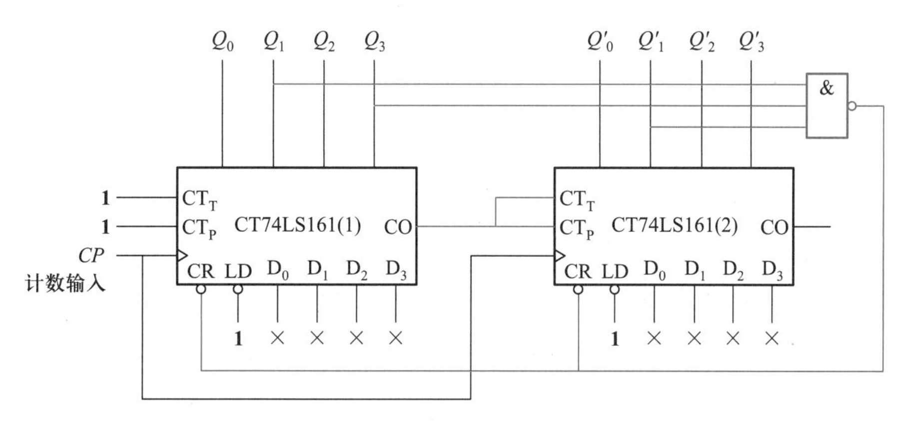

图 6.4.23 两片 CT74LS161 构成的四十二进制计数器

(2)计数到 2、个位片 CT74LS290(1)计数到 5 时,**与非**门组成的**与**门输出高电平 **1**,使计数器回到初始的 0 状态,从而实现了二十五进制计数。

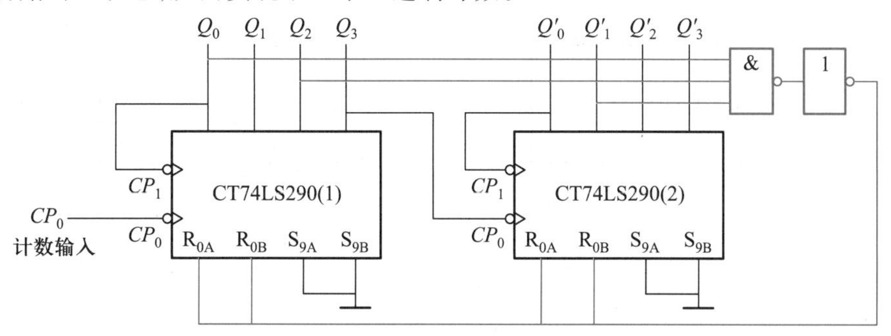

图 6.4.24 两片 CT74LS290 构成的二十五进制计数器

图 6.4.25 所示为利用 4 位二进制计数器 CT74LS163 的同步清零功能构成的八十五进制计数器,它由两片 CT74LS163 级联而成,其反馈归零函数应根据 S_{85-1} = **01010100** 来写表

达式，因此，计数器同步清零端的反馈归零函数为$\overline{CR}=\overline{Q'_2Q'_0Q_2}$。当计数器计数到 84 时，与非门输出低电平，即$\overline{CR}=\mathbf{0}$，在输入第 85 个计数脉冲 CP 时，计数器被清零，从而实现了八十五进制计数。

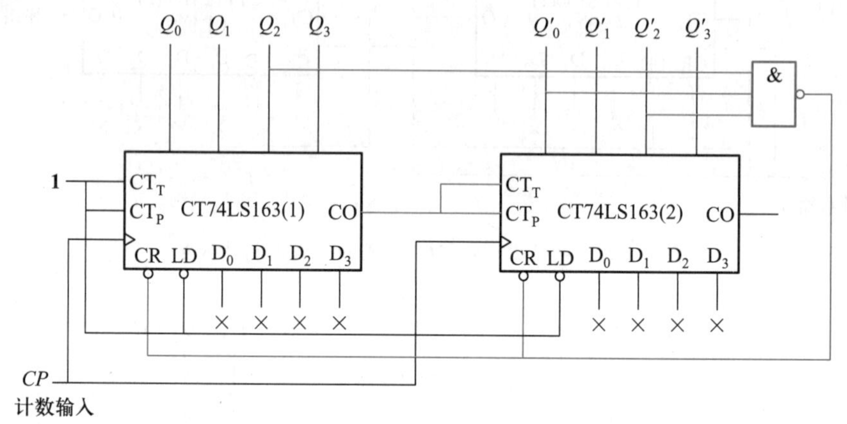

图 6.4.25　两片 CT74LS163 构成的八十五进制计数器

图 6.4.26 所示为由两片 CT74LS190 构成的五十进制计数器。由于 $\overline{U}/D=\mathbf{0}$，所以，为加法计数器。CT74LS190(1)为个位，为十进制计数器；CT74LS190(2)为十位，其构成五进制计数器。CT74LS190(1)串行进位端$\overline{RC}$的输出信号作为十位计数器 CT74LS190(2)的计数输入信号。当十位计数器 CT74LS190(2)计数到 5 时，异步置数端$\overline{LD}=\mathbf{0}$，计数器被置数到 0，从而实现了五十进制计数。

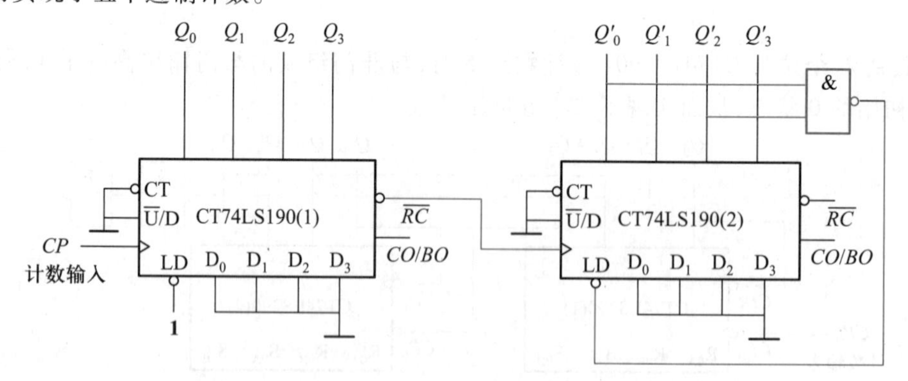

图 6.4.26　两片 CT74LS190 构成的五十进制计数器

图 6.4.27 所示为由两片 CT74LS192 构成的六十进制减法计数器，两片 CT74LS192 的 CP_U 端接高电平 **1**，个位片 CT74LS192(1)的 CP_D 端输入计数脉冲 CP，为十进制减法计数器。十位片 CT74LS192(2)取 $D_3D_2D_1D_0=\mathbf{0110}$ 构成六进制计数器，这样，两片 CT74LS192 便构成了六十进制减法计数器。

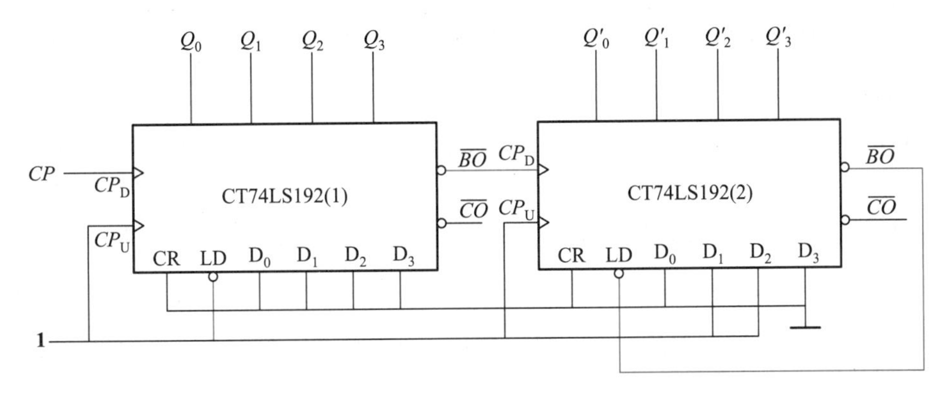

图 6.4.27 两片 CT74LS192 构成六十进制减法计数器

6.4.5 集成计数器应用举例

一、序列信号发生器

图 6.4.28 所示为 8 位序列信号发生器,它由集成 4 位同步二进制计数器 CT74LS161 和 8 选 1 数据选择器 CT74LS151 构成。利用 CT74LS161 低 3 位组成的 3 位二进制计数器 $Q_2Q_1Q_0$ 端输出的代码作为 CT74LS151 的地址信号,输出的序列脉冲信号则由 CT74LS151 输入的数据信号决定。由图6.4.28 可知:在输入时钟信号 CP 作用下,Y 端便输出序列为 **10110101** 的序列信号。

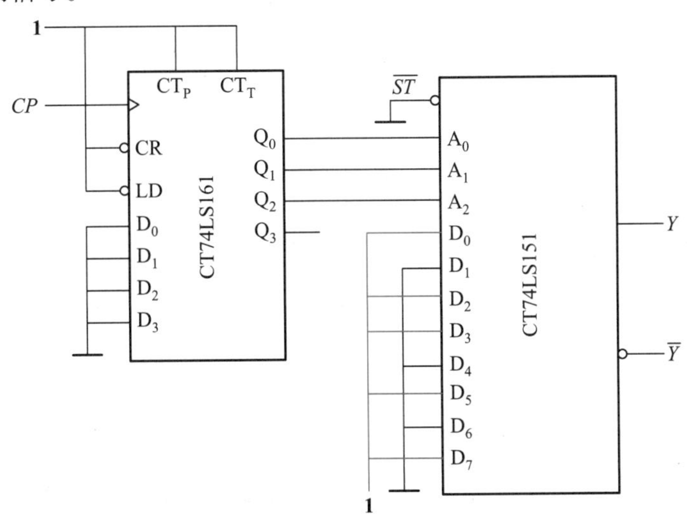

图 6.4.28 由 CT74LS161 和 CT74LS151 构成的 8 位序列信号发生器

二、顺序脉冲发生器

图 6.4.29(a)所示为由集成 4 位同步二进制计数器 CT74LS161 和输出低电平有效的 3 线-8 线译码器 CT74LS138 构成的顺序脉冲发生器。利用 CT74LS161 低 3 位 $Q_2Q_1Q_0$ 端输

出的信号作为 CT74LS138 输入的 3 位二进制代码，因此，应将 $Q_2Q_1Q_0$ 分别和 $A_2A_1A_0$ 对应相连。这时，计数器在时钟脉冲 CP 作用下，译码器 $\overline{Y}_0 \sim \overline{Y}_7$ 端依次输出低电平的顺序脉冲，如图 6.4.29(b)所示。为防止产生竞争冒险现象，这里将计数脉冲 CP 经**非**门反相后的$\overline{CP}$作为选通脉冲接到 CT74LS138 的使能端 ST_A 上来控制译码器的工作。当输入计数脉冲 CP 的上升沿到来时，计数器进行计数，与此同时，**非**门输出$\overline{CP}$使 CT_A 为低电平 **0**，译码器被封锁而停止工作，$\overline{Y}_0 \sim \overline{Y}_7$ 输出高电平。当 CP 下降沿到来时，$\overline{CP}$为高电平 **1**。这时 $ST_A = \mathbf{1}$，译码器工作，相应输出端输出低电平 **0**。由上分析可看出，选通脉冲$\overline{CP}$使译码器的译码时间和计数器中触发器的翻转时间错开了，从而有效地消除了竞争冒险现象。

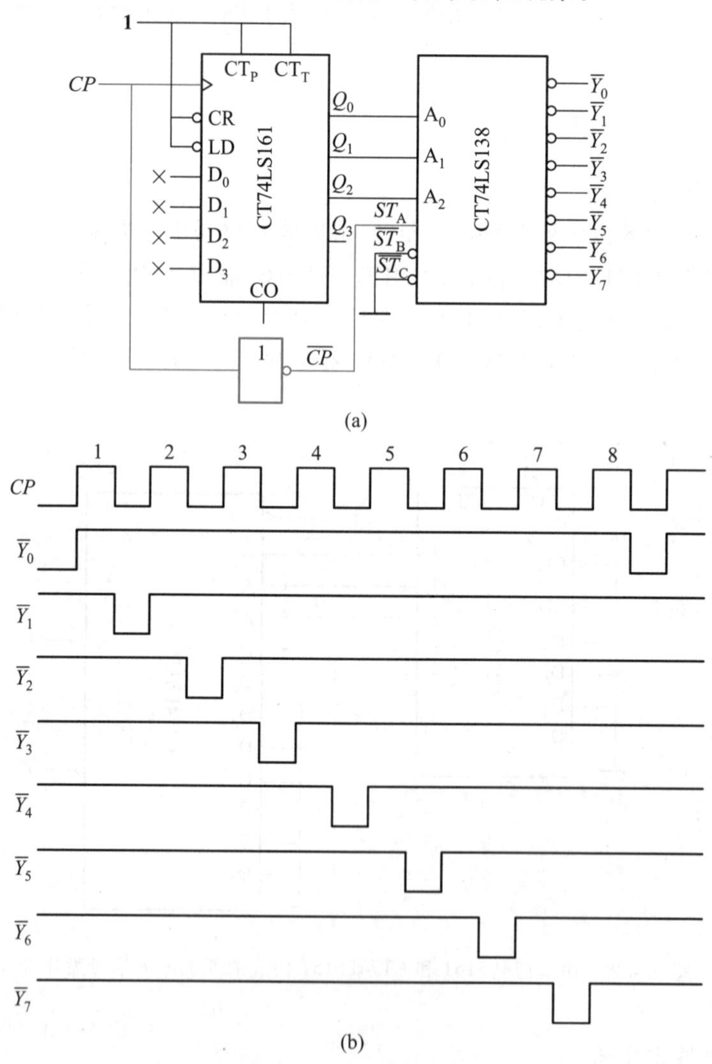

图 6.4.29 由 CT74LS161 和 CT74LS138 构成的低电平顺序脉冲发生器和工作波形

(a) 顺序脉冲发生器；(b) 工作波形

三、30 秒定时器

图 6.4.30 所示为 30 s 定时器，主要用于完成从 30 s 减计时（倒计时）到 0，并通过译码器和数码显示器显示相应的数字。由图 6.4.30 可知，十位计数器 CT74LS192（2）的 $D_3D_2D_1D_0=\mathbf{0011}(3)$，个位计数器 CT74LS192（1）的 $D_3D_2D_1D_0=\mathbf{0000}(0)$，减计数脉冲 CP 由个位计数器的 CP_D 端输入，其周期为 1 s（又称为秒脉冲）。当控制开关 S 打在“置数”挡时，两片 CT74LS192 的$\overline{LD}$端为低电平，使计数置为 30 s。当控制开关 S 打在“开始”挡时，则计数器开始进行减计时，直到 0 为止。当要进行新一轮 30 s 倒计时时，仍需重复上述操作过程。

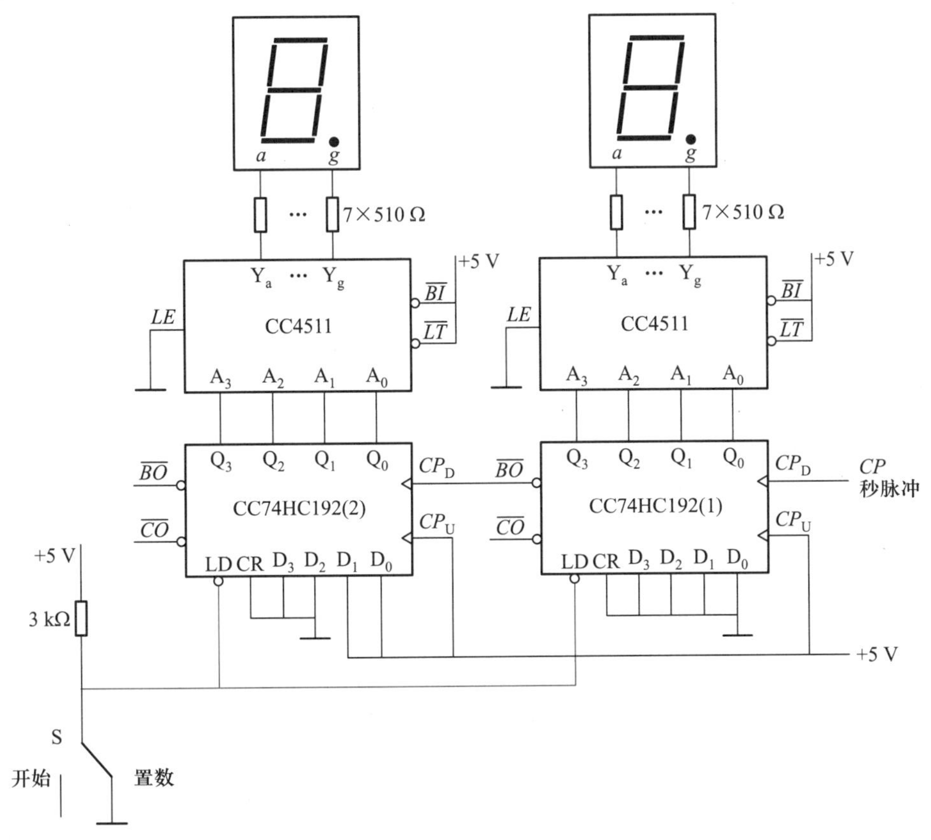

图 6.4.30　30 s 定时器

思　考　题

1. 什么叫计数？什么叫分频？
2. 什么叫异步计数器？什么叫同步计数器？它们各有哪些优缺点？
3. 什么叫加/减计数器？它有何特点？
4. 试用 D 触发器构成 3 位异步二进制减法计数器。

5. 试述用同步清零控制端和同步置数控制端构成 N 进制计数器的方法。
6. 试述用异步清零控制端和异步置数控制端构成 N 进制计数器的方法。
7. 试用 CT74LS162 的同步清零和同步置数功能构成三十五进制计数器。
8. 试用 CT74LS163 的同步清零和同步置数功能构成六十进制计数器。
9. 试用 CT74LS290 构成六十进制计数器。
10. 试用 CT74LS191 构成十二进制计数器。
11. 试用两片 CT74LS190 构成 30 s 倒计时电路。
12. 试用两片 CT74LS192 构成一百进制加计数器和减计数器。

*6.5　同步时序逻辑电路的设计

同步时序逻辑电路的设计是根据给定的任务设计出符合要求的逻辑电路。下面讨论同步时序逻辑电路的一般设计方法。

6.5.1　同步时序逻辑电路的设计

同步时序逻辑电路的设计过程和同步时序逻辑的分析正好相反，它是根据设计任务选择合适的元器件，设计出能实现给定逻辑要求的同步时序逻辑电路。同步时序逻辑电路的设计方法如下：

（1）根据设计要求确定电路的转换状态，并画出状态转换图。主要确定输入变量、输出变量和电路的状态数，并画出电路状态转换图。这是同步时序逻辑电路设计的关键。

（2）状态简化。在画出的原始状态中，有些状态在输入相同时，不仅输出相同，而且转换的次态也相同，这些状态为等价状态。这些等价状态可合并为一个状态。合并等价状态可减少使用触发器和门电路的数量，使电路比较简单。

（3）状态分配。将简化状态转换图（或状态转换真值表）中的每个状态用一组二进制数码来代替，称为状态分配，或称状态编码。如电路的状态数为 N，二进制数码的位数为 n，则可按下式计算二进制码的位数，即使用触发器的个数

$$2^{n-1}<N\leqslant 2^{n}$$

（4）确定触发器的类型，求出输出方程、状态方程和驱动方程。由于不同逻辑功能的触发器其驱动方程不同，因此设计出来的电路也不同。所以，在设计前应确定所选用的触发器类型，从而写出电路的输出方程、状态方程和驱动方程。

（5）根据驱动方程和输出方程画出逻辑电路图。

（6）检查所设计的电路能否自启动。因为设计出来的电路有可能在无效状态中循环而不能自动进入有效状态，即不能自启动，这时应采取措施加以解决。主要有两种办法：一种是在工作前将电路强行置入有效状态；另一种是重新选择编码或修改逻辑设计。

6.5.2　同步时序逻辑电路设计举例

[例 6.5.1]　设计一个递增同步六进制计数器。要求计数器状态转换代码具有相邻性

(相邻的两组代码中只有一位代码不同),且代码不包含全**0**和全**1**的码组。

解: (1)根据设计要求,画原始状态转换图。根据题意可知该同步计数器的原始状态有6个,即$N=6$,这6个状态分别用S_0、S_1、…、S_5表示。S_0为初始状态。在输入时钟脉冲CP作用下,电路状态依次转换。在状态为S_5时,输出$Y=\mathbf{1}$,为其他状态时,$Y=\mathbf{0}$。如再输入一个时钟脉冲CP,计数器返回初始状态,同时Y输出一个负跃变的进位信号。由此可画出图6.5.1所示的计数器的原始状态转换图。

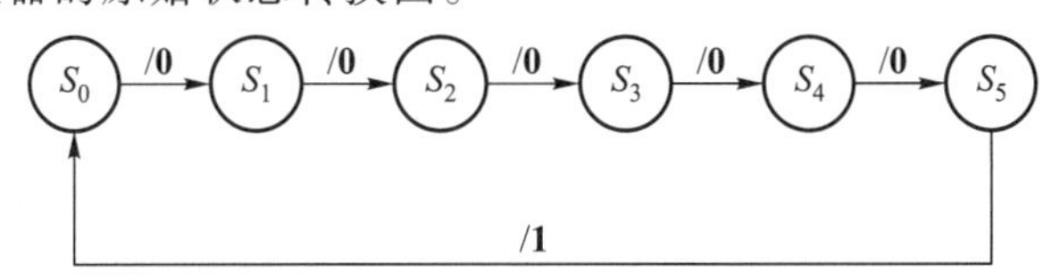

图6.5.1 [例6.5.1]的原始状态转换图

由于本例题的状态不能化简,原始状态图和状态图相同,因此,状态合并可略去。

(2)列出状态转换编码表。由于$N=6$,故根据式$2^{n-1}<N\leqslant 2^n$可求得$n=3$。因此,该计数器由3个触发器构成,其状态为3位二进制编码,即$S_0\sim S_5$都为3位二进制代码,且不能选用**000**和**111**。设编码从$Q_2^nQ_1^nQ_0^n=\mathbf{001}$开始,由此可列出状态转换编码表,如表6.5.1所示。

表6.5.1 [例6.5.1]计数器的状态转换编码表

状态顺序	现态			次态			输出	等效十进制数
	Q_2^n	Q_1^n	Q_0^n	Q_2^{n+1}	Q_1^{n+1}	Q_0^{n+1}	Y	
S_0	**0**	**0**	**1**	**0**	**1**	**1**	**0**	0
S_1	**0**	**1**	**1**	**0**	**1**	**0**	**0**	1
S_2	**0**	**1**	**0**	**1**	**1**	**0**	**0**	2
S_3	**1**	**1**	**0**	**1**	**0**	**0**	**0**	3
S_4	**1**	**0**	**0**	**1**	**0**	**1**	**0**	4
S_5	**1**	**0**	**1**	**0**	**0**	**1**	**1**	5

(3)确定触发器类型、求输出方程、状态方程和驱动方程。选用边沿JK触发器,其特性方程为$Q^{n+1}=J\overline{Q^n}+\overline{K}Q^n$。

根据表6.5.1可画出图6.5.2所示的4个卡诺图。在用卡诺图求各个触发器的特性方程时,应根据JK触发器特性方程的标准形式画包围圈。

输出方程

$$Y=Q_2^nQ_0^n \tag{6.5.1}$$

状态方程

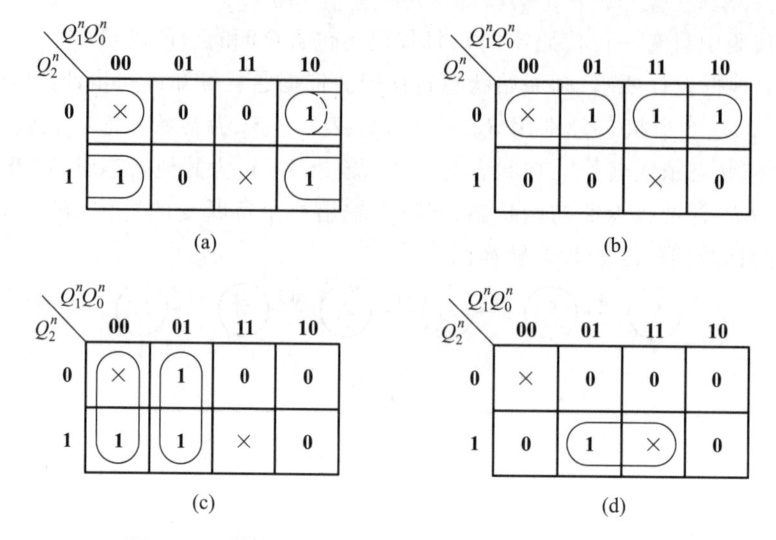

图 6.5.2　[例 6.5.1]计数器次态和输出函数的卡诺图

（a）Q_2^{n+1} 卡诺图；（b）Q_1^{n+1} 卡诺图；（c）Q_0^{n+1} 卡诺图；（d）Y 卡诺图

$$\begin{cases} Q_2^{n+1}=\overline{Q_0^n}\ \overline{Q_2^n}+\overline{Q_0^n}\ Q_2^n \\ Q_1^{n+1}=\overline{Q_2^n}\ \overline{Q_1^n}+\overline{Q_2^n}\ Q_1^n \\ Q_0^{n+1}=\overline{Q_1^n}\ \overline{Q_0^n}+\overline{Q_1^n}\ Q_0^n \end{cases} \tag{6.5.2}$$

驱动方程

将状态方程和 JK 触发器的特性方程进行比较，从而求得驱动方程。

$$\begin{cases} J_2=\overline{Q_0^n},\quad K_2=Q_0^n \\ J_1=\overline{Q_2^n},\quad K_1=Q_2^n \\ J_0=\overline{Q_1^n},\quad K_0=Q_1^n \end{cases} \tag{6.5.3}$$

（4）检查自启动。该计数器的无效状态为 **000** 和 **111**，将 **000** 状态代入状态方程中进行核算后得 **111**，为无效状态；将 **111** 状态代入状态方程中计算得 **000**，也为无效状态。可见，该计数器一旦进入无效状态后，电路只能在无效状态中循环，而不能自启动。为了使计数器能自启动，需要对原设计方案进行修改。为此，将图 6.5.2（a）中的 **000** 方格中的任意项“×”改为 **0**，单独圈 **010** 方格，如图中虚线圆圈所示，由此可得

状态方程

$$Q_2^{n+1}=Q_1^n\overline{Q_0^n}\ \overline{Q_2^n}+\overline{Q_0^n}\ Q_2^n \tag{6.5.4}$$

驱动方程

$$J_2=Q_1^n\overline{Q_0^n},\quad K_2=Q_0^n \tag{6.5.5}$$

设计方案修改后，再次将无效状态 **000** 和 **111** 分别代入式（6.5.4）和式（6.5.2）中的

Q_1^{n+1}、Q_0^{n+1} 式中进行计算得 **011** 和 **000**，再将 **000** 代入上述式中计算得 **011**。可见，一旦电路进入无效状态，只要继续输入时钟脉冲 CP，电路就会进入有效状态工作，电路能自启动。状态转换如图 6.5.3 所示。

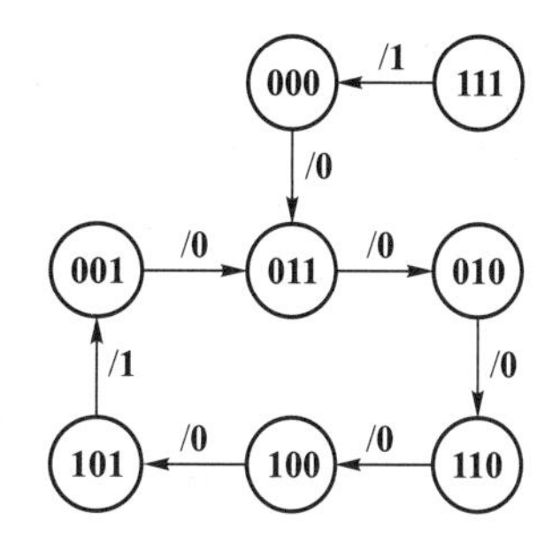

图 6.5.3 ［例 6.5.1］的状态转换图

（5）画逻辑图。根据式（6.5.3）中的 J_1、K_1 和 J_0、K_0，式（6.5.5）中的 J_2、K_2 及输出方程式（6.5.1）可画出图 6.5.4 所示的同步六进制加法计数器的逻辑图。

［例 6.5.2］ 试用边沿 JK 触发器设计一个脉冲序列为 **11010** 的同步时序逻辑电路。

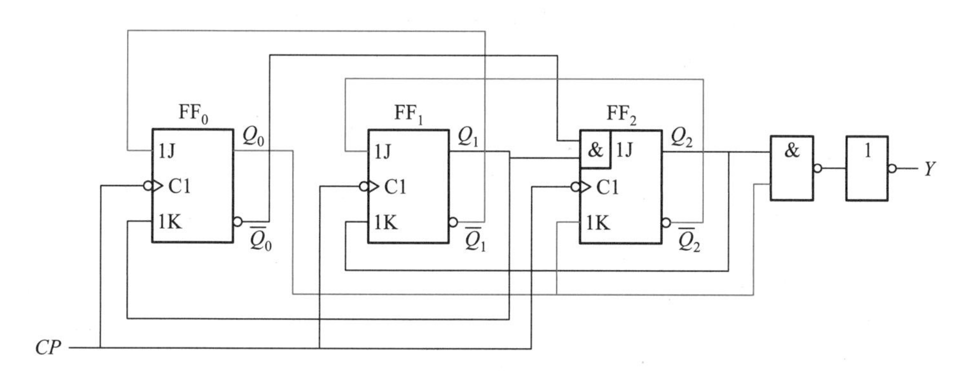

图 6.5.4 同步六进制加法计数器的逻辑图

解： （1）根据设计要求，画原始状态转换图。由于要求的脉冲序列为 **11010**，故电路共有 5 个状态，即 $N=5$，分别用 S_0、S_1、S_2、S_3、S_4 表示。S_0 为初始状态，在输入时钟脉冲 CP 作用下，电路状态依次转换。输入第一个 CP 时，状态由 S_0 转换到 S_1，输出 $Y=\mathbf{1}$；输入第二个 CP 时，状态由 S_1 转到 S_2，输出 $Y=\mathbf{1}$；输入第三个 CP 时，状态由 S_2 转到 S_3，输出 $Y=\mathbf{0}$；…；输入第五个 CP 时，状态由 S_4 回到 S_0，同时输出 $Y=\mathbf{0}$，由此可画出图 6.5.5 所示的原始状态转换图。

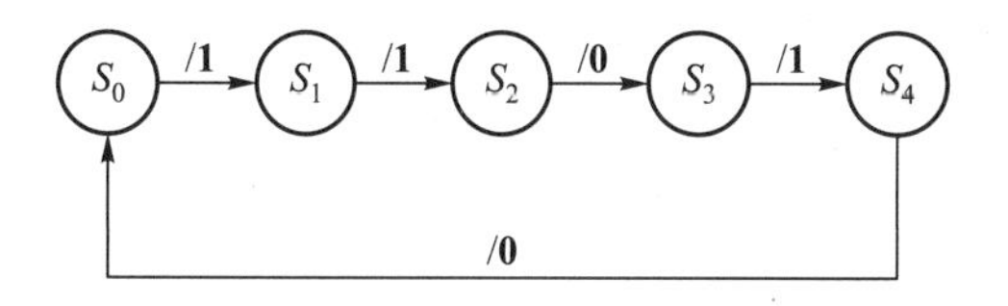

图 6.5.5 ［例 6.5.2］的原始状态转换图

（2）列出状态转换编码表。根据式 $2^n \geqslant N > 2^{n-1}$ 可知，在 $N=5$ 时，$n=3$，所以，S_0、S_1、…、S_4 取 3 位二进制编码，现采用 3 位自然二进制代码。由此可列出表 6.5.2 所示的状态转换编码表。

表 6.5.2　[例 6.5.2]的状态转换编码表

状态转换顺序	现态			次态			输出
	Q_2^n	Q_1^n	Q_0^n	Q_2^{n+1}	Q_1^{n+1}	Q_0^{n+1}	Y
S_0	0	0	0	0	0	1	1
S_1	0	0	1	0	1	0	1
S_2	0	1	0	0	1	1	0
S_3	0	1	1	1	0	0	1
S_4	1	0	0	0	0	0	0

（3）选择触发器类型，求出状态方程、驱动方程和输出方程。选用边沿 JK 触发器。根据表 6.5.2 所示的状态转换编码表用卡诺图求各触发器的次态方程和输出方程，如图 6.5.6 所示。由图可得

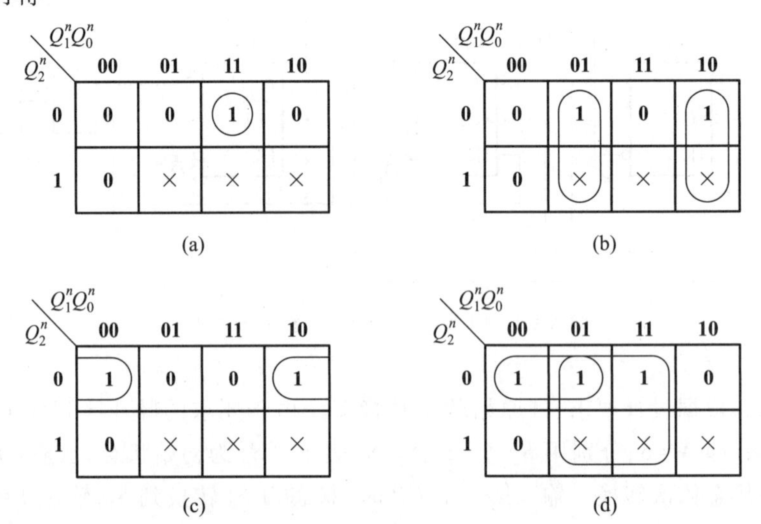

图 6.5.6　[例 6.5.2]序列脉冲发生器的次态和输出方程的卡诺图

（a）Q_2^{n+1} 卡诺图；（b）Q_1^{n+1} 卡诺图；（c）Q_0^{n+1} 卡诺图；（d）Y 卡诺图

输出方程

$$Y=\overline{Q_2^n}\,\overline{Q_1^n}+Q_0^n=\overline{\overline{\overline{Q_2^n}\,\overline{Q_1^n}}\cdot\overline{Q_0^n}} \tag{6.5.6}$$

状态方程

$$\begin{cases} Q_2^{n+1}=Q_1^n\,Q_0^n\,\overline{Q_2^n}+\overline{1}\,Q_2^n \\ Q_1^{n+1}=Q_0^n\overline{Q_1^n}+\overline{Q_0^n}Q_1^n \\ Q_0^{n+1}=\overline{Q_2^n}\,\overline{Q_0^n}+\overline{1}\,Q_0^n \end{cases} \tag{6.5.7}$$

驱动方程

将状态方程和 JK 触发器的特性方程进行比较，从而求得驱动方程。

$$\begin{cases} J_2 = Q_1^n Q_0^n, & K_2 = \mathbf{1} \\ J_1 = Q_0^n, & K_1 = Q_0^n \\ J_0 = \overline{Q}_2^n, & K_0 = \mathbf{1} \end{cases} \tag{6.5.8}$$

（4）画逻辑图

根据驱动方程式(6.5.8)和输出方程式(6.5.6)可画出图6.5.7所示的脉冲序列**11010**序列脉冲发生器的逻辑图。

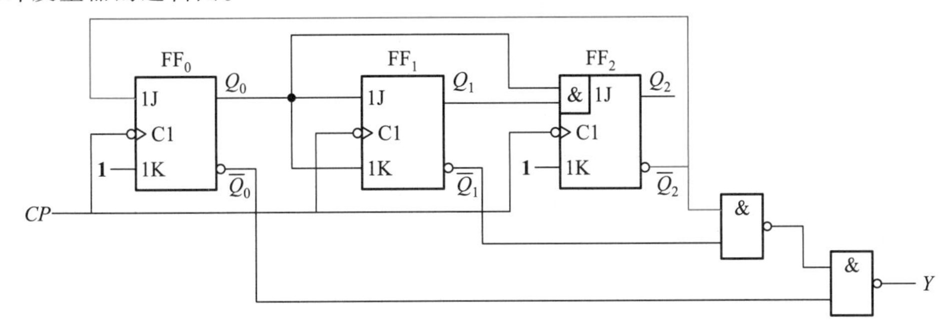

图6.5.7　脉冲序列**11010**序列脉冲发生器

思　考　题

1. 试述同步时序逻辑电路的设计步骤。
2. 如何检查设计出来的同步时序逻辑电路能否自启动?
3. 设计序列脉冲发生器的状态数如何确定? 如设计的脉冲序列为**110110**,应选用几个触发器?
4. 设计同步时序逻辑电路如编码不同,它们的逻辑电路是否相同?

本章小结

1. 时序逻辑电路由存储电路和组合逻辑电路组成,且存储电路必不可少,它主要由触发器组成。时序逻辑电路在任一时刻的输出状态不仅取决于该时刻的输入状态,而且还与电路原来的状态有关。电路状态由触发器记忆和表示。

2. 表示时序逻辑电路功能的方法主要有:逻辑图、逻辑表达式(输出方程、状态方程、驱动方程等)、状态转换真值表、状态转换图和时序图等。

3. 同步时序逻辑电路分析的关键是求出电路的状态方程和状态转换真值表。由此可分析出同步时序逻辑电路的功能,并画出状态转换图和时序图。异步时序逻辑电路的分析方法和同步时序逻辑电路基本相同。在分析同步时序逻辑电路时,可不考虑时钟条件,而在分析异步时序逻辑电路时则必须考虑。因为异步时序逻辑电路的状态方程只有在满足时钟条件时才能使用。

4. 同步时序逻辑电路设计的关键是根据设计要求写出原始状态编码表,而后用卡诺图求出输出方程、状态方程、驱动方程,并画出逻辑图。

5. 计数器是快速记录输入脉冲个数的时序逻辑电路,它在数字系统中使用十分广泛。不论是同步计数器还是异步计数器,都有加法计数器、减法计数器和加/减计数器(又称可逆计数器)。二进制加法计数器和减法计数器为基本计数器,通过对其适当的修改,可构成任意进制计数器。

6. 集成计数器的功能比较完善,使用方便灵活,可方便地构成 N 进制(任意进制)计数器。主要方法有两种:(1) 利用同步清零或同步置数功能构成 N 进制计数器时,应根据 $N-1$ 对应的二进制代码写反馈函数;(2) 利用异步清零或异步置数功能构成 N 进制计数器时,则应根据 N 对应的二进制代码写反馈函数。应当指出,利用置数功能构成 N 进制计数器时,并行数据输入端 $D_0 \sim D_3$ 必须接入计数起始数据。而利用清零功能构成 N 进制计数器时,并行数据输入端 $D_0 \sim D_3$ 可接任意数据。

当需要扩大计数器的计数容量时,可用多片集成计数器级联获得。

7. 寄存器是用以寄存二进制代码的时序部件,它由触发器构成。

移位寄存器不仅可用以寄存二进制代码,而且在移位脉冲作用下,寄存器中的代码既可左移,也可右移。移位寄存器有单向移位寄存器和双向移位寄存器。利用移位寄存器可方便地构成环形计数器、扭环形计数器和顺序脉冲发生器。

自　测　题

一、填空题

1. 在同步时序逻辑电路中,所有触发器的________端都连在一起接同一个________信号源;在异步时序逻辑电路中,不是所有触发器的________端都连在一起接同一个________信号源。

2. 在计数器中,循环工作的状态称为________,如进入无效状态时,继续输入时钟脉冲后,能________,称为能自启动。

3. 集成计数器的清零方式分为________和________;置数方式分为________和________。因此,集成计数器构成任意进制计数器的方法有________法和________法两种。

4. 由4个触发器组成的4位二进制加法计数器共有________个有效计数状态,其最大计数值为________。

5. 3.2 MHz 的脉冲信号经一级10分频后输出为____kHz,再经一级8分频后输出为______kHz,最后经16分频后输出______kHz。

6. 用以暂时存放数码的数字逻辑部件,称为________;根据作用的不同可分为________和________两大类。移位寄存器又分为________、________和________。

7. 4位移位寄存器可寄存________个数码,如将这些数码全部从串行输出端输出时,需输入________个移位脉冲。

8. ________是用来产生一组按照事先规定的顺序脉冲。

二、判断题(正确的题在括号内填入"√",错误的题则填入"×")

1. 和异步计数器相比,同步计数器的显著优点是工作频率高。　　(　　)

2. 如时序逻辑电路中的存储电路受统一的时钟脉冲控制,则为同步时序逻辑电路。　　(　　)

3. 4位二进制计数器是一个十五分频电路。　　(　　)

4. 同步计数器和异步计数器级联后仍为同步计数器。 (　　)

5. 组成异步二进制计数器的各个触发器必须具有翻转功能。 (　　)

6. 十进制计数器只有 8421BCD 码一种编码方式。 (　　)

7. 由于每个触发器有两个稳定状态,因此,存放 8 位二进制数时需 4 个触发器。 (　　)

8. 双向移位寄存器不可能同时执行左移和右移功能。 (　　)

三、选择题(选择正确的答案填入括号内)

1. 时序逻辑电路的主要组成电路是 (　　)

A. 与非门和或非门　　B. 触发器和组合逻辑电路

C. 施密特触发器和组合逻辑电路　　D. 整形电路和多谐振荡器

2. 如果将边沿 D 触发器的 $\overline{Q}$ 端和 D 端相连,则 Q 端输出脉冲的频率为输入时钟脉冲 CP 的 (　　)

A. 二分频　　B. 二倍频　　C. 四倍频　　D. 不变

3. 由 4 个触发器组成的计数器,状态利用率最高的是 (　　)

A. 十进制计数器　　B. 扭环形计数器

C. 环形计数器　　D. 二进制计数器

4. 由两个模数分别为 M、N 的计数器级联成的计数器,其总的模数为 (　　)

A. $M+N$　　B. $M-N$　　C. $M\times N$　　D. $M\div N$

5. 利用集成计数器的同步清零功能构成 N 进制计数器时,写二进制代码的数是 (　　)

A. $2N$　　B. N　　C. $N-1$　　D. $N+1$

6. 利用集成计数器的异步置数功能构成 N 进制计数器时,写二进制代码的数是 (　　)

A. $2N$　　B. N　　C. $N-1$　　D. $N+1$

7. 由上升沿 D 触发器构成异步二进制减法计数器时,最低位触发器 CP 端接时钟脉冲,其他各触发器 CP 端应接 (　　)

A. 相邻低位触发器 Q 端　　B. 相邻低位触发器 $\overline{Q}$ 端

C. 相邻高位触发器 Q 端　　D. 相邻高位触发器 $\overline{Q}$ 端

8. 由上升沿 D 触发器构成左移位寄存器时,最右端触发器 D 端接左移串行输入数据,其他触发器 D 端应接 (　　)

A. 相邻左端触发器 Q 端　　B. 相邻左端触发器 $\overline{Q}$ 端

C. 相邻右端触发器 Q 端　　D. 相邻右端触发器 $\overline{Q}$ 端

练　习　题

[题 6.1]　试分析图 P6.1 所示电路为几进制计数器。写出它的输出方程、驱动方程、状态方程、列出状态转换真值表,并画出时序图。

[题 6.2]　试分析图 P6.2 所示电路的逻辑功能。写出它的输出方程、驱动方程、状态方程、列出状态转换真值表、画出状态转换图和时序图。

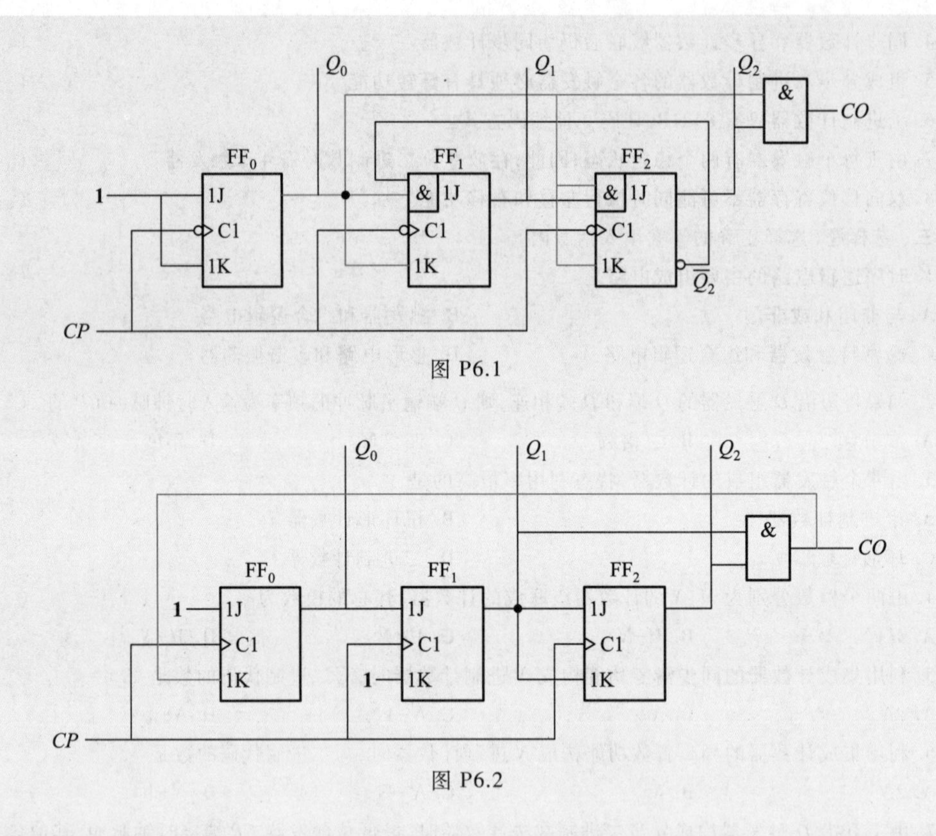

图 P6.1

图 P6.2

［题 6.3］ 试分析图 P6.3 所示电路的逻辑功能。写出它的输出方程、驱动方程、状态方程，列出状态转换真值表，画出时序图，并检查能否自启动。

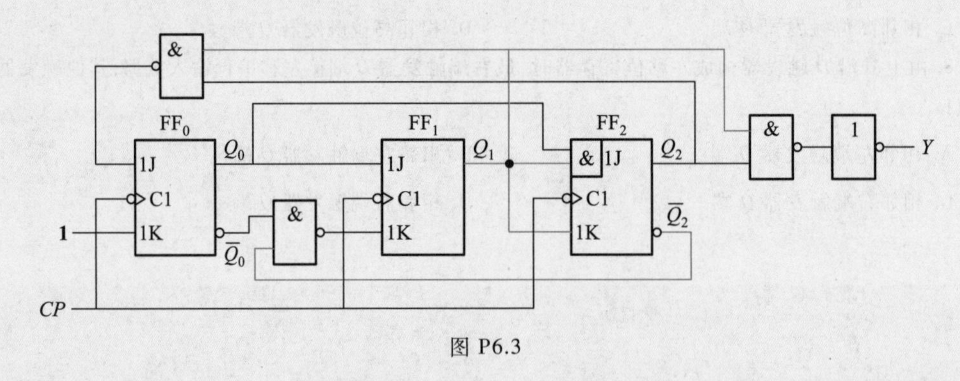

图 P6.3

［题 6.4］ 试分析图 P6.4 所示电路的逻辑功能。写出驱动方程、状态方程、列出状态转换真值表、画出状态转换图和时序图。

［题 6.5］ 试分析图 P6.5 所示电路的逻辑功能。写出输出方程、驱动方程、状态方程，列出状态转换真值表，画出状态转换图。

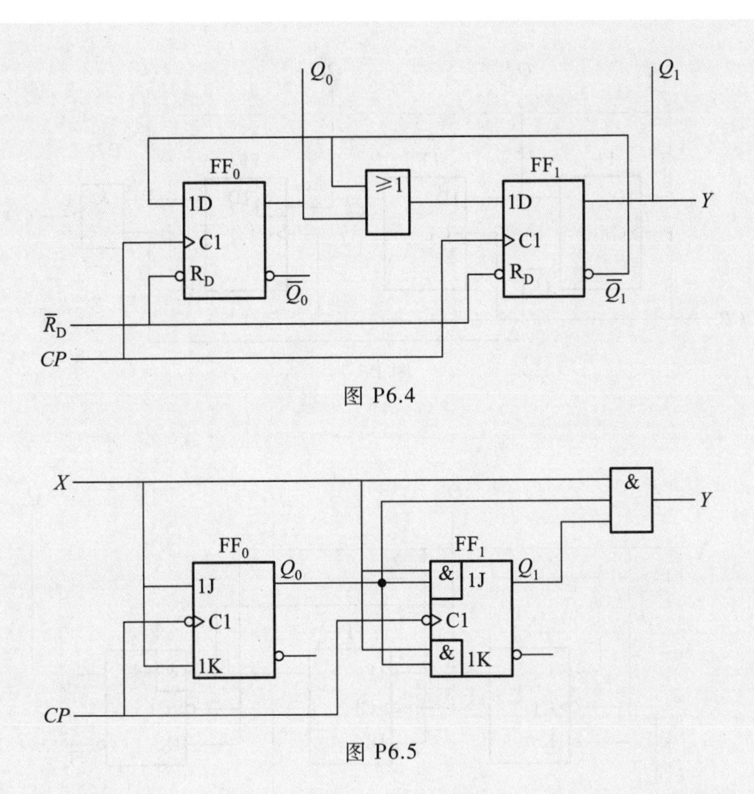

图 P6.4

图 P6.5

［题 6.6］ 试分析图 P6.6 所示电路的逻辑功能。写出输出方程、驱动方程、状态方程，列出状态转换真值表，并画出时序图。

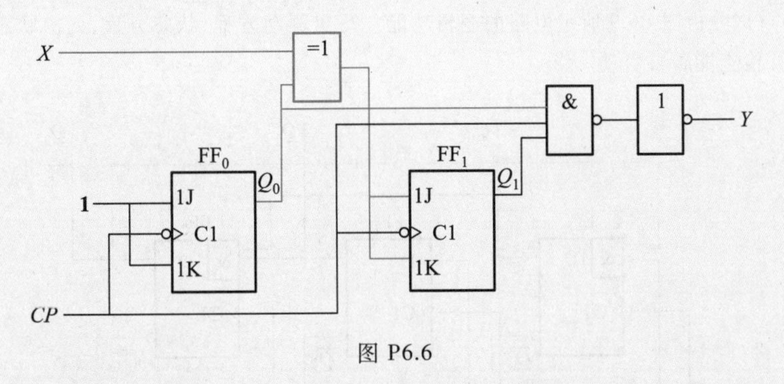

图 P6.6

［题 6.7］ 试分析图 P6.7 所示电路为几进制计数器。写出输出方程、驱动方程、状态方程、列出状态转换真值表、画出时序图。

［题 6.8］ 试分析图 P6.8 所示电路的逻辑功能。写出驱动方程、状态方程，列出状态转换真值表，画出时序图。

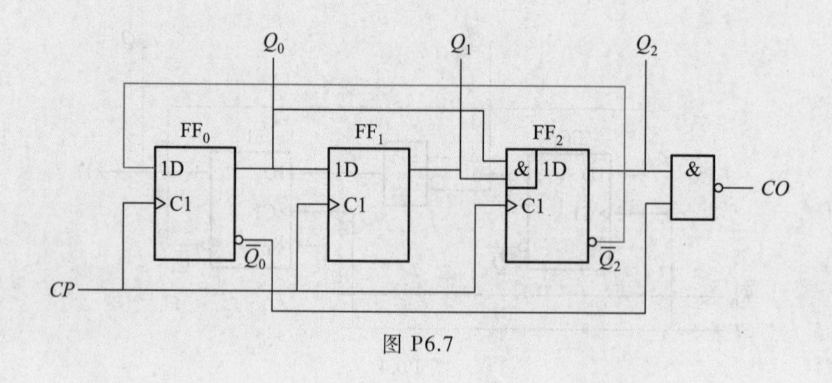

图 P6.7

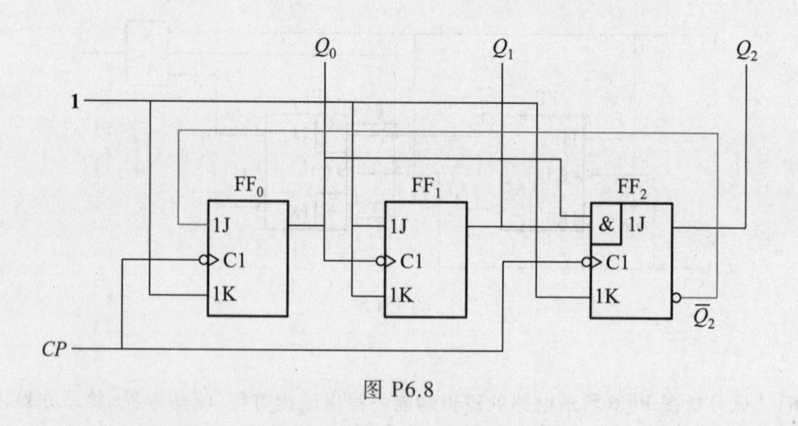

图 P6.8

[**题 6.9**]　试分析图 P6.9 所示电路的逻辑功能。写出驱动方程、状态方程，列出状态转换真值表，画出时序图，并检查能否自启动。

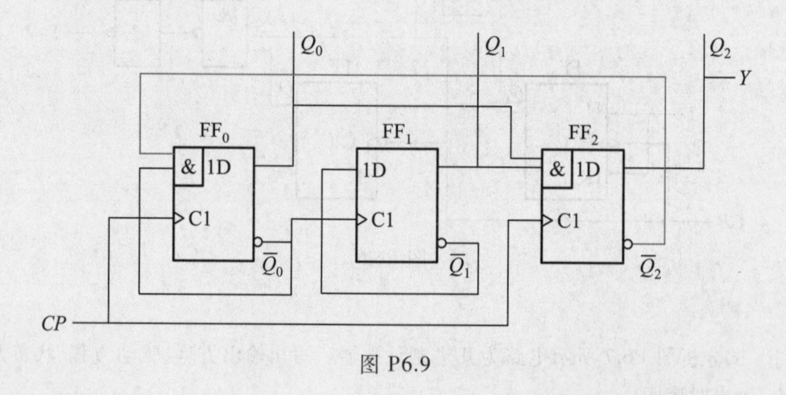

图 P6.9

[**题 6.10**]　试分析图 P6.10 所示电路为几进制计数器。

[**题 6.11**]　试分析图 P6.11 所示电路为几进制计数器。

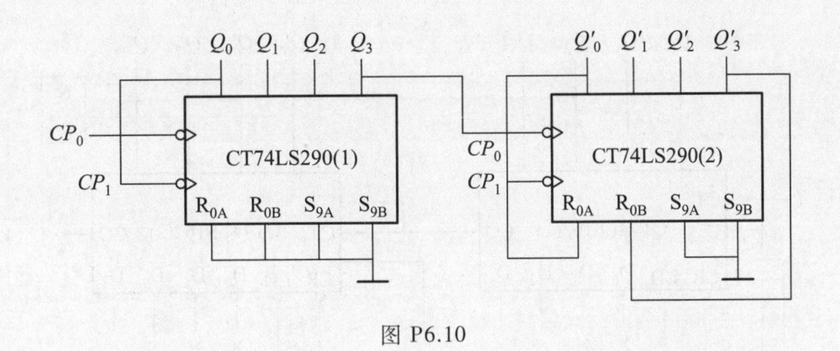

图 P6.10

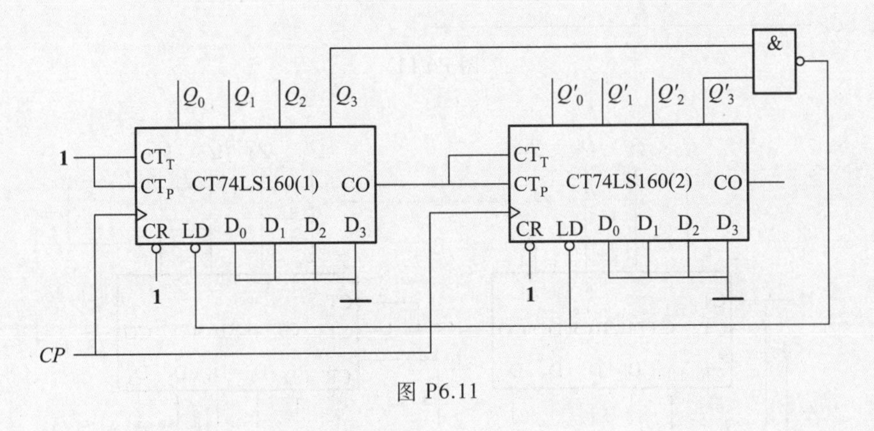

图 P6.11

[题 6.12] 试分析图 P6.12 所示电路为几进制计数器。

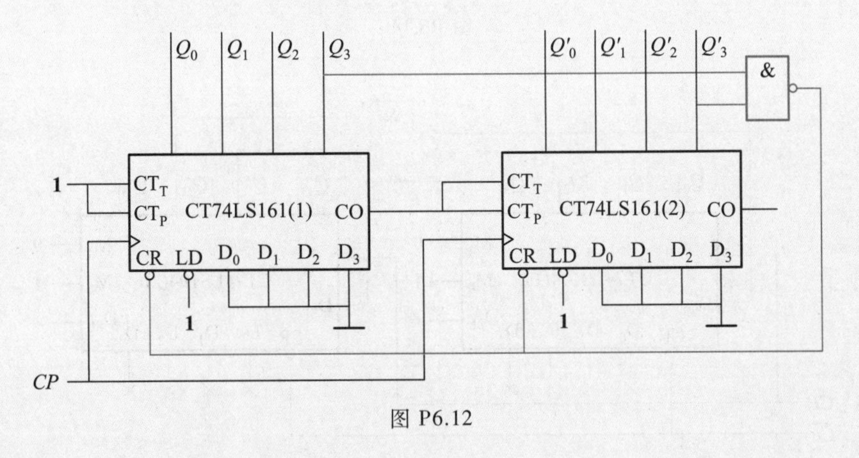

图 P6.12

[题 6.13] 试分析图 P6.13 所示电路为几进制计数器。

[题 6.14] 试分析图 P6.14 所示电路为几进制计数器。

[题 6.15] 试分析图 P6.15 所示电路为几分频电路。

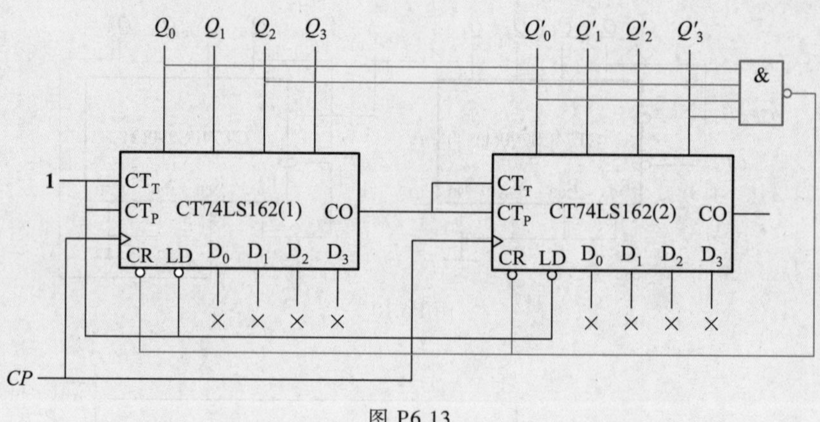

图 P6.13

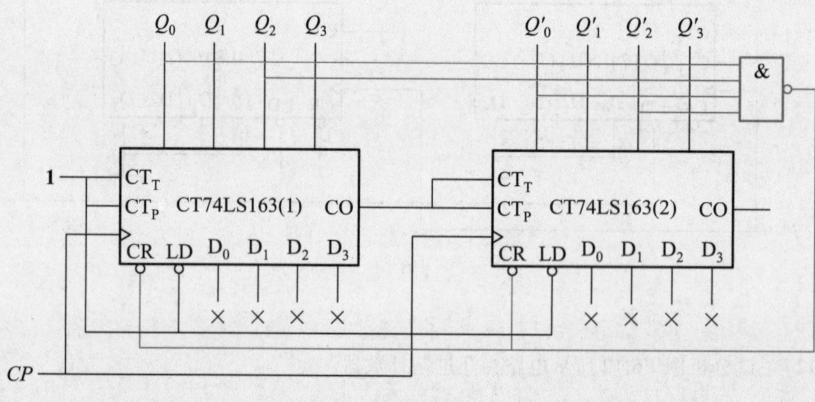

图 P6.14

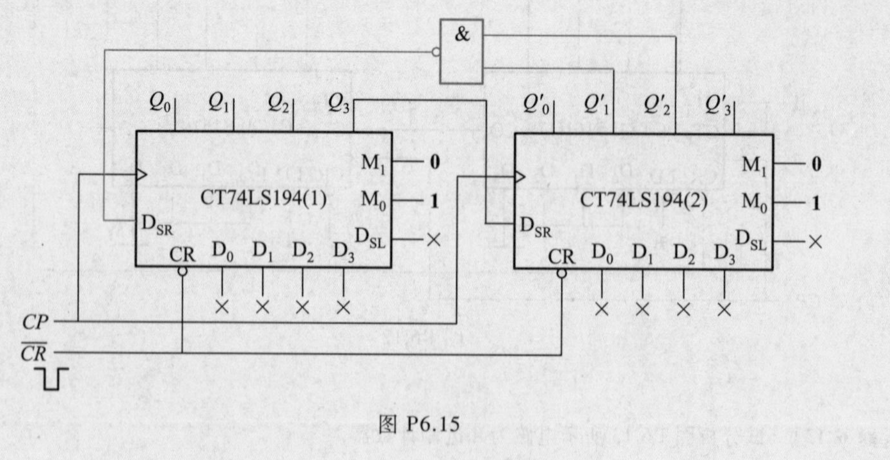

图 P6.15

[题 6.16] 试分析图 P6.16 所示电路为几分频电路。

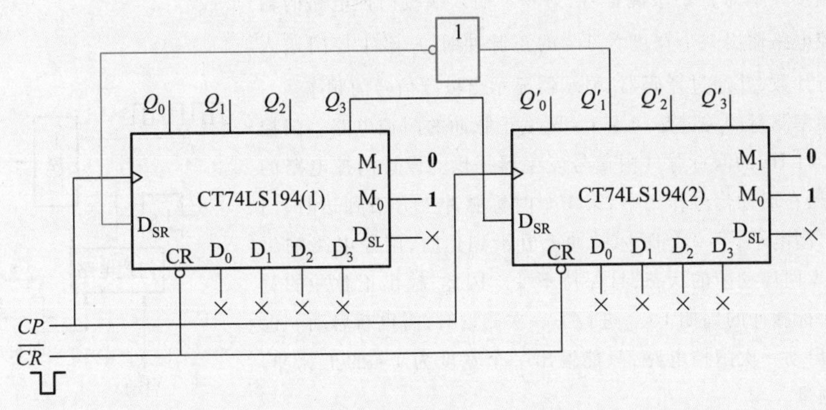

图 P6.16

[题 6.17] 试用两片双向移位寄存器 CT74LS194 构成 8 位双向移位寄存器。

[题 6.18] 试用 CT74LS290 的异步清零功能构成下列计数器：

(1) 二十四进制计数器；　(2) 六十进制计数器；　(3) 七十五进制计数器。

[题 6.19] 试用 CT74LS160 的异步清零和同步置数功能构成下列计数器：

(1) 六十进制计数器；　(2) 二十四进制计数器；　(3) 一百六十进制计数器。

[题 6.20] 试用 CT74LS162 的同步清零和同步置数功能构成下列计数器：

(1) 九进制计数器；　(2) 六十五进制计数器；　(3) 一百进制计数器。

[题 6.21] 试用 CT74LS161 的异步清零和同步置数功能构成下列计数器：

(1) 十一进制计数器；　(2) 六十进制计数器　(3) 一百进制计数器。

[题 6.22] 试用 CT74LS163 的同步清零和同步置数功能构成下列计数器：

(1) 十二进制计数器；　(2) 六十进制计数器；　(3) 一百进制计数器。

[题 6.23] 试用 CT74LS190 的异步置数功能构成下列计数器：

(1) 五进制计数器；　(2) 六十进制计数器。

[题 6.24] 试用边沿 *JK* 触发器设计一个同步五进制加法计数器。并检查能否自启动。

[题 6.25] 试用边沿 *JK* 触发器设计一个脉冲序列为 **10010** 的序列脉冲发生器。

[题 6.26] 试用边沿 *D* 触发器设计一个同步十进制计数器。

技　能　题

[题 6.27] 试用 CT74LS161 和 CT74LS151 构成一个脉冲序列为 **10011011** 的顺序脉冲发生器。

[题 6.28] 设计一个简易数字式频率计。

提示:测量频率的示意图如图 P6.17 所示。主控门为**与非门**,其一个输入端接频率为f_x的被测信号,另一个输入端接门控电路的输出。当门控电路输出一个宽度为 1 s 的正脉冲时,f_x经主控门送入计数器进行计数,并通过译码器、显示器显示出被测信号的频率。

实现频率测量的关键是产生 1 s 宽度正脉冲的门控电路。门控电路输入f=1 Hz 的时标脉冲由信号发生器提供。设计门控电路的主要要求是:在启动信号作用下,第 1 个时标脉冲上升沿到达时,门控电路输出高电平,第 2 个时标脉冲上升沿到达时,门控电路输出低电平,并返回启动前的状态,且保持不变。因此,输出正脉冲的宽度为输入时标脉冲的周期 1 s。进行下一次测量时,需重新启动。也就是说,每启动一次门控电路,只能输出一个宽度为 1 s 的正脉冲,进行一次测量。

每次测量前需对计数器进行人工清零(手动清零)。

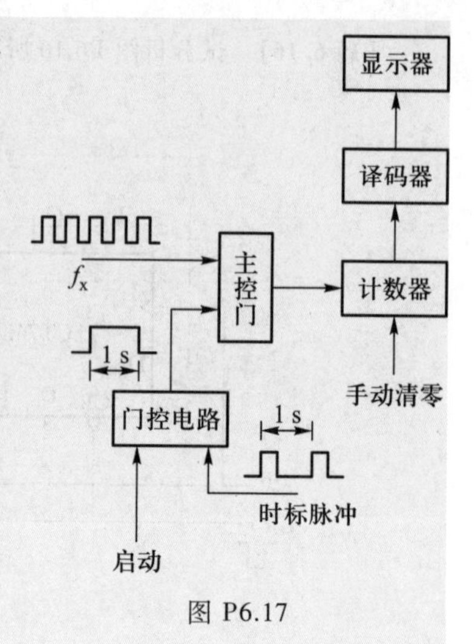

图 P6.17

第 7 章

脉冲产生与整形电路

内 容 提 要

本章主要讨论脉冲整形电路施密特触发器和单稳态触发器的工作原理和应用及多谐振荡器的工作原理。本章在介绍了 555 定时器逻辑功能的基础上，分别介绍了由 555 定时器组成的施密特触发器、单稳态触发器和多谐振荡器的工作原理。并结合上述内容介绍了集成施密特触发器和单稳态触发器的逻辑功能与应用。

7.1 概　　述

在数字系统中，经常要用到脉冲信号源。获得脉冲波形的方法主要有两种：一种是利用多谐振荡器直接产生符合要求的矩形脉冲；另一种是通过脉冲整形电路对已有的波形进行整形和变换，使之符合系统的要求。

脉冲波形的特性主要用图 7.1.1 所示的参数来描述。

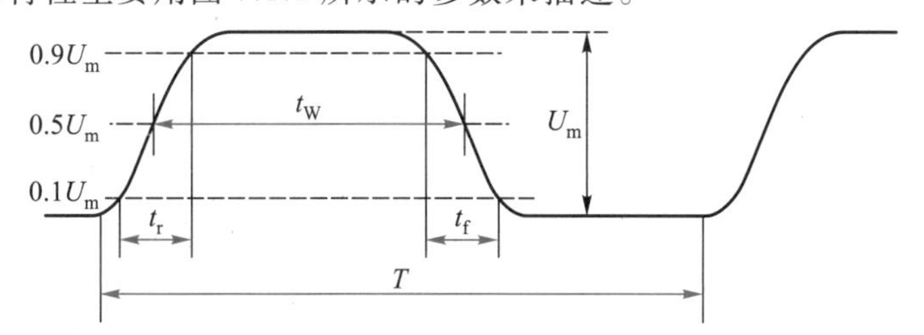

图 7.1.1　脉冲波形的参数

（1）脉冲幅度 U_m：脉冲电压波形变化的最大值，单位为伏（V）。

（2）脉冲上升时间 t_r：脉冲波形从 $0.1U_m$ 上升到 $0.9U_m$ 所需的时间。

（3）脉冲下降时间 t_f：脉冲波形从 $0.9U_m$ 下降到 $0.1U_m$ 所需的时间。

脉冲上升时间 t_r 和下降时间 t_f 越短，越接近于理想的矩形脉冲，单位为秒（s）、毫秒（ms）、微秒（μs）、纳秒（ns）。

（4）脉冲宽度 t_W：脉冲上升沿 $0.5U_m$ 到下降沿 $0.5U_m$ 所需的时间，单位与 t_r、t_f 相同。

（5）脉冲周期 T：在周期性脉冲中，相邻两个脉冲波形重复出现所需的时间，单位与 t_r、

t_f 相同。

(6) 脉冲频率 f:每秒时间内,脉冲出现的次数,单位为赫[兹](Hz)、千赫(kHz)、兆赫(MHz),$f=1/T$。

(7) 占空比 q:脉冲宽度 t_W 与脉冲重复周期 T 的比值,$q=t_W/T$。它是描述脉冲波形疏密的参数。

施密特触发器和单稳态触发器是两种用途不同的脉冲整形电路。施密特触发器主要用以将变化缓慢的或快速变化的非矩形脉冲变换成上升沿和下降沿都很陡峭的矩形脉冲,而单稳态触发器则主要用以将宽度不符合要求的脉冲变换成符合要求的矩形脉冲。

555 定时器使用方便、灵活,只要外部配接少量的阻容元件就可方便地构成施密特触发器、单稳态触发器和多谐振荡器。

本章主要讨论由 555 定时器组成的施密特触发器、单稳态触发器和多谐振荡器的工作原理及集成施密特触发器和单稳态触发器的逻辑功能与应用。

7.2 555 定时器的电路结构及其逻辑功能

芯片使用手7-1:555 定时器

555 定时器(Timer)是一种使用方便灵活、应用十分广泛的多功能电路,利用它可方便地组成脉冲产生、整形、延时和定时电路。555 定时器的电源电压范围宽,对于 TTL 555 定时器为 5~16 V,CMOS 555 定时器为 3~18 V,可提供一定的输出功率。TTL 单定时器型号的最后 3 位数为 555,双定时器为 556;CMOS 单定时器的最后 4 位数为 7555,双定时器为 7556,它们的逻辑功能和外部引线排列完全相同。

7.2.1 555 定时器的电路结构

图 7.2.1(a)所示为 CMOS 集成定时器 CC7555 的逻辑图,图(b)为其逻辑功能示意图。它由电阻分压器、电压比较器、基本 RS 触发器、MOS 开关管和输出缓冲级组成。

电阻分压器由 3 个阻值相同的电阻 R 串联而成,为 C_1 和 C_2 两个电压比较器提供基准电压。C_1 的基准电压 $U_{R1}=\frac{2}{3}V_{DD}$,C_2 的基准电压 $U_{R2}=\frac{1}{3}V_{DD}$。CO 为控制端,当 CO 端的电压为 U_{CO} 时,可改变电压比较器的基准电压,这时 $U_{R1}=U_{CO}$,$U_{R2}=\frac{1}{2}U_{CO}$。CO 端不用时,通常对地接 0.01 μF 的电容,以消除高频干扰。

G_1 和 G_2 组成基本 RS 触发器。$\overline{R}_D$ 为直接置 **0** 端。当 $\overline{R}_D=\mathbf{0}$ 时,G_5 输出 **1**,基本 RS 触发器置 **0**,$Q=\mathbf{0}$,输出 u_O 为低电平 **0**,即 $u_O=\mathbf{0}$,它与阈值输入端 TH 和触发输入端 $\overline{TR}$ 有无信号输入没有关系。正常工作时,$\overline{R}_D$ 端接高电平 **1**。

G_3 和 G_4 组成输出缓冲级,它有较强的电流驱动能力,同时,G_4 还可隔离外接负载对定时器工作的影响。

三极管 V 是作为开关管来使用的，当 Q 为低电平 **0** 时，G_3 输出高电平 **1**，V 导通；当 Q 为高电平 **1** 时，G_3 输出低电平 **0**，V 截止。

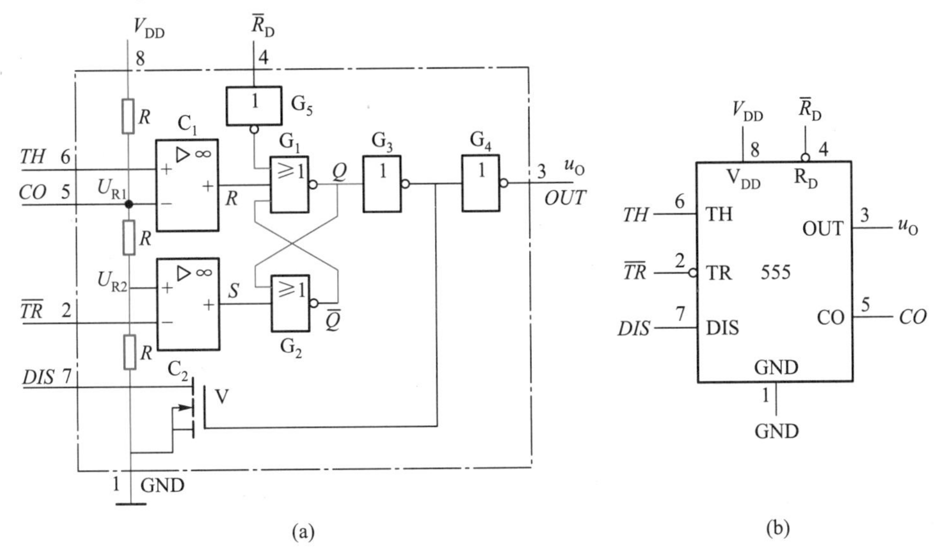

图 7.2.1 CC7555 定时器的逻辑图和逻辑功能示意图

（a）逻辑图；（b）逻辑功能示意图

7.2.2 555 定时器的逻辑功能

下面根据图 7.2.1(a)所示电路分析 CC7555 定时器的逻辑功能。设电压比较器 C_1 反相端输入电压为 U_{R1}，C_2 同相端输入电压为 U_{R2}。555 定时器的工作情况如下：

当 TH 端电压大于 $U_{R1}=\frac{2}{3}V_{DD}$，$\overline{TR}$端电压大于 $U_{R2}=\frac{1}{3}V_{DD}$时，电压比较器 C_1 和 C_2 分别输出 $R=\mathbf{1}$、$S=\mathbf{0}$，基本 RS 触发器置 **0**，$Q=\mathbf{0}$、$\overline{Q}=\mathbf{1}$输出 $u_O=\mathbf{0}$，这时 MOS 管 V 导通。

当 TH 电压小于 $U_{R1}=\frac{2}{3}V_{DD}$，$\overline{TR}$端电压小于 $U_{R2}=\frac{1}{3}V_{DD}$时，电压比较器 C_1 和 C_2 输出$R=\mathbf{0}$、$S=\mathbf{1}$，基本 RS 触发器置 **1**，$Q=\mathbf{1}$、$\overline{Q}=\mathbf{0}$，输出 $u_O=\mathbf{1}$，这时 MOS 管 V 截止。

当 TH 端电压小于 $U_{R1}=\frac{2}{3}V_{DD}$，$\overline{TR}$端电压大于 $U_{R2}=\frac{1}{3}V_{DD}$时，电压比较器 C_1 和 C_2 输出 $R=\mathbf{0}$，$S=\mathbf{0}$，基本 RS 触发器保持原状态不变。输出 u_O 保持不变。

根据以上讨论可知，CC7555 定时器的功能如表 7.2.1 所示。

表 7.2.1 CC7555 定时器的功能表

输入			输出	
TH	$\overline{TR}$	$\overline{R}_{D}$	$OUT(u_{O})$	V 状态
×	×	0	0	导通
$>\frac{2}{3}V_{DD}$	$>\frac{1}{3}V_{DD}$	1	0	导通
$<\frac{2}{3}V_{DD}$	$<\frac{1}{3}V_{DD}$	1	1	截止
$<\frac{2}{3}V_{DD}$	$>\frac{1}{3}V_{DD}$	1	保持原状态	保持原状态

思 考 题

1. 555 定时器由哪几部分组成？各部分有什么作用？
2. 根据 555 定时器的逻辑图说明其逻辑功能。

7.3 施密特触发器

7.3.1 施密特触发器的逻辑符号和电压传输特性

图 7.3.1(a)和(b)所示为施密特触发器(schmitt trigger)的逻辑符号,图中“⎍”为施密特触发器的限定符号。图(a)为反相输出逻辑符号;图(b)为同相输出逻辑符号。它们的电压传输特性如图 7.3.2(a)和(b)所示。由图(a)可看出:当输入电压 u_I 由低电平增大到 $u_I=U_{T+}$ 时,输出电压 u_O 由高电平 U_{OH} 跃到低电平 U_{OL},U_{T+} 称为正向阈值电压;当输入电压 u_I 由高电平下降到 $u_I=U_{T-}$ 时,输出电压 u_O 由低电平 U_{OL} 跃到高电平 U_{OH},U_{T-} 称为负向阈值电压。这样的特性称为反相电压传输特性,如图 7.3.2(a)所示。反之则为同相电压传输特性,如图 7.3.2(b)所示。由上分析可看出:施密特触发器的 U_{T+} 和 U_{T-} 是不同的,具有滞回特性。它们之间的差值称为回差电压,用 ΔU_T 表示,其值为

$$\Delta U_T=U_{T+}-U_{T-} \tag{7.3.1}$$

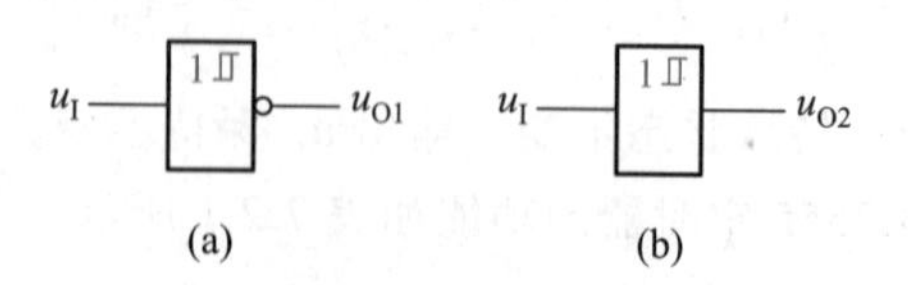

图 7.3.1 施密特触发器的逻辑符号

(a) 反相输出逻辑符号； (b) 同相输出逻辑符号

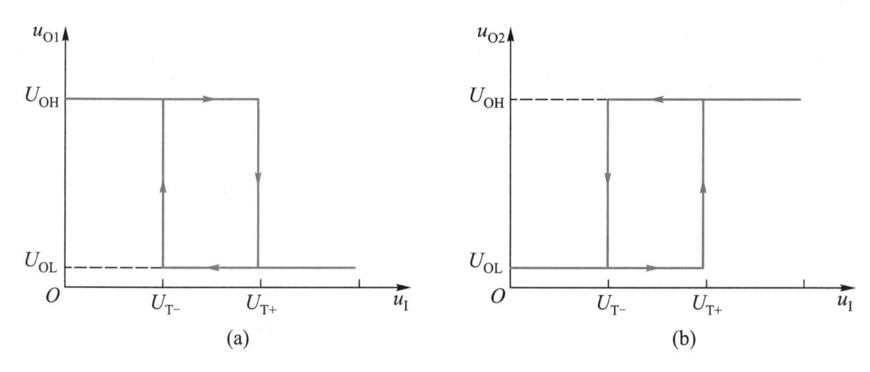

图 7.3.2 施密特触发器的电压传输特性
（a）反相输出；（b）同相输出

由电压传输特性可知，施密特触发器可将变化缓慢或快速变化的非脉冲信号变换成上升沿和下降沿都很陡峭的矩形脉冲。

7.3.2 用 555 定时器组成施密特触发器

一、电路组成

将阈值输入端 TH 和触发输入端 $\overline{TR}$ 连在一起作为触发信号 u_I 的输入端，并从 OUT 端取输出信号 u_O，便组成了施密特触发器。电路如图 7.3.3(a)所示。

微视频 7-1：施密特触发器

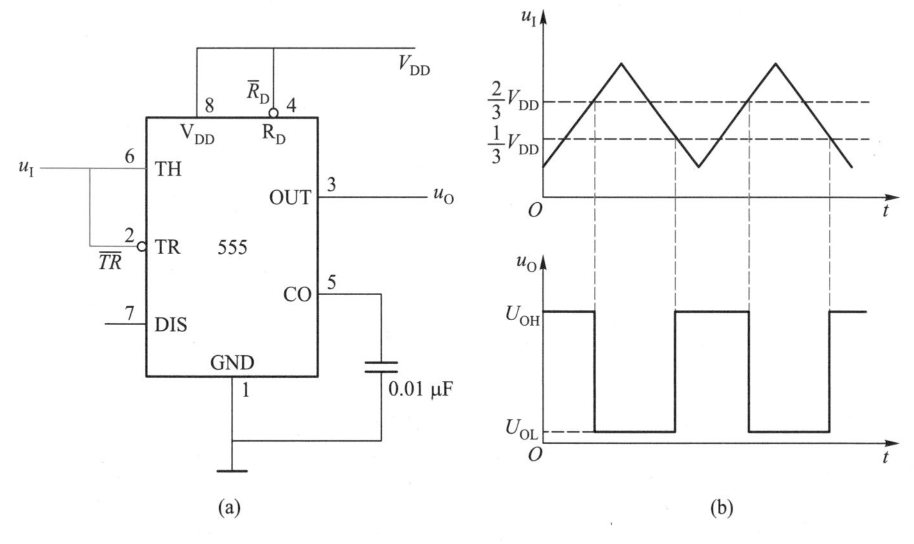

图 7.3.3 用 555 定时器组成的施密特触发器和工作波形
（a）电路图；（b）工作波形

二、工作原理

下面参照图 7.3.3(b)所示电压波形讨论施密特触发器的工作原理。

当输入电压 $u_I<\frac{1}{3}V_{DD}$时，比较器 C_1 和 C_2 分别输出 $R=\mathbf{0}$、$S=\mathbf{1}$，触发器置**1**，$Q=\mathbf{1}$，输出 u_O 为高电平 U_{OH}。

当输入电压 u_I 上升到$\frac{1}{3}V_{DD}<u_I<\frac{2}{3}V_{DD}$时，比较器 C_1 和 C_2 输出 $R=\mathbf{0}$、$S=\mathbf{0}$，触发器保持 **1** 状态不变，即 $Q=\mathbf{1}$，输出 $u_O=U_{OH}$不变。

当输入电压 u_I 上升到 $u_I\geqslant\frac{2}{3}V_{DD}$时，比较器 C_1 和 C_2 输出 $R=\mathbf{1}$、$S=\mathbf{0}$，触发器置 **0**，$Q=\mathbf{0}$，输出 u_O 由高电平 U_{OH}跃到低电平 U_{OL}，输入电压 u_I 上升到使电路状态发生翻转时的值称为正向阈值电压 U_{T+}，显然 $U_{T+}=\frac{2}{3}V_{DD}$。

当输入电压由大于$\frac{2}{3}V_{DD}$下降到$\frac{1}{3}V_{DD}<u_I<\frac{2}{3}V_{DD}$时，比较器 C_1 和 C_2 输出 $R=\mathbf{0}$、$S=\mathbf{0}$，触发器保持 **0** 状态不变，输出 u_O 保持低电平 U_{OL}不变。

当输入电压 u_I 下降到 $u_I\leqslant\frac{1}{3}V_{DD}$时，比较器 C_1 和 C_2 输出 $R=\mathbf{0}$、$S=\mathbf{1}$，触发器置 **1**，$Q=\mathbf{1}$，输出 u_O 由低电平 U_{OL}跃到高电平 U_{OH}，输入电压 u_I 下降到使电路状态发生另一次翻转时的值，称为负向阈值电压 U_{T-}，显然，$U_{T-}=\frac{1}{3}V_{DD}$。

由上述分析可知，施密特触发器的回差电压 ΔU_T 为

$$\Delta U_T=U_{T+}-U_{T-}=\frac{1}{3}V_{DD}$$

图 7.3.4 所示为施密特触发器的电压传输特性。

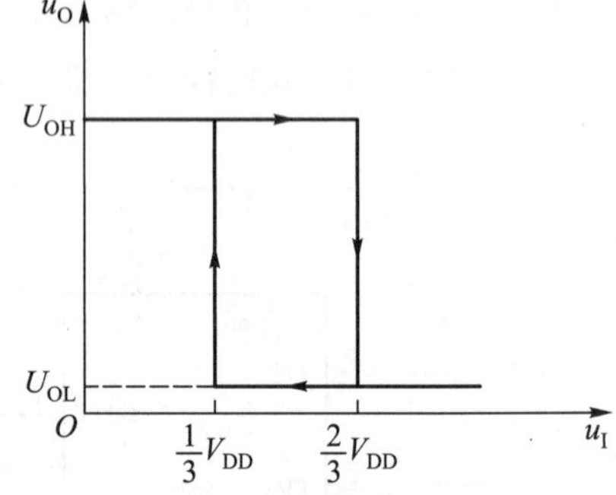

图 7.3.4 施密特触发器的电压传输特性

如在控制端 CO 接直流电压 U_{CO}，则 $U_{T+}=U_{CO}$，$U_{T-}=\frac{1}{2}U_{CO}$，$\Delta U_T=\frac{1}{2}U_{CO}$。这时调节 U_{CO}可改变 ΔU_T 的大小。U_{CO}越大，ΔU_T 也越大，电路的抗干扰能力也越强。

图 7.3.5 所示为由施密特触发器组成的路灯光控开关电路。图中 R_L 为光敏电阻，二极管 V_D 用以保护 555 定时器。当有光线照射时，光敏电阻 R_L 的阻值很小，电位器 R_P 上的电压大于 $U_{T+}=\frac{2}{3}V_{DD}=8$ V 时，输出 u_O 为低电平，继电器 K 线圈中没有电流流过，继电器不吸合，动合触点断开，路灯 L 熄灭。随着夜幕的逐渐降临，光线渐渐变弱，光敏电阻 R_L 的阻值逐渐增大，当电位器 R_P 上分得的电压小于 $U_{T-}=\frac{1}{3}V_{DD}=4$ V 时，输出 u_O 为高电平，继电器 K 线圈中有电流流过，动合触点闭合，路灯点亮，从而实现了路灯的光控。

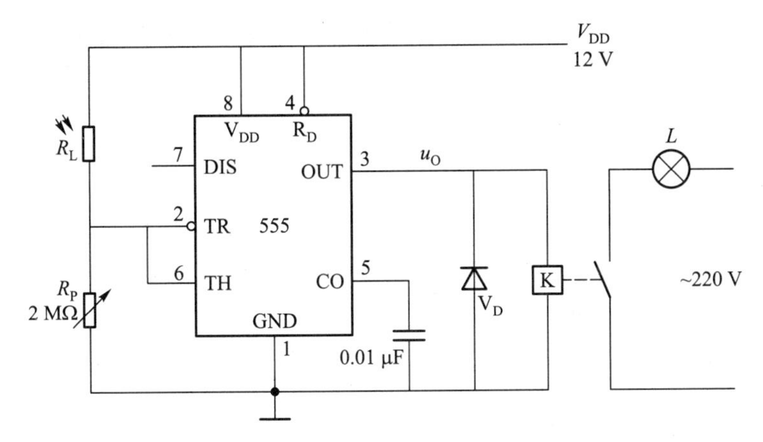

图 7.3.5 施密特触发器组成的路灯光控开关电路

7.3.3 集成施密特触发器

集成施密特触发器具有很好的性能，其正向阈值电压 U_{T+} 和负向阈值电压 U_{T-} 也很稳定，有很强的抗干扰能力，使用方便，应用十分广泛，TTL 和 CMOS 数字集成电路中都有施密特触发器。

一、TTL 集成施密特触发器

图 7.3.6 所示为 TTL 集成施密特触发器的逻辑符号，图 7.3.6(a) 所示为施密特触发六反相器 CT7414 和 CT74LS14 的逻辑符号，输出逻辑表达式为 $Y=\bar{A}$。图 7.3.6(b) 所示为施密特触发双 4 输入**与非**门 CT7413 和 CT74LS13 的逻辑符号，输出逻辑表达式为 $Y=\overline{ABCD}$。

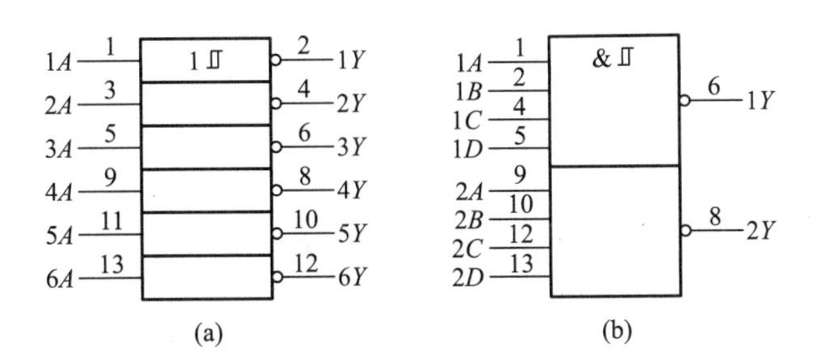

图 7.3.6 TTL 施密特触发器的逻辑符号
(a) 六反相器；(b) 双 4 输入**与非**门

表 7.3.1 所示为常用集成施密特触发器电路一些重要参数的典型值。

表 7.3.1　TTL 集成施密特触发器电路一些重要参数的典型值

电路名称	型号	典型每门功耗/mW	典型 U_{T+}/V	典型 U_{T-}/V	典型 ΔU_T/V	典型延迟时间/ns	
						t_{PHL}	t_{PLH}
六反相器	CT7414	25.5	1.7	0.9	0.8	15	15
	CT74LS14	8.6	1.6	0.8	0.8	15	15
四 2 输入与非门	CT74132	25.5	1.7	0.9	0.8	15	15
	CT74LS132	8.8	1.6	0.8	0.8	15	15
双 4 输入与非门	CT7413	42.5	1.7	0.9	0.8	15	18
	CT74LS13	8.75	1.6	0.8	0.8	18	15

TTL 施密特触发器有如下特点：

(1) 可将变化缓慢的信号变换成上升沿和下降沿都很陡直的脉冲信号。

(2) 具有阈值电压和回差电压温度补偿。因此，电路性能一致性好。典型 ΔU_T = 0.8 V。

(3) 具有很强的抗干扰能力。

二、CMOS 集成施密特触发器

图 7.3.7 所示为 CMOS4000 系列施密特触发门电路的逻辑符号。图 7.3.7(a)所示为施密特触发六反相器 CC40106 的逻辑符号；图 7.3.7(b)所示为施密特触发四 2 输入与非门 CC4093 的逻辑符号。电源电压 V_{DD}变化时，对 CMOS 施密特触发器的电压传输特性也会产生一定的影响。通常 V_{DD}增大时，正向阈值电压 U_{T+}、负向阈值电压 U_{T-}和回差电压 ΔU_T 也会相应增大；反之，则会减小。由于集成 CMOS 施密特触发器内部参数离散性的影响，因此，其 U_{T+}和 U_{T-}也有较大的离散性。

表 7.3.2 所示为 CMOS 施密特触发门电路 CC40106 和 CC4093 的一些重要参数。

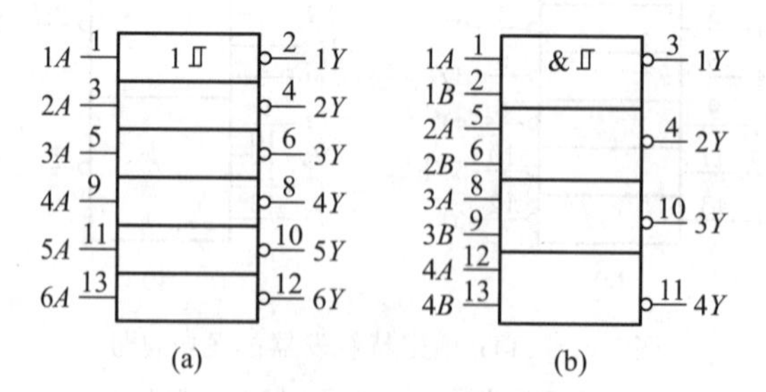

图 7.3.7　CMOS 施密特触发器的逻辑符号

(a) 六反相器；(b) 四 2 输入与非门

表 7.3.2 CMOS 施密特触发器电路的一些重要参数

电路名称	型号	V_{DD}/V	U_{T+}/V		U_{T-}/V		ΔU_T/V		平均传输延迟时间 t_{pd}/ns
			最小值	最大值	最小值	最大值	最小值	最大值	
六反相器	CC40106	5	2.2	3.6	0.9	2.8	0.3	1.6	280
		10	4.6	7.1	2.5	5.2	1.2	3.4	140
		15	6.8	10.8	4.0	7.4	1.6	5.0	120
四 2 输入与非门	CC4093	5	2.2	3.6	0.9	2.8	0.3	1.6	380
		10	4.6	7.1	2.5	5.2	1.2	3.4	180
		15	6.8	10.8	4.0	7.4	1.6	5.0	130

CMOS 集成施密特触发器具有如下特点：

(1) 可将变化非常缓慢的信号变换为上升沿和下降沿很陡直的脉冲信号。

(2) 在电源电压 V_{DD}一定时，触发阈值电压稳定，但其值会随 V_{DD}变化。

(3) 电源电压 V_{DD}变化范围宽，输入阻抗高，功耗极小。

(4) 抗干扰能力很强。

7.3.4 施密特触发器的应用

施密特触发器的用途很广泛，常用于波形的变换、整形、幅度鉴别等。

一、脉冲波形变换

施密特触发器常用于将三角波、正弦波及变化缓慢的波形变换成矩形脉冲，这时将需变换的波形送到施密特触发器的输入端，输出便为很好的矩形脉冲，如图 7.3.8 所示。

二、脉冲整形

脉冲信号经传输线传输受到干扰后，其上升沿和下降沿都将明显变坏，这时可用施密特触发器进行整形，将受到干扰的信号作为施密特触发器的输入信号，输出便为矩形脉冲，如图 7.3.9 所示。

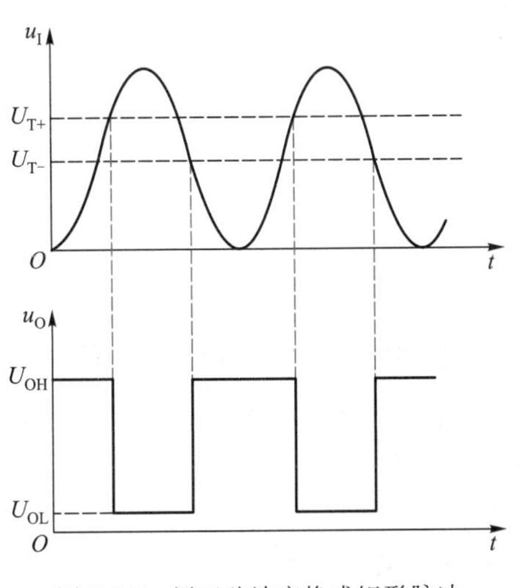

图 7.3.8 用正弦波变换成矩形脉冲

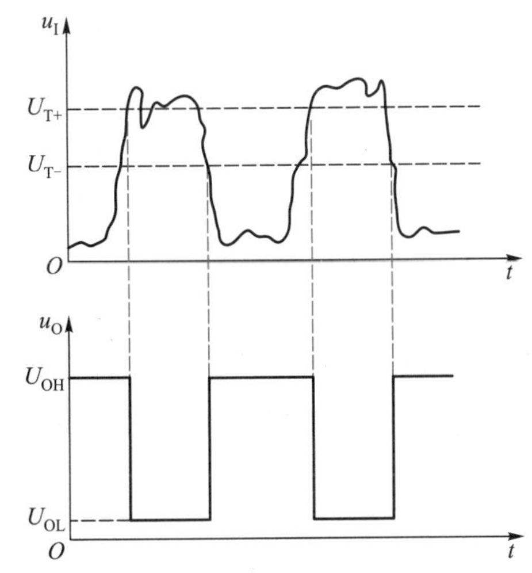

图 7.3.9 脉冲整形

三、脉冲幅度鉴别

当输入为一组幅度不等的脉冲而要求去掉幅度较小的脉冲时，可将这些脉冲送到施密特触发器的输入端进行幅度鉴别，从中选出幅度大于 U_{T+} 的脉冲输出，如图 7.3.10 所示。

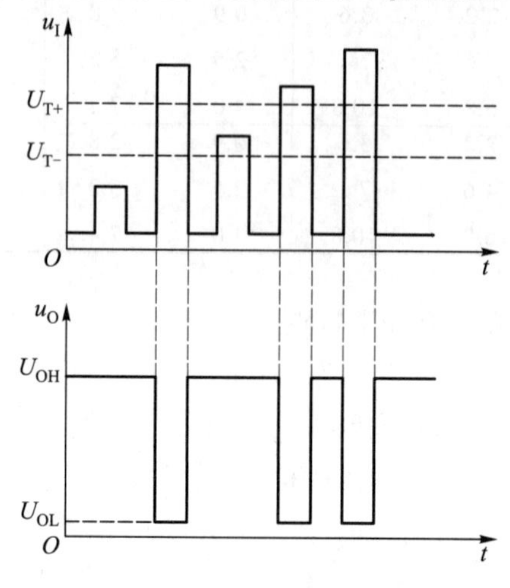

图 7.3.10　脉冲幅度鉴别

思　考　题

1. 施密特触发器的主要特点是什么？
2. 555 定时器组成的施密特触发器采用什么方法来调整它的回差电压？
3. 集成施密特触发器的主要优点是什么？
4. 施密特触发器主要有哪些用途？

7.4　单稳态触发器

7.4.1　用 555 定时器组成单稳态触发器

微视频 7-2：单稳态触发器

一、电路组成

将 555 定时器的 $\overline{TR}$ 端作为触发信号 u_I 的输入端，同时将放电端 *DIS* 和阈值输入端 *TH* 相连后和定时元件 *R*、*C* 相连，通过 *R* 接电源 V_{DD}，通过 *C* 接地，便组成了单稳态触发器（monostable trigger），如图 7.4.1(a)所示。*R* 和 *C* 为定时元件。

二、工作原理

下面参照图 7.4.1(b)所示电压波形讨论单稳态触发器的工作原理。

1. 稳定状态

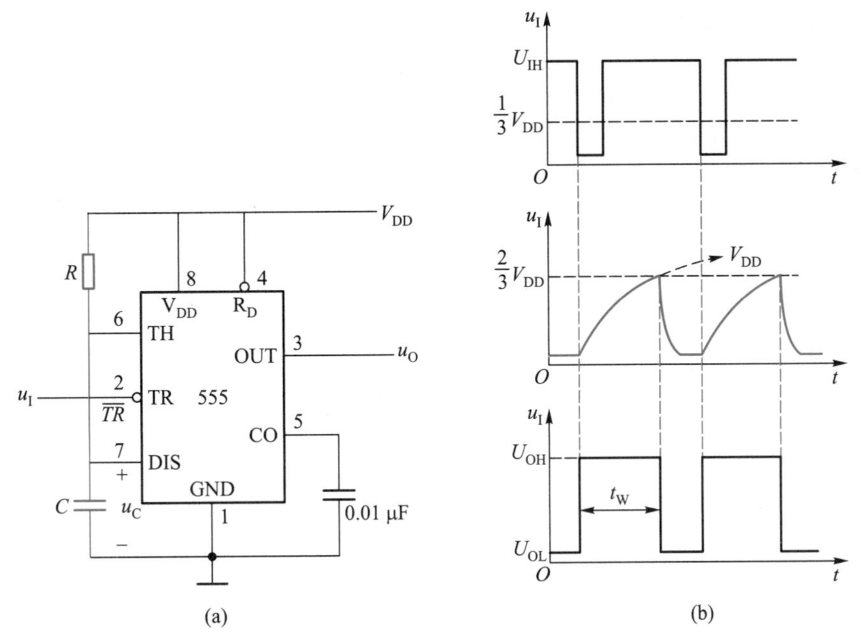

图 7.4.1 用 555 定时器组成的单稳态触发器和工作波形

（a）电路图；（b）工作波形

没有输入负跃变的触发信号时，u_I 为高电平 U_{IH}，它大于$\frac{1}{3}V_{DD}$。接通电源前电容 C 上的电压 $u_C \approx 0$ V。

接通电源 V_{DD}时，电路有一个进入稳定状态的过程。这时 V_{DD}经电阻 R 对电容 C 进行充电，其电压 u_C 随之上升。当 $u_C \geqslant \frac{2}{3}V_{DD}$时，比较器 C_1 输出 $R=\mathbf{1}$。由于 $u_I=U_{IH}>\frac{1}{3}V_{DD}$，比较器 C_2 输出 $S=\mathbf{0}$，触发器置 **0**，$Q=\mathbf{0}$，G_3 输出高电平，V 导通，电容 C 经 V 迅速放完电，$u_C \approx 0$，这时输出 u_O 为低电平 U_{OL}。由于$u_C=0$，$u_I=U_{IH}$，因此，$R=\mathbf{0}$、$S=\mathbf{0}$，触发器保持 **0** 状态不变，电路处于稳定状态。

2. 触发进入暂稳态

当输入 u_I 由高电平 U_{IH}负跃到小于$\frac{1}{3}V_{DD}$时，比较器 C_2 输出 $S=\mathbf{1}$，而这时$R=\mathbf{0}$，触发器置 **1**，$Q=\mathbf{1}$，输出由低电平 U_{OL}正跃到高电平 U_{OH}。与此同时，V 截止，电源 V_{DD}经电阻 R 对电容 C 进行充电，电路进入暂稳态。充电时间常数 $\tau=RC$。

3. 自动返回稳定状态

随着 C 的充电，u_C 随之升高，在此期间，u_I 回到高电平 U_{IH}。当 $u_C \geqslant \frac{2}{3}V_{DD}$时，比较器 C_1 输出 $R=\mathbf{1}$，而这时 $S=\mathbf{0}$，触发器置 **0**，$Q=\mathbf{0}$，V 导通，电容 C 经 V 迅速放完电，$u_C \approx 0$，输出 u_O 由高电平 U_{OH}跃到低电平 U_{OL}。电路返回到稳定状态。

三、输出脉冲宽度的计算

单稳态触发器输出脉冲宽度 t_W 为电容 C 由 0 V 充到$\frac{2}{3}V_{DD}$所需的时间。可利用下面的 RC 电路三要素公式来计算输出脉冲宽度。

$$u_C(t)=u_C(\infty)-[u_C(\infty)-u_C(0^+)]e^{-\frac{t}{\tau}} \tag{7.4.1}$$

由式(7.4.1)可得

$$t=\tau\ln\frac{u_C(\infty)-u_C(0^+)}{u_C(\infty)-u_C(t)} \tag{7.4.2}$$

由图 7.4.1(b)可知：$u_C(\infty)=V_{DD}$、$u_C(0^+)\approx 0$ V、$u_C(t_W)=\frac{2}{3}V_{DD}$。$\tau=RC$。将上述参数代入式(7.4.2)中计算得

$$t_W=RC\ln\frac{V_{DD}-0}{V_{DD}-\frac{2}{3}V_{DD}}\approx 1.1RC \tag{7.4.3}$$

四、具有 RC 输入微分电路的单稳态触发器

由以上分析可看出，图 7.4.1(a)所示电路只有在输入 u_I 的负脉冲宽度小于输出脉冲宽度 t_W 时，才能正常工作。如输入 u_I 的负脉冲宽度大于 t_W，需在$\overline{TR}$端和输入触发信号 u_I 之间接入 R_dC_d 微分电路后，电路才能正常工作，如图7.4.2所示。

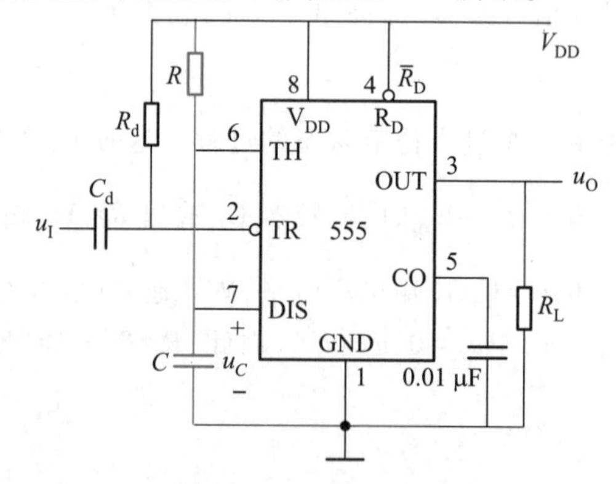

图 7.4.2　具有 RC 输入微分电路的单稳态触发器

在讨论单稳态触发器的工作原理时可以看到，电容 C 上的电压 u_C 是按指数规律上升的，这实际上是线性比较差的锯齿波。为了获得线性锯齿波，需要恒定电流对电容 C 进行充电，为此，采用恒流源代替电阻 R，电路如图 7.4.3(a)所示。图中三极管 V 和电阻 R_e、R_1、R_2 组成恒流源。

当输入 u_I 负脉冲小于$\frac{1}{3}V_{DD}$时，555 定时器内部触发器置 **1**，$Q=\mathbf{1}$，G_3 输出低电平，MOS 管截止，恒流源以恒定电流对电容 C 充电，其两端电压 u_C 为

$$u_C = \frac{1}{C}\int_0^t i_C \mathrm{d}t = \frac{I_0}{C}t \tag{7.4.4}$$

式中 I_0 为电容 C 充电的恒定电流。

由式(7.4.4)可看出，电容 C 两端的电压 u_C 随时间线性增长。当 $u_C \geqslant \frac{2}{3}V_{DD}$ 时，触发器置 **0**，Q=**0**，G_3 输出高电平，MOS 管导通，电容 C 经其迅速放完电。因此，在输入 u_I 负脉冲作用下，电容 C 上可输出线性锯齿波电压 u_C，工作波形如图 7.4.3(b)所示。在使用时，为了防止外接负载对定时电路的影响，u_C 常通过射极输出器输出。

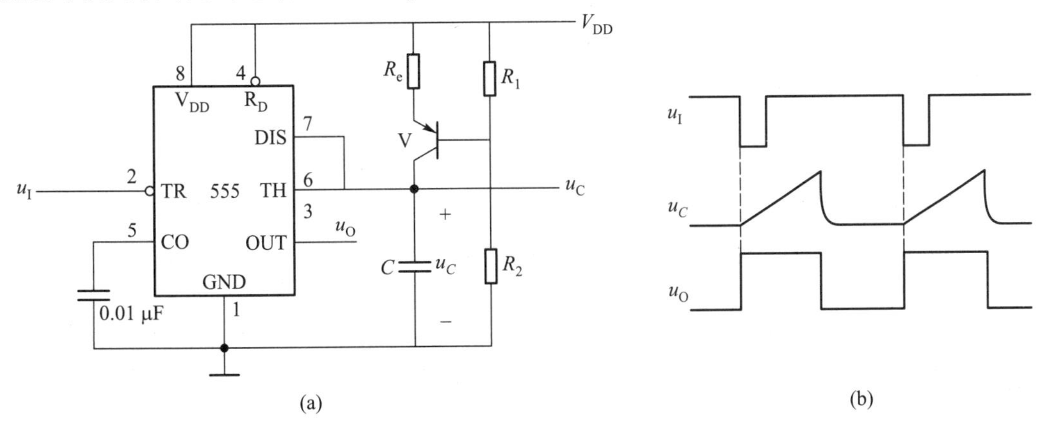

图 7.4.3　555 定时器构成的锯齿波电路和工作波形

(a) 电路；(b) 工作波形

7.4.2　集成单稳态触发器

由于集成单稳态触发器外接元件和连线少，触发方式灵活，既可用输入脉冲的正跃变触发，又可用负跃变触发，使用十分方便，而且工作稳定性好，因此，有着广泛的应用。

微视频 7-3：集成单稳态触发器

集成单稳态触发器又分为非重复触发单稳态触发器和可重复触发单稳态触发器，逻辑符号如图 7.4.4(a)和(b)所示。图(a)方框中的限定符号“1 ⎍”表示非重复触发单稳态触发器，该电路在触发进入暂稳态期间如再次受到触发，对原暂稳态时间没有影响，输出脉冲宽度 t_W 仍从第一次触发开始计算，如图7.4.5(a)所示。图 7.4.4(b)方框中的限定符号“⎍”表示可重复触发单稳态触发器，该电路在触发进入暂稳态期间如再次被触发，则输出脉冲宽度可在此前暂稳态时间的基础上再展宽 t_W，如图 7.4.5(b)所示。因此，采用可重复触发单稳态触发器时能比较方便地得到持续时间更长的输出脉冲宽度。下面分别介绍它们的逻辑功能。

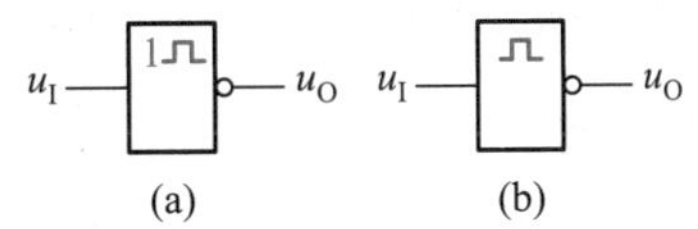

图 7.4.4　单稳态触发器的逻辑符号

(a) 非重复触发型单稳态触发器；(b) 可重复触发型单稳态触发器

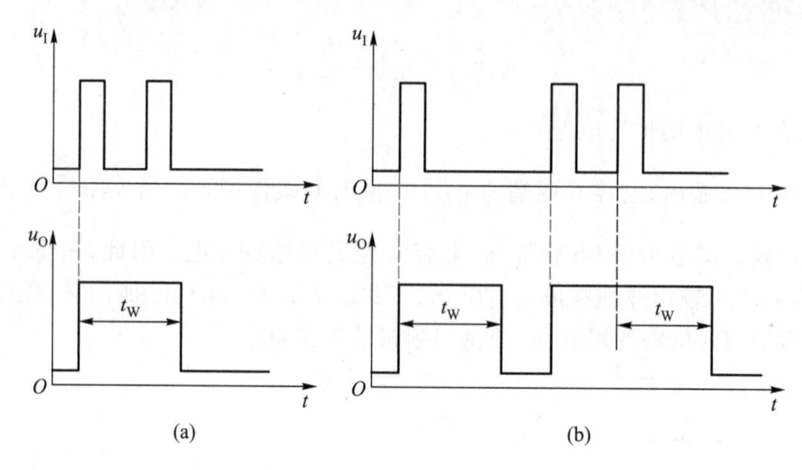

图 7.4.5 单稳态触发器的工作波形

(a) 非重复触发型单稳态触发器； (b) 可重复触发型单稳态触发器

一、非重复触发单稳态触发器

下面以 TTL 集成非重复触发单稳态触发器 CT74121 为例介绍它的逻辑功能。

1. 电路组成

图 7.4.6(a)所示为单稳态触发器 CT74121 的逻辑图，图(b)为其逻辑符号。图中外引线上的“×”号表示非逻辑连接，即没有任何逻辑信息的连接，如外接电阻、电容和基准电压等。框内“1 ⎍”为非重复触发单稳态触发器的总限定符号。逻辑图主要由三部分组成：$G_1 \sim G_4$组成输入触发脉冲控制电路，用以实现对触发脉冲的上升沿触发和下降沿触发的选择；$G_5 \sim G_7$、外接电阻 R_{ext}和电容 C_{ext}组成微分型单稳态触发器，由 G_4 输出的正跃变触发，输出脉冲宽度由 R_{ext}和 C_{ext}决定；G_8 和 G_9 组成输出缓冲级，Q 和 $\overline{Q}$ 输出互补信号。

2. 工作原理

单稳态触发器 CT74121 的功能见表 7.4.1。它的主要功能如下：

(1) 稳定状态。工作在表 7.4.1 前四种取值情况时，电路都处于 $Q=\mathbf{0}$、$\overline{Q}=\mathbf{1}$的稳定状态。例如正触发输入端 $TR_+=\mathbf{0}$、负触发输入端 TR_{-A}和 TR_{-B}为任意值时，则 G_4 输出低电平 **0**，即没有触发信号，单稳态触发器处于稳定状态：$Q=\mathbf{0}$、$\overline{Q}=\mathbf{1}$。

(2) 工作原理。设单稳态触发器未输入触发信号时，电路处于 $Q=\mathbf{0}$、$\overline{Q}=\mathbf{1}$的稳定状态。

如触发脉冲由 TR_+端输入，而在 TR_{-A}和 TR_{-B}端中至少有一个输入为 **0** 时，使 G_1 输出为 **1**。在没有输入触发信号时，即 $TR_+=\mathbf{0}$，这时，在 G_4 的 4 个输入中，除 $TR_+=\mathbf{0}$ 外，其他三个输入都为 **1**。当有触发脉冲输入时，TR_+端由 **0** 正跃到 **1**，G_4 输出随之产生由 **0** 到 **1** 的正跃变，G_6 输出由 **1** 负跃到低电平 **0**，使输出 $Q=\mathbf{1}$、$\overline{Q}=\mathbf{0}$。与此同时，V_{CC}经电阻 R_{ext}、电容 C_{ext}和 G_6 的输出电阻对电容 C_{ext}充电，电路进入暂稳态。由于 $\overline{Q}=\mathbf{0}$，使 G_3 输出 **1**，这时 G_2 输入全 **1**，输出 **0**，使 G_4 由高电平 **1** 负跃到低电平 **0**。所以，G_4 输出 **1** 的时间是很短的，它实际上是一个很窄的正脉冲，从而保证了在触发脉冲宽度大于输出脉冲的情况下电路仍能正常工作。

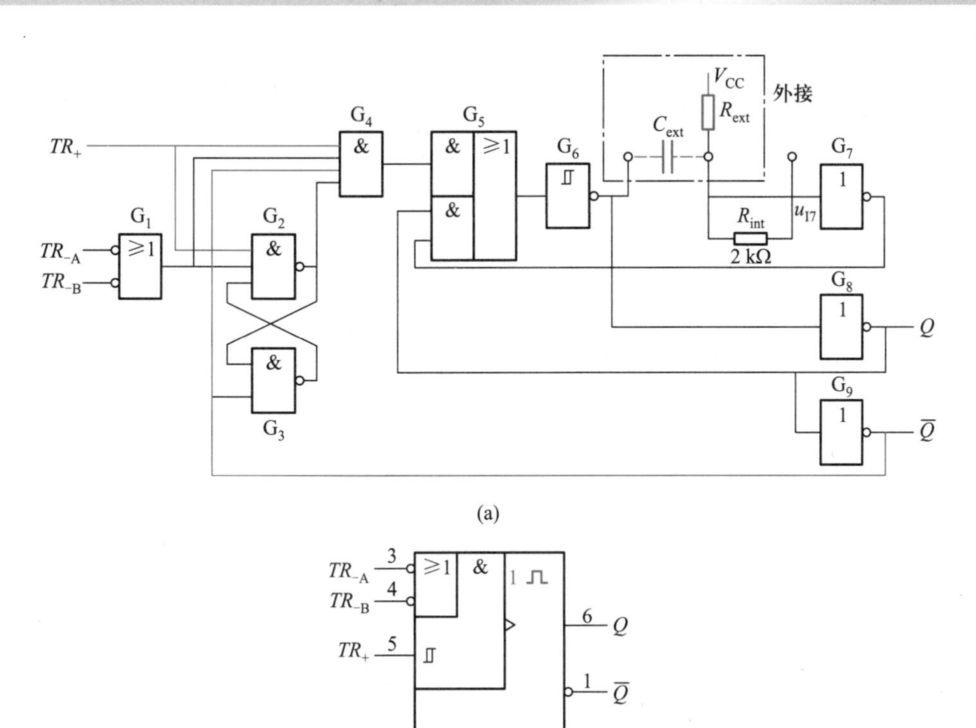

图 7.4.6 单稳态触发器 CT74121 的逻辑图和逻辑符号

（a）逻辑图；（b）逻辑符号

芯片使用手册 7-2：非重复单稳态触发器 74121

表 7.4.1 CT74121 的功能表

输入			输出		说明
TR_{-A}	TR_{-B}	TR_{+}	Q	$\overline{Q}$	
0	×	**1**	**0**	**1**	稳定状态
×	**0**	**1**	**0**	**1**	
×	×	**0**	**0**	**1**	
1	**1**	×	**0**	**1**	
1	↓	**1**	⊓	⊔	下降沿触发
↓	**1**	**1**	⊓	⊔	
↓	↓	**1**	⊓	⊔	
0	×	↑	⊓	⊔	上升沿触发
×	**0**	↑	⊓	⊔	

在暂稳态期间，G_7 的输入电压 u_{I7} 随着 C_{ext} 的充电升高。当 u_{I7} 上升到 G_7 的 U_{TH} 时，G_7 开通，输出由 **1** 负跃到 **0**，G_6 输出由 **0** 正跃到 **1**，这时输出 $Q=\mathbf{0}$、$\overline{Q}=\mathbf{1}$，电路返回到初始的稳定状态。

3. 输出脉冲宽度的计算。单稳态触发器 CT74121 的输出脉冲宽度 t_W 可用下式进行计算

$$t_W \approx 0.7R_{ext}C_{ext} \tag{7.4.5}$$

对于 CT74121，R_{ext} 的取值范围为 2～40 kΩ；对于 CT54121，R_{ext} 的取值范围为 2～30 kΩ。C_{ext} 的一般取值范围为 10 pF～10 μF，在要求不高的情况下，C_{ext} 的最大值可达1 000 μF。

在输出脉冲宽度不大时，可利用 CT74121 内部电阻 $R_{int}=2$ kΩ 取代 R_{ext}，这样，可以简化外部接线。当要求输出脉冲宽度较大时，仍需采用外接电阻 R_{ext}。图 7.4.7 所示为单稳态触发器 CT74121 的工作波形。由该图可以看出，如在暂稳态期间（即 t_W 内）再次进行触发时，对暂稳态时间没有影响。因此，输出脉冲宽度 t_W 不会改变，它只取决于 R_{ext} 和 C_{ext} 的大小，而与触发脉冲无关。因此，CT74121 为非重复触发单稳态触发器。

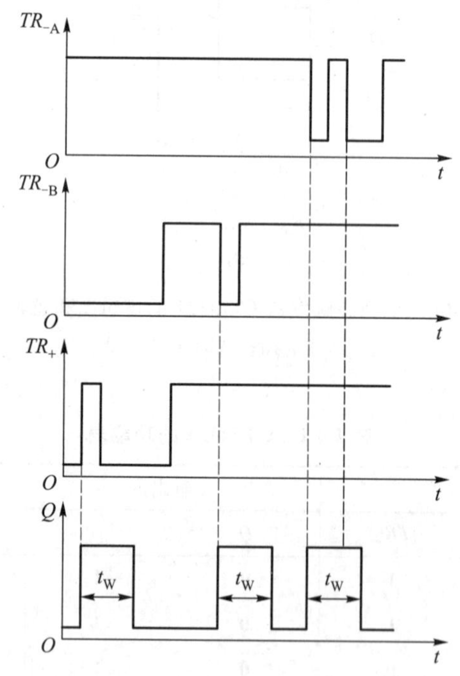

图 7.4.7 单稳态触发器 CT74121 的工作波形

二、可重复触发单稳态触发器

1. 逻辑符号

图 7.4.8 所示为高速 CMOS 双可重复触发单稳态触发器 CC74HC123 的逻辑符号。它由两个独立的可重复触发单稳态触发器组成，图中"⊓"为可重复触发单稳态触发器的总限定

符号。TR_-为下降沿触发信号输入端；TR_+为上升沿触发信号输入端；$\overline{R_D}$为直接复位端，低电平有效。其他各外引线端的功能及外接电阻和电容的连接方法与CT74121相同。

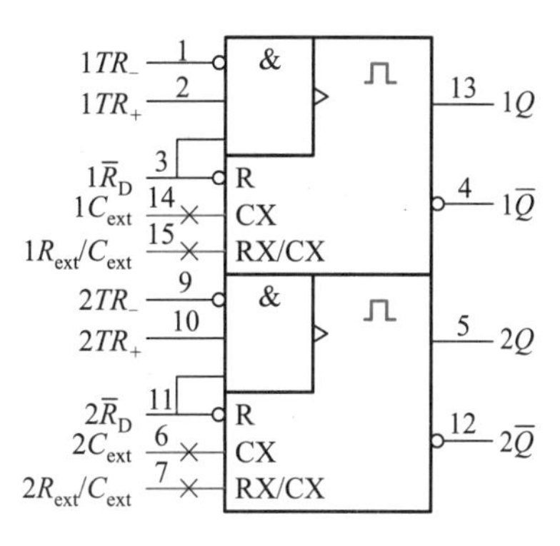

图 7.4.8 双可重复触发单稳态触发器 CC74HC123 的逻辑符号

2. 逻辑功能

可重复触发单稳态触发器 CC74HC123 的功能表如表 7.4.2 所示。

下面参照图 7.4.9 所示电压波形说明 CC74HC123 的逻辑功能。

（1）直接清零。当$\overline{R_D}=\mathbf{0}$时，这时不管其他输入端输入何种信号，单稳态触发器都处于 $Q=\mathbf{0}$、$\overline{Q}=\mathbf{1}$的稳定状态。

芯片使用手册 7-3：可重复单稳态触发器 74HC123

表 7.4.2 CC74HC123 的功能表

输入			输出		说明
$\overline{R_D}$	TR_-	TR_+	Q	$\overline{Q}$	
0	×	×	**0**	**1**	复 位
1	**1**	×	**0**	**1**	稳定状态
1	×	**0**	**0**	**1**	稳定状态
1	**0**	↑	⎍	⊔	上升沿触发
↑	**0**	**1**	⎍	⊔	上升沿触发
1	↓	**1**	⎍	⊔	下降沿触发

（2）稳定状态。电路处于表中第 2、3 行取值的任一种状态时，电路都处于 $Q=\mathbf{0}$、$\overline{Q}=\mathbf{1}$的稳定状态。

（3）接收触发信号。在下述任一种情况下，电路接收触发输入信号，并由稳定状态进入暂稳态。

① 上升沿触发。见表 7.4.2 中的第 4、5 行的取值。取$\overline{R_D}=\mathbf{1}$、$TR_-=\mathbf{0}$时，在 TR_+端输入触发信号的上升沿时，电路进入暂稳态，见图 7.4.9 中的 TR_+和 Q 的电压波形。或取 $TR_-=\mathbf{0}$、$TR_+=\mathbf{1}$时，在$\overline{R_D}$端输入触发信号的上升沿时，电路也进入暂稳态，见图 7.4.9 中的$\overline{R_D}$和 Q 的电压波形。

② 下降沿触发。取$\overline{R_D}=\mathbf{1}$、$TR_+=\mathbf{1}$时，当 TR_-端输入触发信号的下降沿时，电路进入暂稳态，见图 7.4.9 中的 TR_-和 Q 的电压波形。

可重复触发单稳态触发器输出脉冲宽度取决于外接电阻 R_{ext}和电容 C_{ext}。由图 7.4.9 可

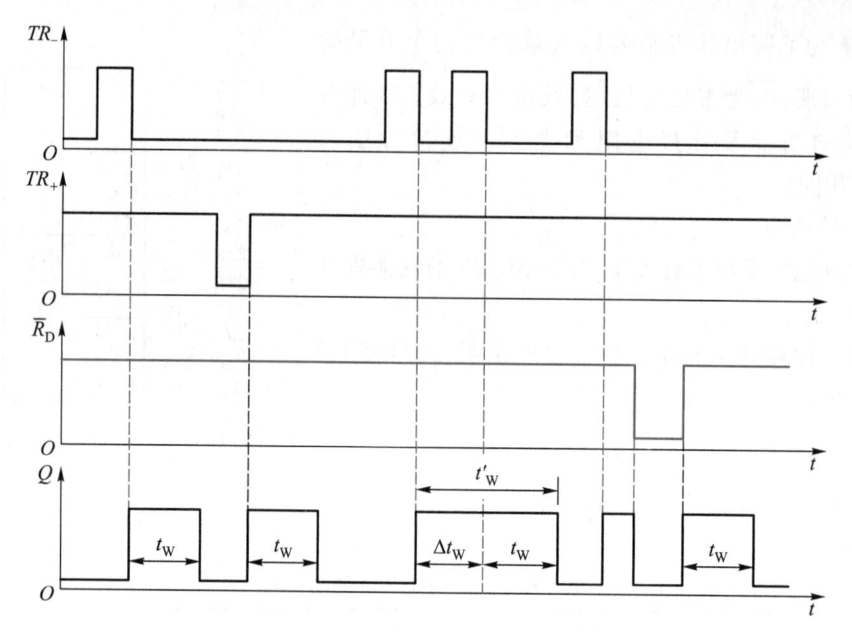

图 7.4.9 单稳态触发器 CC74HC123 的工作波形

看出，进行一次触发时，输出脉冲宽度为 t_W。如电路触发进入暂稳态后再进行触发时，电路又重新开始延长暂稳时间，这时，输出脉冲宽度 $t'_W=\Delta t_W+t_W$，见图 7.4.9 中 TR_- 和 Q 的电压波形。如在暂稳期间在$\overline{R}_D$ 端上输入低电平，则电路暂稳态立刻终止，见图 7.4.9 中$\overline{R}_D$ 和 Q 的电压波形。通常用这种方法来获得窄脉冲。

3. 输出脉冲宽度的估算

可重复触发单稳态触发器 CC74HC123 的输出脉冲宽度 t_W 可用下式估算

$$t_W \approx RC \tag{7.4.6}$$

对于单稳态触发器 CT74LS123，在电容 $C>1\ 000$ pF 时，其输出脉冲宽度 t_W 可用下式估算

$$t_W \approx 0.45RC \tag{7.4.7}$$

由上述讨论可知，对于可重触发型单稳态触发器而言，为获得宽度很大的脉冲信号时，可在暂稳态期间进行重复触发，这样可延长暂稳态的持续时间；而要获得宽度很窄的脉冲信号时，则可在暂稳态期间在复位端$\overline{R}_D$ 上输入低电平，使暂稳态时间提前终止。

7.4.3 单稳态触发器的应用

一、脉冲整形

脉冲信号经过长距离传输后其边沿会变差或叠加了某些干扰，这时可利用单稳态触发器进行整形。将这些受到干扰的脉冲信号加到单稳态触发器的输入端，输出便可得到符合要求的矩形脉冲。

二、脉冲定时

由于单稳态触发器可产生宽度和幅度都符合要求的矩形脉冲，因此，可利用它来作定时电路。例如某生产线上有3道加工工序，要求第1道工序加工10 s，第2道工序加工20 s，第3道工序加工30 s。当要求对这3道工序的加工进行自动控制时，则可用3片集成单稳态触发器CT74121串接起来实现，如图7.4.10(a)所示。用输入触发信号的上升沿启动CT74121(1)，而CT74121(2)和CT74121(3)则由前一级输出Q端输出脉冲的下降沿进行触发。3级单稳态触发器的脉冲波形如图7.4.10(b)所示，它们的脉冲宽度分别通过调节R_1C_1、R_2C_2、R_3C_3来实现。

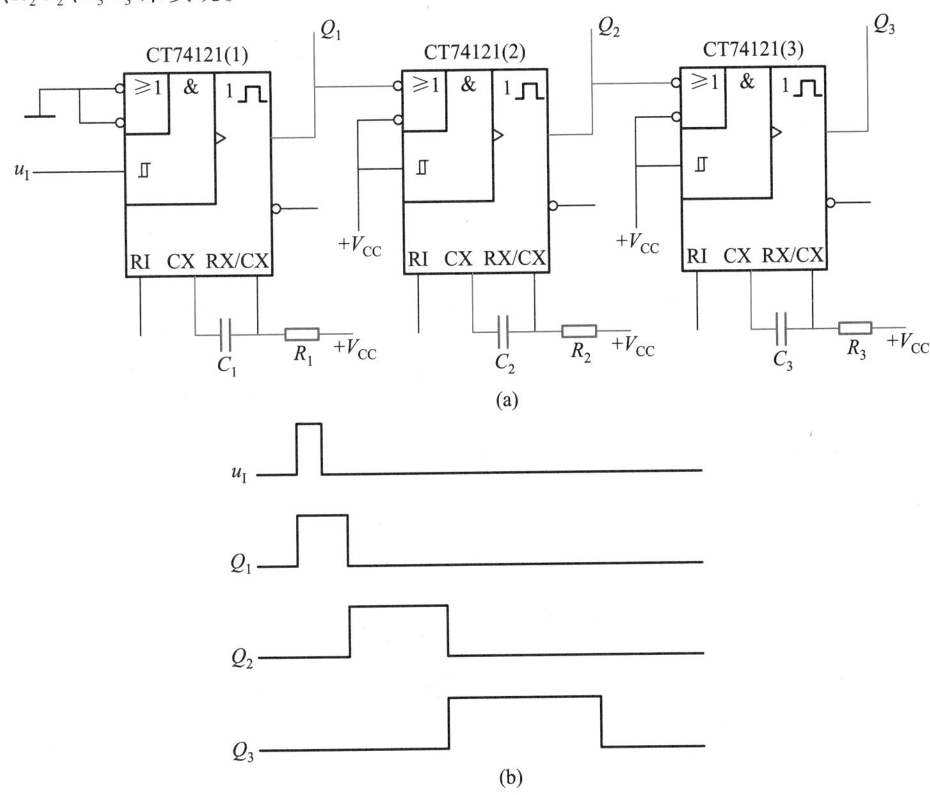

图7.4.10 由CT74121组成的定时电路和工作波形

(a) 电路图；(b) 工作波形

三、脉冲展宽

当脉冲宽度较窄时，可用单稳态触发器展宽，将其加在单稳态触发器的输入端，输出端Q就可获得展宽的脉冲波形，电路如图7.4.11(a)所示。如合理选择R_{ext}和C_{ext}值，则可获得宽度符合要求的矩形脉冲，如图7.4.11(b)所示。

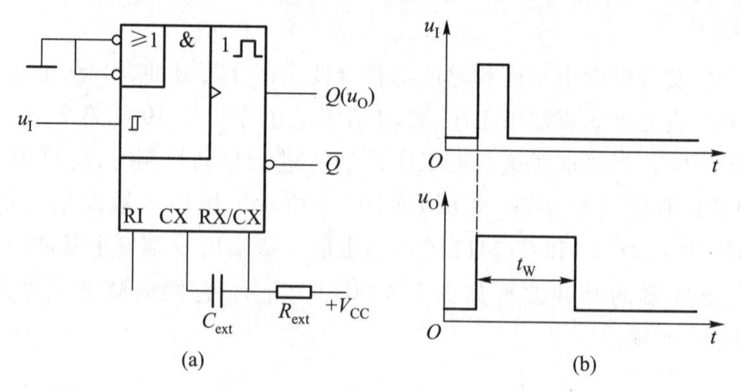

图 7.4.11　由 CT74121 组成的脉冲展宽电路和工作波形

（a）电路图；（b）工作波形

思　考　题

1. 单稳态触发器有什么特点？它主要有哪些用途？

2. 由 555 定时器组成的单稳态触发器对输入触发脉冲有什么要求？其输出矩形脉冲的周期和输入触发脉冲的周期是否相同？

3. 对于非重复触发单稳态触发器来说，如输入触发脉冲宽度大于输出脉冲宽度时，对电路工作是否有影响？为什么？

4. 简述非重复触发单稳态触发器和可重复触发单稳态触发器的主要区别。

7.5　多谐振荡器

多谐振荡器是一种自激振荡器，它不需要输入触发信号，接通电源后就可自动输出矩形脉冲，其振荡频率一般由 RC 定时电路决定，这种振荡器的频率稳定度和精度都很差。在对振荡频率稳定度要求很高的情况下，则可采用石英晶体多谐振荡器。由于矩形脉冲含有丰富的谐波分量，因此，常将矩形脉冲产生电路称为多谐振荡器。其逻辑符号如图 7.5.1 所示。

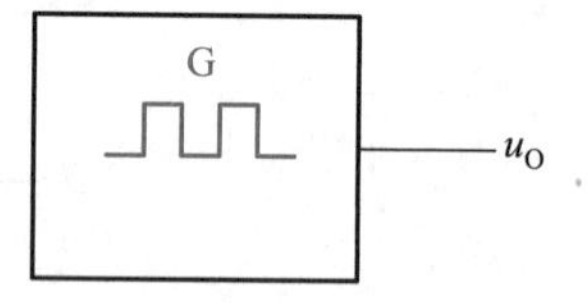

图 7.5.1　多谐振荡器的逻辑符号

微视频 7-4：多谐振荡器

7.5.1　用 555 定时器组成多谐振荡器

一、电路组成

将 555 定时器的阈值输入端 TH 和触发输入端 $\overline{TR}$ 相连对地接电容 C，对电源 V_{DD} 接电阻 R_1 和 R_2，放电端 DIS 和 R_1、R_2 相连，R_2 为放电回路中的电阻，这样便组成了多谐振荡器（astable multivibrator）。R_1、R_2 和 C 为定时元件，电路如图 7.5.2(a)所示。

二、工作原理

下面参照图 7.5.2(b)所示电压波形讨论多谐振荡器的工作原理。

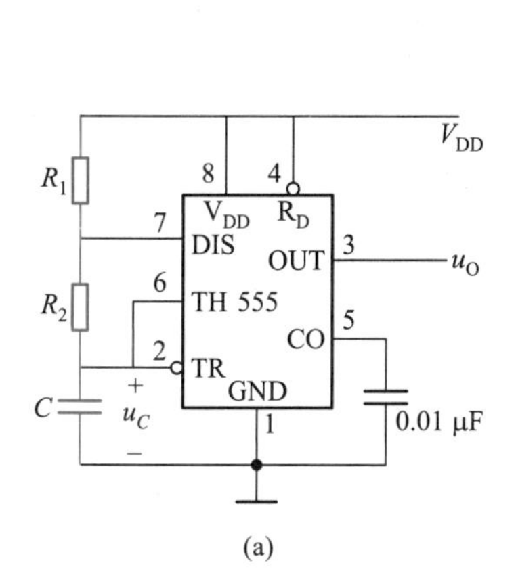

(a)

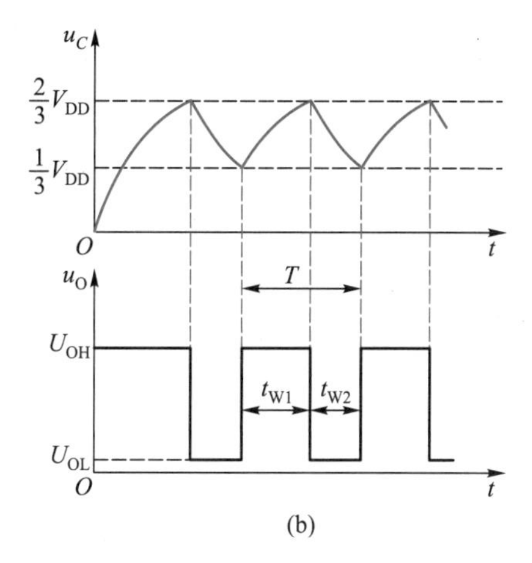

(b)

图 7.5.2 555 定时器组成的多谐振荡器和工作波形

（a）电路图；（b）工作波形

接通电源前，电容 C 上的电压 $u_C=0$ V。

接通电源后，V_{DD}经电阻 R_1 和 R_2 对电容 C 充电，u_C 随之上升。当 $u_C \geqslant \frac{2}{3}V_{DD}$时，比较器 C_1 和 C_2 输出 $R=\mathbf{1}$、$S=\mathbf{0}$，触发器置 $\mathbf{0}$，$Q=\mathbf{0}$，输出 u_O 跃到低电平 U_{OL}。与此同时，G_3 输出的高电平使 V 导通，C 经 R_2 和 V 放电，u_C 随之减小。当 $u_C \leqslant \frac{1}{3}V_{DD}$时，比较器输出 $R=\mathbf{0}$、$S=\mathbf{1}$，触发器置 $\mathbf{1}$，$Q=\mathbf{1}$，输出 u_O 由低电平 U_{OL}跃到高电平 U_{OH}，这时，V 截止，电源 V_{DD}又经 R_1 和 R_2 对 C 充电。当 $u_C \geqslant \frac{2}{3}V_{DD}$时，电路输出状态又发生变化。电容 C 如此周而复始地充电和放电便产生了振荡。

由图 7.5.2(b)可得多谐振荡器的振荡周期 T 为

$$T=t_{W1}+t_{W2} \tag{7.5.1}$$

t_{W1}为电容 C 上的电压 u_C 由$\frac{1}{3}V_{DD}$充到$\frac{2}{3}V_{DD}$所需的时间。充电电源电压为 V_{DD}，充电时间常数为$(R_1+R_2)C$。因此，$u_C(\infty)=V_{DD}$、$u_C(0^+)=\frac{1}{3}V_{DD}$、$u_C(t_{W1})=\frac{2}{3}V_{DD}$，$\tau=(R_1+R_2)C$ 代入 RC 电路三要素式(7.4.2)中计算得

$$t_{W1}=(R_1+R_2)C\ln\frac{V_{DD}-\frac{1}{3}V_{DD}}{V_{DD}-\frac{2}{3}V_{DD}}=0.7(R_1+R_2)C \tag{7.5.2}$$

t_{W2}为电容 C 上电压 u_C 由$\frac{2}{3}V_{DD}$放电到$\frac{1}{3}V_{DD}$所需的时间。时间常数为 R_2C、$u_C(\infty)=0$、

$u_C(0^+)=\frac{2}{3}V_{DD}$、$u_C(t_{W2})=\frac{1}{3}V_{DD}$，$\tau=R_2C$ 代入式(7.4.2)中计算得

$$t_{W2}=R_2C\ln\frac{0-\frac{2}{3}V_{DD}}{0-\frac{1}{3}V_{DD}}=0.7R_2C \tag{7.5.3}$$

所以，多谐振荡器的振荡周期 T 为

$$T=0.7(R_1+2R_2)C \tag{7.5.4}$$

振荡频率 f 为

$$f=\frac{1}{T}=\frac{1}{0.7(R_1+2R_2)C} \tag{7.5.5}$$

三、占空比可调的多谐振荡器

图 7.5.3 所示为占空比可调的多谐振荡器。由图可知，充电回路为 V_{DD} 经 R_1、V_{D1} 对 C 充电，时间常数为 R_1C。放电回路为 C 经 V_{D2}、R_2 和放电管 V 放电，时间常数为 R_2C。由图 7.5.3可得

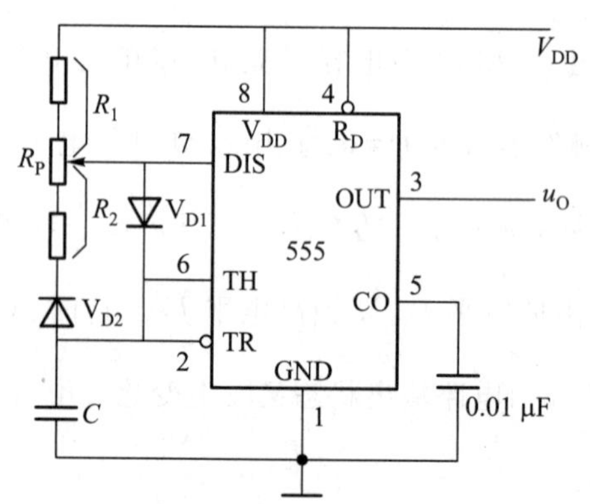

图 7.5.3 555 定时器构成占空比可调的多谐振荡器

$$t_{W1}\approx0.7R_1C \tag{7.5.6}$$

$$t_{W2}\approx0.7R_2C \tag{7.5.7}$$

因此，占空比 q 为

$$q=\frac{t_{W1}}{T}=\frac{0.7R_1C}{0.7R_1C+0.7R_2C}=\frac{R_1}{R_1+R_2} \tag{7.5.8}$$

由式(7.5.8)可看出：调节电位器 R_P 可改变 R_1 和 R_2 的比值，也改变了占空比。

图 7.5.4 所示为由 555 定时器组成的防盗报警电路。主体部分为由 555 定时器组成的多谐振荡器。当 ab 导线连通时，直接置 **0** 端 $\overline{R}_D$ 为低电平时，电路不振荡，扬声器不发出声响，电容 C_4 上电压为 **0**，三极管 V 工作在导通状态。当 ab 导线被人拉断时，电源 V_{CC} 经 R_3、V 将 C_4 迅速充电到高电平，使 $\overline{R}_D$ 端为高电平，多谐振荡器开始振荡，其振荡频率 $f=$

$\frac{1}{0.7(R_1+2R_2)C}\approx 1$ kHz，于是扬声器发出 1 kHz 的报警声响。

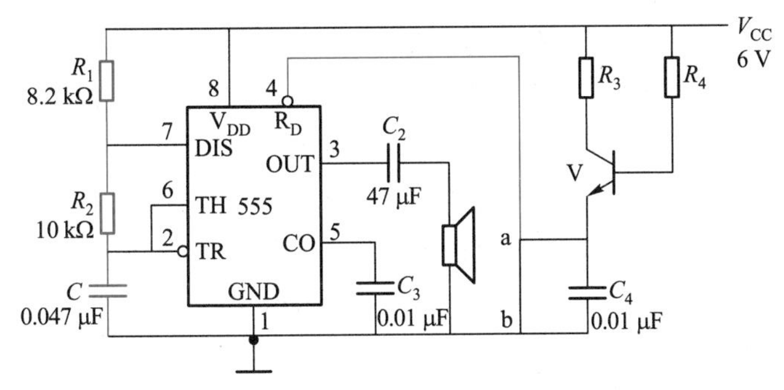

图 7.5.4 555 定时器组成的防盗报警电路

7.5.2 石英晶体多谐振荡器

在很多数字系统中要求时钟脉冲的频率很稳定，前面讨论的多谐振荡器很难达到这个要求。这是因为当电源电压的波动、温度的变化和 R、C 参数的误差等因素的影响，都会使多谐振荡器的振荡频率稳定性变差，不能满足数字系统的要求。而采用频率很稳定和精度很高的石英晶体多谐振荡器就可很好地解决这个问题，输出符合要求的矩形脉冲信号。

一、石英晶体的选频特性

图 7.5.5(a) 所示为石英晶体的阻抗频率特性。由该图可看出，只有外加信号的频率 f 和石英晶体的固有谐振频率 f_0 相同时，石英晶体才呈现极低的阻抗，而在其他频率时，则呈现很高的阻抗。因此，石英晶体具有很好的选频特性。如将石英晶体串接在多谐振荡器的反馈环路中时，就可获得振荡频率只取决于石英晶体本身固有谐振频率 f_0 而与电路中的 RC 值无关的脉冲信号。图 7.5.5(b) 为石英晶体的符号。

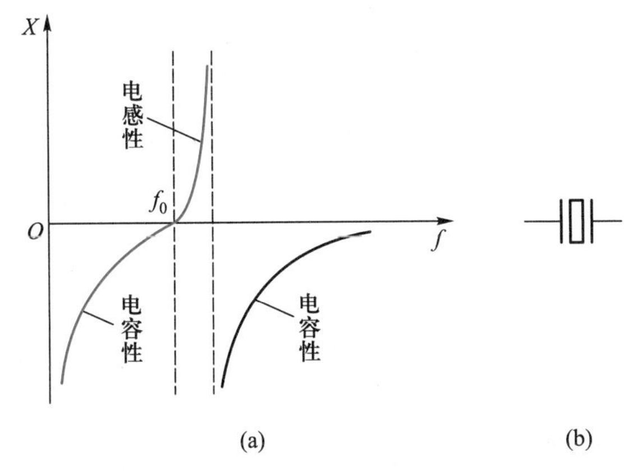

图 7.5.5 石英晶体的阻抗频率特性和符号

(a) 阻抗频率特性；(b) 符号

二、石英晶体多谐振荡器

1. 对称石英晶体多谐振荡器

图 7.5.6 所示为对称石英晶体多谐振荡器。电阻 R_{F1}和 R_{F2}用于确定反相器 G_1 和 G_2 的工作点，使其工作在电压传输特性的转折区（放大区），这时每个反相器都有很强的放大能力，有利于电路起振。对于 TTL 反相器，R_{F1}和 R_{F2}通常取（0.7～2）kΩ；对于 CMOS 反相器，R_{F1}和 R_{F2}通常取（10～100）MΩ。电容 C_1、C_2 为 G_1 和 G_2 间的耦合电容，在频率为f_0 时，它们呈现的容抗极小，可忽略不计，使 G_1 和 G_2 之间形成正反馈环路。

在图 7.5.6 中，由于石英晶体串接在 G_1 和 G_2 两级反相器之间，且具有很好的选频特性，因此，在接通电源后，对频率为f_0 的信号非常容易通过石英晶体而产生频率为f_0 的自激振荡。反相器 G_3 用于整形，使输出 u_O 的波形更接近于矩形脉冲，G_3 还具有缓冲隔离作用，也提高了负载能力。

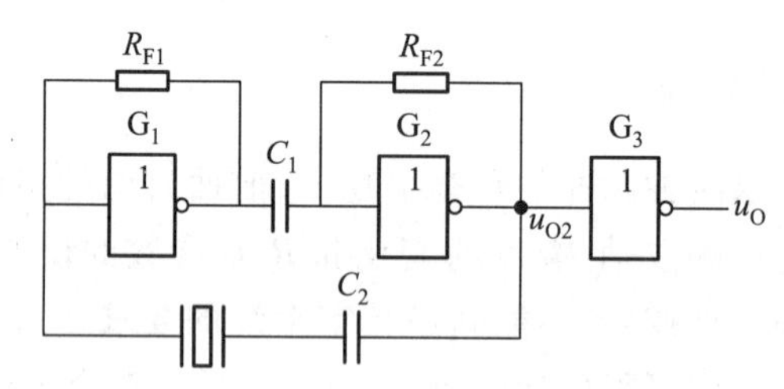

图 7.5.6　对称石英晶体多谐振荡器

2. 串联石英晶体多谐振荡器

图 7.5.7 所示为串联石英晶体多谐振荡器。图中电阻 R_1 和 R_2 用以使反相器 G_1 和 G_2 工作放大区。对于 TTL 反相器 R_1 和 R_2 通常取（0.7～2）kΩ；对于 CMOS 反相器，R_1 和 R_2 通常取（10～100）MΩ。C_1 为反相器 G_1 和 G_2 之间的耦合电容，使 G_1 和 G_2 之间形成正反馈环路，对于频率为f_0 的信号，其呈现的容抗极小，可忽略不计。在电路接通电源后，G_2 输出频率为f_0 的信号很容易通过石英晶体形成很强的正反馈而产生自激振荡。G_3 用以整形，使输出 u_O 的波形更接近于矩形脉冲，并具有缓冲隔离和提高负载能力的作用。

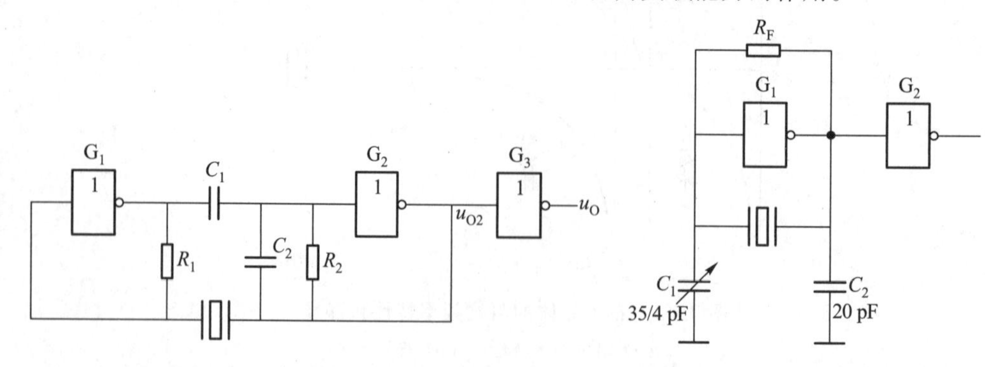

图 7.5.7　串联石英晶体多谐振荡器

图 7.5.8　并联石英晶体多谐振荡器

3. 并联石英晶体多谐振荡器

图 7.5.8 所示为由 CMOS 反相器组成的并联石英晶体多谐振荡器。R_F 为反馈电阻,使反相器 G_1 工作在电压传输特性的过渡区,R_F 常取(10~100) MΩ。G_1、R_F 和石英晶体、C_1、C_2 构成电容三点式振荡电路。C_1、C_2 和石英晶体组成 π 形选频网络,对于频率为 f_0 的信号选频能力最强,很易通过石英晶体而产生自激振荡。反馈系数取决于 C_1 和 C_2 的比值,C_1 还可微调振荡频率。反相器 G_2 用以整形,使输出 u_O 为矩形脉冲,并可隔离外接负载对振荡电路的影响。

图 7.5.9 所示为石英电子手表中的秒脉冲发生器电路。G_1 和 G_2 为 CMOS 反相器,电阻 R_1 通常取(1~30)MΩ;G_1 组成石英晶体多谐振荡器,输出频率 f=32768Hz 的脉冲信号;G_2 为整形电路,其输出 32 768 Hz 的矩形脉冲经 15 级由边沿 D 触发器组成的分频电路后,FF_{15} 的 Q_{15}端输出稳定度很高的 1 Hz 秒脉冲作为计时用的基准信号。

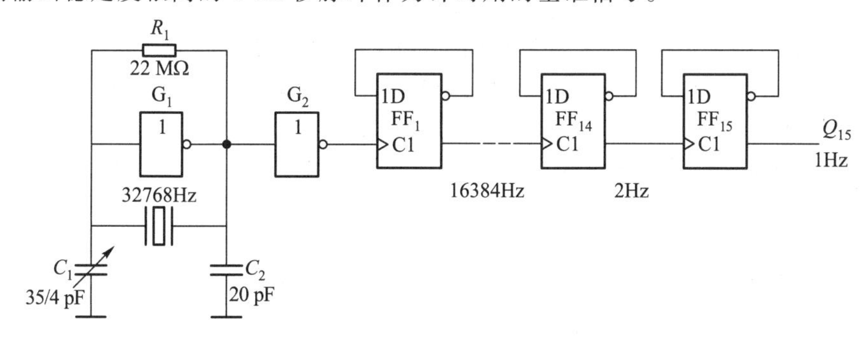

图 7.5.9　秒脉冲发生器

思　考　题

1. 简述多谐振荡器的特点。其振荡频率主要取决于哪些元件的参数?为什么?
2. 简述 555 定时器组成的多谐振荡器的工作原理。其振荡周期和振荡频率如何计算?
3. 与普通多谐振荡器相比,石英晶体多谐振荡器的主要优点是什么?

本 章 小 结

1. 555 定时器是一种用途很广的多功能电路,只需外接少量的阻容元件就可很方便地组成施密特触发器、单稳态触发器和多谐振荡器等,使用方便灵活,有较强的驱动负载的能力,获得了广泛的应用。

2. 施密特触发器有两个稳定状态,而每个稳定状态都是依靠输入电平来维持的。当输入电压大于正向阈值电压 U_{T+}时,输出状态转换到另一个稳定状态;而当输入电压小于负向阈值电压 U_{T-}时,输出状态又返回到原来的稳定状态。利用这个特性可将输入的任意电压波形变换成边沿陡峭的矩形脉冲输出,特别是可将边沿变化缓慢的信号变换成边沿陡峭的矩形脉冲。

施密特触发器具有回差特性，调节回差电压的大小，可改变电路的抗干扰能力。回差电压越大，抗干扰能力越强。

在数字集成电路中有 TTL 和 CMOS 施密特触发器。性能优越，其正向阈值电压 U_{T+} 和负向阈值电压 U_{T-} 稳定，有很强的抗干扰能力。

施密特触发器主要用于波形变换、脉冲整形、幅度鉴别等。

3. 单稳态触发器有一个稳定状态和一个暂稳态，在没有触发脉冲作用时，电路处于稳定状态。在输入触发脉冲作用下，电路进入暂稳态，经一段时间后，自动返回到稳定状态，从而输出宽度和幅度都符合要求的矩形脉冲。输出脉冲宽度取决于定时元件 R、C 值的大小，与输入触发脉冲没有关系。调节 R、C 值的大小，可改变输出脉冲的宽度。

集成单稳态触发器有非重复触发和可重复触发两类，由于其工作稳定性好、脉冲宽度调节范围大、使用方便灵活等优点，是一种较为理想的脉冲整形电路。

单稳态触发器主要用于脉冲整形、定时、展宽等。

4. 多谐振荡器没有稳定状态，只有两个暂稳态。依靠电容的充电和放电，使两个暂稳态相互自动交换。因此，多谐振荡器接通电源后便可输出周期性的矩形脉冲。改变电容充、放电回路中的 R、C 值的大小，便可调节振荡频率。

在振荡频率稳定度要求很高的情况下，可采用石英晶体多谐振荡器。

多谐振荡器主要用作信号源。

自　测　题

一、填空题

1. 施密特触发器可将输入变化缓慢的信号变换成________信号输出，它的典型应用有________、________、________。

2. 施密特触发器有两个阈值电压，分别为________和________，它们之间的差值称为________。

3. 已知 555 定时器组成的施密特触发器的 $V_{CC}=9$ V，则 U_{T+}________，U_{T-}________，ΔU_T________。

4. 用 555 定时器组成单稳态触发器时，其置 **0** 端 $\overline{R}_D$ 必须接________，通常接到________上。

5. 单稳态触发器输出脉冲的频率和________频率相同，其输出脉冲宽度 t_W 与________成正比。

6. 在 555 定时器组成的单稳态触发器中，输出脉冲宽度 $t_W=$________。

7. 555 定时器组成的多谐振荡器只有两个________稳态，其输出脉冲的周期 $T=$________。

8. 555 定时器组成的多谐振荡器工作在振荡状态时，直接置 **0** 端 $\overline{R}_D$ 应接________，如要求停止振荡时，$\overline{R}_D$ 端应接________。

二、判断题（正确的题在括号内填入“√”，错误的题则填入“×”）

1. 施密特触发器可将输入的模拟信号变换成矩形脉冲输出。　　　　（　　）

2. 施密特触发器可将输入宽度不同的脉冲变换成宽度符合要求的脉冲输出。 (　　)

3. 单稳态触发器可将输入的任意波形变换成宽度符合要求的脉冲输出。 (　　)

4. 在555定时器组成的单稳态触发器中,加大负触发脉冲的宽度可增大输出脉冲的宽度。 (　　)

5. 在由555定时器组成的多谐振荡器中,电源电压 V_{CC} 不变,减小控制电压 U_{CO} 时,振荡频率会升高。 (　　)

6. 在由555定时器组成的多谐振荡器中,控制电压 U_{CO} 不变,增大电源电压 V_{CC} 时,振荡频率会升高。 (　　)

7. 改变多谐振荡器外接电阻 R 和电容 C 的大小,可改变输出脉冲的频率。 (　　)

8. 采用石英晶体多谐振荡器可获得稳定的矩形脉冲信号。 (　　)

三、选择题(选择正确的答案填入括号内)

1. 施密特触发器用于整形时,输入信号最大幅度应 (　　)

A. 大于 U_{T+}　　B. 小于 U_{T+}　　C. 大于 U_{T-}　　D. 小于 U_{T-}

2. 用于将输入变化缓慢的信号变换为矩形脉冲的电路是 (　　)

A. 单稳态触发器　　B. 多谐振荡器

C. 施密特触发器　　D. 触发器

3. 单稳态触发器输出脉冲宽度的时间为 (　　)

A. 稳态时间　　B. 暂稳态时间

C. 暂稳态时间的0.7倍　　D. 暂稳态和稳态时间之和

4. 如将宽度不等的脉冲信号变换成宽度符合要求的脉冲信号时,应采用 (　　)

A. 单稳态触发器　　B. 施密特触发器

C. 触发器　　D. 多谐振荡器

5. 如单稳态触发器输入触发脉冲的频率为10 kHz时,则输出脉冲的频率为 (　　)

A. 5 kHz　　B. 10 kHz　　C. 20 kHz　　D. 40 kHz

6. 要使555定时器组成的多谐振荡器停止振荡,应使 (　　)

A. CO 端接高电平　　B. GND端接低电平

C. $\overline{R}_D$ 端接高电平　　D. $\overline{R}_D$ 端接低电平

7. 要使555定时器组成的多谐振荡器停止振荡,应使 (　　)

A. $\overline{R}_D$ 端接高电平　　B. CO 端接电容0.01 μF

C. GND端接高电平　　D. GND端接低电平

8. 为了提高555定时器组成多谐振荡器的振荡频率,外接 R、C 值应为 (　　)

A. 同时增大 R、C 值　　B. 同时减小 R、C 值

C. 同比增大 R 值减小 C 值　　D. 同比减小 R 值增大 C 值

练 习 题

[题 7.1] 图 P7.1(a)所示为反相输出的施密特触发器，图(b)为其输入电压波形，试对应画出输出 u_O 的电压波形。如为同相输出的施密特触发器，则输出 u_O 的电压波形又如何？

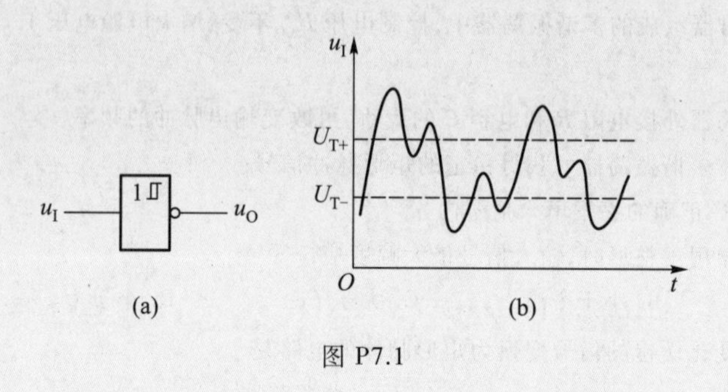

图 P7.1

[题 7.2] 图 P7.2(a)所示为施密特触发与非门，如在其 A 和 B 端输入图 P7.2(b)所示的电压波形，试对应画出输出 u_O 的电压波形。

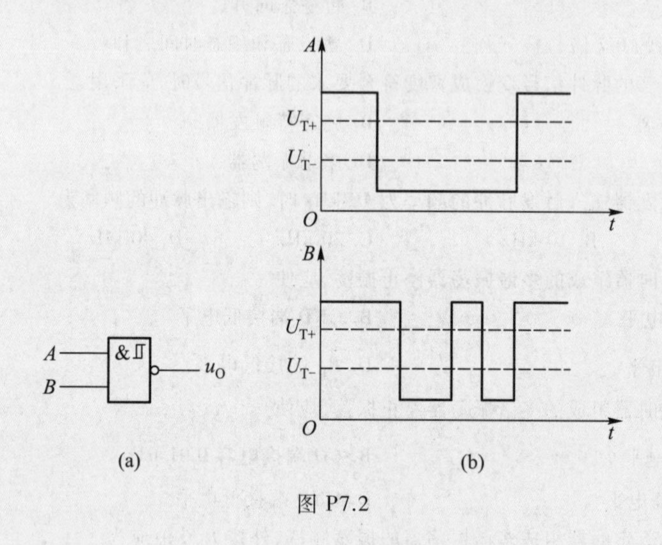

图 P7.2

[题 7.3] 图 P7.3 所示为由 555 定时器组成的逻辑电平检测电路，将 u_{CO} 调到 3 V，请回答下列问题：

(1) 555 定时器组成的是什么电路？

(2) 检测的逻辑高电平和低电平各为多少？

(3) 检测到的逻辑高电平和低电平后，两个发光二极管是如何点亮的？

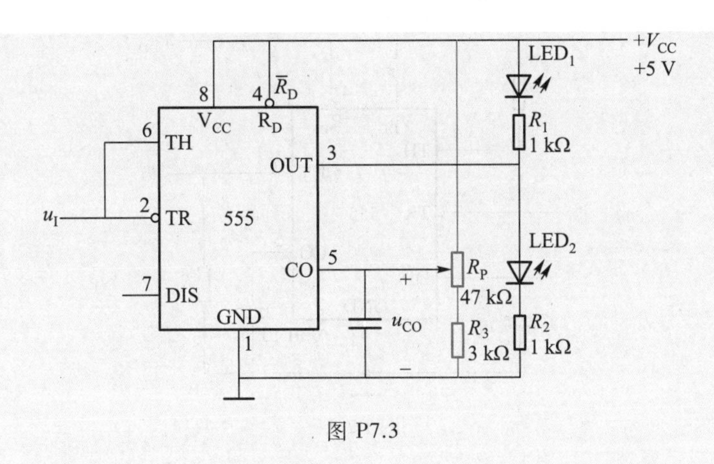

图 P7.3

［题 7.4］ 图 P7.4(a)所示为用 555 定时器设计的单稳态触发器，图(b)所示为输入电压波形。试求：

(1) 计算输出脉冲宽度。

(2) 画出 u_I、u_d 和 u_O 的电压波形。

(3) 输入脉冲的下跃幅度为多大？

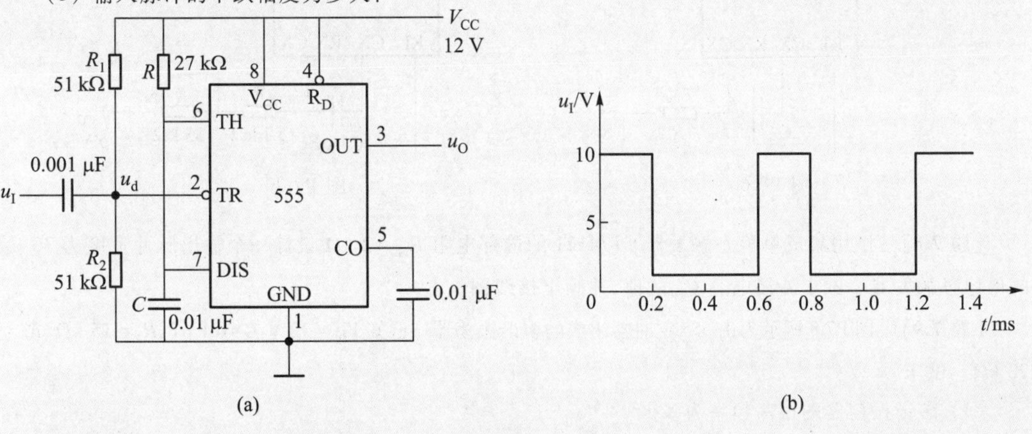

图 P7.4

［题 7.5］ 图 P7.5 所示为由 555 定时器组成的单稳态触发器。已知 $V_{DD}=10$ V、$R=10$ kΩ、$C=0.01$ μF，试求输出脉冲宽度 t_W，并画出 u_I、u_C 和 u_O 的电压波形。

［题 7.6］ 图 P7.6 所示为用 CT74121 组成的单稳态触发器。如外接电容 $C_{ext}=0.01$ μF，输出脉冲宽度的调节范围为 10 μs～1 ms，试求外接电阻 R_{ext}的调节范围为多少？

［题 7.7］ 图 P7.7 所示为由集成单稳态触发器 CT74121 组成的延时电路。试求：

(1) 计算输出脉冲宽度的调节范围。

(2) 说明电阻 R 的作用。

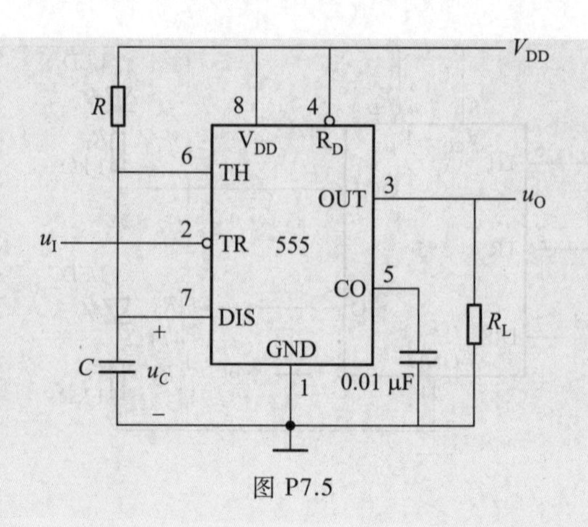

图 P7.5

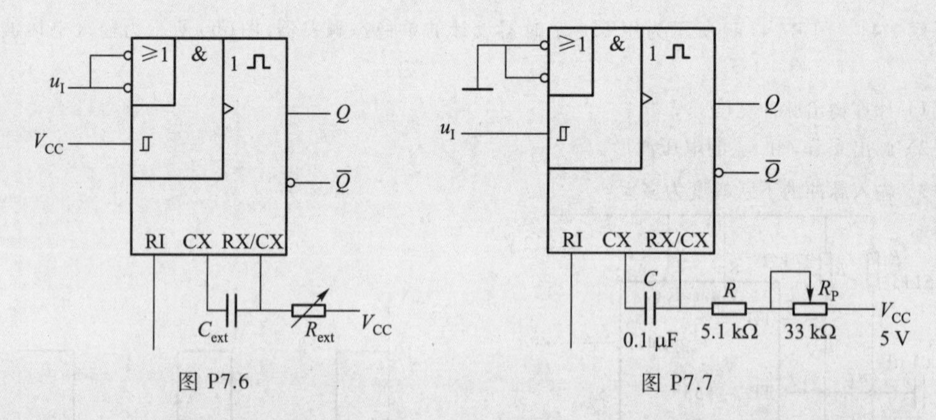

图 P7.6　　　　　　图 P7.7

［题 7.8］　试用集成单稳态触发器 CT74121 的内部电阻 $R_{int}=2\ k\Omega$ 设计一个输出脉冲宽度为 30 μs 的单稳态触发器。试求外接电容 C_{ext} 的值，并画出接线图。

［题 7.9］　图 P7.8 所示为由 555 定时器组成的多谐振荡器。已知 $V_{DD}=12\ V$，$C=0.1\ \mu F$，$R_1=15\ k\Omega$，$R_2=22\ k\Omega$。试求：

（1）多谐振荡器的振荡频率为多少？

（2）画出 u_C 和 u_O 的电压波形。

（3）在 $\overline{R}_D$ 端加何种电平时多谐振荡器会停止振荡？

［题 7.10］　图 P7.9 所示为由 555 定时器组成的多谐振荡器。试求：

（1）输出脉冲的宽度和振荡频率各为多少？

（2）画出 u_C 和 u_O 的波形。

［题 7.11］　图 P7.10 所示为用 555 定时器组成的电子门铃电路。当每按一次按钮开关 S 时，电子门铃以1 kHz的频率响 10 s。

（1）指出 555(1) 和 555(2) 各是什么电路？并简要说明电子门铃电路的工作原理。

（2）如要改变音响的音调时，应改变哪个电路的哪些元件的参数。

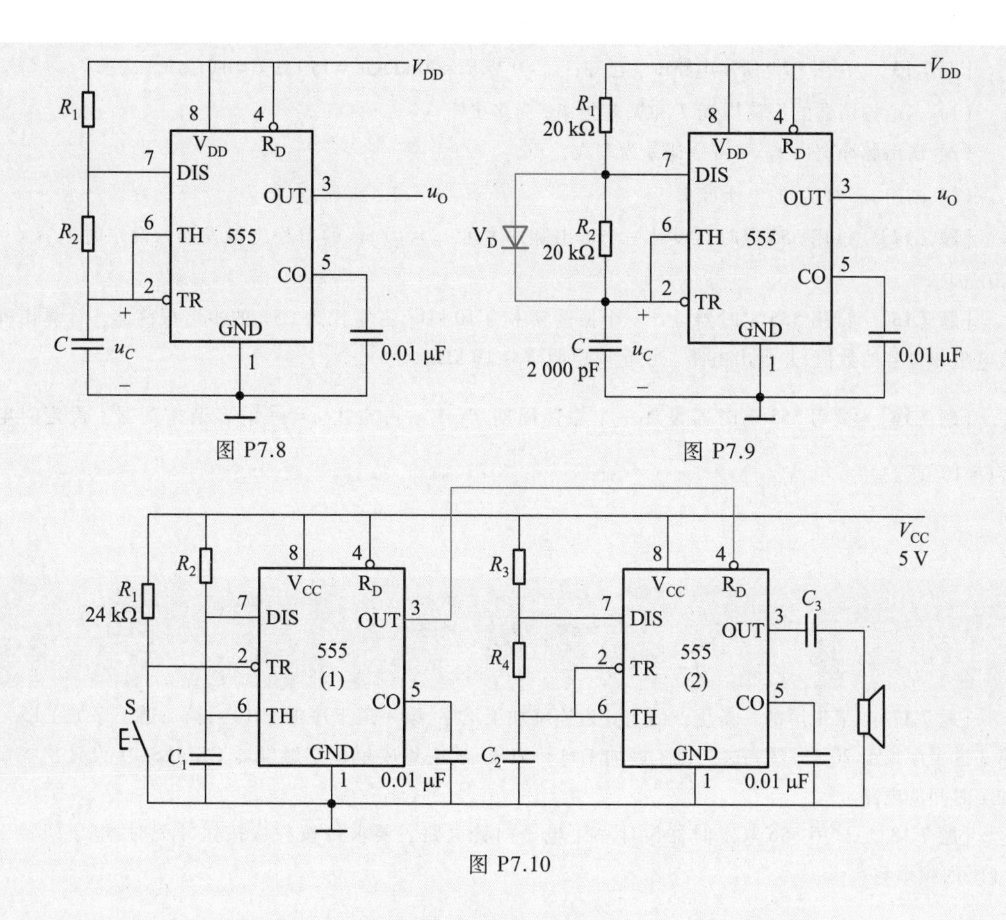

图 P7.8

图 P7.9

图 P7.10

[**题 7.12**]　图 P7.11 所示为由 555 定时器组成的压控振荡器（设 V_D 为理想二极管）。试问：

（1）控制电压 U_{CO}减小时，对电路振荡频率有何影响？

（2）控制电压 U_{CO}不变时，改变 V_{CC}对振荡频率有何影响？

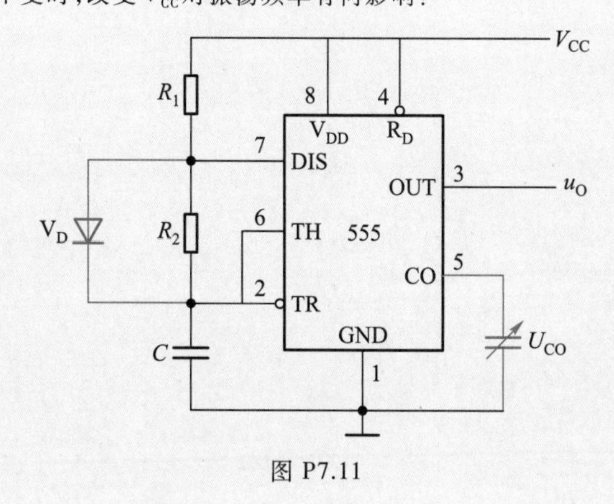

图 P7.11

[题 7.13]　在图 P7.9 所示电路中。已知：$V_{DD}=9$ V、$R_1=30$ kΩ、$R_2=15$ kΩ、$C=0.01$ μF。试求：

(1) 多谐振荡器的振荡周期 T 和振荡频率 f 为多少？

(2) 输出脉冲宽度 t_W 和占空比 q 为多大？

(3) 画出 u_C 和 u_O 的电压波形。

[题 7.14]　试用 555 定时器设计一个输出脉冲宽度 $t_W=10$ ms 的单稳态触发器。设定时电容 $C=0.01$ μF。

[题 7.15]　试用 555 定时器设计一个振荡频率为 10 kHz、占空比为 25% 的多谐振荡器。计算出外接电阻和电容的数值，并画出电路。设定时电阻 $R_1=10$ kΩ。

[题 7.16]　试用 555 定时器设计一个振荡周期 $T=1$ s、占空比 $q=\frac{2}{3}$ 的多谐振荡器。设定时电容 $C=10$ μF。

技　能　题

[题 7.17]　某工厂的一条生产线有 3 道连续加工工序，第一道工序加工 10 s；第二道工序加工 15 s，第 3 道工序加工 20 s。要求这三道工序加工自动完成，试用集成单稳态触发器 CT74LS121 设计出控制加工时间的电路。

[题 7.18]　试用 556 双定时器设计一个电子门铃电路。要求每按一次按钮开关时，电子门铃以 1 kHz 的频率响 5 s。

第 8 章

数模和模数转换器

内容提要

本章主要介绍了 D/A 转换器和 A/D 转换器的基本工作原理。在 D/A 转换器中，分别介绍了权电阻网络、倒 T 形电阻网络和权电流网络三种 D/A 转换器电路。在 A/D 转换器中，首先介绍了 A/D 转换器的基本原理，然后介绍了并联比较型、逐次逼近型、双积分型三种 A/D 转换电路。

8.1 概　　述

以数字计算机为代表的各种数字系统已被广泛地应用于各个领域。如在工业生产过程的控制中，控制对象为压力、流量、温度等连续变化的物理量，经模拟传感器变换为与之对应的电压、电流等电的模拟量，再通过模拟-数字转换器转换成等效的数字量送入数字计算机处理，其输出的数字量还需通过数字-模拟转换器转换成等效的模拟量去推动模拟控制器，调整生产过程控制对象。这个控制过程可用图 8.1.1 来表示。可见，模拟-数字转换器和数字-模拟转换器是数字系统和模拟系统相互联系的桥梁，是数字系统中不可缺少的组成部分。我们把模拟量转换为数字量的过程称为模拟-数字转换，或称 A/D(analog to digital)转换。实现 A/D 转换的电路，称为 A/D 转换器，简称 ADC(analog to digital converter)。把数字量转换为模拟量的过程称为数字-模拟转换，或称 D/A(digital to analog)转换。实现 D/A 转换的电路，称为 D/A 转换器，简称 DAC(digital to analog converter)。

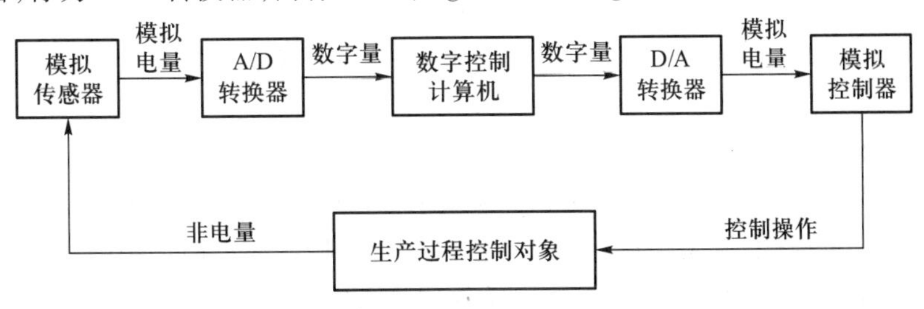

图 8.1.1　A/D 转换器和 D/A 转换器在工业生产控制中的作用

D/A 转换器常见的有权电阻网络 D/A 转换器、倒 T 形电阻网络 D/A 转换器、权电流网络 D/A 转换器和权电容网络 D/A 转换器等。

A/D 转换器的种类也很多,主要分为直接 A/D 转换器和间接 A/D 转换器两大类。直接 A/D 转换器主要有并联比较型、逐次逼近型等多种,间接 A/D 转换器主要有积分型、压-频变换型等。

D/A 和 A/D 转换器已生产出各种高性能集成芯片,目前正朝着高精度和高速度的方向发展。

8.2　D/A 转换器

D/A 转换器用以将输入的二进制代码转换成相应模拟电压输出的电路。它是数字系统和模拟系统的接口。D/A 转换器的种类很多,本节主要介绍权电阻网络、倒 T 形电阻网络 D/A 转换器和权电流网络 D/A 转换器的基本工作原理。

微视频 8-1:权电阻网络 D/A 转换器

8.2.1　权电阻网络 D/A 转换器

一、电路组成

图8.2.1所示为4位权电阻网络D/A转换器,它主要由电子模拟开关S_0 ~ S_3、权电阻网络、基准电压 V_{REF}和求和运算放大器等部分组成。

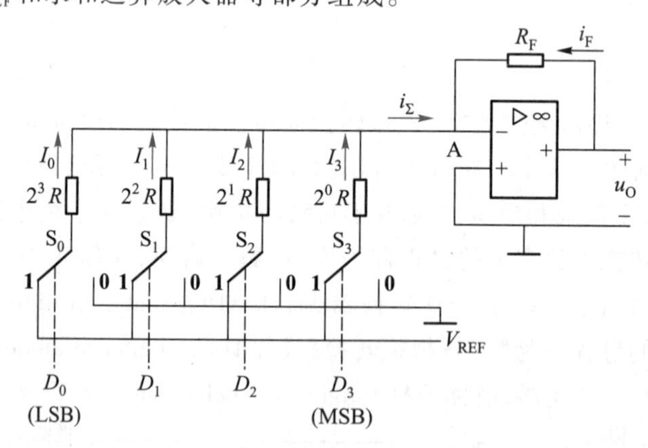

图 8.2.1　4 位权电阻网络 D/A 转换器

权电阻网络是 D/A 转换器的核心,其阻值与 4 位二进制数的位权值成反比减小,即高位电阻值为相邻低位的一半,最高位 MSB(most significant bit)电阻最小,为 2^0R,最低位 LSB(least significant bit)电阻最大,为 2^3R,求和运算放大器将各权电阻的电流相加并转换成相应的模拟电压输出。电子模拟开关 S_0 ~ S_3 受各位输入数字量控制,如 i 位代码 D_i = **1** 时,开关 S_i 接到 **1** 端,电阻 R_i 与基准电压 V_{REF} 相连;如 D_i = **0** 时,开关 S_i 则接到 **0** 端,电阻 R_i 接地。所有电阻的另一端与求和运算放大器的虚地点 A 相连。

二、工作原理

由图 8.2.1 可看出，由于电子开关 $S_0 \sim S_3$ 都接 **1** 端，因此，流入求和运算放大器输入 A 点的总电流 i_Σ 为

$$\begin{aligned} i_\Sigma &= I_3+I_2+I_1+I_0 \\ &= \frac{V_{REF}}{2^0 R}D_3+\frac{V_{REF}}{2^1 R}D_2+\frac{V_{REF}}{2^2 R}D_1+\frac{V_{REF}}{2^3 R}D_0 \\ &= \frac{V_{REF}}{2^3 R}(2^3 D_3+2^2 D_2+2^1 D_1+2^0 D_0) \end{aligned} \tag{8.2.1}$$

又由于 $i_\Sigma = -i_F$，故运算放大器的输出电压 u_O 为

$$\begin{aligned} u_O &= i_F R_F = -i_\Sigma R_F \\ &= -R_F \frac{V_{REF}}{2^3 R}(2^3 D_3+2^2 D_2+2^1 D_1+2^0 D_0) \end{aligned} \tag{8.2.2}$$

对于 n 位权电阻 D/A 转换器，则有

$$\begin{aligned} u_O &= -i_\Sigma R_F \\ &= -R_F \frac{V_{REF}}{2^{n-1} R}(2^{n-1} D_{n-1}+2^{n-2} D_{n-2}+\cdots+2^1 D_1+2^0 D_0) \end{aligned} \tag{8.2.3}$$

由式(8.2.3)可看出，输出模拟电压 u_O 的大小直接与输入二进制代码（数字量）的大小成正比，从而实现了数字量到模拟电压的转换。

权电阻 D/A 转换器的优点是电路简单，转换速度也比较快；它的缺点是各个电阻的阻值相差很大，而且随着输入二进制代码位数的增多，电阻的差值也随之增加，难以保证对电阻精度的要求，这给电路的转换精度带来很大影响，也不利于集成化。

[例 8.2.1] 在图 8.2.1 所示权电阻网络 D/A 转换器中，设 $n=4$，$V_{REF}=-10\ \text{V}$，$R_F=R/2$，试求：

（1）当输入数字量 $D_3D_2D_1D_0=\mathbf{0001}$ 时，输出电压的值；

（2）当输入数字量 $D_3D_2D_1D_0=\mathbf{1001}$ 时，输出电压的值；

（3）当输入数字量 $D_3D_2D_1D_0=\mathbf{1111}$ 时，输出电压的值。

解： 将输入数字量和 V_{REF} 代入式(8.2.2)中计算，求出输出电压 u_O：

（1）$u_O=-\dfrac{-10\ \text{V}}{2^4}(0\times2^3+0\times2^2+0\times2^1+1\times2^0)=0.625\ \text{V}$

（2）$u_O=-\dfrac{-10\ \text{V}}{2^4}(1\times2^3+0\times2^2+0\times2^1+1\times2^0)=5.625\ \text{V}$

（3）$u_O=-\dfrac{-10\ \text{V}}{2^4}(1\times2^3+1\times2^2+1\times2^1+1\times2^0)=9.375\ \text{V}$

8.2.2　$R-2R$ 倒 T 形电阻网络 D/A 转换器

一、电路组成

图 8.2.2 所示为 4 位 $R-2R$ 倒 T 形电阻网络 D/A 转换器，它主要由电子模拟开关 $S_0 \sim S_3$、$R-2R$ 倒 T 形电阻网络、基准电压 V_{REF} 和求和运算放大器等部分组成。电子开关 $S_0 \sim S_3$ 由输入代码控制，如 i 位代码 $D_i = \mathbf{1}$ 时，S_i 接 **1** 端，将电阻 $2R$ 接运算放大器的虚地，电流 I_i 流入求和运算放大器；如 $D_i = \mathbf{0}$ 时，S_i 接 **0** 端，电阻 $2R$ 接地。因此，无论电子模拟开关 S_i 处于何种位置，流经电阻 $2R$ 支路的电流大小不变，即与 S_i 位置无关。

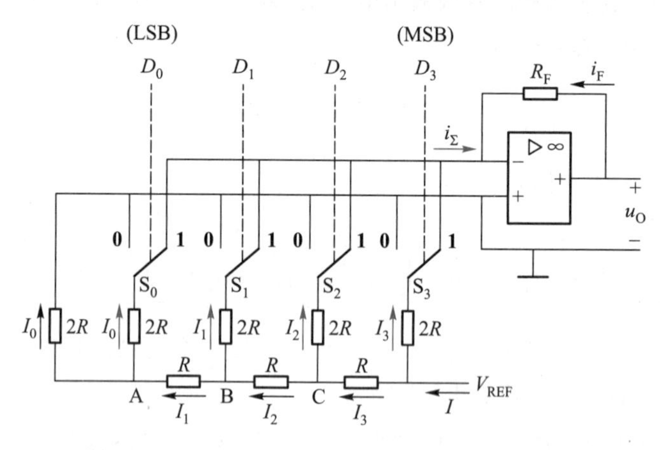

图 8.2.2　4 位 $R-2R$ 倒 T 形电阻网络 D/A 转换器

二、工作原理

4 位倒 T 形电阻网络等效电路如图 8.2.3 所示，由该图可看出：从 A、B、C、D 各点向左看，对地等效电阻都为 R。因此，由 V_{REF} 流出的总电流 I 是固定不变的，其值为 $I=\dfrac{V_{REF}}{R}$，并且每经过一个节点，电流被分流一半。所以，数字量从高位到低位的电流分别为 $I_3=\dfrac{I}{2}$、$I_2=\dfrac{I}{4}$、$I_1=\dfrac{I}{8}$、$I_0=\dfrac{I}{16}$，所以，流入求和运算放大器的输入电流 i_Σ 为

$$
\begin{aligned}
i_\Sigma &= \frac{I}{2}D_3+\frac{I}{4}D_2+\frac{I}{8}D_1+\frac{I}{16}D_0 \\
&= \frac{I}{2^4}(2^3D_3+2^2D_2+2^1D_1+2^0D_0) \\
&= \frac{V_{REF}}{2^4R}(2^3D_3+2^2D_2+2^1D_1+2^0D_0)
\end{aligned}
\tag{8.2.4}
$$

所以，运算放大器的输出电压 u_O 为

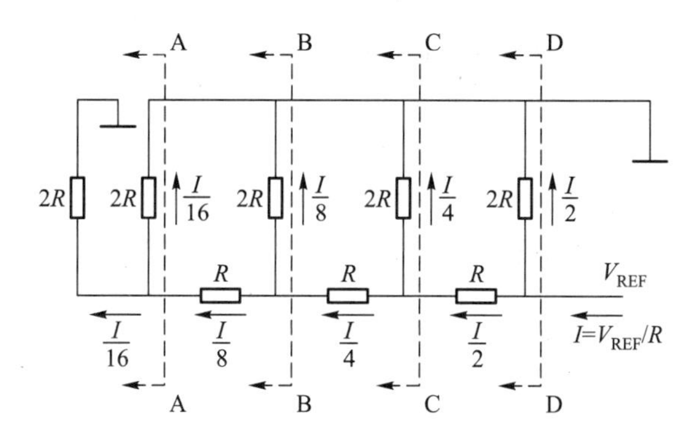

图 8.2.3 4 位倒 T 形电阻网络等效电路

$$u_O = i_F R_F = -i_{\Sigma} R_F$$
$$= -R_F \frac{V_{REF}}{2^4 R}(2^3 D_3 + 2^2 D_2 + 2^1 D_1 + 2^0 D_0) \tag{8.2.5}$$

对于 n 位倒 T 形电阻网络 D/A 转换器，其输出电压 u_O 为

$$u_O = -R_F \frac{V_{REF}}{2^n R}(2^{n-1} D_{n-1} + 2^{n-2} D_{n-2} + \cdots + 2^1 D_1 + 2^0 D_0) \tag{8.2.6}$$

由式(8.2.6)可看出：输出模拟电压 u_O 与输入数字量成正比。

由于倒 T 形电阻网络 D/A 转换器中各支路的电流恒定不变，直接流入求和运算放大器的反相输入端，它们之间不存在传输时间差，因而提高了转换速度，所以，倒 T 形电阻网络 D/A 转换器的应用是很广泛的。

[**例 8.2.2**] 在图 8.2.2 所示 R-$2R$ 倒 T 形电阻网络 D/A 转换器中，设 $n=4$，$V_{REF}=10$ V，$R=R_F$，试求：

(1) 当输入数字量 $D_3D_2D_1D_0$ = **0001** 时，输出电压值；

(2) 当输入数字量 $D_3D_2D_1D_0$ = **1001** 时，输出电压值；

(3) 当输入数字量 $D_3D_2D_1D_0$ = **1111** 时，输出电压值。

解： 将输入数字量和 V_{REF} 值等代入式(8.2.5)中计算，求出输出电压值。

(1) $u_O = -\frac{10\ \text{V}}{2^4}(0\times 2^3 + 0\times 2^2 + 0\times 2^1 + 1\times 2^0) = -0.625$ V

(2) $u_O = \frac{10\ \text{V}}{2^4}(1\times 2^3 + 0\times 2^2 + 0\times 2^1 + 1\times 2^0) = -5.625$ V

(3) $u_O = \frac{10\ \text{V}}{2^4}(1\times 2^3 + 1\times 2^2 + 1\times 2^1 + 1\times 2^0) = -9.375$ V

8.2.3 权电流型 D/A 转换器

在前面讨论倒 T 形电阻网络 D/A 转换器时，电子模拟开关看成是理想的。然而在实际上，这些开关都存在一定的、大小不等的电阻，其上会产生大小不一的电压，这就不可避免地会引起转换误差。为了提高转换精度，可采用权电流型 D/A 转换器。

一、电路组成

图 8.2.4 所示为 4 位权电流型 D/A 转换器，它主要由权电流恒流源、运算放大器、电子模拟开关 $S_0 \sim S_3$ 和基准电压 V_{REF} 组成。i 位电子模拟开关 S_i 由相应输入数据 D_i 控制。如 $D_i = \mathbf{1}$ 时，S_i 接 **1**，恒流源接运算放大器的反相端，并提供恒流 I_i；如 $D_i = \mathbf{0}$ 时，S_i 接 **0**，恒流源接地。

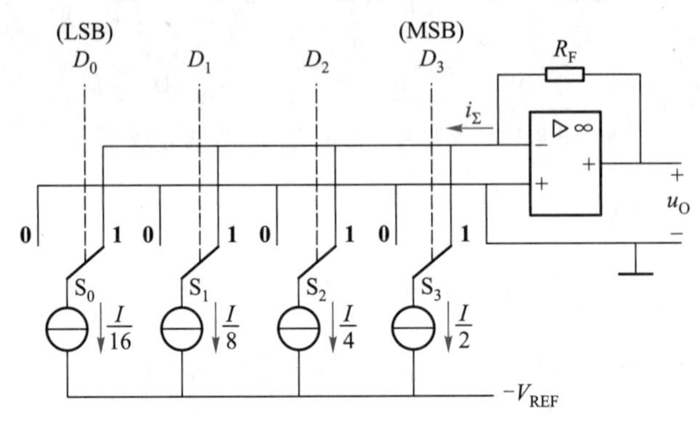

图 8.2.4 4 位权电流型 D/A 转换器

二、工作原理

设电子模拟开关 $S_0 \sim S_3$ 都接 **1**，最高位代码对应支路的恒流源电流为$\frac{I}{2}$，相邻低位支路的恒流源电流依次减半。由图 8.2.4 可得输出模拟电压 u_O 为

$$
\begin{aligned}
u_O &= i_{\Sigma} R_F \\
&= R_F\left(\frac{I}{2}D_3 + \frac{I}{2^2}D_2 + \frac{I}{2^3}D_1 + \frac{I}{2^4}D_0\right) \\
&= \frac{R_F I}{2^4}(2^3 D_3 + 2^2 D_2 + 2^1 D_1 + 2^0 D_0) \qquad (8.2.7)
\end{aligned}
$$

由式(8.2.7)可看出，输出模拟电压 u_O 和输入的数字量成正比。

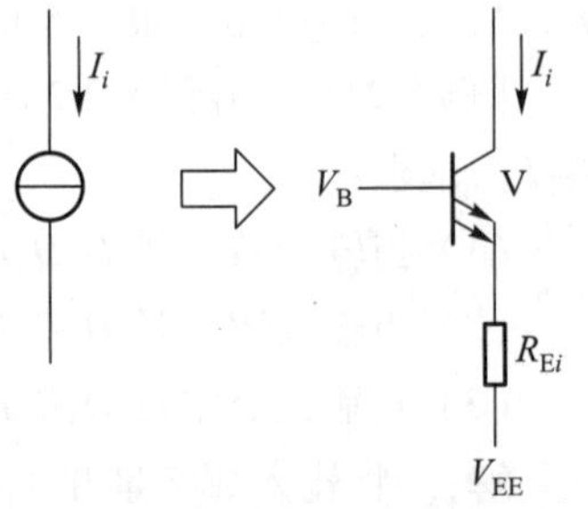

图 8.2.5 权电流型 D/A 转换器中的恒流源电路

图 8.2.5 所示为恒流源电路，当 V_B 和 V_{EE} 恒定不变时，则三极管集电极电流 I_i 不变，不受电子模拟开关的影响。改变电阻 R_{Ei} 时，可获得不同的恒流源电流 I_i。因此，D/A 转换器采用恒流后，减少了电子模拟开关引起的误差，提高了转换精度。

8.2.4 D/A 转换器的主要参数

一、转换精度

D/A 转换器的转换精度主要由分辨率和转换误差来决定。

1. 分辨率

分辨率是 D/A 转换器对输入微小量变化的敏感程度。它为 D/A 转换器最低位有效数字量(**00…01**)对应输出的模拟电压 U_{LSB} 与最大数字量(**11…11**)输出满刻度电压 U_{FSR} 的比值。因此,n 位 D/A 转换器的分辨率为

$$分辨率=\frac{U_{LSB}}{U_{FSR}}=\frac{1}{2^n-1} \tag{8.2.8}$$

由上式可看出:D/A 转换器的位数 n 越多,能分辨的最小输出模拟电压值就越小,说明 D/A 转换器的分辨能力越高。对于一个 10 位的 D/A 转换器,其分辨率$=\frac{1}{2^{10}-1}\approx 0.000\,976\,5$。

2. 转换误差

转换误差是指 D/A 转换器输出模拟电压与理论输出模拟电压的最大差值。它是一个综合性的误差。

在 D/A 转换过程中,产生误差的原因很多,常见的原因有运算放大器的零点漂移、电子模拟开关接通时的导通压降、基准电压 V_{REF} 的波动、R-$2R$ 倒 T 形电阻网络中的电阻阻值的误差等。因此,要获得高精度的 D/A 转换器,应选用低漂移高精度的运算放大器,采用高稳定度的 V_{REF} 和选用高分辨率的 D/A 转换器。

二、转换时间

转换时间是指 D/A 转换器在输入数字信号开始转换到输出模拟电压达到稳定值时所需的时间。这个时间越短,工作速度越高。

8.2.5 集成 D/A 转换器 AD7520 介绍

一、电路组成

AD7520 为 10 位 CMOS 电流开关 R-$2R$ 倒 T 形电阻网络 D/A 转换器,内部电路如图 8.2.6

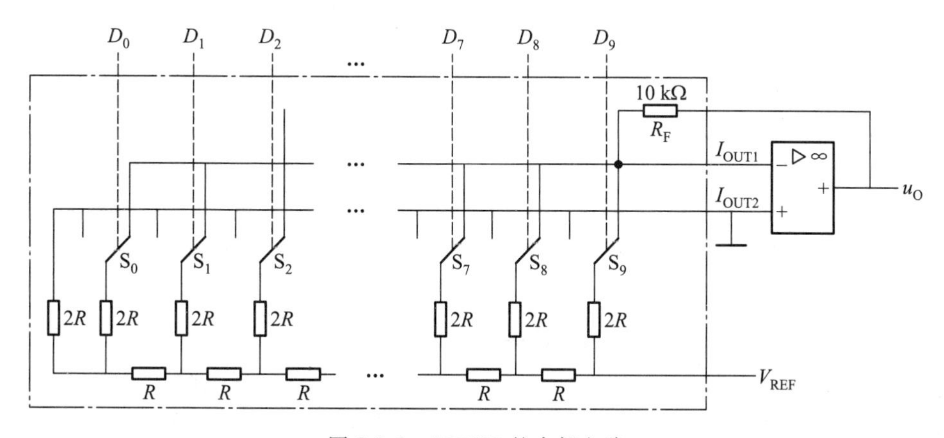

图 8.2.6 AD7520 的内部电路

点画线框内所示。芯片内部包含倒 T 形电阻网络 $R=10\ \text{k}\Omega$ 和 $2R=20\ \text{k}\Omega$、CMOS 电流开关和反馈电阻 R_F。使用时必须外接运算放大器和基准电压 V_{REF}。由式(8.2.6)可知,输出模拟电压 u_O 为

$$u_O=-R_F\frac{V_{REF}}{2^{10}R}(2^9D_9+2^8D_8+\cdots+2^1D_1+2^0D_0) \tag{8.2.9}$$

AD7520 的基准电压 V_{REF} 可正可负。当 V_{REF} 为正时,输出电压为负;反之,V_{REF} 为负时,输出电压为正。I_{OUT1} 和 I_{OUT2} 为电流输出端。

二、电子模拟开关

图 8.2.7 所示电路为 AD7520 中某一位的 CMOS 电子模拟开关。图中 $V_1\sim V_3$ 组成电平偏移电路;V_4、V_5 和 V_6、V_7 组成两级反相器,用以控制开关管 V_9 和 V_8,以实现单刀双掷功能。工作原理如下:

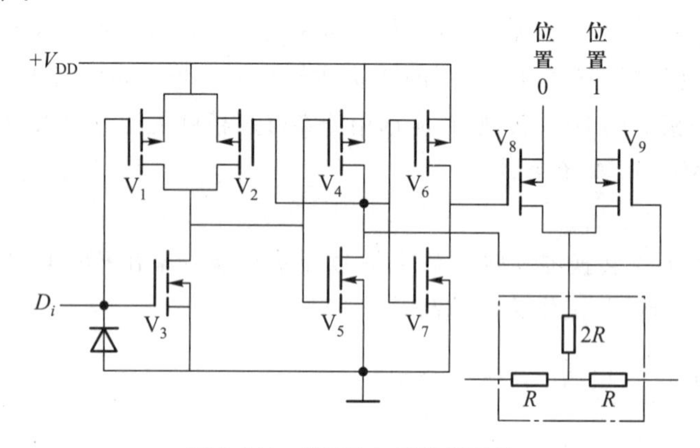

图 8.2.7　CMOS 电子模拟开关

当 i 位数据 $D_i=\mathbf{1}$ 时,V_1 截止,V_3 导通,输出低电平 **0**,经 V_4、V_5 组成的反相器后输出高电平 **1**,使 V_9 导通;同时,V_6、V_7 组成的反相器输出低电平 **0**,使 V_8 截止。这时,$2R$ 支路电阻经 V_9 接位置 1(I_{OUT1})。同理,当 $D_i=\mathbf{0}$ 时,则 V_8 导通,V_9 截止,$2R$ 支路电阻接位置 0(I_{OUT2})。从而实现了单刀双掷开关的功能。

[例 8.2.3]　已知图 8.2.8 所示电路由 D/A 转换器 AD7520、二进制计数器 CT74LS163、**与非**门和运算放大器组成,$V_{REF}=-10$ V,试画出输出电压 u_O 的波形,并标出电压的幅值。

解:　在图 8.2.8 所示电路中,CT74LS163 和**与非**门构成十进制计数器,其输出 $Q_3Q_2Q_1Q_0$ 与 AD7520 的低 4 位数据数 $D_3D_2D_1D_0$ 相连,高位数据 $D_4\sim D_9$ 接地(0)。在时钟脉冲 CP 作用下,$Q_3Q_2Q_1Q_0$ 输出 **0000～1001** 数字信号。根据式(8.2.9)可计算出 AD7520 对应的输出电压 u_O。如 $D_3D_2D_1D_0$(即 $Q_3Q_2Q_1Q_0$ 的输出)为 **0010**、**0100**、**0110**、**1001** 时,输出电压分别为 19.53 mV、39.06 mV、58.59 mV、87.89 mV,依此方法可计算出其他输出电压 u_O。根据计算结果可画出图 8.2.9 所示的电压波形。

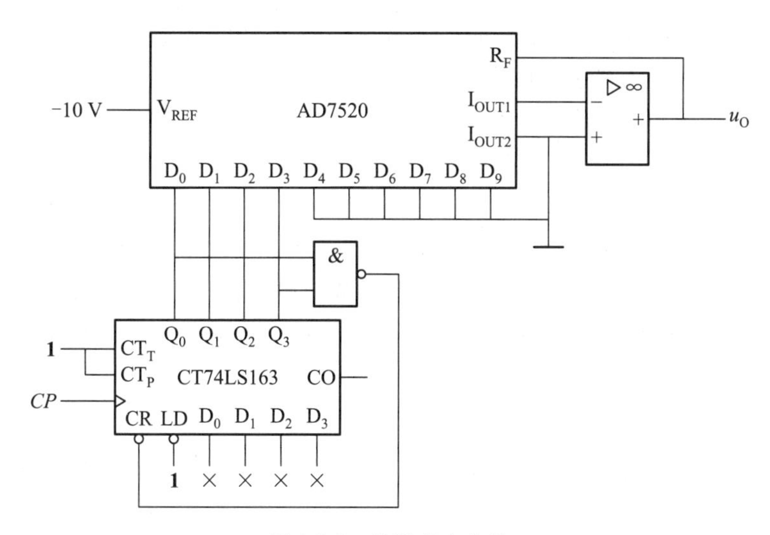

图 8.2.8 波形产生电路

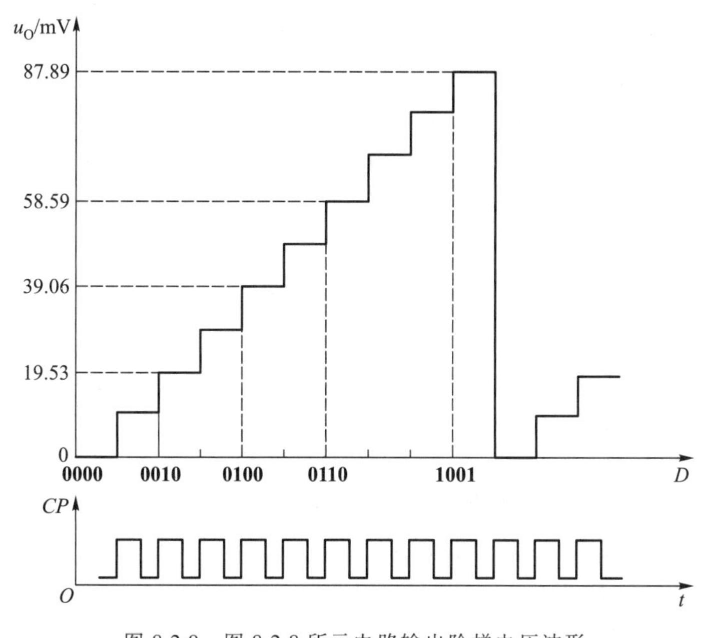

图 8.2.9 图 8.2.8 所示电路输出阶梯电压波形

思 考 题

1. 已知 4 位权电阻网络 D/A 转换器的三个电阻为 20 kΩ、40 kΩ、80 kΩ，试问另一个支路的电阻为多大？

2. 在倒 T 形电阻网络 D/A 转换器中，流经 $2R$ 支路中电流的大小与电子模拟开关的位置有没有关系？为什么？

3. 和电阻网络 D/A 转换器相比，权电流型 D/A 转换器有什么优点？为什么？

4. D/A 转换器的位数与分辨率有什么关系？为什么？

8.3 A/D 转换器

A/D 转换器是用于将输入连续变化的模拟信号变换为与之成正比的数字量输出的电路。在进行 A/D 转换时，通常按下面四个步骤进行，首先对输入模拟信号进行取样、保持，再进行量化和编码。前两个步骤在取样-保持电路中完成，后两个步骤在 A/D 转换器中完成。

8.3.1 A/D 转换的一般过程

一、取样-保持电路

取样是对模拟信号进行周期性抽取样值的过程。它实际上是将模拟信号转换为在时间上断续变化的、在幅度上等于取样期间模拟信号大小的一串脉冲。在每次取样结束后，需将取样的模拟信号保持一段时间，使 A/D 转换器有时间进行 A/D 转换。为了能较好地恢复原来的模拟信号，根据取样定理，要求取样脉冲 u_S 的频率 f_S 必须大于等于输入模拟信号 u_I 频谱中最高频率 $f_{I(max)}$ 的 2 倍。可用下式表示

$$f_S \geqslant 2f_{I(max)} \tag{8.3.1}$$

图 8.3.1(a)所示为取样-保持电路(Sample-Hold Circuit)。图中输入的模拟电压 u_I 如图 8.3.1(b)所示；在图(a)中，V 为增强型 NMOS 管，受取样脉冲 u_S 控制，用作电子模拟开关，其导通等效电阻很小，可忽略不计；C 为存储电容，用以存储样值信号，要求其品质优良，漏电流小；运算放大器构成电压跟随器，其输入阻抗极高；取样脉冲 u_S 如图 8.3.1(c)所示，其周期为 T_S，取样时间为 t_W。取样-保持电路的工作过程如下：

当取样脉冲 u_S 为高电平时，NMOS 管导通，输入电压 u_I 经其对 C 迅速充电，使电容 C 上的电压 u_C 跟随输入电压 u_I 变化，在 t_W 期间 $u_C=u_I$。当 u_S 为低电平时，NMOS 管截止，C 上的电压 u_C 在 T_S-t_W 期间保持不变，直到下一个取样脉冲到来。输出电压 u_O 始终跟随电容上电压 u_C 变化，如图 8.3.1(d)中所示粗线波形。在每次取样结束保持期内的输出电压 u_O 为 A/D 转换器输入的样值电压，以便进行量化和编码。

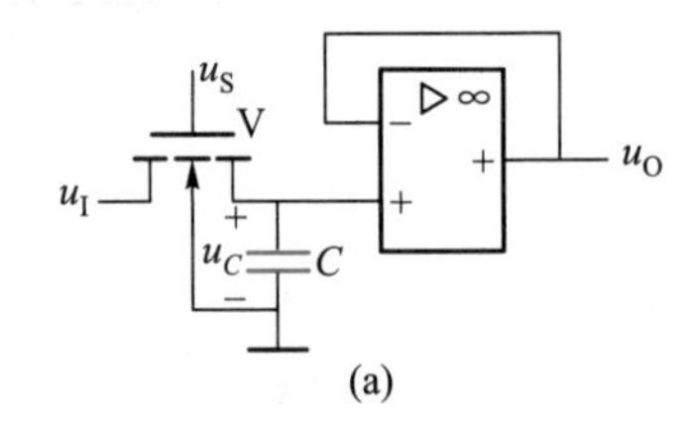

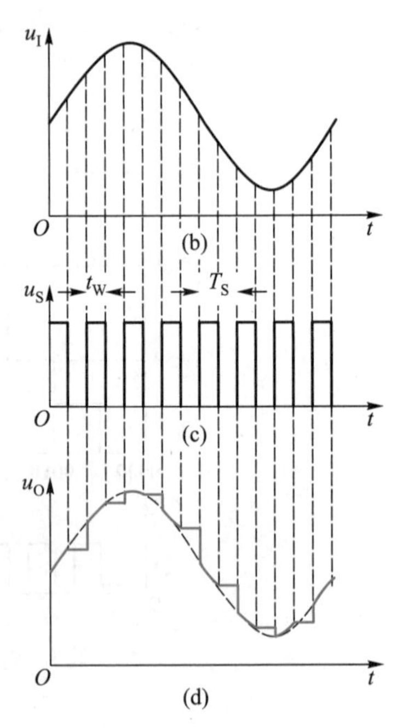

图 8.3.1 取样-保持电路及其输入、输出电压波形
(a) 取样-保持电路；(b) 输入模拟电压；(c) 取样脉冲；(d) 输出电压波形

二、量化与编码

要将取样-保持电路输出的样值电压变换成与其成正比的数字量，还必须对样值电压进行量化，通常用数字信号最低位(LSB)**1** 对应的模拟电压作为量化单位，用 Δ 表示。再用量化单位 Δ 去除样值电压，不一定能被整除，相除的结果一般为整数和余数两部分。将样值电压变为量化单位整数倍的过程称为量化。在量化时，非整数部分的余数被舍去，这就必然会产生误差，这个误差称为量化误差，用 ε 表示。例如，输入模拟电压为 5 V 时，当用 4 位二进制数表示时，最小量化单位 $\Delta=\frac{5\ \text{V}}{2^4}=0.312\ 5\ \text{V}$，这时，最大量化误差为 0.312 5 V；如用 8 位二进制数表示时，则最小量化单位 $\Delta=\frac{5\ \text{V}}{2^8}=0.019\ 53\ \text{V}$，则最大量化误差为 0.019 53 V。因此，A/D 转换器的位数越多，量化单位越小，则量化误差也越小。

将量化的结果用二进制代码表示，称为编码，量化与编码由 A/D 转换器完成。

下面介绍几种常用的 A/D 转换器。

8.3.2 并联比较型 A/D 转换器

微视频 8-2：并联比较型 A/D 转换器

一、电路组成

图 8.3.2 所示为 3 位并联比较型 A/D 转换器的逻辑图，它由电阻分压器、电压比较器、寄存器和优先编码器等部分组成。8 个电阻将基准电压 V_{REF} 分成 8 个等级，其中 7 个等级的电压分别为 $V_{REF}/15$、$3V_{REF}/15$、…、$13V_{REF}/15$ 分别和电压比较器 C_1 ~ C_7 的反相端相连，作为参考电压，输入电压 u_I(来自取样-保持电路的输出)加在同相端和这 7 个电压进行比较。

二、工作原理

当输入 $u_I<(1/15)V_{REF}$ 时，电压比较器 C_1 ~ C_7 都输出低电平 **0**，在 CP 到来后，FF_1 ~ FF_7 被置 **0**，这时优先编码器对 $\overline{I_7}=Q_7=\mathbf{0}$ 进行编码，输出 $D_2D_1D_0=\mathbf{000}$。

当 $(1/15)V_{REF}\leqslant u_I<(3/15)V_{REF}$ 时，只有 C_7 输出高电平 **1**，C_1 ~ C_6 都输出低电平 **0**，在 CP 作用下，FF_7 置 **1**，FF_1 ~ FF_6 被置 **0**，这时优先编码器对 $\overline{I_6}=Q_6=\mathbf{0}$ 进行编码，输出 $D_2D_1D_0=\mathbf{001}$，其余依此类推。

当输入电压 u_I 在 0 V ~ V_{REF} 间变化时，寄存器的状态和输出二进制代码如表 8.3.1 所示。

表 8.3.1 并联比较型 A/D 转换器的真值表

输入电压	寄存器状态							输出二进制代码		
u_I	Q_1	Q_2	Q_3	Q_4	Q_5	Q_6	Q_7	D_2	D_1	D_0
$(0\sim1/15)V_{REF}$	**0**	**0**	**0**	**0**	**0**	**0**	**0**	**0**	**0**	**0**
$(1/15\sim3/15)V_{REF}$	**0**	**0**	**0**	**0**	**0**	**0**	**1**	**0**	**0**	**1**
$(3/15\sim5/15)V_{REF}$	**0**	**0**	**0**	**0**	**0**	**1**	**1**	**0**	**1**	**0**
$(5/15\sim7/15)V_{REF}$	**0**	**0**	**0**	**0**	**1**	**1**	**1**	**0**	**1**	**1**
$(7/15\sim9/15)V_{REF}$	**0**	**0**	**0**	**1**	**1**	**1**	**1**	**1**	**0**	**0**
$(9/15\sim11/15)V_{REF}$	**0**	**0**	**1**	**1**	**1**	**1**	**1**	**1**	**0**	**1**
$(11/15\sim13/15)V_{REF}$	**0**	**1**	**1**	**1**	**1**	**1**	**1**	**1**	**1**	**0**
$(13/15\sim1)V_{REF}$	**1**	**1**	**1**	**1**	**1**	**1**	**1**	**1**	**1**	**1**

并联比较型 A/D 转换器的主要优点是转换速度快，只要进行一次比较就能得出结果。它的主要缺点是电路比较复杂，成本高。由图 8.3.2 可看出：输出 3 位二进制代码时，需 $2^3-1=7$ 个电压比较器和 D 触发器。当输出 n 位二进制代码时，需 2^n-1 个电压比较器和 D 触发器，这显然是不经济的，所以，这种 D/A 转换器多用于高速度、低分辨率的场合。

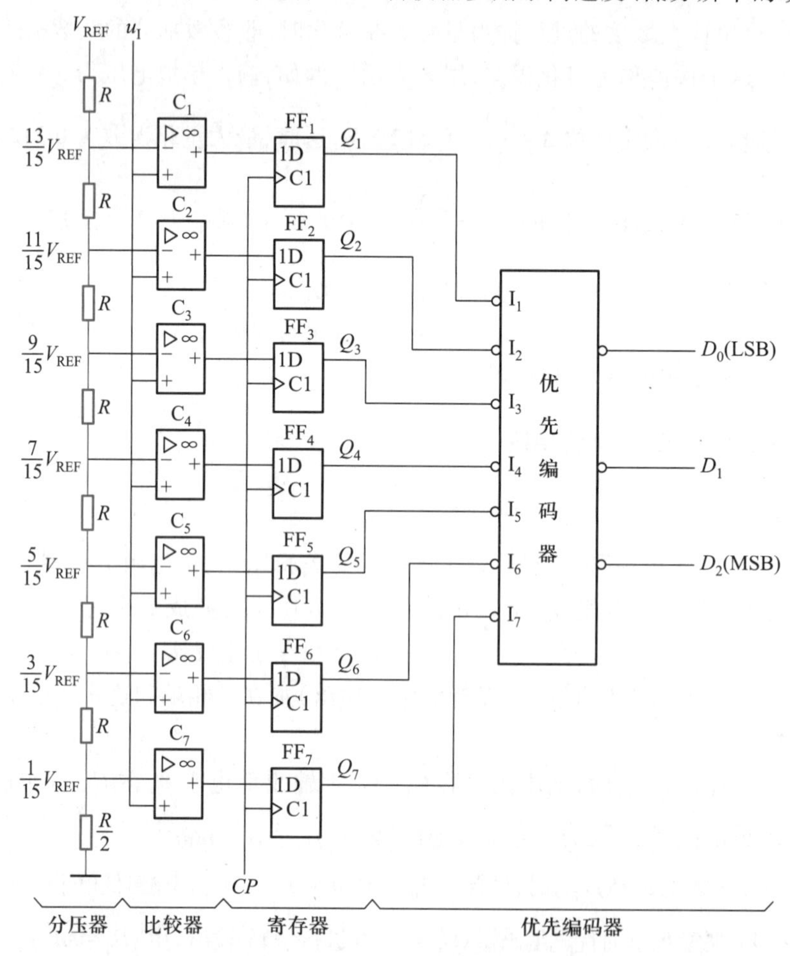

图 8.3.2 3 位并联比较型 A/D 转换器

8.3.3 逐次渐近型 A/D 转换器

逐次渐近型 A/D 转换器是一种反馈比较型 A/D 转换器，它的转换原理与天平称物体重量的过程相似。先放一个最重的砝码与被称物体重量进行比较，如砝码比物体轻，则砝码保留；如砝码比物体重，则去掉，换上一个次重量的砝码，再与被称物体的重量进行比较。按照此方法，直加到最轻的一个砝码为止。将所有留下的砝码重量相加，就是最接近被称物体的重量。根据这一思路可构成逐次渐近型 A/D 转换器。

一、电路组成

图 8.3.3 所示为 3 位逐次渐近型 A/D 转换器的原理逻辑图，它主要由 3 位 D/A 转换器、电压比较器、数码寄存器（$FF_6 \sim FF_8$）、环形移位寄存器（$FF_1 \sim FF_5$）及控制逻辑电路（$G_1 \sim G_9$）等部分组成。

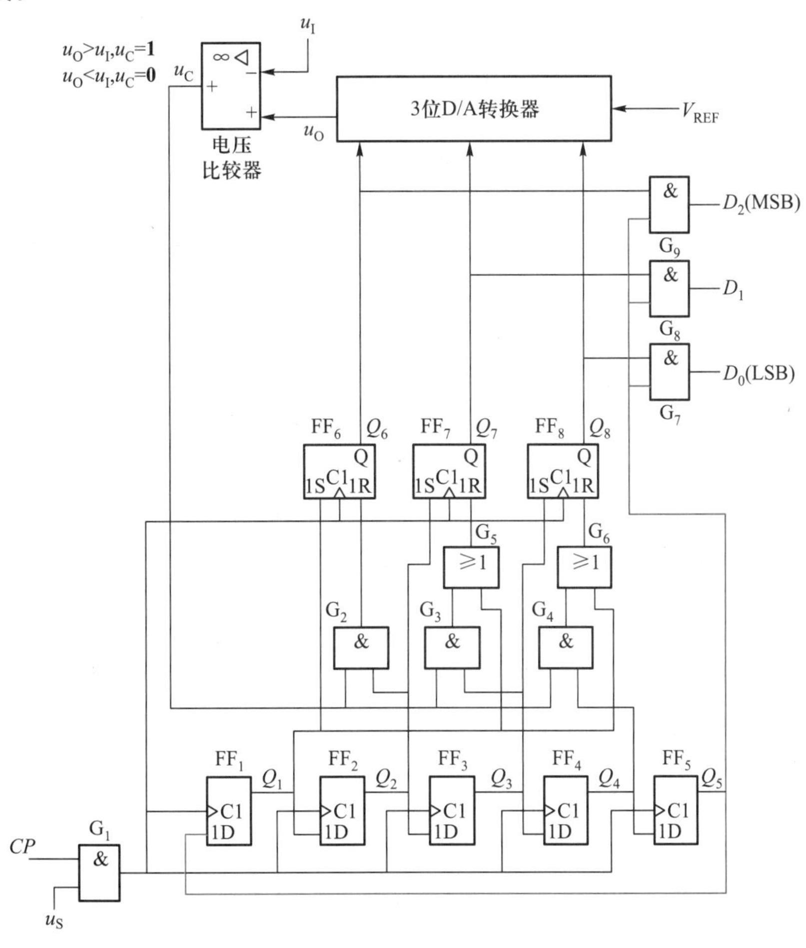

图 8.3.3 3 位逐次渐近型 A/D 转换器原理逻辑图

二、工作原理

转换开始前，将数码寄存器 $FF_6 \sim FF_8$ 清零，$Q_6Q_7Q_8=\mathbf{000}$，同时将环形移位寄存器 $FF_1 \sim FF_5$ 置成 $Q_1Q_2Q_3Q_4Q_5=\mathbf{10000}$ 状态，这时 $Q_1=\mathbf{1}$。因 $Q_5=\mathbf{0}$，与非门 $G_7 \sim G_9$ 被封锁故无数码输出，即 $D_2D_1D_0=\mathbf{000}$。

转换控制信号 u_S 为高电平时，转换开始。

第一个时钟脉冲 CP 作用后，由于 $Q_1=\mathbf{1}$，使 FF_6 置 $\mathbf{1}$，FF_7、FF_8 保持 $\mathbf{0}$ 状态不变，数码寄存器 $Q_6Q_7Q_8=\mathbf{100}$ 状态，经 D/A 转换器后输出的电压 u_O 送到电压比较器与输入被测电压 u_I 进行比较。如 $u_O>u_I$，则 $u_C=\mathbf{1}$；如 $u_O<u_I$，则 $u_C=\mathbf{0}$。同时，环形移位寄存器中的数码向右移

一位,其状态为 $Q_1Q_2Q_3Q_4Q_5$ = **01000**, Q_2 = **1**。由于 Q_5 = **0**,因此,$G_7 \sim G_9$ 被封锁,无数码输出。

第二个时钟脉冲 CP 到来时,由于 Q_2 = **1**,使 FF_7 置 **1**。如原来的 u_C = **1**,则 FF_6 被置 **0**;如原来的 u_C = **0**,则 FF_6 保留 **1** 状态。同时,环形移位寄存器中的数码右移一位,其状态为 $Q_1Q_2Q_3Q_4Q_5$ = **00100**, Q_3 = **1**。这时 Q_5 = **0**,无数码输出。

第三个时钟脉冲 CP 到来时,由于 Q_3 = **1**,使 FF_8 置 **1**。如原来的 u_C = **1**,则 FF_7 被置 **0**;反之,则保留 **1** 状态。同时,环形移位寄存器中的数码向右移一位,其状态为 $Q_1Q_2Q_3Q_4Q_5$ = **00010**, Q_4 = **1**。这时 Q_5 = **0**,无数码输出。

第四个时钟脉冲 CP 到来时,根据 u_C 的状态确定 FF_8 的 **1** 状态是否保留。这时,FF_6、FF_7 和 FF_8 的状态就是所要求转换的结果。同时,环形移位寄存器中的数码向右移一位,处于 $Q_1Q_2Q_3Q_4Q_5$ = **00001** 状态。由于 Q_5 = **1**,因此,$FF_6 \sim FF_8$ 的状态通过 $G_7 \sim G_9$ 输出,即 $D_2D_1D_0 = Q_6Q_7Q_8$。

第五个时钟脉冲 CP 到达后,移位寄存器又移一位,使电路返回到 $Q_1Q_2Q_3Q_4Q_5$ = **10000** 的初始状态。由于 Q_5 = **0**, $G_7 \sim G_9$ 重新被封锁,输出的数字信号消失。

上述过程完成了将输入的模拟电压 u_I 转换成数字量输出,即完成了 A/D 转换。

逐次渐近型 A/D 转换器的转换速度比并联比较型 A/D 转换器慢,但比双积分型 A/D 转换器高,为中速 A/D 转换器。由于使用元器件少,转换精度高,因此使用很广泛。

8.3.4 双积分型 A/D 转换器

双积分型 A/D 转换器是一种间接型 A/D 转换器,它是将输入的模拟电压转换成与之成正比的时间间隔,然后利用计数器在此时间内对标准时钟脉冲进行计数,计数器输出的计数结果就是对应的数字量。

一、电路组成

图 8.3.4 所示为双积分型 A/D 转换器的原理图,它主要由基准电压 V_{REF}、积分器、过零比较器、计数器、定时触发器、时钟控制门等部分组成。

积分器。由运算放大器和 RC 电路组成,它是 A/D 转换器的核心部分。由于运算放大器具有很高的输入阻抗,因此,流经电阻 R 和电容 C 的电流相等。通过开关 S_2 对被测模拟电压 u_I 和与其极性相反的基准电压 $-V_{REF}$ 进行两次方向相反的积分,时间常数 $\tau = RC$。这也是双积分 A/D 转换器的来历。

过零比较器。它在积分器之后,用以检查积分器输出电压 u_O 的过零时刻。当 $u_O \geq 0$ 时,输出 u_C = **0**;当 $u_O < 0$ 时,输出 u_C = **1**。过零比较器的输出信号用以控制时钟控制门 G_1 的开通与关闭。

时钟控制门。它有三个输入端,一个接过零比较器的输出 u_C,第二个接转换控制信号 u_S,第三个接标准时钟脉冲源 CP,其周期 T_C 作为测量时间间隔的标准时间。当 u_C = **1**, u_S = **1** 时,G_1 打开,计数器对时钟脉冲 CP 计数;当 u_C = **0** 时,G_1 关闭,计数器停止计数。

计数器和定时触发器。计数器由 n 个触发器 $FF_0 \sim FF_{n-1}$ 组成,用以对输入时钟脉冲 CP 进行计数。当计到 2^n 个时钟脉冲时,触发器由 **11…1** 回到 **00…0** 状态,FF_{n-1} 的 Q_{n-1} 端输出

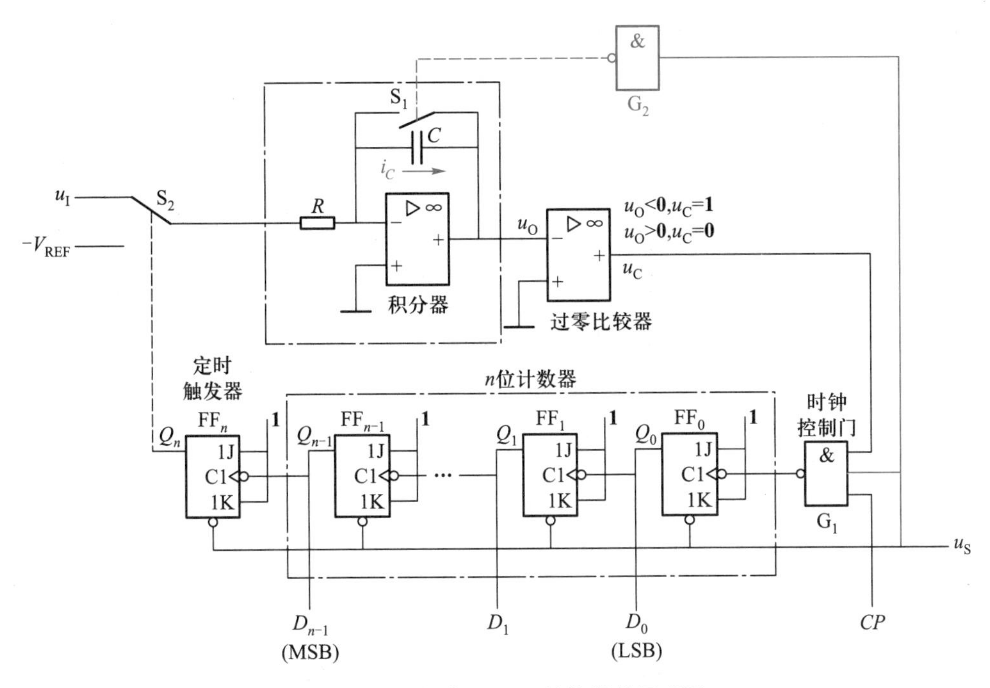

图 8.3.4 双积分型 A/D 转换器的原理图

进位信号使定时触发器 FF_n 置 **1**,即 $Q_n=\mathbf{1}$,开关 S_2 接基准电压 $-V_{REF}$,计数器由 0 开始计数,将与输入模拟电压 u_I 成正比的时间间隔转换成数字量。

二、工作原理

设输入 u_I 为正极性模拟电压,下面结合图 8.3.5 所示波形讨论双积分型 A/D 转换器的工作原理。

1. 转换准备

转换前,转换控制信号 $u_S=\mathbf{0}$,G_2 输出 **1**,其一方面使开关 S_1 闭合,电容 C 充分放完电;另一方面使计数器清零,FF_n 输出 $Q_n=\mathbf{0}$,如图 8.3.5(a)所示,使开关 S_2 接输入模拟电压 u_I。

2. 第一次积分(取样阶段)

在时间 $t=0$ 时,转换控制信号 u_S 由 **0** 变为 **1**,G_2 输出 **0**,开关 S_1 断开,开关 S_2 接入模拟电压 u_I,如图 8.3.5(b)所示。u_I 经电阻 R 对电容 C 进行充电,积分器开始对 u_I 进行积分(第一次积分),由于 u_I 是一个常数,所以,积分器的输出电压 $u_O(t)$ 为

$$u_O(t)=-\frac{1}{RC}\int_0^t u_I\mathrm{d}t=-\frac{u_I}{RC}t \tag{8.3.2}$$

可见,$u_O(t)$ 以 u_I/RC 的斜率随时间下降,如图 8.3.5(c)所示。

由于积分器输出电压 $u_O<0$,过零比较器输出 $u_C=\mathbf{1}$,如图 8.3.5(d)所示,又由于 $u_S=1$,这时时钟控制门 G_1 打开,计数器开始对周期为 T_C 的时钟脉冲 CP 进行计数,如图8.3.5(e)所示,经时间 $T_1=2^nT_C$ 后,计数器计满 2^n 个 CP 脉冲,各计数触发器自动返回 **0** 状态,同时

给定时触发器 FF_n 送出一个进位信号，FF_n 置 **1**，使开关 S_2 接 $-V_{REF}$。第一次积分结束时，对应时间为 T_1，这时积分器输出电压 $u_O(t_1)$ 为

$$u_O(t_1)=-\frac{T_1}{RC}u_I$$

$$=-\frac{2^nT_C}{RC}u_I \tag{8.3.3}$$

由于 $T_1=2^nT_C$ 为定值，故对 u_I 的积分为定时积分。输出电压 $u_O(t)$ 与输入 u_I 成正比。

3. 第二次积分(比较阶段)

在时间 $t=t_1(=T_1)$ 时，第一次积分结束，S_2 接 $-V_{REF}$，电容 C 开始放电，积分器对 $-V_{REF}$ 进行反向积分(第二次积分)。由于积分器仍输出 $u_O<0$，过零比较器输出 $u_C=\mathbf{1}$，计数器从 **0** 开始第二次计数。当积分器输出电压 $u_O(t)$ 上升到 $u_O(t)=0$ 时，由 $u_C=\mathbf{0}$，G_1 关闭，计数器停止计数。第二次积分的时间 $T_2=t_2-t_1$。这时，输出电压 $u_O(t_2)$ 为

$$u_O(t_2)=u_O(t_1)+\frac{-1}{RC}\int_{t_1}^{t_2}(-V_{REF})\mathrm{d}t=0$$

所以

$$\frac{2^nT_C}{RC}u_I=\frac{V_{REF}}{RC}T_2$$

由上式可得第二次积分的时间 T_2 为

$$T_2=\frac{2^nT_C}{V_{REF}}u_I \tag{8.3.4}$$

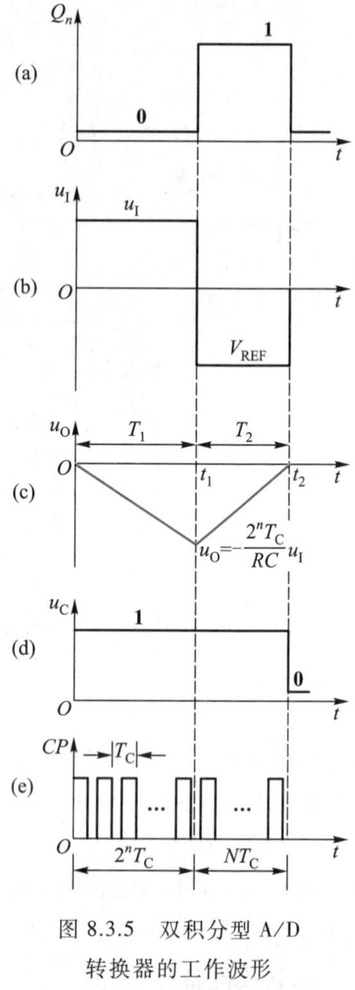

图 8.3.5　双积分型 A/D 转换器的工作波形

(a) 定时触发器输出电压；(b) 输入 u_I 和 $-V_{REF}$；(c) 积分器输出电压；(d) 检零比较器输出电压；(e) 输入标准时钟脉冲

由式(8.3.4)可看出，第二次积分的时间间隔 T_2 与输入模拟电压 u_I 是成正比的，即完成了模拟电压 u_I 到时间间隔的转换。如在 T_2 时间内，计数器计的脉冲个数为 N，由于 $T_2=NT_C$，将其代入式(8.3.4)中得

$$N=\frac{2^n}{V_{REF}}u_I \tag{8.3.5}$$

由式(8.3.5)可知：计数器计的脉冲个数 N 与输入 u_I 是成正比的，因此，计数器计了 N 个 CP 脉冲后所处的状态表示了输入 u_I 的数字量，从而实现了模拟量到数字量的转换。计数器的位数就是 A/D 转换器输出数字量的位数。

双积分 A/D 转换器的主要优点是工作稳定，抗干扰能力强，转换精度高；它的主要缺点是工作速度低。由于双积分型 A/D 转换器的优点突出，所以，在工作速度要求不高时，应用十分广泛。

8.3.5 A/D 转换器的主要参数

1. 分辨率

分辨率有时也称分解度,它为 A/D 转换器输出最低位(LSB)变化一个数码对应输入模拟量的变化量,它说明了 A/D 转换器对输入信号的分辨能力,输出数字量的位数越多,量化单位越小,能分辨出的最小模拟电压越小,分辨率也越高。如 8 位 A/D 转换器输入满量程模拟电压为5 V,则其分辨率为

$$\text{分辨率}=\frac{5\ \text{V}}{2^{8}}=19.53\ \text{mV}$$

而对于输入同样满量程模拟电压的 10 位 A/D 转换器,其分辨率为

$$\text{分辨率}=\frac{5\ \text{V}}{2^{10}}=4.88\ \text{mV}$$

因此,A/D 转换器的位数越多,其分辨率也越高。

2. 相对精度

相对精度是指 A/D 转换器实际输出的数字量与理论输出数字量之间的差值。如相对误差≤1LSB/2,则说明实际输出的数字量和理论上得到的输出数字量之间的误差不大于最低位 1 的一半。

3. 转换速度

转换速度是指 A/D 转换器完成一次转换所需的时间。所谓转换时间,是指从接到转换控制信号开始到输出端得到稳定数字量输出所需的时间。不同的转换电路,其转换速度的差别是很大的。并联比较型 A/D 转换器的转换速度最高,逐次渐近型 A/D 转换器次之,双积分型 A/D 转换器最低。

8.3.6 集成 A/D 转换器 CC7106 介绍

集成 A/D 转换器的种类很多,这里以 CC7106 芯片为例加以介绍。

CC7106 为双积分式 A/D 转换器,它将数字电路和模拟电路集成在一块芯片上,为大规模集成电路。具有输入阻抗高、功耗低、抗干扰能力强、转换精度高等优点。可直接驱动液晶显示器。只需外接少量电子元件就可很方便地构成 $3\frac{1}{2}$位(3 位半)数字电压表。

一、CC7106 的引脚功能

图 8.3.6(a)所示为 CC7106 的电路结构图,图(b)为引脚功能图,各引脚功能说明如下:

V_{DD}、V_{EE}:分别为电源的正、负端。单电源供电时,常取 $V_{DD}=9$ V。

$a_1\sim g_1$:个位笔段驱动端。

$a_2\sim g_2$:十位笔段驱动端。

$a_3\sim g_3$:百位笔段驱动端。

bc_4:千位 b、c 笔段驱动端。

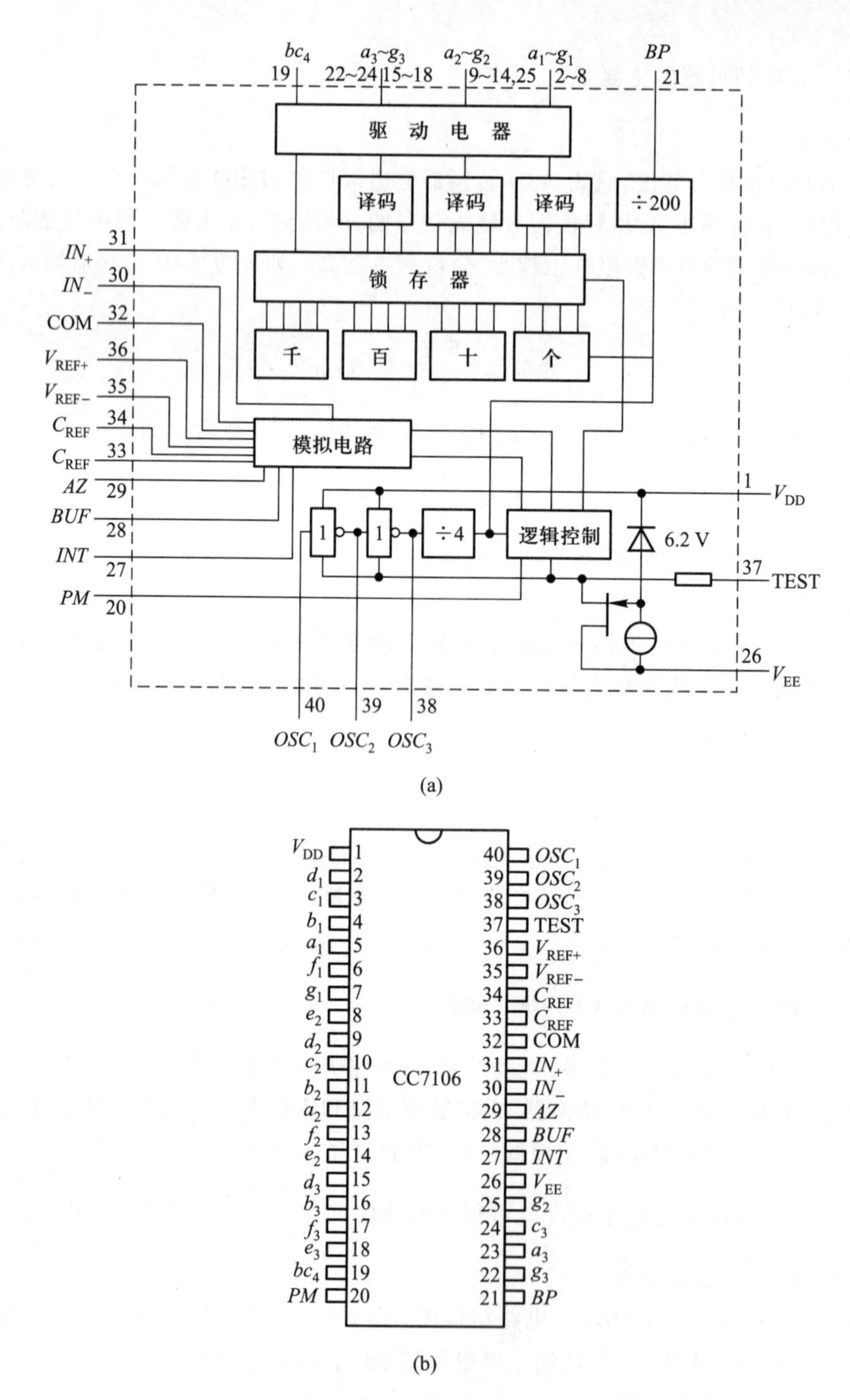

图 8.3.6 CC7106 电路结构和引脚功能图

（a）电路结构；（b）引脚功能

PM:负极性显示输出端,接千位的 *g* 段,当 *PM* 为负值时,显示负号。

BP:液晶显示器背面公共电极端,输出 50 Hz 方波。

V_{REF+}、V_{REF-}:基准电压的正、负端。

C_{REF}:基准电容端,在两个 C_{REF}之间接基准电容。

COM:模拟信号公共端。使用时,与输入信号负端及基准电压负端相连。

TEST:数字地和测试端,还用来测试显示器的笔段。

IN_+、IN_-:模拟电压输入端。

AZ:外接校零电容端。

BUF:外接积分电阻端。

INT:外接积分电容端。

$OSC_1 \sim OSC_3$:时钟振荡器外接元件端。用以外接阻容元件或石英晶体组成振荡器。主振频率 f_{OSC}由外接 R_1C_1值决定

$$f_{OSC}=\frac{0.45}{R_1C_1} \tag{8.3.6}$$

CC7106 计数器的时钟频率 f_{CP}为主振频率 f_{OSC}经 4 分频后得到

$$f_{CP}=\frac{1}{4}f_{OSC}=\frac{1}{4}\cdot\frac{0.45}{R_1C_1} \tag{8.3.7}$$

二、CC7106

A/D 转换器 CC7106 主要由以下几部分组成:

(1) 模拟电路:主要包括组成积分器的运算放大器和过零比较器等。

(2) 分频器:将主振荡频率 f_{OSC}进行分频,从而获得计数频率 f_{CP}和液晶显示器背面电极的方波频率等。

(3) 计数器:个位、十位和百位都输出 8421BCD 码,千位只有 **0** 和 **1** 两个数码,所以,最大计数容量为 1.999。

(4) 锁存器:用以存放计数结果。

(5) 译码器:将锁存器输出的代码转换成驱动液晶显示器的七段字形码。

(6) 驱动器:内有**异或**门,可提高负载能力,产生合适的电平驱动液晶显示器。

(7) 逻辑控制:产生控制信号,协调各部分电路工作。

三、应用举例

图 8.3.7 所示为由 A/D 转换器 CC7106 组成的 $3\frac{1}{2}$位液晶显示数字电压表,电源电压为 9 V。测量电压范围为:200 mV、2 V、20 V、200 V、1 000 V 共五挡,基本量程为 200 mV。输入阻抗实际上为电阻分压器的总阻值,即 $R_1=R_5+R_6+R_7+R_8+R_9=10\ \text{M}\Omega$。各挡量程由开关 S_1控制,衰减后的电压 V_x为电压表输入的基本电压,并送到 CC7106 的 IN_+、IN_-端。如开关 S_1动端对地电阻为 R_x时,则 $V_x=\frac{R_x}{R_1}V_I$。V_I为 V_{I+}和 V_{I-}端输入的被测电压。在图 8.3.7 中,R_1、

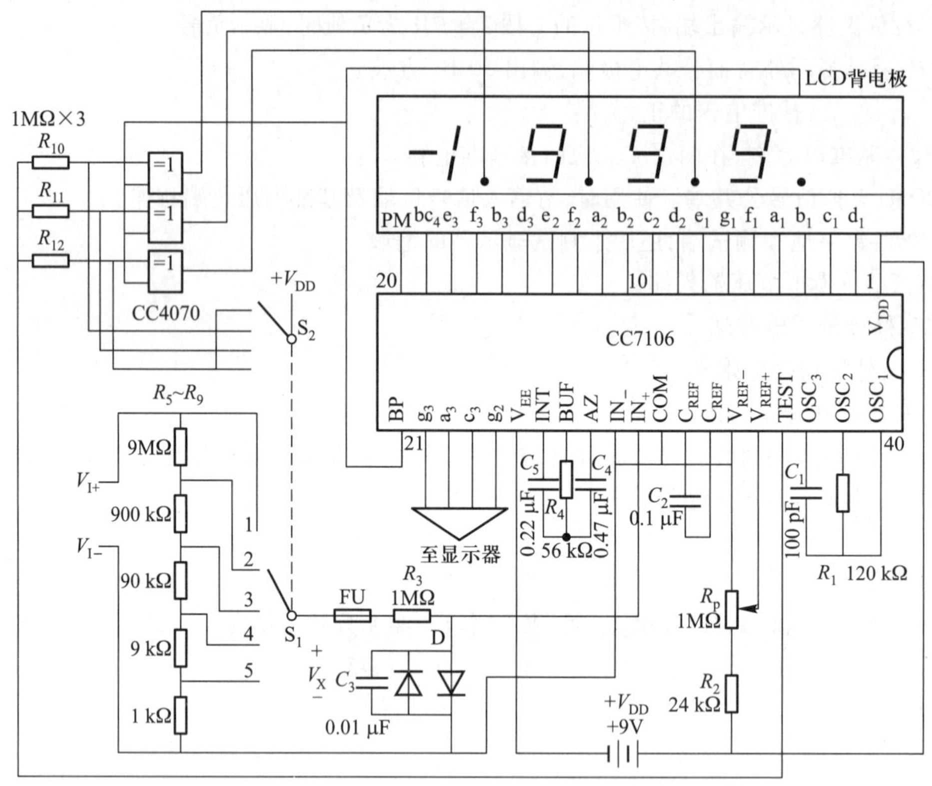

图 8.3.7 由 CC7106 构成的 $3\frac{1}{2}$位液晶显示数字电压表

C_1为主振荡器的定时元件。R_2和 R_P为基准电压 V_{REF}的分压电路,用以调节 V_{REF}的大小。FU 为熔断丝、R_3为限流电阻,它和 C_3组成输入滤波电路,用以提高电路的抗干扰能力和过载能力。R_4、C_5为积分电阻和积分电容,它和内部运算放大器构成积分器。C_4为自动调零电容,C_2为基准电容。R_{10}、R_{11}、R_{12}、三个**异或**门和开关 S_2用以控制小数点。

思 考 题

1. 实现 A/D 转换要经过哪四个步骤?

2. 何谓量化? 何谓编码? 编码后的量是模拟量还是数字量?

3. 试问 8 位并联比较型 A/D 转换器需用电压比较器和 D 触发器各需几个?

4. 试比较并联比较型、逐次渐近型和双积分型三种 A/D 转换器的主要优点和缺点,指出它们各在什么情况下采用。

5. 试说明双积分型 A/D 转换器是否需要取样-保持电路,并说明理由。

6. 在双积分型 A/D 转换器中,对基准电压有什么要求。

本章小结

1. D/A 转换器和 A/D 转换器是数字系统和模拟系统的接口电路。在数字系统中,数字信号处理的精度和速度最终取决于 D/A 转换器和 A/D 转换器的转换精度和速度。因此,转换精度和转换速度是 D/A 和 A/D 转换器的两个重要指标。

2. D/A 转换器用以将输入的二进制数字信号转换成与之成正比的模拟电压。D/A 转换器的种类很多,常用的 D/A 转换器有权电阻网络、$R-2R$ 倒 T 形和权电流型 D/A 转换器等。$R-2R$ 倒 T 形电阻网络 D/A 转换器所需电阻种类少,转换速度快,便于集成化,但转换精度较低。权电流网络 D/A 转换器转换速度和转换精度都比较高。

3. A/D 转换器用以将输入的模拟电压转换成与之成正比的二进制数字信号。A/D 转换分直接转换和间接转换两种类型。直接转换速度快,如并联比较型 A/D 转换器,通常用于超高速转换场合。间接转换速度慢,如双积分型 A/D 转换器,其转换精度较高,性能稳定,抗干扰能力较强,目前使用较多。逐次渐近型 A/D 转换器属于直接转换型,但要经过多次反馈比较,其转换速度比并联比较型慢,但比双积分型要快,属中速 A/D 转换器,在集成 A/D 转换器中用得最多。

4. A/D 转换要经过取样、保持、量化与编码四个步骤实现。前两个步骤在取样-保持电路中完成,后两个步骤在 A/D 转换器中完成。在对模拟信号进行取样时,必须满足取样定理,取样脉冲的频率 f_s 必须大于等于输入模拟信号频谱中最高频率分量的 2 倍,即 $f_s \geq 2f_{I(max)}$,这样才能做到不失真地恢复出原来的模拟信号。

自测题

一、填空题

1. D/A 转换器用来将输入的________转换为________输出。

2. 在 $R-2R$ 倒 T 形电阻网络 D/A 转换器中,电阻网络中的电阻值只有________、________两种;各节点对地的等效电阻均为________。

3. 电阻网络 D/A 转换器主要由________、________、________三部分组成,其中________为 D/A 转换器的核心。

4. A/D 转换器用来将输入的________转换为________输出。

5. A/D 转换的 4 个步骤是________、________、________、________。取样脉冲的频率应大于输入模拟信号频谱中最高频率分量频率的________倍。

6. 双积分型 A/D 转换器是在固定时间间隔内对________电压进行积分。和其他 A/D 转换器相比,它的优点是________、________,主要缺点是________。

二、判断题(正确的题在括号内填入"√",错误的题则填入"×")

1. 在 D/A 转换器中,输入数字量位数越多,输出的模拟电压越接近于实际的模拟电压。 ( )

2. $R-2R$ 倒 T 形电阻网络 D/A 转换器的转换精度比权电阻网络 D/A 转换器高。 ( )

3. 在D/A转换器中,转换误差是可以完全消除的。 ( )

4. 在A/D转换器中,量化单位越小,转换精度越差。 ( )

5. 在A/D转换器中,输出数字量位数越多,量化误差越小。 ( )

6. 在A/D转换器中,量化误差是不可消除的。 ( )

三、选择题(选择正确的答案填入括号内)

1. $R-2R$ 倒T形电阻网络D/A转换器中的阻值为 ( )

A. 分散值　　B. R 和 $2R$　　C. $2R$ 和 $3R$　　D. R 和 $\frac{1}{2}R$

2. D/A转换器中的运算放大器输入和输出信号为 ( )

A. 二进制代码和电流　　B. 二进制代码和电压

C. 模拟电压和电流　　D. 电流和模拟电压

3. 双积分型A/D转换器输出的数字量与输入模拟量的关系为 ( )

A. 正比　　B. 反比　　C. 平方　　D. 无关

4. 并联比较型A/D转换器不可缺少的组成部分是 ( )

A. 计数器　　B. D/A转换器

C. 编码器　　D. 积分器

练 习 题

[题8.1] 在图8.2.1所示4位权电阻网络D/A转换器中,开关 S_2 支路中的电阻为10 kΩ时,试求其他三个支路中的电阻值。

[题8.2] 已知8位权电阻网络D/A转换器中的 $V_{REF}=-10$ V,$R_F=\frac{1}{4}R$,试求输入最大数字量和最小数字量时对应输出的电压值。

[题8.3] 设D/A转换器的输出电压为0~5 V,试求12位D/A转换器的分辨率为多少?

[题8.4] 一个8位的 $R-2R$ 倒T形D/A转换器的 $R_F=3R$,$V_{REF}=6$ V,试求数字量为**00000001**、**10000000**和**01111111**对应的输出电压。

[题8.5] 已知D/A转换器的最小输出电压 $U_{LSB}=5$ mV,最大输出电压 $U_{FSR}=10$ V,则应选用多少位的D/A转换器?

[题8.6] 如A/D转换器输入的模拟电压不大于10 V,则基准电压 V_{REF} 应为多大?如转换成8位二进制代码,它能分辨最小的模拟电压为多大?如转换成16位二进制代码,它能分辨最小的模拟电压又为多大?

[题8.7] 根据逐次渐近型A/D转换器的工作原理,一个8位A/D转换器完成一次转换需要多少个时钟脉冲?如时钟脉冲的频率为1 MHz,则完成一次转换需要多少时间?

[题8.8] 如双积分型A/D转换器中计数器为10位二进制计数器,时钟脉冲 CP 的频率为1 MHz,试计算A/D转换器的最大转换时间。

[题 8.9]　已知多谐振荡器输出矩形脉冲的频率 $f=1$ MHz，4 位同步二进制计数器 CT74LS161、运算放大器和 D/A 转换器 AD7520、$V_{REF}=-10$ V，试用它们组成一个阶梯电压发生器，画出逻辑图和输出阶梯电压波形，并标出各点电压的幅值。

技　能　题

[题 8.10]　试用 4 位同步二进制计数器 CT74LS161、D/A 转换器 AD7520、二输入与非门、运算放大器设计一个能产生图 P8.1 所示的 10 阶梯波形发生器。取 $V_{REF}=10$ V，计算出各点的电压幅值。

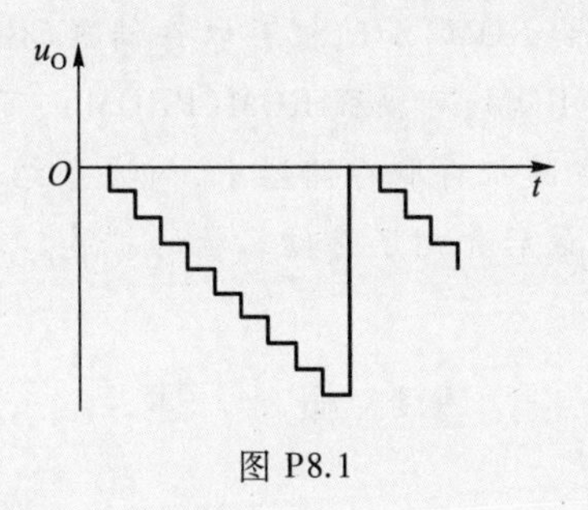

图 P8.1

第 9 章

半导体存储器

内容提要

本章主要介绍只读存储器(ROM)和随机存取存储器(RAM)的基本工作原理。在只读存储器中,简要介绍了固定 ROM、可编程 ROM(PROM)、可擦除可编程 ROM(EPROM)的工作原理及它们的特点。在随机存取存储器中,简要介绍了电路结构和静态存储单元与动态存储单元的工作原理,最后介绍了存储容量的扩展。

9.1 概　　述

存储器是计算机和其他数字系统中用以存储大量信息(数据)的部件。随着计算机的运算速度不断提高,要处理的数据量也越来越大,这就要求存储器有更大的存储容量和更快的存取速度。因此,存储器是计算机和其他数字系统中不可缺少的重要组成部分。

从信息存取的情况来看,存储器可分为只读存储器(read only memory,ROM)和随机存取存储器(random access memory,RAM)两类。从制造工艺上看,半导体存储器有双极型和单极型(MOS 型)两类。由于 MOS 电路不仅功耗比双极型电路低得多,而且工作速度也不亚于双极型电路,因此,存储器多采用 MOS 工艺制造。在 MOS 电路中,因 CMOS 电路具有功耗极低(微功耗)和抗干扰能力强等突出优点,所以在存储器中被广泛采用。

ROM 和 RAM 虽都用于存储数据,由于它们的用途不同,因此,两者的电路结构也不同。ROM 主要由**与**阵列、**或**阵列、输出缓冲级等部分组成,ROM 的存储单元为开关元件,属于大规模组合逻辑电路。RAM 主要由地址译码器、存储矩阵、读/写控制电路等部分组成,RAM 的存储单元为触发器,属于大规模时序逻辑电路。由于半导体存储器具有集成度高、体积小、功耗低、存取速度快等优点,已广泛用于数字系统和计算机。

9.2 只读存储器(ROM)

只读存储器是用以存储固定信息的部件,存储的信息一旦写入后就不能改变。工作时,它只能读出,不能随意改写。断电后,存储的数据不会丢失。只读存储器主要用于存放需要长期保存的常数、表格、程序、函数和字符等固定不变的信息。

在只读存储器中,根据数据写入的方式不同,可分为固定ROM、可编程ROM、可擦除可编程ROM。

9.2.1 ROM的电路结构和基本电路

图9.2.1所示为ROM的电路结构,它主要由地址译码器、存储矩阵和输出缓冲器(又称输出电路,通常由三态门组成)三部分组成。地址译码器为全译码器,有 n 条地址输入线,用 $A_0 \sim A_{n-1}$ 表示,共有 2^n 条译码输出线,用 $W_0 \sim W_{2^n-1}$ 表示,又称字线;存储矩阵用以存放大量二进制信息,它主要由存储单元组成,有 m 条输出线,分别用 $D_0 \sim D_{m-1}$ 表示,又称位线。因此,该存储器的存储容量为 $2^n \times m$。例如,地址线有 $n=10$ 条,则译码器的输出线为 $2^n=2^{10}=1024$(条),设存储矩阵有 $D_0 \sim D_7$ 8位二进制信息输出,$m=8$ 时,则该ROM的存储容量为 2^{10}(字)×8(位)=8192字位,简称1 K×8位=8 K字位。

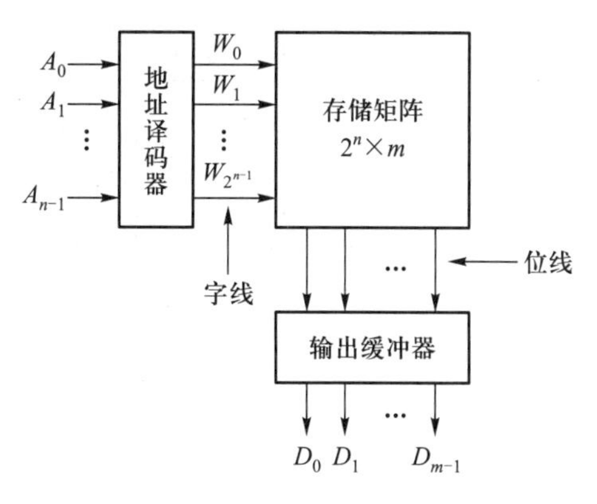

图9.2.1 ROM的电路结构

9.2.2 固定ROM的基本电路和工作原理

一、二极管ROM

1. 电路组成

图9.2.2(a)所示为简单二极管ROM,它由2线-4线译码器和存储矩阵组成,A_1、A_0 为地址输入端,$W_3 \sim W_0$ 为译码器输出的4条字线。存储矩阵由二极管**或**门组成,$D_3 \sim D_0$ 为存储矩阵输出的4条位线。在 $W_3 \sim W_0$ 中任一个输出高电平时,则在 $D_3 \sim D_0$ 4条线上输出一组4位二进制代码,每组代码表示一个字,即一个字由4位二进制数组成。

2. 读数

当输入一组地址码时,则在ROM的输出端就可得到(读出)该地址码对应的存储内容。在图9.2.2中,每一组地址码都有一个4位的字和它对应。如 $A_1A_0=\mathbf{00}$ 时,则字线 $W_0=\overline{A}_1\overline{A}_0=\mathbf{1}$,其他字线都为 $\mathbf{0}$,这时和 W_0 相连的两个二极管导通,位线 $D_2=\mathbf{1}$、$D_0=\mathbf{1}$,而 D_3 和 D_1 都为 $\mathbf{0}$。因此,在输出端得到 $D_3D_2D_1D_0=\mathbf{0101}$ 一组数据输出,其余类推。表9.2.1中列出了图9.2.2所示二极管ROM地址 A_1A_0 与输出数据 $D_3D_2D_1D_0$ 的对应关系。

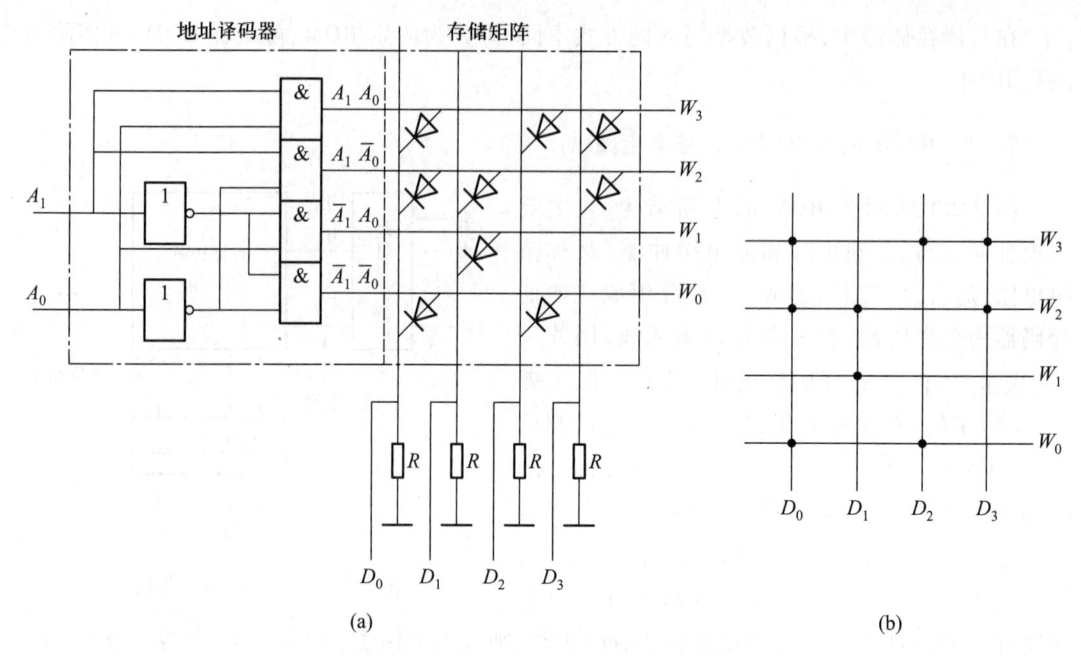

图 9.2.2 二极管 ROM 的电路结构及存储矩阵示意图

（a）二极管 ROM 的电路结构；（b）存储矩阵示意图

表 9.2.1 图 9.2.2 ROM 存储器的数据

地址		数据			
A_1	A_0	D_3	D_2	D_1	D_0
0	**0**	**0**	**1**	**0**	**1**
0	**1**	**0**	**0**	**1**	**0**
1	**0**	**1**	**0**	**1**	**1**
1	**1**	**1**	**1**	**0**	**1**

由以上分析可知，字线和位线的每一个交叉处都是一个存储单元。交叉处接有二极管的相当于存储 **1**，没有接二极管的相当于存储 **0**。因此，交叉点的数目表示存储器存储容量，并写成“字数×位数”的形式。这里，字数为字线数，位数为位线数。图 9.2.2(a)的存储容量为 4(字)×4(位)= 16 字位。

3. 输出逻辑表达式

由图 9.2.2 可得

$$\begin{cases} W_0 = \overline{A}_1\overline{A}_0 \\ W_1 = \overline{A}_1 A_0 \\ W_2 = A_1\overline{A}_0 \\ W_3 = A_1 A_0 \end{cases} \tag{9.2.1}$$

$$\begin{cases} D_0 = W_3 + W_2 + W_0 = A_1A_0 + A_1\overline{A}_0 + \overline{A}_1\overline{A}_0 \\ D_1 = W_2 + W_1 = A_1\overline{A}_0 + \overline{A}_1A_0 \\ D_2 = W_3 + W_0 = A_1A_0 + \overline{A}_1\overline{A}_0 \\ D_3 = W_3 + W_2 = A_1A_0 + A_1\overline{A}_0 \end{cases} \tag{9.2.2}$$

由式(9.2.2)可看出,D_3、D_2、D_1、D_0都为最小项之和的表达式。最小项由译码器产生,而和项则由**或**门产生。因此,二极管 ROM 实际上是由译码器的**与**阵列和存储矩阵的**或**阵列级联而成的。

图 9.2.2(b)为图 9.2.2(a)的二极管**或**门阵列的存储矩阵示意图,图中交叉处的圆点"•"代表有二极管,表示该单元存储 **1**,没有画圆点的交叉处,表示存储 **0**。

二、MOS 管 ROM

图 9.2.3 所示为由 MOS 管组成的固定 ROM,在图 9.2.2(a)有二极管的地方这里都对应换成了 NMOS 管,它们的存储内容相同,但字线与位线反相,故输出应用一个**非**门,这样当某个字线为高电平时,与之相连的 MOS 管导通,使位线为低电平,经**非**门后输出为高电平。其工作原理请读者自行分析。

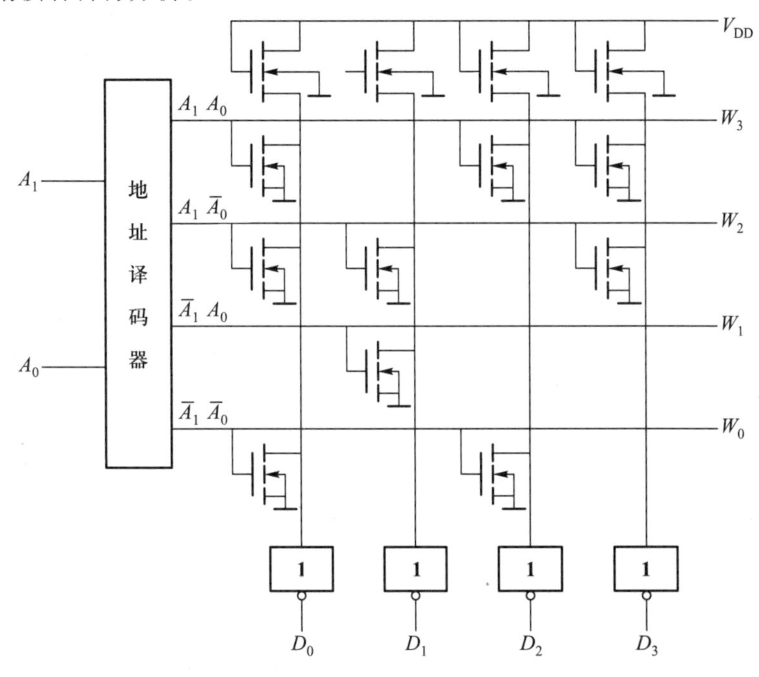

图 9.2.3 MOS 管组成的 ROM 电路结构

9.2.3 可编程只读存储器(PROM)

在固定 ROM 中,存储的信息是由芯片生产厂家在制造时写入的,用户无法改变。然而在实际工作中,设计人员往往要求能根据需要自行写入信息的 ROM,具有这种功能的 ROM

称为可编程只读存储器，简称 PROM(programmable read only memory)。

一、PROM 的电路结构

PROM 的电路结构和固定 ROM 基本相同，所不同的是在每个存储单元中都接入一个开关管，并且都串接了一个熔丝，如图9.2.4所示。没有编程时，所有熔丝都是连通的，全部存储单元相当于存储 **1**。用户在编程时，可根据要求，借助编程工具将不需要存储单元中的熔丝烧断。熔丝烧断后不可恢复，所以，这种可编程只读存储器只能进行一次性编程。使用时，只能读出不能写入。

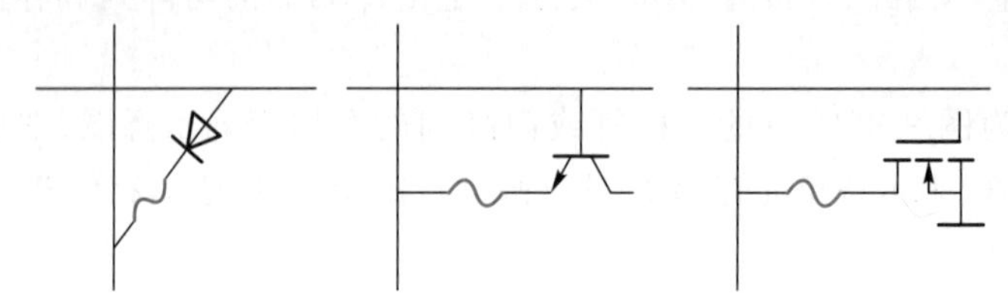

图 9.2.4　PROM 存储单元结构

二、PROM 的应用

由图 9.2.2(a) 和式(9.2.1)与式(9.2.2)可知，PROM 中的地址译码器为固定的**与**阵列，输出为输入地址变量的全部最小项。存储矩阵为可编程的**或**阵列，它输出的为相应输入最小项的和，为标准**与-或**表达式。而任何组合逻辑函数都可变换为标准**与或**表达式。因此，用 PROM 可实现组合逻辑函数。

[例 9.2.1]　试用 PROM 构成一个 1 位全加器。

解：设在第 i 位的二进制数相加，输入变量为被加数 A_i、加数 B_i，低位来的进位数为 C_{i-1}。输出为本位和 S_i、向相邻高位的进位数为 C_i。由此可列出表9.2.2所示全加器的真值表。

表 9.2.2　全加器的真值表

输入			输出	
A_i	B_i	C_{i-1}	S_i	C_i
0	0	0	0	0
0	0	1	1	0
0	1	0	1	0
0	1	1	0	1
1	0	0	1	0
1	0	1	0	1
1	1	0	0	1
1	1	1	1	1

根据表 9.2.2 可写出全加器的输出逻辑函数式为

$$\begin{cases} S_i = \overline{A_i}\,\overline{B_i}C_{i-1} + \overline{A_i}\,B_i\overline{C_{i-1}} + A_i\overline{B_i}\,\overline{C_{i-1}} + A_iB_iC_{i-1} \\ C_i = \overline{A_i}\,B_iC_{i-1} + A_i\overline{B_i}\,C_{i-1} + A_iB_i\overline{C_{i-1}} + A_iB_iC_{i-1} \end{cases}$$

上式可写成下面的形式

$$\begin{cases} S_i = m_1 + m_2 + m_4 + m_7 \\ C_i = m_3 + m_5 + m_6 + m_7 \end{cases} \tag{9.2.3}$$

由式(9.2.3)可知,应选用具有3位地址输入端的PROM,分别作为变量A_i、B_i、C_{i-1}的输入端,取**或**阵列的两个输出端作全加器S_i和C_i的输出端。由此可画出图9.2.5所示的用PROM实现全加器的逻辑图。

在图9.2.5中,**或**门输入线与译码器输出字线的交叉点上的符号"×"表示可编程连接点。**或**门一根输入线上打的4个"×",表示该**或**门有相应的4个输入端。

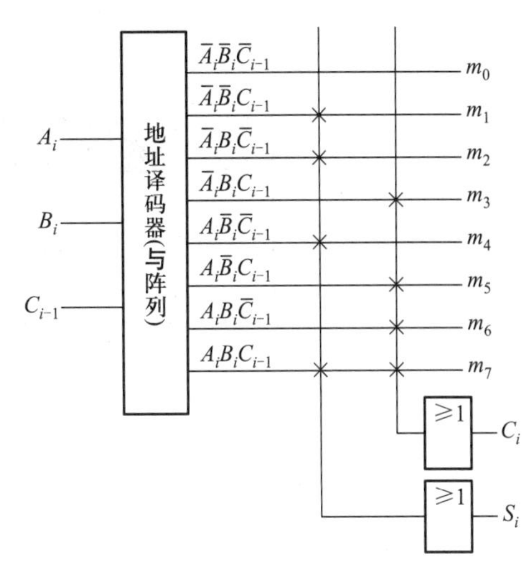

图9.2.5 用PROM构成的全加器

9.2.4 可擦除可编程只读存储器

由于PROM为一次性的编程器件,一旦编程出了差错,芯片只有报废,使用仍不方便。而可擦除可编程ROM不但可擦除原先存储的信息,而且还可重复编程,克服了PROM的缺点。按擦除方式不同,可擦除可编程ROM分为两种:用紫外线擦除信息的称为EPROM(erasable programmable read only memory);用电信号擦除信息的称为EEPROM(electrically erasable programmable read only memory),或称E^2PROM。在使用时,仍然只能读出,不能写入,故仍称只读存储器。新一代的快闪存储器Flash memory虽然仍是ROM,但却具有随机读写功能,目前被广泛应用于移动存储设备中。

一、EPROM

用紫外线擦除信息的EPROM中的存储单元采用了叠栅MOS管技术,其结构示意图如图9.2.6所示。它有两个重叠的栅极,其中一个没有电极且被包围在SiO_2绝缘层中,与外部电绝缘,称为浮栅;它的上面还重叠有一个栅极,称为控制栅。控制栅上引出电极G,用于控制MOS管的导通与截止。这样的MOS管又称为SIMOS管。

SIMOS管在正常的开启电压$U_{GS(th)}$作用下能否导通,完全取决于浮栅中是否有电子注入。当浮栅中未注入电子时,在正常的开启电压作用下,SIMOS管导通,等效于熔丝接通,相当于存入信息**1**。而在浮栅中注入电子后,浮栅中的电子吸引衬底P型半导体中的空穴,而形成一个与开启电压$U_{GS(th)}$反向的电场,使SIMOS管的开启电压升高。在正常的开启电压作用下,SIMOS管不能导通,这等效于熔丝断开,相当于存入信息**0**。要在SIMOS管的浮栅中注入电子,实现写**0**操作,需要在漏源之间加+25 V高电压,使衬底和漏区间的PN结发生雪崩击穿,产生高能电子,此时在控制栅极加+25 V高电压,吸引高能电子穿过绝缘层进入浮栅,当高压去掉后,被绝缘层包围的浮栅所俘获的电子不能泄放,实现了向浮栅注入电子的操作。若要实现写**1**操作,只要把浮栅中的电子泄放掉即可。这需要用强紫外线照射(15~20) min,因此,EPROM芯片上都有一个石英玻璃窗,供紫外线擦除用。无论是写入信

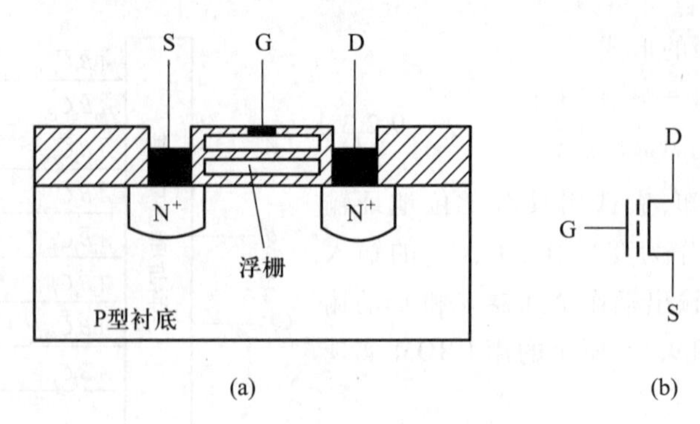

图 9.2.6 叠栅 MOS 管的示意图

(a) 结构示意图； (b) 符号

息还是擦除信息，都需要专用的编程器和擦除器才能完成。EPROM 写入信息后需用遮光纸将石英玻璃窗口封贴起来，以免阳光照射而丢失写入的信息。EPROM 一般可以擦写上百次，写好的信息可以保存十年左右。

二、E^2PROM

电可擦除的 E^2PROM 中的存储单元结构类似于 SIMOS 管，也是采用叠栅技术，如图 9.2.7所示。不同的是 E^2PROM 中的叠栅 MOS 管中，叠栅与漏区有一个重叠区，并且在重叠部分，浮栅向漏区靠近，使两者之间的绝缘层很薄，可以较容易地通过外加电压对浮栅注入电子和消除电子，就好像形成了一个隧道，因此又称为隧道型叠栅 MOS 管。当漏极接低电平，在控制栅上加 21 V 正脉冲电压时，就可以把浮栅与漏区之间的薄绝缘层击穿形成隧道，使电子注入浮栅，正脉冲结束后，隧道关闭，电子长期存在于浮栅中，若要消除浮栅中的电子，只需反向加 21 V 脉冲电压，使浮栅中的电子通过隧道泄放出来，从而擦除了浮栅中的电子。E^2PROM 可以边擦除边写入信息，由于在擦、写过程中需要 21 V 高电压脉冲，所以它也需要专用的编程器来完成，但擦写速度比 EPROM 要快得多。也有些生产厂家在集成 E^2PROM芯片中设置了升压电路，使擦写都能在外部+5 V 电源下进行，这就省去了专用编程器，使 E^2PROM 实现了在线（在用户系统中）读/写的功能。如计算机中的基本输入输出

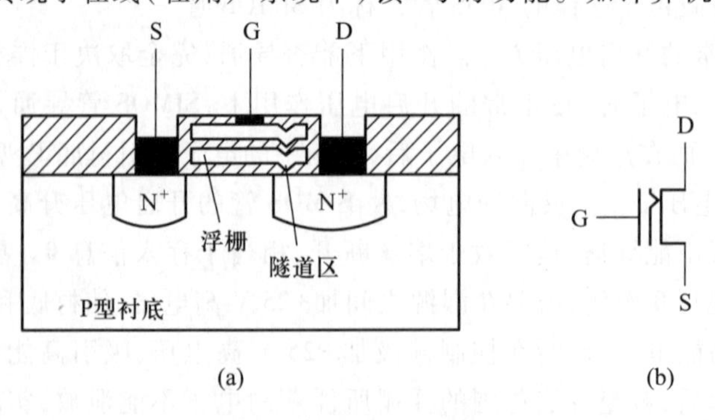

图 9.2.7 E^2PROM 中的 MOS 管

(a) 结构示意图； (b) 符号

管理芯片(BIOS)就是采用这样的芯片,使计算机实现了在线升级。E^2PROM 重复擦写的次数比 EPROM 多,写入的信息可保持十年左右。

三、快闪存储器(**Flash memory**)

快闪存储器是新一代的电擦除电写入存储器,它采用的叠栅 MOS 管如图 9.2.8 所示。其构造与 E^2PROM 中的叠栅 MOS 管有所不同,其一是它的浮栅与源区重叠,并且重叠部分之间的绝缘层更薄;其二是浮栅与源区的重叠部分是采用源区横向扩散工艺形成的,面积很小。由于这样的特殊结构、工艺,使它在对浮栅注入或消除电子时所需的电压更低,速度更快,几乎可以达到随机读写的速度,所以人们称之为闪存。在编程写入时,要向浮栅注入电子,只要在控制栅加高电平,同时在漏极加+12 V 的高电压脉冲,即可产生雪崩效应向浮栅注入电子。它类似于 EPROM 向浮栅注入电子,只是脉冲电压要低得多。擦除时,让控制栅处于低电平,同时在源极加+12 V、100 ms 的高电压脉冲,使栅源重叠区产生隧道效应,就可以将浮栅中的电子泄放,完成擦除。这种快闪存储器中的所有叠栅 MOS 管的源极都是连接在一起的,所以擦除时是整个芯片的所有存储单元同时擦除,擦除后可以重新写入信息。写入的信息可以保持 100 年左右,重复擦写的次数高达 10 万次以上。快闪存储器片内也设置了升压电路,无须专用的编程器进行擦写,使用时只需外部加+5 V 电源即可进行擦写操作。

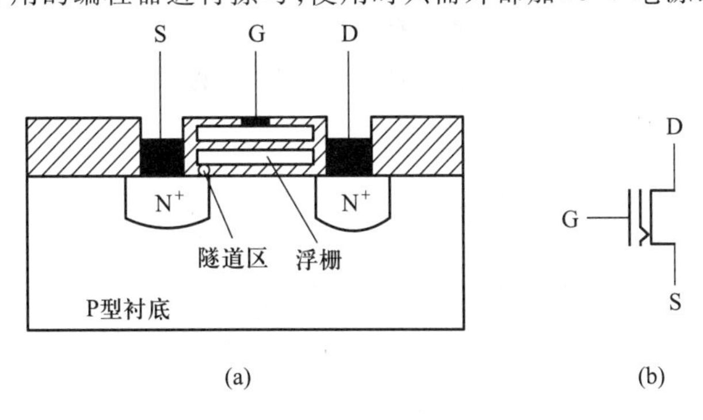

图 9.2.8 快闪存储器中的 MOS 管

(a) 结构示意图; (b) 符号

由于快闪存储器读写迅速,容量大,体积小,重量轻,低功耗,寿命长,使用方便,目前被广泛应用于便携式存储器,如 U 盘,数码产品(数码相机、手机、DV 等)的存储卡,甚至用做计算机中的电子硬盘。

思 考 题

1. ROM 主要由哪几部分组成?它的主要特点是什么?
2. 在 ROM 中,什么叫字?什么叫位?存储器的容量如何表示?
3. EPROM、E^2PROM 和 Flash Memory 有哪些共同处和不同处?
4. PROM 为什么可用来实现组合逻辑函数?

微视频 9-1:ROM、RAM 的仿真

9.3　随机存取存储器(RAM)

随机存取存储器是一种能够随时选择任一存储单元写入(存入)或读出(取出)数据的存储器,简称 RAM,又称读/写存储器。读出操作时,原信息保留;写入操作时,新信息取代原信息。RAM 的最大优点是读/写方便,使用灵活。它的最大缺点是电路失电后存储器中的数据将全部丢失。它主要用于存放一些临时性的数据或中间结果。

9.3.1　RAM 的电路结构和读/写过程

图 9.3.1 所示为 RAM 的电路结构,它主要由存储矩阵、行(X)地址译码器和列(Y)地址译码器、读/写控制电路三部分组成。

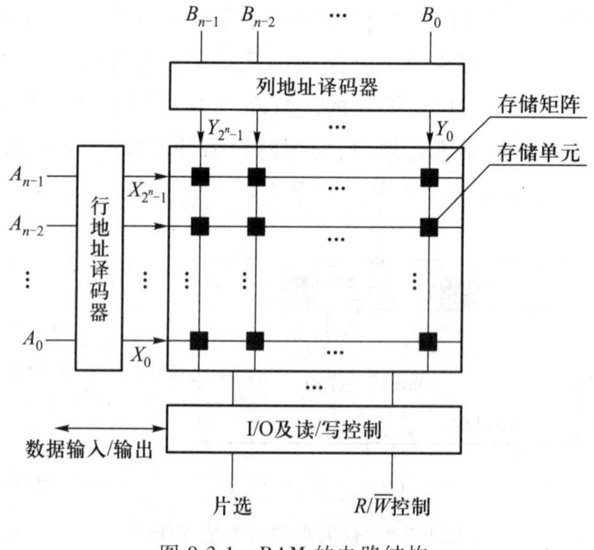

图 9.3.1　RAM 的电路结构

1. 地址译码器

为了能方便地选择(访问)到存储器中的任一个存储单元,将地址译码器分为行、列地址译码器,然后根据行、列地址去选通相应的存储单元进行读出或写入数据。

2. 片选和读/写控制电路

由于单片 RAM 的存储容量是很有限的,它往往不能满足计算机和其他信息处理系统的要求,因此,需用多片 RAM 来扩大存储容量。为此,在每片 RAM 上设有片选端$\overline{CS}$和读/写控制端($R/\overline{W}$)。

图 9.3.2 所示为片选与读/写控制电路的逻辑图,其工作情况如下。

当$\overline{CS}$=**1** 时,G_1和 G_2被封锁,都输出低电平 **0**,三态门 G_3、G_4和 G_5都输出高阻,使 I/O 端和存储器内部隔离,不能进行读/写。这时称存储器未被选中。

当$\overline{CS}=\mathbf{0}$时，存储器被选中。这时，可根据读/写($R/\overline{W}$)信号进行操作：如$R/\overline{W}$为**1**，G_1输出**0**，G_4、G_5输出高阻，而G_2输出**1**，三态门G_3开通，数据D经G_3送到I/O端读出，完成了读操作；如$R/\overline{W}$为**0**，G_2输出**0**，G_3输出高阻，而G_1输出**1**，三态门G_4、G_5开通，I/O端输入的数据以互补形式出现在存储器内部数据线上，并存入被选中的存储单元，完成了写操作。

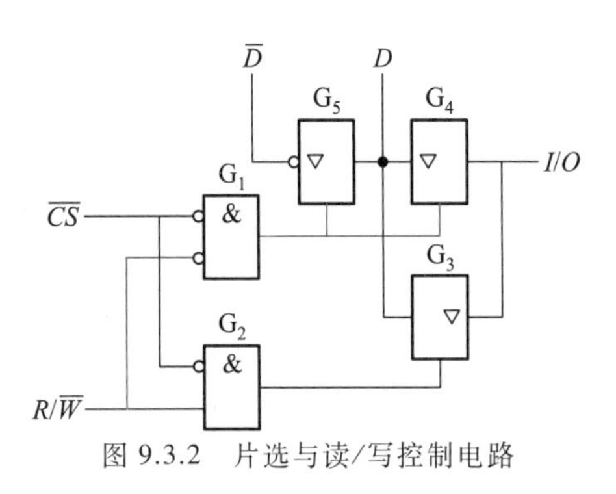

图 9.3.2　片选与读/写控制电路

3. 输入/输出线(I/O 线)

在向RAM存储器写入信息时，I/O线是输入线；在读出RAM中的信息时，I/O线是输出线，即一线两用。I/O线数多少取决于每个地址中寄存器的位数。如在1024×1位的RAM中，每个地址中只有一个存储单元，所以只有1条I/O线。在512×4位的RAM中，每个地址中有4个存储单元，这时有4条I/O线。输出端一般采用三态输出结构，便于和外面的数据总线相连，进行信息的交换和传递。

4. 存储矩阵

由于在RAM中存储单元被排列成矩阵的形式，所以称为存储矩阵。在图9.3.1中，存储矩阵中的每个小黑方块表示一个存储单元，行译码器的每条行输出线都控制着相应一行中的各个存储单元；列译码器的每条列输出线都控制着相应一列中的各个存储单元。只有被行输出线和列输出线同时选中的存储单元才能被访问。如RAM有10位地址码，共有2^{10}个存储单元，每个存储单元存放一位二进制信息，则该RAM的存储容量为2^{10}字×1位=1024字位=1 K字位。存储单元可以是静态的，也可以是动态的。

9.3.2　RAM 中的存储单元

一、静态随机存取存储器(SRAM)的存储单元

静态RAM又称SRAM(static random access memory)。图9.3.3所示为由$V_1\sim V_6$组成的六管CMOS静态存储单元。V_1、V_2和V_3、V_4两个CMOS反相器输出和输入交叉耦合组成的基本触发器，可用来存储一位二进信息。V_5、V_6为由行线X控制的门控管，V_7、V_8为由列线Y控制的门控管。

读操作：在$X=\mathbf{1}$、$Y=\mathbf{1}$时，V_5、V_6和V_7、V_8都导通，触发器和位线接通，数据线和位线也接通，这时，触发器中存储的数据通过数据线读出。

写操作：在$X=\mathbf{1}$、$Y=\mathbf{1}$时，将要写入存储单元的数据送到数据线D和$\overline{D}$上。如写数据**1**时，即$D=\mathbf{1}$、$\overline{D}=\mathbf{0}$。由于V_7、V_5导通，$D=\mathbf{1}$通过这两个MOS管送到Q端，同样，由于V_8、V_6导通，$\overline{D}=\mathbf{0}$送到$\overline{Q}$端，使V_1截止、V_3导通，这时$Q=D=\mathbf{1}$、$\overline{Q}=\overline{D}=\mathbf{0}$，触发器置**1**，它表示输入的数据$D=\mathbf{1}$已被写入触发器(存储单元)。如$X=\mathbf{0}$，$V_5$和$V_6$截止，触发器输出$Q$和$\overline{Q}$和位线

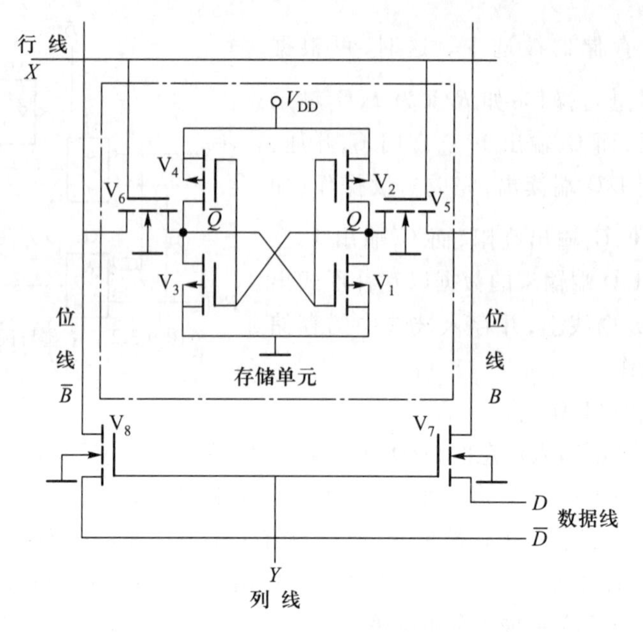

图 9.3.3 六管 CMOS 静态存储单元

隔断,保持已写入的数据**1**不变,即保持**1**状态不变。

*二、动态随机存取存储器(DRAM)的存储单元

静态 RAM 存储单元的主要缺点是使用的晶体管数量多、功耗大、使集成度受到限制,采用动态 RAM 可克服这个缺点。动态 RAM 又称 DRAM(dynamic random access memory),其存储单元由 MOS 管组成,它是利用 MOS 管栅极与源极之间的高阻抗及栅极电容来存储信息的。由于电容存在漏电,栅极电容上存储的信息不可能长期保存,为了防止信息丢失,必须定时给电容补充电荷。

1. 四管 MOS 动态存储单元

图 9.3.4 所示为四管 MOS 动态存储单元。C_1和C_2为 MOS 管的栅极输入电容,数据以电荷的形式存储在C_1和C_2上。当C_1上充有电荷,且电压大于V_1的开启电压;同时C_2上未被充电,没有电荷时,则V_1导通,V_2截止,这时$Q=\mathbf{0}$,$\overline{Q}=\mathbf{1}$,表示存储单元存储**0**;反之,当C_2上充有电荷、C_1上没有电荷时,则V_2导通,V_1截止,这时$Q=\mathbf{1}$,$\overline{Q}=\mathbf{0}$,存储单元存储**1**。V_3、V_4为门控管,控制存储单元和位线B、$\overline{B}$的接通与断开。V_5和V_6为位线上分布电容C_B和$C_{\overline{B}}$的预充电路。

读操作:读操作前加预充脉冲,V_5、V_6导通,V_{DD}经位线将分布电容C_B和$C_{\overline{B}}$充电到V_{DD},这时V_5和V_6截止,预充结束。因C_B和$C_{\overline{B}}$没有放电回路,位线B和$\overline{B}$保持一段时间的高电平。设存储单元处于$Q=\mathbf{0}$、$\overline{Q}=\mathbf{1}$的**0**状态,V_1导通,V_2截止。在此期间进行读操作,其过程为:行线$X=\mathbf{1}$,列线$Y=\mathbf{1}$,门控管V_3、V_4和V_7、V_8都导通,C_B经V_3、V_1放电,位线B为低电平,

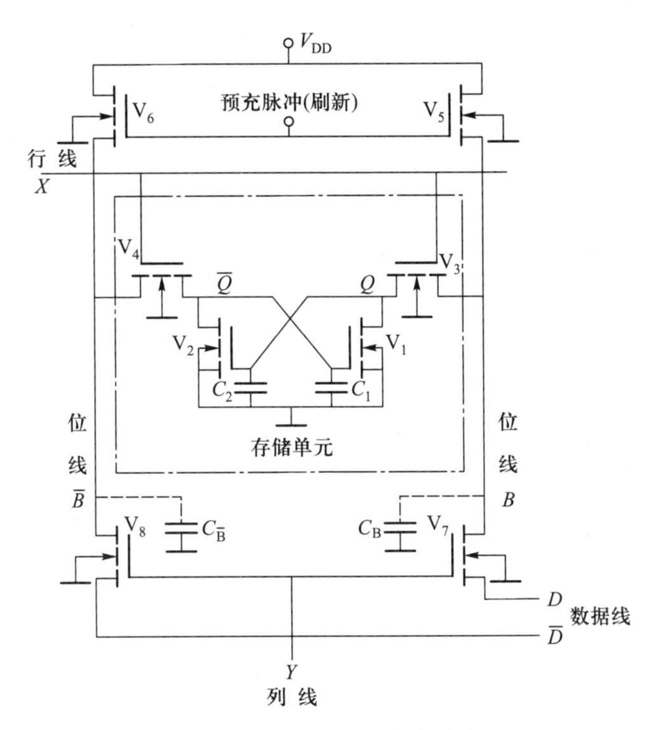

图 9.3.4 四管 MOS 动态存储单元

而 $C_{\overline{B}}$因 V_2截止,而保持高电平,这时 $C_{\overline{B}}$经 V_4给 C_1充电,补充其失掉的电荷,使 C_1上仍为高电平,这种补充电荷的过程称为刷新或再生。由于 V_3、V_7和 V_4、V_8的导通,使存储单元的状态送到数据线 D 和$\overline{D}$上,从而完成了一次读 **0** 操作。同理,如存储单元为 **1** 状态,且 $X=\mathbf{1}$, $Y=\mathbf{1}$,则完成一次读 **1** 操作,并对存储单元进行一次刷新。

写操作:主要过程为:先使 $X=\mathbf{1}$, $Y=\mathbf{1}$,门控管 V_3、V_7和 V_4、V_8都导通,输入数据 D 和$\overline{D}$送到位线 B 与$\overline{B}$上,这时,无论存储单元原来存储什么信息,位线 B 和$\overline{B}$上的数据都将存入到存储单元中。

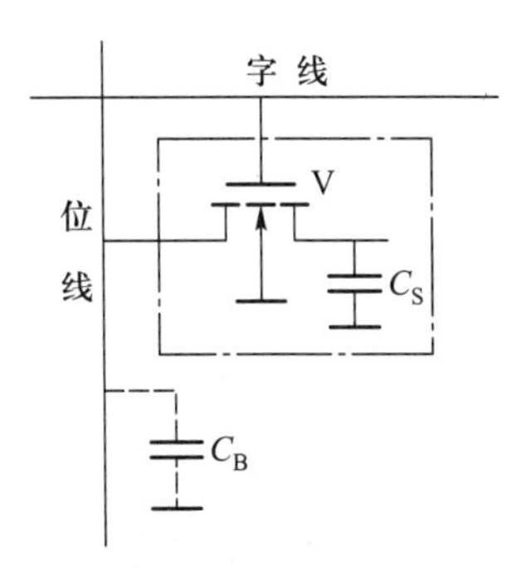

图 9.3.5 单管 MOS 动态存储单元

2. 单管 MOS 动态存储单元

图 9.3.5 所示为单管 MOS 动态存储单元,它由 MOS 管 V 和存储电容 C_S组成。

写操作:字线加高电平,V 导通,位线上的信息通过 V 存储到电容 C_S上。

读操作:字线上加高电平,V 导通,C_S向位线上的 C_B提供电荷,可在位线上读出数据。由于 $C_B \gg C_S$,读操作时 C_S上的一部分电荷转移到 C_B上,使 C_S上所存的电荷就要损失一次,故每次读出后需对电路进行一次“刷新”,以维持电容 C_S上所存储的信息。

由于单管 MOS 动态存储单元的电路简单，占用芯片面积小，功耗也低，所以，在大容量存储器中采用较多，但其外围电路较复杂。

在静态 RAM 中，信息是存储在触发器中的，只要供给电源，存储器的信息就不会丢失，它不需要定期刷新，存取速度较高，但存储容量较小，它适用于小容量存储器。在动态 RAM 中，则是利用 MOS 管的栅极电容来存储信息的。由于电容存在着漏电，它存储的信息难于长期保存，需要定时刷新。但由于其电路简单，集成度高，使用元件少，功耗低，因而适用于大容量存储器。

9.3.3　RAM 的扩展

一、RAM 的位扩展

如一片 RAM 的字数已够用，而每个字的位数不够用，则采用位扩展的方法来扩展每个字的位数。其方法是将各片 RAM 的地址输入端、读/写控制端 $R/\overline{W}$和片选端$\overline{CS}$对应地并接在一起分别作为扩展后的地址输入端、片选和读/写控制端。而各片的输入/输出（I/O）端按顺序排列即可。图9.3.6所示为用 2 片 4 位数据的 RAM 扩展为一个 8 位数据的 RAM。

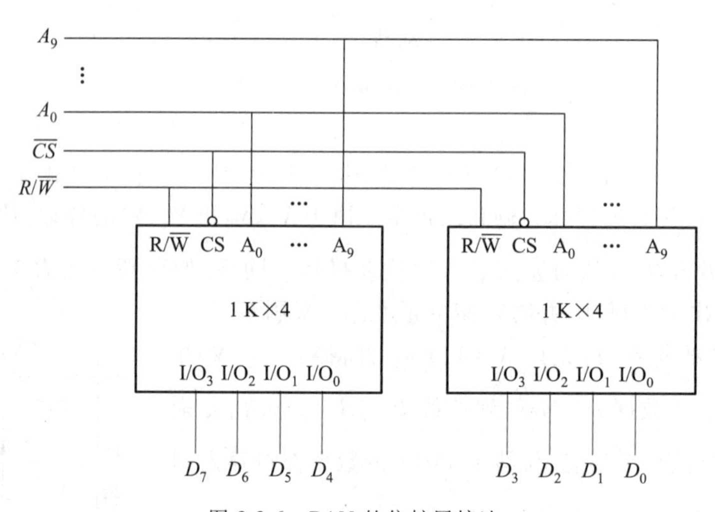

图 9.3.6　RAM 的位扩展接法

二、RAM 的字扩展

如一片 RAM 的位数已够用，而字数不够用，则采用字扩展的方法来扩展存储器的字数。字扩展通常需用外加译码器来控制芯片的片选输入信号$\overline{CS}$实现。图 9.3.7 所示为用外加 3 线-8 线译码器将 8 片 1 K×4 的 RAM 扩展成 8 K×4 的存储器。原单片 1 K×4 的 RAM 需用 10 位地址码 $A_0 \sim A_9$，现扩展成 8 K×4 时需用 13 位地址码 $A_0 \sim A_{12}$。低 10 位地址码 $A_0 \sim A_9$用以选择每一片 RAM 中的一个字的 4 位数据。增加的高 3 位地址码 $A_{10} \sim A_{12}$作为 3 线-8 线译码器的输入端，其输出$\overline{Y_0} \sim \overline{Y_7}$分别接到 8 片 RAM 的片选端$\overline{CS}$，用以选择某一个 RAM 芯片工作。同时将各芯片的地址端 $A_0 \sim A_9$、读/写控制端 $R/\overline{W}$ 和输入/输出端 I/O 对应并接在一起。这样，当地址码 $A_0 \sim A_{12}$ 给定后，其高 3 位地址码用以选择芯片，低 10 位地址码 $A_0 \sim A_9$ 用以选择芯片中的存储单元。

如字数和位数都不够用，则可将字数和位数同时进行扩展，便组成了大容量的存储器。一般方法是先进行位扩展，再进行字扩展。

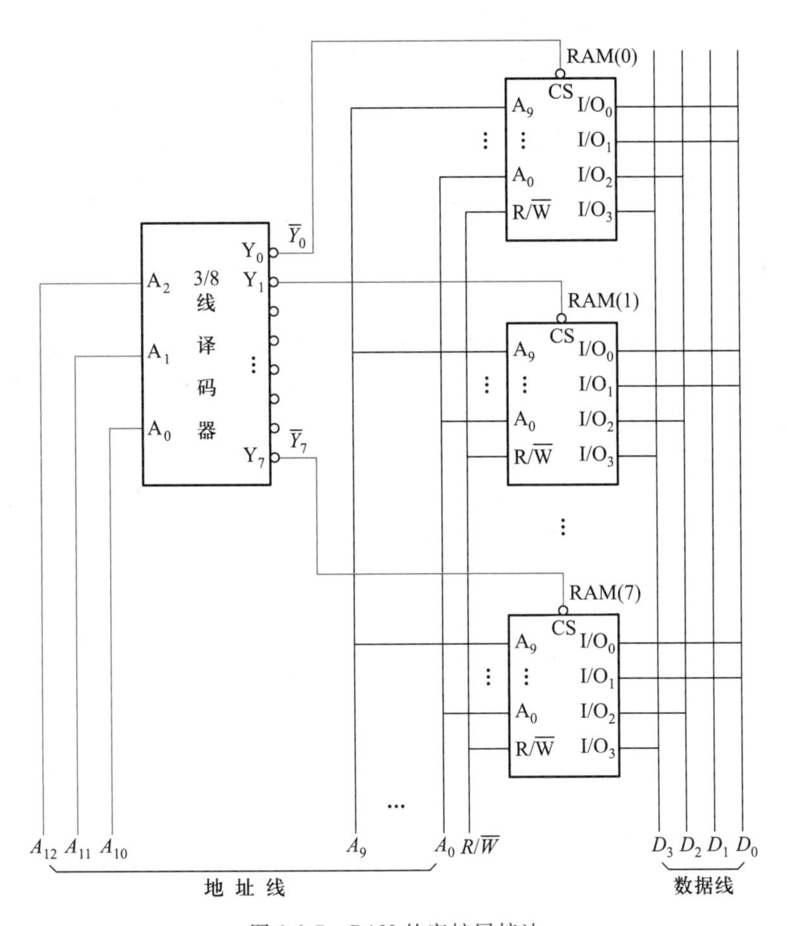

图 9.3.7 RAM 的字扩展接法

思考题

1. RAM 有哪些特点？它主要由哪几部分组成？各部分有什么作用？
2. 什么叫存储容量？
3. 静态 RAM 和动态 RAM 有哪些区别？动态 RAM 为什么要进行周期性刷新？
4. 什么是位扩展？什么是字扩展？RAM 的扩展有什么实际意义？
5. RAM 和 ROM 有什么区别？它们各适用于什么场合？

本章小结

1. 半导体存储器的核心是存储矩阵，它是由许多存储单元组成的，每个存储单元可以存储一位二进制数。根据需要，存储矩阵有一字1位（一字一个存储单元）、一字4位（一字4个存储单元）、一字8位（一字8个存储单元）等。因此，可用半导体存储器存放大量数据。根据存取功能的不同，半导体存储器分为只读存储器（ROM）和随机存取存储器（RAM）两大类。

2. 只读存储器（ROM）主要由地址译码器、存储矩阵和输出缓冲级等部分组成，其存放的数据是固定不变的，不能随意改写。工作时，只能根据地址读出数据。ROM 工作可靠，断电后，存储的数据不会丢失，因此，它常用于存储固定数据的场合。只读存储器有固定 ROM 和可编程 ROM。固定 ROM 由芯片制造厂向芯片写入数据，而可编程 ROM 则由用户向芯片写入数据。可编程 ROM 又分为一次性可编程的 PROM 和可擦除可编程的 EPROM、E^2PROM 和 Flash memory，EPROM 为电写入紫外线擦除型，E^2PROM 和 Flash memory 为电写入电擦除型，后者比前者快捷方便。可编程 EPROM 要用专用的编程器对芯片进行编程。

3. 随机存取存储器（RAM）主要由存储矩阵、地址译码器和读/写控制电路等部分组成。根据地址码可很快地从任一存储单元中读出数据或向该单元中写入数据。RAM 中存储的数据可改写，多用于需要经常更换数据的场合，但断电后存储的数据全部丢失。

4. 一片随机存取存储器（RAM）的存储容量不够用时，可用多片 RAM 来扩展存储容量。如字数够用而位数不够用时，可采用位扩展接法；如位数够用而字数不够用时，可采用字扩展接法；如字数和位数都不够用时，则应同时采用位扩展接法和字扩展接法。

5. 随机存取存储器（RAM）分静态 RAM 和动态 RAM。静态 RAM 的存储单元为触发器，工作时不需要刷新，但存储容量较小。动态 RAM 的存储单元是利用 MOS 管栅极高输入电阻（大于 $10^{10}\,\Omega$）在栅极电容上可暂存电荷的特点来存储信息的，由于栅极电容存在漏电，因此，工作时需要周期性地进行刷新。MOS 动态存储单元有单管、3管、4管等结构形式。动态 RAM 电路简单，功耗低，集成度高，常用于大容量存储器，但外围电路较复杂。

自 测 题

一、填空题

1. ROM 在使用中只能________数据，存储在 ROM 中的数据________因系统断电而丢失。

2. ROM 的存储单元为一个开关元件，当开关元件为永久性断开时，表示存储单元中存储了数据________，当开关元件为可控闭合时，表示存储单元中存储了数据________。

3. RAM 的存储单元为记忆元件，静态 RAM 的记忆元件是________，动态 RAM 的记忆元件是________。动态 RAM 的数据需定时________才能保持。

4. 根据 ROM 和 RAM 的结构，可知 ROM 属于________逻辑电路，RAM 属于________逻辑电路。

5. 若用 ROM 实现一位全加器，则至少需要________条地址线和________条数据线。

6. 一片 2 K×4 位的 RAM 有________条地址线，________条位线。

二、判断题(正确的题在括号内填上"√",错误的题则填上"×")

1. ROM 用作程序存储器时,若容量不够,可以进行字扩展。 ( )
2. RAM 的容量扩展可以是位扩展、字扩展或位、字同时扩展。 ( )
3. 可编程存储器 E^2PROM 可以像 RAM 一样进行随机读写。 ( )
4. 快闪存储器兼有 ROM 和 RAM 的功能。 ( )

三、求解题

1. 试将图 9.1 所示 ROM 的容量扩展 2 倍,画出扩展后的逻辑图。

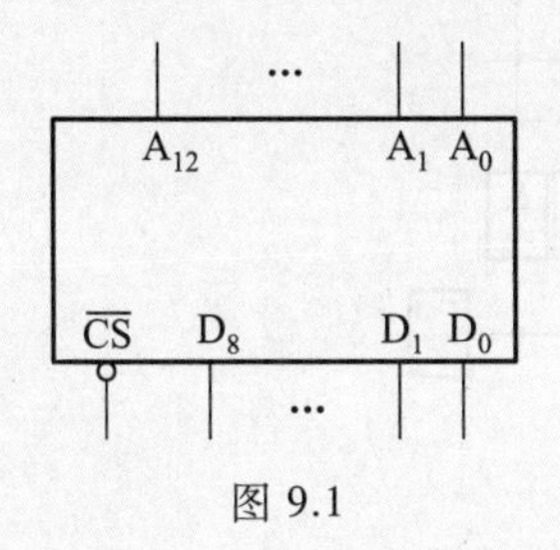

图 9.1

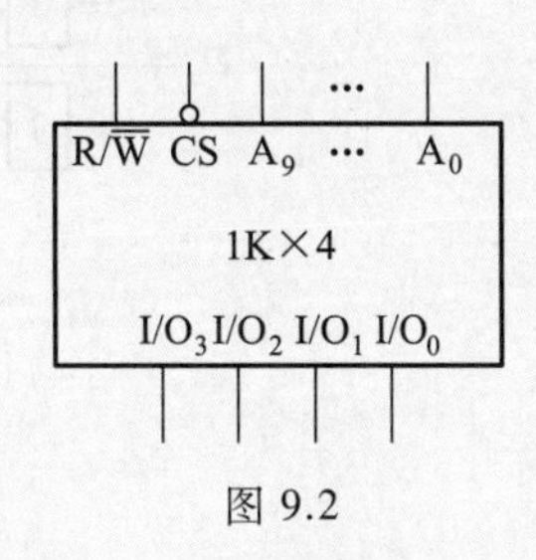

图 9.2

2. 试用图 9.2 所示 RAM 扩展为 2 K×8 位的 RAM,画出扩展后的逻辑图。

练 习 题

[题 9.1] 试用 PROM 实现将 8421BCD 码转换为格雷码。

[题 9.2] 试用 PROM 实现将 8421BCD 码转换为余 3 BCD 码。

[题 9.3] 试问存储容量为 512×8 的 RAM 有多少地址输入线、字线和位线。

[题 9.4] 试用 PROM 实现下列组合逻辑函数。

$$\begin{cases} Y_0 = BCD + A\overline{B}C\overline{D} \\ Y_1 = \overline{A}CD + ABC\overline{D} \\ Y_2 = \overline{A}\overline{B}CD + \overline{A}BC\overline{D} + ABCD \\ Y_3 = \overline{A}C\overline{D} + \overline{A}\overline{B}C\overline{D} + \overline{A}B\overline{C}\overline{D} \end{cases}$$

[题 9.5] 试用 PROM 实现下列组合逻辑函数

$$\begin{cases} Y_0 = ABC + AB\overline{C} + \overline{A}BC + \overline{A}\overline{B}C \\ Y_1 = A\overline{B}\overline{C} + A\overline{B}C + AB\overline{C} \end{cases}$$

[题 9.6] 试用 PROM 实现下列组合逻辑函数

$$\begin{cases} Y_0 = A\overline{C}\overline{D} + CD + ABD + \overline{A}BC \\ Y_1 = AB + BC + AC \\ Y_2 = \overline{A}\overline{B} + ABC + \overline{A}\overline{C} \end{cases}$$

[题 9.7] 试用位扩展法将 2 片 1024×4 位的 RAM 扩展为 1024×8 位的 RAM,并画出接线图。

[题 9.8] 试将 1024×1 位的 RAM 扩展成 4096×4 位的 RAM,并画出接线图。

[题 9.9] 分析图 P9.1 所示电路的逻辑功能。

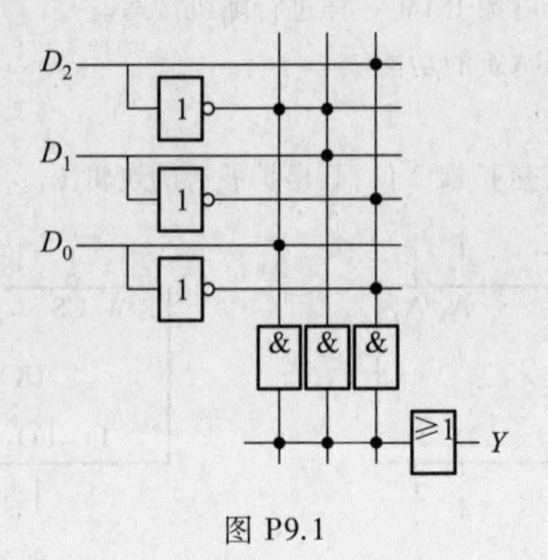

图 P9.1

第 10 章

可编程逻辑器件

10.1 概　　述

可编程逻辑器件 PLD(programmable logic device)是一种可由用户对其进行编程的大规模通用集成电路。目前常用的 PLD 器件中有 PAL(programmable array logic)、GAL(generic array logic)、在系统可编程逻辑器件 isp-PLD(in-system programmable PLD)和现场可编程门阵列 FPGA(field programmable gate array)。用 PLD 器件进行逻辑设计,一般都有强大的标准设计软件工具支持,可以借助计算机进行设计,因此 PLD 与传统的中小规模集成电路相比,具有如下优点。

1. 缩短设计周期,降低设计风险

在强大的开发软件支持下,应用计算机既可进行快速设计,极大地减少了设计周期,又可利用软件提供强大的仿真功能对设计进行仿真测试,及时发现问题,及时修改,提高了设计的可靠性,降低了设计风险。

2. 高性能和高可靠性

PLD 器件具有集成密度高、工作速度快的特点,一般一片 PAL 或 GAL 器件可代替 4~12 片小规模集成器件,或 2~4 片中规模集成器件,这样大大减少了器件的数量,从而减少了印刷电路板的面积和连线数,有效地提高了系统的稳定性和可靠性,也提高了系统的工作速度。此外,PLD 器件都具有加密功能,使产品具有一定的自我保护能力。

3. 降低了产品的总成本

(1) 缩短了开发周期,减少了设计时间。

(2) 减少了印刷电路板的面积和器件数量,因而简化了生产工艺,降低了生产成本。

(3) 修改和改进设计容易,加速了产品的更新换代。

10.2 可编程逻辑器件的基本结构

10.2.1 PLD 的基本结构

由于任何组合逻辑函数都可用**与-或**表达式来表示,这可用**与**门和**或**门来实现,而时序逻辑电路又由组合逻辑电路和存储电路(触发器)组成,多数 PLD 器件的内部电路就是根据上述电路的特点设计的，因此，PLD 器件的基本结构如图 10.2.1 所示。

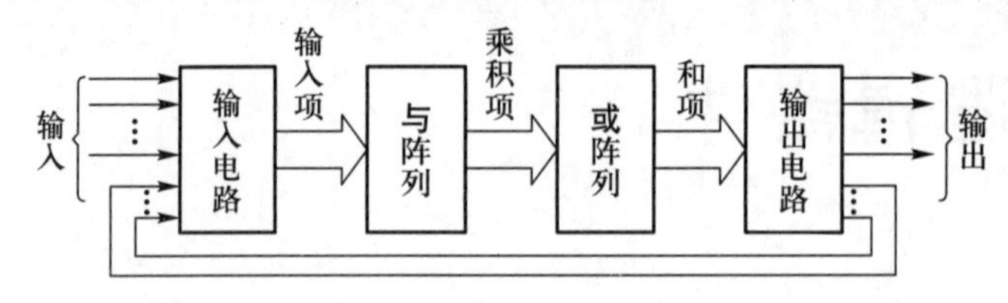

图 10.2.1　PLD 器件的基本结构

输入电路主要是将输入信号变换为互补信号，并被有选择地接到**与**阵列中的有关**与**门的输入端，在**与**阵列输出端得到一组**与**项（乘积项），被有选择地加到相应**或**门的输入端，在**或**阵列输出端得到一组**或**项（和项），它为**与-或**表达式，再加到输出电路上。输出电路有多种方式，有些是组合逻辑输出，有些则是寄存器输出。总体上又可分为固定输出和组态可编程输出两类。如**与**阵列和**或**阵列都是可编程的，则称为全场可编程器件。如只有一个**与**阵列（或为**或**阵列）可编程，则称为半场可编程器件。全场可编程器件结构复杂，成本高，应用较少。半场可编程器件性能稳定可靠，成本低，开发软件丰富完善，因此应用广泛。PAL 和 GAL 都属于这类器件。

10.2.2　PLD 器件的表示法

由于 PLD 器件所用门电路输入端很多，用前面学习的门电路符号来表示 PLD 器件内部电路并不合适，所以，在分析 PLD 器件之前先介绍一下目前被广泛采用的逻辑表示法。

1. 输入和输出缓冲器的逻辑表示

输入/输出缓冲器的常用结构有互补输出门和三态输出门电路，如图 10.2.2 所示。它们都有一定的驱动能力，所以称为缓冲器。

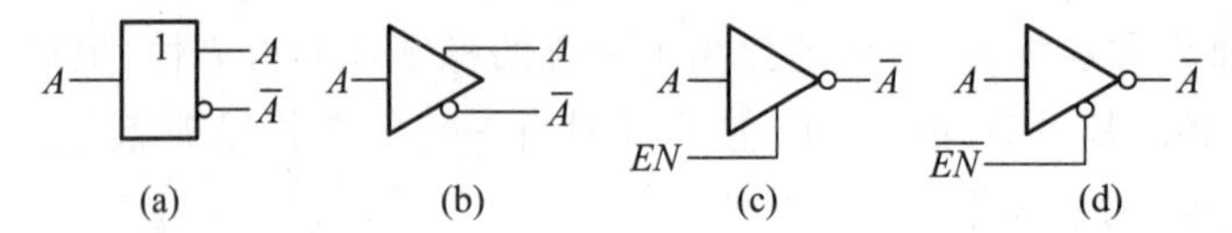

图 10.2.2　输入/输出缓冲器的逻辑门符号

(a)、(b) 互补输出；(c) 高电平有效三态输出；(d) 低电平有效三态输出

2. 阵列交叉连接的逻辑表示

PLD 阵列交叉的连接方式如图 10.2.3 所示。图(a)表示永久性连接，又称为硬线连接或固定连接；图(b)表示编程连接，连接状态由编程决定，是可编程的；图(c)表示交叉二线没有任何连接，称断开连接。

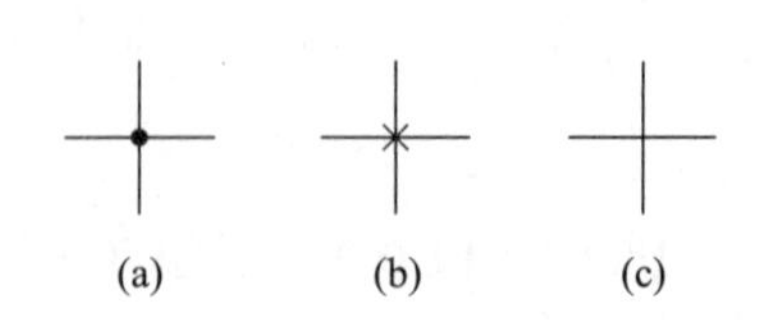

图 10.2.3　PLD 阵列交叉点的连接方式

(a)永久连接；(b)可编程连接；(c)断开连接

3. **与**门和**或**门的逻辑表示

为了方便逻辑图的表达，PLD 中**与**门和**或**门的逻

辑表示如图 10.2.4 所示。图(a) $Y=ABC$；图(b) $Y=A+B+C$。

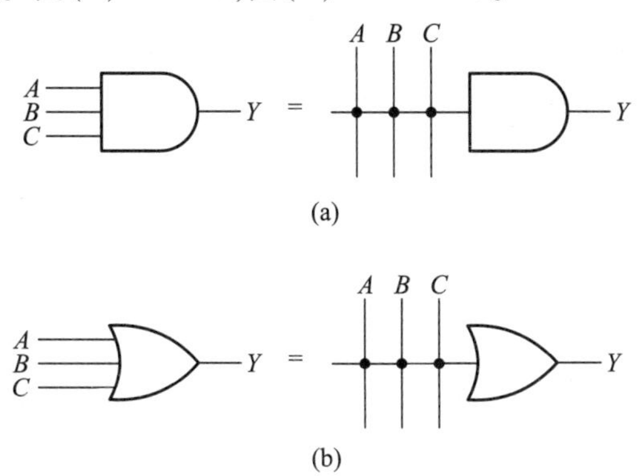

图 10.2.4　PLD 中**与**门和**或**门的逻辑表示法

(a) **与**门表示法；(b) **或**门表示法

4. **与**门的缺省状态

当输入缓冲器的互补输出同时接到一个**与**门的输入端时，这时**与**门输出总为 **0**，这种状态称为**与**门的缺省状态，如图 10.2.5 所示。由图可得 $D=A\cdot\overline{A}\cdot B\cdot\overline{B}=\mathbf{0}$。为方便表示缺省状态，在**与**门符号框中画上"×"。如图 10.2.5 中 $E=A\cdot\overline{A}\cdot B\cdot\overline{B}=\mathbf{0}$，它表示输入缓冲器的互补输出同时加在输出为 E 的**与**门输入端。

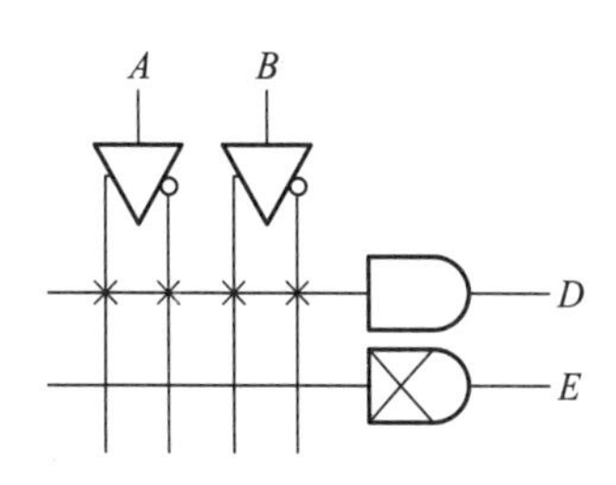

图 10.2.5　**与**门的缺省状态

思　考　题

1. 什么是可编程逻辑器件？
2. 可编程逻辑器件主要由几部分组成，各部分之间的相互关系是什么？

10.3　可编程阵列逻辑(PAL)

10.3.1　PAL 的基本结构

PAL 是采用熔丝工艺制造的一次性可编程逻辑器件，它主要由可编程的**与**阵列、不可编程的**或**阵列和输出电路组成，如图 10.3.1(a)所示。编程后的 PAL 的基本电路结构如图 10.3.1(b)所示，由该图可得输出逻辑函数为

$$\begin{cases}Y_2=A\overline{B}+\overline{A}B\\Y_1=AB\overline{C}+\overline{A}\,\overline{B}\\Y_0=\overline{B}\,\overline{C}+BC\end{cases}\qquad(10.3.1)$$

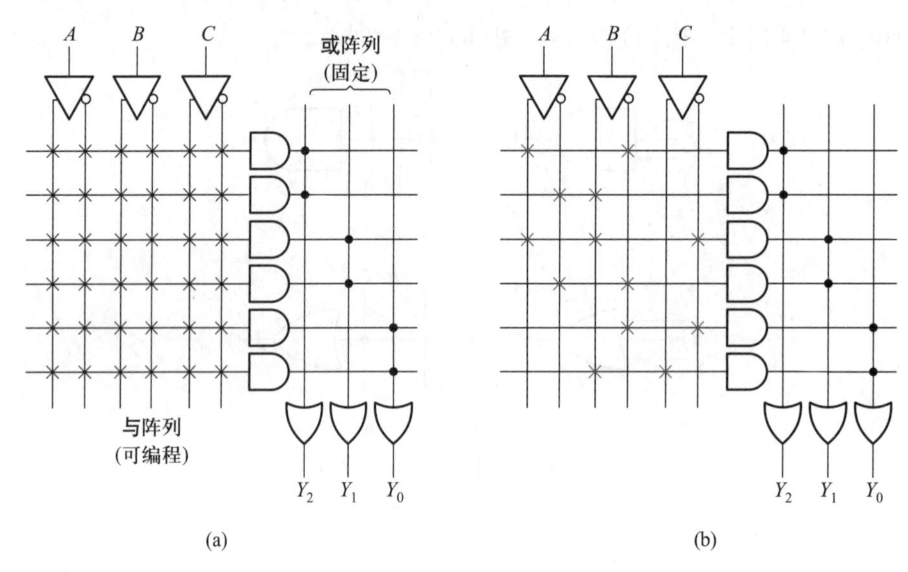

图 10.3.1 PAL的基本电路结构

(a)编程前的内部结构； (b)编程后的内部结构

10.3.2 PAL的输出和反馈结构

一、专用输出结构

图10.3.2所示为PAL的专用输出结构,这是一种简单的**与-或**结构,又称为基本组合输出结构,它的输出由输入决定,仅适用于设计组合逻辑电路。不加反相器时,**或**门输出为高电平有效;如**或**门输出加一个反相器,输出为低电平有效。

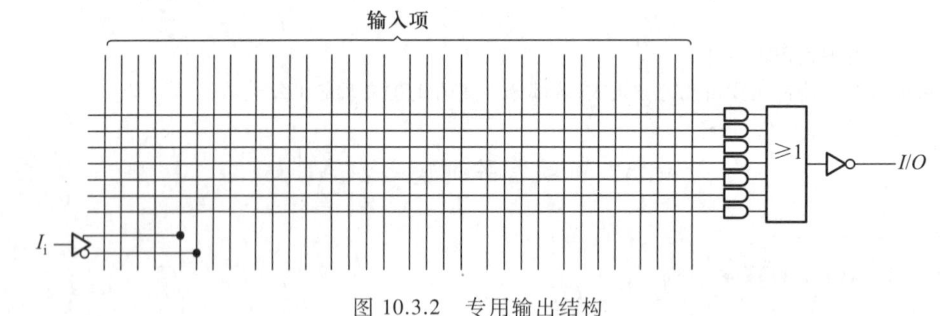

图 10.3.2 专用输出结构

二、可编程输入/输出结构

图10.3.3所示为PAL可编程输入/输出结构。由于输出端接入一个反馈缓冲器,将三态输出反馈到**与**阵列的输入端,所以称为输入/输出(I/O)结构,又因为输出端三态反相器中的使能控制信号是由**与**阵列中的第一个**与**项提供的,故各个输出端的信号输出处于异步状态,因此又称为异步I/O结构。当使能控制信号为高电平时,I/O端为输出端,信号输出的

同时也经反馈缓冲器把输出信号反馈到**与**阵列的输入端,因此可实现时序逻辑设计。当使能控制信号为低电平时,输出三态门为高阻态,此时 I/O 端为输入端,外部输入信号通过反馈缓冲器输入到**与**阵列输入端。

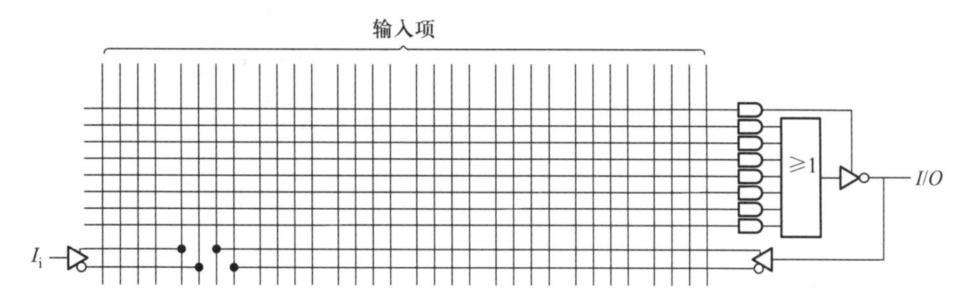

图 10.3.3 可编程输入/输出结构

三、寄存器输出结构

图 10.3.4 所示为 PAL 的寄存器输出结构。它在输出缓冲器和**或**门之间增加了一个 D 触发器,且由外部时钟信号 CP 统一触发。在 CP 上升沿作用下,**或**门输出信号存入 D 触发器中,$\overline{Q}$ 端信号通过反馈缓冲器反馈到**与**阵列输入端,故可方便地构成同步时序逻辑电路。输出三态门的使能端由外部信号 OE 统一控制,在 OE 有效时,三态输出缓冲器开通,D 触发器 Q 端的信号通过它反相后送到 I/O 端输出,可实现同步输出方式。

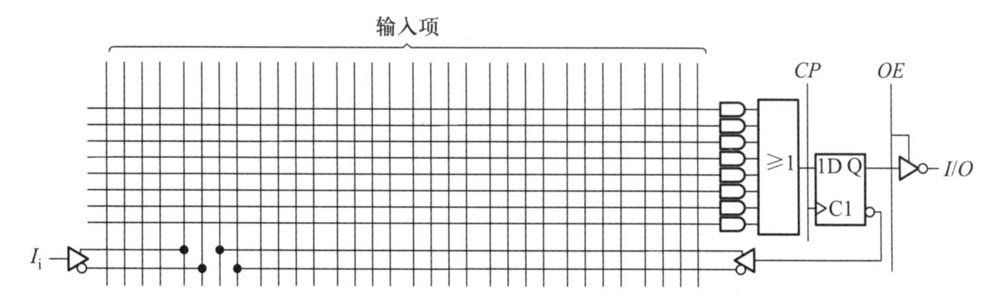

图 10.3.4 寄存器输出结构

四、异或-寄存器输出结构

图 10.3.5 所示为 PAL 的**异或**-寄存器输出结构。它也是寄存器输出结构,所不同的是它将 8 个乘积项分为两个**或**项,经**异或**运算后在 CP 上升沿作用下存入 D 触发器。

五、算术选通反馈结构

图 10.3.6 所示为 PAL 的算术选通反馈结构。它是在**异或**-寄存器结构的反馈通道中加入了反馈选通电路而成的,可以对 D 触发器的输出 $\overline{Q}$ 和输入信号 A 进行 $(Q+A)$、$(Q+\overline{A})$、$(\overline{Q}+A)$ 和 $(\overline{Q}+\overline{A})$ 四种逻辑加运算,并把结果送到**与** 阵列输入端,而使逻辑设计更加灵活。

PAL 的不同输出结构派生出性能、功能各异的许多器件,每种 PAL 器件的性能、功能也不同,它们都可由器件的命名表示出来。图 10.3.7 所示为 PAL 器件的命名方法,它表示了

PAL型号的含义,有助于识读PAL器件。

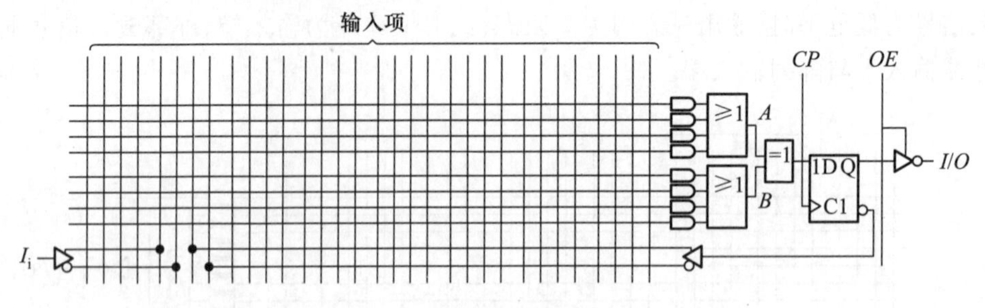

图 10.3.5 异或-寄存器输出结构

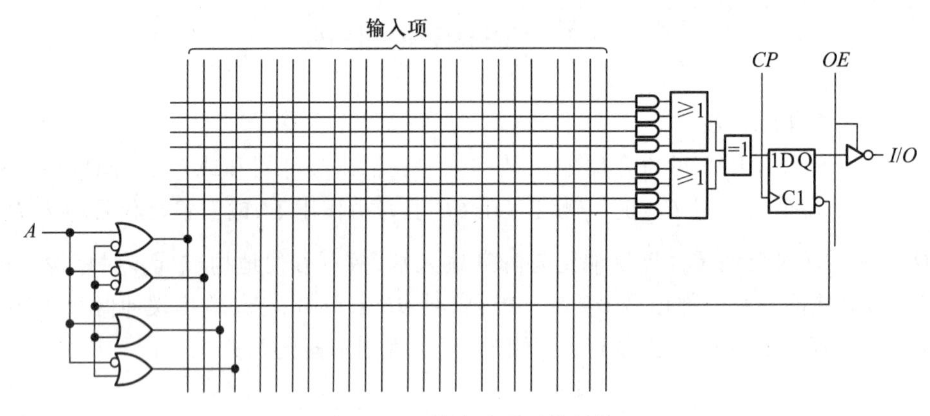

图 10.3.6 算术选通反馈结构

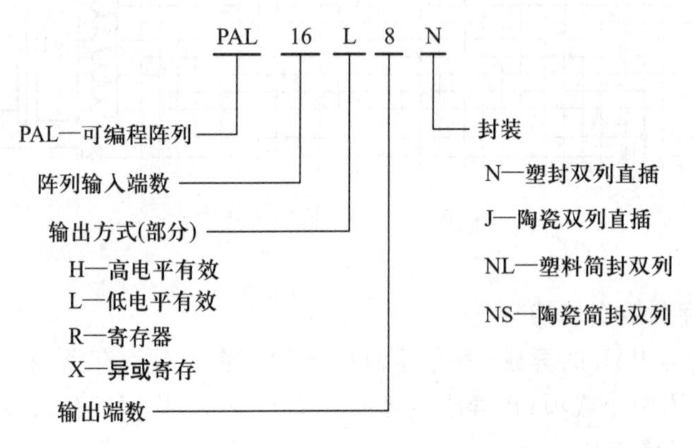

图 10.3.7 PAL器件的命名方法

图10.3.8所示为PAL器件PAL16L8的逻辑图。

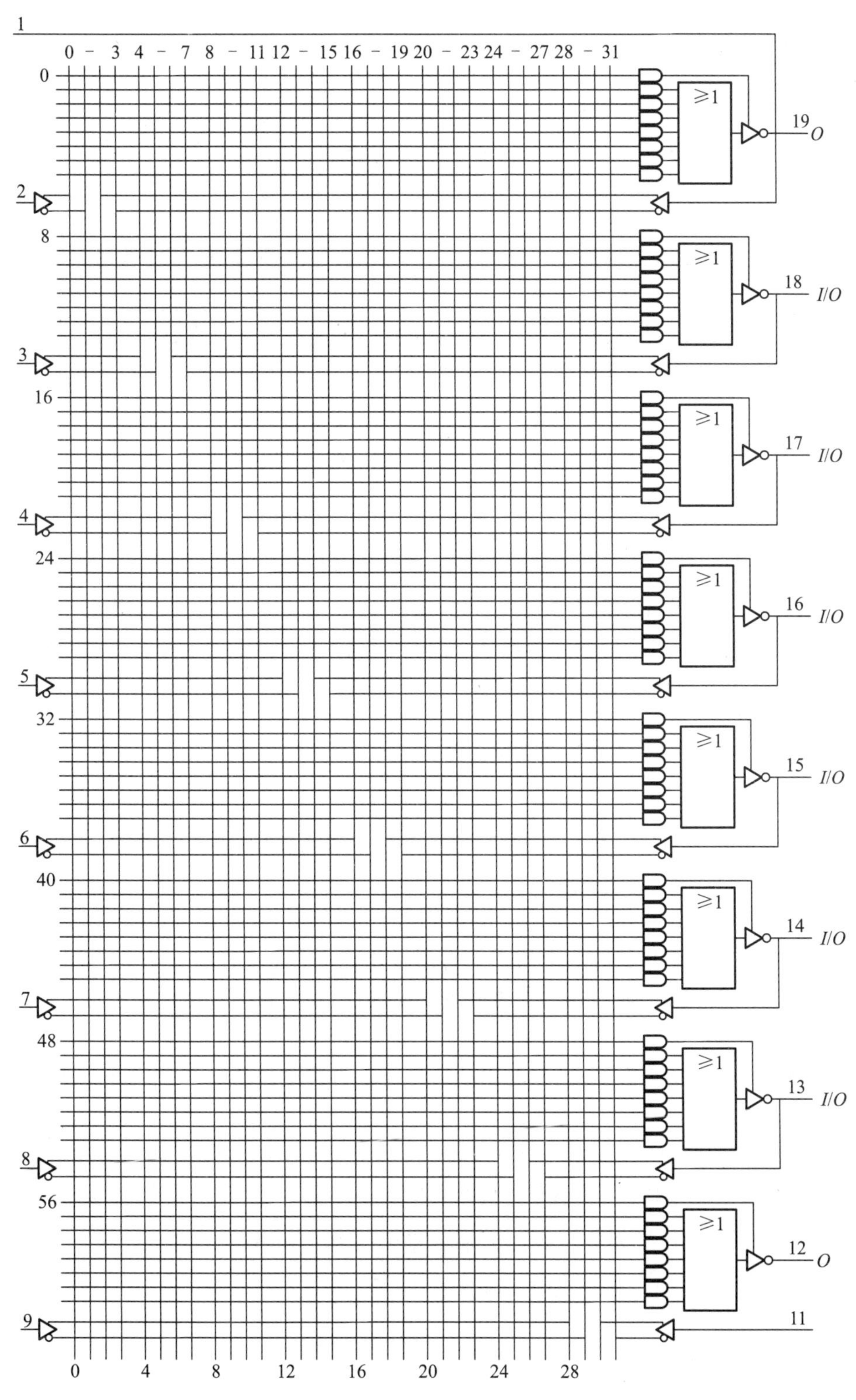

图 10.3.8 PAL16L8 的逻辑图

思 考 题

不同的 PAL 器件可否互相替代？

10.4 通用阵列逻辑(GAL)

通用阵列逻辑 GAL 器件的基本结构与 PAL 相同，**与**阵列可编程，**或**阵列固定。但它和 PAL 又不同。首先，GAL 是 E^2PROM 工艺，可进行多次编程，因此具有可改写性，从而降低了设计风险；而 PAL 则采用熔丝工艺，一旦编程后便不能修改。其次，GAL 的输出电路结构完全不同于 PAL，它的输出为输出逻辑宏单元 OLMC(output logic macro cell)，在 OLMC 中包含了**或**门、寄存器和可编程的控制电路，通过对 OLMC 进行编程，可组态出多种不同的输出结构，几乎涵盖了 PAL 的各种输出结构。因此，GAL 器件的功能更强大，使设计更灵活，器件的选择也更方便，增强了器件的通用性。

10.4.1 GAL 的总体结构

图 10.4.1 所示为 GAL 器件 GAL16V8 的逻辑图，它由**与**阵列、输出逻辑宏单元、输入缓冲器、反馈缓冲器和三态输出缓冲器组成，**或**阵列包含在输出逻辑宏单元中。GAL16V8 有 16 个输入引脚，8 个输出引脚。

10.4.2 GAL 的输出逻辑宏单元(OLMC)

一、输出逻辑宏单元

图 10.4.2 所示为 OLMC 的原理框图，它主要由 8 输入**或**门、D 触发器、数据选择器和控制门电路组成。各部分的作用如下。

1. 8 输入**或**门

或门的每个输入来自**与**阵列中的一个**与**门输出的**与**项(乘积项)，因此，**或**门的输出为输入**与**项之和，也就是说，**或**门输出为**与或**逻辑函数，P_1为**与**阵列输出的第 1 **与**项。

2. D 触发器

为时序逻辑电路的寄存器单元，其驱动信号为来自**异或**门的输出，用以存放**异或**门的输出信号。

3. 4 个数据选择器的组态

(1) 乘积项数据选择器 PTMUX。又称乘积项多路开关，为 2 选 1 数据选择器，它主要用于选择第 1 **与**项 P_1作为 8 输入**或**门的输入信号。当 G_1的输出 $PT=\overline{AC_0 \cdot AC_{1(n)}}=\mathbf{1}$ 时，PTMUX 选择第 1 **与**项作为**或**门的输入信号；当$PT=\mathbf{0}$ 时，PTMUX 输出 $\mathbf{0}$，第 1 **与**项 P_1不能作为**或**门的输入信号。

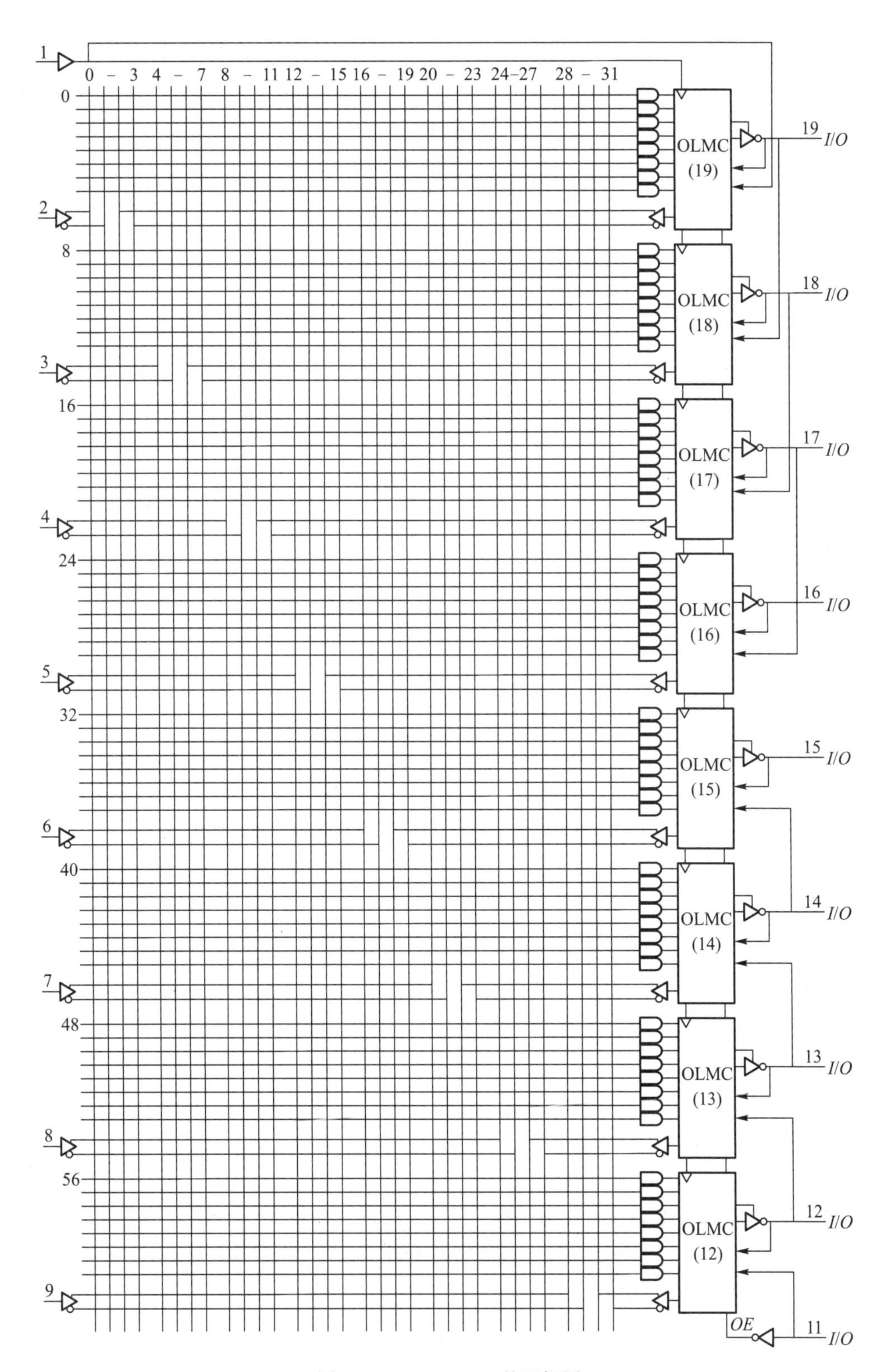

图 10.4.1　GAL16V8 的逻辑图

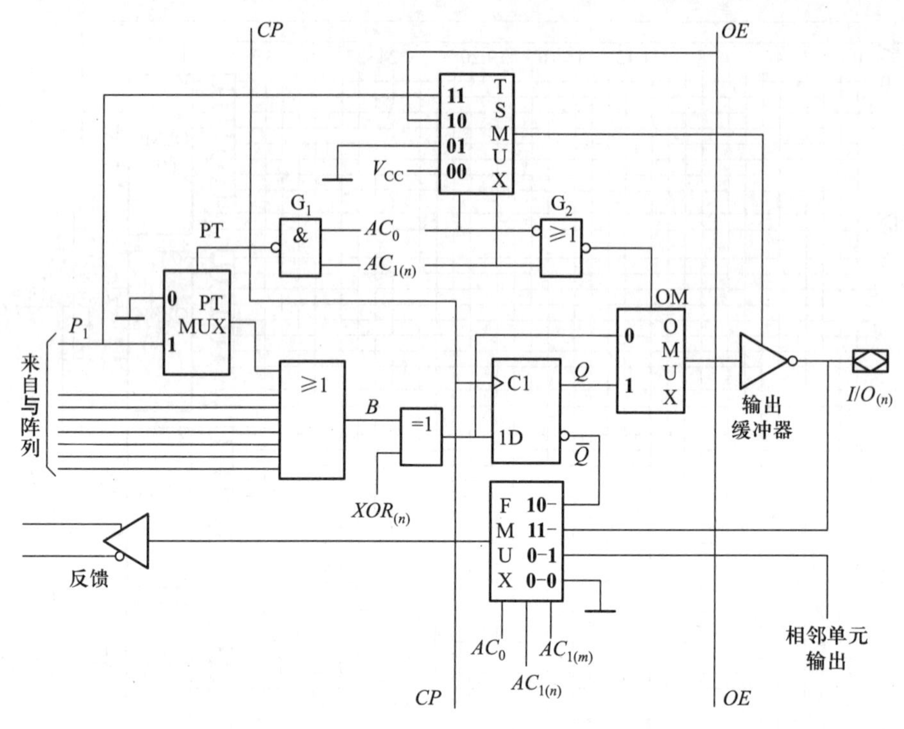

图 10.4.2 OLMC 的原理图

(2) 三态数据选择器 TSMUX。又称三态多路开关,为 4 选 1 数据选择器,它主要用于选择三态输出缓冲器的使能信号,控制它的工作状态。TSMUX 的功能见表 10.4.1。由该表可看出:当 AC_0、$AC_{1(n)}$ 为 **00** 时,TSMUX 输出 V_{CC},三态输出缓冲器处于工作状态;当 AC_0、$AC_{1(n)}$ 为 **01** 时,TSMUX 输出 **0**,三态输出缓冲器输出处于高阻状态;当 AC_0、$AC_{1(n)}$ 为 **10** 时,三态输出缓冲器受外部输入 *OE* 信号控制;当 AC_0、$AC_{1(n)}$ 为 **11** 时,三态输出缓冲器受第 1 **与**项 P_1 控制。

(3) 反馈数据选择器 FMUX。又称反馈多路开关,为 4 选 1 数据选择器,它主要用于选择不同来源的输入信号反馈到**与**阵列的输入端。FMUX 的输入信号有 4 个来源:

① 来自 *D* 触发器的 $\overline{Q}$ 端。

② 来自本级的 *I/O* 端。

③ 来自相邻 *m* 单元 OLMC 的输出。

④ 输入低电平 **0**(地)。

FMUX 的功能见表 10.4.2。在图 10.4.2FMUX 中的 10-或 0-1 中的"-"是指任意值,在表 10.4.2 中用"×"表示,如 AC_0、$AC_{1(n)}$、$AC_{1(m)}$ 为 **000** 或 **010** 时,FMUX 输出 **0**;又如为 **100** 或 **101** 时,FMUX 输出$\overline{Q}$等,其余类推。

表 10.4.1 TSMUX 的功能和输出三态门状态表

AC_0	$AC_{1(n)}$	TSMUX 输出	输出三态状态
0	**0**	V_{CC}	工作状态
0	**1**	**0**	输出高阻
1	**0**	OE	$OE=\mathbf{1}$,工作状态 $OE=\mathbf{0}$,输出高阻
1	**1**	第 1 **与**项 P_1	第 1 **与**项为 **1**,工作状态 第 1 **与**项为 **0**,输出高阻

表 10.4.2 FMUX 的功能表

AC_0	$AC_{1(n)}$	$AC_{1(m)}$	FMUX 输出
0	×	**0**	**0**(地)
0	×	**1**	相邻 OLMC 输出(m)
1	**0**	×	本级$\overline{Q}$
1	**1**	×	本级 I/O 输出

(4) 输出数据选择器 OMUX。又称输出多路开关,为 2 选 1 数据选择器,它主要用于控制输出是组合输出还是寄存器输出。G_2输出 $OM=\overline{\overline{AC_0}+AC_{1(n)}}$。当 $OM=\mathbf{0}$ 时,OMUX 选择**异或**门输出送到三态输出缓冲器的输入端,这时为组合输出方式;当 $OM=\mathbf{1}$ 时,OMUX 选择 Q 送到三态输出缓冲器的输入端,这时为寄存器输出方式。

4. **异或**门

用于控制 OLMC 输出信号的极性。当 $XOR(n)=\mathbf{0}$ 时,$D=B\oplus XOR_{(n)}=B$,输出为**或**门输出的原变量;当 $XOR_{(n)}=\mathbf{1}$ 时,$D=B\oplus XOR_{(n)}=\overline{B}$,输出为**或**门输出的反变量。因此,利用 $XOR_{(n)}$ 的取值不同,使 GAL 的 OLMC 输出极性可以编程。$XOR_{(n)}$ 为输出极性控制字。

5. **与非**门和**或非**门

控制字 AC_0、$AC_{1(n)}$ 通过 G_1和 G_2这两个门电路实现不同的控制组合。

二、GAL16V8 的结构控制字

对 OLMC 进行编程可构造出不同的输出结构,这是通过设置结构控制字寄存器来实现的。

1. 结构控制字寄存器

图 10.4.3 所示为 GAL16V8 的结构控制字寄存器,它有 82 位,其中有 64 位是用于控制**与**阵列中的 64 个**与**门,其余 18 位用于控制 8 个 OLMC,它们分别是:

(1) 同步位 SYN。只有 1 位,8 个 OLMC 共用,用于控制 OLMC 为组合逻辑电路还是时序逻辑电路。如 $SYN=\mathbf{1}$,D 触发器不工作,OLMC 为组合逻辑电路;如 $SYN=\mathbf{0}$,D 触发器工

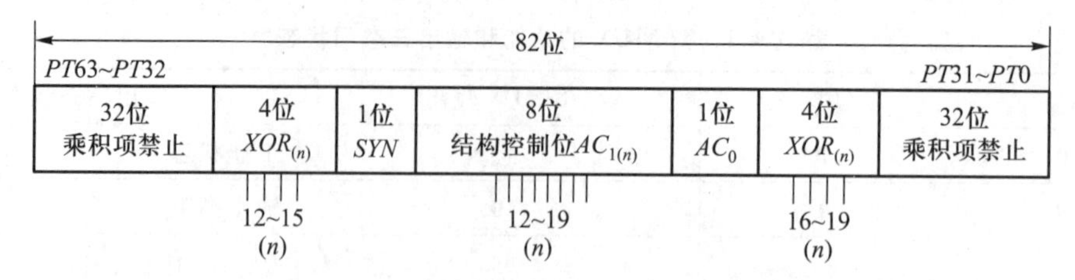

图 10.4.3 GAL16V8 的结构控制字的寄存器

作,OLMC 为时序逻辑电路。只要有 OLMC 用到 D 触发器,SYN 就必须为 **0**。

(2) 极性控制位 $XOR_{(n)}$。共有 8 位,每个 OLMC 为 1 位,用于控制各个 OLMC 的输出极性。

(3) 结构控制位 AC_0、$AC_{1(n)}$ 都为结构控制位。AC_0 为 1 位,8 个 OLMC 共用;$AC_{1(n)}$ 为 8 位,每个 OLMC 有 1 位。AC_0、$AC_{1(n)}$ 与 SYN 配合使用,实现控制输出逻辑宏单元的输出组态。

2. OLMC 的 5 种输出组态

表 10.4.3 列出了结构控制字寄存器设置 OLMC 的 5 种输出组态的对应关系,表中也同时列出了 4 个数据选择器对应的输出信号。

表 10.4.3 OLMC 的 5 种输出组态

SYN	AC_0	$AC_{1(n)}$	$PTMUX$	$TSMUX$	$FMUX$	$OMUX$	组态
0	**1**	**0**	P_1	OE	$\overline{Q}$	Q	时序逻辑寄存器输出
0	**1**	**1**	**0**	P_1	$I/O(n)$	D	时序逻辑,组合输出
1	**0**	**0**	P_1	**1**	0	D	组合电路专用输出
1	**0**	**1**	P_1	**0**	* $I/O(m)$	D	组合电路专用输入,三态门禁止
1	**1**	**1**	**0**	P_1	$I/O(n)$	D	组合电路双向 I/O 端

* 表示在 OLMC(12、19)两个逻辑宏中,$AC_{1(n)}$ 被 $AC_{1(m)}$ 取代。

图 10.4.4 所示为对应 OLMC 的 5 种输出结构等效逻辑图。

认识和掌握 OLMC 的结构和工作原理,理解结构控制字寄存器的功能和作用是十分重要的。但应指出,结构控制字寄存器的设置不是独立由人工设置的,而是在应用软件开发系统进行逻辑设计时,由软件开发系统自动完成的。只要用户的逻辑设计是正确的,符合开发系统软件的设计规范,系统在对设计源文件进行编译、器件选配时,将自动设置结构控制字寄存器,而不需人工干预。

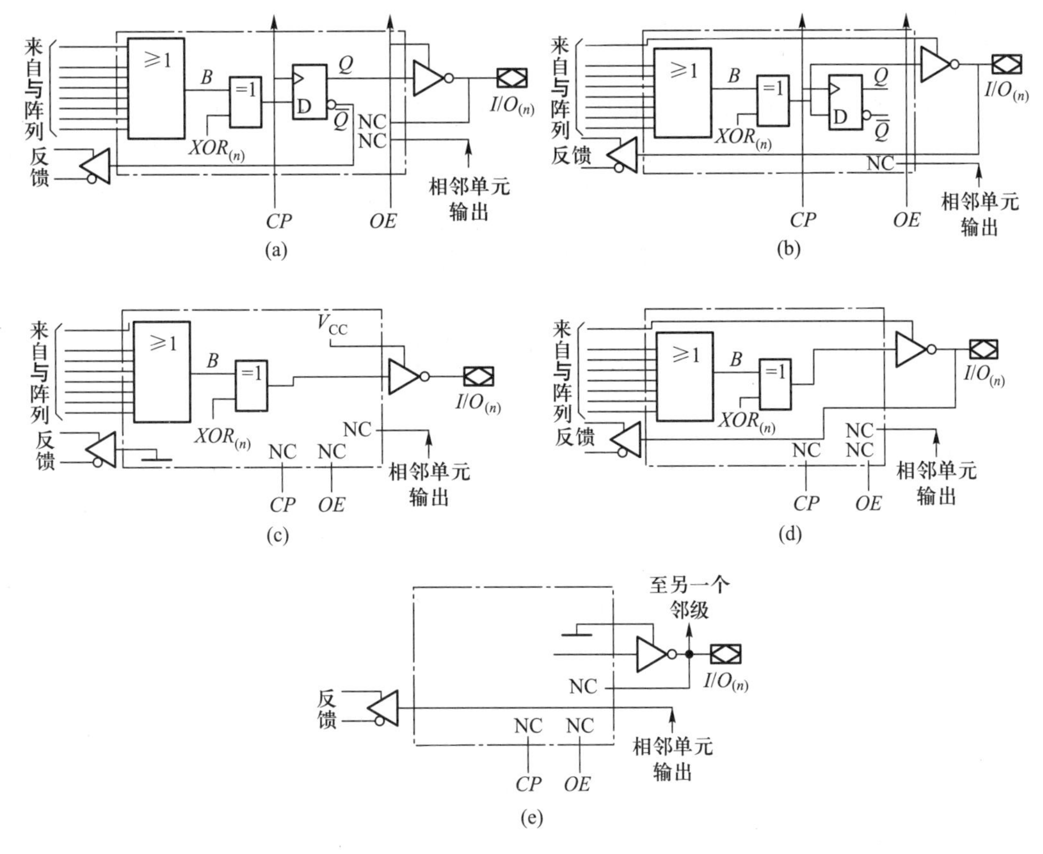

图 10.4.4 OLMC 的 5 种输出结构等效逻辑图

(a) 寄存器输出; (b) 时序电路组合输出; (c) 专用组合输出;(d) 组合双向 I/O; (e)专用组合输入

思 考 题

1. GAL 和 PAL 的相同点是什么? 最大的不同是什么?
2. OLMC 的优点是什么?

10.5 现场可编程门阵列(FPGA)

现场可编程门阵列 FPGA(field programmable gate array)和前面讨论的 PAL 和 GAL 不同,不再是**与或**阵列结构,而是另一类可编程逻辑器件,它主要由许多规模较小的可编程逻辑块(CLB)排成的阵列和可编程输入输出模块(IOB)组成,因此集成度更高。在设计数字系统时,它的通用性更好,使用更加方便灵活,芯片内资源利用率高。目前 FPGA 已成为广为应用的可编程器件之一。下面以 XiLinx 公司生产的 XC2000 系列为例,简单介绍 FPGA 的结构,主要模块功能以及数据装载过程。

微视频 10-1:FPGA 从何而来

10.5.1 FPGA 的基本结构

图 10.5.1 所示为 FPGA 的结构框图，它主要由可编程输入/输出模块 IOB(input/output block)、可编程逻辑模块 CLB(configurable logic block)和可编程互联资源 PIR(programmable interconnect resource)三种可编程逻辑部件和存放编程数据的静态存储器 SRAM 组成。

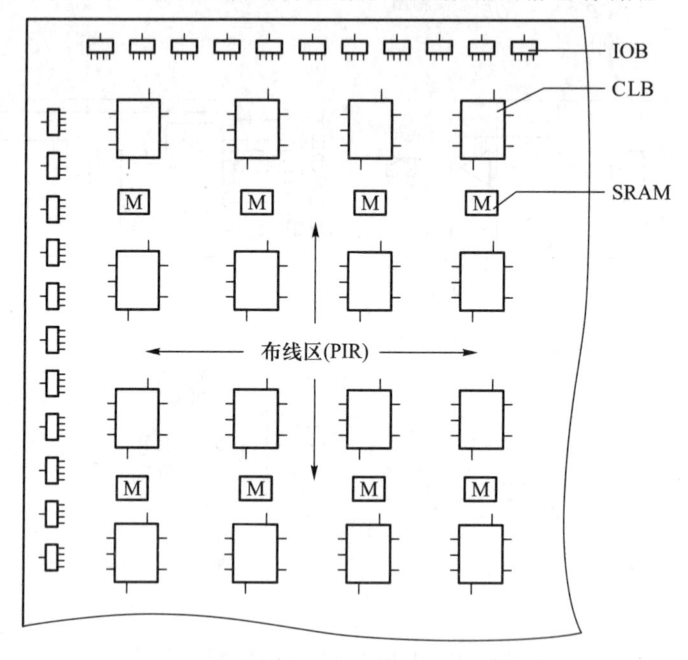

图 10.5.1 FPGA 的结构框图

IOB 模块分布在集成芯片的四周，它是内部逻辑电路和芯片外引脚之间的编程接口。

CLB 模块分布在集成芯片的中间，通过编程可实现组合逻辑电路和时序逻辑电路。

PIR 提供了丰富的连线资源，包括纵横网状金属导线、可编程开关和可编程连接点等部分，主要用以实现 CLB 模块之间、CLB 与 IOB 之间的连接。

SRAM 主要用以存放内部 IOB、CLB 及互连开关的编程数据。断电后，SRAM 中存放的数据会全部丢失。因此，每次使用通电时，存放 FPGA 中编程数据的 EPROM 通过时序逻辑电路自动给 SRAM 重新装载编程数据。

10.5.2 FPGA 的模块功能

这里以 Xilinx 公司的 XC2000 系列产品为例，简要介绍 FPGA 各个功能模块的功能及其工作原理。

一、可编程逻辑模块(CLB)

图 10.5.2 所示为 XC2000 系列 FPGA 的 CLB 原理框图，它由可编程组合逻辑块、触发器和数据选择器组成，有 A、B、C、D 四个输入端、一个时钟端 CLK 和 X、Y 两个输出端。图中未画出数据选择器的选择码(地址码)，这是因为它是由开发系统软件根据用户的设计文件自动决定

并存储在 SRAM 中。通过对组合逻辑块编程,可产生 3 种不同的组合逻辑电路组态,分别可以实现 4 输入/单输出逻辑函数、3 输入/2 输出逻辑函数和 3 输入/2 选 1 输出逻辑函数。3 种组态电路如图 10.5.3 所示。CLB 中的触发器具有 3 种不同的时钟信号,可供编程选择。触发器的置位和清除信号也有两种,通过编程加以取舍。这种构造为逻辑设计提供了很大的灵活性。

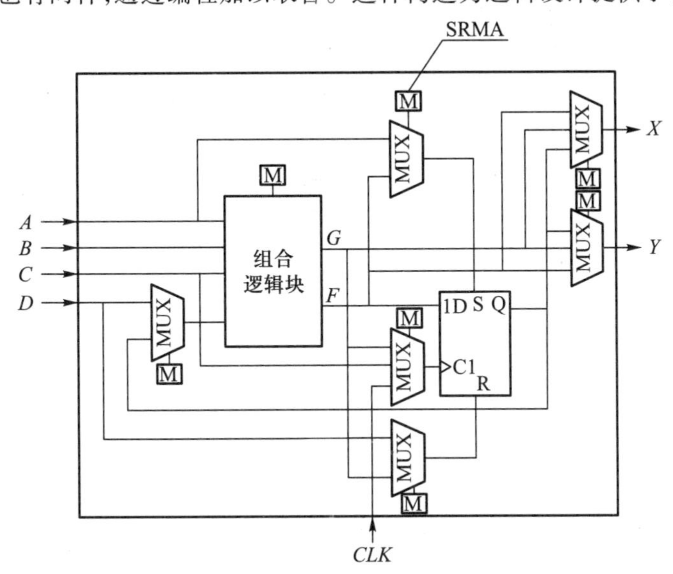

图 10.5.2 CLB 原理框图

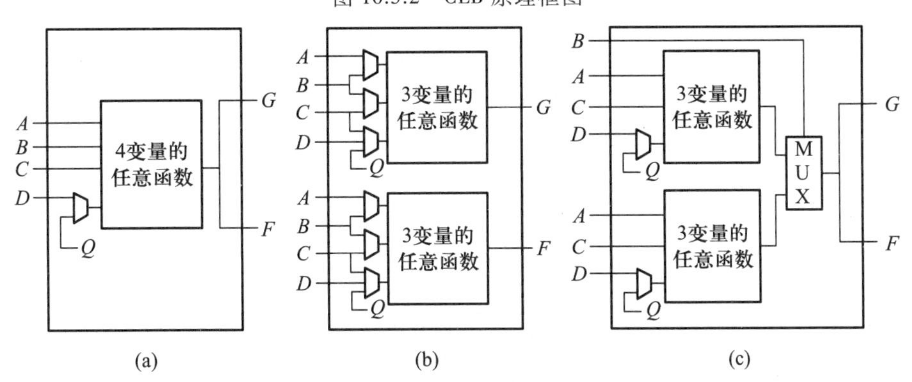

图 10.5.3 CLB 中组合逻辑块的 3 种组态电路

(a) 4 输入/单输出; (b) 3 输入/2 输出; (c) 3 输入/2 选 1 输出

二、可编程输入/输出模块(IOB)

图 10.5.4 所示为 XC2000 系列 FPGA 器件的 IOB 电路框图,它分布在 FPGA 芯片的四周,是信号输入/输出的接口。它由三态输出缓冲器 G_1、输入缓冲器 G_2、D 触发器和两个数据选择器 MUX1、MUX2 组成,如 IOB 被编程作为输入端,它有异步输入和同步输入两种方式。

数据选择器 MUX1 输出为三态输出缓冲器 G_1 提供使能控制信号。当 MUX1 输出 $\overline{OE}$ 为低电平 **0** 时,G_1 的使能控制有效,IOB 工作在输出状态,信号通过 G_1 输出。当 MUX1 输出 $\overline{OE}$ 为高电平时,则 G_1 被禁止,此时 IOB 工作在输入状态。

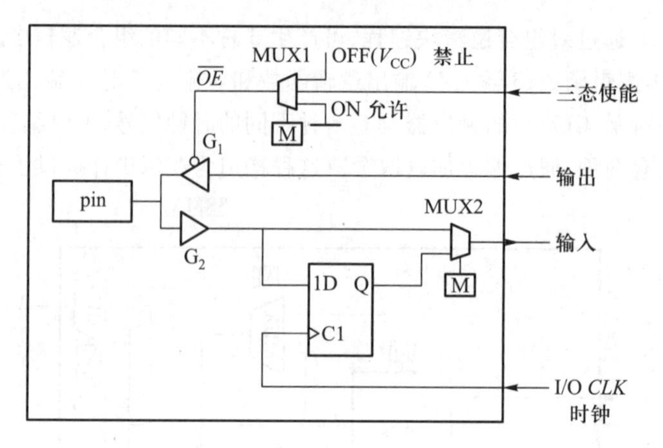

图 10.5.4　IOB 电路框图

数据选择器 MUX2 用于输入方式选择。当 MUX2 选择由缓冲器 G_2 输入时，则外部输入信号经 G_2、MUX2 直接输入到 FPGA 内部，形成异步输入。当 MUX2 选择由触发器的 Q 端输入时，则为同步输入，同步信号为外部时钟信号I/O *CLK*。

三、可编程互联资源 PIR

PIR 是 FPGA 芯片中为实现各模块之间的互联而设计的可编程互联网络结构，如图10.5.5所示。

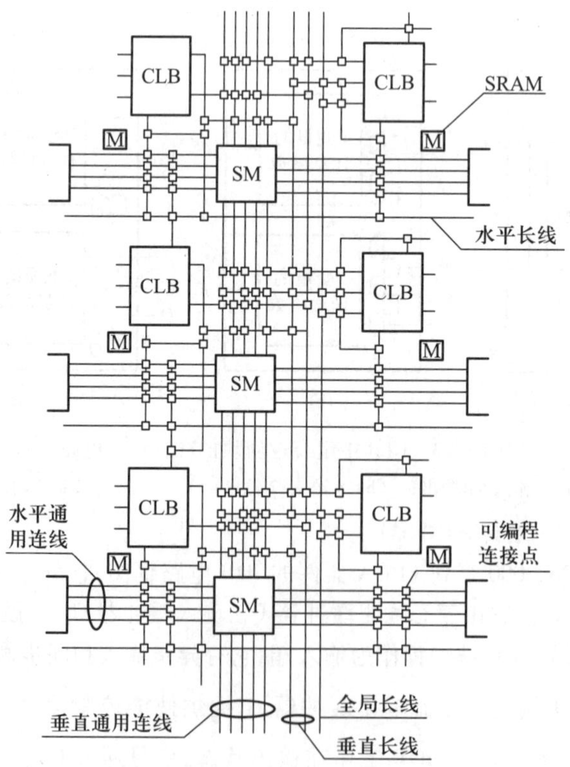

图 10.5.5　PIR 结构示意图

PIR 包括内部连接导线、可编程连接点和可编程互连开关矩阵。图中的纵向和横向分布的细线为连接导线，分为直接连线、通用连线和全局连线。图中导线交叉处的小方框表示可编程连接点，而 SM 方框为可编程互连开关矩阵，它负责纵、横向通用连线的连通。控制互连关系的编程数据存储在分布于 CLB 矩阵中的 SRAM 单元里。通过对 PIR 的编程，可实现系统的逻辑互连。

10.5.3 FPGA 的数据装载

FPGA 器件的编程是把编程数据装入芯片中的 SRAM 单元，再由 SRAM 控制各编程连接点的连接状态。因此它不像 PAL、GAL 那样一次编程后，数据可永久保持，而是在系统断电后，装载到 FPGA 里的数据会全部丢失。因此需要一片 EPROM 来存放编程数据，在系统开机通电后，由系统自动对 FPGA 重新装载数据。图 10.5.6 所示为 FPGA 与存储器 EPROM 配合的原理图，图中存储器 EPROM 中已经存放了对 FPGA 编程的数据文件，在系统接通电源后，FPGA 自带振荡器工作，产生编程时钟信号，同时内部复位电路被触发，使 $\overline{LDC}$ 输出为低电平，使 EPROM 处于工作状态，电路自动执行装载数据操作。数据装载完毕后，标志位 $D/\overline{P}$ 由低电平变为高电平，此时 FPGA 进入用户逻辑状态，所有的地址端和数据端都为用户 I/O 口，$\overline{LDC}$ 和 $M2$ 也成为用户 I/O 口，$M0$、$M1$ 为输入端口。

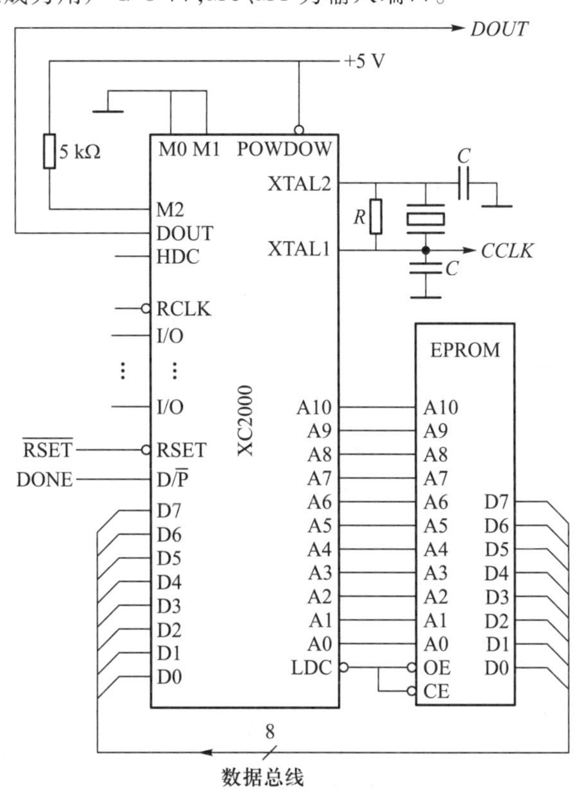

图 10.5.6 FPGA 装载原理图

FPGA 进行装载数据有多种模式，这是由 FPGA 器件的 $M0M1M2$ 三个模式选择端来确定的，这里不再详述，有兴趣的读者可参阅有关资料。

思　考　题

1. FPGA 主要由哪几部分组成？简述各部分的主要功能和相互关系。
2. 就编程原理而言，FPGA 与 PAL 和 GAL 有什么不同？

10.6　在系统可编程逻辑器件 ISP-PLD

在系统可编程逻辑器件（in-system programmable PLD）简称为 ISP-PLD，它是一种不用编程器、也不用把芯片从用户的系统板上取下来就可以对芯片编程的可编程逻辑器件，因此它可以在用户不改动系统电路设计和硬件设置的情况下，修改或重构逻辑设计，为系统的升级、改进提供了极大的方便。

10.6.1　低密度在系统可编程逻辑器件

自 1991 年 Lattice 公司首先推出 ISP-PLD 以来，目前有众多的半导体生产厂商生产出了各种各样的在系统可编程逻辑器件，这些器件按其规模大小可分为低密度 ISP-PLD 器件和高密度 ISP-PLD 器件。低密度在系统可编程逻辑器件有 ispGAL 等，它在 GAL 器件中集成了编程所需要的高电压脉冲发生电路和编程控制电路而形成的一类 ISP-PLD，其基本结构和逻辑功能都和 GAL 器件一样。图 10.6.1 所示为 ispGAL16V8 逻辑框图，它的 1 号引脚和 3～10 号引脚与 GAL16V8 的 1～9 号引脚相对应，为输入引脚；13 号引脚和 15～22 号引脚与 GAL16V8 的 11～19 号引脚相对应，为 I/O 引脚；而新增加的 4 个引脚 DCLK（2 脚）、SDI（11 脚）、SDO（14 脚）和 MODE（23 脚）为编程控制引脚，其中 DCLK 为编程控制时钟；SDI 为编程数据串行输入端；SDO 为用于进行校验的数据串行输出端；MODE 为工作方式控制端，它和 SDI 一起决定芯片的工作状态，当MODE=**1**、SDI=**0** 时，芯片处于用户逻辑状态，即正常工作状态；当 MODE=**1**、SDI=**1** 时，芯片处于诊断状态，此时在 DCLK 时钟作用下，可以从 SDO 端串行读出 OLMC 中寄存器的数据，也可以在 SDI 端向 OLMC 中的寄存器串行写入新的数据，实现寄存器的预置。当 MODE=**0** 时，芯片处于编程状态，此时除 4 个编程控制引脚外，其余的各引脚都被置为高阻态，使芯片与外部电路隔离。编程数据在 DCLK 时钟作用下，由 SDI 端以串行方式写入芯片，同时可以从 SDO 端输出，进行编程校验。

10.6.2　高密度在系统可编程逻辑器件

高密度在系统可编程器件（isp-HDPLD）又称为复杂在系统可编程逻辑器件（isp-CPLD），这种器件在结构上比之 ispGAL 有很大的改进，使芯片性能更完善，功能更强大，可用于构造复杂的单片专用数字系统。下面以 Lattice 公司的 ispLSI1016 为例，介绍它的结构和工作原理。

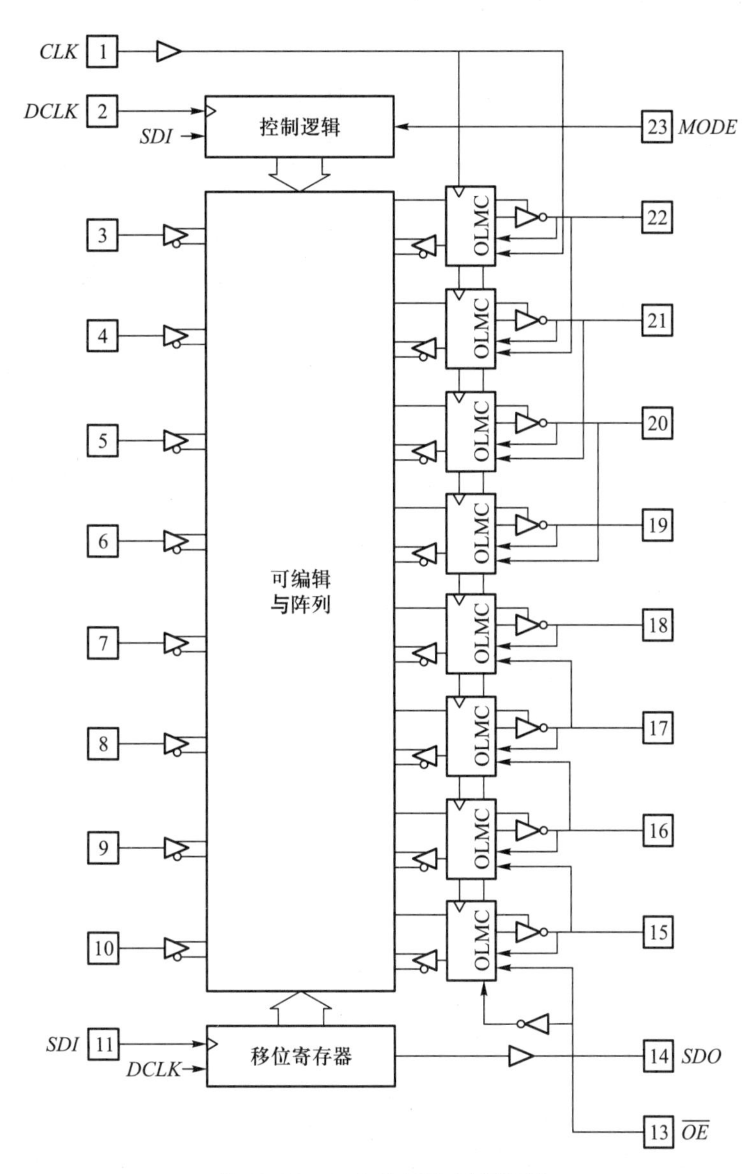

图 10.6.1　ispGAL16V8 逻辑框图

一、ispLSI1016 的结构

ispLSI1016 是 Lattice 公司生产的 ispLSI1000 系列中的一种,它的集成密度为等效 2 000 门,共有 44 个引脚,结构框图如图 10.6.2 所示。它由两个宏块(megablock)、一个全局布线区 GRP(global routing pool)和一个时钟分配网络 CDN(clock distrbution network)组成,每个宏块中有 8 个通用逻辑块 GLB(generic logic bock)、一个输出布线区 ORP(output routing pool)、一个 16 位数据输入总线和 16 个 I/O 单元及两个输入端。GLB 类似于 GAL,但比 GAL 功能更强大,系统的主要逻辑功能都在 GLB 中完成。在 ispLSI1016 中,信号的大致流向是:由 I/O 引脚输入信号,经 16 位数据输入总线进入全局布线区,再由全局布线区通过编程选择流向任一个 GLB。GLB 的输出信号一方面经输出布线区通过编程选择与任一个 I/O 单元连接产生输出,同时又可通过对 I/O 单元编程,使输出信号经 16 位数据总线反馈到全局布线区。

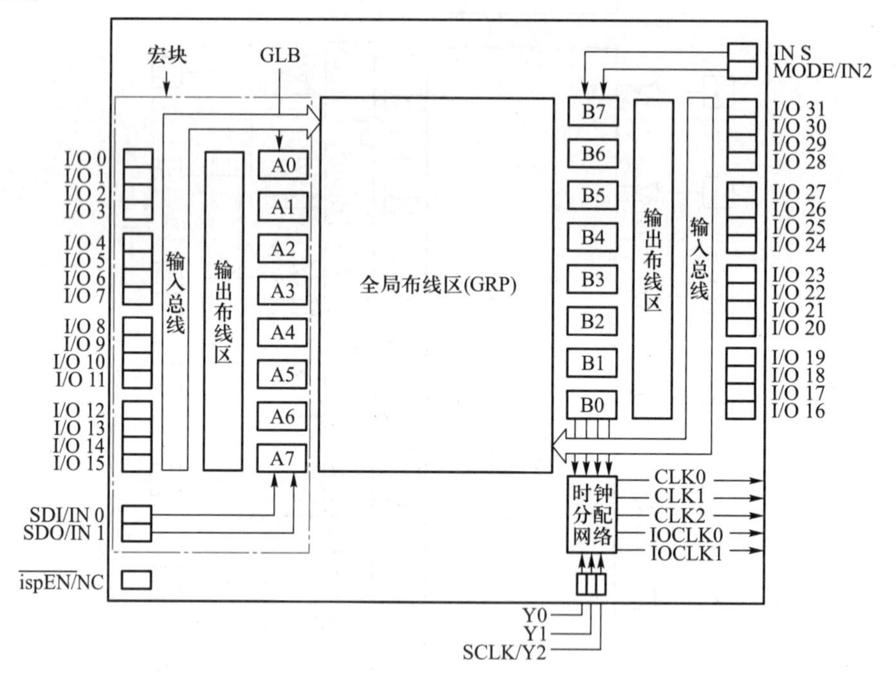

图 10.6.2 ispLSI1016 结构框图

二、宏块的结构

图 10.6.3 所示为宏块的结构图,它主要由 8 个通用逻辑块 GLB、一个输出布线区 ORP、一个 16 位数据输入总线和 16 个 I/O 单元组成。

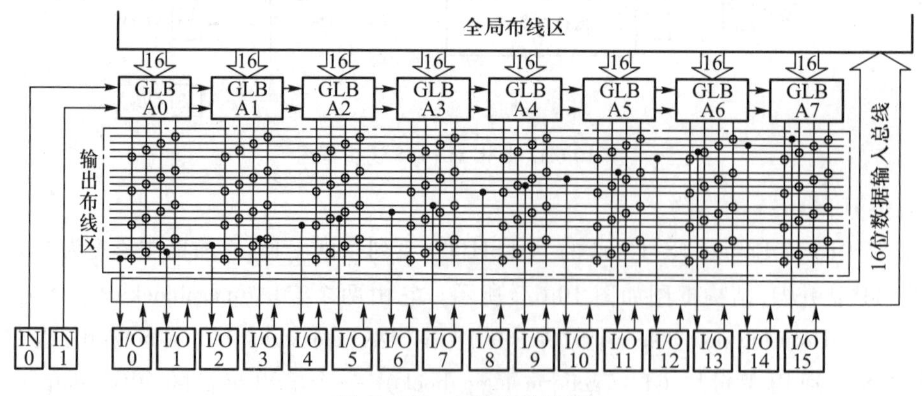

图 10.6.3 宏块的结构图

1. 通用逻辑块(GLB)

图 10.6.4 所示为 GLB 的结构框图,它类似于 GAL,由门阵列和输出逻辑宏单元等部分

组成，通过对输出逻辑宏单元编程，可构造多种不同的输出组态。图 10.6.5 所示为 GLB 的标准组态电路，由图可看出，GLB 的独特之处是它构造了一个可编程的乘积项共享阵列，通过对乘积项共享阵列编程，可以把原本按 4、4、5、7 个乘积项的固定**或**输出组合成任意一个乘积项的**或**输出，从而打破了**与或**逻辑函数中乘积项的数量限制，使**与或**逻辑函数最多可达到 20 个乘积项。这一结构为组合逻辑电路设计提供了很大的灵活性和自由度，每个 GLB 都有 4 个输出信号进入到输出布线区，经编程选择后可把这些信号分配到任一个 I/O 单元，这为合理利用器件的引脚提供了方便。

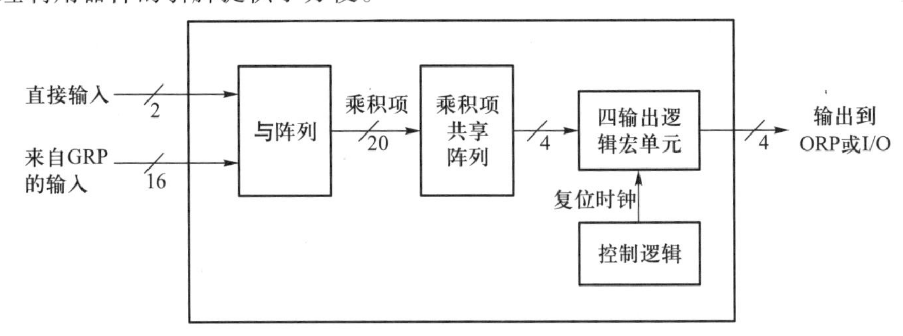

图 10.6.4 GLB 的结构框图

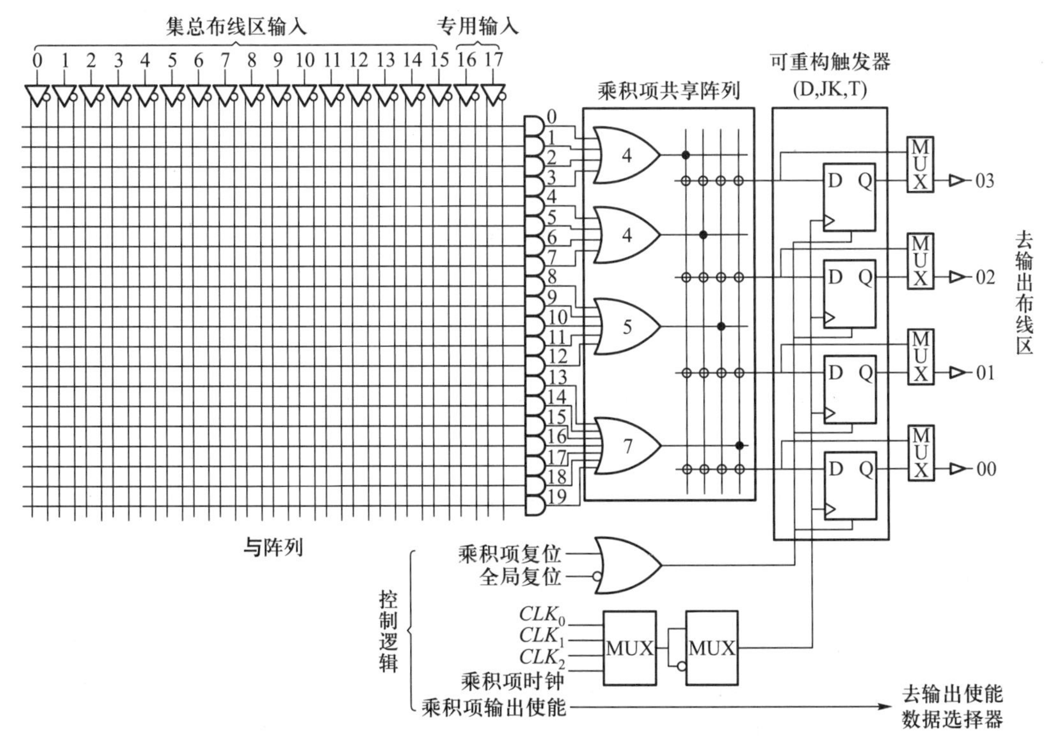

图 10.6.5 GLB 的标准组态电路

除了标准组态模式外，GLB 还有高速直通模式、**异或**逻辑模式、单乘积项模式等多种模式的电路结构,这里不再一一列举,需要时,读者可查阅有关资料。

2. 输入/输出单元(IOC)

宏块中的输入/输出单元结构图如图 10.6.6 所示,它具有输入、输出和双向 I/O 三种工作模式,每一种模式又具有多种不同的方式,可以通过对 I/O 单元编程进行选择和控制。图中数据选择器 MUX1 用于选择 I/O 单元的三种模式:当选择码为 **00** 时,MUX1 输出高电平,输出三态缓冲器处于使能状态,此时 I/O 单元为输出模式;当选择码为 **11** 时,MUX1 输出低电平,输出三态缓冲器处于禁止状态,此时 I/O 单元为输入模式;当选择码为 **01** 或 **10** 时,MUX1 的输出由输出使能乘积项 OE 控制,以决定 I/O 单元为输入模式或为输出模式,此时 I/O 单元为双向 I/O 模式。这里的 OE 是 8 个 GLB 中的第 19 号乘积项,经 8 选 1 数据选择器选择输出作为 OE 信号。产生 OE 信号的原理图如图 10.6.7 所示。当I/O单元的工作模式确定后,由数据选择器 MUX2、MUX3 控制输出方式;MUX4 控制输入方式;MUX5、MUX6 则对 I/O 单元的时钟信号加以选择,并控制时钟信号的极性。图 10.6.8 所示为 I/O 单元的三种工作模式对应的不同工作方式。

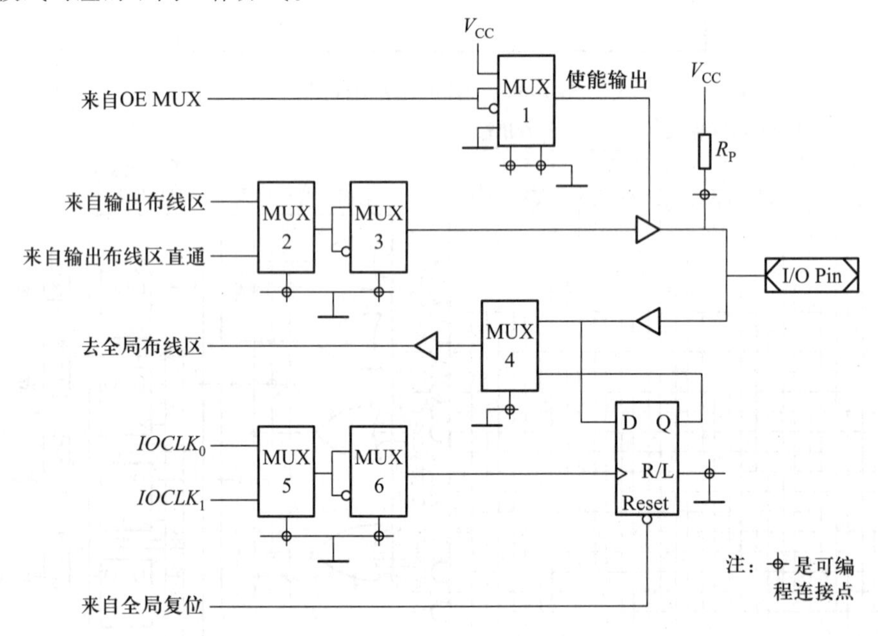

图 10.6.6 I/O 单元结构图

ispLSI1016 共有 44 个引脚,其中有 32 个 I/O 引脚,4 个专用输入引脚,3 个时钟引脚(Y_0、Y_1、Y_2),1 个专用编程控制引脚($\overline{\text{ispEN}}$)和 4 个电源引脚。这些引脚中有 4 个功能引脚和编程脚复用,它们分别是 SDI/IN0,SDO/IN1,SCLK/Y_2,MODE/IN2。当编程控制引脚$\overline{\text{ispEN}}$为低电平时,芯片处于编程状态,这 4 个引脚为编程引脚,分别为编程数据串行输入脚 SDI,数据串行输出脚 SDO(用于校验),编程时钟输入脚 SCLK 和工作状态选择输入脚 MODE。芯片工作状态的选择由 MODE 和 SDI 共同作用,类似于 ispGAL。在芯片处于编程

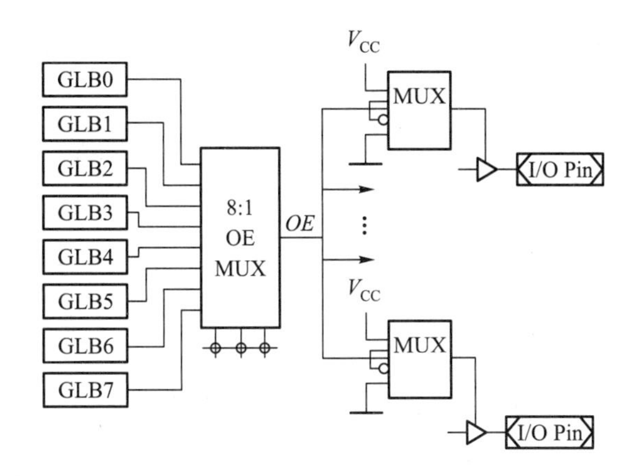

图 10.6.7 OE 生成原理图

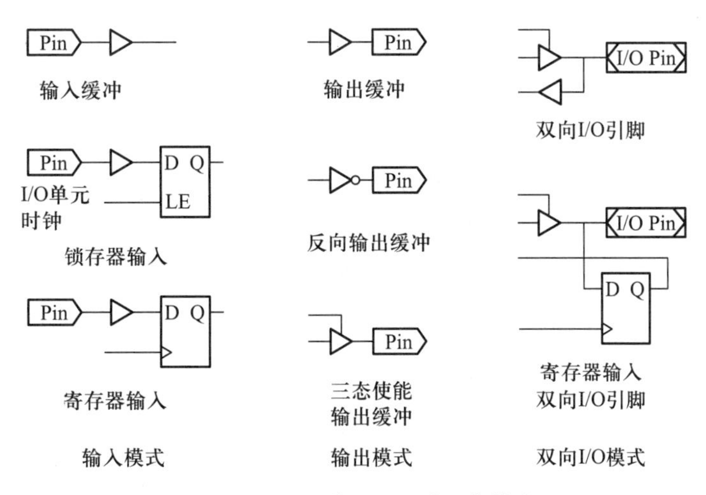

图 10.6.8 I/O 单元的三种工作模式

状态时，其他引脚被置为高阻隔离态。当编程控制引脚$\overline{\text{ispEN}}$为高电平时，芯片处于用户逻辑状态，即正常工作状态，此时 4 个复用引脚为功能引脚，分别为 IN0、IN1、Y_2和 IN2。另外还有一个功能复用引脚 $Y_1/\overline{\text{Reset}}$，它可用于时钟输入，也可用于系统复位。默认状态为系统复位端。若要用于时钟输入，则必须通过编译器控制参数加以定义。

10.6.3 可编程器件的应用设计简介

微视频 10-2：FPGA 二三事

应用可编程逻辑器件设计数字电路，必须有相应的硬件工具和开发系统软件的支持。对于 EPROM、PAL、GAL 等低密度可编程逻辑器件，需要专用的硬件编程器完成对器件的编程，对于在系统可编程器件则不需用专用编程器。但两者都要求有相应的开发软件支持。

由计算机、PLD 开发软件和编程器可构造最基本的 PLD 开发系统。借助开发系统应用 PLD 设计数字电路的过程如图 10.6.9 所示。这一过程可简要概述为：首先分析设计题目，确定设计要求，然后选定器件，编写设计源文件，再对设计源文件进行编译、仿真、测试，结果正确无误后，生成器件的编程文件，通过编程器或下载电缆（对于在系统编程）实现对器件的编程，完成设计工作。这其中最重要的是编写设计源文件，它是设计者知识、能力、智慧的体现，是设计者脑力劳动的成果。其余过程基本上都可以借助计算机完成。

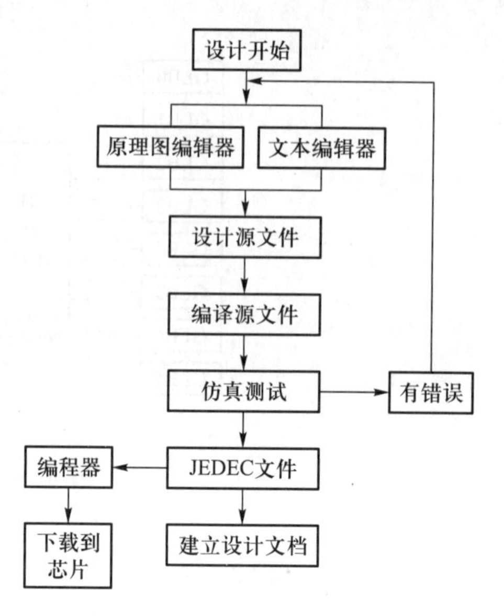

图 10.6.9　PLD 器件开发流程图

高密度的在系统可编程逻辑器件，一般都是大规模和超大规模集成电路。由于不同的器件生产厂家所采用的电路结构、模式和各自的核心技术的不同，目前还没有一款能兼容各家器件的开发软件供大家使用。但各生产厂家都为自己生产的可编程逻辑器件设计了相应的开发软件，它们各自独立，互不兼容，即这些软件只支持本公司的器件。因此在设计时应注意选用器件和开发软件的匹配。如 Altera 公司的教育版开发软件是 MAX－PLus Ⅱ，Xilinx 公司的开发软件有 Foundation，而 Lattice 公司的开发软件是 ispEXPERT System 等。这些软件都运行在 Windows 9X 及以上操作系统，具有良好的集成环境和友好的界面，学习起来容易，使用方便。它们为用户建立设计源文件提供了多种方式，可以用输入原理图建立设计源文件，也可以用硬件描述语言 VHDL 编写设计源文件，或者可以两种方式混合输入建立设计源文件。软件还具有器件适配功能，通过选择器件，再经过编译进行器件适配，使设计者可以很容易正确选择器件，为设计者在器件选择方面提供了很多便利。软件还有强大的逻辑仿真和时序仿真功能，通过对设计仿真，确保设计的可靠性，提高了设计的成功率。

思　考　题

1. 什么是在系统可编程逻辑器件？

2. 简述应用可编程逻辑器件设计数字电路的主要流程。

本 章 小 结

1. 可编程逻辑器件（PLD）是由**与**阵列、**或**阵列和输入输出电路组成。**与**阵列用于产生逻辑函数的乘积项，**或**阵列用于获得积之和，因此，从原理上讲，可编程逻辑器件可以实现一切复杂的组合逻辑函数。输入电路主要产生输入变量的原变量和反变量，并提供一定的输入驱动能力，输出电路则提供多种不同的输出结构，尤其是在融入了触发器之后，使可编程逻辑器件能实现时序逻辑功能，从而使可编程逻辑器件能够构造一般的数字逻辑系统。

2. 可编程逻辑器件根据可编程部位不同，分为半场可编程和全场可编程逻辑器件。全场可编程逻辑器件由于技术复杂，价格昂贵，加上编程软件不够成熟，因此使用很少。而半场可编程逻辑器件简单、经济、编程软件丰富且成熟，故发展很快，应用广泛，PAL 和 GAL 均是半场可编程逻辑器件。

3. 采用 PROM 工艺（熔丝工艺）制造的可编程逻辑器件称为一次可编程器件（又简称 OTP 芯片，OTP 是 only time programmable 的缩写），如 PAL 等器件。采用 E^2PROM 工艺制造的可编程逻辑器件为可重复编程的可编程逻辑器件，如 GAL、ISP-PLD 系列器件等。PAL 和 GAL 器件都需要专用编程器对芯片编程。

4. PAL 器件的输出为固定输出，因输出结构的不同，PAL 具有多种不同型号的器件，供用户选用，而 GAL 的输出为一个可编程组态的输出逻辑宏单元 OLMC，对 OLMC 编程，可实现多种常用的输出结构，因而 GAL 的型号少，但能替代几乎所有的 PAL 器件。由于 GAL 的可重复编程和输出可组态的优点，更受到用户的喜爱，在市场上占据了主导地位。

5. 现场可编程门阵列 FPGA 是另一类超大规模在系统可编程逻辑器件，要了解它的主要结构和编程特点。它主要由较小的可编程逻辑块 CLB 排列成的阵列和可编程输入输出块 IOB 以及分布式可编程互联资源 PIR 组成。它的编程数据是装在芯片内部的 SRAM 中的，由 SRAM 控制芯片的逻辑功能。系统断电后，SRAM 中的编程数据会丢失，因此每次在系统通电后，都要重新装载编程数据到片内的 SRAM 中，所以它需要片外 ROM 来永久保存这些编程数据。系统通电后，FPGA 的数据装载是自动完成的。

6. 在系统可编程逻辑器件（ISP-PLD）提供了简单易行的编程方法，而无须专用的编程器，编程后的数据可永久保存。它可在用户板上对器件编程，因而为产品的改进、升级换代提供了方便，也为维护工作带来了便利。又由于它集成密度高，工作速度快，性能稳定可靠，编程软件先进，设计周期短等一系列优点，发展非常迅猛，目前 ISP-PLD 和 FPGA 都已成为数字系统设计的主流芯片。

通过对本章的学习，要知道应用可编程逻辑器件设计数字系统的必备工具和一般流程。

自测题

一、填空题

1. PAL、GAL 的**与**、**或**阵列中，可由用户编程的阵列是________。

2. FPGA 的基本结构包括________，________，________。

3. GAL 是采用________工艺制造，因此可重复编程。

4. 能够直接把编程数据经用户系统板下载到芯片中的是________可编程逻辑器件。

二、判断题（正确的题在括号内填上"√"，错误的题则填上"×"）

1. 可编程逻辑器件是指器件内部的逻辑电路可由用户来设定。（　　）

2. 在一般情况下，GAL 可以替代 PAL。（　　）

3. PAL 和 GAL 的阵列结构相同，只是输出结构不同。（　　）

4. 用 PAL 和 GAL 实现组合逻辑函数时，必须用最小项之和式描述。（　　）

练　习　题

［题 **10.1**］　PAL 和 GAL 有相同的阵列结构，它们是否可以互相代换使用？为什么？

［题 **10.2**］　GAL 的输出逻辑宏单元由哪几部分组成，可以编程组态为几种常用的输出结构？

［题 **10.3**］　CPLD 和 FPGA 都是大规模可编程逻辑器件，它们的结构有什么不同？使用上有什么区别？

［题 **10.4**］　试用 PLD 的点阵示意图表示下列逻辑函数。

1. $Y=\overline{A}\,\overline{B}\,\overline{C}+A\overline{B}C+ABC$

2. $Y=\overline{A}\,\overline{B}\,\overline{C}\,\overline{D}+A\overline{C}D+AC\overline{D}+\overline{A}\,\overline{B}CD$

［题 **10.5**］　试分析图 P10.1 所示电路的逻辑功能。

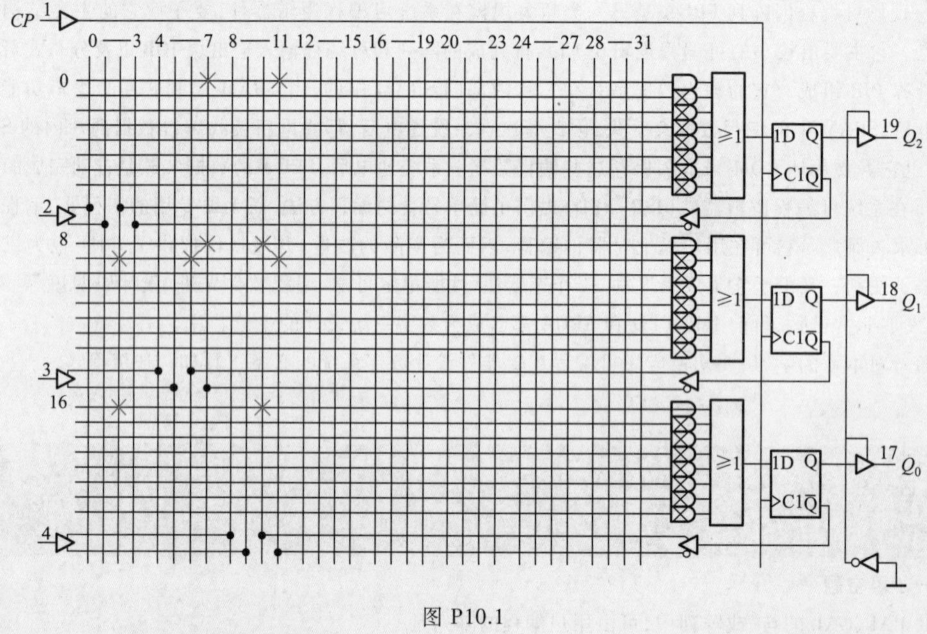

图 P10.1

［题 **10.6**］　用 GAL16L8 设计一个组合逻辑电路，当选择信号 $S=\mathbf{0}$ 时，实现 A_1A_0 和 B_1B_0 按位**与**运算；$S=\mathbf{1}$ 时，实现按位**或**运算。画出阵列编程图。

第 11 章

硬件描述语言(VHDL)

11.1 概　　述

VHDL 的全称是 very high speed integrated circuit hardware description language,它最初是由美国国防部和 intermetrics 公司、德州仪器公司(TI)和 IBM 公司联合开发的。1987 年,VHDL 被 IEEE 和美国国防部确认为标准硬件描述语言,使得 VHDL 在电子设计领域得到了广泛的应用,渐成为工业界标准。这个版本被称为 87 版。1993 年,IEEE 对 VHDL 进行了修订,推出了新的标准,被称为 93 版。

一般的硬件描述语言在行为级、RTL(寄存器传输级,即数据流描述)级和门电路级这三个层次上描述电路。VHDL 用于行为级和 RTL 级的描述,它是一种高级描述语言,几乎不能控制门电路的生成。然而,任何一种硬件描述语言的源程序都要转化成门级电路,这一过程称为综合。熟悉 VHDL 语言后设计效率很高,且生成电路的性能不亚于其他设计软件生成电路的性能。目前大多数 EDA 软件都支持 VHDL 语言。

VHDL 语言的优点:

(1) 具有更强的行为描述能力。VHDL 语言强大的行为描述能力使设计者避开具体的器件结构,这是从逻辑行为上描述和设计大规模数字系统的重要保证。

(2) 丰富的仿真语句和库函数。VHDL 语言的这一特点使得设计大的系统时随时可对设计进行仿真模拟(甚至尚未完成时,也能检测设计系统功能可行性)。

(3) 可对大规模设计进行分解和对已有的设计进行再利用,符合市场环境下重组、升级的设计趋势。

(4) 支持“自顶向下”的设计方法。可按层次分解,采用结构化开发手段,实现多人、多任务并行工作方式,使系统的设计效率大幅提高。同时,还可以利用 EDA 工具对完成的确定设计进行逻辑综合和优化,大大减少了电路设计的时间和可能发生的错误,降低了开发成本。

(5) 设计和硬件结构无关性。VHDL 的设计者可以不需要熟悉硬件的结构,也不必考虑设计的目标器件。且目标器件有广阔的选择范围,其中包括各系列的 CPLD、FPGA 器件。

11.2　VHDL 语言的程序结构

微视频 11-1 如何用程序设计电路

通常一个完整的 VHDL 语言程序应该包含实体(ENTITY)、结构体(ARCHITECTURE)、程序包(PACKAGE)、配置(CONFIGURATION)和库(LIBRARY)五个部分。

1. 实体(ENTITY)

用于描述所设计系统的外部接口信号,所有设计的表达均与实体有关。实体是设计中最基本的模块,若设计分层次,设计的最顶层是顶级实体,在顶级实体的描述中会含有较低级实体的描述。

2. 结构体(ARCHITECTURE)

用于描述实体所代表的系统内部的结构和行为。一个实体可以有多个结构体。因此,对于描述一个系统的内部细节,结构体具有更强的描述能力和灵活性。

3. 程序包(PACKAGE)

设计中用的子程序和公用数据类型的集合。用于存放各个设计模块都能享用的数据类型、常数和子程序。

4. 配置(CONFIGURATION)

对应于传统设计方法中设计的零件清单,用于指明实体所对应的结构体。

5. 库(LIBRARY)

用于存放已经编译过的实体、结构体、程序包和配置。用户也可以生成自己的库。

常用的 VHDL 语言的程序结构如下:

```
LIBRARY      IEEE;          --库说明
USE   IEEE.STD_LOGIC_1164.ALL;      --程序包调用
ENTITY    实体名    IS    }
  PORT   (端口参数表)      } --实体声明
END 实体名;               }
ARCHITETURE   结构体名   OF 实体名 IS                    }
  SIGNAL …;          --结构体内部信号声明              }
BEGIN           }                                       } --结构体定义
 ⋮              } --实体的功能、行为等描述语句          }
END 结构体名 ;  }                                       }
```

程序中每条语句都要用分号隔开。以"--"开始的为注释文字,编译器将忽略注释文字。

11.2.1　VHDL 语言的实体和结构体

一、实体(ENTITY)

一个 VHDL 程序可以由一个或多个设计实体构成,实体是 VHDL 设计中最基本的组成部分之一。实体的声明是一个器件的外部视图。

实体声明的基本语法格式如下：

```
ENTITY 实体名 IS
PORT
    (端口名 1 : 端口方向     端口类型;
     端口名 2 : 端口方向     端口类型;
          ⋮
     端口名 n : 端口方向     端口类型);
END 实体名;
```

相同类型的端口名可以写在一起，但要用逗号分开，如：(端口名 1，端口名 2：端口方向 端口类型)。

对于某些编译软件(如 MAX+PlusII)，实体名必须与文件名相同，否则编译时会出错。端口名，即设计器件的引脚名，也就是加在外部引脚上的信号名，通常由英文字母或英文字母加数字命名。端口方向用来定义外部引脚的信号方向，也就是指明外部信号是输入信号还是输出信号。见表 11.2.1 端口方向说明。

表 11.2.1　端口方向说明

端口方向定义	含义
IN	输入
OUT	输出(在结构体内部此类端口不能赋给其他信号)
INOUT	双向
BUFFER	带反馈功能的输出(在结构体内部此类端口可以赋给其他信号)
LINKAGE	不指定方向，无论哪一种方向都可以连接

[例 11.2.1]　二输入**与非**门的实体声明

设二输入**与非**门的两个输入引脚为 in1 和 in2，输出引脚为 out1，则实体声明为：

```
LIBRARY IEEE;                        --库的说明(IEEE 库)
USE IEEE.STD_LOGIC_1164.ALL;         --程序包的调用(使用 IEEE 库中程序包
                                       STD_LOGIC_1164 的所有设计单元)
ENTITY nand2 IS                      --实体声明(二输入与非门是个实体)
PORT                                 ┐
  (in1, in2:  IN STD_LOGIC;          │
   out1: OUT STD_LOGIC               │ --端口声明
  );                                 ┘
END nand2;                           --二输入与非门实体描述结束
```

这个例子描绘了一个具有 2 个输入端和一个输出端的元件视图，因此，实体声明相当于给出了元件的符号。

二、结构体(ARCHITECTURE)

结构体具体地描述了一个实体的行为、元件及元件内部的连接关系。由于结构体是对实体逻辑功能的具体描述,因此它一定要跟在实体的后面。结构体由两大部分组成:

(1) 对该结构体将用到的信号、常数、数据类型、子程序和元件等元素的声明。

(2) 描述实体逻辑功能和行为的语句。功能描述语句都是并行语句,有 5 种类型,以并行的方式工作,又称为结构体的子结构。这 5 种类型的语句是:

① 块语句(BLOCK):由一系列并行语句组成,并从形式上划分出模块,功能是将结构体中的并行语句组成一个或多个子模块。

② 进程语句(PROCESS):进程内部为顺序语句,用于将外部获得的信号值,或内部运算数据向其他信号赋值。不同进程间是并行执行的,进程只在某个敏感信号发生变化时才触发。

③ 信号赋值语句:将实体内处理的结果向定义的信号或端口进行赋值。

④ 子程序调用语句:调用函数(FUNCTION)或过程(PROCEDURE),并将获得的结果赋给信号。

⑤ 元件例化语句:调用其他设计实体描述的电路,将其作为本设计实体的一个元件(COMPONENT)。

一个实体可以有多个结构体,每个结构体对应着实体不同的结构和算法实行方案,但同一个结构体不能为不同的实体所拥有。一个实体只能有一个有效的结构体,对于具有多个结构体的实体,必须通过 CONFIGURATION 配置语句指明使用哪一个结构体与实体关联进行综合或仿真。

结构体的语法格式如下:

```
ARCHITECTURE  结构体名    OF    实体名    IS
[声明语句;]      --用方括号括起的为可选部分,下同
BEGIN
  功能描述语句;
END [结构体名];
```

[例 11.2.2] 二输入**与非**门的 VHDL 语言程序。设输入引脚为 in1 和 in2,输出引脚为 out1,引用[例 11.2.1]的实体,写出二输入**与非**门的 VHDL 语言程序如下:

```
LIBRARY  IEEE;
USE IEEE.STD_LOGIC_1164.ALL;
ENTITY nand2 IS
PORT
    (in1,in2:  IN STD_LOGIC;
    out1: OUT STD_LOGIC
```

```
    );
END nand2;
ARCHITECTURE behavior_nand2   OF   nand2   IS
BEGIN
  out1<=in1 NAND in2;           --逻辑功能描述语句
END behavior_nand2 ;
```

在进行 VHDL 编程时,还需要注意以下问题:

(1) VHDL 程序中,一般情况下(高阻态 Z 只能大写除外)不区分字母大小写。但通常关键词习惯用大写表示,信号、变量等用小写表示。

(2) 文件存盘时,保存路径中最好不要出现中文,否则容易引起编译错误。

(3) 实体和结构体的结尾处可以有以下几种写法(以实体为例):

```
END;
END ENTITY;
END 实体名;
END ENTITY 实体名;
```

以上写法由不同版本的 VHDL 标准规定,且相互兼容。最新版本规定为第四种。

(4) VHDL 语句以分号结尾,但实体中 port 端口列表中,最后一个端口描述结尾处不加分号。

11.2.2 VHDL 语言的库、程序包和配置

一、库(LIBRARY)

VHDL 语言中库的作用与软件语言设计库的功能相似,用于存放系统或用户自行设计的,已编译的实体、结构体、程序包等,以便其他实体共享。VHDL 中常用的库有 IEEE、STD、WORK 等。其中后两者默认打开。

打开库的语法为

```
LIBRARY 库名;
```

例如:

```
LIBRARY IEEE;
```

二、程序包(PACKAGE)

在 VHDL 语言程序设计中,某一设计实体中定义的数据类型、子程序、数据对象和元件定义对于其他设计实体是不可见的。为了使得资源共享,可以将这些定义收集到一个 VHDL 程序包中以供调用。程序包中的主要内容有:常数说明、VHDL 数据类型说明、元件定义、子程序。

程序包的结构如下:

```
PACKAGE  程序包名  IS
    包首说明;                                  --程序包首
END  程序包名;
PACKAGE  BODY  程序包名  IS
    包体说明;                                  --程序包体
END 程序包名;
```

程序包首的说明部分可收集多个不同的 VHDL 设计所需的公共信息,包括类型说明、信号说明、子程序说明和元件说明。例如:

```
PACKAGE pack IS
    TYPE byte IS RANGE 0 TO 255;                --定义数据类型 byte
    SUBTYPE shortbyte IS byte RANGE 0 TO 15;    --定义子类型 shortbyte
    CONSTANT length:  byte:=255;                --定义 byte 类型的常数 length
    SIGNAL sig1,sig2:  STD_LOGIC;               --定义信号 sig1,sig2
    COMPONENT  comp
      PORT( a,b: IN byte;
            c: OUT byte                          --定义元件 comp
            );
    END COMPONENT;
    FUNCTION function1 ( a,b:  byte)  RETURN  byte;    --定义函数
END pack;
```

这个程序包的包首说明中定义了一个新的数据类型 byte 和一个子类型 shortbyte,并定义了一个 byte 类型的常数 length 和两个 shortbyte 类型的信号 sig1 和 sig2,以及一个元件和一个函数。

程序包体的说明部分是给出对应包首中说明的元件、函数和子程序的完整程序。

[**例 11.2.3**] 一个程序包的例子

```
LIBRARY IEEE;
USE IEEE.STD_LOGIC_1164.all;
PACKAGE pack IS
    FUNCTION max(a,b: STD_LOGIC_vector)         --程序包首,说明了一个函数
    RETURN STD_LOGIC_vector;
END pack;
```

```
PACKAGE  BODY  pack  IS
    FUNCTION max(a,b: STD_LOGIC_vector)
    RETURN STD_LOGIC_vector  IS
    VARIABLE temp: STD_LOGIC_vector ;
    BEGIN
      IF(a>b) THEN  temp:=a;                 --程序包体,给出了函数的完整程序
      ELSE temp:=b;
      END IF;
      RETURN temp;
    END max;
END pack;
```

常用的程序包有:STD_LOGIC_1164;
STD_LOGIC_Arith;
STD_LOGIC_Unsigned;
STD_LOGIC_Signed;

调用程序包的语句格式如下:

USE 库名.程序包名.引用内容;

其中引用内容一般用 all 表示引用全部内容。

三、配置(**CONFIGURATION**)

配置就是把特定的结构体关联到一个确定的实体。通常在复杂的 VHDL 工程设计中,配置语句可以为实体指定一个结构体,利用配置使仿真器为同一实体的不同结构体进行仿真,则可以测试不同结构体的差别。

配置语句的一般格式如下:

```
CONFIGURATION 配置名 OF 实体名 IS
        配置说明
END  配置名;
```

配置说明部分格式种类较多,其中最简单的一种描述方式如下例所示:

[**例 11.2.4**] 用两种不同的逻辑方式描述二输入**与非**门 nand2,用配置语句为特定的结构体需求作配置指定。

```
LIBRARY IEEE;
USE IEEE.STD_LOGIC_1164.ALL;
ENTITY nand2 IS
    PORT (a: IN STD_LOGIC;
          b: IN STD_LOGIC;
          c: OUT STD_LOGIC
          );
```

```
END ENTITY nand2;
ARCHITECTURE one_nand2 OF nand2  IS        ┐
BEGIN                                      │
  c<=NOT (a AND b);                        ├ --结构体 1
END ARCHITECTURE one_nand2;                ┘

ARCHITECTURE two_nand2 OF nand2  IS           ┐
BEGIN                                         │
  c<='1' WHEN (a='0') AND (b='0') ELSE        │
       '1' WHEN (a='0') AND (b='1') ELSE      ├ --结构体 2
       '1' WHEN (a='1') AND (b='0') ELSE      │
       '0' WHEN (a='1') AND (b='1') ELSE      │
       '0';                                   │
END ARCHITECTURE two_nand2;                   ┘

CONFIGURATION first OF nand2 IS   ┐
    FOR one_nand2                 ├ --配置了结构体 1
    END FOR;                      ┘
END first;
CONFIGURATION secend OF nand2 IS  ┐
    FOR two_nand2                 ├ --配置了结构体 2
    END FOR;                      ┘
END secend;
```

这个例子是为了说明实体的多个结构体和不同的配置语句而写的,实际仿真时,两条配置语句只能有一条有效。一个实体只能有一个有效的结构体。

11.2.3 子程序

子程序可以在 VHDL 程序中的程序包、结构体和进程 3 个不同位置定义。由于子程序只有在程序包中定义才能被不同的设计调用,因此一般将常用逻辑功能的子程序放在程序包中。子程序有函数(FUCTION)和过程(PROCEDURE)两种类型。与进程(PROCESS)相似,子程序中只放置顺序语句。

一、函数

函数的作用是求值。函数一般有多个输入量,只有一个输出量,输出量就是函数的返回值,因此,函数只有一个返回值。函数由函数首和函数体组成。

函数定义的一般格式如下:

```
FUNCTION  函数名 (参数表) RETURN  数据类型          --函数首
```

```
FUNCTION  函数名（参数表）RETURN  数据类型  IS  ┐
    [说明部分;]                                  │
BEGIN                                            ├ --函数体
    顺序语句;                                    │
END 函数名;                                      ┘
```

函数首给出了函数名、参数表和返回值类型。如果所定义的函数是要放入程序包作为可共享的资源,则必须定义函数首。而在结构体和进程中,函数体可以独立存在和使用,无须定义函数首。参数表是仅用来定义输入量的,方向说明可省略。输入量可以是信号或常数,如果是信号,则参数名需放在关键词 SIGNAL 后,以示说明。如果输入量是常量,则无须说明。

函数的调用一般是在表达式中直接写出函数名和参数表即可,它等效为表达式中的一个变量或一个确定值。下面以全加器为例,说明函数的定义和调用过程。

[**例 11.2.5**]　全加器 VHDL 程序(函数举例)

```
LIBRARY IEEE;
USE IEEE. STD_LOGIC_1164.ALL;
ENTITY add_fun IS
  PORT (in0,in1,in2: IN  BIT;
        s,c: OUT BIT );
END ENTITY add_fun ;
ARCHITECTURE behave OF add_fun  IS
FUNCTION  add_s (a,b,c:BIT)  RETURN  BIT  IS  ┐
BEGIN                                          ├ --定义函数,求本位和 s
  RETURN (a XOR b XOR c) ;                     ┘
END add_s ;
FUNCTION  add_c (a,b,c:BIT)  RETURN  BIT  IS   ┐
BEGIN                                            ├ --定义函数,求进位 c
  RETURN ((a AND b) OR (a AND c) OR (b AND c));  ┘
END  add_c;
BEGIN
    s<= add_s (in0,in1,in2);      --调用函数 add_s
    c<= add_c (in0,in1,in2);      --调用函数 add_c
END behave ;
```

二、过程

过程类似于函数,但却有以下不同:函数的参数表仅定义输入参数,过程的参数表有输入参数 IN、输出参数 OUT 和双向参数 INOUT;函数通常是作为表达式的一部分被调用,而过程被调用时,是作为一种语句而单独存在,其作用类似子进程;函数调用只有一个返回值,而过程调用可以有多个返回值。过程参数表不作特别说明时,输入参数将被作为常数处理,而输出参数和输入输出参数将作为变量处理,过程调用返回的值将传给变量。过程也是由过程首和过程体组成。

过程定义语句格式如下:

```
PROCEDURE  过程名 (参数表)              --过程首
PROCEDURE  过程名 (参数表) IS     ┐
  [说明部分;]                      │
BEGIN                              ├ -- 过程体
  顺序语句;                        │
END 过程名;                        ┘
```

过程体的说明部分只适用于过程内部。过程体是由顺序语句组成的,调用过程就启动了对过程体顺序语句的执行。过程定义和函数定义一样,在结构体和进程中,过程体可以独立存在和使用,无须过程首;在程序包中必须定义过程首。

过程调用的语句格式如下:

```
    过程名 (实参表);
```

调用过程时,参数表中的参数是与过程定义中的形式参数名相对应的实际参数名。过程调用可以是顺序调用或并行调用。在一般的顺序语句执行过程中调用一个过程时,该过程调用语句就是一条顺序语句被执行,所以是顺序调用。顺序过程调用主要用于进程中。当过程处于并行语句环境中时,过程体参数表中的任意一个输入参数发生变化,都将启动过程的调用,这就是并行调用。下面还是以全加器为例,说明过程定义和调用。

[例 11.2.6] 全加器 VHDL 程序(过程举例)

```
LIBRARY IEEE;
USE IEEE. STD_LOGIC_1164.ALL;
ENTITY add_pro IS
    PORT (in0,in1,in2: IN  BIT;
          s,c: OUT BIT
        );
END ENTITY add_pro;
ARCHITECTURE behave OF add_pro IS
  PROCEDURE add_er(a,b,c:IN BIT ;                        ┐
                out1,out2: OUT BIT)  IS                   │
  BEGIN                                                   ├ --定义过程
    out1:= a XOR b XOR c;                                 │
    out2:= (a AND b) OR (a AND c) OR (b AND c);           ┘
  END  add_er;
```

```
BEGIN
  PROCESS(in0,in1,in2)
  VARIABLE  y1,y2:BIT;
    BEGIN
      add_er(in0,in1,in2,y1,y2);      --调用过程 add_er
      s<=y1;
      c<= y2;
      END PROCESS;
END behave;
```

思　考　题

1. 什么是实体？什么是结构体？两者之间有什么关系？
2. 什么是程序包？有什么用处？
3. 配置的作用是什么？
4. 函数和过程的作用是什么？

11.3 VHDL 编程语言的基本要素

11.3.1 VHDL 的语言元素

VHDL 具有计算机编程语言的一般特性,其语言要素是编程语句的基本单元,反映了VHDL 语言的重要特征。因此准确地理解和掌握 VHDL 语言的要素的基本含义和用法是正确进行 VHDL 程序设计的基础。

一、VHDL 的数据对象

VHDL 的数据对象有三种:信号(Signal)、常量(Constant)和变量(Variable)。

1. 信号

信号是 VHDL 语言中经常用到的对象,是对电子电路内部硬件连接的抽象,是用来描述实体内部节点的重要数据类型。

信号声明的语法格式如下:

SIGNAL 信号名 1[,信号名 2,…]: 数据类型 [:= 初始值];

关键字 SIGNAL 声明一个或多个信号,信号名可以包含一个或多个同类型信号名。信号的初始化主要用于仿真,初始值在综合时忽略。信号的声明可以出现在实体的说明部分、结构体说明和程序包说明中。在程序包中说明的信号对于所有采用该程序包的实体都是可引用的;在实体部分说明的信号,对于该实体中任何一个结构体都是可引用的;而结构体说明中的信号只能被结构体中的语句采用。不同类型的信号声明语句要用分号隔开。如:

SIGNAL sig1,sig2: std_logic;

SIGNAL　x,y : integer 0 to7;

2. 常量

常量的运用使得模块更容易更新。常量的声明就是对一个常数赋予设定的值。

常量声明的语法格式如下:

CONSTANT 常量名 1[,常量名 2,…]: 数据类型 : = 数值;

关键字 CONSTANT 声明一个或多个常量,常量名可以包含一个或多个同类型常量名,常量都要赋设定值。常量的声明可以出现在实体的说明部分、结构体的说明部分、进程的说明部分和程序包的说明中。常量和信号的引用规律一样,在进程语句中声明的常量只能在该进程中使用。不同类型的常量声明语句要用分号隔开。如:

CONSTANT　a :integer : = 3;

CONSTANT　y : bit : = '1';

3. 变量

变量只能在进程语句、函数语句和过程语句中出现,它是一个局部量。因此,变量不能将信息带出对它做出定义的当前设计单元。在仿真的过程中对变量的仿真可以立即生效,这一点与信号不同。

变量声明的语法格式如下:

VARIABLE 变量名 1[,变量名 2,…]: 数据类型[: = 初值];

关键字 VARIABLE 声明一个或多个变量,变量名可以包含一个或多个同类型的变量名,方括号里是可选内容,这里是对变量赋初值。不同类型的变量声明语句要用分号隔开。如:

VARIABLE a,b: std_logic;

VARIABLE c,d: bit;

二、VHDL 的常用数据类型

VHDL 的数据类型包括 VHDL 预定义数据类型、IEEE 预定义数据类型和用户自定义数据类型。

1. 常用的 VHDL 预定义数据类型

常用的 VHDL 预定义数据类型有以下几类:

(1) 布尔(BOOLEAN)数据类型,取值为 FALSE 和 TRUE,用于逻辑运算。

(2) 位(BIT)数据类型,取值为 0 和 1,对应于实际电路中的低电平和高电平,位数据对象进行**与**、**或**和**非**等逻辑运算时,结果仍为位数据类型。

(3) 位矢量(BIT_VECTOR)数据类型,是基于位的数组,使用位矢量时要注明数组中元素的个数和排列方向。如:SIGNAL　a: BIT_VECTOR (0 TO 7),即定义了一个 8 元素数组 a,最高位为 a(0),最低位为 a(7)。若降序排列则写成:SIGNAL　a: BIT_VECTOR (7 DOWNTO 0),则最高位为 a(7),最低位为 a(0)。

(4) 整数(INTEGER)数据类型,取值范围是 $-(2^{31}-1)\sim(2^{31}-1)$。在使用整数时必须用 RANGE…TO…限定整数的范围,因为综合器将根据所限定的范围来决定此信号或变量的二进制数的位数。如:SIGNAL a: INTEGER RANGE 0 TO 15,定义了一个范围在 0 到 15 的整数信号 a。

2. 常用的 IEEE 预定义的数据类型

常用的 IEEE 预定义的数据类型有标准逻辑位(STD _ LOGIC)数据类型和标准逻辑位矢量(STD _ LOGIC _ VECTOR)数据类型。标准逻辑位(STD _ LOGIC)数据类型定义了 9 种信号状态,见表 11.3.1。

表 11.3.1 标准逻辑位数据类型

信号值	定义
U	Uninitialized,未初始化的
X	Forcing Unknown,强未知的
0	Forcing 0,强 0
1	Forcing 1,强 1
Z	High Impedance,高阻态
W	Weak Unknown,弱未知的
L	Weak 0,弱 0
H	Weak 1,弱 1
—	Don't care,忽略

"—"态常用于一些 BOOLEAN 表达式的简化。就综合而言,只有"0"、"1"、"Z"和"—"可以被综合,而其他状态对仿真有着重要的意义。目前,在设计中一般只使用 STD _ LOGIC 类型,而很少用 BIT 类型。标准逻辑位矢量(STD _ LOGIC _ VECTOR)数据类型是基于 STD _ LOGIC 的数组,与 STD _ LOGIC 的关系如同 BIT 与 BIT _ VECTOR 的关系。值得注意的是在使用上述类型时,必须在程序开始时先声明使用的库(IEEE)程序包(STD _ LOGIC _ 1164)。语法格式如下:

```
LIBRARY IEEE;
USE IEEE.STD _ LOGIC _ 1164. ALL;
```

3. 常用的用户自定义数据类型

常用的用户自定义数据类型有枚举数据类型和数组数据类型。

(1) 枚举数据类型

枚举数据类型常用于状态机描述。其语法格式如下:

TYPE 数据类型的名称 IS (元素 1,元素 2,……);

如:
```
TYPE State _ type IS (Start, Step1,Step2,Step3,Final );
SIGNAL State: State _ type;
```

其中第一条语句定义了 5 个状态的枚举数据类型 State _ type;第二条语句又定义了一个类

型为 State _ type 的信号 State,它的取值就在枚举数据类型 State _ type 的 5 个状态中。

(2) 数组数据类型

数组数据类型常用于组合同样类型的元素。其语法格式如下:

TYPE　数组名　IS ARRAY (范围)OF　数据类型;

如:TYPE Byte IS ARRAY (7 DOWNTO 0) OF BIT;

TYPE Word IS ARRAY (31 DOWNTO 0) OF BIT;

其中第一条语句定义了一个 8 位的字节类型;第二条语句又定义了一个 32 位的字类型。

三、VHDL 常用运算符

VHDL 语言中共有 4 类常用运算符,分别是逻辑运算符、算术运算符、关系运算符和并置运算符。

1. 逻辑运算符

逻辑运算符共有 7 种,分别是:NOT 取反,AND 与、OR 或、NAND 与非、NOR 或非、XOR 异或和 XNOR 同或。其中 NOT 是一元运算符,其余为二元运算符。以上 7 种逻辑运算可以对"STD _ LOGIC"、"BIT"类型、"STD _ LOGIC _ VECTOR"、"BIT _ VECTOR"类型和布尔型数据类型进行逻辑运算。必须注意:运算符左右两边操作数和运算结果的类型必须一致。

2. 算术运算符

算术运算符为"+"、"-"、"*"和"/"。"+"和"-"可以用于任何数据类型,"*"和"/"用于整数和浮点数。只有"+"、"-"和"*"可以被综合,"/"在除数为 2 的 N 次幂的常数时可以实现逻辑综合。使用"*"要特别慎重,因为"*"运算将耗费大量资源。例如,对于 16 位的乘法运算,综合时逻辑门电路会超过 2000 个门。若对"STD _ LOGIC _ VECTOR"进行"+"和"-"运算时,两边的操作数和带入的变量位长不同时,会产生语法错误。另外,"*"运算两边操作数的位长之和与要带入的变量的位长不相同时,也会产生语法错误。

3. 关系运算符

关系运算符有 6 种,分别是:= 等于、/= 不等于、< 小于、<= 小于等于、> 大于和 >= 大于等于。关系运算得到的结果总是布尔型。VHDL 规定,"="和"/="的操作对象可以是 VHDL 中任何数据类型构成的操作数,其余关系运算符的操作对象仅限于整数、枚举和由整数或枚举元素构成的一维数组。

4. 并置运算符

并置运算符是"&"。它是一个二元运算符,用于将一维数组型的两个操作数连接成一个操作数,因此又称为连接运算符。两个操作数的元素必须具有相同的类型,或者其中的一个操作数必须是另外一个操作数的元素类型。如:a[a1,a0]&b[b2,b1,b0]的结果为 c[a1,a0,b2,b1,b0],其中 a、b、c 都是同一类型数据元素的一维向量。

VHDL 运算符优先级的顺序如下:

(NOT)优先于(* /)优先于(+ - &)优先于(= /= < > <= >=)优先于(AND OR NAND NOR XOR XNOR)

括号内的一组运算符在 VHDL 语言中为同级运算，同级运算符中必须用括号加以确定运算的优先顺序，如逻辑表达式 ab+c 在 VHDL 语言中应写成(a AND b) OR c，否则编译时会报错。

11.3.2 VHDL 的基本语句

微视频 11-2：程序结构与电路结构

VHDL 的描述语句分为顺序语句和并行语句。顺序语句是完全按程序中出现的顺序执行的语句，即前面语句的执行结果会影响后面语句的执行结果。顺序语句只出现在进程和子程序中。并行语句作为一个整体运行，仅执行被激活的语句，并非所有语句都执行。

一、VHDL 的顺序语句：

1. 变量赋值语句

语法格式：变量名：= 表达式；

变量名和表达式类型相同，表达式可以是变量、信号和字符。"：="是立即赋值符，用于变量赋值，变量一经赋值便立即生效。在程序的说明部分，"：=" 也用于给任何对象赋初值。

2. 信号赋值语句

语法格式：信号名<= 表达式；

信号赋值语句用在进程和子程序中的顺序语句序列中时，表现为顺序语句。信号赋值语句是信号表达式敏感语句，如果信号表达式发生变化，信号赋值语句就会被执行。但是在进程中，要在进程结束时，信号赋值才有效。"<="是延迟赋值符，用于信号在传播、变化过程中的信号赋值，其右边的表达式可包含延迟信息。如：y<=sig1 AFTER 10ns；表示将信号 sig1 传输给 y 时要延迟 10ns。同一进程中对同一信号多次赋值时，仅最后一次赋值有效。另外，赋值语句两边类型和位长要保持一致。

[**例 11.3.1**] 信号赋值语句在进程中的执行机制

```
LIBRARY IEEE;
USE IEEE.STD_LOGIC_1164.ALL;
ENTITY   test IS
PORT
     (reset,clock: IN STD_LOGIC;
     Num1,Num2: OUT INTEGER   RANGE   0 TO 255
     );
END test ;
ARCHITECTURE test_sig   OF   test   IS
SIGNAL S1, S2: INTEGER RANGE 0 TO 255;         --声明信号
BEGIN
     PROCESS(reset,clock)                      --敏感信号参数表
     VARIABLE   V1: INTEGER RANGE   0 TO 255; --在进程内部,声明变量
```

```
    BEGIN
      IF reset = '1' THEN
          S1<=0;
          S2<=3;
          V1:=0;
    ELSIF rising_edge(clock) THEN           --当时钟上升沿到来时执行
          V1: =V1+1;                        --变量 V1 被立即赋值为 1
          S1<=V1+1;                         --对 S1 第一次赋值无效
          S2<=S1+2;                         --对 S2 的赋值在进程结束后生效为 2
          S1<=V1+2;                         --对 S1 最后一次赋值在进程结束后生效
                                            为 3
      END IF;
    END PROCESS;
      Num1<=S1;                             --第一个时钟上升沿后,V1 为 1,S1 为 3
      Num2<=S2;                             --S2 为 2
END  test_sig ;
```

图 11.3.1 所示是[例 11.3.1]的仿真波形图。图中可以清楚地看到在进程执行过程中,变量赋值语句一旦执行,就立刻赋值,而信号赋值是在进程被挂起时才发生的。

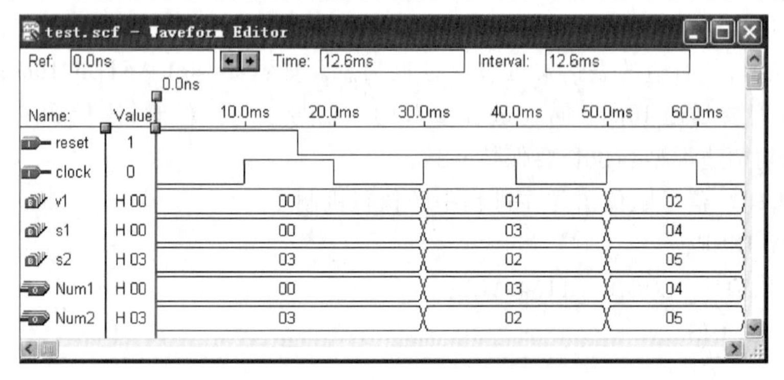

图 11.3.1　例 11.3.1 的仿真波形图

3. WAIT 语句

WAIT 语句是等待语句。在进程中(或过程中),当程序执行到 WAIT 等待语句时,运行程序被挂起,直到满足此语句设置的条件,才重新执行进程(或过程)。

WAIT 语句有四种形式,语法格式如下:

```
(1) WAIT;                                  --表示永远挂起
(2) WAIT ON 信号表;                         --当信号表信号变化时,重新启动进程
(3) WAIT UNTIL 条件表达式;                   --当条件表达式满足时,重新启动进程
```

(4) WAIT FOR 时间表达式;　　　　　　--当满足时间表达式时,重新启动进程

如:WAIT FOR 50ns;程序执行到该条语句时停止,等待 50ns 后重新启动进程。

4. IF 语句

IF 语句是一种条件语句,根据语句中设置的一种或多种条件,有选择的执行顺序语句。语句格式有以下三种结构:

```
(1) IF  条件表达式  THEN  顺序语句;
    END IF;
```

功能:条件表达式成立,则执行顺序语句,否则结束 IF 语句,此时电路保持原状态。这种 IF 语句格式常用于对时序逻辑电路的复位和时钟信号的判断。

```
(2) IF  条件表达式  THEN  顺序语句 1;
    ELSE  顺序语句 2;
    END  IF ;
```

功能:条件表达式成立,则执行顺序语句 1,否则执行顺序语句 2。

```
(3) IF  条件表达式 1  THEN  顺序语句 1;
    ELSIF  条件表达式 2  THEN  顺序语句 2;
    ELSE  顺序语句 3;
    END IF;
```

功能:依次判断各条件表达式,一旦有条件表达式成立,则执行其后的顺序语句,然后结束 IF 语句。排在后面的条件表达式无论是否成立,均被忽略。如果所有条件表达式都不成立,执行最后的顺序语句。这种 IF 语句有优先排队功能。

5. CASE 语句

当单个表达式的不同值对应不同的操作时,用 CASE 语句。CASE 语句中的各操作没有确定的顺序。其语法格式如下:

```
CASE  表达式  IS
      WHEN 选择值[|选择值] => 顺序语句;
      WHEN 选择值[|选择值] => 顺序语句;
        ⋮
      WHEN OTHERS => 顺序语句;
END CASE;
```

语句中的符号“=>”不是赋值符,意为“则”,相当于 IF 语句中的“then”。而语句中的符号“|”是对应同一操作的多个选择值的分隔符,连续的选择值可用…TO…表示,如连续值 2 到 7 可表示成　2 TO 7。语句的操作过程是:当表达式的值等于某个选择值时,就执行其后的顺序语句。

CASE 语句要求列出表达式的全部选择值,因此常用 WHEN OTHERS 语句来笼统表达其余各种情况。这对于 STD _ LOGIC 或 STD _ LOGIC _ VECTOR 数据类型特别重要,因为这两种数据类型有 9 种不同的取值。

6. LOOP 语句

LOOP 是循环语句,当需要重复操作时,使用循环语句。常用的 LOOP 语句有两种结构:

(1) FOR _ LOOP　语句,语句格式如下:

```
FOR　循环变量　IN　循环次数范围　LOOP
    顺序语句;
END LOOP;
```

语句里的循环变量是仅属于 LOOP 语句的临时局部变量,不必事先定义,也不能被赋值。循环范围规定了循环的次数,可以由低到高,如:0 TO 9,循环变量的值从 0 开始,每循环一次自动加 1;或由高到低,如:9 DOWNTO 0,循环变量的值从 9 开始,每循环一次自动减 1。

(2) WHILE _ LOOP　语句,语句格式如下:

```
WHILE　循环控制条件　LOOP
    顺序语句;
END LOOP;
```

这种循环语句没有循环变量,也不规定循环的次数。当循环控制条件为 TRUE 时,就继续循环,为 FALSE 时,就结束循环。

7. NEXT 语句

NEXT 语句是转向控制语句,用于 LOOP 语句中,进行有条件或无条件的转向控制。它有三种形式,语法格式如下:

(1) NEXT;

功能:无条件转向语句。当执行到 NEXT 时,终止当前的循环,跳回到本次循环 LOOP 语句处,重新开始循环。

(2) NEXT　循环语句标号;

功能:无条件转向语句。当多个 LOOP 语句嵌套,执行到该语句时,跳到指定标号的 LOOP 语句处,重新开始循环。

(3) NEXT　循环语句标号　WHEN　条件表达式;

功能:条件转向语句。条件表达式为真时,执行跳转,否则继续执行下一条语句。

8. EXIT 语句

EXIT 语句是与 NEXT 语句十分相似的跳转功能语句。与 NEXT 语句不同的是在执行 EXIT 语句后,跳到 LOOP 标号指定的 LOOP 循环的结束处,即跳出循环。NEXT 有重新开始循环之意,而 EXIT 是退出循环之意。EXIT 语句有三种形式,语法格式如下:

(1) EXIT;

功能:无条件转向语句。当执行到 EXIT 时,终止当前的循环,跳到当前循环 LOOP 语句的结束处,退出循环。

(2) EXIT　LOOP　标号;

功能:无条件转向语句。当执行到 EXIT 时,终止当前的循环,跳到指定标号的 LOOP 语句的结束处,退出循环。

(3) EXIT　LOOP　标号　WHEN　条件表达式;

功能:条件转向语句。条件表达式为真时,执行跳转,跳到指定标号的 LOOP 语句的结束处,退出循环。否则继续执行下一条语句。

9. RETURN 语句

RETURN 语句有两种格式:

(1) RETURN;

功能:用于结束过程,并不返回任何值。

(2) RETURN　表达式;

功能:用于结束函数,必须带返回值。

10. NULL 语句

NULL 语句为空操作语句,即不作任何操作。但却意味电路状态保持不变,在综合时会引入锁存器,因此在设计组合逻辑电路时,应避免使用 NULL 语句。在时序逻辑设计中,常利用 NULL 来表示 CASE 语句中所有其余条件的操作行为。NULL 语句格式如下:

NULL;

11. 过程调用语句

过程调用语句的语法格式如下:

　　过程名(实参表)。

12. 断言(ASSERT)语句

顺序断言语句主要用于仿真和调试时的人机交流,它可以给出一个字符串作为错误信息。语法格式如下:

ASSERT 条件

REPORT 字符串

SEVERITY 严重程度;

二、VHDL 的并行语句:

VHDL 的并行语句有多种,这里只介绍几种基本的常用并行语句。

1. 信号赋值语句

信号赋值语句在进程和子程序内是顺序语句,在进程与子程序之外是并行语句。并行信号赋值语句有简单信号赋值语句、条件信号赋值语句和选择信号赋值语句三种形式,它们的语法格式分别如下:

(1) 简单信号赋值语句格式:

　　信号名<=表达式;

(2) 条件信号赋值语句格式:(功能与 IF 顺序语句相同)

```
信号名<= 表达式 1    WHEN   赋值条件 1   ELSE
         表达式 2    WHEN   赋值条件 2   ELSE
           ⋮
```

```
            表达式 n;
```

语句功能:当某个赋值条件为真时,将对应的表达式的值赋值给信号。所有的赋值条件均为假时,则把最后一个表达式的值赋值给信号。

(3) 选择信号赋值语句格式:(功能类似于 CASE 顺序语句)

```
WITH 选择表达式  SELECT
信号名<=表达式 1 WHEN 选择值 1,
        表达式 2 WHEN 选择值 2,
          ⋮
        表达式 n WHEN 选择值 n;
```

注意:该语句中信号赋值子句用逗号结束,最后一个子句用分号结束

语句功能:当选择表达式的值等于某个选择值时,将对应的表达式的值赋值给信号。

所有的赋值语句,赋值号左右两边的数据类型必须一致。

2. 进程语句 PROCESS

进程语句本身是并行语句,但其内部的语句是顺序语句,进程只有在特定的时刻(敏感信号发生变化时)才会被激活。进程语句的语法格式如下:

```
[进程标号:] PROCESS(敏感信号参数表)
    变量说明语句;
    BEGIN
    顺序语句;
    END PROCESS [进程标号];
```

[例 11.3.2] 用 VHDL 语言描述计数器的逻辑功能。

```
LIBRARY IEEE;
USE IEEE.STD_LOGIC_1164.ALL;
ENTITY counter IS
PORT(reset, clk : IN STD_LOGIC;               --异步复位信号、时钟信号
    nums:OUT   INTEGER   RANGE 0 TO 3        --计数器输出值
    );
END  ENTITY counter;
ARCHITECTURE behavior OF counter IS
BEGIN
  PROCESS(reset,clk)
  VARIABLE num:INTEGER RANGE 0 TO 3;
    BEGIN
    IF reset='1' THEN
        num:=0;
         ELSEIF  rising_edge(clk) THEN
```

```
        IF num=3 THEN
          num:=0;
          ELSE
          num:=num+1;
        END IF;
    END IF;
  nums<=num;
  END PROCESS;
END behavior;
```

3. 块语句

块语句是并行语句,它所包含的一系列语句也是并行语句。块语句本身对电路结构并无影响,仅使程序结构更加清晰。块语句中定义的所有数据对象、数据类型、子程序都是局部的,只能用于当前块和嵌套在本层块的内部块。

块语句的语法格式如下:

```
块标号:BLOCK  [(块保护表达式)]      --块标号是必需的
         [类属说明]
         [接口说明]
       BEGIN
         并行语句 1;
         并行语句 2;
           ⋮
         END BLOCK  块标号 ;
```

4. 并行过程调用语句

并行过程调用语句可以直接出现在结构体或块语句中。语法格式与顺序过程调用语句相同。值得注意的是并行过程调用语句的参数表中必须有 IN 或 INOUT 类型的信号形式参数,否则如同 WAIT 语句缺少了敏感信号、条件子句或超时子句,只能在模拟开始时执行一次。

5. 元件例化语句

元件例化语句的作用就是将之前设计的实体作为当前设计的元件,并利用例化语句将此元件和当前设计的实体中的端口相连接。元件例化语句由元件定义语句和元件例化语句组成,其语法格式如下:

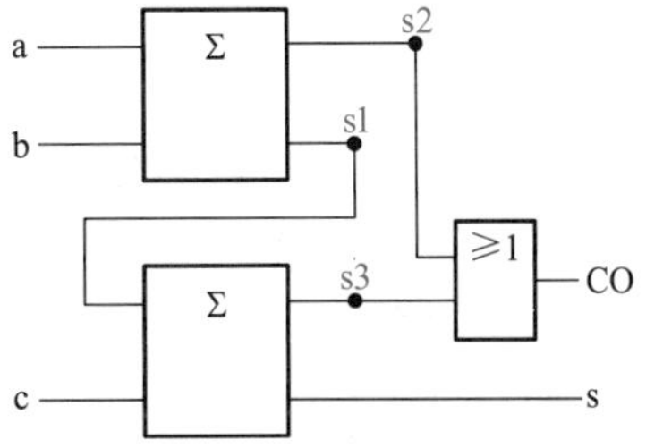

```
COMPONENT  元件名                  }
  PORT(端口名表);                   } --元件定义语句
END COMPONENT 元件名;              }
例化名:元件名  PORT  MAP  (连接端口名 1,连接端口名 2,…);   --元件例化语句
```

图 11.3.2 全加器

[**例 11.3.3**] 利用两个半加器设计一个全加器,如图11.3.2所示。

```
LIBRARY IEEE;
USE IEEE.STD_LOGIC_1164.ALL;
ENTITY  add_h  IS
PORT(  a,b: IN STD_LOGIC;
  y1,y2: OUT STD_LOGIC );
END add_h;                                          --设计一个半加器
ARCHITECTURE  behav  OF add_h IS
BEGIN
  y1<= a XOR b;
  y2<= a AND b;
END behav;
```

将该半加器作为项目中的一个设计文件保存,文件名为 add_h。

```
LIBRARY IEEE;                          --用两个半加器设计一个全加器
USE IEEE.STD_LOGIC_1164.ALL;
ENTITY add_h2  IS
PORT(a,b,c:IN STD_LOGIC;
  s,co:OUT STD_LOGIC                                 --全加器实体
  );
END add_h2;
ARCHITECTURE  behav_add  OF  add_h2  IS
COMPONENT  add_h
  PORT (a,b:IN STD_LOGIC;
    y1,y2:OUT STD_LOGIC                   --半加器元件说明
    );
END COMPONENT add_h;                                        --全加器结构体
SIGNAL s1,s2,s3:STD_LOGIC;
BEGIN
u1: add_h PORT MAP(a,b,s1,s2);
u2: add_h PORT MAP(s1,c,s,s3);          --元件例化
co<= s2 OR s3;
END behav_add;
```

三、时钟检测表达式

在时序电路设计中,需要检测时钟信号的变化。在 VHDL 硬件描述语言中有专门用于检测时钟信号的表达式,它由信号名和信号属性函数 EVENT 组成,格式如下:

1. 信号名 ' EVENT AND 信号名 =' 1 '

功能:检测信号上升沿。当检测到信号发生跳变,且跳变后的状态为高电平 **1**,表明信号发生了正跳变,此时表达式输出为“true”,否则输出为“false”。

2. 信号名 ' EVENT AND 信号名 =' 0 '

功能:检测信号下降沿。当检测到信号发生跳变,且跳变后的状态为低电平 **0**,表明信号发生了负跳变,此时表达式输出为“true”,否则输出为“false”。

在标准程序包 STD _ LOGIC _ 1164 中,也已经定义了两个函数用于检测时钟信号的变化,它们分别是:

3. rising _ edge (信号名)

调用该函数检测信号的上升沿。如果信号发生正跳变,函数返回值为“true”,否则函数返回值为“false”。功能与时钟检测表达式 1 相同。

4. false _ edge(信号名)

调用该函数检测信号的下降沿。如果信号发生负跳变,函数返回值为“true”,否则函数返回值为“false”。功能与时钟检测表达式 2 相同。

思 考 题

1. VHDL 有几种数据对象? 分别是什么?
2. VHDL 有哪些数据类型?
3. 变量赋值与信号赋值有什么不同?
4. 顺序语句和并行语句的主要区别是什么?
5. 元件例化的作用是什么?
6. 如何检测时钟信号的变化?

11.4 VHDL 语言结构体的描述方法

前面已经讲过,结构体是用来描述设计实体的逻辑功能或内部电路结构,从而确定设计实体输出与输入之间的逻辑关系。对结构体的描述可以采用不同的方式,常用的有行为描述、数据流描述、结构描述和混合描述等。下面以三输入与门电路为例,做一个说明。

[例 11.4.1] 三输入与门(结构体的不同描述方法举例)

设与门有三个输入端 a,b,c,一个输出端 y。用真值表来描述它的行为,如表 11.4.1 所示。

表 11.4.1 三输入与门真值表

a	b	c	y
0	**0**	**0**	**0**
0	**0**	**1**	**0**

续表

a	b	c	y
0	1	0	0
0	1	1	0
1	0	0	0
1	0	1	0
1	1	0	0
1	1	1	1

```
LIBRARY IEEE;
USE IEEE.STD_LOGIC_1164.ALL;
ENTITY 3and IS
PORT
    (a,b,c:IN STD_LOGIC;
          y:OUT STD_LOGIC
    );
END 3and;
--结构体行为描述方法(按真值表功能描述)
ARCHITECTURE  behavior  OF 3and IS
BEGIN
  PROCESS(a,b,c)
  VARIABLE    temp: STD_LOGIC_VECTOR(2 DOWNTO 0);
  BEGIN
    temp:=a&b&c;
    CASE temp IS
      WHEN   "111"   => y<='1';
      WHEN OTHERS  => y<='0';
      END CASE;
  END PROCESS;
END behavior;
--结构体数据流描述方法(按运算中的数据传导顺序描述)
ARCHITECTURE dataflow OF 3and IS
BEGIN
    PROCESS(a,b,c)
```

```
    VARIABLE temp: STD_LOGIC;
    BEGIN
      temp:=a AND b;
      y<=temp AND c;
    END PROCESS;
END dataflow;
    --结构体结构描述方法(按电路结构描述)
LIBRARY  IEEE;
USE IEEE.STD_LOGIC_1164.ALL;
ENTITY and2  IS              --首先设计二输入与门
  PORT (in1,in2: IN STD_LOGIC;
        Out1:  OUT STD_LOGIC
        );
END and2;
ARCHITECTURE  dataflow OF and2 IS
BEGIN
  out1<=in1 AND  in2;
END dataflow;
```

将该二输入**与**门 and2 作为项目中的一个设计文件保存。

```
ARCHITECTURE structure OF and3 IS      --三输入与门的结构体的结构描述法
COMPONENT and2          --定义二输入与门元件
  PORT (in1,in2: IN STD_LOGIC;
            out1:  OUT STD_LOGIC
          );
    END COMPONENT and2;
    SIGNAL s:STD_LOGIC;
BEGIN
u1: and2 PORT MAP(a,b,s);  ┐--(例化了两个二输入与门元件,并通过声明的节
u2: and2 PORT MAP(s,c,y);  ┘   点信号 s,把这两个与门连接成一个三输入与门)
END structure;
```

在一个结构体中,以上三种描述方法可以混合灵活使用,以提高编程的效率。

思 考 题

1. 行为描述、数据流描述、结构描述的区别是什么?
2. [例 11.3.3]的 1 位全加器的结构体采用的是哪一种描述方法?

11.5　VHDL 设计基本逻辑电路举例

在对硬件描述语言 VHDL 的语句、语法和程序结构有了基本的认识后,再以基本逻辑电路设计为例,举几个例子,使读者进一步熟悉 VHDL 的设计方法。

[**例 11.5.1**]　四选一选择器

```
LIBRARY IEEE;
USE IEEE.STD_LOGIC_1164.ALL;
ENTITY mux4 IS
    PORT
      ( a, b, c, d: IN STD_LOGIC;
          s0, s1: IN STD_LOGIC;
              y: OUT STD_LOGIC
      );
END  mux4 ;
ARCHITECTURE behavior  OF  mux4  IS
BEGIN
    PROCESS(a,b,c,d,s0,s1)
    VARIABLE temp:STD_LOGIC_VECTOR(1 DOWNTO 0);
    BEGIN
        temp:=s1 & s0;
        CASE temp IS
            WHEN "00" =>y<=a;
            WHEN "01" =>y<=b;
            WHEN "10" =>y<=c;
            WHEN "11" =>y<=d;
            WHEN OTHERS=> NULL;
        END CASE;
    END PROCESS;
END behavior;
```

[**例 11.5.2**]　三态输出门

```
LIBRARY IEEE;
USE IEEE.STD_LOGIC_1164.ALL;
ENTITY tri_gate IS
    PORT
        (datain, en: IN STD_LOGIC;
```

```
            dataout : OUT STD_LOGIC
          );
END  tri_gate ;
ARCHITECTURE  behavior  OF  tri_gate  IS
BEGIN
    PROCESS(datain,en)
      BEGIN
        IF (en='1') THEN dataout<=datain;
        ELSE dataout<='Z';
        END IF;
    END PROCESS;
END behavior ;
```

[例 11.5.3]　*D* 边沿触发器

```
LIBRARY IEEE;
USE IEEE.STD_LOGIC_1164.ALL;
ENTITY  ff_d  IS
    PORT(d, clk: IN STD_LOGIC;
         q: OUT STD_LOGIC
         );
END ff_d ;
ARCHITECTURE behav OF  ff_d  IS
BEGIN
    PROCESS(clk)
    BEGIN
      IF(clk'EVENT  AND  clk='1')  THEN
        q<=d;
      END IF;
    END PROCESS;
END behav;
```

在这段程序中的 IF 语句是一个不完整的 IF 语句，它没有说明条件不成立时应当如何。实际上，VHDL 语言默认这种情况为触发器状态保持不变。

[例 11.5.4]　带并行置数的左移位寄存器

```
LIBRARY IEEE;
USE IEEE.STD_LOGIC_1164.ALL;
ENTITY shifter  IS
    PORT
```

```
        ( en, si, clken, clk, sl: IN STD _ LOGIC;
        d: IN STD _ LOGIC _ VECTOR (7 DOWNTO 0) ;
        q: OUT STD _ LOGIC
        );
END  shifter ;
ARCHITECTURE behav OF shifter IS
SIGNAL temp8:STD _ LOGIC _ Vetcor(7 DOWNTO 0);
BEGIN
    PROCESS(en,clken,clk,sl)
    BEGIN
        IF(en= '0') THEN
        temp8= "00000000";
        q<=temp8(7);
        ELSEIF (rising _ edge(clk) AND clken= '0') THEN    --clken 为 0 时,时钟有效
            IF (sl= '0') THEN
                temp8<=d;
                q<=d(7);
            ELSE
                q<=temp8(7);
                temp8(7 downto 1)<=temp8(6 downto 0);
                temp8(0)<=si;
            END IF;
        END IF;
    END PROCESS;
END behav;
```

思 考 题

1. 一个简单的 VHDL 程序的完整结构有哪些组成部分?
2. 试设计一个基本 *JK* 边沿触发器。
3. 试设计一个具有高电平使能控制的 2 线-4 线译码器。

本 章 小 结

本章简要介绍了硬件描述语言 VHDL 基本的程序结构和编程语句。VHDL 硬件描述语言程序主要由实体和对应的结构体构成,实体描述了硬件电路的端口特征,包括电路的输入、输出端及其属性,是硬件电路的外部视图符号;而对应实体的结构体则给出了该电路的内部逻辑功能,是电路的行为描述。实

体和结构体是相互关联的一对有机体，一个实体只能对应一个结构体。虽然在设计过程中，一个实体下面可以写多个结构体，但在综合时，必须用配置语句为实体指定一个结构体。结构体是实体的行为描述，行为描述由一系列的并行语句构成，最常用的并行语句有信号赋值语句、子程序调用语句和进程语句。而进程语句又是由一系列的顺序语句组成。

硬件描述语言的基本要素包括数据对象、数据类型、运算规则（即运算符号的意义和运算的优先级）和基本语句等。要掌握信号、变量和常量三种数据对象的意义、使用场合范围；要注意在各种表达式、赋值语句中的数据类型要一致；要熟悉各种运算符的意义、运算结果和优先级，尤其是逻辑运算符，不要和逻辑代数中的运算优先级等同起来。要理解顺序语句和并行语句的区别，分清两者的执行机制和执行效果。顺序语句的执行是按照语句书写的先后顺序执行的，前面一条语句执行的结果会影响到下面一条语句的执行结果；并行语句的执行是无序的，是随机地由敏感信号启动的，它可以表达电路中的不同部分对各自的敏感信号产生的响应。

关于 VHDL 硬件描述语言的更为详细、广泛、深入的内容，请读者参阅相关书籍。

自 测 题

一、填空题

1. VHDL 硬件描述语言程序主要由__________和__________组成。

2. VHDL 中的数据对象有__________、__________和__________三种。

3. 逻辑式 $\overline{AB+C}$ 的 VHDL 表达式是____________________。

4. 在进程中，__________赋值是立即生效的，__________赋值是进程挂起后生效的。

二、判断题（正确的题在括号内填上“√”，错误的题则填上“×”）

1. 信号和常量的说明可以在实体、结构体和程序包中说明，而变量只能在进程和子程序中说明。（ ）

2. 在进程中说明的变量可以在进程外引用。（ ）

3. 信号说明的引用顺序是：程序包中说明的信号可在实体中引用，实体中说明的信号可在结构体中引用，结构体中说明的信号只能在结构体中引用，反之不行。（ ）

4. 信号、变量和常量在说明时都必须赋初值。（ ）

5. 信号赋值语句是并行语句，但在进程和子程序中是顺序语句。（ ）

练 习 题

[题 11.1] 试述 VHDL 程序中实体和结构体的相互关系。

[题 11.2] 函数和过程的作用是什么？有什么区别？

[题 11.3] 试说明 IF 语句与 CASE 语句的异同，各有什么特点？

[题11.4] 试说明条件信号赋值语句与IF语句的异同。

[题11.5] 试说明选择信号赋值语句与CASE语句的异同。

[题11.6] 试写出具有异步清零、异步置数功能的正边沿*JK*触发器的VHDL程序。

[题11.7] 试写出具有异步清零、同步置数功能的同步五进制加法计数器的VHDL程序。

[题11.8] 试画出下面实体描述的视图符号

```
ENTITY  exm1  IS
PORT(en: IN BIT;
    a: IN STD_LOGIC_VECTOR(2 DOWNTO 0);
    d: IN STD_LOGIC_VECTOR(7 DOWNTO 0);
    y: OUT STD_LOGIC
    );
END ENTITY exm1;
```

[题11.9] 下面的程序是11.8题的结构体程序,试分析该程序所描述的电路的逻辑功能。

```
ARCHITECTURE  behav  OF  exm1  IS
BEGIN
PROCESS (en,a,d)
VARIABLE  temp: STD_LOGIC_VECTOR( 2 DOWNTO 0 );
    BEGIN
    IF en='1'  THEN   y<="0";
          ELSIF en='0'  THEN
          BEGIN
          Temp:=a;
          CASE  temp  IS
              WHEN"000" =>  y<=d(0);
              WHEN"001" =>  y<=d(1);
              WHEN"010" =>  y<=d(2);
              WHEN"011" =>  y<=d(3);
              WHEN"100" =>  y<=d(4);
              WHEN"101" =>  y<=d(5);
              WHEN"110" =>  y<=d(6);
              WHEN"111" =>  y<=d(7);
              WHEN  OTHERS => NULL;
        END CASE;
    END PROCESS;
END behav;
```

[题11.10] 试写出一位全加器的VHDL程序,其结构体用行为描述法写。

附录 A

数字电路的安装调试、故障检测与抗干扰措施

A1 概　　述

在数字电子实验和课程设计中，常常会出现实验结果出不来，或实验结果不正确的现象，这时一定是在实验电路的安装、调试过程中的某些环节出现了故障。如何迅速地判断故障原因，找出故障所在，并消除故障，以获得预期的实验结果，是数字电子技术实践教学中的一个十分重要的学习环节。本章就限于课程实验和课程设计中的这些问题做一些一般的讨论，给出一些查找、排除实验故障的常用方法，供读者在实践过程中参考。

A2 实验和课程设计的准备和电路安装

要想获得实验和课程设计的预期结果，必须认真做好实践前的准备工作。

一、正确地理解或设计实验电路

对于验证型实验，实验电路往往是事先给定的，这就要求实验者事先研读实验电路、实验目的及要求，要做到弄懂实验电路的工作原理，理解实验步骤的合理性和建立预期的实验结果，以及进行一些必要的理论分析和计算。也就是说要心中明确做什么、如何做，正确的实验结果应该是什么，这样才能在实验过程中做到心中有数，才能从容应对各种实验中的异常情况，在规定的时间内完成实验任务。

对于设计型实验，要求实验者根据实验题目设计出实验电路，并拟定好实验方法、步骤。实验电路设计的正确与否，决定了实验的成败。如果实验电路设计有错误，即使后续实验过程做得再好，也不可能出来预期的实验结果。要正确地设计好实验电路，需要做到以下几点。

1. 认真分析、深刻理解实验内容

按实验题目要求，运用所学的数字电路设计方法，正确地设计出实验电路，画出原理电路图。原理图中特别注意所用器件的各功能控制端，如三态门的使能端，触发器的异步置位、复位端，中规模集成电路的使能端和扩展端等是否按逻辑要求正确连接。

2. 元器件选择

对于初学者，不能正确地选择元器件是电路设计中的常见问题。原理图是正确的，只能

说明没有逻辑错误,但所选择器件的参数不能满足实验要求,预期的结果就出不来。在一般的实验中,需要重点关注的参数有工作频率,输入、输出高、低电平,负载能力等。此外还应当注意 TTL 电路与 CMOS 电路混用时的相互匹配问题。

二、规划元器件布局,拟定实验测试方法与步骤

1. 规划元器件布局

合理布局各元器件在电路板(或面包板)上的位置,使信号由输入向输出端方向合理流向。各元器件之间要相对紧凑而又不过于拥挤,这样可减少连接导线的长度。当有多个集成电路芯片时,芯片排列方向应一致,这样便于合理安排电源线和地线的位置,减少寄生干扰。输入信号与输出信号线要分开,更不能并行排列,这样既减少了相互干扰,又便于测量。

2. 拟定测试方法和步骤

测试方法包括使用什么仪器,测量仪器与实验电路如何连接;测试步骤应明确输入信号的参数,如信号的波形、幅度、频率,以及测试的顺序等。这一切考虑的原则就是要使测试仪器和测试操作过程对实验电路的影响降到尽可能小的程度,保证测试数据的准确。

3. 设计实验数据记录表格

严谨的数据记录表格能保证测试过程有条不紊,保证测试数据准确、可靠和完整,没有遗漏,从而保证了实验结果的可信度。

三、仔细认真正确地安装电路

安装电路通常是在实验箱或面包板上进行。由于安装接线错误或接线接触不良而产生各种故障的现象在实验中屡见不鲜。因此认真仔细地正确安装电路是十分重要的。实验室提供的器材往往是经过多次实验使用过的器材,因此不可避免会存在故障隐患,所以在动手安装电路前一定要做一些必要的检查。如用万用表检查导线是否良好,观察面包板上有无因过热而发生变形的地方,安装电路时要避开这些地方等。电路安装正确无误是顺利进行实验的保障。

A3 数字电路的测试和故障检测

一、数字电路的测试

1. 静态测试

数字电路的静态测试就是在输入端加入信号之前,对电路的直流供电电压和各集成电路的功能控制端的电位进行检查性测试。数字电路一般用直流 5 V 单电源供电,在接通电源前,要先用万用表电阻挡的“Ω×1”挡检测一下电路板上电源正、负极之间的电阻值,该电阻值不能为零,也不能过小,如小于几十欧。否则说明电路板上电源两极之间存在短路故障的可能,此时不能接通电源。在确认电源没有短路故障时,再确认电源接入端的正、负极性正确后,方可接通电源。接通电源后,首先查看电路板上有无异常现象,如异味、升温等,确认无异常后再开始测量。

(1) 测量电路板和集成电路的直流电源端电压是否正常,正常应为 5 V。若不为 5 V,

应检查直流供电电路。

(2) 测量各集成电路功能控制引脚的电位是否正确,和手册比对,确保正确无误。

2. 电路逻辑功能测试

静态测试正确无误后,输入测试信号进行电路逻辑功能测试。

对于一般的实验电路,由输入级向输出级逐级进行逻辑功能测试,就可以得到预期的实验结果。对于小型数字系统的测试,首先应按逻辑功能将数字系统分割成若干个功能模块,对每个功能模块单独加入测试信号进行测试,各功能模块独立测试正常后,再把各模块逐一连接测试。这里说的逐一连接是指按信号从输入到输出的顺序,先连接 2 个模块进行测试,通过后再连接下一个模块测试,直到最后一个模块接入,调试测量通过后,整个系统的测试便完成了。切不可一次将全部模块连接成完整的系统进行测试,更不可不加分割,安装完整个系统进行调试,这样可能造成故障点多而分散,无从测试。查找故障更是如同“老虎吃天”,无从下手。

二、数字电路的故障检测

在电路的静态测试正确无误的情况下,电路的逻辑功能得不到预期结果,主要表现为:组合逻辑电路不能按真值表工作;时序逻辑电路不能按状态转换表工作。这时可判定电路存在故障。发生故障的原因不外乎下面几种情况:

(1) 电路接线故障。

(2) 集成电路芯片和其他电子元器件有问题。

(3) 电路板存在缺陷。

(4) 实验电路原理图有错误。

(5) 各电路模块之间的逻辑关系或连接不正确。

前 4 种情况在一般电路实验和独立模块电路的调试中出现,第 5 种则是在模块连接后的整体调试中出现,下面分别给出检测系列故障的方法。

1. 接线故障的检测

接线故障分为两种类型:

第一种是接线错误。即实际连接线路与电路原理图不符。这种错误需通过认真仔细对照原理图进行核对来排查,可以用实际接线对照原理图进行检查,每查一条线,就在原理图上作一个标记,直到所有接线查完。这种方法可以找出电路板上多余的接线、漏接的线和接错的线,实际连线在原理图中没有连线对应,就是多余接线,而最后原理图中没有被标记的连线就是在电路中漏接的线。

第二种是接触不良故障,包括连接导线本身存在隐蔽的开路故障。这类故障的检查就是查连线通不通。常用两种方法:其一是零电阻法,即关闭电路板上的直流电源和信号源,用万用表电阻挡的“Ω×1”挡测试连接导线两端的电阻,如果电阻值非零,则该段导线有故障。测量时应把导线从电路板上拆下来,以免其他电路影响测量结果。其二是等电位法,一段良好的导线,其在电路中的两端是等电位的,因此只要用万用表的直流电压挡测量导线两端的对地电位,若电位相等,说明该段导线良好,否则该段导线有开路故障。等电位法查线不用关闭系统直流电源，也不用拆下导线，所以方便快捷。

2. 集成电路芯片故障检查

当接线故障排查后，仍有问题，此时应重点检查集成电路芯片是否有问题，此类问题也有两种情况。第一种是用错芯片，因实验箱上芯片较多，且使用时间长了之后，芯片上的字迹模糊，从而导致用错了芯片，这种情况在实验中经常遇到，因此要仔细看清所用芯片型号，不清楚时不要随意使用。第二种是芯片局部损坏，如一片芯片中封装了多个门电路，其中有一个门电路损坏，或者多输出芯片的一个输出端损坏（如译码器）。对于这种故障需要对芯片进行逻辑功能测试。如果外围电路比较复杂，不便对芯片进行测试时，可先采用替换法，用一片好的同型号芯片替换原芯片。如替换后故障消失，说明原集成电路芯片有故障。如果替换后故障依旧存在，则故障可能出在电路板上。如果替换法不能判断芯片好坏，则应对芯片进行测试。特别注意，在判断芯片好坏时，应确保芯片的直流供电电压正常。

3. 电路板故障检查

数字电路实验，尤其是综合设计项目，用到的集成电路芯片数量较多，电路往往用多块面包板构成，而面包板最易出现的故障有 2 个，一是簧片松动，接触不良，二是面包板曾经有过过热故障造成的内部短路。对于第一种故障，可改换位置或适当加长插入到面包板插孔中的导线长度来解决。对于第二种情况，应在安装电路前就仔细排查，避开损坏的地方。如果实验电路是用实验箱搭建的，则实验箱故障多见于因频繁使用实验箱，造成实验箱电路板背面的一些导线脱焊、松动，接线插座松动，形成接触不良，甚至时好时坏，这种故障属隐性故障，不能直观看到，比较难查。所以要求实验室强化管理，即时维修有故障的实验设备，保证所提供的实验设备和器材性能良好。

4. 审核电路原理图

在前面 3 项可能的故障都排除后，如仍不能达到实验的预期结果，这时应怀疑是电路原理图有错误。这种情况在设计型实验中时有发生。因此在设计型实验中，学生设计的电路，需经老师审查后方可进行实验。当故障排查到这一步时，应重新审查电路原理图，找出问题并改正后，再继续实验。

5. 电路模块连接后的故障检查

模块电路连接前，各模块电路独立调试都没有问题，连接后却发生异常，造成这种故障的原因主要有两种，第一是两个模块间的连接处有局部开路或短路故障，可用示波器观察连接点前级输出端的信号波形变化，如果连接后，信号波形幅度变小了太多，说明负载太重，可能有潜在的短路隐患；如果前级输出有信号波形，而后级输入端没有信号波形，说明信号没有传递过来，可能存在开路故障，应重点检查两级电路的连接部分，确保连接可靠。第二是前后两级之间的控制信号没有正确连接。模块独立测试时，各种控制端的信号是另外加入的，在级联时没有注意前后之间信号的控制关系，导致异常。检查前后级的控制信号，确保各控制信号正确有效后，故障一般都能排除。

A4 数字电路的抗干扰

在实际应用中，外界不可避免存在着各种各样的干扰源，如宇宙射线、雷电、太阳磁爆等产生强烈电磁波，还有电网波动等都会对电子设备产生干扰。除此之外，电路板上数字脉冲信号的变化和各种开关器件的状态变化，也会对电路产生干扰。当干扰严重时会使系统不能正常工作，因此电子系统必须采取措施预防电磁干扰。下面就一般的抗干扰措施作一些简单介绍。

一、电源滤波与退耦

1. 电源线路滤波

数字电路的直流供电一般都采用把交流电转换成直流电的方式供电。当电网发生线路负荷切换、大功率用电设备的接入与切除时，会产生很强的高频干扰信号，这些干扰信号会随电源线经直流变换电路进入数字系统，带来严重干扰。对此可采用电源线路滤波器加以抑制。电源线路滤波器接在电源变压器的交流进线侧，常见的滤波器电路有双 *LC* 形和双 *LC*π 形，电路如图 A4.1 所示。通常电感取值 $L=100\sim1\ 000\ \mu\text{H}$，电容取值 $C=0.01\sim0.1\ \mu\text{F}$，耐压大于等于 400 V。线路滤波器应置于屏蔽罩里。

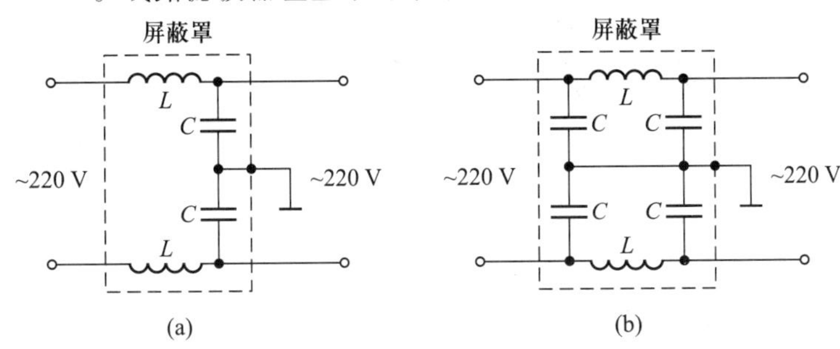

图 A4.1 线路滤波器

(a) 双 *LC* 形滤波器；(b) 双 *LC*π 形滤波器

2. 直流电源退耦

数字电路工作时，状态转换的瞬间会产生较大的尖峰脉冲电流，由于电源内阻的存在，致使电源输出电压产生干扰脉冲，它可通过电源耦合到其他电路中形成干扰。数字电路中常采用退耦电容消除这种干扰，退耦电容用一大一小两个电容就近接在数字集成电路芯片的电源和地之间，如图 A4.2 所示。大电容可取(1~10) μF，小电容可取(0.01~0.1) μF。原则上每个集成电路芯片都要接退耦电容，电容取值为 1 μF 和 0.01 μF，如果电路板空间不够，可以每 2~3 个芯片接一组退耦电容，电容取值应适当大一些。此外电路板的直流电源总进线处也应加 22 μF 和 0.1 μF 的退耦电容。

二、数字电路的接地

数字信号为高速脉冲信号，其频谱范围很宽，高频分量可达数十兆赫，因此数字信号接

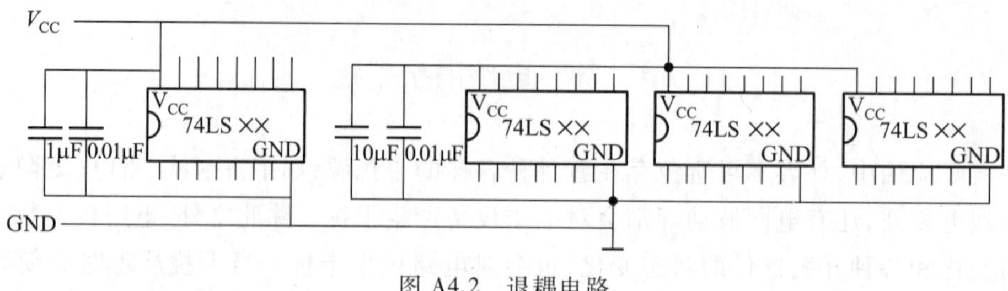

图 A4.2 退耦电路

地应采用高频电路的多点接地方式，即用最短的导线把各电路的接地点连接到离它最近的地线上。如果系统中同时有模拟电路存在。则模拟信号地线要和数字信号地线分开，各自成独立的接地线，然后再用短而粗的导线把它们连接到一起构成系统地线，如图 A4.3 所示。

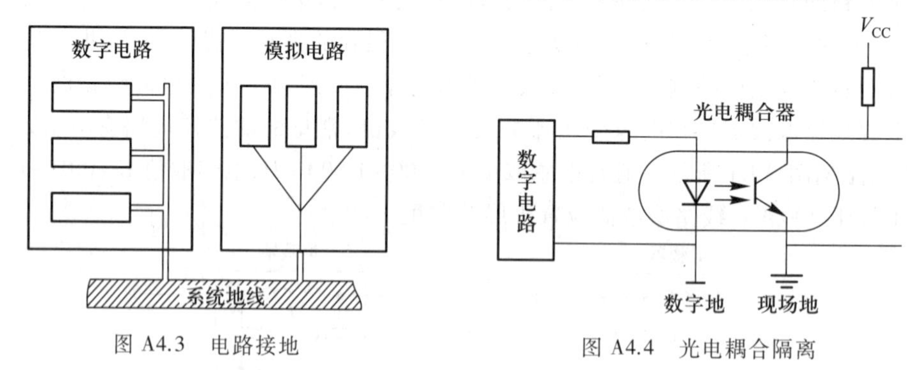

图 A4.3 电路接地

图 A4.4 光电耦合隔离

三、数字电路与现场控制的光电隔离

数字电路一般输出开关信号到现场的受控操作元件，为避免现场的强电磁信号对数字电路的干扰，多采用光电耦合器进行隔离，如图 A4.4 所示。由于光电耦合器是用光作为耦合介质的，不能传导电磁信号，因而隔离了现场电磁干扰。对于电路中的小型继电器，大功率开关管的控制，也可以采用光电耦合器进行隔离。

四、屏蔽

1. 外界强电磁场干扰的屏蔽

当电子设备工作在恶劣的电磁场干扰环境时，要考虑采取屏蔽措施来消除干扰。屏蔽方式有电场屏蔽和磁场屏蔽。电场屏蔽的一般方法是用良好的导电材料做一个屏蔽罩，把需要屏蔽的电路或设备罩起来，消除电场干扰，屏蔽罩要有良好的接地。磁场屏蔽则是用良好的导磁材料做屏蔽罩，把需要磁场屏蔽的电路和设备罩起来，消除外界磁场干扰，磁场屏蔽外罩不用接地。

2. 电路板自身的屏蔽处理

有时候电磁干扰来自电路板自身，如高频元件产生辐射干扰，平行导线间的分布参数产生的相互干扰，以及电感元件之间的相互电磁耦合干扰等。这些干扰因素存在时，就要在设计印制电路板时，采取一些抗干扰措施，尽量降低干扰的影响。

（1）印制电路板采用大面积接地设计，使各信号线尽可能被周围的大面积地线包围，从而起到相互隔离屏蔽的作用。这种方法常见于数字系统电路板的设计中。

（2）高频元件之间、电感元件之间的距离要尽量远。电感元件除远离外，还要注意放置的位置应使它们产生的磁场呈相互垂直方向，以尽量减少相互耦合干扰，必要时还要采用局部屏蔽措施。

（3）在电路板面积允许时，电源线和系统地线应尽量粗，同时接地线构成闭环状，可提高抗干扰能力。

附录 B

Multisim13.0 软件介绍

Multisim 是一款用于电子系统设计、仿真和分析的专业软件。该软件可以实现模拟电子电路、数字电子电路、高频电子电路、PLD、单片机、机电系统以及控制策略的设计,并帮助用户对系统进行仿真和分析。Multisim 软件的前身是加拿大推出的电子设计平台(Electrical Workbench,EWB)软件,后被美国国家半导体公司(National Instrument,NI)收购更名为 NI Multisim,并与 PCB 设计软件 NI Ultiboard 合并成为一个完整的电路设计软件套装。相对于电子设计领域众多的设计分析软件而言,Multisim 软件的特点在于:1) 适用于多个设计领域。这使得用户可以在电子、控制、信号处理等多个领域用同一款软件实现设计。2) 提供了大量虚拟仪器用于仿真,方便用户进行电路的设计与分析。

微视频附录-1:Multisim 应用 1

微视频附录-2:Multisim 应用 2

附录 B Multisim 13.0 软件介绍

Multisim13.0 版于 2013 年 12 月推出,支持 64 位 Windows 8.1 操作系统并向下兼容。

从 12.0 版开始,NI 官方网站已经提供了汉化包下载。用户在 NI 官方网站注册之后,可以方便地在主页中的 NI Multisim 技术资源页面下载到软件的汉化包。

Multisim 软件功能十分强大,限于篇幅限制,本书仅介绍其与数字电子电路相关的内容。其他方面的内容用户可以参考相关文献。

自测题参考答案

第 1 章

一、填空题

1. 小规模集成电路,中规模集成电路,大规模集成电路,超大规模集成电路,甚大规模集成电路
2. 2,16
3. 0,1,逢二进一
4. 除 2 取余法,乘 2 取整法,**10111.11**。
5. **11001,00100101**
6. 补码=反码+**1**
7. **01100101,01100101,01100101,11100101,10011010,10011011**
8. **-100011,1011100,1011101**

二、判断题

1. × 2. √ 3. √ 4. √ 5. × 6. × 7. √ 8. ×

三、选择题

1. A 2. B 3. B 4. C 5. D 6. A 7. D 8. A

第 2 章

一、填空题

1. **与**运算,**或**运算,**非**运算
2. 真值表,逻辑函数式,逻辑图,波形图,卡诺图
3. 代入规则,反演规则,对偶规则
4. 2^n,16(2^4)
5. 标准**与-或**式,标准**或-与**式
6. **与**项个数最少,每个**与**项变量数最少
7. 代数(公式)化简法,卡诺图(图形)化简法
8. 标准**与-或**表达式,标准**或-与**表达式

二、判断题

1. √ 2. × 3. √ 4. × 5. √ 6. √ 7. × 8. √

三、选择题

1. B 2. C 3. D 4. C 5. C 6. B

第 3 章

一、填空题

1. 饱和,截止
2. 小,大,高
3. 灌电流,拉电流
4. 高电平,低电平,高阻
5. 40 MHz
6. 接高电平(或 V_{CC}),和有用输入端并接,悬空
7. 接低电平(或地),和有用输入端并接
8. 负载电阻

二、判断题

1. √　2. √　3. √　4. √　5. ×　6. √　7. √　8. ×

三、选择题

1. B　2. C　3. A　4. D　5. C　6. A

第 4 章

一、填空题

1. 输入信号,无关,门电路
2. 输入信号,优先级别最高的输入信号
3. 8,8,3
4. 单,单,多
5. 8,8 位
6. 共阴,共阳
7. 逻辑,真值表(功能表)
8. 加选通脉冲,输出端并接滤波电容,修改设计增加冗余项

二、判断题

1. √　2. ×　3. √　4. √　5. √　6. √　7. ×　8. ×

三、选择题

1. B　2. A　3. B　4. A　5. B　6. C　7. A　8. C

第 5 章

一、填空题

1. **0**,**1**,Q
2. **1**

3. 置 **0**,置 **1**,保持,置 **1**,保持,置 **0**,$\overline{R}_D+\overline{S}_D=1$

4. 置 **1**,置**0**,保持,$R_D S_D=\mathbf{0}$

5. 置 **0**,置 **1**,保持,计数(翻转),$Q^{n+1}=J\overline{Q}^n+\overline{K}Q^n$,**1**,**1**,**0**,**0**,**1**,**0**,**0**,**1**

6. 置 **0**,置 **1**,$Q^{n+1}=D$,计数(翻转)

二、判断题

1. × 2. √ 3. √ 4. √ 5. √ 6. √

三、选择题

1. D 2. B 3. B 4. B 5. C 6. D

第 6 章

一、填空题

1. 时钟 CP,时钟 CP,时钟 CP,时钟 CP
2. 有效状态,自动返回有效状态
3. 异步清零,同步清零,异步置数,同步置数,反馈归零,反馈置数
4. 16,15
5. 320,40,2.5
6. 寄存器,基本寄存器,移位寄存器,左移位寄存器,右移位寄存器,双向移位寄存器
7. 4,4
8. 顺序脉冲发生器

二、判断题

1. √ 2. √ 3. × 4. × 5. √ 6. × 7. × 8. √

三、选择题

1. B 2. A 3. D 4. C 5. C 6. B 7. A 8. C

第 7 章

一、填空题

1. 矩形脉冲,波形变换,脉冲整形,幅度鉴别
2. 正向阈值电压 U_{T+},负向阈值电压,回差电压 ΔU_T
3. 6 V,3 V,3 V
4. 高电平,电源 V_{DD}(或 V_{CC})
5. 触发脉冲,R、C 值
6. 1.1 RC
7. 暂稳态,$0.7(R_1+2R_2)C$
8. V_{DD}(或 V_{CC}),低电平

二、判断题

1. √ 2. × 3. × 4. × 5. √ 6. √ 7. √ 8. √

三、选择题

1. A　2. C　3. B　4. A　5. B　6. D　7. C　8. B

第 8 章

一、填空题

1. 数字量,模拟量
2. R,$2R$,R
3. 电阻网络,电子模拟开关,求和运算放大器,电阻网络
4. 模拟量,数字量
5. 取样,保持,量化,编码,2
6. 输入模拟,转换精度高,抗干扰能力强,工作速度低

二、判断题

1. √　2. √　3. ×　4. ×　5. √　6. √

三、选择题

1. B　2. D　3. A　4. C

第 9 章

一、填空题

1. 读出,不会
2. **0**,**1**
3. 触发器,电容,刷新
4. 组合,时序
5. 3,2
6. 11,4

二、判断题

1. √　2. √　3. ×　4. √

三、求解题

1. 扩展逻辑图如图自 9.1 所示。
2. 按题意需要用 4 片 RAM 进行位、字扩展。位扩展逻辑图如图自 9.2(1)所示。再进行字扩展,扩展逻辑图如图自 9.2(2)所示。

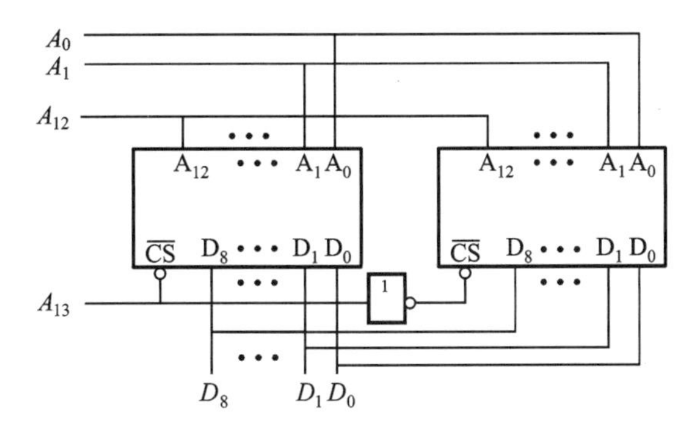

图自 9.1

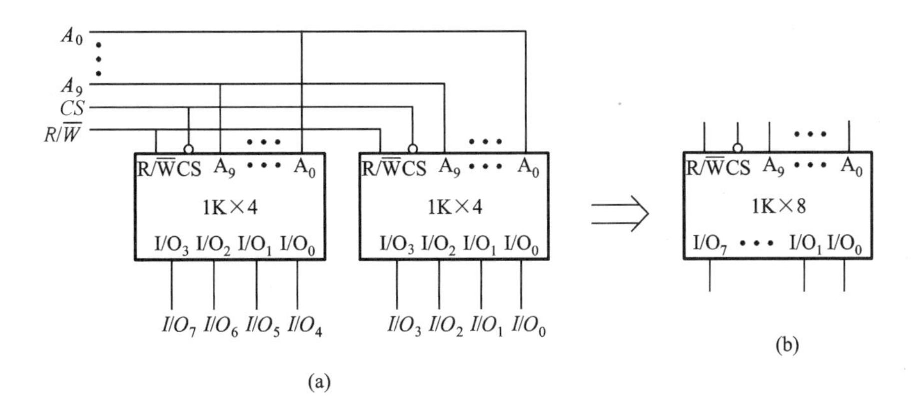

图自 9.2(1)

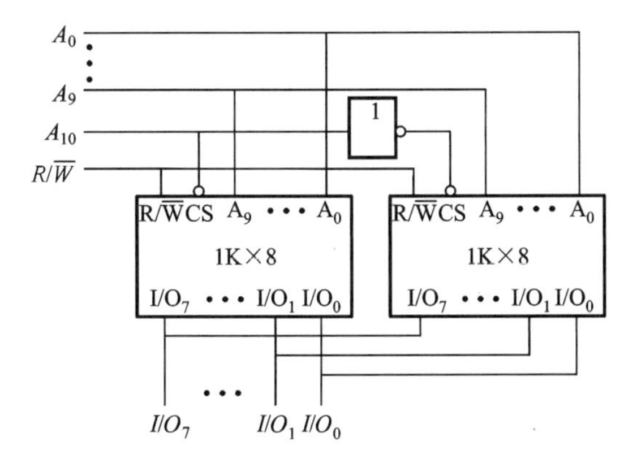

图自 9.2(2)

第 10 章

一、填空题

1. 与阵列
2. CLB,IOB,PIR
3. E^2PROM
4. 在系统

二、判断题

1. √　2. √　3. √　4. ×

第 11 章

一、填空题

1. 实体　结构体
2. 信号　变量　常量
3. (A AND B)NOR C　或　NOT((A AND B)OR C)
4. 变量　信号

二、判断题

1. √　2. ×　3. √　4. ×　5. √

部分练习题答案

第 1 章

[题 1.1] (1) $(\mathbf{100001})_2=(33)_{10}$

(2) $(\mathbf{11001.011})_2=(25.375)_{10}$

(3) $(\mathbf{11110.110})_2=(30.75)_{10}$

(4) $(\mathbf{0.01101})_2=(0.40625)_{10}$

[题 1.2] (1) $(75)_{10}=(\mathbf{1001011})_2$

(2) $(156)_{10}=(\mathbf{10011100})_2$

(3) $(45.378)_{10}=(\mathbf{101101.011})_2$

(4) $(0.742)_{10}=(\mathbf{0.101111})_2$

[题 1.3] (1) $(45C)_{16}=(\mathbf{10001011100})_2=(2134)_8=(1116)_{10}$

(2) $(6DE.C8)_{16}=(\mathbf{11011011110.11001000})_2=(3336.62)_8$

$=(1758.78125)_{10}$

(3) $(8FE.FD)_{16}=(\mathbf{100011111110.11111101})_2=(4376.772)_8$

$=(2302.98828125)_{10}$

(4) $(79E.FD)_{16}=(\mathbf{11110011110.11111101})_2=(3636.772)_8$

$=(1950.98828125)_{10}$

[题 1.4] (1) $(\mathbf{11001011.101})_2=(313.5)_8=(CB.A)_{16}$

(2) $(\mathbf{11110010.1011})_2=(362.54)_8=(F2.B)_{16}$

(3) $(\mathbf{100011.011})_2=(143.3)_8=(63.6)_{16}$

(4) $(\mathbf{1110111.001})_2=(167.1)_8=(77.2)_{16}$

[题 1.5] (1) $(74)_{10}=(\mathbf{1110100})_{8421BCD}=(\mathbf{10100111})_{\text{余3BCD}}$

(2) $(45.36)_{10}=(\mathbf{1000101.00110110})_{8421BCD}$

$=(\mathbf{1111000.01101001})_{\text{余3BCD}}$

(3) $(136.45)_{10}=(\mathbf{100110110.01000101})_{8421BCD}$

$=(\mathbf{10001101001.01111000})_{\text{余3BCD}}$

(4) $(374.51)_{10}=(\mathbf{1101110100.01010001})_{8421BCD}$

$=(\mathbf{11010100111.10000100})_{\text{余3BCD}}$

[题 1.6] (1) $(\mathbf{111000})_{8421BCD}=(38)_{10}$

(2) $(\mathbf{10010011})_{8421BCD}=(93)_{10}$

(3) $(\mathbf{1001110})_{5421BCD}=(69)_{10}$

(4) $(\mathbf{111010})_{5421BCD}=(37)_{10}$

[题 1.7] (1) $A+B=(\mathbf{100010101})_2$

$A-B=(\mathbf{10110111})_2$

$C\times D=(\mathbf{111111000})_2$

$C\div D=(\mathbf{1110})_2$

(2) $A+B=(277)_{10}=(\mathbf{100010101})_2$

$A-B=(183)_{10}=(\mathbf{10110111})_2$

$C\times D=(504)_{10}=(\mathbf{111111000})_2$

$C\div D=(14)_{10}=(\mathbf{1110})_2$

(2)的结果和(1)对应相等。

[题 1.8] (1) $(\mathbf{0100011})_{补}$ (2) $(\mathbf{0101110})_{补}$

(3) $(\mathbf{100110})_{补}$ (4) $(\mathbf{10111101})_{补}$

[题 1.9] (1) $(\mathbf{01011})_{反}=(\mathbf{01011})_{补}$

(2) $(\mathbf{0100101})_{反}=(\mathbf{0100101})_{补}$

(3) $(\mathbf{1011010})_{反}=(\mathbf{1011011})_{补}$

(4) $(\mathbf{1001100})_{反}=(\mathbf{1001101})_{补}$

[题 1.10] (1) $(\mathbf{01101})_{补}$为+13

(2) $(\mathbf{011000})_{补}$为+24

(3) $(\mathbf{00010})_{补}$为+2

(4) $(\mathbf{11101})_{补}$为−13

第 2 章

[题 2.2] (1) $Y=A+B$ (2) $Y=A+C$

(3) $Y=A\,\overline{B}+D$ (4) $Y=A+B$

(5) $Y=\overline{C}+\overline{D}$ (6) $Y=\overline{C}$

(7) $Y=DE$ (8) $Y=A+\overline{B}C+B\overline{D}$

[题 2.4] (1) $Y'=(A+\overline{B}\,\overline{C})(\overline{A}+BC)$

(2) $Y'=(A+B\,\overline{C})[(\overline{A}+B)+C\,\overline{D}](A+\overline{B}+C)D$

(3) $Y'=\overline{(A+\overline{B})(B+\overline{C})(\overline{C}+A)}$

(4) $Y'=\overline{AC+\overline{A}BC+\overline{B}C}+AB\,\overline{C}$

[题 2.5] (1) $\overline{Y}=\overline{A}(\overline{B}+\overline{C})+(\overline{D}+\overline{E})$

(2) $\overline{Y}=\overline{A}[(\overline{B}+C)(\overline{C}+\overline{D})+\overline{E}]+\overline{F}$

(3) $\overline{Y}=\overline{\overline{\overline{A}\,\overline{B}}\cdot(\overline{C}+\overline{D})}\cdot\overline{\overline{\overline{C}\,\overline{D}}\cdot(\overline{A}+\overline{B})}$

(4) $\overline{Y}=\overline{\overline{\overline{A}+\overline{B}}\cdot(\overline{A}+\overline{B}+\overline{C})}+\overline{A}\cdot(\overline{B}+\overline{C})$

[题 2.6] (1) $Y=\overline{A}BC+A\,\overline{B}C+AB\,\overline{C}+ABC$

(2) $Y=\overline{A}\,\overline{B}\,\overline{C}+\overline{A}\,\overline{B}C+\overline{A}BC+A\,\overline{B}\,\overline{C}+AB\,\overline{C}+ABC$

(3) $Y=\overline{A}BC+A\,\overline{B}\,\overline{C}+A\,\overline{B}C$

(4) $Y=\overline{A}\,\overline{B}C+\overline{A}B\,\overline{C}+\overline{A}BC+A\,\overline{B}\,\overline{C}+A\,\overline{B}C+AB\,\overline{C}+ABC$

[题 2.7]　(1) $Y=AC+\bar{B}$

(2) $Y=A\bar{B}+\bar{A}C+B\bar{C}$

(3) $Y=A\bar{B}+AC+BD+BC$

(4) $Y=A\bar{C}+A\bar{B}+D$

(5) $Y=\bar{A}B+B\bar{D}+A\bar{B}\bar{C}D$

(6) $Y=\bar{C}+\bar{D}$

[题 2.8]　(1) $Y(A,B,C)=\bar{B}C+\bar{A}\bar{C}$

(2) $Y(A,B,C)=A+\bar{B}+\bar{C}$

(3) $Y(A,B,C,D)=\bar{B}+\bar{D}$

(4) $Y(A,B,C,D)=A\bar{B}+AC+\bar{B}D$

[题 2.9]　(1) $Y(A,B,C,D)=\bar{D}+\bar{A}\bar{B}$

(2) $Y(A,B,C,D)=\bar{B}+\bar{D}+A\bar{C}$

(3) $Y(A,B,C,D)=A\bar{C}+\bar{B}D+BC\bar{D}$

(4) $Y(A,B,C,D)=D+A\bar{B}$

[题 2.10]　(1) $Y=\prod M(0,1,2,4)$

(2) $Y=\prod M(0,2,4,5)$

(3) $Y=\prod M(1,2,4,5)$

(4) $Y=\prod M(1,4,5,6)$

(5) $Y=\prod M(0,1,3,4,6,7,8,12,15)$

(6) $Y(A,B,C,D)=\prod M(0,2,3,5,6,9,11,13)$

[题 2.11]　(1) $Y=(\bar{B}+\bar{D})(B+D)(A+B+C)$

(2) $Y=(A+\bar{D})(\bar{A}+B)$

(3) $Y=(A+\bar{C})(A+\bar{B})(\bar{A}+B)$

(4) $Y=(\bar{A}+\bar{B})(\bar{A}+D)(\bar{A}+C)(A+B+\bar{D})$

[题 2.12]　(1) $Y=\bar{A}\bar{B}\bar{C}D+\bar{A}\bar{B}CD+\bar{A}B\bar{C}D+\bar{A}BCD+A\bar{B}\bar{C}D$

(2) 设 X 为 A,B,C,D；Y 为 E,F,G,H。

$$\begin{cases}E=A\bar{B}\bar{C}D\\F=\bar{A}\bar{B}CD+\bar{A}B\bar{C}\bar{D}+\bar{A}B\bar{C}D+\bar{A}BC\bar{D}+\bar{A}BCD+A\bar{B}\bar{C}\bar{D}\\G=\bar{A}\bar{B}\bar{C}D+\bar{A}\bar{B}C\bar{D}+\bar{A}B\bar{C}D+\bar{A}BCD+A\bar{B}\bar{C}\bar{D}\\H=\bar{A}\bar{B}\bar{C}\bar{D}+\bar{A}\bar{B}C\bar{D}+\bar{A}B\bar{C}\bar{D}+\bar{A}BC\bar{D}+A\bar{B}\bar{C}\bar{D}\end{cases}$$

[题 2.13]　(1) $Y=\bar{B}+C+\bar{D}=\overline{B\bar{C}D}$

(2) $Y=A\bar{B}+D+C=\overline{\overline{A\bar{B}}\cdot\bar{C}\bar{D}}$

(3) $Y=A\bar{B}+B\bar{C}=\overline{\overline{A\bar{B}}\cdot\overline{B\bar{C}}}$

(4) $Y=A\bar{B}+A\bar{C}=\overline{\overline{A\bar{B}}\cdot\overline{A\bar{C}}}$

[题 2.14]　(1) Y 和 Z 互为反函数

(2) $Y=Z$

(3) $Y=Z$

(4) $Y=Z$

[题 2.15] (1) $Y_1+Y_2=\sum m(0,1,3,4,5,7)=\overline{B}+C$

$Y_1 \cdot Y_2=m_0=\overline{A}\ \overline{B}\ \overline{C}$

$Y_1 \oplus Y_2=\sum m(1,2,4,5,7)=C+A\ \overline{B}$

(2) $Y_1+Y_2=\sum m(0,2,5,7,8,10,13,15)=\overline{B}\ \overline{D}+BD$

$Y_1 \cdot Y_2=\sum m(5,7,13,15)=BD$

$Y_1 \oplus Y_2=\sum m(0,2,8,10)=\overline{B}\ \overline{D}$

[题 2.16] 图(a) $Y_1=\overline{A\ \overline{B}}$

图(b) $Y_2=\overline{\overline{ABC}\cdot\overline{\overline{C}D}}$

第 3 章

[题 3.1] 图 P3.1(a) $R_{L1(min)}=225\ \Omega$, $R_{L1(max)}=337.5\ \Omega$

图 P3.1(b) $R_{L2(min)}=250\ \Omega$, $R_{L2(max)}=375\ \Omega$

[题 3.2] 接法正确的为图 P3.3(a)、(b)、(d)、(e)、(g)、(i)、(l),其余接法错误

[题 3.3] $Y_1=\overline{A+B}, Y_2=\mathbf{1}, Y_3=\mathbf{0}, Y_4=\overline{AB}$

$Y_5=\mathbf{1}, Y_6=\overline{B}$

[题 3.4] $Y_1=A\overline{C}+BC, Y_2=A\odot B$

$Y_3=\overline{A}\overline{C}+\overline{B}C, Y_4=A\oplus B$

[题 3.5] 接法正确的为图 P3.6(a)、(c)、(f),其余接法错误。

[题 3.6] $N_{OL}=17, N_{OH}=20$

[题 3.7] $N_{OL}=10$ $N_{OH}=66$

[题 3.8] $R_{L(min)}=0.9\ k\Omega$ $R_{L(max)}=31.58\ k\Omega$

$0.9\ k\Omega \leqslant R_L \leqslant 31.58\ k\Omega$

[题 3.9] 图 P3.11(b)和(c)可实现 $Y=\overline{A+B}$

[题 3.10] $EN=\mathbf{0}$时, $Y_1=\overline{A}$, $Y_2=B$

$EN=\mathbf{1}$ 时, $Y_1=A$, $Y_2=\overline{B}$

[题 3.11] 写 Y_1表达式。$C=\mathbf{0}$ 时, $Y_1=A$; $C=\mathbf{1}$ 时, Y_1为高阻态。

为三态输出门。

写 Y_2表达式。$C=\mathbf{0}$ 时,Y_2为高阻态; $C=\mathbf{1}$ 时, $Y_2=\overline{A}$。

为三态输出反相器。

[题 3.12] u_O 在 2~12 V 之间变化。

[题 3.13] $Y=\overline{A}\ \overline{B}+AB$ 为同或门

[题 3.14] $Y=\overline{A+B}$ 为三态或非门

[题 3.15] 写 Y_1表达式。$\overline{EN}=\mathbf{0}$ 时,$Y_1=A$; $\overline{EN}=\mathbf{1}$ 时,Y_1为高阻态。

为三态输出门。

写 Y_2表达式。$\overline{EN}=\mathbf{0}$ 时,$Y_2=\overline{A}$; $\overline{EN}=\mathbf{1}$ 时, Y_2为高阻态。

为三态输出反相器。

[**题 3.16**] 图 P3.16(a) $C=\mathbf{0}$时,Y为高阻态; $C=\mathbf{1}$时, $Y_1=\overline{AB}$。为三态输出与非门。
图 P3.16(b) $Y_2=A\oplus B$ 为异或门

第 4 章

[**题 4.1**] 图 P4.1(a) $Y_1=AB+\bar{A}\ \bar{B}$ 为同或门

图 P4.1(b) $Y_2=\overline{A\ \bar{B}+\bar{A}B}=A\odot B$ 为同或门

[**题 4.2**] 图 P4.2(a) $Y_1=\overline{\overline{A\ \bar{B}}\cdot\overline{\bar{A}B}}=A\oplus B$ 为异或门

图 P4.2(b) $Y_2=\overline{\overline{A\ \bar{B}}\cdot\overline{B\ \bar{C}}\cdot\overline{\bar{A}\ C}}=A\ \bar{B}+B\ \bar{C}+\bar{A}C$ 为三变量不一致电路

[**题 4.3**] 图 P4.3(a) $Y_1=ABC+\bar{A}\bar{B}\bar{C}$ 为一致电路

图 P4.3(b) $Y_2=\bar{A}\bar{B}\bar{C}D+\bar{A}\bar{B}C\bar{D}+\bar{A}B\bar{C}\bar{D}+\bar{A}BCD+A\bar{B}\bar{C}\bar{D}+A\bar{B}CD+AB\bar{C}D+ABC\bar{D}$ 为判奇电路

[**题 4.4**] $Y_1=A\oplus B\oplus C=\bar{A}\ \bar{B}C+\bar{A}B\ \bar{C}+A\ \bar{B}\ \bar{C}+ABC$

$Y_2=\overline{\overline{(A\oplus B)\cdot C}\cdot\overline{AB}}=\bar{A}BC+A\ \bar{B}C+AB\ \bar{C}+ABC$

为 1 位全加器

[**题 4.5**] $M=\mathbf{0}$时,$Y_3Y_2Y_1Y_0=\bar{A}_3\bar{A}_2\bar{A}_1\bar{A}_0$ 输出反码。$M=\mathbf{1}$时,$Y_3Y_2Y_1Y_0=A_3A_2A_1A_0$ 输出原码

[**题 4.6**] $Y_A=\bar{A}\bar{C}+A\bar{C}+\bar{A}BC$

$Y_B=AC+B\bar{C}$

[**题 4.7**] $Y=\bar{B}D+\bar{A}B\bar{C}+B\bar{C}\bar{D}$

[**题 4.24**] (1)存在 **0** 冒险现象; (2)存在 **1** 冒险现象;

(3)存在 **0** 冒险现象; (4)存在 **1** 冒险现象

第 5 章

[**题 5.7**] $Q_0^{n+1}=A\odot Q_0^n$ (CP 上升沿到达时刻有效)

$Q_1^{n+1}=\bar{A}Q_1^n$ (CP 下降沿到达时刻有效)

$Q_2^{n+1}=\bar{A}+Q_2^n$ (CP 上升沿到达时刻有效)

$Q_3^{n+1}=\bar{A}+Q_3^n$ (CP 下降沿到达时刻有效)

[**题 5.9**] $Q^{n+1}=(A\odot B)\oplus Q^n$ (CP 下降沿到达时刻有效)

[**题 5.19**] $Q^{n+1}=D=A\ \overline{Q^n}+\bar{B}Q^n$ (CP 上升沿到达时刻有效)
为 JK 触发器

第 6 章

[**题 6.1**] 为同步六进制加法计数器

[**题 6.2**] 为同步五进制计数器

[**题 6.3**] 为同步七进制加法计数器

[**题 6.4**] 为三进制减法计数器

[**题 6.5**] $X=\mathbf{0}$时,电路保持原状态不变;$X=\mathbf{1}$时,为四进制同步加法计数器

[**题 6.6**] $X=\mathbf{0}$时,为四进制同步加法计数器;$X=\mathbf{1}$时,为四进制同步减法计数器

［题 6.7］ 为同步五进制计数器

［题 6.8］ 为异步五进制加法计数器

［题 6.9］ 为异步五进制加法计数器

［题 6.10］ 为九十进制加法计数器

［题 6.11］ 为八十九进制加法计数器

［题 6.12］ 为一百三六进制加法计数器

［题 6.13］ 为九十六进制加法计数器

［题 6.14］ 为八十六进制加法计数器

［题 6.16］ 为十二分频电路

第 7 章

［题 7.3］ $U_{T+}=3$ V，$U_{T-}=1.5$ V；$u_I=U_{IH}$时，OUT 为低电平，LED$_1$亮，LED$_2$灭；$u_I=U_{IL}$时，OUT 为高电平，LED$_2$亮，LED$_1$灭

［题 7.4］ $t_W=297$ μs，输入脉冲下跃值≥2 V

［题 7.5］ $t_W=0.11$ ms

［题 7.6］ R_{ext}调节范围 1428.57～142 857 Ω

［题 7.7］ t_W调节范围 0.357～2.667 ms

［题 7.8］ $C_{ext}=0.02$ μF

［题 7.9］ $f=242.13$ Hz

［题 7.10］ $t_W=28$ μs　$f=17.85$ kHz

第 8 章

［题 8.1］ S_0支路 $R_0=40$ kΩ，S_1支路 $R_1=20$ kΩ，S_3支路 $R_3=5$ kΩ

［题 8.2］ （1）输入最小数字量时，$u_O\approx0.0195$ V

（2）输入最大数字量时，$u_O\approx4.98$ V

［题 8.3］ 分辨率＝0.00024

［题 8.4］ $u_{O1}=-70.31$ mV，　$u_{O2}=-9$ V，　$u_{O3}=-8.93$ V

［题 8.5］ $n=11$

［题 8.6］ （1）$V_{REF}=10$ V，

（2）$n=8$ 时，$U_{i(min)}=39.06$ mV

（3）$n=16$ 时，$U_{i(min)}=0.153$ mV

［题 8.7］ （1）需 10 个脉冲

（2）$t=10$ μs

［题 8.8］ 为 2 048 μs

第 9 章

［题 9.9］ 当输入 $0<D_2D_1D_0<5$ 时，输出为 **1**，其余情况输出为**0**。

第 10 章

［题 10.5］ 为可自启动的同步五进制计数器。

参考文献

[1] 阎石.数字电子技术基础[M].6版.北京:高等教育出版社,2016.

[2] 康华光.电子技术基础(数字部分)[M].6版.北京:高等教育出版社,2014.

[3] 余孟尝.数字电子技术基础简明教程[M].3版.北京:高等教育出版社,2006.

[4] 王小海,祁才君,阮秉涛.集成电子技术基础教程[M].下册,2版.北京:高等教育出版社,2008.

[5] 杨志忠.数字电子技术[M].4版.北京:高等教育出版社,2013.

[6] 刘常澍.数字逻辑电路[M].2版.北京:高等教育出版社,2010.

[7] 黄正瑾.数字电路与系统设计基础[M].2版.北京:高等教育出版社,2014.

[8] 江晓安,董秀峰,杨颂华.数字电子技术[M].3版.西安:西安电子科技大学出版社,2008.

[9] 姜立东.VHDL语言程序设计及应用[M].2版.北京:北京邮电大学出版社,2004.

[10] 侯伯亨,顾新.VHDL硬件描述语言与数字逻辑电路设计[M].西安:西安电子科技大学出版社,2004.

[11] 杨振江.A/D、D/A转换器接口技术与实用线路[M].西安:西安电子科技大学出版社,1998.

[12] Nigel P. Cook.实用数字电子技术[M].施惠琼,李黎明译.北京:清华大学出版社,2006.

[13] Thomas L. Floyd, David M. Buckla.电子技术基础(数字部分)[M].汪东,伍薇译.北京:清华大学出版社,2006.

[14] 赵保经.中国集成电路大全TTL集成电路[M].北京:国防工业出版社,1985.

[15] 赵保经.中国集成电路大全CMOS集成电路[M].北京:国防工业出版社,1985.

[16] 童本敏主任委员.标准集成电路数据手册-高速CMOS电路[M].北京:电子工业出版社,1992.

[17] 王秀群,童本敏,孙人杰.标准集成电路数据手册高速CMOS电路[M].北京:电子工业出版社,1992.

[18] M.Morris Mano. Digital Design[M] 3rd ed. Prentice Hall USA, 2002.

[19] Alan B. Marcovitz. Introduction to Logic Design[M]. The McGraw-Hill Companies,

Inc,2002.

[20] Charles H. Roth, Jr. Fundamentals of Logic Design [M]. 5rd ed. Brroks/Cole, a division of Thomson Learning, 2004.